本书得到湖南省地质院科研基金项目（201915）和（201924）资助

Metallogenic geological characteristics and multi-information prospecting model of Woxi gold antimony tungsten deposit, Hunan Province

U0747932

湖南沃溪金锑钨矿床
成矿地质特征及多元信息找矿模式

陈海龙 杨晓弘 何永淼 杨海燕 郑伯仁 著

中南大学出版社
www.csupress.com.cn
·长沙·

内容简介

Introduction

本书在前人研究的基础上，运用新的成矿控矿理论(如地幔亚热柱-幔枝构造控矿理论、"壳-幔成矿作用"成因论、叠加成矿理论、有机烃成矿理论等)，对沃溪矿区历年来地质、地球物理、地球化学勘查成果进行了重新梳理、重新考察、重新认识。系统地探讨了沃溪矿区幔枝构造、不同成矿地质作用、深部流体(岩浆或幔源流体)、不同流体成矿元素演化、地球化学和地球物理异常分类，最终建立沃溪金锑钨矿床四维时空找矿模式，据此开展了深部找矿预测。

本书内容丰富、观点新颖、论述清晰，不仅丰富了沃溪金锑钨矿床成矿规律研究内容，还将对该区深部勘查和科研工作起到有益的指导作用，尤其是本书对沃溪矿区10个预测区深部找矿潜力的分析，为后期的深部找矿工作指明了方向，可供地学领域科研工作者、矿产勘查工作者参考和借鉴。

序 / Foreword

雪峰弧形带是湖南重要的金锑钨成矿带，成矿地质条件优越，金锑钨资源具有很好的找矿远景。沃溪矿区是雪峰弧形带重要的组成部分，沃溪金锑钨矿床也是罕见的高、中、低温成矿元素共生矿床，具有重要的研究意义。国内许多地质专家和学者为此开展过大量的研究工作，并取得了丰硕的研究成果，但对沃溪矿区成矿物质来源、成矿流体、矿床成因等存在较多的争议。《湖南沃溪金锑钨矿床成矿地质特征及多元信息找矿模式》这部专著，就是对这些问题探索过程中的一项新成果。

以陈海龙、杨晓弘为代表的研究团队十多年来一直在沃溪矿区开展地质勘查和综合研究工作，先后完成了沃溪矿区各个测区的地质勘查、地球化学勘查、地球物理勘查、地电地球化学以及老矿山深部勘查和成矿规律研究项目，并以幔枝构造控矿理论、深部流体与成矿作用理论、叠加成矿理论、有机质成矿理论、分形理论等为指导，开展了构造叠加晕、烃汞测量及烃汞叠加晕深部找矿新方法的实践，获得了第一手实际资料。本书作者在此基础上，运用上述理论系统地探讨了沃溪矿区幔枝构造、不同成矿地质作用、深部岩浆(幔源流体)、不同流体成矿元素演化、地球化学和地球物理异常分类研究，最终建立了沃溪金锑钨矿床多元信息四维时空找矿模式，这是本书作者对沃溪矿区成矿规律研究的重要贡献和进展。

诚然，作为一项科学的探索，尤其涉及深部成矿系统，由于以往研究程度较低，加之其本身的复杂性，需要更多的实践加以检验，包括深部构造、地球物理和地球化学等深部成矿信息的积累与融合，这也是今后深部找矿的关键所在。

　　本书作者对新理论运用的探索精神是可贵的，为沃溪矿区深部找矿提供了一种新的研究思路和方法也是值得肯定的，希望这部较有特色的新作对今后的深部勘查起到积极的作用。

戴塔根

2021. 7. 30

前言 / Preface

　　湖南沅陵县境内的沃溪矿床是举世罕见的 Au、Sb、W 共存，且均构成大型资源规模的典型矿床，长期以来，受到了地质学者的广泛关注。区内地质勘查工作几乎未间断地开展了近 60 年，积累了丰硕的基础地质、矿产地质、物化探、遥感等方面的成果资料。从 20 世纪 30 年代开始，即有不少地质学者和科研团队就该矿床地质特征、成矿地质条件、成矿规律、成矿流体性质及其演化、成矿作用、构造控矿特征、成矿年代学、同位素地球化学、稀土元素地球化学、矿床成因等方面进行了大量的研究，取得了丰硕的研究成果。其成果大都是在对矿床宏观特征观测和微观检测的基础上取得的，而对大地构造环境的演化与局部成矿深层次的耦合关系研究相对较少，并且，绝大部分研究成果局限在对沃溪矿区十六棚工和鱼儿山矿段浅部矿体和少量的中深部矿体的研究，缺乏对整个矿区与大地构造-区域深部构造演化以及多期次的叠加成矿作用时空演化规律的系统研究。因此，对一些关键地学问题，如矿床成因、成矿物质来源、成矿流体来源、成矿年代等认识仍存在较多的争议。对一个具体的矿床而言，出现这么多的认识差异，说明本区成矿过程十分复杂，同时，说明其研究成果带有一定的局限性，没有完全揭示其成矿的本质。

　　当然，笔者也清楚地意识到，要揭示沃溪金锑钨矿床的成矿本质绝非易事。一个矿床的形成经历了漫长的地质时期，其成矿过程是十分复杂的，而且每一次地质事件留下来的"证据"有可能被后来的地质事件重新改造所掩盖，要想完全复原每一次地质事件与成矿作用的历史几乎是不现实的。而从地质地球化学角度来考虑，由于多期成矿作用的叠加，使得地球化学场通常表现为复杂的叠加场。不管是多少次、多少期成矿，但每一次成矿作用都会造成元素的活化、迁移、富集（或亏损），都会留下地球化学"痕迹"，形成地球化学异常，表现出与成矿作用相匹配的元素组合或标型特征元素(组分)的异常。

一般来说,元素组合的成因特征能有效地反映地质地球化学的多期性(孟宪伟,窦明晓,余先川,等,1994)。而"分形理论"指出,如果某一随机过程可以用各种等级的空间尺度等概率去刻画,那么由该过程形成的物体或产生的现象往往具有分形特征,而"自相似原则"和"迭代生成原则"是分形理论的两条重要原则。就地质地球化学成矿作用而言,一般都存在由几种随机过程(如成岩作用、变质作用、构造动力、深部岩浆活动等)在某些地段(不是全区都存在)形成的地球化学场的叠加。而地球化学场的"自相似性"与"自相关性"同样存在某种必然联系(孟宪伟,窦明晓,余先川,等,1994),所以研究地球化学场分解及其地质意义,显得十分必要和非常重要。而地球化学场分解就是把代表不同成矿作用形成的异常结构分离出来,然后通过对小结构的代表成分的元素组合特征与不同的成矿作用耦合关系的研究,将地球化学异常赋予相应的成矿地质意义,来开展地球化学深层次的评价,对研究地球化学成矿过程动力学、成矿地质作用、矿床形成过程、成矿环境、成矿阶段等都将产生积极促进作用。

近十多年来老矿山的深部和外围地质勘查工作表明,沃溪矿区成矿的时空分布是极不均匀的,具有工业意义的矿床集中分布在白垩断陷盆地的南缘沃溪断层下盘附近,而远离该带的地段矿化较差。其实这一现象早在2009年就引起笔者的高度关注,2010年笔者曾提出了以十六棚工矿段(沃溪式矿床)为中心参照点,以仙鹅抱蛋复式背斜南翼(柳林测区)和白垩断陷盆地北翼(潘香铺—李家桥测区)为依托的"对称找矿模式"和以沃溪断层东西走向为依托的"就矿找矿模式"的设想,并运用"构造叠加晕"研究方法,通过总结已知矿床构造叠加晕特点和成矿预测指标,来开展其深部找矿预测和指导外围地质勘查工作。在十六棚工 V3 脉、鱼儿山 V1 脉、红岩溪 V1 脉、塘虎坪矿段均取得了良好的深部找矿预测效果。但对其外围由于深部成矿依据不充分,对某些地段(柳林测区、李家桥、龚家弯、马儿桥、大凤垭)等深部找矿的钻孔验证存在一定的认识上的偏差,造成因"依据不充分"而不敢再进行深部验证的局面。随着老矿山深部勘查程度的提高,以及新理论和新方法的应用,研究人员获得了深部成矿的重要信息,尤其是烃汞叠加晕深部找矿方法研究,运用"分形理论"的思路,对地球化学叠加场进行分解,首次提出并开展了"同生叠加场"和"深源叠加场"的分类应用试验,在鱼儿山—红岩溪矿段取得了深部找矿的重大突破。因此,研究矿区内典型矿床形成过程中多元信息集成的"四维时空"对应关系,建立与之对应的四维时空找矿模式,对揭示矿床形成的本质,以及矿产勘查和矿产开采,都具有实际指导意义。

本专著就是根据上述问题和研究思路,在"沃溪金锑钨矿控矿因素和成矿规律专题研究"报告(2017)的基础上,结合湖南省地质院科研基金项目"'构造叠加晕-烃汞测量'在金矿深边部找矿预测中的应用示范"(项目编号:201915)和"湖南省金腰带典型金多金属矿地球物理找矿模型系列研究及应用"(项目编号:201924)以及辰州矿业出资的"沃溪矿区鱼儿山—大风垭矿段烃汞叠加晕深部找矿评价"项目研究成果,以新的成矿理论(如有机烃成矿理论、叠加成矿理论、烃碱地球化学原理、流体成矿理论)为研究基础;以地幔亚热柱-幔枝构造控矿理论、"幔-壳成矿作用"成因论、分形理论等为指导,对沃溪矿区历年来的地质勘查、物化探成果资料进行了重新梳理、重新考察与重新认识。通过对大地构造与沃溪深部构造演化的耦合关系分析和对沃溪矿区不同地段的矿床(矿点)分布及地质特征与其地质构造事件和成矿作用的分析,采用地质地球物理和地质地球化学新理论、新方法相结合的方式,从成矿动力学研究入手,系统地分析了每一次成矿作用的地质-地球物理和地质-地球化学特征,建立了"地质、地球物理、地球化学多元信息四维时空找矿模式",并进行深部找矿预测,取得了以下几个方面的新进展:

1)通过对湖南地区大地构造演化与地幔亚热柱耦合关系的研究表明,湖南存在两个地幔上隆区,即常德—洞庭湖和衡阳—娄邵断陷盆地,其特征是该类地区的地表表现为新生代热断陷,形成断陷盆地,接受侏罗-白垩纪的沉积。实际上,这种地貌特征是地幔亚热柱地幔岩上隆后期热断陷的表现形式,也就是说地幔亚热柱隆升的早中期,应该以常德—洞庭湖和衡阳—娄邵盆地为隆起中心,在地幔亚热柱隆升的中后期,由于地幔上涌的继续亏空,在亚热柱的中心部位形成热断陷构造。由于地幔热柱的演化以及后期构造运动行迹的叠加、改造,为湖南地区的成矿作用提供了有利的成矿构造条件,不仅为成矿作用的发生提供了丰富的热源、水源,还为成矿物质的运移提供了通道,也为成矿物质的沉淀提供了有利的空间。就成矿而言,幔枝构造控矿特征十分明显,湖南大部分大中型金属矿床集中分布在断陷盆地周边的盖层或者幔枝构造核部地区,主要表现为大中型矿床集中分布,比如衡阳盆地周边的水口山铅锌多金属矿、川口钨矿、清水塘铅锌矿;郴州地幔次级亚热柱周边的宝山铅锌铜多金属矿床、黄沙坪铅锌多金属矿床等;娄邵盆地锡矿山锑矿、龙山锑金矿;长沙—平江断陷盆地的黄金洞、万古金矿等。据以往研究表明,成矿均与深部岩浆岩活动存在密切关系。近几年来,在湖南白垩红层区(万古金矿区、沃溪金矿区)深部均取得了良好的深部找矿效果,从侧面证实了这种观点。

而沃溪矿区从大地构造位置来讲,位于沅麻盆地与雪峰隆起带的边界部位,从区域来看,沃溪矿区位于官庄断陷盆地的南缘,这些热断陷盆地的形成(强烈的构造活动)加强了矿区与深部构造的联动,并带来大量的成矿物质在盖层有利的构造环境成矿,沃溪矿区成矿地质条件十分优越。

2)幔枝构造控矿理论与成矿关系研究发现,沃溪矿区不同地段的成矿地质作用的不均一性与深源热液活动具有明显的耦合关系。

(1)历年来的勘查和矿产开采资料表明,沃溪矿区主要成矿地段以白垩纪红层断陷盆地南缘沃溪大断裂下盘附近为最重要的成矿带,该带由东向西主要分布有三渡水(沈家垭)、龚家湾、十六棚工(上沃溪)、粟家溪、鱼儿山、红岩溪、马儿桥、大风垭8个矿段,矿带长15 km,宽2 km。其中,以中部的十六棚工—红岩溪矿床发育最好,矿化规模较大、开采价值高;沈家垭次之。矿脉顺层产出,存在多层矿脉,并呈雁形排列。矿体倾向延伸大于走向延长,大部分矿脉均延伸到白垩纪红层底部的马底驿组地层中。烃汞叠加晕研究表明,该区段矿体和蚀变带烃汞异常呈正相关,成矿元素与烃汞组分相关性良好,深源叠加特征明显,而远离该带成矿较差,显示断陷盆地控制矿床的分布。

(2)近十年来,矿区外围勘查成果表明,仙鹅抱蛋—明月山隆起核部冷家溪群地层以及与马底驿组不整合面一带成矿地质条件良好,浅地表矿化蚀变规模较大,矿化明显,民采活动频繁,但中深部钻探效果较差。十多年来的勘查均未取得较好的突破。通过2019—2020年烃汞叠加晕研究发现,成矿元素与烃汞相关性较差,烃汞异常较差,钻孔蚀变带、石英脉烃类组分低于区域平均值,与已知矿床鱼儿山形成鲜明对比,说明该段没有深源热液带来成矿物质的叠加,表现为深部成矿条件较差,深部找中大型矿床概率较小。

3)沃溪矿区地球化学综合研究有如下几个方面的新认识,为今后的地球化学研究提供了新的研究思路。

(1)在研究地球化学元素的时空分布时,应加强对地球化学场的叠加研究。因为目前取样研究的地球化学元素分布是代表该地质体在整个地质时期不同地质作用(沉积、岩浆、热液作用等)影响下元素分布的总和(沅陵幅1:20万地球化学图说明书:水系沉积物测量,1994),在研究区域背景时,有同样的认识,我们称之为"静态模式"下的研究成果。比如,在沃溪矿区采集马底驿组地层中的岩石样品来研究其元素的分布,不仅包括马底驿组地层成岩以前冷家溪群或更古老的基底地层对其的影响,还应该包括成岩之后的加里东期、印支-燕山期地质事件(构造活动、岩浆岩活动、变质作用等)对其元素的改变(活化、迁移、局部富集)等。因此,在研究地层中元素的分布时存在"原始沉积富集"和"叠加改造富集"两个不同内涵的概念,不能互相代替。而"叠加改造富集"造成的元素分布,由于成矿作用的不同,其叠加增量元素种类、叠加强度等不同,找矿意义就不同。因此,在研究元素含量变化规律时,考虑经历的每一地质事件对其背景的影响,才不会失去受本时代热液作用影响的前期地质体中增生的元素分布和非本时代带来的元素分布的干扰信息。

(2)根据上述思路,运用分形理论对沃溪矿区土壤地球化学异常进行初步分类研究,结合已知矿(化)体与其对应的土壤地球化学异常研究发现,沃溪矿区存在两种不同类型的叠加场,首次提出了"同生叠加场"和"深源叠加场"概念。"同生叠加场"反映区域变质或者动力变质作用形成的异常,成矿元素主要来自地层,由于变质作用,变质热液将地层中成矿元素重新活化、迁移、富集,在构造有利部位形成良好的成矿元素的地球化学叠加异常,这类叠加异常由于缺乏深源成矿热液带来的成矿物质的叠加,一般形成的异常面积较小,异常元素组合较少,除成矿元素外其他组分异常强度相对较低,可能会形成较好的矿点和小型金矿,但形成中大型-超大型矿床的可能性相对较小。该类异常集中分布在仙鹅抱蛋—明月山隆起核部冷家溪群地层以及与马底驿组不整合面一带的大片—陈扶界—峰子洞一带,由于缺乏深部成矿流体带来的物质的叠加,深部找矿潜力较差,这也是该区段浅部矿点多,但深部找矿效果不佳的主要原因。

"深源叠加场"反映深源含矿热液带来成矿物质叠加形成的异常,是对同生叠加场的再次叠加,其异常元素组合相对齐全,成矿元素或伴生元素异常不一定很强,但能代表深源组分的异常强度都处于较高水平,多种研究方法表明该类异常具有深源热液带来成矿物质的叠加特点。该类异常集中分布在白垩纪红层断陷盆地南缘沃溪大断裂附近的沈家垭—十六棚工—鱼儿山—红岩溪—大风垭一带,深部成矿流体带来物质的叠加特征明显,深部找矿潜力较好。

(3)笔者对历年来矿床地质特征及地球化学研究成果进行了重新梳理,发现十六棚工、鱼儿山、红岩溪、塘虎坪矿段 V1 脉,一般倾向延伸较浅;而鱼儿山和红岩溪矿段 V6 脉、十六棚工深部盲脉 V7 脉和 V8 脉等与此相反。烃汞叠加晕研究表明,沃溪矿区同时存在同生叠加异常和深源叠加异常,鱼儿山和红岩溪矿段

V6 脉、Au 与烃汞相关性相对较好，表现出深源叠加的特点，而马儿桥和红岩溪与鱼儿山结合部位为同生叠加异常。而成矿年代研究表明，沃溪矿床存在两次大的成矿作用，第一次发生在加里东期，成矿物质以地层来源为主；第二期成矿作用发生在印支-燕山期，主要以地幔流体带来大量的成矿物质叠加在前期之上，显示出同生叠加场和深源叠加良好的耦合关系。

4) 沃溪矿区自 20 世纪 60 年代开始就已经开展了地球物理勘查工作，经历了半个多世纪，先后有武警黄金支队、湖南物探队、中南大学以及湖南省有色地质勘查研究院等单位在矿区周边、外围投入了多种方法的地球物理勘查工作，积累了大量的资料。对于矿区的地球物理特征及找矿认识主要有以下几点：

(1) 沃溪矿区矿床的特点需要深入研究地球物理方法的有效性。

很长时间以来，虽然在沃溪矿区投入了多种地球物理勘探方法和大深度勘探技术，但实际的找矿效果却不尽人意，根据收集资料的显示，沃溪矿区近外围投入了近乎所有的地球物理勘探方法和技术，包括最新的广域电磁法技术和被动源噪声成像技术，但由于勘探深度与精度的矛盾和沃溪矿区矿脉的特点，这些都不能作为直接方法来寻找金属矿。物探方法的有效性更应体现为地质找矿中的一种辅助手段，随着采矿深度的不断增大，现有的物探方法和手段都不能有效获得来自深部的直接找矿信息。

(2) 找矿方法和技术的创新将会大有作为。

正如何继善院士所指出的，半个多世纪以来，地球物理找矿的方法和理论在本质上并没有发生变化，现在的电法、电磁法、激发极化法等都是在现有理论基础上不断完善和进步，虽然精度和便捷性有了很大程度的提升，但是仍然没有根本的创新。将来地球物理找矿的方向是向两个极端发展，一个是更大的深度，另一个是更精确的探测，在沃溪矿区开展的找矿工作，需要在更大深度范围内，寻找更微弱的目标体和信息，传统的理论方法和技术显然不能适应这样的需求。近年来以天然电场选频法、大深度弱信号提取技术为代表的创新方法为找矿工作做出了有益的尝试，相信在将来地球物理方法的创新会有更大的作为。

(3) 沃溪矿区的成矿模式会有对应的地球物理特征。

沃溪矿区矿床的形成经历了复杂的过程，在这个过程中会对应特殊的地球物理特征和标志，将地质工作与物探工作紧密结合，开展矿区的研究能够获得更好的找矿效果。例如成矿条件与构造的演化和形成，以及热液活动紧密联系，这些特征都会在地球物理特征上表现出来，沃溪矿区的找矿模式其实就有相应的地球物理找矿模式，研究和总结沃溪矿区岩矿石的地球物理特性对于找矿工作具有重要的意义。

5) 沃溪矿区成矿流体具有多来源、多层次循环的混合叠加成矿机制。

沃溪矿区 107 km² 矿权范围内分布有大量的褐色化蚀变带和石英脉，在冷家溪群地层和冷家溪群与马底驿组不整合面一带、剪切带石英脉存在两期特点，第一期石英脉几乎没有褐色化蚀变及 Au 和硫化物；第二期石英细脉内见有少量的褐色化蚀变和含金硫化物，金品位较好，一般为 1.00~5.00 g/t，最高可达几十克每吨，但规模较小。在十六棚工—红岩溪一带，褐色化蚀变较强，并且石英脉含有大量由 Au、Sb、W 等组成的块状硫化物，金品位明显增高，矿体变化比较稳定。这些极端现象也可证明各层次流体循环系统的主导性作用。

(1) 冷家溪群地层和冷家溪群与马底驿组不整合面中的剪切带第一期石英脉几乎没有褐色化蚀变和含 Au 硫化物，反映浅部流体以大气降水与地层结构水为主，随着地下水渗透到地壳深部，温度升高，此时热液呈碱性，给地层带来大量的硅质，在深部构造活动的影响下，流体向上运移，氧浓度增加，pH 变低，变成酸性环境，Si 与 O 结合形成 SiO_2 沉淀；第二期石英细脉主要形成于区域变质或重大地质事件的动力变质时期，以中深部变质流体为主，中深部变质流体更有利于成矿元素 Au、Sb、W、S 等活化，形成成矿热液，加之，受重大地质事件影响，地壳深部带来流体的叠加，使含有 Au、Sb、S 等的变质流体与深部流体及大气降水形成混合流体体系，由地下深部向上运移，在剪切带有利的构造部位充填形成细脉状含 Au 和硫化物的石英脉。

(2) 十六棚工—红岩溪段 Au、Sb、W 成矿良好，关键取决于深源流体的叠加和各层次流体循环子系统间的沟通。这一点与绝大多数矿床成矿流体的氢氧同位素具有幔源流体与浅表流体相混合的特点一致。特别是我院 2020 年承担的科技部"深地勘查"成果发现沃溪矿区标高 -1000 m 左右深度有"低速带"的出现(沈长明等，2021)，这是幔源流体与浅表流体在这一深度上相互交汇和作用的结果。

(3) 控制各层次流体循环子系统沟通的因素较多，其中主导性因素是成矿构造环境的差异。沃溪矿区位于白垩纪断陷盆地南缘，受加里东期和印支燕山期的地幔上隆影响，使沃溪区域性大断裂及大规模的剪切带与深部连通，使岩石圈中的地幔薄弱带连接成树枝网络成为可能，为深部流体上升提供了良好的通道和沉淀成矿空间。而不同层次成矿流体会带来不同的成矿物质，提供了成矿的不同元素(组分)组合，所以其成矿作用表现不同。因区域内未见岩体出露，表明深源流体循环机制持续时间会加长，萃取围岩有用元素增多，对成矿十分有利，最终形成的沃溪 Au、Sb、W 矿床均具大型规模。表现出只有存在深源流体叠加的区段成矿良好，没有深源流体加入的区段成矿较差，最终形成了沃溪矿区成矿时空分布不均匀的现状。

6) 在成矿规律研究方面，在前人研究的基础上，运用叠加成矿理论、壳幔成矿理论、幔枝构造控矿理论分析发现，沃溪金锑钨矿床成矿规律为多期叠加成矿，这也是矿区成矿物质多来源、多成因的主要原因。在多期构造演化过程中，加里东期和印支燕山期是最为重要的成矿期，对沃溪金锑钨矿床的形成贡献最大。加里东期，成矿物质主要来源于含矿围岩，流体为变质热液和大气降水；印支燕山期的叠加成矿，成矿物质来源于深部，流体以深源流体(幔源或岩浆热液+深部变质热液)为主，并伴有大气降水混合。通过详细研究两期成矿作用中成矿元素的演化规律，建立了成矿元素的地球化学演化模式，结合地质成矿模式和地球物理模式特点建立沃溪金锑钨矿床多元信息的四维时空找矿模式。

7) 从沃溪矿区现有的矿床、矿点的分布规律及其成矿地质作用的特征、成矿流体演化及成矿规律和四维时空找矿模式研究发现，沃溪金锑钨矿床的形成存在两次大规模的成矿活动，而且印支燕山期成矿与深源有关，由于受深部构造的影响，表现为成矿时空分布极不均匀，不是在每个地段都能形成中大型矿床，肯定存在"富集中心"的问题(目前来看，"十六棚公"作为中心位置的可能性比较大，但不排除有多个"中心"或者"次中心"的可能)。基于此对沃溪矿区原矿权 107 km² 范围内开展了深部成矿预测，通过综合分析认为，十六棚工—红岩溪为 Ⅰ 级深部找矿预测区；大风垭、龚家湾为 Ⅱ 级深部找矿预测区；柳林、李家桥为 Ⅲ 级深部找矿预测区。

本专著的撰写，由于时间比较紧，加之研究水平有限，可能有些问题阐述不够深，还可能存在一些不足之处，希望能得到读者的批评指正，也希望能对沃溪矿区今后的深部找矿有所帮助，同时希望这种研究思路能对其他矿种的深部找矿有所启示。

陈海龙　杨晓弘
2021 年 7 月 26 日

目录

/Contents

第 1 章 序 言

1.1 研究基础

　　成矿模式研究是国内外在成矿动力学领域的热门课题,早在 20 世纪 70—80 年代形成高潮,至今还在不断地深化研究和发展之中。追溯"模式"的研究历史,我国早在战国时期就产生了"矿床产出的模式思辨""地下水与石油生成模式思辨"(700 年前)以及唐朝颜真卿、段式成(618 年)的"生物与矿床产出的模式思辨"等,并以此指导找矿。近代地质学中,最先提出类似成矿模式矿床带状分布图的是 W·H·艾孟斯,他于 1907 年提出了花岗岩体矿床呈带状分布的图式。到 50—60 年代,地质成矿模式研究有了很大的发展,"成矿模式"一词首先由捷克人于 1962 年提出,1970 年提出了"洛厄尔-吉伯特模式",即后来的斑岩铜矿床成矿模式;1982 年美国地质调查所发表了 48 个成矿模式的系统材料后,人们对成矿模式有了全面的理解。1984 年,国际地科联和联合国教科文组织建立了矿床模式项目(DMP),目的是促进世界范围内矿床模式的研究,有效地指导矿产资源的勘查、预测评价和开发。

　　20 世纪 60 年代初,我国钨矿项目组提出了黑钨矿石英脉"五层楼"垂直变化规律的描述性模式;1974 年建立了玢岩铁矿模式,并逐步揭开了成矿模式研究的序幕。尤其是程裕淇等矿床学家(1979)提出了成矿系列矿床新理论,进一步确定了矿床模式研究的理论基础,指出了矿床成矿模式研究的具体目标,如反映各种成因金矿系列的模式有朱奉三、胡伦积、王鹤年等建立的金矿成矿模式、金矿成因模式和中国内生金矿床成矿模式;反映某一大地构造单元内生金矿的成矿模式有中国北东部内生金矿成矿模式,东北、华北地洼区金矿成矿模式(蒋图治);反映某一成矿区域或者成矿区带的成矿系列模式有小秦岭金矿成矿模式(曹殿春等)、山东招掖金矿成矿模式、浙江火山岩区金矿成矿模式(徐国风)、浙江中西部金银矿成矿模式(张建)、广东金矿成矿模式(徐火盛);反映金矿成因类型的成矿模式有斑岩型金矿成矿模式、与火山深成组合有关的金银矿成矿模式等。

自 20 世纪 80 年代以来国内矿床学家都在研究矿床模型问题,并扩展到地球物理、地球化学领域,建立了不同门类的成矿模式,如地质-地球物理模型、地质-地球化学模型、地质-数学模型及综合技术方法找矿模型。

另外,20 世纪 50 年代末到 80 年代,我国著名的地球化学家谢学锦的原生晕地球化学分带理论和张本仁教授提出的"五大"地球化学基本观点及成矿地质信息与地球化学信息的"两个转化"的构想(张本仁,1989),突破了当时地球化学勘查的单一找矿目标和就异常特征评价异常的局限,并开拓了地球化学测量数据用于解决基础地质和成矿问题途径的新研究思路,进一步确定了矿床模式研究的理论基础,指出了矿床成矿模式研究的具体目标,国内广大地球化学家和学者对不同矿床类型进行了地球化学模式的研究,总结了原(次)生晕地球化学异常模式、地球化学分带模式、矿田地球化学模式、构造地球化学模式、构造叠加晕模式等多种研究方法和研究内容,并利用它指导找矿,取得了良好的找矿效果。

到 20 世纪 90 年代,朱裕生研究员提出,未来的找矿重点是隐伏矿床和覆盖层下的盲矿床,单用地质标志进行直接勘查的作用逐步缩小,地质找矿的难度加大,相应的风险增加。按成矿的差异和勘查要求,将成矿模式分为三类,即区域成矿模式、矿床成矿模式、找矿模型。其中,"找矿模型"是为适应寻找隐伏矿床的需要而创立的找矿新途径。为适应这一找矿新形势,需要借助地球物理、地球化学和航卫信息等间接找矿标志识别成矿信息,推断和预测隐、盲矿床的四维空间位置。关于"四维空间",朱裕生研究员没有做出更多的解析,从纯空间来讲,纯空间性的四维空间是指存在垂直于其他三个主要方向(X、Y、Z)的另一主要方向,它不仅存在,而且还存在多维的可能。但目前地学界研究很少,笔者在本书将"四维时空"理解为"闵可夫斯基空间",爱因斯坦在他的广义相对论和狭义相对论中表述为宇宙是由三维空间和一维时间组成的"四维时空"。从地质地球化学找矿模式来讲,四维时空是指三维空间所确定的位置在不同时期的叠加成矿而引起的三维空间的变化。即"四维时空"反映了不同成矿作用的时间和空间变化规律。

在找矿实践中,朱裕生研究员还指出:①不同地区、不同构造单元内,对不同类型矿床应用地质理论找矿、地球物理勘探方法找矿、地球化学勘探方法找矿和航卫信息找矿所起的作用是不同的;②在同一地区的同一类型矿床上,各类方法所提供的找矿信息各不相同;③应用单一方法提供的信息对找矿来说是不够充分的,特别当地质、物探、化探、航卫信息达到最佳组合状态时,能有效地预测和判断隐、盲矿床(体)的地质位置和提出发现矿床的有关参数,将改变当前隐、盲矿床的找矿现状。一旦应用地质、物探、化探、航卫信息的最佳组合建立找矿模型，不仅具有扎实的地质基础，而且建立了完整的方法体系，将能获得较好的找矿效益。由于地质体，特别是矿床(体)千变万化，赋存的四维空间存在差异，即使是同一类型的矿床，其显示的找矿信息也会有相当大的差别，因而不能提供一个现成的找矿模型或建立一个统一的组合模式供矿产勘查使用，但在研究了矿床(体)的地质、物探、化探、航卫的性质和成矿的地质规律前提下，优化找矿标志，确定找矿信息和找矿方法的最佳组合，据此建立找矿模式，从而发现矿床(体)，是当今找矿的有效途径。

前人对沃溪金锑钨矿床曾开展过大量的研究工作，取得了许多研究成果，就一些关键地学问题，形成了以下主要认识：

(1)成矿物质来源

关于成矿物质来源，目前存在两种主流观点，一是来源于地层(罗献林，1988；刘荫椿，1989；刘英俊等，1991a，1991b；马东升，1991；张乾等，1992；柳德荣等，1994；刘亮明等，1999)。二是既来源于地层，又来源于深部壳幔物质或岩浆(毛景文等，1997；彭渤等，2003；贺转利等，2004；袁兰陵等，2008；彭南海等，2017)。

(2)成矿流体来源

沃溪 Au-Sb-W 矿床成矿流体较复杂，主要有变质水夹带大气降水(鲍振襄等，1991)、进化的海水(顾雪祥等，2005；董树义等，2008)及来自深部更成熟的陆壳基底(彭建堂等，2003a；毛景文等，2004；等)三种观点。

(3)成矿作用

湖南境内沃溪、黄金洞、万古、铲子坪、漠滨等矿床产于同一构造单元的前寒武系浅变质岩系中，均以构造蚀变岩型或石英脉型金矿为特征，且伴有锑、钨金属，层控特征明显，因此大多数学者认为，矿床与含矿地层、区域变质作用关系密切，刘英俊(1989，1993)将这些矿床论证为晚元古代层控矿床。王秀璋(1999)、彭建堂(2000)等研究则表明，该区武陵期区域变质作用与金成矿关系不大，加里东期的成金作用影响更广泛，不容忽视。

(4)成岩成矿年龄

前人对产于雪峰地区金矿床的成矿年龄开展了大量的研究工作，他们通过对金矿床石英流体包裹体运用 Rb-Sr 等时线法、Pb 模式年龄法，白钨矿采用 Sm-Nd 等时线法，石英(长石)单矿物运用 K-Ar 法(Ar-Ar 法)和对矿区外围岩体的锆石采用 SHRIMP U-Pb 法进行研究发现，雪峰地区金矿床的成矿年龄范围非常广，几乎涵盖了自中新元古代武陵-雪峰期到加里东期、印支期、燕山期的所有时代，总体归纳成矿年代主要集中在三个时间段：

①晚加里东期成矿时代。主要有：湘西沃溪金锑钨矿床中白钨矿 Sm-Nd 等时线年龄为(402±6)Ma，石英 Ar-Ar 同位素年龄为(420±20)Ma 和(414±19)Ma

(彭建堂等，2003)；板溪锑矿石英的 Ar-Ar 等时线年龄为(398±2)Ma 和(421±1)Ma(彭建堂等，2003)；柳林汉金矿的钾长石 K-Ar 法等时线年龄为 404.2 Ma(王秀璋，1999)；依据铅同位素模式年龄结合成矿地质特征、矿床地球化学特征推断其为雪峰-加里东期(罗献林，1989；刘荫椿，1989)；韩凤彬等(2010)获得黄金洞、万古和团山背金矿的 Rb-Sr 等时线年龄，其研究分析得出成矿作用发生在加里东期；加里东期构造运动同样对本区成矿有着重要的影响，导致了一系列脆、韧性剪切带的形成，同时引起地层中成矿元素的活化迁移(贾宝华，1992；杨宗文，1992；朱霭林等，1995；丘元禧等，1998；侯光久等，1998)。

②印支期末期成矿时代。如渣滓溪锑钨矿床白钨矿 Sm-Nd 等时线年龄为(227±6.2)Ma(王永磊等，2012)；大溶溪钨矿床穿插于钨矿体中的辉钼矿 Re-Os 同位素年龄为(223±3.9)Ma(张龙升等，2014)；铲子坪和大坪含金石英脉 Rb-Sr 等时线年龄分别为(205.6±9.4)Ma 和(204±6.3)Ma；矿区外围黑云母花岗岩体锆石 SHRIMPU-Pb 年龄为(222.3±1.7)Ma(李华芹等，2008)；黄诚等(2012)获得雁林寺金矿床石英 ESR 年龄为 214.2Ma(NE 向矿脉)和 177.4~155.0 Ma(NW 向矿脉)，代表了印支晚期和燕山早期的成矿事件；许德如等(2015)获得湘东北地区与金矿密切相关的辉钼矿 Re-Os 等时线年龄为 140 Ma；陈富文等(2008)对沈家垭金矿含金石英脉进行 Rb-Sr 等时线定年，获得该矿床含金石英脉 Rb-Sr 等时线年龄为(90.6±3.2)Ma，表明成矿作用发生于晚白垩世；李华芹等(2008)通过年代学研究认为湘西铲子坪、大坪金矿的成岩和成矿作用均发生于印支期，成矿作用可能与区域性逆冲-推覆作用及相伴生的酸性岩浆侵位密切相关。

③燕山期成矿时代。产于寒武系以后地层中的锑矿床主要是在中燕山期成矿，同位素年龄主要为 160~140 Ma(胡瑞忠等，2007)，成矿的构造环境为活化区构造——岩浆活化的第二阶段。但大规模成矿作用发生于燕山期，与燕山期区域性大规模的逆冲-推覆作用密切相关(陈富文等，2008)。如锡矿山锑矿方解石法等时线年龄为(124±3.7)Ma、辉锑矿的 Sm-Nd 等时线年龄为(156±12)Ma，沃溪金锑钨矿金矿成矿年龄含金石英脉 Rb-Sr 等时线年龄为(114±17)Ma；沈家垭金矿含金石英脉 Rb-Sr 等时线年龄为(90.6±3.2)Ma；龙山金锑矿石英流体包裹体 Rb-Sr 等时线年龄为(175±27)Ma。毛景文等(1997)获得万古金矿床石英 Rb-Sr 等时线年龄为 70 Ma，显示了燕山晚期的成矿作用。史明魁等(1993)对沃溪矿床石英-辉锑矿体中的石英进行了 Rb-Sr 测年，测年结果显示，石英流体包裹体 Rb-Sr 等时线年龄为(144.8±11.7)Ma，成矿时代属于燕山期。

另外，彭建堂等(1998，1999)和刘继顺(1993)根据现有年代学资料，认为雪峰山地区金矿的形成时代具有多期次特点，但加里东期和印支期是该地区金成矿作用的两个主要成矿期。

（5）矿床成因

沃溪金锑钨矿床作为研究的焦点，关于其成因研究产生了一系列的研究成果，但也存在争议，主要有以下几种观点：①同生沉积成因（孟宪民和谢家荣，1965）；②层控变质热液成因（罗献林等，1984，1996）；③岩浆热液成因（张振儒，1980，1989；彭渤等，2003；毛景文等，2004）；④变质水和大气降水混合热液成因（杨燮，1992；牛贺才等，1992；刘英俊等，1993；彭南海等，2013）；⑤沉积-变质热液改造成因（梁金城等，1981；涂光炽，1987；梁博益和张振儒，1988；李键炎，1989；陈爱清等，2014）；⑥层控-构造动力再造成因（刘亚军，1992，1993；彭渤，1992）；⑦多因复成成因（何谷先，1992；郭定良、吴堃虹，2002）；⑧海底喷流热水沉积成因（顾雪祥等，2000；2003；2004；2005）等。

（6）成矿模式

沃溪金锑钨矿床成矿模式研究相对较少，目前只有以变质热液为主要来源的"沃溪式层控矿床模式"（罗献林，1996）；以幔源带来深部成矿物质的成矿模式（毛景文等，2004）；结合构造演化的成矿模式（邵拥军，2012；彭南海，2017 年）；以赋矿围岩论述的"浊积岩型金矿模式"（卢焕章等，2012）；彭渤等（2000）基于板块构造观点，认为中生代印支-燕山期，华南大地构造格局的根本性转变，EW向挤压转为 NE—NNE 向的伸展拉张，奠定了 Sb-Au 成矿大爆发的地质背景，提出 Sb-Au 成矿大爆发的机理模式；董树义等（2008）、顾雪祥（2003，2005）等认为成矿流体主要来自进化的海水，即海水通过在下伏沉积柱中的循环获取矿质，进而沿一系列断裂系统向上排泄到海底。随着生产勘查和研究程度的不断提高，揭示的地质现象越来越丰富，前期这些成矿模式的研究在值得肯定的同时，也存在一定的局限性。

上述前人研究，都是在对沃溪矿床宏观特征进行观测和微观检测的基础上开展的，然而对关键地学问题的认识仍存在争议，这一方面说明本区成矿过程十分复杂，另一方面，对一个具体的矿床，出现这样的认识差异，可能是研究的角度不同，显然带有一定的局限性。笔者相信，通过对沃溪矿区的大地构造演化与矿区构造耦合关系、沃溪矿床不同成矿地质作用、地球化学和地球物理场特征、矿床形成的多元信息综合研究建立多元信息的找矿模式，必将使沃溪矿床赋存的地质环境、内外部特征、控矿因素、矿化时空演化规律等得到进一步深入研究，其成果更趋近矿床形成的客观"正解"。同时，将为在沃溪矿区及其邻近地区的深部找矿，提供勘查方法和提高找矿效果以及找矿方向起到促进作用。

1.2 研究思路

随着沃溪金锑钨矿床的不断开采，以及不同成矿新理论和新方法的应用，揭示的深部地质信息越来越多，对矿床的认识不断加深，所以利用现有可靠的成矿信息，来总结矿床的形成规律，揭示成矿的本质，并以此正确地指导下一步矿产勘查和开发，一直是我们地学工作者不懈的追求。从一个矿区所经历的所有地质事件与成矿作用的"四维时空"视角来重新认识成矿系统，将会呈现出比较清晰的矿床在形成时的演化过程。矿床的形成过程，其实就是在不同时期、不同的空间条件下，使分散存在的有用物质(化学元素、矿物、化合物)，在地质地球化学作用下聚集到一起，并在相同的地质地球化学控矿条件下或不同地段(部位)不断"堆积"(爆发式成矿一次性堆积)的过程，归根结底是成矿作用的动力使矿化向成矿的转变。而成矿作用是一种复杂的动力学过程，实际上属于地球化学过程动力学，同时与地质过程动力学和地球物理过程动力学密不可分。而地球化学过程动力学按其研究对象的不同，又包含若干不同的分支领域(於崇文，1994)。如成岩作用动力学、成矿作用动力学、水地球化学过程动力学(水或含水流体与矿物、岩石之间的化学反应，通常简称为"水-岩相互作用"或"流体-岩石相互作用")、气体地球化学过程动力学、生物地球化学过程动力学、深部地球化学过程动力学、环境地球化学过程动力学等。笔者认为，不管是何种动力学条件，都会造成元素的活化、迁移、富集(贫化)，最终在有利的空间形成矿床。而在这些成矿过程中，都会留下地球化学"痕迹"，引起地球化学异常，同时会引起物理参数的改变而导致地球物理异常参数的改变。

半个多世纪以来，沃溪金锑钨矿床的物质来源、成矿作用、矿床成因等，引起了国内外广大地学研究者的广泛争议。围绕这些问题，各家提出了不同的认识，尤其在矿床成因方面争论不休。因此，对沃溪金锑钨矿床的形成和演化规律的正确认识，不仅涉及"沃溪式"矿床形成的理论问题，而且直接关系到这个地区或者相同成矿地质条件地区的隐伏矿床的预测和发现的实际问题。特别是由于生产力的发展和科技的进步，矿山企业的开采和生产在不断消耗资源，而找矿工作不断投入，效果不理想，造成保有储量不断减少，想要摆脱目前这种困境，途径只有两条，一是加强对该地区所经历的主要地质事件与成矿作用的重新认识，力求对该地区的矿床在形成时的演化过程和成矿作用的关系有一个比较完整、清晰而且相对正确的认识；二是在多种成矿理论相结合的思想指导下，利用地质、物探、化探、遥感等多种勘查方法所获得的成矿信息来积极开展对隐伏矿床的预测和寻找，将会增强深部找矿的准确性，为加大勘查力度、扩大资源储量提供保障。

基于以上研究思路，本书针对制约该矿区深部找矿突破的关键问题，以地质、地球物理、地球化学相结合的研究方法，通过分析不同的地质事件与成矿作用的关系，特别是对每次地质事件与成矿作用演化过程中元素的活化、迁移、富集规律、时空条件、物理化学环境进行分析，在前人研究的基础上，从不同的成矿作用入手，系统地总结了矿区范围内不同地段所产生的矿床(矿点)的成矿地质特征以及地球物理和地球化学特征，根据不同成矿作用的地球化学元素的演化规律来揭示成矿作用的本质，建立不同成矿作用下多元信息的异常模式，以及这些异常模式与成矿的关系、不同成矿作用对矿床形成的贡献大小，从而阐明不同地球化学和地球物理模式的找矿意义，对深入研究沃溪金锑钨矿床形成机理、矿体的分布规律形成一个全新的认识，并为指导矿产勘查方向和选择勘查的方法手段提供理论依据。

1.3 研究方法

本次研究工作通过系统地收集雪峰成矿带和沃溪矿区现有的研究资料、相关文献、专著和历年来沃溪矿区的勘查成果资料，在充分熟悉和完全把握该区的区域和矿区地质特征、成矿地质条件、成矿规律、成矿流体性质及其演化、成矿作用类型、构造成矿、成矿年代学、同位素地球化学、稀土元素地球化学、矿床成因等的基础上，通过对每次地质事件(成矿地质作用)，以地球化学动力学原理系统分析元素的重新活化、迁移、富集规律和相应的地球化学异常特征，以及不同成矿地质作用叠加所形成的地球化学叠加异常的分解，建立不同成矿作用的"静态多元信息的异常模式"，再反演到成矿作用"动态模式"，从而揭示成矿的本质，阐明沃溪矿床成矿物质的来源、矿床形成机制、成矿作用的特点、成矿规律等，系统地总结不同成矿类型下不同规模的矿床的分布特点及其地质地球物理和地质地球化学异常特征，以指导本区地质勘查工作。

主要研究方法包括以下几种：

(1)资料收集：系统收集历年来沃溪矿区地质勘查、物化探工作成果资料，以及前人研究成果资料，并对其进行系统的分析、研究和总结，了解区域成矿地质背景，把握前人研究动态，厘清制约本区研究的关键科学问题，制定工作及研究方案，有针对性地开展详细的野外地质调查和室内综合研究工作。

(2)野外考察：主要是针对历年来研究的薄弱环节开展考察，重点是将沃溪矿区"断陷盆地"即"白垩纪红层区"作为调查对象，开展野外调查工作，为成盆机制与成矿作用的耦合及盆地对矿产分布的制约关系的论证，提供充足的地质、地球化学和地球物理依据。

（3）室内研究：采用不同地质事件与成矿作用动力学相结合的研究方法，将成矿动力学与地球物理和地球化学资料相结合，来探讨沃溪矿区主要构造演化及成矿作用的特征与物化探异常形成的机理。

整个研究工作主要有以下5个方面：

①在前人对矿区所处的大地构造位置及其演化规律研究的基础上，首次运用地幔热柱及幔枝构造理论开展沃溪矿区深部成矿动力学研究，并运用叠加成矿理论重新认识区域地球物理和地球化学场以及矿化特征，建立区域上地球物理和地球化学的成矿模式。

②通过对大地构造、区域构造、矿区构造的演化和耦合关系的研究，以及对沃溪矿区不同的构造位置及其演化历史下成矿地质背景和矿区不同的矿床（矿点）分布规律及其矿化蚀变特征的研究，系统地总结矿床（矿点）的地质特征和控矿条件，建立矿床地质静态模型。

③运用新成矿理论，如有机烃成矿理论、叠加成矿理论、烃碱地球化学原理、流体成矿理论和地幔热柱及幔枝构造控矿理论、"幔-壳成矿作用"成因论，以及分形理论为指导，对历年来矿区所有的物化探工作成果资料进行二次开发研究，尤其是运用分形理论对地球化学场进行分解，提出了同生叠加场和深源叠加场的概念，并赋予其地质意义，建立与之相适应的地球物理和地球化学异常模型。

④在上述矿床（矿点）地质、地球物理、地球化学模型研究的基础上，加强不同期次的构造演化与成矿作用的动力学研究，系统分析矿床（点）地质、地球物理、地球化学模型形成的机理，建立地质、地球物理、地球化学等多元信息找矿模式。

⑤总结沃溪金锑钨矿床的成矿规律和控矿特征，确定沃溪矿区找矿标志，开展成矿预测。

第 2 章　区域成矿地质背景

2.1　大地构造位置及演化

　　沃溪金锑钨矿床大地构造位置处于江南地轴(或称台窿)中段的雪峰弧形隆起带由 NE 向 NEE—EW 向的弧形转折部位(图 2-1),溆浦三江深断裂带的北缘。雪峰弧形构造隆起带从湘东北的平江、浏阳一带,西延经益阳、桃江、常德、桃源、沅陵,后转折向南西延伸至溆浦、会同、靖县一带。雪峰弧形隆起带经历武陵运动、雪峰运动、加里东运动、印支和燕山运动长期的挤压变形作用,地层发生较强的变质和变形。湖南省金矿床(点)约 80%分布在隆起带的冷家溪群与板溪群浅变质岩系中,故将其划为雪峰弧形构造隆起金矿成矿带,称为"湖南金腰带"。由图 2-1 可以看出,沃溪金锑钨矿带位于雪峰弧形构造隆起金矿成矿带北缘,走向上基本一致。

2.1.1　研究现状

　　雪峰弧形构造带的大地构造背景一直是华南地质研究的热点,引起了地学界的广泛关注,很多学者对此进行了讨论,并发表了各自的观点。田奇瑰发表的《湖南雪峰地轴与古生代海侵之关系》,对湖南地区所处的大地构造位置、性质和意义进行了阐述,并创建了"雪峰运动"一词;郭令智等认为该区是江南元古代岛弧的一部分;徐青华等认为本区是扬子地块与华南地体的碰撞带;而任纪舜等认为该区是华南加里东地槽与扬子准地台之间的过渡带;陈心才(1991)等通过研究雪峰山及邻区大地构造性质及演化,探讨了华南的构造演化背景,发现了湖南存在三大推覆期及不同方向的大型韧性剪切带,刷新了湖南构造研究的认识,其中论述到三大构造阶段构造变形的不同机制,即武陵期、加里东期的变形机制为压扁加韧性至脆韧性剪切,韧性剪切带的发现对金矿的寻找和预测有重要意义,而

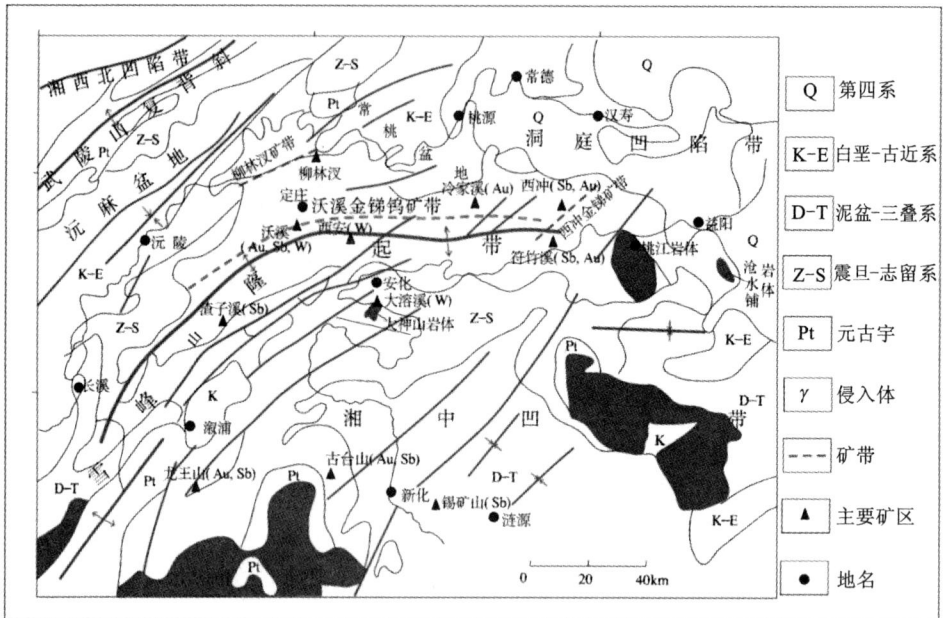

图 2-1　沃溪矿床区域构造及矿产分布示意图

（据曾小石等，1993 修改）

印支-燕山期构造变形机制为走滑作用加脆性剪切，韧性剪切的变形主要集中在主断面，因此形成远距离的推覆逆冲，从而开辟了寻找推覆体下隐伏矿产找矿工作的新途径。贾宝华（1994）从分析湖南雪峰隆起区的构造变形特征入手，划分了该隆起区从中元古代以来所经历的三次大的构造变形阶段，即元古代中期末的武陵构造变形—北部雪峰隆起初步形成（隆起雏型）阶段；古生代早期末的加里东构造变形—南部雪峰隆起形成并使统一连贯的雪峰隆起初具成型的阶段；中生代印支、燕山叠加构造变形—雪峰隆起成型并定型阶段。志留纪末的加里东运动是形成雪峰隆起的重要构造运动。邱元禧（1998）等系统研究后认为，雪峰山地区地质构造以具有多期（武陵、加里东、印支-早燕山）、多层次的层滑构造为主要特色，其主要特征表现为在垂直剖面上有着多个区域性滑脱层，发育侏罗式褶皱和逆冲叠瓦式推覆构造；但它不是阿巴拉契式远程异地推覆体而为准原地型，为陆内裂陷背景上因裂谷关闭时陆块拼贴碰撞（即所谓软碰撞）和内俯冲而产生。他们还认为，雪峰地区也发育伸展和滑覆构造，即伴随每一次挤压造山，地壳加厚之后，因深部岩石圈折沉作用还存在地壳隆升拉伸和厚度减薄现象。梁新权（1999）等在研究雪峰山构造带中生代变形的问题时，提出会聚式地幔蠕动和扩散式地幔蠕动，所产生的岩石圈增厚和减薄是引起该中生代的构造变形和活化的根本原因。他们认为雪峰构造带于中生代发育有两套相反的逆冲剪切推覆构造系统，它们是壳块不同演化时期多向运动变形的产物。丁道桂(2007)讨论了江南—雪峰山"隆起带"的性质，认为它既不是造山带的"厚皮构造"，也不属于沉积盖层的褶皱的"薄皮构造"，而属于"过渡型的基底拆离式"的构造属性。认为它是印支-燕山运动前由南东向北西(同时派生由南向北，由东向西)进行基底拆离和推覆的，成为控制整个扬子海相中古生界盆地的动力学来源和主导因素，同时控制了海相油气的形成与聚集。朱自强(2007)采用区域板块构造运动同大陆板块内部局部地区的力学分析相结合的板块力学研究方法，将构造地质学与地球物理资料相结合，对区内构造、地层、变质作用、区域地学断面的地球物理特征、古地磁以及深部地壳结构、成矿作用等方面做了系统的论述，认为：①通过对地球物理资料的综合分析，并依据陆壳反射地震结果，确定了"江南古陆"地区为古隆起，其下存在时代更老的结晶基底，并明确了板溪群是这一地区的岩石地层单位，是一套在武陵运动不整合面之上、平行不整合与震旦系之下的由砾岩、砂岩、板岩构成的沉积地层，属元古代早期。②在深部地球动力学研究方面，总结了华南地壳平均速度结构特点及地质含义。明确了湖南具有比较稳定的大陆地壳，结合湖南地区中生代以来地壳结构和主要构造演化的有关地球物理资料和野外实际观察，对雪峰山隆升动力学机制及其有关矿区构造关系进行了研究，提出雪峰隆起经历了逆冲叠加、伸展滑脱等阶段；三大盆地形成的结构模式是深部隆起背景上的浅部拗陷，是加厚地壳在凸出部位，由于重力均衡，在中浅部地壳发生伸展拗陷而形成的认识；根据湖南地区布格重力异常和均衡重力异常等重磁资料分析，认为在加里东期、印支-燕山期湖南地区地壳均受到来自东南方向的外力推挤，江南古陆是相对坚硬的稳定构造，而南东地区比较柔性的地层则向北西方向推挤，形成了一系列的逆断层构造。③在区域成矿作用方面，首次运用造山与成盆作用形成的关系及两者的耦合原理，来研究矿产资源的分布规律，总结了造山与成盆作用对湘西南雪峰弧形构造带内金锑矿的控制作用特征。

与大地构造背景研究相比，造山带与盆地两个构造单元的演化研究相对较少些。至于造山带与盆地两个构造单元的演化研究，Hall 和 Dana 最早提出了地槽一词，这是较早有关地槽、造山带的经典论述，它涉及地槽沉降、沉积作用、岩浆活动、变形、变质作用，以及侧向挤压应力使褶皱隆起形成造山带等。到 20 世纪 60 年代后期，板块构造理论的兴起为造山运动的研究提供了新思路，即造山带的形成演化体现了岩石圈板块从离解(规模不等洋盆的打开)到聚集(洋盆消减闭合)的过程。在空间上，造山带常常是板块与板块之间的缝合地带，或是板块聚集边缘地带。20 世纪 80 年代后期，随着板块构造研究的深入，特别是大陆板块内的研究，以及深源流体研究，包括地震层析在内的地球物理探测技术、地球化学探测技术等各种测试手段的进一步发展，地质学家对地球大陆变形、变质作用、动力学特征有了进一步了解，而板块构造说却无法提供大陆地带动力学作用(如造山期后大陆内各种变形作用、大规模的走滑、逆冲断层等)的确切解析。

地幔热柱作为一种全新的大地构造理论,引起了越来越多的地质学家的广泛关注,把探测方向移向地球的深部。从另一个角度看,板块构造研究的对象——岩石圈板块,尽管厚可达几十千米,但与地球半径相比,仅仅是地球的一层薄壳,不管其运动模式是推-挤,还是推-拉,都是被动受力体系。至于板块边界的类型,不管是增生边界,还是走滑边界,它们都只是板块之间不同受力状态的表现形式,也是一种地球浅部的被动构造的表现形式。真正的动力源、板块运动的动力机制,应受到地球深部(不仅是软流圈、地幔,甚至包括地核在内)动力过程的控制或制约。所以,所有地质问题的解决均将依赖于对地球幔壳运动的重新认识以及对其深入研究(牛树银等,2002)。

关于地幔热柱的认识,最初由板块创始人之一的 Wilson(1963)提出"热点"的假说,用于解析夏威夷群岛火山链的成因;Morgen(1971)则认为 Wilson(1963)所指的固定热地幔源区实际上是一个地幔底部边界附近的地幔柱;Deffeye(1972)认为地幔柱是下地幔上涌形成的;Anderson(1975)认为地幔热柱与其说是热柱,不如说是一种"化学柱",它的化学成分与周围地幔物质存在明显差异,它由地幔底部物质组成,带来大量放射性物质产生的热量,具有高温低黏度的特点。日本一些学者依据地震层析成像、超高压实验、计算机模拟、地球的板块构造史和比较行星学研究,使地幔热柱研究更加丰富和具体化(Maruyama et al.,1994;Fukao et al.,1994),他们将地球深部构造以核-幔界面(2900 km)、上地幔底面(670 km)、岩石圈底面(100 km)深部为界划分出地幔热柱一、二、三次柱。其中进入上地幔的二次地幔柱称为"地幔亚热柱"(邓晋福等,1994),进入岩石圈 100 km 左右的三次柱称为"幔枝构造"(牛树银等,1996)。

牛树银教授及其研究团队,通过自然资源部"八五""九五"攻关项目及其他省、部项目的资助阶段性的成果——《地幔热柱多级演化及成矿作用——以华北矿集区为例》重点讨论了地幔热柱的多级演化、成矿物质的深部来源、迁移通道和聚集成矿空间等问题,得到了地质学家的高度关注,并于 2000 年获得了"教育部高等学校骨干教师资助计划"(J-200025)和"自然资源部自由探索项目"(2000442)资助,将其进一步发展并用于找矿实践(主要是华北地区),取得了较好效益,形成了自己独特的幔枝找矿理论,其专著《幔枝构造理论与找矿实践》,详细地介绍了地幔热柱的三级演化规律、华北地区"内金-铜,外金-银-铅锌"空间组合分带和典型金矿床和多金属矿床的幔枝构造控矿特征,并进行找矿实践,取得了良好的找矿效果。他们认为:

(1)地球表面所形成的地质构造格局、地球物理场异常、地球化学组分分布等主要受到地球内部物质、能量交换过程的制约。如陆地、海洋的展布，高山、盆地的形成，山川、河流的走势或构造运动，地震活动，岩浆岩演化，变质作用，以及各种矿产资源的形成等均受到地球内部物质运动、壳幔运动控制，是地球内外地质营力综合作用的结果（牛树银等，1995.2002；刘亮明等，1997；腾吉文，2001）。

（2）地幔亚热柱（二次柱）演化：当地幔亚热柱上升到岩石圈底部时，边界条件出现重大改变，尽管岩石圈底部亦存在较大的流变性，但总体是以固态流变为主体。地幔亚热柱首先遇到岩石圈盖层封闭作用，柱内物质受阻累积，并向外扩展，形成蘑菇状顶冠，并产生较大浮力。随着顶冠物质的增多，浮力增大，岩石圈最初表现为穹状隆升（这可能也是湖南地区大规模隆升作用的主要原因）。随着亚热柱顶冠物质的聚集，在热浮力隆升过程中，热物质会对上部岩石圈物质发生同熔或顶蚀作用，使岩石圈底部不断崩落，溶蚀，甚至会从穹隆或顶蚀中心沿岩石圈已存在的近水平拆离带向外灌入，导致拆离带下岩块脱落下沉。下沉的较小岩块在其下沉过程中被溶蚀殆尽，而较大的岩块成为地幔热柱外围的冷下降柱。

（3）幔枝构造的形成：随着地幔亚热柱的不断加强，地幔热物质逐渐向上侵位，当其上升力和重力、阻力达到平衡状态时，地幔物质会向外围拆离脱落下去，这些拆离地幔软片一旦受到上部韧性剪切带的搅动，也会沿韧性剪切带发生岩浆活动，导致其下的基性岩浆侵入和喷发。强烈的岩浆活动必然同熔下地壳源物质，形成地幔型、幔壳型、壳幔型、重熔型岩浆岩。而岩浆岩性质取决于岩浆作用（活动）时间的长短。如果上升通道（断裂）连通性较好，上升速度快，很快造成岩浆喷发（侵入），则以基性岩为主；反之，断层连通性较差，或岩浆上侵靠热力致裂为主，则时间较长，混入壳源物质越多，岩浆越向中性、中酸性岩浆演化，表现为幔壳-壳幔混合型，如果幔源呈片状，舌状沿岩石圈某一拆离滑脱层呈板块状侵入一定层位中，地幔（基性）岩浆很高的温度（1200~1300℃）足以将上覆岩石圈岩石熔融形成局部中酸性岩浆源地。

（4）地幔亚热柱活动的中期，由于亚热柱顶部大规模的岩浆活动，亚热柱的顶部最初表现出热隆作用，然后被中后期的热减薄作用取代，继而在亚热柱顶部发生减薄断陷作用。断陷沉积物中亦会夹杂多期次溢流玄武岩层，而外围则可能形成幔枝构造，以至于地幔亚热柱发展演化的中后期，会形成典型的盆岭构造。

（5）所以幔枝构造实际上是地幔热柱多级演化中的第三级构造，即地幔亚热柱的次级构造单元，它是地幔热柱在岩石圈浅部的综合表现，并以地幔上隆、岩石圈深部融熔、大规模花岗岩化、浅部地壳大规模隆起、形成巨大热穹隆构造、基底裸露、盖层大规模拆离滑脱及大规模中酸性岩浆侵入、伴随着碱交代-酸交代、火山盆地广泛分布为特征。幔枝构造一般由核部岩浆-变质杂岩、外围盖层拆离滑脱层、上叠断陷-火山沉积盆地等3个单元组成。

与大地构造背景研究相比,湖南地区地幔热柱理论与幔枝构造的演化研究相对较少。近30年来,还是得到不少地质学家关注,对应湘中地区的主成矿期,更多的地质学家倾向于燕山期,成矿控矿构造研究注重深部构造。如金鹤生(1987)研究发现以骑田岭为中心的地区具有三次柱-幔枝构造的诸多特征,其构造岩浆活动中心位于骑田岭一带,认为以骑田岭为中心的地区是湘南古地幔柱;易建斌(1995)提出了"幔-壳成矿作用"成因论;黎盛斯(1996)则认为湘中锑矿系深源流体的地幔柱成矿演化所致;毛景文等(1998)研究认为华南中生代大量花岗质岩浆的侵位和成矿与地幔柱作用有关;刘钟伟(2008)研究认为以骑田岭(郴州)为中心的热点作用是东坡(柿竹园)超大型多金属矿床形成的主导作用;唐朝永等(2009)在总结前人资料的基础上加以归纳总结,认为以宁远—道县为中心的湘东南热地幔柱具有二次柱-地幔亚热柱的一些特征,且是一个演化不彻底的地幔亚热柱构造等。

2.1.2 构造演化特点

本区先后经历了武陵运动、雪峰运动、加里东运动、印支-燕山运动和喜山运动等多期构造变形,构造活动极为强烈。朱自强等(2007)在前人研究的基础上,采用区域板块构造运动同大陆板块内部局部地区的力学分析相结合的板块力学研究方法,将构造地质学与地球物理资料相结合,对湖南两大构造单元、各构造块体的物性特征、大地构造演化各阶段进行了系统总结,建立了湖南大地构造的演化模式(图2-2)。

他认为,包括湖南在内的整个华南地区,在中元古代以前是一个统一的扬子—华夏联合古陆,到了中元古代,古陆裂解,形成裂陷槽或称华夏—扬子两古陆之间的小洋盆(古弧盆),接受沉积。其底部和下部有海底喷发形成的科马提岩系和拉班玄武岩,有些地区与深水硅质玄武岩构成蛇绿岩套。总体是复理石碎屑沉积夹火山沉积位置,厚度巨大。目前已知本区域出露的最古老岩系是由包括变质砂岩、板岩、千枚岩和凝灰质砂岩组成的新元古代变质杂岩,即"冷家溪群"。

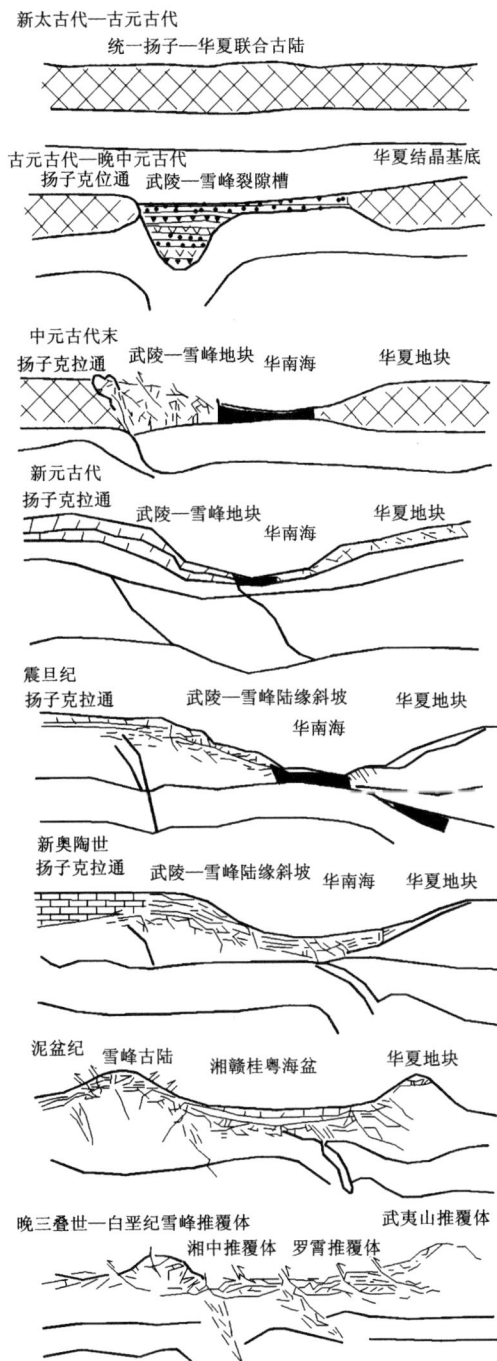

新太古代—古元古代
统一扬子—华夏联合古陆

古元古代—晚中元古代　　　　　　　　　华夏结晶基底
扬子克位通　武陵—雪峰裂隙槽

中元古代末
扬子克拉通　武陵—雪峰地块　华南海　　华夏地块

新元古代
扬子克拉通　武陵—雪峰地块　华南海　　华夏地块

震旦纪
扬子克拉通　武陵—雪峰陆缘斜坡　华南海　华夏地块

新奥陶世
扬子克拉通　武陵—雪峰陆缘斜坡　华南海　华夏地块

泥盆纪
雪峰古陆　湘赣桂粤海盆　华夏地块

晚三叠世—白垩纪雪峰推覆体　　　武夷山推覆体
湘中推覆体　罗霄推覆体

图 2-2　湖南地区构造演化示意

（据湖南省地质学会等，1996，朱自强，2007 改编）

中元古代末期与新元古代早期，华夏陆块向扬子克拉通碰撞拼贴，这一运动称为武陵运动。

碰撞拼贴形成大规模的逆冲推覆构造，使地壳张裂、缩短而造山，造山使深层挤压升温、地壳部分熔融，形成改造型花岗岩；同时，玄武岩浆沿深大断裂上升，形成火山喷发玄武岩和基性-超基性侵入岩，当挤压停止时，就发生抬升夷平，形成陆坡接受沉积，即形成板溪群。板溪期（新元古代晚期）又一次张裂的断块运动，使地层抬升遭受剥蚀，从而使震旦系成为不整合超覆沉积，这就是雪峰运动。

雪峰运动并没有改变沉积环境的性质，所以扬子构造区在震旦纪继续为陆坡沉积环境，以碳酸盐岩为主，并有铁矿（江口式）、锰矿（湘锰式）、磷矿（陡山陀）等沉积矿产形成，局部有火山活动；华夏构造域以复理石碎屑沉积为主，且火山活动相当强烈。扬子构造区以陆坡碳酸盐为主的沉积和华夏构造域以复理石碎屑为主的沉积一直继续至中奥陶世。晚奥陶世，在扬子陆坡环境中，由以前的碳酸硅质沉积为主变为碎屑复理石沉积，沉积物的改变表明，扬子、华夏两个板块在湖南境内沿茶陵—郴州一带又重新开始接触，进入两个板块碰撞汇聚的初始阶段，即加里东运动开始。

两个板块碰撞汇聚在各阶段的发展是不平衡的，东段（江西境内）汇聚后继续活动，完成造山阶段而形成怀玉—九峰隆起造山带；中段（湘中一带）汇聚后停顿，形成夹持于雪峰—幕阜与罗霄—武夷两隆起之间的上叠盆地；西南段（广西境内）散开而未形成海洋封闭。这一时期的岩浆活动，形成早期海洋（华夏一侧）向大陆（扬子一侧）俯冲的同熔型花岗岩（诸广山岩体）。

从新元古代开始，在加里东运动褶皱基底上的上叠盆地，接受了从泥盆纪到早三叠世以碳酸盐为主的沉积，从而形成了碰撞汇聚带中段的"两个基底，一个盖层"的壳层结构。

在早三叠世已经连为一体的华南陆块，受其周围板块（太平洋板块、印度板块等）的俯冲汇聚影响而发生陆内造山运动，即印支运动。它主要表现为基底滑移和分段推掩，以形成改造型花岗岩为主，并多沿断裂带分布。到侏罗纪和白垩纪，华南陆块周围的板块继续活动，基底滑移和分段推掩进一步加强，而表现为燕山运动。

燕山运动在罗霄—武夷隆起带最为强烈，使之成为南岭地区最重要的构造带，并成为改造型岩浆岩形成的源地，且由东向西，岩浆岩活动有减弱至逐渐消失的趋势。从罗霄—武夷隆起带向西，岩浆岩由面型分布到单个分布，直至不再出现。与此同时，在两个板块汇聚带，由于其构造薄弱带是地壳的"伤痕"，幔源物质易于渗入，和地壳物质混熔生成壳幔岩浆，通过上侵形成中酸性和酸性花岗岩，伴生或共生在一个低序次的构造单元中，从而使两板块汇聚带成为一个重要的构造岩浆活动带。

2.1.3　构造演化与地幔亚热柱耦合关系

湖南地区 1 : 20 万重力数据图表明，全省重力布格异常呈面型分布，宏观上以麻阳—常德—湘潭—衡阳弧形带重力高异常为特征，其他地段高重力和低重力异常呈带状相间分布规律，这些重力异常带的出现，说明地壳物质密度不均匀，高异常区反映基底有较多的质量亏损、变质基底隆起及莫霍面抬升，低异常区基底有较多的质量增加、变质基底凹陷及莫霍面下降(图 2-3)。

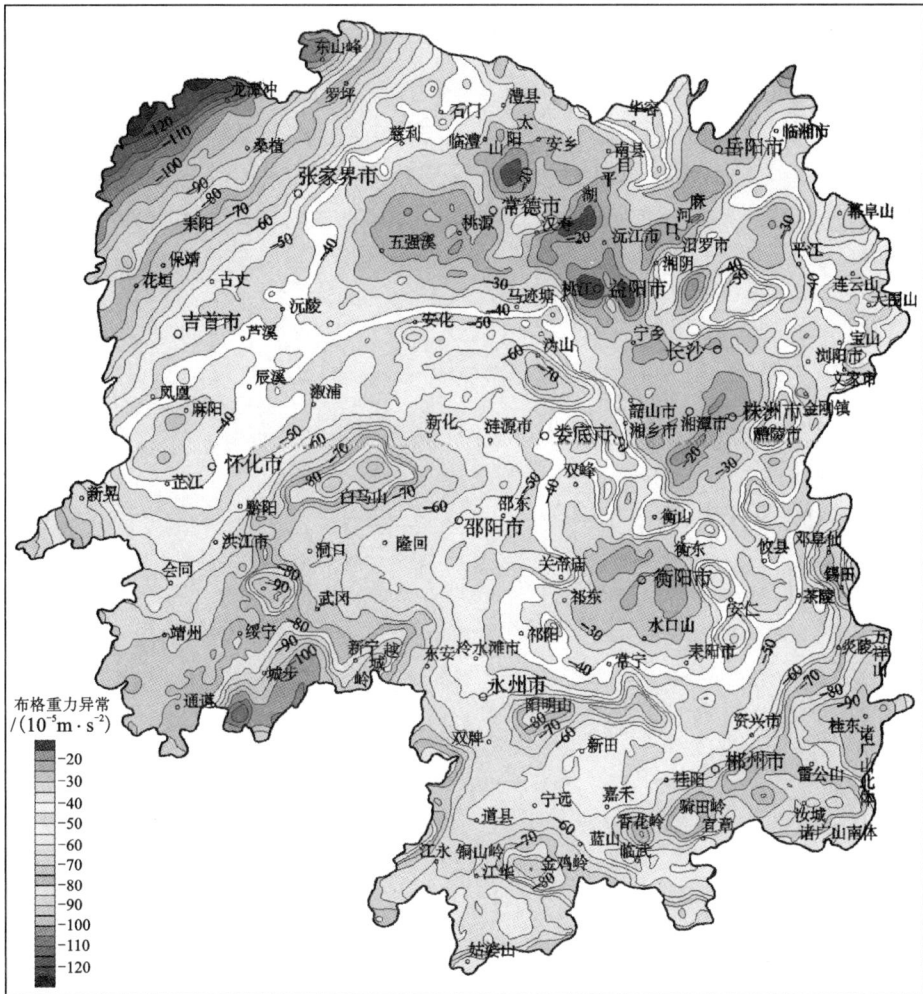

图 2-3　湖南布格重力异常图

(湖南省地学新进展)

湖南基础地质资料表明，在地层出露、重力高异常区的形态范围与相应的断陷盆地(中新生界红层沉积区)轮廓基本吻合，而重力低异常区的形态范围与隆起带内前寒武系-志留系老地层或者岩浆岩出露地段基本吻合，同时也表现出与区内典型的盆岭构造特征十分吻合(图 2-4)。

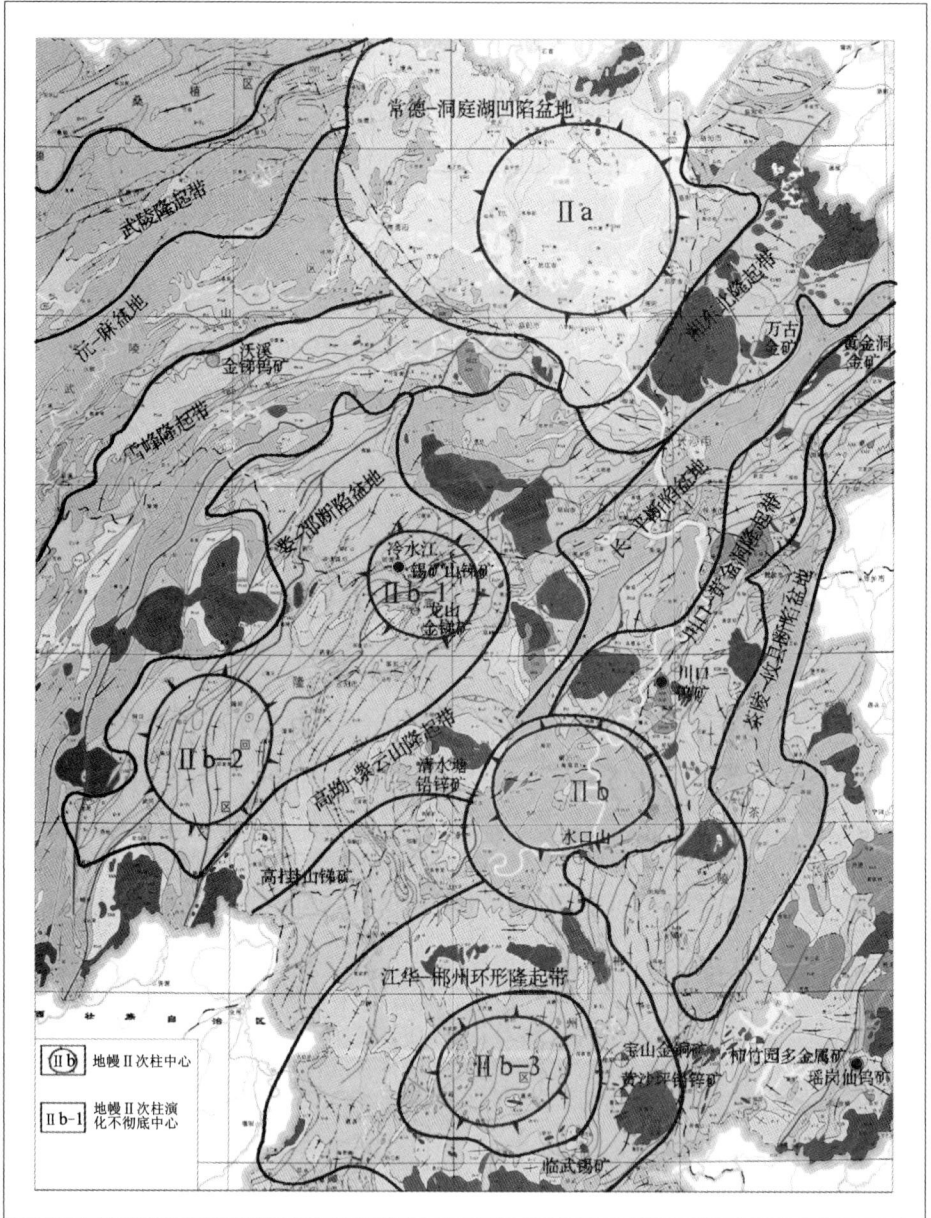

图 2-4 湖南幔枝构造示意图

从地幔热柱的角度看(图 2-4),湖南存在两个较为明显的地幔上隆区,即常德—洞庭湖和衡阳—娄邵断陷盆地,其特征是该两区的地表表现为新生代热断陷,形成断陷盆地,接受侏罗—白垩纪的沉积。实际上,这种地貌特征是地幔亚热柱地幔岩上隆后期热断陷的表现形式,也就是说亚热柱隆升的早中期,应该以常德—洞庭湖和衡阳—娄邵盆地为隆起中心,在地幔亚热柱隆升的中后期,由于地幔上涌物质亏空,便在亚热柱的中心部位形成热断陷构造(图 2-5、图 2-6)。

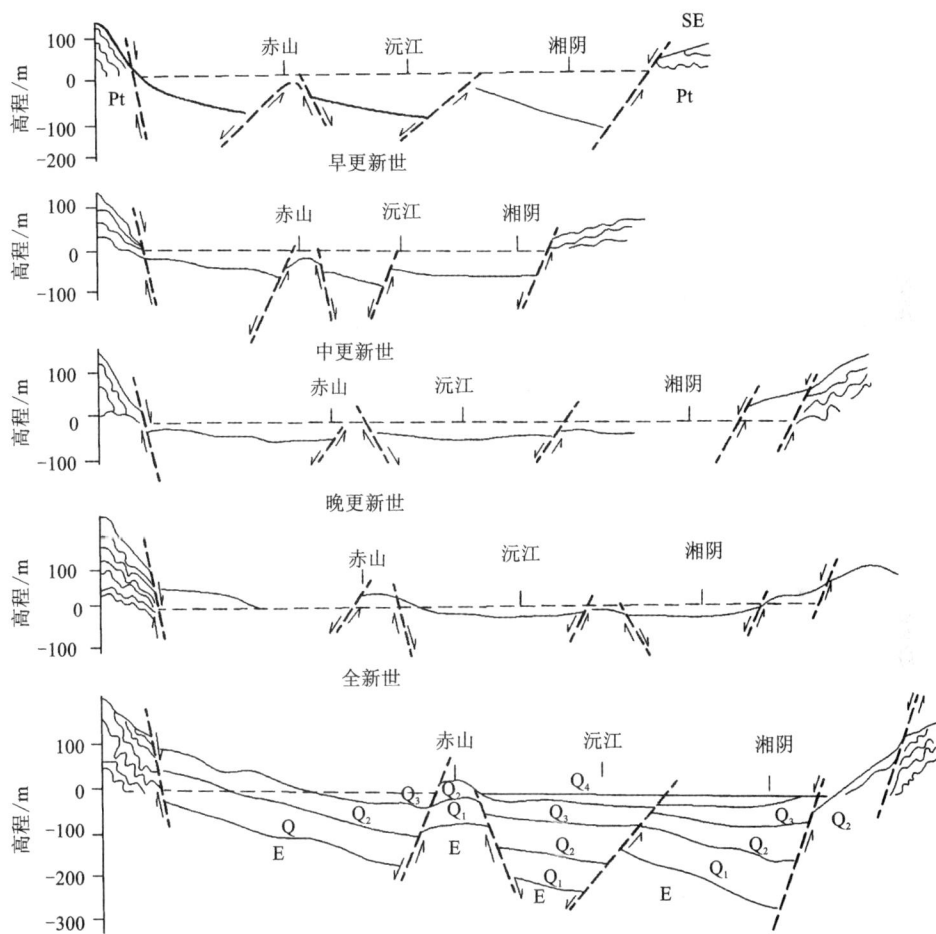

图 2-5　常德–洞庭湖地幔亚热柱上部热断陷盆地剖面图
(据邵拥军等, 2011)

在常德—洞庭湖亚热柱演化过程中(图 2-5),早在加里东期,上地幔上隆,造成常德—洞庭湖中心地幔亚热柱隆升,侵蚀下地壳亚岩层,使中心地壳岩层变薄,逐步塌陷,形成深度断层,岩浆沿深大断层上涌,并在其周边地区侵入地壳中上部，有些出露到地表形成加里东期岩体；并在其外围形成了一系列幔枝构造，包括武陵构造带和雪峰构造带北部的隆起、沅麻盆地断陷盆地、湘东北隆起等。到了印支-燕山期，地幔热柱继续上隆，深部构造活动进一步加强，断陷盆地继续下沉，接受白垩系沉积，同时，一系列幔枝构造继续上隆和印支-燕山期岩浆活动形成现有的地貌特征。

此时，衡阳—娄邵亚热柱演化过程与常德—洞庭湖地幔亚热柱具有相同的特征。早在加里东期，上地幔上隆，造成衡阳—娄邵盆地地幔亚热柱隆升，侵蚀下地壳岩层，使中心地壳岩层变薄，逐步塌陷，形成深大断层，岩浆沿深大断层上涌，并在其周边地区侵入地壳中上部，有些出露到地表形成加里东期岩体，并在其外围形成了一系列幔枝构造，包括雪峰构造带北部的隆起、衡阳—娄邵断陷盆地。到了印支燕山期，地幔亚热柱继续上隆，深部构造进一步加强，此时，以衡阳盆地为中心，接受白垩系沉积，并伴随强烈的岩浆活动，岩浆在其周边地区侵入地壳中上部，有些出露到地表形成印支-燕山期岩体。

两者虽然具有相同的特点，但又存在一些不同之处，主要表现为多个构造层次，包括中晚元古界（Pt_2ln-Pt_3bn）、下古生界盖层（Z-S），上古生界盖层（D-T_2），中生界盖层（T_3-J）和新生界断陷沉积（K-N）等，分别代表了晋宁构造层、加里东构造层、海西-印支构造层和燕山构造层以及相应的地幔亚热柱周边环状岩浆岩带的分布（图2-4）。由于地幔二次亚地幔热柱在衡阳盆地、娄邵盆地和郴州地区的强度不同，形成以衡阳盆地为中心的二次亚热柱，伴随一系列演化不彻底的娄底地幔次亚热柱、邵阳次亚热柱和郴州地幔次亚热柱，其表现特征为衡阳盆地在印支燕山期地幔亚热柱继续侵蚀地壳，使断陷进一步加强，接受白垩纪红层沉积；而娄底地幔次亚热柱、邵阳次亚热柱和郴州地幔次亚热柱在印支燕山期地幔热柱活动相对较弱，地壳向下断陷减弱，表现为白垩系缺失。

2.1.4 幔枝构造与成矿耦合关系探讨

上述各期构造运动的发生、地幔热柱的演化以及后期构造运动行迹的叠加、改造，为湖南地区的成矿作用提供了有利的成矿构造条件，不仅为成矿作用的发生提供了丰富的热源、水源，还为成矿物质的运移提供了通道，为成矿物质的沉淀提供了有利的空间。就成矿而言，幔枝构造控矿特征十分明显，湖南大部分金属中大型矿床集中分布在断陷盆地周边的盖层或者幔枝构造核部地区，从幔枝构造与成矿关系来看，湖南典型的中大型矿床的分布均与幔枝构造存在比较清晰的关系，主要表现为大中型矿床集中分布在地幔亚热柱周边盖层或者是断陷盆地（侏罗、白垩系沉积）的边界处盖层中，比如：衡阳盆地周边的水口山铅锌多金属矿、川口钨矿、清水塘铅锌矿等；郴州地幔次亚热柱周边的宝山铅锌铜多金属矿床、黄沙坪铅锌多金属矿床、柿竹园多金属矿床等；娄邵盆地锡矿山锑矿、龙山锑金矿;长沙—平江断陷盆地的黄金洞、万古金矿等。据以往成矿研究表明,沅麻盆地边界的沃溪金矿床等,均与深部岩浆活动存在密切关系。说明这些大型矿床通过断陷盆地的形成(强烈的构造活动)参与成矿。加强了与深部构造的联动,并在盖层有利的构造环境中带来了大量的深源物质。近几年来,湖南地区在白垩纪红层(万古金矿区、沃溪金矿区)深部均取得了良好的深部找矿效果,从侧面证实了这种观点。

2.2 区域地质背景

2.2.1 沉积(变质)建造特征

区域内出露的地层自老至新依次为新元古界冷家溪群和板溪群,早古生界震旦系至志留系,晚古生界泥盆系至二叠系及中生界三叠系、侏罗系、白垩系与第四系。

冷家溪群和板溪群、震旦系及早古生界寒武系至志留系主要沿雪峰山脉分布,泥盆系至二叠系主要分布于雪峰山脉南东侧的湘中凹陷带,白垩系大面积分布于沅麻盆地中,而三叠系、侏罗系与第四系则局限地分布于沅麻盆地边缘或河谷中。

区内大面积出露新元古界冷家溪群、板溪群,为区域内最为重要的锑金钨矿赋矿层位,其岩性为一套滨海相、浅海相复理石建造的浅变质板岩、砂质板岩(贺辉,2006;邵拥军等,2007)。含矿地段地层富含钙质,颜色呈紫红色,经低级区域变质作用形成砂质板岩或板岩。区域内出露的地层自老至新简述如下:

冷家溪群:出露小木坪组青灰色板岩或砂质板岩,局部夹石英砂岩,与上覆板溪群地层呈角度不整合。

板溪群:下部主要为灰绿色条带板岩、长石石英砂岩;中部为紫红色绢云母板岩、砂质板岩,偶夹紫红色砂岩和翠绿色板岩;灰绿色砂质板岩、变质砂岩夹紫红色板岩、灰绿色硅质灰岩与白云岩。板溪群中部紫红色浅变质岩是区域上最为重要的 Au-Sb-W 含矿层位。

震旦系:主要岩性为含砾砂岩、石英砂岩、板岩夹黑色页岩,龙山金矿就产于震旦系地层内。

寒武系:为一套含炭碎屑岩夹碳酸盐岩建造,有小型锑钨矿床产出,分布于雪峰山东麓及白马山、大神山、大乘山、龙山、沩山等隆起周边。

奥陶系:为一套浅变质的细碎屑岩建造,是区域上金矿的赋矿层位之一,其分布区域与寒武系相邻。

志留系:是一套含炭的细碎屑岩建造,其分布区域同寒武系。

泥盆系:分布于湘中盆地周边,为一套下部碎屑岩、上部厚大碳酸盐岩建造。

其中，佘田桥组是超大型锡矿山锑矿床的赋矿层位。

石炭系：为一套下部碎屑岩、上部厚大碳酸盐岩建造，分布于湘中盆地周边。

二叠系至三叠系：皆为碳酸盐岩建造，分布于湘中盆地中心。

侏罗系：为厚层碎屑岩建造，局限地分布于沅麻盆地。

白垩系至第三系：皆为陆相碎屑岩建造，主要分布于沅麻盆地，此外局限分布于溆浦、新化一带。

2.2.2　区域构造特征

从大区域来讲，矿区处于上扬子地块南东部的雪峰弧形隆起带，区域构造可划分为以下4级（中国人民武装警察部队黄金指挥部，1996）：

Ⅰ级构造：雪峰山弧形隆起带，洞庭坳陷区，湘中坳陷区。

Ⅱ级构造：东西向构造体系，北东向构造体系，北北东向构造体系，扭动构造及沅麻盆地，常桃盆地。

Ⅲ级构造：直接控制金矿带分布的构造，如古佛山背斜、荆竹溪逆断层、黄土店逆断层等。

Ⅳ级构造：控制矿床的构造，如沃溪大断层、仙鹅抱蛋箱状背斜等。

笔者通过对湖南地幔热柱-幔枝构造的初步认识，结合前人研究成果，认为：

Ⅰ级构造：湖南2个地幔上隆区形成的热熔断盆地，即洞庭—常德坳陷区、衡阳—湘中坳陷区。

Ⅱ级构造：因地幔上隆，其周边表现出"两盆夹一隆"的盆岭构造体系，如雪峰山弧形隆起带、沅麻盆地以及控制该盆地南缘的"黄土店—官庄—辰溪—怀化—漠滨"深大断层等一系列构造体系。

Ⅲ级构造：直接控制金矿带分布的构造，如古佛山背斜、次级的白垩纪红层断陷盆地和断裂构造，如官庄白垩断陷盆地、荆竹溪逆断层等。

Ⅳ级构造：控制矿床的构造，仙鹅抱蛋箱状背斜、古佛山裙边褶皱、盖层层间滑脱断层和剪切带等。

从官庄幅1∶5万区域地质图来看（图2-7），本区位于雪峰山弧形构造带的北西缘。区域上经历了四个构造发展阶段，即武陵期构造、雪峰-加里东期构造、印支期构造、燕山期构造，形成了以冷家溪群与板溪群呈角度不整合接触面为界的三个构造层，即以冷家溪群组成的武陵期构造层、板溪群-寒武纪地层组成的雪峰-加里东期构造层和白垩纪地层组成的燕山期构造层。区内构造变形以雪峰-加里东期褶皱、构造和燕山期的断陷盆地为主，其组合图像是多次构造变形叠加的结果。其特征如下：

（1）冷家溪群组成的武陵期构造层演化特征

冷家溪群岩性组合为一套板岩，粉砂质板岩加变质泥质石英粉砂岩，见粒序、水平层理、小型斜纹层理，厚度大于 787 m，属浅海-深海相陆源碎屑复理石沉积，发生在新元古代早期的武陵期运动，使冷家溪群全面褶皱形成近东西向展布的紧闭型褶皱；产生顺层劈理对层理的普遍置换；岩层发生低绿片岩相区域变质；同时，伴随有韧性变形带生成发展，板溪群与下伏冷家溪群呈角度不整合即为武陵期运动的标志。

（2）板溪群-寒武纪地层组成的雪峰-加里东期演化特征

新元古代早期，区内经历了两次海侵作用，板溪群早期，接受一套以砂、泥质为主，夹钙质、碳酸盐岩的类复理石沉积，构成了板溪群下部沉积旋回，反映区内当时处于相对稳定阶段的滨海-近滨海-滨外陆棚沉积环境，发生在板溪群早期末的西晃山运动，引起地壳差异升降，造成板溪群晚期海平面动荡频繁。区内接受砂、泥质交互叠置的陆源碎屑韵律沉积，构成板溪群上部沉积旋回。西晃山运动在板溪群上下旋回间形成了沉积间断界面。

震旦纪伊始，由于地壳运动差异升降，区内地壳上升遭受剥蚀，以致长滩组无沉积，观音田组上超于板溪群多益塘组之上，此后的震旦纪形成两大沉积旋回，下部旋回由观音田组、古城组、鹤岭组组成，其沉积序列由下往上为砂岩、含砾砂岩、含砾砂质泥板岩、砂质炭质板岩夹白云岩，代表三角洲前缘河口相-冰川相-滞流障壁海湾相。上部旋回由南陀组、陡山陀组、留茶坡组组成，为一套冰成与冰水成因的含冰川相-浅海陆棚-欠补偿滞流陆棚盆地的演化。这种欠补偿滞流陆棚盆地持续到早古生代寒武纪，并接受一套以泥质、炭质岩为主夹硅质及碳酸盐岩的岩石组合。

加里东运动是区内岩层普遍发生区域变质，形成较宽的开阔褶皱，断层以发育一系列北东向断层为主，构造行迹广布全区，形成区内地质构造主体架构。

（3）泥盆纪-石炭纪地层组成的海西构造层演化特征

据官庄幅 1 : 5 万区域地质图，该构造层在区域范围内缺失，但据邻近区域资料研究，该构造层在泥盆纪-二叠纪进入一个相对稳定时期，构成一个由陆棚碎屑沉积过渡到碳酸盐沉积的沉积序列，代表由前滨、近滨环境向开阔至半封闭台地环境的演化过程，由印支运动系北东、南西挤压应力引起，在区域内表现为褶皱和断层继承性活动。

（4）燕山期形成的断陷盆地演化特征

燕山期区内处于陆内演化阶段，燕山期运动的表现是最早期伸展，盖层滑覆造盆，官庄断陷带得以形成，并接受白垩纪山前河流相-山麓相棕红色砾泥岩、砂砾岩、杂砾岩为主的内陆磨拉石建造；晚期因区域上存在由南东往北西的挤压应力场，断层挤压回返，白垩纪红层盆地边缘遭受破坏，逆冲于前白垩纪地层之上，并在区域上形成逆冲推覆构造，构成现今所展示的构造格局(图 2-6)。

图 2-6　区域构造纲要图

（据官庄幅 1 : 5 万区域地质图说明书）

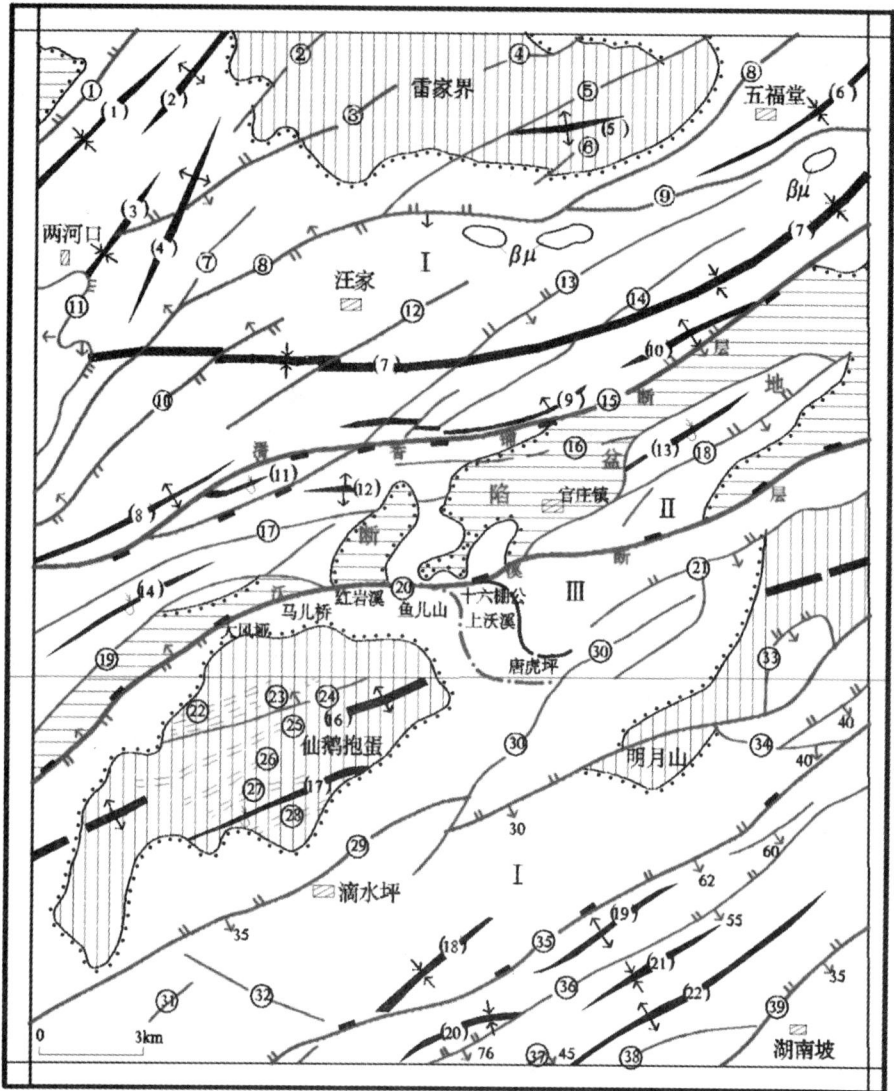

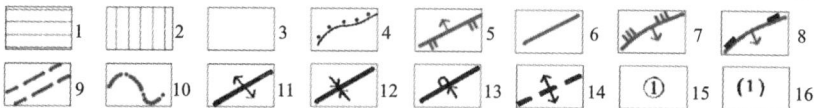

1—燕山期构造层；2—武陵期构造层；3—雪峰-加里东期构造层；4—不整合界线；5—逆断层；
6—性质不明断层；7—推覆断层；8—变形带分界线；9—韧脆性断层；10—反"S"形构造带；
11—背斜；12—向斜；13—倒转向斜；14—推测背斜；15—断层编号；16—褶皱编号。

2.2.3　岩浆岩与成矿关系

区域上岩浆岩主要沿雪峰山脉南侧和湘中一带分布,产出有岩坝桥岩体、大神山、桃江花岗闪长岩体、沧水铺花岗岩体等酸性岩体,南部望云山岩体规模巨大。岩浆岩的岩性以酸性、中酸性为主,中性及基性较少,常呈岩基、岩株、岩枝及岩脉产出,岩体的形成时代以燕山期为主,其次为雪峰期和加里东期,现分述如下:

(1)大神山花岗岩株:出露于矿区南面(图 2-1),面积为 36 km²,属燕山晚期侵入。根据岩性特征可分为 2 期,主体期岩性为黑云母二长花岗岩,矿物成分主要为斜长石、石英和钾长石,次要矿物为黑云母;补充期岩性为灰色细粒斑状黑云母二长花岗岩,矿物成分主要为斜长石、钾长石、石英和黑云母。岩体中副矿物主要有锆石、独居石、钍石、钛铁矿、金红石、磷灰石、角闪石、褐铁矿、磷钇矿、绿帘石、电气石、白钨矿等。

此外,岩体中还有花岗斑岩脉、花岗闪长岩脉、含钨石英脉穿插,岩体西缘大溶溪有接触交代矽卡岩型白钨矿床分布。

(2)岩坝桥岩体:属加里东期产物,出露面积约 42 km²。主体期岩性为中粒角闪石黑云母花岗闪长岩,呈中-深成相岩株状。补充期岩性为石英闪长斑岩,岩墙状,分布于十八担之南,长 500 m 左右,而宽不足 8 m。岩体内还有花岗伟晶岩脉及石英脉穿插。

(3)桃江花岗闪长岩体(图 2-1):出露于矿区东面,属加里东期侵入,出露面积约 275 km²。岩性与岩坝桥岩体相近,二者属同期岩浆活动产物。岩体中普遍含有锆石、独居石、锡石和微量的褐钇矿,岩体西部被花江乡木瓜冲一带有 9条钾长石伟晶岩脉穿插。

(4)沧水铺花岗岩体:出露于矿区东面(图 2-1),面积为 100 km²,属燕山期产物,岩性为中-粗粒黑云母花岗岩,矿物成分主要为钾长石、斜长石、石英、黑云母和少量白云母、角闪石,副矿物有锆英石、磷灰石、磁铁矿、褐帘石等。岩体内接触带杨泗庙一带有砂金分布,该岩体可能为砂金的主要成矿物质来源。西南段未见火成岩体出露,仅在会同的东段,团洞—鲁冲一带,洪江—团洞断裂带及通道陇城—长界一带有辉绿岩脉分布,同时见有橄榄辉绿玢岩,呈岩床、岩墙产出。

(5)沿溆浦—桃江深断裂带,在隘口、竹园、方子垭、叶家山等地见基性、超基性岩体(脉)及辉绿岩脉、煌斑岩脉侵入。

上述诸岩浆岩岩体距沃溪矿区稍远。但在离矿区不到 10 km 北部的棉花塔、蔡家等地,发育有三条辉绿岩脉(图 2-6),分别侵位于板溪群通塔湾组合五强溪组地层中。总体呈东西向、北东向展布。1:5 万区域地质资料表明:①三条岩脉的岩石学特征具有一定的差异,镜下定名分别为变纳长辉绿岩、变辉绿岩和变辉长辉绿岩;②岩石化学特征表明,岩脉均属于钙碱性岩,说明分异程度差,基性程度相对较高；③微量元素研究表明，大部分元素 Pb、Zn、Cu、Sn、Ni、Co、V、Mo 等富集系数小于 1，而 W 的富集系数高达 19.7，其含量*远远高于湖南地区岩浆岩中的平均值，据此认为辉绿岩脉可能与湘西钨矿在成因上存在一定的关系；④三条岩脉均产于板溪群地层，受剧烈的构造运动影响，其锆石多为浅紫色，初步认为是雪峰-加里东期产物。说明矿区在雪峰-加里东期，由于深部岩浆的活动，岩浆热液可能带来一定量的成矿物质叠加作用，为矿区的成矿物质来源提供了一定的物质基础。这三条岩脉的微量元素研究成果表明，该期成矿可能与 W 的形成有密切关系。

2.3　区域地球物理场特征

沃溪金锑钨矿区区域地球物理场特征主要包括地球物理参数特征、区域重力场特征、区域磁场特征和区域地震波速特征等，收集、分析这些区域地球物理场特征，对于研究沃溪矿区主要金属矿物的形成背景和成矿规律具有重要的意义。

2.3.1　区域重力场特征

从湖南 1:20 万沅陵幅布格重力异常图(图 2-7)可以看出：布格重力异常值在 $-26\times10^{-5}\sim-91\times10^{-5}m/s^2$ 变化，整体走向为北东向，变化趋势为东南部较低、中部高、西部低。以均坪—大渭溪—苍场和腊尔山—矮寨—古丈为界，异常可分为三大部分。东南部异常变化较大，呈北东走向，并有明显的重力低异常圈闭，幅值达 $-51\times10^{-5}m/s^2$，是沉积凹陷的反映。均坪—大渭溪—苍场一线表现为重力梯级带特征，北东走向，规模较大，是湖南省靖县—溆浦—安化—桃江重力梯级带的组成部分。辰溪—大渭溪一线也表现为重力梯级带特征。重力梯级带反映了中-深层断裂的存在。中部为平缓异常区，整体表现为重力高异常特征，走向北东。在该平缓异常区内重力高与重力低都有表现，栗溪、达岚、涟泗溪、鸡岩、关口溪等四处有很明显的圈闭重力高异常，跳溪、荔溪等二处有很明显的圈闭重力低异常。其中关口溪圈闭重力高异常值达 $-26\times10^{-5}m/s^2$，是本区最高重力异常值，也是桃源重力高异常带的一个组成部分。达岚圈闭重力高异常值达 $-34\times10^{-5}m/s^2$，是麻阳重力高异常带的一个组成部分。跳溪圈闭重力低异常值达 $-50\times10^{-5}m/s^2$。重力高异常特征主要表现为高密度结晶基底隆起和莫霍面抬升。吉信—潭溪—马底驿—明溪口一线表现为重力梯级带特征，规模一般。重力梯级带反映了浅部断裂的存在。

---

  * 本书中固体元素及相关化合物含量均为质量分数，气体含量为体积质量分数。

西部异常变化十分明显，往西离盆地愈远，异常负值愈高，北东走向，表现为巨型重力梯级带异常特征，是全国最大的大兴安岭—太行山—武陵山区域重力异常梯级带的组成部分，反映了上地幔陡坡带和深大断裂的存在。该梯级带在本区内长约 86 km，宽约 51 km，梯度变化达 $0.71 \times 10^{-5} \mathrm{m}/(\mathrm{s}^2 \cdot \mathrm{km})$。异常等值线局部扭曲，说明还有次一级构造存在。上述布格异常的特征是本区构造格架的综合反映。

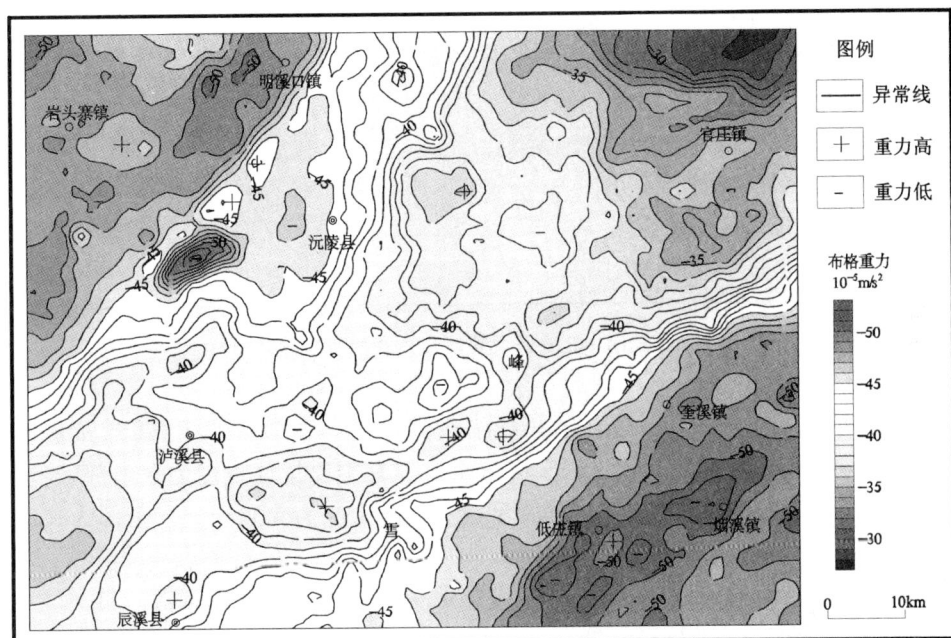

图 2-7　湖南 1∶20 万沅陵幅布格重力异常图

自由空间重力异常特征：自由空间重力异常反映了实际的地球形状和物质分布与大地椭球体的偏差。大范围内负的自由空间重力异常，说明该区域下方物质相对亏损，而正的自由空间重力异常则表明有物质相对盈余。从统计规律看，局部自由空间重力异常受局部地形起伏影响较大。宏观上看，异常形态趋势与地形呈正相关关系，充分反映了近地表物质的分布状态：地形越高，自由空间重力异常正异常值越大；地形越低，自由空间重力异常负异常值越大。

从湖南 1∶20 万沅陵幅自由空间重力异常图（图 2-8）可以看出：异常值在 $-52 \times 10^{-5} \sim 56 \times 10^{-5} \mathrm{m}/\mathrm{s}^2$ 变化。异常复杂且正负相间，异常幅度变化大，异常整体呈北东向展布，异常形态趋势与地形呈正相关关系。正异常主要反映了武陵山脉和雪峰山脉的地貌特征，负异常主要反映了丘陵区和盆地的地貌特征。

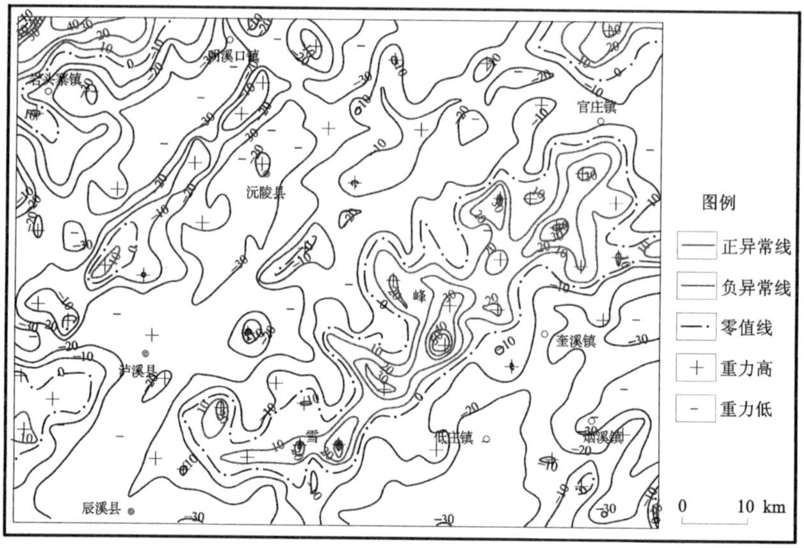

图 2-8　湖南 1：20 万沅陵幅自由空间重力异常图

扫一扫，看彩图

　　从湖南 1：20 万吉首幅沅陵幅 $R = 20$ km 区域重力异常图（图 2-9）可以看出，测区区域重力异常主要特征表现为东南部较低，中部高，西部低，高低异常明显，总体走向为北东向。东南部为梯级带异常特征和不明显的重力低异常特征。中部官庄—达岚异常形态呈驼峰状，两端高中间低，达岚和关口溪重力高异常特征比较明显。中部西侧吉信—明溪口一带异常等值线呈"弄"形梯级带展布。西部异常等值线表现为巨型梯级带特征，是松桃—花垣—大庸深大断裂和上地幔陡坡带在本区内的综合反映。该梯级带在本区内长 86 km，宽 56 km，梯度变化达 0.54×10^{-5} m/$(\text{s}^2 \cdot \text{km})$。

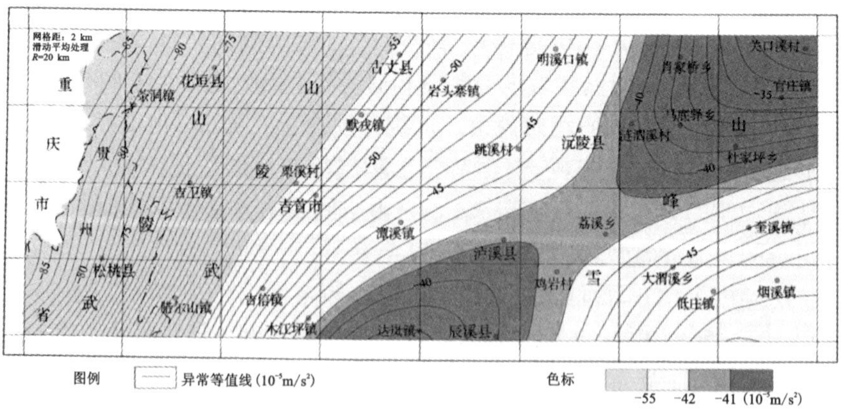

图 2-9　湖南 1：20 万吉首幅沅陵幅 $R = 20$ km 区域重力异常图

将 $R=20$ km 区域异常图与上延 20 km 布格异常图(图 2-13)进行对比,可以看出两者异常曲线形态比较接近。两者都表明重力异常中的沉积盖层信息已消失,完全反映了结晶基底及以下深部场源的信息。

剩余异常特征:以 $R=20$ km 窗口半径滑动平均法分离的吉首幅沅陵幅剩余重力异常(图 2-10)说明区域剩余重力异常特征。

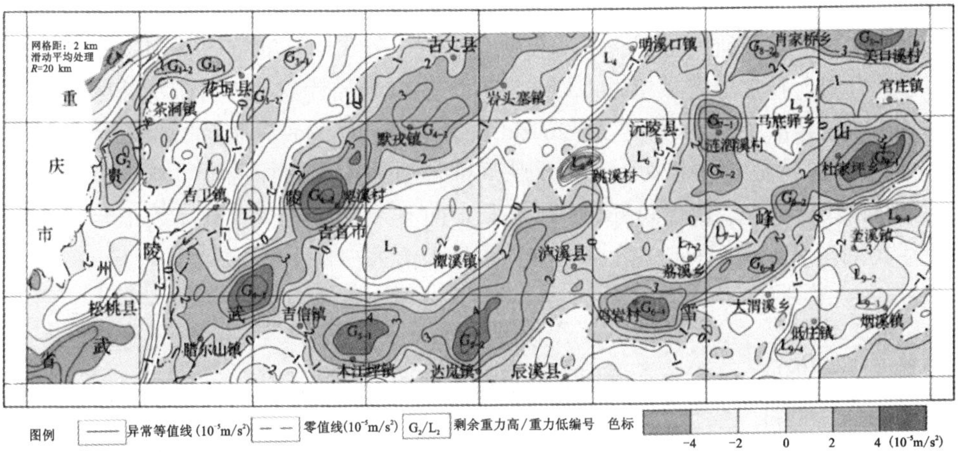

图 2-10　湖南 1:20 万吉首幅沅陵幅 $R=20$ km 剩余重力异常图

从图 2-10 可以看出:剩余重力正异常与负异常相间分布,异常形态各异,有条带状、似等轴状、椭圆状、团块状、葫芦状等,走向主要为北东向,也有东西向和南北向。其剩余重力正异常最大值为 6×10^{-5} m/s^2;剩余重力负异常最大值为 -7×10^{-5} m/s^2。区内主要有东南部低庄—奎溪不规则条带状剩余重力负异常,中部荔溪串珠状剩余重力负异常,沅陵、跳溪椭圆状剩余重力负异常,明溪口块状剩余重力负异常,潭溪 S 形块状剩余重力负异常,西部麻栗场椭圆状剩余重力负异常,吉卫条带状剩余重力负异常,松桃南团块状剩余重力负异常。另外,东北部马底驿—官庄呈两低夹一高的异常特征,西北角呈剩余重力梯级带特征。

区内主要有东北角肖家桥—关口溪剩余重力正异常、中部涟泗溪宽带状剩余重力正异常、杜家坪似椭圆状剩余重力正异常、鸡岩火炬状剩余重力正异常带、木江坪—达岚—泸溪长块状剩余重力正异常带、西部古丈—栗溪—腊尔山不规则长带状剩余重力正异常带、水田河串珠状剩余重力正异常带、花垣西北螺壳状剩余重力正异常、长兴堡块状剩余重力正异常。剩余重力正异常基本上与基底隆起区和元古代老地层相对应,剩余重力负异常基本上与中新生代沉积凹陷和晚古生代较低密度地层相对应。

重力垂向二阶导数异常特征：根据相对重力异常的定义和引力位的性质可知，地质体的重力垂向二阶导数异常，就是地质体剩余质量引力位的三次导数。当剩余质量相等时，埋藏浅而小的地质体的重力异常反映不明显，而垂向二阶导数异常比较突出。所以，垂向二阶导数异常可以压制区域性深部重力异常，更有效地显示局部构造或浅而小的地质体的存在。

根据前人的工作基础，通过编制不同半径和不同公式计算，可得到重力垂向二阶导数异常图。研究显示，采用艾勒金斯第一公式计算的重力垂向二阶导数异常与重力剩余异常形态最接近。以 $R=8$ km 窗口半径计算的吉首幅沅陵幅重力垂向二阶导数异常(图 2-11)与 $R=20$ km 窗口半径计算的吉首幅沅陵幅剩余重力异常(图 2-11)特征基本相似，而且反映局部地质体轮廓更加清晰。总体上重力垂向二阶导数异常正、负相间分布，形态和走向不一。其垂向二阶导数正异常最大值为 $10×10^{-17}$ m/s^2，垂向二阶导数负异常最大值为 $-12×10^{-17}$ m/s^2。

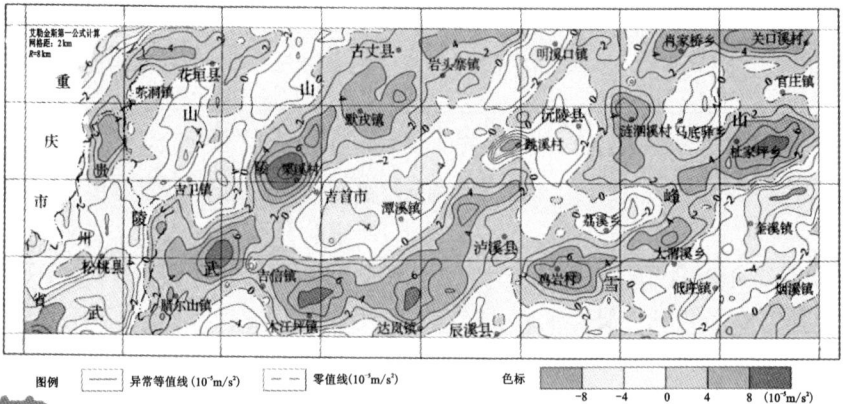

图 2-11　湖南 1∶20 万吉首幅沅陵幅 $R=8$ km 重力垂向二阶导数异常图

上延布格重力异常特征：根据编制的沅陵幅上延 2 km、10 km、20 km、30 km 四个不同高度的布格重力异常图可知，其特征分述如下：

1)上延 2 km 布格重力异常特征

图 2-12 为湖南 1∶20 万吉首幅沅陵幅上延 2 km 布格重力异常图，与未上延的布格重力异常相比，异常值在 $-29×10^{-5}$ m/s^2 和 $88×10^{-5}$ m/s^2 之间变化，幅差有所减小。重力场总体趋势变化不大，小的局部异常基本消失，表明浅源信息已经基本不存在。与 $R=8$ km 的区域异常特征相似，场的分区更加清晰。东南部低庄—烟溪一带显示重力低特征，走向北东，异常中心幅值变大，为 $-49×10^{-5}$ m/s^2。苍场—大渭溪—辰溪梯级带特征更加明显，宽度变大；中部仍显示相对重力高特

征，梯度变化平缓。达岚重力高圈闭明显，幅值为 $-36\times10^{-5}\,\mathrm{m/s^2}$。官庄以北关口溪异常呈半圈闭状，幅值为 $-29\times10^{-5}\,\mathrm{m/s^2}$。沅陵—吉首异常等值线呈现扭曲的梯级带特征，走向北东。明溪口—岩头寨—吉首异常等值线稀疏平缓，表明沉积盆地对重力场的影响还比较明显；西部超大规模梯级带变得进一步清晰明显，而且梯级带宽度已开始向东扩展。异常等值线局部扭曲的程度明显减小，局部稀疏的等值线也变得密集起来。该梯级带异常值在 $-52\times10^{-5}\,\mathrm{m/s^2}$ 和 $-88\times10^{-5}\,\mathrm{m/s^2}$ 之间变化，梯度变化大，等值线走向已趋于一致，为北东向。

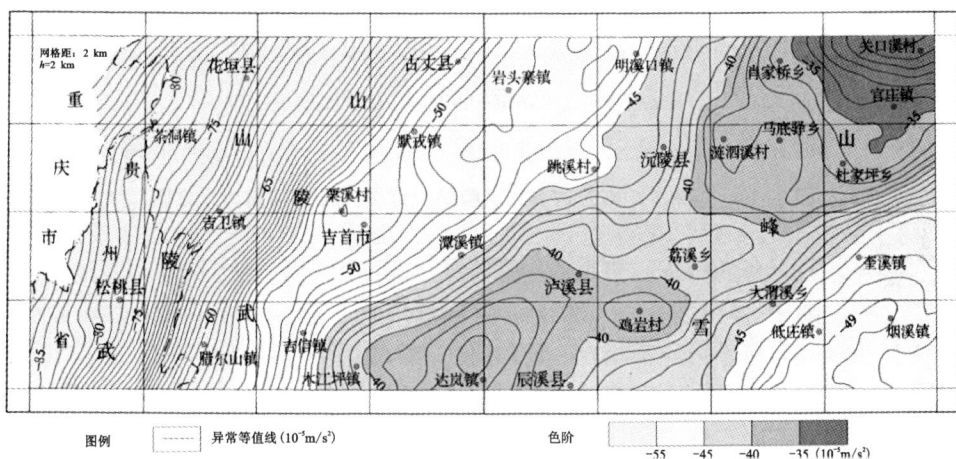

图 2-12　湖南 1:20 万吉首幅沅陵幅上延 2 km 布格重力异常图

2）上延 20 km 布格重力异常特征

图 2-13 为湖南 1:20 万吉青幅沅陵幅上延 20 km 布格重力异常图，与上延 2 km 布格重力异常相比，异常值在 $-27\times10^{-5}\,\mathrm{m/s^2}$ 和 $-65\times10^{-5}\,\mathrm{m/s^2}$ 之间变化，幅差变小。重力场特征变化明显，异常等值线没有局部扭曲现象，浅源引起的局部异常已完全消失。东南角低庄为半圈闭重力低异常，异常中心向东南偏移，奎溪—大渭溪梯级带呈弧形，变化平缓。中部相对重力高异常范围大为减小，异常形态呈不对称驼峰状，达岚重力高异常不再圈闭，且异常中心向东南偏移，异常范围扩展到辰溪以外。马底驿—官庄异常等值线走向由近南北向转为近东西向。西部超大规模梯级带变得更加清晰明显，而且梯级带宽度已向东南扩展到沅陵—泸溪一线，茶洞—吉首异常等值线密集，吉首—沅陵异常等值线逐步变得稀疏，表明西部深大断裂倾向东南，倾角较大。该梯级带异常值在 $-34\times10^{-5}\,\mathrm{m/s^2}$ 和 $-64\times10^{-5}\,\mathrm{m/s^2}$ 之间变化，梯度变化大，等值线走向已趋于一致，为北东向。上延 10 km 布格重力异常特征与上延 20 km 布格重力异常特征基本相似，

只是异常值变化范围大些。上延 20 km 布格重力异常特征与 $R=20$ km 的区域异常特征基本相似。

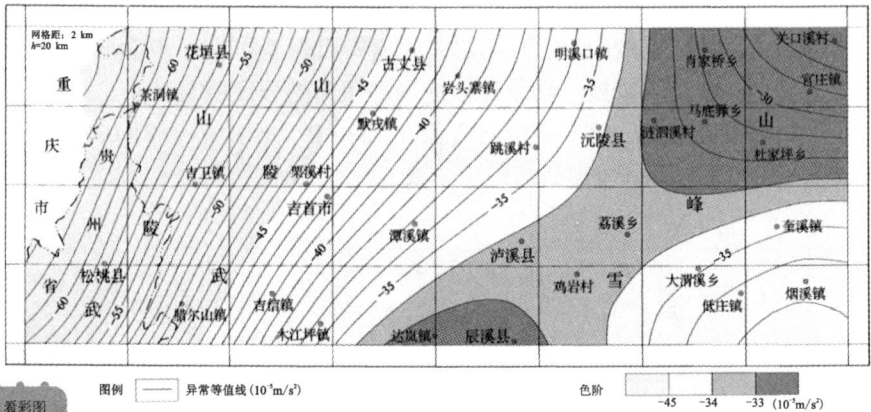

图例 —— 异常等值线($10^{-5}m/s^2$)   色阶 ▢▢▣▣ -45 -34 -33 ($10^{-5}m/s^2$)

图 2-13　湖南 1 : 20 万吉首幅沅陵幅上延 20 km 布格重力异常图

3）上延 30 km 布格重力异常特征

图 2-14 为湖南 1 : 20 万吉首幅沅陵幅上延 30 km 布格重力异常图，与上延 20 km 布格重力异常相比，异常值在 $-24×10^{-5}m/s^2$ 和 $-54×10^{-5}m/s^2$ 之间变化，幅差变小，异常等值线逐步变得更加稀疏平缓。东南角低庄局部重力低异常中心往东南方向转移，范围缩小，幅值变大。沅陵—泸溪一线以西异常等值线仍为巨型梯级带特征，整体走向为北东向，从西往东等值线逐步变得稀疏平缓。东北角涟泗溪—关口溪异常等值线由近东西向—近南北向变为北西向。达岚重力高异常中心偏移到辰溪。关口溪—达岚重力高异常区特征依然明显，说明这一带

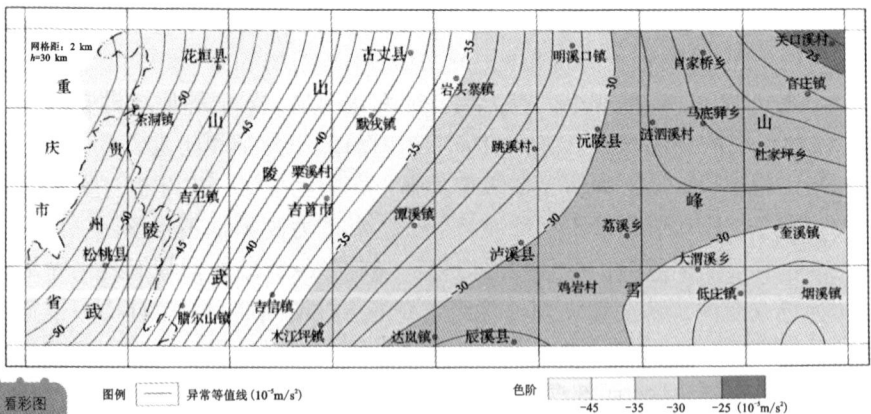

图例 ▭ 异常等值线($10^{-5}m/s^2$)   色阶 ▢▢▣▣ -45 -35 -30 -25 ($10^{-5}m/s^2$)

图 2-14　湖南 1 : 20 万吉首幅沅陵幅上延 30 km 布格重力异常图

存在深部高密度地质体上隆。由此可知上延 30 km 时，低庄重力低异常还存在，表明该处凹陷是比较深的。重力低异常中心向东南偏移，表明凹陷中心不在低庄，而是越往深处，凹陷中心就越往东南偏移。

综合上述异常特征分析可知，随着上延高度增大，重力异常反映区域性中-深部地质体的特征更加明显，布格重力异常幅值逐渐变大，这说明随着深度增加，地壳内各地质体(构造层)的密度也在逐步变大。区域中，奎溪—大湋溪梯级带在上延 30 km 后变得不太明显，说明其反映的断裂规模和深度不及西部巨型梯级带。此外，西部巨型梯级带反映了地下深部存在陡坡带和深大断裂，其深度已经达到上地幔。

均衡重力异常特征：根据爱里均衡假说，地壳要达到均衡状态，就需要进行均衡运动来调整。而均衡补偿程度的不同，将导致均衡异常的不同。所以根据均衡异常的大小可以研究地壳的均衡程度和构造运动的特点。如若没有其他因素的干扰，当地壳处于完全均衡状态时，均衡异常应接近于零。反之，如果地壳处于不均衡状态，则地面将出现较大或正或负的均衡异常值。正的均衡异常表示补偿过剩，负的均衡异常表示补偿不足。

根据收集的 1 : 20 万湖南沅麻盆地及周边地区均衡重力异常图资料(图 2-15)，沅麻盆地及其周边地区的均衡重力异常具有如下特征：

沅麻盆地及其周边地区均衡重力异常整体表现为北东走向，条带状正、负异常相间分布的特征。图幅均衡重力异常值为 $-30\times10^{-5}\sim36\times10^{-5}\,\mathrm{m/s^2}$，这表明沅麻盆地及其周边地区大部分还没有达到完全均衡状态。金石桥异常中心幅值为 $-30\times10^{-5}\,\mathrm{m/s^2}$，这主要是由于该区域存在较多花岗岩类等较低密度体，处于物质不足状态。西晃山和雪峰山异常中心幅值达 $30\times10^{-5}\,\mathrm{m/s^2}$ 以上，说明物质过剩，处于不均衡状态。整体看，盆地及丘陵地区表现为负均衡异常，山脉表现为正均衡异常。但盆地中出现了谭家寨、达岚、关口溪(官庄北)等高的正均衡异常，中高山区出现了铁坡山低的负均衡异常。这种反常现象表明该区域进行了均衡运动调整，使得深部物质上隆或凹陷。总之，沅麻盆地及其周边地区既存在均衡补偿不足，又存在均衡补偿过剩。根据《湖南省 1 : 50 万重磁成果研究报告》，湘西北地区处于广泛的失衡状态。许多地质地貌资料证明湖南省很多地区的地表在不断抬升。如闻名中外的武陵源风景区，它的砂岩峰林和层叠洞穴景观，就是在近代地壳间歇性抬升的背景条件下形成的。吉首—沅陵地区莫霍面起伏特征与现代地势的对应关系，也说明了局部不均衡的存在。如武陵山褶皱基底隆起区，它对应的是莫霍面湘西北地幔斜坡带，而不是莫霍面凹陷区。

另外，据有关资料，喜马拉雅地区的均衡异常达 $80\times10^{-5}\,\mathrm{m/s^2}$，均衡力应使该地区地壳下降，但事实上却在上升，处于强烈的抬升状态，垂直形变年速率达 10 mm 以上，说明青藏高原新构造运动不是朝着恢复地壳均衡的方向发展，而是

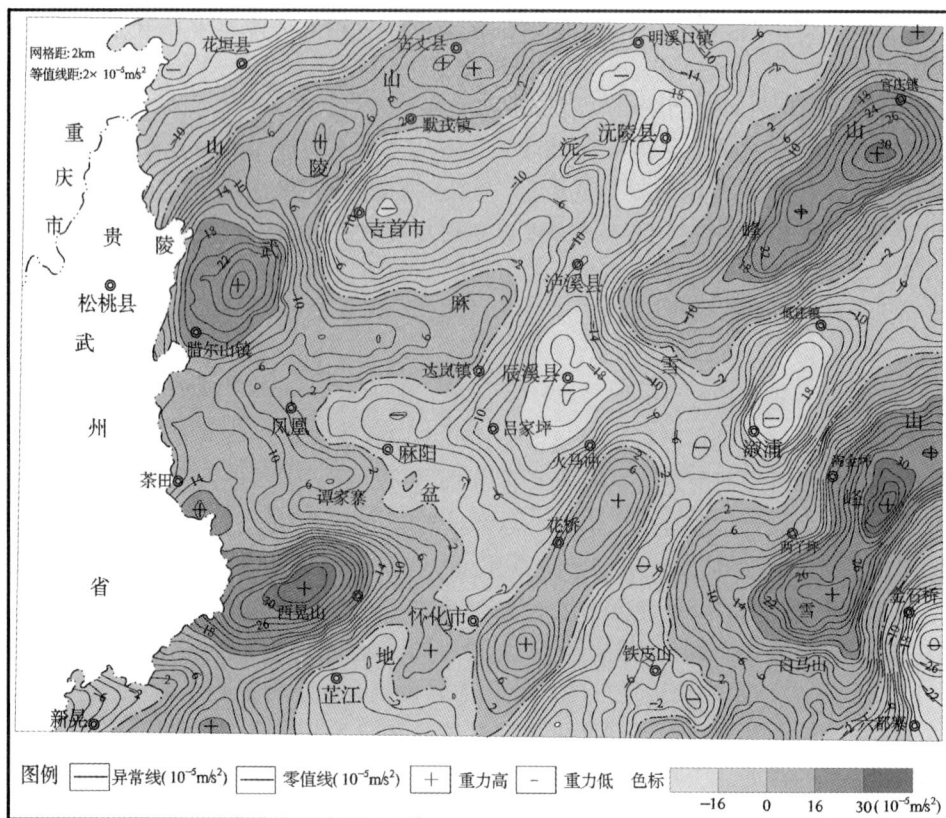

图 2-15　湖南沅麻盆地及周边地区均衡重力异常图

具有反均衡作用力特征。推测在大陆板块碰撞时产生地壳挤压和垂直运动,使喜马拉雅山不断隆起,下面的洋壳阻止了地壳均衡补偿,并产生了大的异常,这明显反映了近代板块运动的动力学特征。需要说明的是,《湖南省 1∶50 万重磁成果研究报告》推断沅麻盆地为正均衡重力异常区,与上述沅麻盆地均衡异常特征有差别,这一认识似乎不确切。从图 2-15 可知,沅麻盆地内大部分区域显示负均衡重力异常,而只在结晶基底隆起区域表现为正均衡重力异常。分析原因有两点:其一是 1∶50 万重力数据采用国家 1957 重力基本网成果(湖南)计算,与国家 1985(2000)重力基本网(湖南)相差 $-13.668×10^{-5}$ m/s^2;其二是 1∶50 万重力数据只进行了远一区(2~20 km)地形改正,而没有进行远二区(20~166.7 km)地形改正。

　　从区域重力异常图可知,依据区域场的强度、范围及水平梯度等标志可进行区域场的分区,区域重力场是对深部或浅部巨大地质体的综合反映,是地质构造分区的重要依据之一,它能够为重力场的进一步分区提供一个框架。根据异常群的强度、形态、梯度、走向、多寡及展布特点等标志的组合特征进行一级或二级场的分区。图 2-16 能够更加清晰地反映出重力场的分布特征。

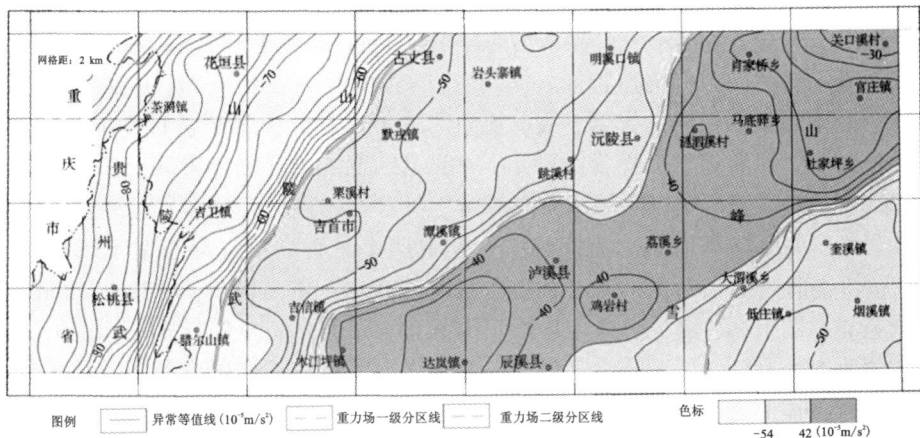

图 2-16　湖南 1∶20 万吉首幅沅陵幅重力线性构造增强异常图

根据上述重力场特征，在区域上重力场可划分为东南部较低重力异常区、中部高重力异常区和西部低重力异常区（图 2-17）。

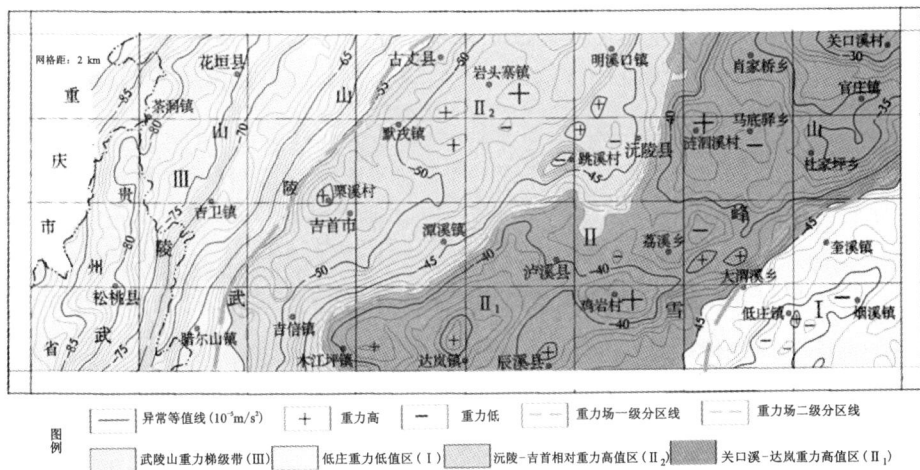

图 2-17　湖南 1∶20 万吉首幅沅陵副重力场分区图

沃溪金矿位于关口溪—达岚重力高异常区的北东方位，区内布格重力异常以明显的大规模圈闭重力高异常为特征，夹有局部重力低异常，其中达岚重力高异常幅值为$-34\times10^{-5}m/s^2$，关口溪(半圈闭)重力高异常幅值为$-28\times10^{-5}m/s^2$。异常梯度变化平缓，走向不一。异常形态呈驼峰状，两端高中间低，反映了结晶基底隆起呈不对称的驼峰构造特征。据湖南省莫霍面等深度图资料，达岚重力高异常属于麻阳幔隆区引起的异常，关口溪重力高异常属于常德幔隆区引起的异常。从关口溪—达岚布格重力异常图可知，中部范围宽大的低缓异常区，有4个较大的局部重力高异常：达岚圈闭重力高异常、鸡岩圈闭重力高异常、涟泗溪圈闭重力高异常、关口溪半圈闭重力高异常。其中达岚重力高异常形态呈不规则团块状，整体走向为北东向，异常中心走向为北北东向，重力幅值为$-34\times10^{-5}m/s^2$。在剩余异常图上，达岚重力高异常为圈闭异常，有两个明显的异常圈闭中心，异常幅值为$5\times10^{-5}m/s^2$，形态为不规则带状，走向为近东西向转北东向，达岚—木江坪异常主体形态呈不对称哑铃状。

沃溪矿区区域重力异常为南部梯级带与北部重力高异常的过渡区，局部异常形态变化较大，剩余异常为重力低异常。其南部有一个较大的圈闭剩余重力高异常带，西北部有一个较小的圈闭剩余重力高异常带。重力推断矿床处于桃源(关口溪)基底与莫霍面隆起区的边缘地段。

2.3.2 区域磁场特征

沃溪矿床所处位置基本上没有反映区域航磁异常，为零值线穿过。

航磁异常特征：由沅陵—常德地区1∶50万航磁$\triangle T$化极异常图(图2-18)

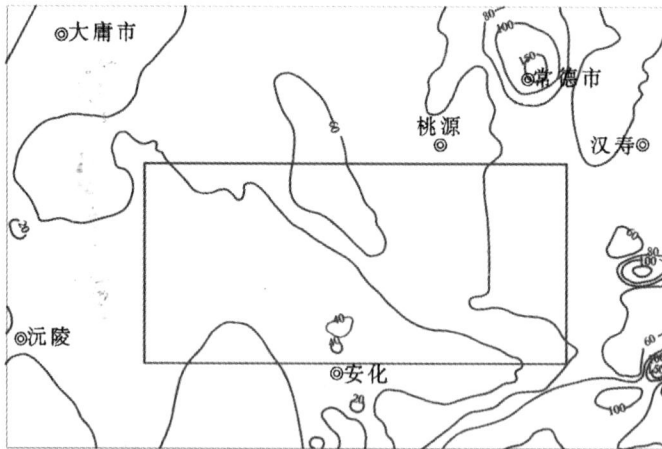

（$\triangle T$单位：nT）

图2-18 沅陵—常德地区1∶50万航磁$\triangle T$化极异常图

可知，沃溪金矿位于雪峰山弧形航磁异常带由北北东向转为北东向部位的北面，区内磁场平稳，异常强度弱，$\triangle T$ 异常变化范围为 40～60 nT。沉陵—沃溪—桃源一带的大片区域无明显局部磁异常，反映了区域内构造较为稳定、岩浆及其热液活动弱，具较强~强磁性的地质体不发育，以及地层存在浅变质的地质特征。

2.3.3 区域地球物理参数特征

沃溪金锑钨矿区的地球物理参数主要包括岩石、矿石密度(σ)、磁性参数(K)、电性参数(Jr)等。表 2-1 为沃溪矿区常见岩石、矿石磁性密度参数表。

表 2-1 沃溪矿区常见岩石、矿石磁性、密度参数表

岩石名称	σ /(g·cm^{-3})	Jr /(10^3A·m^{-1})	K /($4\pi\times10^{-6}$)	备注
褐色化板岩	2.54～2.56	5～32	3～12	
灰白、紫红色板岩	2.54～2.56	11～46	2～7	
硅化、黄铁矿化板岩	2.54～2.56	65～328	387～7859	
黄铁矿化板岩	2.55～2.58	83～585	458～8226	
白钨矿石	3.25～2.28	22～67	5～16	
辉锑矿石	3.25～2.28	26～75	8～18	
构造角砾岩	2.65～2.68	17～42	4～25	
红色砂岩	2.50～2.55	8～25	2～11	

2.4 区域地球化学场特征

区域地球化学场是研究某一地区范围内在地质地球化学作用下形成的各种地球化学指标的变化特征和空间分布。与大地构造背景研究相比，该区地球化学背景研究起步较晚。20 世纪 90 年代初，湖南省地球物理地球化学勘查院在该区开展了 1∶20 万水系沉积物测量，系统地总结了该区水系沉积物中 39 种元素的分布特征，发现了 38 处(包括沃溪矿区在内)重要的金锑钨成矿元素综合异常；刘英俊等(1981，1983，1987)讨论了该区内的金矿床形成的地球化学背景，认为元古界地层岩石中金含量较高，是典型的含金建造，它为赋存于区内的的元古界地层中金矿床的形成提供了丰富的物质；万嘉敏(1986)、涂光炽(1987)、刘英俊

(1982，1987)讨论了区内钨矿床形成的地球化学背景，认为区内元古界地层是钨的矿源层，其中以板溪群马底驿组最重要。继这些开拓性工作之后，罗献林(1984)、张理刚(1985)、郑明华(1989)、马东升(1991)也对区内金矿床形成的地球化学背景进行了讨论，并得出与前述一致的结论。牛贺才(1991)对湖南益阳—沅陵一带金矿床形成的地球化学背景及成矿作用地球化学特征进行了较为详细的研究，总结了湖南益阳—沅陵地区金矿床成矿作用的区域地球化学模式等。

纵观前人研究成果，其研究的元素在时空上的分布都是指某个地质时期内的地质作用(沉积、岩浆、热液作用等)形成的地质体和受该期地质作用影响的地质体中元素分布的总和(沅陵幅1∶20万水系沉积物说明书，1992)。笔者在研究区域背景时，有同样的认识，称之为"静态模式"下的研究成果。在研究过程中所采集的样本需要经历从元古界到现在所有地质事件后留下来的地球化学信息。比如，沃溪矿区采集马底驿组地层中的岩石样品来研究矿区元素的分布，样品不仅包括马底驿组地层成岩以前冷家溪群或更古老的基底地层对矿区元素的影响，还应该包括成岩之后的加里东期、印支-燕山期地质事件(构造活动、岩浆岩活动、变质作用、热液等)对元素的改变(活化、迁移、局部富集)等，因此，仅用马底驿组地层中元素的分布来代替矿区元素的分布是不合理、不客观的。另外，马底驿组地层中元素的分布不仅包括该时期地层中元素的分布，还叠加了因后期地质成矿作用影响而形成的新的分布，到目前为止也无法判别由多次地质事件对其原始状态的叠加和流失多少的影响。因此，在研究区域地层中元素的分布时存在"原始沉积富集"和"叠加改造富集"两个不同内涵的概念，不能互相代替。对于"叠加改造富集"造成的元素分布，由于成矿作用的不同，叠加增量元素种类、元素叠加强度等不同，其找矿意义也不同。因此，在研究元素含量变化规律时，一定要考虑经历的每一地质事件对其背景的影响，才不会失掉受本时代热液作用影响的前期地质体中增生的元素分布和非本时代带来的元素分布的干扰信息。

综上所述，必须要明确的是在研究区域(或矿区)地球化学元素时空上的分布规律时，还缺乏足够的资料将其分解出来。因此，严格来说，还不能准确地研究元素在时间上的分布趋势。而只能对受过后期地质作用影响的地质体的元素分布做一些粗略的研究。这样，就把地层和岩体理解为时间和空间上复合的地质体，突出的是其空间内涵，从这种意义上来讨论区域地球化学特征，并进行推断解析。

2.4.1 区域地球化学元素分布、分配总体特征

研究区域地球化学元素的分布和分配特征，一般从研究元素丰度、元素分布变化规律以及元素成矿可能性分析入手。但对于一个区域地质背景而言，由于存在不同地质体(如岩浆岩、不同时期的沉积岩、变质岩)的差异，其元素的分布和

分配也不尽相同。大量地球化学背景研究表明，不同地质体(如岩浆岩、沉积岩、变质岩)背景中元素的分布和分配存在规律性的变化。一般来讲，在岩浆岩中，Fe、Mg、Ni、Co、Cr 和 Pt 元素，在超基性岩、基性岩、中性岩至酸性岩中的含量逐步降低；Cu、Al、Ti、V、Mn、P 和 Sc 等元素在基性岩中含量最高，在中性岩、酸性岩中逐步降低；K、Na、Si、H、Be、Rb、Cs、Ti、Ba、Y、TR、Hf、U、Th、Ta、W、Sn、Pb 随超基性岩向中性岩、酸性岩过渡有规律性地增长；而 Au、As、Ge、Sb 等元素在各类岩石中的富集倾向不十分明显，一般含量变化不大。在沉积岩中 Si 以极大优势富集在砂岩中；Sr、Mn、Ca、Mg 富集在碳酸盐岩；Al 富集在页岩和黏土岩中；其他微量元素在页岩和黏土岩中的含量一般高于砂岩和碳酸盐岩。元素在变质岩中的分配极不稳定，元素的分配量很大程度上取决于变质岩的原岩成分。通过对 1 : 20 万水系沉积物测量的总结，得出沃溪矿区所在区域主要元素的分布和分配存在以下特征：

(1)区域背景的丰度特征：丰度是元素在区域内的平均含量，反映各种地球化学特征总的背景。只有了解元素在所研究的地质体中的丰度及其分布规律，才能探讨各种地质作用中元素的地球化学行为及演化规律。从某种意义来讲，丰度大，表明该元素有大的分布总量，意味着该元素在适当的地球化学作用下汇聚集成矿的可能性大，反之，就可能缺乏形成工业矿产的意义和地球化学前提，但也不排除总量分布小的元素在特殊地质地球化学环境下形成工业矿产的可能。因此，在研究区域背景的元素分布和分配规律时，对元素丰度的大小，不能仅凭含量数据的大小来评判，要对比不同地质体的背景以及与邻近区域背景等。

通过对比研究发现，沃溪矿区所在的沅陵幅中 Au、Sb、W 元素的丰度与地壳丰度相比均具有相对较高含量水平，预示着 Au、Sb、W 是该区的特色矿产。事实上，该区广泛出露的冷家溪群、板溪群分布着众多的金矿和钨矿，虽然 Au、Sb、W 元素的丰度低于新化幅和安化幅，但远远高于湖南其他图幅，因此，该区以 Au、Sb、W 成矿为主。

(2)元素分布变化特征：主要是研究元素分布均匀程度的变化，从而判断元素成矿可能性的大小，一般来说，元素分布均匀，元素含量变化不大，即地球化学常说的"分散矿化"，成矿的可能性较小；如果元素分布极不均匀，表明该元素存在高含量区和低含量区之分，就会形成该元素的地球化学异常，这些异常区就是重点成矿靶区，这也是研究区域地球化学的意义所在。而判断元素分布不均匀的性质是用标准离差(S)和变异系数(CV)来衡量的，一般是按"$CV<40\%$元素呈均匀分布、$40\%<CV<100\%$元素呈不均匀分布、$100\%<CV<150\%$元素呈很不均匀分布、$CV>150\%$元素呈极不均匀分布"的标准来分，沃溪矿区所在区域内，主要元素变异系数由大到小的顺序是 Sb、W、Au、As、Mn、Mo、Ag、Hg、Sn、Pb、Bi、Cu、Zn、U、V、Cs、Ni、B、Li、F、Be、Rb、Sr、Th、Cr、La、Zr、P、Co、Nb、Yo，其中 Sb、W、Au、As、Mn、Mo、Ag、Hg 属于分布极不均匀；Sn、Pb、Be 属于分布很不均匀；Bi、Cu、Zn、U、V 等属于不均匀分布；Sr、Th、Cr、La、Zr、P、Co、Nb、Yo 为均匀分布。由表 2-2 可见，Sb、W、Au 变异系数非常大，Au 在沅陵幅变异系数达到 1024，Sb 在新化幅变异系数达到 2000，W 在安化幅变异系数达到 1100，说明 Sb、W、Au 元素分布极不均匀，呈现极端的集中的可能，集中成矿的可能性较大。这与本区分布有众多的 Sb、W、Au 矿床的实际地质现象十分吻合。

表 2-2　主要元素丰度值及变异系数表

元素	特征值	沅陵幅	安化幅	新化幅	地壳丰度值
Au	均值	5.8	10.7	3.6	4
	变异系数	1024	599	652	
Sb	均值	8.2	11.7	30.6	0.2
	变异系数	385	1047	2000	
W	均值	3.0	9.1	4.0	1.5
	变异系数	728	1100	698	
As	均值	18.6	23.3	23.2	1.8
	变异系数	92	485	698	
Hg	均值	128	115.9	144	80
	变异系数	183	155	192	
Bi	均值	0.4	0.5	0.7	1.7
	变异系数	42	91	289	
Mo	均值	4.1	2.6	1.7	1.5
	变异系数	20	208	182	

注：计量单位 Au 为 10^{-9}，其他为 10^{-6}。

（3）众数倾向特征：众数倾向是指元素概率曲线上峰值（众数值所对应的频率）偏向（左右）特征，如果峰值偏左，称为正偏倚，偏度 r 大于 0，说明该元素含量大多分布在低值区，形成大片低背景区，如果在此条件下，有较大的丰度和变化性，则该元素易于局部集中成矿；如果峰值偏右，称为负偏倚，偏度 r 小于 0，说明该元素含量大多分布在较高含量区而形成大面积的高背景区，此时，如没有很高的丰度，总体浓集参数和变化系数就很小，局部集中成矿可能性小。沃溪矿区所在区域主要元素的偏度由大到小依次为：W、Sb、Au、As、Sn、Bi、Cd、Ag、Pb、Mo、Hg、U、Zn、Cu、Be、V、Cs、Ni、Li、F、Be、Rb、La、Sr、Th、B、P、Cr、

Y、Nb、Co 等，说明 W、Sb、Au 元素多，有矿产分布。这与本区分布有众多的 Sb、W、Au 矿床的实际的地质现象十分吻合。

区域地球化学元素的分布特征表明，沃溪矿区位于雪峰弧形带转折部位，是受挤压十分强烈的地带，因此，在地质历史中的构造活动也是十分强烈的，前人研究表明，区内东西向构造、北东向构造、北北东向构造等构造体系密集交织，为 W、Au、Sb 成矿提供了良好的成矿通道和储矿空间条件，同时，强烈的构造活动加强了与深部岩浆活动的联动，对 W、Au、Sb 的成矿十分有利。

2.4.2 区域地层地球化学元素分配特征及找矿意义

关于区域地层地球化学元素的分配特征，沅陵幅 1：20 万区域地球化学研究报告做了较系统的研究，对区内按地层系统划分的 9 个子系统(冷家溪群、板溪群、震旦系、寒武系、奥陶系、志留系、泥盆系、石炭-二叠系、白垩系)与全区元素丰度的比值进行计算，按丰度比值<0.5 为低含量分布，0.5~1.0 为低背景分布，1.0~1.5 为高背景分布，1.5~3.0 为高含量分布，3.0 以上为特高分布，研究表明：

(1)Au 在震旦系-白垩系构造层中，普遍呈低含量分布特征，如果在这些地层中发现个别地段 Au 呈现高含量以上级别的分布，说明 Au 在该地段具有 Au 的叠加作用，可以认为，这一地段 Au 的高含量分布为研究构造体系对 Au 的叠加作用提供了有用的信息，具有重要地质意义。

(2)本区 W、Au、Sb 从奥陶系开始在以后的各系地层中普遍呈低含量或低背景分布，只在板溪群中 W、Au、Sb 均呈现高背景分布的规律，而在其他地层中并没有出现高含量的特征。因此，可以认为，板溪群是含 W、Au、Sb 的原始沉积构造，这也是长期以来认为板溪群是 Au、Sb、W 含矿地层的重要依据。

(3)本区的 Ag、Mo、Ba、V、Cd、U 等元素在冷家溪群和板溪群中呈低含量或低背景分布，而在震旦-寒武系间突跃式地呈高含量或特高含量分布，这种元素的突变反映了从新元古代到早古生代有某种沉积环境的大变动。同时，该组元素倾向富集于有机质中。因此，这种沉积环境的大变动可能反映了该时期生物从兴起到繁盛的变化。

(4)本区 CaO 总体分布特点，在冷家溪群为低含量分布、在泥盆系为高含量分布、石炭-二叠系为特高含量分布。但在地层中有时出现从低到高或从高到低的反复变化，反映本区沉积环境从活动到稳定，又从稳定到活动的动荡变化。这种动荡的环境变化是构造-岩浆活动的反映，因此，对成矿的意义是巨大的。

(5)主要成矿元素 W、Sn、Bi、Ca、Pb、Zn、Sb、Hg、As、Ag、Ba、V、Mo 等集中分布在前志留系，因此可以说，古老的地层对成矿是有利的，是主要的成矿地层。

2.4.3　元古界含矿建造中成矿元素的地球化学特征

雪峰弧形隆起带是湖南重要的黄金产地，称为湖南"金腰带"。该带以广泛发育元古宙老地层为主要特征，并且经历了武陵、雪峰、加里东、印支、燕山多期构造活动的叠加。目前已发现的原生金矿床（点）多达三百余处，大部分金矿床（点）集中分布在元古宙地层中，其中上元古宙地层的板溪群中金矿床（点）最多，约占总数的80%（曾从政，1984）。赋存于雪峰弧形隆起带元古宙地层中的金矿床不但产金，而且伴有不同程度的锑和钨矿化，形成多金属矿床。刘英俊（1987）将本区元古宙（不含震旦系地层）称为"Au-Sb-W（As）"组合的含矿建造，并认为矿床中的Au、Sb、W（As）成矿元素主要来自赋矿地层。

虽然成矿元素背景含量是研究岩石建造是否属于含矿建造的重要地球化学标志之一，大多数岩石在成岩之后或多或少地受到后期地质构造作用的影响，特别是元古宙含矿建造，由于形成时代较早，因而受到构造作用影响的可能性就相应大，成矿元素在后期改造过程中往往容易发生活化转移，使之在岩石中产生贫化或富集。在研究过程中，即使是避开了明显的构造活动对其影响，也很难分辨含矿层建造原始沉积成矿元素的分布与现在所观测到的成矿元素分布的差别。因此，从这个角度来讲，在论述含矿建造时过分注重成矿元素的背景含量，并以其作为主要判别标志，笔者认为其意义不大。但从地质地球化学勘查角度来讲，了解成矿元素的背景含量水平，对研究矿区成矿元素的异常强度的判别起到较大的指示意义。因此，笔者认为至少可以从以下4个方面研究含矿建造成矿元素的地球化学特征：

（1）首先要了解该套岩石建造原始沉积环境下的同生地球化学场特征，并且要研究成矿元素的赋存状态，了解这些赋存状态是否有利于成矿。

（2）要研究岩石建造中成矿元素的来源除了同生沉积以外，有没有外来叠加，以及叠加强度的大小等，即研究其叠加场的特征。

（3）该套岩石建造能否为矿床提供成矿物质，更重要的是在地质作用影响下其中的成矿物质是否能活化转移。

（4）最后，研究产于该套岩石建造中不同矿床（点）的矿种、规模以及地球化学异常的元素组合特征等。

2.4.3.1　成矿元素背景含量及分布特征

沃溪矿区所在区域内元古宙含矿建造主要出露的是冷家溪群和板溪群地层，冷家溪群是本区的最老岩石，它是一套富含火山物质的复理石建造。板溪群马底驿组是本区的盖层，它是一套以紫红色页岩为主的磨拉石建造。板溪群五强溪组在本区出露较少，是一套以砂岩为主的沉积建造。刘英俊等（1981、1987、1989）、季峻峰（1988）、牛贺才（1992）对该区成矿元素（Au、Sb、W）背景做了比较详细的研究，三人在不同年代的研究结果基本上是一致的，说明其研究成果是最具有代表性的，基本上表明了该区成矿元素的背景情况。

（1）Au 元素背景含量及分布

冷家溪群：刘英俊等（1981、1987、1989）研究表明，金的背景含量为 $1.9 \times 10^{-9} \sim 6.3 \times 10^{-9}$，平均值为 3.7×10^{-9}，并称之为原始含金建造；季峻峰（1988）研究表明，在冷家溪群泥质板岩中金的背景含量为 3.8×10^{-9}，与板岩金含量的世界平均值（据魏德波尔 1974）相比其富集系数高达 3.8，在冷家溪群中金的背景含量以泥质板岩最高为 3.8×10^{-9}，杂砂岩次之，为 3.6×10^{-9}，而粉砂岩最低，为 3.1×10^{-9}，但其相差较小。牛贺才（1992）得出本区冷家溪群金的平均含量为 3.6×10^{-9}，与李峻峰的研究结果十分接近，冷家溪群金的背景含量高于上部大陆地壳砂岩和粉砂岩的平均值。大量的样品分析结果统计表明，金在冷家溪群中分布较均匀，其变异系数达 47% 左右，显示出金在冷家溪群中有明显的同生富集。

冷家溪群中金含量的对数概率分布表现为双峰，经偏度和峰度检验表明，它们均服从对数正态分布，冷家溪群中金含量对数概率分布特征也表明金在其中产生了较强的同生富集。

板溪群马底驿组：马底驿组是本区的盖层，它是一套以紫红色页岩为主的磨拉石建造，在板溪群马底驿组板岩中金含量的平均值为 2.5×10^{-9}（牛贺才，1992），在紫红色板岩中金的含量为 2.9×10^{-9}，比灰绿色板岩高。硅酸盐分析显示，在紫红色板岩中 Fe_2O_3 含量低于 FeO。这说明紫红色板岩的沉积环境为氧化环境，而灰绿色板岩的沉积环境相对还原，则在水体中以胶体形式运移的金浓度比较小；当金与羟基离子构成稳定络离子进行迁移时，络离子〔$Au(OH)_2^-$〕、〔$Au(OH)_4$〕$^-$ 在水体中浓度受 fO_2 的控制，据 T. M. Seward 的研究表明，pH 一定时，随着 fO_2 升高，水体中〔$Au(OH)_2^-$〕浓度逐渐增大。可见，无论金是以〔$Au(OH)_2^-$〕、〔$Au(OH)_4$〕$^-$ 形式，还是以〔$Au(OH)_2^-$〕、〔$Au(OH)_4$〕$^-$ 形式迁移，都是在较氧化的条件下容易迁移，在所形成的沉积物中金含量也相应高一些。在实际勘查中发现，在马底驿组底部砾岩中金含量高达 140×10^{-9}（牛贺才，1992）。产生这种现象的原因主要是由于冷家溪群抬升，遭受长期的风化剥蚀，在剥蚀面上产生了金的次生富集。说明在马底驿组板岩中至少有一部金来自冷家溪群。在马底驿组岩石中金也产生了同生富集，尤以底部砾岩为甚。

板溪群五强溪组：五强溪组在本区出露较少，是一套以砂岩为主的沉积建造。研究表明，本区五强溪组砂岩中，金含量的平均值为 4.9×10^{-9}。它明显高于上部大陆地壳及世界砂岩的平均值，与前者相比其富集系数最高可达 2.7，与后者相比其富集系数最高可达 1.6。Au 在五强溪组砂岩中分布比较均匀，其含量变异系数仅为 37%。

在五强溪组砂岩中，金含量的对数频率分布图以双峰为特征。与冷家溪群马底驿组岩石有所不同，它以高值子体所占比例大为特征。这表明在五强溪组岩石中金产生了明显的同生富集。

综上所述，在本区元古界地层中金产生了同生富集作用，以冷家溪群富集程度最高，而板溪群五强溪组的富集程度最低，在冷家溪群中不但分布着一定数量的基性熔岩，而且在其各类岩石中还含有数量不等的火山物质，可以将其视为原始含矿建造(刘英俊，1987)，板溪群是华南最早的红色建造，在本区它与冷家溪群呈角度不整合，前文已论证了板溪群中金至少有一部分来自冷家溪群，具有衍生含矿建造(刘英俊等，1987)的特征。虽然在板溪群中金的含量及富集程度明显低于冷家溪群，但不排除在该层位中金也有局部强烈再生富集的可能，如在马底驿组底部的底砾岩中金含量就相当高。

(2) W 元素背景含量及分布

冷家溪群、板溪群是华南重要含钨建造(刘英俊，1997)，牛贺才研究表明，本区冷家溪群岩石中钨的背景含量为 $4.5×10^{-6}$，季俊峰研究表明，冷家溪群钨的背景含量为 $5×10^{-6}$，冷家溪群岩石中钨的背景含量高于上部大陆地壳的平均值，与其相比富集系数可达 2.6，钨的系统采样分析表明，在不同地区冷家溪群岩石中钨的背景含量相差不大，说明钨在冷家溪群的分布是十分均匀的。

板溪群马底驿组：在本区多以白钨矿为主要矿石矿物的多金属矿床，许多学者(涂光炽、刘英俊)将马底驿组地层定位为 Au-Sb-W 含矿建造。牛贺才通过对远离矿带进行系统采样分析发现，马底驿组地层中 W 背景含量为 $3.4×10^{-6}$，与上部大陆地壳平均值相比其富集系数为 1.7。并且发现 W 的含量变化比冷家溪群地层大很多，其变异系数为 45.6%，在不同类型岩石中砂质板岩含量明显变高，说明岩石粒度对 W 的含量水平有一定的影响，说明有一定数量的 W 是以机械形式搬运到沉积盆地中，并以重砂矿物的形式沉积下来。

五强溪组砂岩中 W 的含量较低，其背景含量为 $2.5×10^{-6}$，与上部大陆地壳平均值相比其富集系数为 1.2。说明五强溪组 W 的背景含量并不高，与典型含 W 建造相比有明显的差别。到目前为止，本区五强溪组地层中没有发现含 W 矿化的矿床，说明五强溪组并不是典型的含 W 建造。

(3) Sb 元素背景含量及分布

牛贺才研究表明，本区冷家溪群地层中锑的背景含量为 $1.1×10^{-6}$，为上部大陆地壳平均值的 5 倍。在冷家溪群中 Sb 的含量变化较大，变异系数为 115%，其中在砂岩中含量最高，泥质岩中含量次之，粉砂岩中含量最低。板溪群马底驿组岩石中 Sb 的背景含量为 $1.9×10^{-6}$，与上部大陆地壳平均值相比其富集系数为 9.7，并且含量变化较大，变异系数高达 96.4%，在灰绿色板岩中的含量高于紫红色板岩，说明 Sb 主要富集在还原环境条件下沉积的泥质岩石中。五强溪组砂岩中 Sb 的背景含量为 $1.4×10^{-6}$，高于上部大陆地壳平均含量。

(4)2010 年笔者在沃溪矿区近外围开展了 3 条累计长达 55 km 的区域地层地球化学剖面调查，系统采集冷家溪群、马底驿组、五强溪组地层新鲜岩石样，分析了 Au、Sb、W 及部分元素的背景值(表2-3)，结果表明，冷家溪群、马底驿组、五强溪组地层中 Au、Sb、W、As、Hg、Mo、Bi 含量并不高，除 W、Sb、As 含量高于地壳丰度值外，其他元素都低于地壳丰度值，处于相对贫乏状态。与地壳丰度值相比，马底驿组 Au 贫化至 1/13，Sb 富集了 5.5 倍，W 富集了 1.3 倍，As 富集了 1.5 倍，Hg 贫化至 1/2.5，Mo 贫化至 1/3，Bi 贫化至 1/5.7，表明马底驿组的 Sb、W、As 有一定的富集，而 Au、Hg、Mo、Bi 处于相对贫乏状态。其次从变异系数可以看出，冷家溪群、马底驿组、五强溪组地层中的 Au、Sb、W、As、Hg、Mo、Bi 变异系数大部分在 40 和 100 之间，说明上述元素处于不均匀变化状态。Au、Sb、W、As、Hg、Mo、Bi 随岩性变化元素含量变化不大，说明元素分布离散程度较小。Au、As 在马底驿组地层中变异系数相对较大，变异系数在 100 和 150 之间，说明 Au、As 变化很不均匀，这与马底驿组地层为 Au、Sb、W 主要含矿层相吻合。

表 2-3　沃溪矿区外围主要地层部分元素背景值

地层		冷家溪群	马底驿组	五强溪组	地壳丰度
样品数		10	42	23	
Au	质量分数	0.5	0.3	0.2	4.0
	变异系数	55	119	84	
Sb	质量分数	1.9	1.1	0.9	0.2
	变异系数	2	77	102	
W	质量分数	2.9	2.0	1.2	1.5
	变异系数	5	42	83	
As	质量分数	9.3	2.6	20.0	1.8
	变异系数	65	112	60	
Hg	质量分数	39.3	32.1	170	80
	变异系数	31	74	53	
Mo	质量分数	1.0	0.6	0.5	1.5
	变异系数	123	22	34	
Bi	质量分数	0.5	0.3	0.1	1.7
	变异系数	79	70	58	

注：计量单位 Hg 为 10^{-9}，其他为 10^{-6}

2.4.1.2 含矿建造中成矿元素的赋存状态

研究元素的赋存状态对追踪元素的迁移历史、查明地球化学作用条件有重要意义。根据热力学亚稳态原理，目前所观测到的元素在自然固结相中的赋存状态大多是化学反应的结果，与成矿作用条件有关，能反映其形成时的物理化学条件，因此，元素赋存状态有其地质成因意义。有时在某种地质体中一种元素可以出现多种赋存状态，但它们之间常有一定联系，处于某种平衡，如类质同象态的Pb 与微细分散状 Pb_2S 之间处于某种平衡，受岩浆中硫逸度控制。在一些复杂的地质体系中，一种元素的多种赋存状态可能受多种因素影响或多次作用叠加形成，如土壤中的元素会呈多种赋存状态共存。

众所周知，本区元古宙地层变质程度相对较低，低于绿片岩相，因此，所遭受的变质改造作用相对较弱，在这种情况下成矿元素的赋存状态是决定其能否活化转移的主要因素，这也是判断含矿建造为矿床的形成提供物质来源的关键所在。在这些方面，牛贺才(1992)对马底驿组板岩中成矿元素赋存状态进行了系统的研究。

研究表明，金在马底驿组板岩主要造岩矿物石英、长石、绢云母、黏土矿物及重砂矿物(主要是赤铁矿铁矿石)中分布，Au 在赤铁矿中含量最高，达 $150×10^{-9}$，长英质矿物中 Au 含量最低，而黏土矿物中金含量低于赤铁矿，但高于长英质矿物。计算表明，马底驿组板岩有 76.3% 的金赋存在黏土矿物中，Au 在黏土矿物中的赋存状态是 Au 的主要赋存形式。刘英俊、马东升(1987)研究认为，马底驿组板岩中 W 主要赋存于黏土矿物中，在黏土矿物中 W 主要以吸附形式存在，涂光炽等(1987)通过电渗析研究也证实，在马底驿组板岩中至少有 26%的 W 以吸附形式存在。通过对马底驿组板岩中 Sb 含量的分析，Sb 主要赋存于黏土矿物中，说明马底驿组地层中有相当数量的 Au、Sb、W 是以易溶化转移的吸附形式赋存于岩石中，正是这部分成矿元素在岩石遭受后期地质作用改造时首先被活化转移出采，并在有利构造环境中富集成矿。

2.4.1.3 含矿建造中微量元素的地球化学特征

刘英俊等(1987)、牛贺才(1992)研究表明，冷家溪群中铁族元素 Ti、V、Cr、Mn、Co、Ni 等含量明显高于上地壳大陆平均值，其富集系数为 2，这可能与冷家溪群中分布有基性火山岩及各种岩石内含有基性火山物质有关。因为基性岩中铁族元素含量较高，造成沉积物中铁族元素明显富集。其次，在冷家溪群岩石中钒的含量明显高于上部大陆地壳平均值 2 倍，富集程度最高，这主要是岩石中黏土矿物含量偏高所致，因为黏土这样的分散相对 V 具有明显的吸附作用。在冷家溪群岩石中 Co 与 Ni 含量之比为 0.89，大于上部地壳的比值，说明尽管冷家溪群形成时 Co、Ni 都有较明显的富集，但就二者之间的关系来说，Co 相对 Ni 产生较明显的富集, 这也是岩石中黏土物质含量较高所致, 因为 Co 容易被黏土物质吸附, 而 Ni 不能以吸附的形式存在于黏土矿物中。与冷家溪群岩石相比, 在板溪群马底驿组岩石中铁族元素 Ti、V、Cr 含量明显降低, Co 含量基本不变, Ni 含量相对升高, 而 Mn 含量则升高, 其值高达 980×10^{-6}, 在表生作用过程中锰的地球化学行为取决于价态的改变, 在较还原时, 低价的锰可以形成易溶稳定的化合物保留在水体中, 而在较氧化的条件下, Mn^{2+} 转变成 Mn^{4+} 在水体中沉淀下来, 造成岩石中锰含量增大。可见, 在马底驿组岩石中锰的强烈富集与其沉积时较氧化的沉积环境有关。在冷家溪群和板溪群马底驿组板岩中锰的含量较高, 刘英俊等(1987)研究表明, MnO_2 对 W 的吸附能力要大于吸附能力很强的碳质板岩, 马东升(1989)也曾注意到板岩中 Mn 含量偏高, 并认为它与金的含量呈正相关, 岩石中富锰有利于成矿元素以吸附形式存在。在板溪群五强溪组岩石中铁族元素含量无一例外地下降, 一般都低于上部大陆地壳平均值。除了前文讨论的钨以外, 在本区元古宇地层中钨钼族元素含量均低于大陆地壳平均值。

在冷家溪群岩石中 Cu、Pb、Zn、As 的含量明显高于上部大陆地壳平均值, 富集系数一般大于 2, 具有一定程度的富集。其中 As 的富集程度最高, 与上部大陆地壳平均值相比, 其富集系数可达 5.4 左右, 由此可见, 冷家溪群不但有 Au、Sb、W 的含矿建造, 而且有 As 的含矿建造, 事实上, 很多分布在冷家溪群地层中的矿床都具有一定程度的 As 矿化。

与冷家溪群相比, 在板溪群马底驿组岩石中 Cu、Pb、Zn、As 的含量明显降低, 其中, Cu、Pb、Zn 的富集系数为 1.1~1.5。应指出, 在马底驿组灰绿色板岩中存在一定规模的原生辉铜矿化, 它是在较还原的盆地边缘沉积形成的。因为只有在有充足的物质来源, 且具有还原条件的沉积盆地边缘才可以产生铜的硫化物富集, 而这种稳定的物源区可能与冷家溪群有关。

在板溪群五强溪组岩石中 Cu、Pb、Zn 含量进一步下降, 其他低于上部大陆地壳的平均值, 也低于砂岩的平均值(刘英俊等, 1987), 具有明显的亏损。在五强溪组岩石中 As 含量比较高, 与上部大陆地壳相比, 其富集系数高达 19.2, 分布于五强溪组岩石中的金矿床存在局部富集的 As 矿化与地层中 As 含量高有密切的联系。

无论是在冷家溪群, 还是在板溪群中 Ag 的含量都很低, 没有明显富集。Hg 在马底驿组岩石中含量较高, 其平均值为 23.4×10^{-6}, 高于上部大陆地壳中的平均值, 西安 Au、W 矿床中出现以辰砂为主的矿化与之有密切的关系。区内元古宙地层中分散性元素 Sr、Ba 含量较低, 特别是 Sr, 与上部大陆地壳平均值相比低一个数量级。

2.4.1.4　含矿建造中微量元素与成矿元素的关系

牛贺才(1992)对本区不含矿建造中各群组岩石中微量元素与成矿元素进行

了 R 型点群分析(图 2-19、图 2-20),在对应图中注明的相似性水平条件下:得出在冷家溪群岩石中主要存在的元素组合为 Ti-Ba-V-W-Sn、Au-As-Cu-Br、Mn-Co-Hg、Ni-Zn。W 与 Sn、Ti、Ba 呈显著相关,而 Ti 与 Ba、V 主要以氧化物形式存在,说明 W 在冷家溪群也主要以氧化物形式存在,Au 与 As、Ag、Cu、Pb 等亲铜元素呈显著相关,而 Cu、Pb 等元素在冷家溪群中主要以硫化物形式存在,说明 Au 在冷家溪群中也主要存在于硫化物中,Au、Ag 共生矿床主要分布在板块边缘的火山岩系中。在冷家溪群中 Au 与 Ag 呈显著相关,在一定程度上反映了 Au 的来源与火山物质有关。

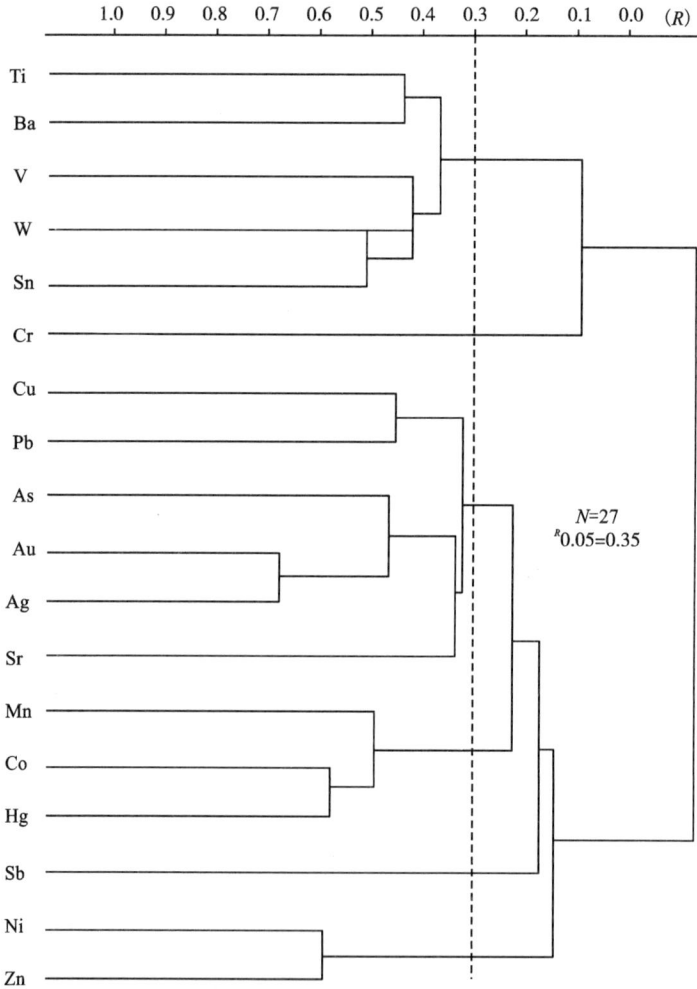

图 2-19　冷家溪群地层微量元素 R 型聚类谱系图

(据牛贺才,1992)

在板溪群马底驿组岩石中主要存在着以下几种微量元素组合：Ag-Cu-Zn-Cr-Ni-Ti、V-Bi-Sn、As-Mo-Au。与冷家溪群相比，Au 与典型的亲铜元素发生分离，而与 As、Mo 呈显著相关。众所周知，As 是典型的半金属元素，而 Mo 也是一个变价元素，在还原条件下均呈硫化物形式存在，而在氧化条件下大多呈高价氧化物形式存在。本区马底驿组是典型的红色建造，是在较氧化条件下沉积的，这时 Au 与 As、Mo 呈显著相关，说明 Au 并非主要存在于硫化物中。Au 与其他元素的相关关系在一定程度上反映了马底驿组具有衍生含矿建造的特征。

在五强溪组岩石中存在 Au-Sr-Zn-Sb-Bi-Co-Mn-Mo、As-W、Sn-Pb-Cr-V-Ba-Ti、Cu-Ag 等元素组合，在 Au-Sr-Zn-Sb-Bi-Co-Mn-Mo 这一相关体系中既有典型的亲铜元素，又有典型亲石元素，组成较为复杂，说明 Au 的来源较复杂，反映出五强溪组砂岩具有衍生含金建造的特征。

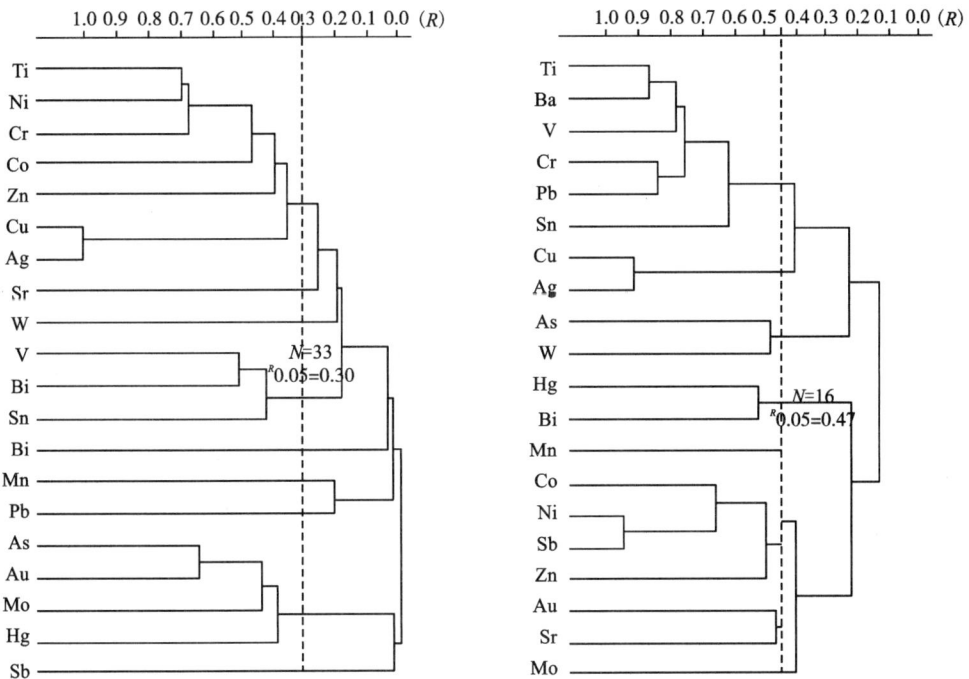

图 2-20　板溪群马底驿组 (左)、五强溪组 (右) 地层微量元素 R 型聚类谱系图
(据牛贺才，1992)

2.4.1.5　含矿建造中成矿元素 Au 贫化-富集共轭现象的存在及其意义

牛贺才 (1991、1992) 对区域地球化学的研究揭示，在西安—沃溪金矿密集区长达 85 km、宽 15 km 的区域内冷家溪群板岩除矿区及矿化带外金的含量为 2.9×

10^{-9}，板溪群马底驿组板岩中金的含量为 $1.6 \times 10^{-9} \sim 1.9 \times 10^{-9}$，低于相应岩石中的背景含量。万嘉敏(1986)研究表明，在西安 Au-W 矿床附近存在着 Au 的区域负异常，马东升(1989)对沃溪 Au-Sb-W 矿床研究显示，矿化围岩中 Au 的含量（17.9×10^{-9}）大于区域地层中 Au 的背景含量（3.4×10^{-9}），大于近矿围岩中 Au 的含量（2.5×10^{-9}）。不但在本区，在其他矿区存在类似现象。季俊峰(1988)对湘东北黄金洞金矿的研究表明，在赋矿的第三岩性段中 Au 含量较其他岩性明显偏低，这些现象充分说明在矿区周围存在着成矿元素 Au 的低值区。关于成矿元素的地球化学负异常已有很多学者进行了报道(周俊法，1987；吴昌荣，1987；张景廉，1988)，其中，周俊法将其定义为，地层、岩石在后期成矿作用过程中元量含量水平明显低于其本底含量的地带。牛贺才(1992)认为，成矿元素负异常是由于后期地质改造作用使地层岩石中成矿元素产生活化转移，导致被改造后岩石中的成矿元素含量明显降低，它应低于区域地层岩石的背景值，同时与一定的矿床或矿化带相对应，构成贫化-富集共轭的地球化学体系。已有许多学者注意到矿区周围岩石中成矿元素含量较低这一地质事实，并提出了相应的学说。牛贺才(1992)对此进行详细研究后认为，这种"贫化-富集共轭球化学体系"揭示了矿化和成矿物质主要来自周围成矿元素 Au 含量低值区，从而解决了成矿过程中的物质平衡问题。尚需指出的是，成矿元素 Au 含量低值区的范围要比矿体及矿化正异常带的范围大得多，这是矿体及正异常带内成矿元素的富集系数较低值区的贫化系数大得多所致，这种地质现象符合物质守恒定律。在成矿元素 Au 含量低值区内，不但 Au 含量明显降低，其他微量元素的含量也有较明显的变化。这说明在与成矿作用密切相关的后期地质改造作用过程中，不但金的地球化学状态发生变化，其他元素也受到明显影响。如铁族元素 Ti、V、Cr、Mn、Co、Ni 等元素因地球化学行为存在差异，与原岩相比，Ti、V、Cr 含量变化相对较小，一般在 14% 以内；Mn 表现为强烈迁出，其含量降低了 24%；Co、Ni 含量大幅降低，分别下降了 25% 和 49%。

同是铁族元素，为什么在 Au 含量低值区铁族元素含量变化却有如此之大的差异呢？归根结底，是铁族元素内部的地球化学特征不同所致。由于铁族元素外层电子排布的不同导致它们在自然界中的存在形式有显著差异。Ti、V、Cr 在自然界以高价态氧化物形式存在，表现出强烈的亲氧性；Co、Ni 在自然界以低价态硫化物形式存在，表现出强烈的亲硫性；Fe、Mn 处于二者之间的过渡态，既具有亲氧性，又具有亲硫性。在热液还原作用下，Ti、V、Cr 表现出较强的惰性，没有被活化迁移，使得岩石中含量变化不大，而 Co、Ni 表现出较强的活性，极易被活化转移，使得岩石中含量明显偏低。但 Co 的迁移较 Ni 明显偏低，这主要由于还原性热液中 Co 与 HS^- 所形成的络离子的稳定性偏低，即在还原热液中 Co 的活动性明显低于 Ni(刘英俊，1987)，在 Au 含量低值区 Ni 含量相对低于 Co，发生贫化,因此 Co 与 Ni 含量之比可以用作判断是否经受了与成矿作用有关的地质改造作用影响的重要地球化学参数之一;由于还原热液作用使 Mn 由高价转变为低价,低价 Mn 的活性较高价 Mn 明显增大,Mn 被活化随热液一起运移;Cu、Pb、Zn、Ag、Hg 等亲铜元素的含量有明显变化,其中 Cu、Pb、Hg 的含量分别降低了89%、93%、67%,Ag 的含量降低了 28%,而 Zn 的含量增加了 36%。由此可见,在与成矿作用密切相关的改造作用中,亲铜元素均表现出较强的地球化学活性。成矿元素 W 的含量也有所降低。Sr、Ba 是典型的分散性元素。Sr 在海水中的浓度(8 mg/mL)仅次于 Ba,Sr 在表生条件下和地下水中有较强的活性,研究表明(刘英俊,1984),Sr 在变质热液中也有相当强的活性,说明 Sr 在自然界中各种地质环境和成矿作用中均具有较强的地球化学活性。Ba 虽然是分散元素,但由于其迁移率只有 0.03%(刘英俊,1987),鉴于 Sr、Ba 在热液和变质作用过程中的活性有显著差异,故也可以用 Sr 与 Ba 的含量之比来判断岩石遭受后期地质改造的程度。

在沃溪矿床附近 Au 含量低值区内,岩石中 Sr 含量明显降低,与原岩相比其含量降低了 35%,而 Ba 的含量仅变化了 2%,变化不大。

笔者认为若从贫化-富集共轭角度去分析成矿过程能较客观地理解低背景成矿的地质现象。从地球化学场分解来考量"贫化-富集共轭的地球化学体系"其实质就是地质事件(或者成矿地质作用)对元素的活化、迁移、富集(贫化)形成,其元素组合特征与不同的成矿地质作用具有一定的耦合关系,所以研究地球化学异常叠加与分类并赋予相应的地质意义应该可行。对研究地球化学成矿过程动力学、成矿地质作用、矿床形成过程、成矿环境、成矿阶段等都将产生积极促进作用。

2.5 区域矿化特征

本区是湘西地区乃至湖南省的金锑矿集中区之一,区内金锑钨矿产丰富。该区受一系列北东—北东东—近东西向逆冲断裂控制,沿雪峰山隆起带有大小金锑钨矿床、矿点数十处。自南西至北东,有龙王江、渣滓溪、沃溪、西安、大溶溪、冷家溪、西冲、符竹溪和廖家坪等矿床产出。在白马山—龙山东西向隆起带及其北缘,有锡矿山超大型锑矿床、龙山大型锑金矿床、曹家坝大型矽卡岩型钨矿床和古台山中小型锑金矿床产出。据不完全统计,区内有金、锑、钨矿床 11 处。区域矿床特征见表 2-4。

表 2-4　区域金属矿床(点)及简要特征一览表

矿区名称	矿种	地质简况	规模
渣滓溪	W、Sb	矿脉产于板溪群五强溪组,矿脉位于断裂带中,工业矿体有 20 条,矿体长 50~200 m,延深 450 m,锑平均品位 8.48%,中低温热液矿床	大型
西安	W、Au	矿脉产于震旦系板岩夹碳酸盐岩中,矿脉呈石英方解石网脉状,工业矿体有 11 条,矿体长 790 m,延深 1200 m,平均厚度 3 m,钨平均品位 0.159%,中低温热液矿床	中型
大溶溪	W	矿脉产于震旦系南陀砂岩中,矿脉受层位控制,矿体长 1000 m,延深 390~860 m,平均厚度 0.57~7.8 m,钨平均品位 0.53%,中低温热液矿床	中型
冷家溪	Au	矿脉产于沃溪—冷家溪背斜西南翼,板溪群马底驿组紫红色板岩层间裂隙中,矿脉位于复式背斜西翼,矿体长 450~720 m,平均厚度 0.78~0.86 m,金平均品位 2.8~3.42 g/t。为含金石英脉型	小型
西冲	Sb	矿脉产于冷家溪群灰色板岩层间,矿脉严格受层间破碎带控制,矿体长 240 m,延深 710 m,平均厚度 1.1~3.86 m,金平均品位 3.06 g/t,锑平均品位 4.3%,钨平均品位 0.56%,为层间破碎带型	小型
符竹溪	Sb	矿脉产于雪峰山背斜南翼,板溪群马底驿组板岩中,矿脉严格受断层破碎带控制,矿体长 50~150 m,延深 200 m,平均厚度 0.57~1.35 m,金平均品位 3.47 g/t,锑平均品位 1.65%,为含金锑石英破碎带型	小型
廖家坪	Sb	矿脉产于寒武系中部碳质页岩断裂带中,矿体长 150 m,延深 100 m,平均厚度 1.1 m,锑平均品位 16%,为含破碎带型	大中型
龙山	Sb、Au	矿脉产于震旦系江口组板岩中,矿脉受断层控制,矿体长 350 m,平均厚度 0.8~1.0 m,锑平均品位 5.0%,变质热液矿床。	大型
曹家坝	W	矿脉产于泥盆系跳马涧组和棋子桥组中,共发现 11 条矿脉,矿体长 731~2242 m,平均厚度 1~28.11 m,钨平均品位 0.16%~0.44%,矽卡岩型矿床	大型
古台山	Sb、Au	矿脉产于震旦系江口组砾砂质板岩中,共发现 9 条矿脉,矿体长 143~280 m,平均厚度 1.55~10.36 m,锑平均品位 10.52%,钨平均品位 0.187%,金平均品位 12.95 g/t,铜平均品位 1.253%	中小型

第 3 章 矿区地质背景及矿床地质特征

3.1 矿区地质背景

3.1.1 矿区地层

区内出露地层由老至新有：新元古界冷家溪群小木坪组、板溪群横路冲组、马底驿组、五强溪组，震旦系留茶坡组、陡山沱组、南沱组，上白垩统以及第四系（图 3-1）。

（1）冷家溪群小木坪组（$Ptln$）

冷家溪群小木坪组在矿区局部出露，为一套远基陆缘浊积岩建造。岩性为青灰色绢云母板岩，灰绿色粉砂质板岩，厚层灰色砂质板岩，具硅化，板理较发育，节理发育。受区域挤压变形作用影响，地层多出现褶皱变形（图 3-2）。该段地层板岩中可见小型斜层理，属浅海陆棚沉积。

（2）板溪群

自下而上分为三组。

1）横路冲组（$Ptbnm^1$）

岩性下部为厚层-巨厚层块状变质砾岩与砾质岩屑砂岩；上部为中细粒岩屑砂岩夹粉砂质板岩，厚度 45~110 m。区域上本组地层与下伏青白口系冷家溪群小木坪组呈不整合接触。

2）马底驿组（$Ptbnm^2$）：分为上下两段。

下段为砂岩、粉砂岩，局部地段底部偶见同生砾岩。厚度 60~120 m。主要分布于矿区南西部的仙鹅抱蛋穹隆周边。

上段为紫红色、灰紫色条带状板岩（图 3-3）、砂质板岩、含钙板岩，厚度 630~810 m，于矿区中部呈东西至南东向展布。其岩性组合为：

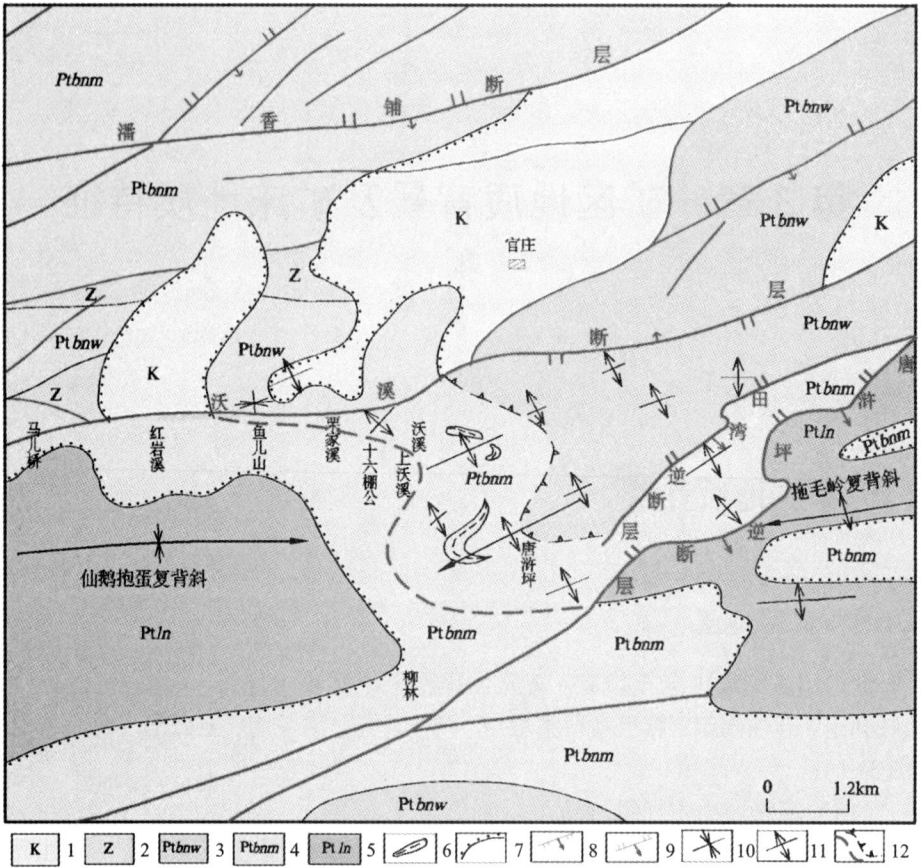

1—白垩系；2—震旦系；3—板溪群五强溪组；4—板溪群马底驿组；5—冷家溪群小木坪组；
6—板岩夹层；7—不整合线；8—逆断层；9—平移断层；10—向斜；11—背斜；12—弧形构造层。

图 3-1　沃溪矿区地质简图

图 3-2　冷家溪群小木坪组地层褶皱

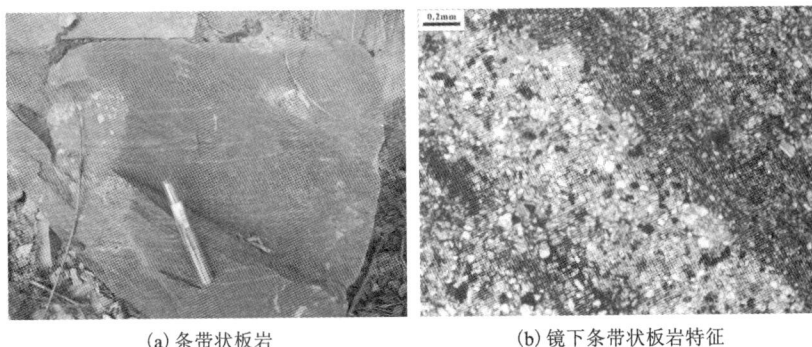

(a) 条带状板岩　　　　　　　　(b) 镜下条带状板岩特征

图 3-3　沃溪金锑钨矿床典型地层

中、上部有钙质条带及由含钙质板岩受区域变质与构造运动挤压变形而形成的钙质"结核"，钙质板岩主要由绢云母、石英、方解石、铁白云石、褐铁矿、绿泥石等组成，片理和劈理发育，是区内矿脉赋存层位。

底部夹灰绿色板岩、砂质板岩及中细粒砂岩。

3）五强溪组（Ptbnw）：为青灰、灰绿色中至厚层变质条带状长石石英砂岩，夹砂岩、板岩。厚度 520 m，分布于矿区北部，呈东西向分布。与下伏马底驿组呈断层接触。

（3）震旦系地层主要出露于勘查区最北部——下院子、胡家、楼门屋一带，整体呈东西向或北西西向展布，与下伏板溪群呈不整合接触。

1）留茶坡组（Zl）：深灰色薄至厚层条带状硅质岩及泥质硅质岩。

2）陡山沱组（Zd）：灰色中层状含黄铁矿或褐铁矿化微晶灰岩，局部见褐铁矿化绢云母板岩，岩石中主要矿物成分为微晶方解石，含少量黄铁矿或褐铁矿。

3）南沱组（Zn）：砂质或含砾泥岩，局部见褐铁矿化绢云母板岩，岩石中主要矿物成分为石英、斜长石、绢云母及白云母等。

（4）上白垩统（K$_2$）

分布于矿区北部，为巨厚层状、块状红色-棕红色砂砾岩，不整合覆盖于板溪群地层上（图 3-4）。

（5）第四系（Q）

为残积、坡积、冲积物，由板岩、砂岩及少量角砾、砂砾、亚黏土等组成。厚度 0~20 m。分布于溪流两侧的低地。

(a) 上白垩统与板溪群马底驿组不整合接触　(b) 上白垩统与板溪群五强溪组不整合接触

图 3-4　上白垩统与板溪群地层的不整合接触

3.1.2　矿区构造

矿区位于白垩系断陷盆地南缘、仙鹅抱蛋穹隆状复背斜北翼，为一北东向弧形突起的倾伏单斜构造(图 3-5)。区内褶皱、断裂、节理发育，对区内成矿具有多级控制作用。

(1)褶皱

主要表现为地层走向及倾向均呈舒缓波状起伏，以十六棚工为中心，形成一系列倾伏裙边式横跨褶曲。矿区自西向东，依次为红岩溪背、向斜，鱼儿山背、向斜，粟家溪向斜，十六棚工西向斜、中背斜、东向斜，上沃溪背斜等 Ⅱ 级控矿构造，本矿段内主要为十六棚工西向斜、中背斜、东向斜，翼展 100~500 m，沿倾伏方向延伸达 3000 m 左右，自浅部向深部倾角逐渐变缓。

区内岩层围绕仙鹅抱蛋穹状隆起，从西部红岩溪至粟家溪，岩层走向东西，由十六棚工往东缓缓偏转为南东走向。经上沃溪到矿区东南外围的下花岩山，岩层走向近乎南北，组成沃溪至塘虎坪"S"形构造的北西段。由于地应力活动的不均一性，区内褶皱主要表现为岩层沿走向呈舒缓波状，形成了与岩层走向直交的倾伏张开式褶曲，亦称横跨褶曲或似裙边构造。随着岩层走向的弧形转折，其褶曲轴向由红岩溪矿段的 NW20°，变为鱼儿山矿段 NE5°，粟家溪矿段 NE23°，直到十六棚工段、上沃溪矿段 NE45°。矿田内褶皱可分为 4 级，现分述如下：

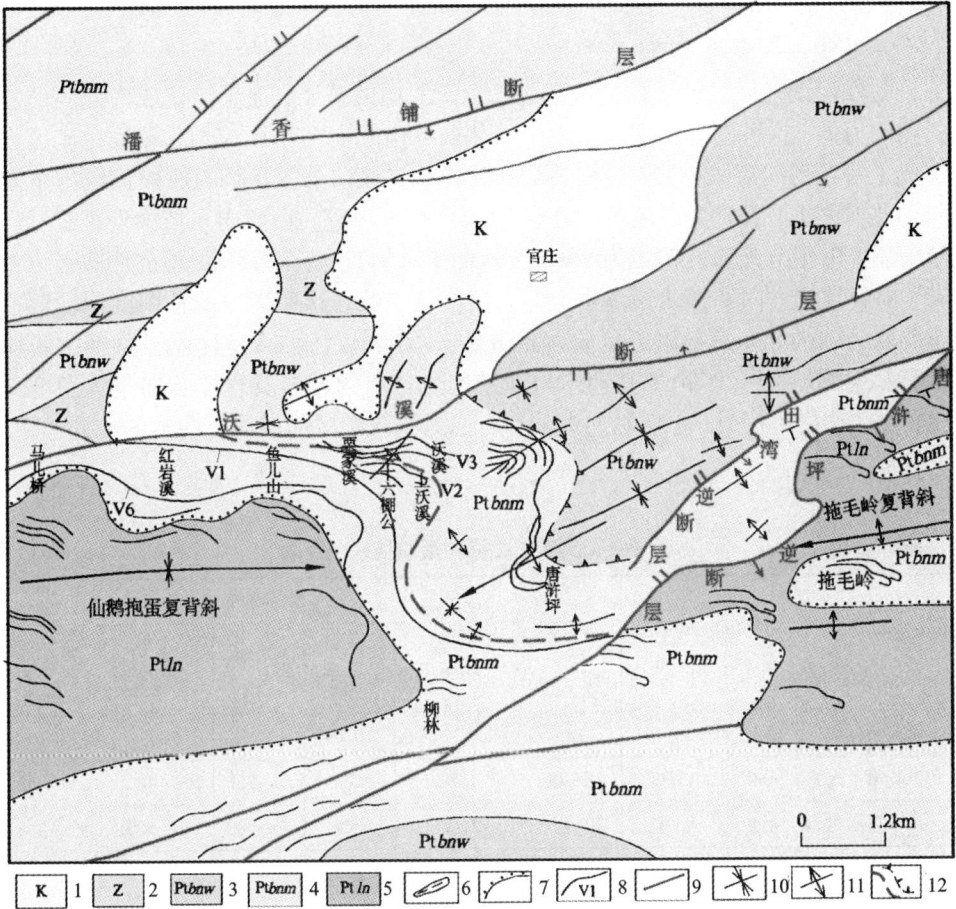

1—白垩系；2—震旦系；3—板溪群五强溪组；4—板溪群马底驿组；5—冷家溪群小木坪组；
6—板岩夹层；7—不整合线；8—逆断层；9—平移断层；10—向斜；11—背斜；12—弧形构造层。

图 3-5　沃溪矿区构造简图

1）Ⅰ级——箱状倾伏背斜

箱状倾伏背斜以仙鹅抱蛋穹窿箱状背斜与拖毛岭背斜为代表。武陵运动期，由于区域性的近南北向的挤压应力，使得中元古界冷家溪群形成了矿田的Ⅰ级（Ⅰ期）褶皱构造，以及近东西向的古佛山背斜。武陵运动后期的雪峰运动导致形成了塘虎坪断层（F2）和新田湾断层（F2）两条左行压扭性逆断层，F2 和 F3 将古佛山背斜切错为两段，形成了东段向西倾伏的拖毛岭背斜和西段向东倾伏的仙鹅抱蛋穹窿式箱状背斜。仙鹅抱蛋背斜顶平翼陡，围绕其肩部发育有似裙边状褶皱，具较明显的箱状褶皱特征，其北翼岩层产状为（340°～360°）∠（32°～65°），南翼产状为(170°~180°)∠(60°~70°),为一轴面倾向北北西、向北东东倾伏的复式背斜(刘亚军,1992)。

2)Ⅱ级——横跨褶皱

雪峰运动晚期的区域构造应力场已由南北向的挤压,逐步转化成南北向的左行扭动力偶,这种扭动力偶所派生出的北西—南东向的挤压应力,导致在矿区内形成了一系列的褶皱构造,它们叠加在古佛山Ⅰ级(Ⅰ期)背斜的西段仙鹅抱蛋背斜的北翼之上,表现为矿区内的Ⅱ级(Ⅱ期)褶皱构造。由西向东依次发育有红岩溪背斜、鱼儿山背斜、粟家溪背斜、十六棚工背斜、上沃溪背斜、塘虎坪向斜。各背、向斜倾伏方向和倾伏角基本上与岩层产状一致。这些褶皱的轴向围绕仙鹅抱蛋箱状背斜的北东肩部附近呈放射状分布,并以十六棚工背斜(位于仙鹅抱蛋箱状背斜肩部)为中心,由于其轴向与仙鹅抱蛋背斜的轴向及岩层走向呈大角度斜交,故又称横跨褶皱(刘亚军,1992),它们对沃溪矿区的矿体有明显的控制作用,具体见表3-1。

表3-1　沃溪矿区横跨褶皱控矿一览表

褶皱方向	波弧宽/m	倾伏方向	倾伏角/(°)	矿体规模				
				脉号	侧伏方向	走向长/m	倾斜深/m	脉厚/m
红岩溪背斜	50	N20°W	28	V1	N10°W	40	180	0.2~0.6
鱼儿山背、向斜	480	N5°W	25~28	V1	N5°E	50~250	200~400	0.8~5.0
粟家溪向斜	400	N5°E	30~45	V1、V2、V3、V4	N5°E	50~280	100~600	0.15~2.5
十六棚工西向斜	200	N45°E 深部 N75°E	30~50	V1、V2、V3-1、V4	N45°~75°E	50~250	200~400	0.8~5.0
十六棚工中背斜	500	N45°E	25~30	V1、V2、V3、V4	N45°E	100~350	350~2200	0.4~7.0
十六棚工东向、背斜	400	N45°E	25~26	V1、V3、V4	N45°E	50~300	50~2300	0.2~7.0
上涮背斜	300	N45°E	26	V1、V7	N	—	—	0.42~3.17
金厂湾背斜	200	N50°E	50	V8	地表石英脉长 200 m 见金矿化			

数据来源:曾小石等,1993

3)Ⅲ级——包含在Ⅱ级横跨褶皱中的次Ⅰ级褶皱

此类褶皱以平缓型歪斜褶皱为主,次有开阔型直立倾伏褶皱和歪斜水平褶皱,而闭合型直立水平褶皱少见。如在矿区 V1 层脉顶板构造面十六棚工背斜

（Ⅱ级）附近，有7个次级褶皱共同组成的复式褶皱（刘亚军，1992）。

4）Ⅳ级——石英碳酸盐脉小褶曲

这种小褶曲常见于十六棚工矿段的层脉中及近矿围岩附近，波长一般10～15 cm，形态复杂多样，主要有肠状、箱状及扇形褶皱等，具柔流褶皱特征，围岩与之同步褶皱（图3-6）。

图3-6 层脉中与围岩同步小褶曲

另外，构造褶叠层的现象特征明显，一般在早期褶皱作用过程中，在大套较强硬地层（弱变形带）中，夹有较为软弱的中薄层夹层（强变形带），特别是在地层群组岩性差别较大时，这种现象较为常见。例如在仙鹅抱蛋穹隆状构造的南部，马底驿组与冷家溪群界线附近，就发育有很好的褶叠层构造（图3-7），受区域构造应力挤压时，强硬岩层作为边界条件发生剪切错动，而软弱夹层则在剪切力偶的作用下，形成非常强烈的塑性流变褶皱，这种褶皱一般规模较小，为小规模塑性流变褶皱构造为主，延长多为几米至几十米，两翼较为紧闭，具有明显的转折端加厚、翼部减薄的特征，甚至在1 m的宽度内发育有5～10个小型流变褶皱（图3-8）。流变小褶皱构造枢纽产状较为陡倾，则多是后期褶皱叠加造成的。

（2）断裂

1）沃溪大断层（F1）：关于沃溪断层的认识存在较大的分歧，主流观点认为沃溪大断层位于古佛山复背斜北翼，马底驿组与五强溪组接触界面上，为矿田规模最大的断裂构造。其东西长大于20 km，倾向延伸大于2 km，走向北东东，倾向北西西，倾角约30°，西部稍陡（约36°），东部稍缓（约28°）。断面常呈舒缓波状，走向和倾向上表现为波形弯曲变化。破碎带宽20～130 m，由断层角砾岩、构造透镜体、断层泥、劈理化带和片理化带（图3-9、图3-10）组成。沃溪大断层在

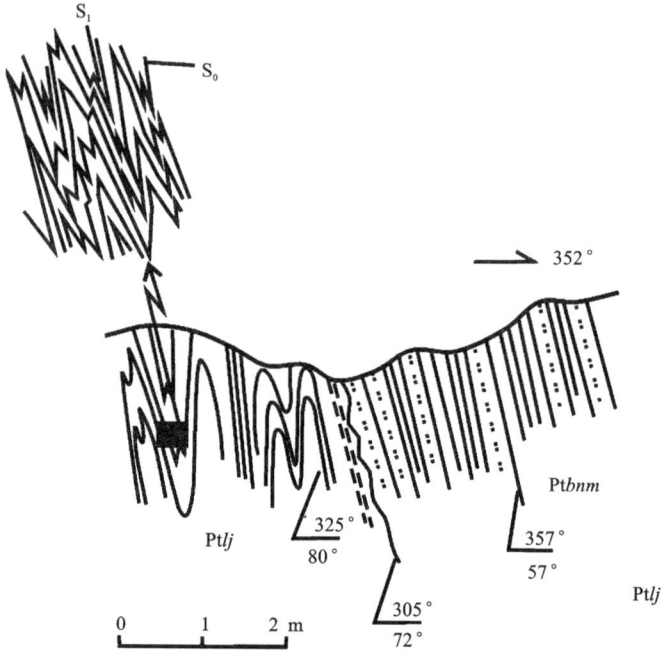

图 3-7　马底驿组与冷家溪群界线附近的褶叠层构造

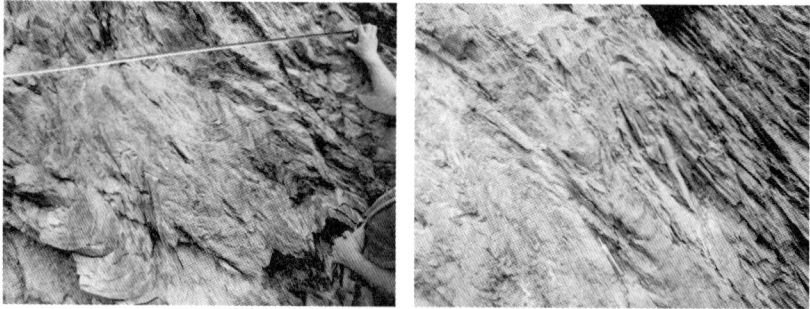

图 3-8　被强烈改造的早期褶皱(褶叠层)构造

古佛山褶皱运动(即武陵运动)伴随的纵弯褶皱作用下,在马底驿组与五强溪组间的区域性平行不整合面上产生层间滑动,形成断层的雏形,最后形成于雪峰运动。区内的 5 个矿段 20 几个矿体均产于断层下盘马底驿组第二岩性段中上部紫红色含钙板岩中,而断层上盘的五强溪组石英砂岩、砂质板岩中则无矿化或仅有微弱矿化。

图 3-9 沃溪大断层地表露头

图 3-10 沃溪大断层破碎带中的片理化带

经对沃溪断层进行地球化学研究表明,其 Au、Sb、W、As、Hg 异常均不明显。对断层产物的人工重砂研究结果显示,仅个别样品见到自然金(1~3 粒),但辉锑矿和白钨矿比较普遍(白钨矿 1~13 粒,辉锑矿 0~50 粒),此外有黄铁矿(数粒~100 多粒)、方铅矿(0~25 粒),而辰砂、磁铁矿、电气石等常见,说明 F1 虽然不是容矿构造,但具有导矿构造的某些特征,其控制矿化空间展布格局的作用十分明显(黄瑞华等,1998)。比如 F1 下盘界面清晰,普遍有 0.1~1.28 m 厚的紫红色板岩断层泥,其对成矿具有一定的屏蔽作用,矿体只产于沃溪断层的下盘,而断层上盘未见工业矿体,说明该断层是矿床的主要控矿断裂之一。

2)塘虎坪断层(F2)与新田湾断层(F3)

F2 和 F3 分布于矿田东南部,二者产状近乎一致,其走向近 NE,倾向 SE,倾角 50°~60°,为压扭性断层,具逆时针扭动特征。二者北延与 F1 呈"入"形斜交,将古佛山背斜切为东西两段:西段为仙鹅抱蛋箱状倾伏背斜,向东倾伏;东段为拖毛岭倾伏背斜,向西倾伏(刘亚军,1992)。

3)柑子坪正断层(F4)

柑子坪正断层见于矿田北西端,向东延长被白垩系掩盖。

4)层间断裂

发育于板溪群马底驿组中段中部紫红色板岩及含钙绢云母板岩中,产状与岩层产状基本一致,为矿区主要的容矿构造。控制了矿化蚀变带和矿体的分布,是主要的控矿和赋矿构造。主要产于沃溪大断层下盘的板溪群紫红色板岩中,在冷家溪群与板溪群岩性界面板溪群底部砂岩中亦见及,产状与岩层产状基本一致。

矿区内共有 9 条较大的层间断层,分别对应矿区的 9 条矿脉,其走向长 650~5300 m,与沃溪大断层呈"入"字形构造相交,单条断层沿走向呈舒缓波状,断层面上有断层泥,厚 1~20 cm。依据断面擦痕阶步、两旁羽状裂隙指向判断,属压扭性断层。这些层间断裂具多期活动特征，在空间上控制着层脉矿体的散布格局，即8条层脉矿体垂向上呈平行排列。层间断裂的规模和形态控制着蚀变带及其中矿体的形态和规模(图3-11)。区内的层间断裂彼此近乎平行产出，断裂带内与旁侧围岩常具有强烈硅化、黄铁矿化、褪色化等蚀变，构成规模宏大的褪色蚀变带。层间断裂产状分布特征制约着层脉矿体的走向延长和倾斜延深，并且层间断裂产状的变化影响着矿体强度和矿体厚度的变化，如在层间断裂倾角变陡处，层间脉矿化减弱、矿脉变薄；反之则矿化增强，矿体变厚(刘亚军，1992)。

5)横断层

区内横断层属成矿后断层，对矿脉破坏较小(图3-12)。较为常见的有两组，以走向NE—SW、倾向NW一组最为发育，倾角30°~80°不等。属张扭性正断层，常将矿脉切割成阶梯状，断距2~5 m及20~50 m较常见。其次走向NW，倾向NE或SW的断层，断距一般为1~5 m，对矿脉有一定的破坏作用。

36中段，V3脉。

图3-11 层脉与支脉

左下角蚀变岩矿被断至右上角，40中段，V7脉。

图3-12 横断层切断层脉

6)节理

马底驿组地层中发育多组节理。其中与板岩面理产状相近的节理产状为(5°~67°)∠(25°~33°)，部分为雪峰运动形成的节理，多为张剪节理，内有网状矿脉填充；另一部分是燕山运动的产物，一般为压剪节理，常有错断网状矿脉。在层间含矿断裂上盘近矿围岩中，还发育一组剪节理，它们与层间脉矿呈锐角斜交，其产状优选方位为120°∠40°，内部常有网状矿脉填充。与层间含矿断裂呈较大角度相交的张剪复合节理，多发育在层间矿脉下盘，节理面粗糙不平，并受后期扭动作用影响而呈弯曲态，其内常有网状矿脉填充，且这种网状矿脉在近层间矿脉处加厚，产状变化较大，主要有3组，其产状分别为(345°~360°)∠(41°~71°)，(243°~282°)∠(56°~88°)和(89°~128°)∠(26°~28°)。这些层间断裂两侧发育的节理控制着网状矿脉的空间展布、规模和形态 (刘亚军, 1992)。

　　7) 成矿后断层

　　区内的成矿后断层为正断层, 属燕山运动的产物, 主要有 3 组, 第一组断层产状为 (291° ~ 349°) ∠ (39° ~ 75°), 错断层间脉, 其上盘多向 NW 滑动, 水平断距 2 ~ 120 m 不等, 以 4 号脉水平断距最大, 1 号和 3 号矿脉断距相对较小。该组断层多属成矿后张扭性正断层, 少数 (如 7 号断层) 有含矿石英脉填充, 表明其成矿前即已存在, 成矿后再次活动。第二组断层产状为 (11° ~ 70°) ∠ (26° ~ 45°), 与层间断裂产状一致或小角度斜切矿脉。第三组断层产状为 (101° ~ 155°) ∠ (35° ~ 84°), 切错网状矿体, 上盘多向 SE 移动, 水平断距为 0.5 ~ 5 m 不等。

3.1.3　矿区岩浆岩

　　矿区范围及附近至今未见到任何岩体, 但矿区内可见少量辉绿岩脉, 侵位于板溪群地层中。此外, 据黄金部队资料, 扬子陆块东南缘 (大致相当于江南古陆) 及西南缘地区, 在地壳深部均保留有新太古代和/或古太古代岩浆锆石的年龄信息, 在浏阳、益阳地区深部存在新-中太古代岩浆热液活动。沃溪矿床距益阳地区不远, 这些岩浆活动, 可能也波及了本区 (即矿床深部可能存在隐伏岩体)。

3.2　矿床 (矿点) 地质特征

3.2.1　以往研究程度

　　区内金矿床本身的研究可推溯到中华人民共和国成立前, 早在 20 世纪 30—40 年代, 胡伯素、纪泰蔡 (1939), 王晓青、勒枫桐 (1939), 六祖彝 (1944, 1946), 喻德渊 (1944, 1949) 就撰文对该类矿床进行了研讨, 他们的研究重点放在矿床特征上, 详细探讨了矿床的分布特征、产状变化的矿床地质问题。此外, 某些学者也初步探讨了矿床的成因与矿床形成的时代。喻德渊 (1944) 曾指出: "凡一火成岩浆发生变动, 势必影响地壳之构造, 反之地面发生构造上之变化; 地下火成岩浆岩将随之生动态; 明乎此, 当次金矿之分布, 是与地质构造有极大关系"。他认为金矿的形成与岩浆岩活动有关, 同时与雪峰期造山运动有关 (1949)。

　　20 世纪 60 年代, 徐克勒 (1963, 1965, 1966), 孟宪明 (1966) 也对该区内金矿床进行了评述; 徐克勒曾指出: "华南雪峰旋回的花岗岩岩浆活动与 W、Sn、Bi、Mo、Be、Li 有色稀有金属的形成无关"。对大部分脉金矿床有一定的影响。徐克勒对此类金矿床特征和区域成矿条件进行了重要论述, 在过去相当长的一段时间内, 许多研究者认为该类矿床是岩浆期后中低温热液矿床。也有少数学者认为该类矿床是同生沉积矿床。当时，人们对区内金矿床研究的重点是矿床类型的划分，对矿床本身地质特征的研究较少，几乎没有开展矿床地球化学研究。

20世纪70年代以来，由于现代分析测试手段的出现，特别是同位素地球化学研究方法在矿床研究过程的广泛应用，使研究程度大幅提高，在已取得的研究成果的基础上，人们对成矿作用、地球化学进行了详细的研究，并将矿床研究过程与区域地质背景和地球化学背景联系起来，从系统论的角度去研究矿床形成过程，阐述矿床成因机制，对该类矿床成因有了新的认识。涂光炽(1974，1984，1987)和刘英俊(1983，1987，1989，1991)认为，该类矿床是沉积改造的后生层控矿床；罗献林(1984，1990)则认为该类矿床是层控变质热液矿床；和20世纪60年代相比，人们对矿床成因大类的划分取得一致的看法。普遍认为该类矿床是层控的中低温热液矿床。但是，在矿床成因类型的具体归属上仍存在着较大分歧，问题的焦点在于成矿热液的来源，一部分人认为成矿热液以变质水为主；另一部分人认为成矿热液以地下水为主。

纵观以往的研究成果不难看出，人们对矿床的研究存在着严重的不平衡，这对全面认识矿床的特征、探讨矿床形成的机制是十分不利的。这种不平衡首先表现在成矿地球化学基本环节上。

3.2.2 矿床(点)空间分布及地质特征

沃溪矿区近几十年来的地质勘查工作发现，矿区范围内几十处金矿床(点)成群、成带分布，且分布不均匀，从分布和控矿条件出发，可清晰地将其划分为三条矿带(图3-13)。即：Ⅰ——产于断陷盆地南缘马底驿组地层中的Au、Sb、W矿带；Ⅱ——产于马底驿组与冷家溪群地层不整合面附近的Au矿化带；Ⅲ——产于冷家溪群地层的Au矿化带。

3.2.2.1 产于马底驿组地层中的Au、Sb、W矿带

该矿化带是沃溪矿区最重要的Au、Sb、W矿带，为构造蚀变岩型金锑钨矿化，是目前的主采类型，也是历年的勘查及研究工作重点。矿带呈东西分布，由多个矿段组成，由东向西分布有沈家垭、龚家湾、十六棚工(上沃溪)、粟家溪、鱼儿山、红岩溪、马儿桥、大风垭8个矿段。其中，以中部的十六棚工——红岩溪矿床发育最好，矿化规模较大，沈家垭金矿次之，其他矿段均为矿化带(矿点)，矿化带长15 km，宽2 km。该矿段发育有规模大、开采价值高的沃溪Au、Sb、W矿床，研究程度比较深，矿床主要集中产于白垩纪断陷红层盆地的南缘马底驿组地层含钙板岩间破碎带中，呈脉状顺层产出，存在多层矿脉，并呈雁形排列。

这类矿化以典型的褪色化蚀变为醒目特征，较易辨识(图3-14)，是本书重点研究对象，其具体特征在后文论述。

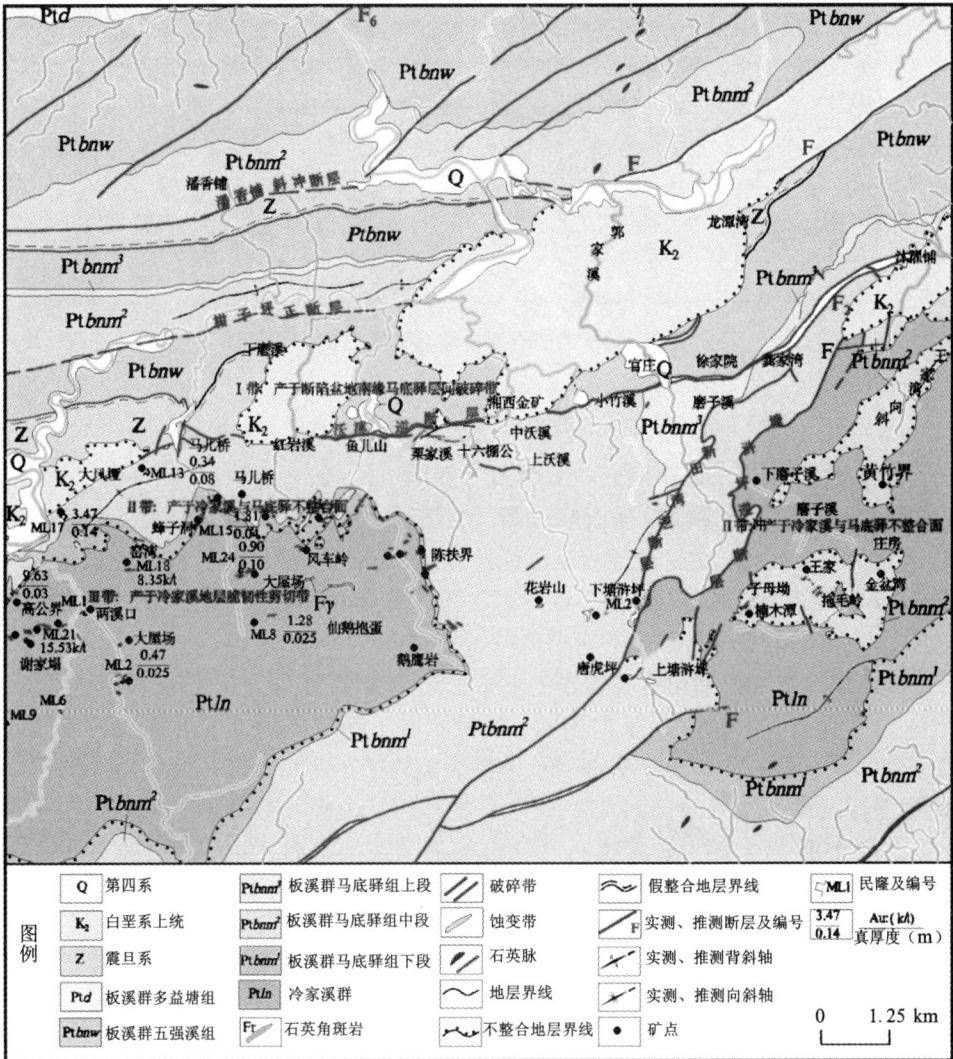

图 3-13　沃溪矿化带(矿点)分布图

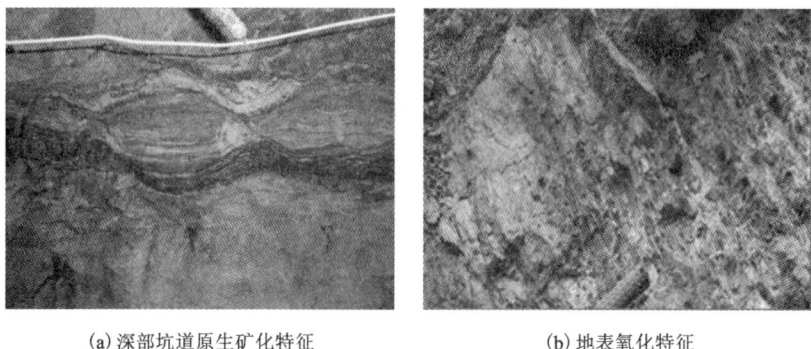

(a) 深部坑道原生矿化特征　　　　　　　　(b) 地表氧化特征

图 3-14　蚀变岩型金锑钨矿化宏观特征

3.2.2.2 产于马底驿组与冷家溪群地层不整合面附近的 Au 矿化带

该矿化带分布在仙鹅抱蛋和阳明山穹隆周边地区，矿带中金矿点发育较多，分布较广，民采活动频繁，呈线状分布，也是近十年来重点勘查对象，矿脉以层滑破碎带型金矿化为主，产于板溪群横路冲组(马底驿组第一段)灰紫色板岩、砂质板岩与冷家溪群之岩性接触界面附近，呈舒缓波状顺层产出。

这类矿化集中分布在以下四个地段：

(1)矿区东部阳明山穹隆周边的下磨子溪—楠木潭，其矿化特征主要是：

1)含金石英细脉(带)呈薄层状、透镜状产于断裂破碎带或沿其次级节理裂隙充填，受构造控制。这些破碎带或节理裂隙均产于北东向区域性的塘虎坪逆冲断裂下盘。

2)赋矿围岩主要为板溪群马底驿组下部的灰绿色砂质板岩，局部夹变质砂岩。推测矿化与这两种岩石性质较脆、易于在构造作用下产生刚性破裂从而形成容矿空间有关。

3)围岩蚀变不明显。仅在钻孔局部见宽度不大的微弱褪色现象，表现为近矿围岩颜色为浅灰绿色[图 3-15(a)]，稍浅于正常围岩的灰绿色。与矿化密切相关的，主要是产于石英脉及构造裂隙内的中-细粒集合体状黄铁矿(多氧化成褐铁矿)[图 3-15(b)]，其次为中等强度的硅化，局部出现"铜染"现象，但所有蚀变均不强且极不均匀。

4)矿化以金为主，锑钨矿化不明显，局部有铜矿化显示。据民采调查，出现铜矿化，金较好，表明两者依存关系好。与蚀变特征相对应，矿化也出现明显的不连续特征。

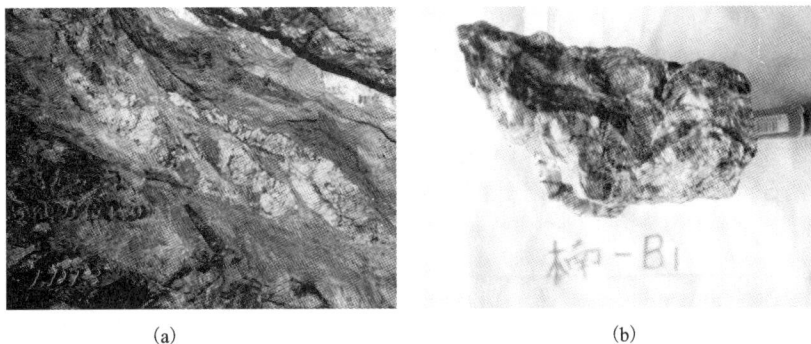

(a)　　　　　　　　　　　　　　　　(b)

图 3-15　楠木潭金(铜)矿点含矿构造(a)及矿石特征(b)

(2)陈扶界—大片测区,含金石英脉产于冷家溪群和板溪群底部不整合接触面数十米范围内,含金石英脉为灰白色、浅灰色,呈单脉、细脉带产出于横路冲组灰色-灰绿色变质砂岩、砂质板岩的穿层节理、裂隙内,单脉形态较规则,厚度数毫米至 40 厘米(深部逐渐变厚),延长一般几米到数十米,往深部交错、斜列延伸[图 3-16(a)]。细脉发育密度一般 1~2 条/m,最密达 5~8 条/m,可见节理带发育宽度 20 余 m,与横路冲组地层宽度基本一致。围岩除普遍硅化外,另有少量不均匀的细粒黄铁矿化、毒砂化。民采矿石(石英脉)中可见细粒明金[图 3-16(b)]。

(a)　　　　　　　　　　　　　　　　(b)

图 3-16　网脉状金矿化(体)(a)和含明金的矿石(b)

(3)在大风垭—新屋场的高公界南—窑湾—核桃湾一带,产于板溪群横路冲组(Ptbnm¹)细中粒变余砂岩、冷家溪群小木坪组(Ptln)薄至中层状绢云母粉砂质板岩中。以构造角砾岩型矿化为主,以砂岩节理型矿(化)脉为辅,该矿化带主要特征表现为:带内老窿成群、成带、成规模分布,整体成弧形展布,矿化带规模较大,平均宽 250 m,走向长约 4000 m,矿化强弱不一,有单一的变质作用形成,也有构造运动改造型的。主要特征：矿化带石英脉发育，主脉两侧均有羽状支脉或平行细脉分布，而上盘脉体的金矿化要好于下盘，形态越复杂（如丝状、蠕虫状等），金含量越高。当地老窿大都为土法掘进而成，所以，硐内或采空区空间的三分之二分布在石英脉上盘，且整体形态随脉体倾斜而倾斜。在同一条矿化带走向上往往见多处民窿，上、下民窿因势而开，彼此相通相连。地表或位置较高处民窿，所见石英脉脉幅窄小，相对分散，同一脉体在浅部或位置较低处民窿有分枝增多、脉密度增大及脉幅变厚的趋势或特点。

（4）分布于峰子洞林场—大风垭—井水边一带，产于马底驿组灰紫色板岩中。该矿化带主要特征表现为：矿化带以峰子洞林场为界分为东、西两部分。其东带以白色钙质条带板岩为特征，钙质条带分布密集，密度最大处为 75 条/m，平均为 40 条/m，条幅厚数毫米至 10 cm 不等。岩层产状为 356°∠35°，片理、劈理发育，远看酷似毛刷，两者呈大角度斜交。厚达 8 m，可见长约 30 m。岩石致密坚硬，硅化强烈。上述部位（含岩层层面）因变质作用（如早期热液活动）被石英、黄铁矿（所见者大多已氧化成褐铁矿）等矿物充填。这种早期形成的石英脉与地层顺层或切层，呈微（细）脉状成组（群或带）产出。化探成果显示，其产出部位存在 Au、Sb、As 综合异常。

西带以层滑挤压为特征，表现出区域性成矿断裂的次一级压扭性缓倾斜顺层构造。与十六棚工层脉具有相似的形态，除硅化较强外，其他蚀变强度均弱于十六棚工层脉。

3.2.2.3 产于冷家溪群地层剪切带中的 Au 矿化带

该矿化带分布在仙鹅抱蛋和阳明山穹窿冷家溪群小木坪组脆韧性剪切带中，矿带中金矿点发育较多、分布较广，民采活动频繁，呈线状分布于绢云母板岩、砂质板岩中。仙鹅抱蛋穹窿冷家溪群小木坪组工作程度相对较高，目前发现有 2 条较重要的矿化带。

（1）Ⅰ号矿化带分布于潘家—下刘家—牛角拐—罗家一带，主要产于仙鹅抱蛋背斜核部近轴面位置的冷家溪群小木坪组（Ptln）地层中。主要特征表现为：绢云化粉砂质板岩中有灰绿色含钙条带板岩夹层，见多条石英细脉与之相切，片理、劈理发育，该矿化带有多个民窿呈串珠状沿带分布。

（2）Ⅱ号矿化带分布于大屋场（新屋场所辖）—窑湾尖上—大屋场（聂溪冲所辖）一带，主要产于冷家溪群小木坪组（Ptln）地层中，板溪群横路冲组（Ptbnm^1）亦有分布。该矿化带主要特征表现为：以金矿化为主，见多处民窿分布。该带东端大屋场（聂溪冲所辖）一带较西部大屋场（新屋场所辖）矿化差，东端取样结果显示 Au 品位为 0.90 g/t、Sb 品位为 0.001%、WO$_3$ 品位为 0.037%。该带西端高公界南面约 1 km 处取样结果显示：Au 品位为 15.53 g/t、Sb 品位为 0.004%、

WO$_3$ 品位为 0.037%；河沟矿（化）脉刻槽取样 Au 品位为 2.87 g/t。矿（化）脉产于断层构造角砾岩中，内有多期石英脉充填。具硅化、绿泥石化、绢云母化及褪色化。规模小而形态不规整的烟灰色至乳白色蠕虫状石英脉，与主脉平行或毗邻，具金矿化，位于主脉之间者金矿化稍优。该矿化带存在构造角砾岩型和浅变质砂岩或其透镜体中节理型两种不同类型金矿。

1）构造角砾岩型金矿

构造角砾岩型矿（化）脉，主要产于冷家溪群小木坪组（Ptln）层位中，板溪群横路冲组地层（Ptbnm^1）亦有分布。围岩为绢云母板岩，产状（10° ~ 290°）∠（23°~82°），整体沿北东东或近东西向展布，具硅化、绿泥石化、绢云母化及褪色化。

构造角砾岩带含多期石英脉充填，不规整的烟灰色至乳白色蠕虫状石英脉，部分具金矿化，多与主脉平行、毗邻，或呈树枝状位于主脉之间。代表性矿点有：

①大屋场（新屋场村所辖）往西约 300 m 处的小溪内，见多期石英脉发育（图 3-17），该处主缓倾斜石英脉，可见长 8 m，平均脉幅 0.25 m，最厚处 0.45 m，产状 155°∠21°，经取样检测得出，Au 品位 2.87 g/t、Sb 品位 0.001%、WO$_3$ 品位 0.085%。

图 3-17　多期石英脉特征

②窑湾民窿（ML18）揭露矿（化）脉可见长 73 m，平均脉幅 0.03 m，最厚处约 0.05 m，产状 165°∠47°，刻槽取样 4 个。高品位样：Au 品位 8.35 g/t、Sb 品位 0.001%、WO$_3$ 品位 0.025%；低品位样：Au 品位 0.36 g/t、Sb 品位 0.005%、WO$_3$ 品位 0.016%；加权平均：Au 品位 4.69 g/t、Sb 品位 0.01%、WO$_3$ 品位 0.014%；上盘围岩样：Au 品位 0.10 g/t、Sb 品位 0.001%、WO$_3$ 品位 0.01%；下盘围岩样：Au 品位 0.10 g/t、Sb 品位 0.001%、WO$_3$ 品位 0.012%。脉体两侧局部有支脉或丝状平行脉分布，因规模太小而未做进一步的取样检测。围岩为灰至灰黄色绢云母板岩，产状 335°∠66°，与矿（化）脉体斜切，如图 3-18 所示。

图 3-18　冷家溪石英脉特征(一)

③罗家东面冲沟,见条带状绢云母板岩中有多处老窿沿构造角砾岩带呈串珠状分布,民窿(ML8)即为其中之一。该民窿附近有多条大脉出露,硐内所见石英细脉为其平行脉或次生分枝脉。位于断层上盘且贴近断层面产出的矿(化)脉,可见长 11 m,平均脉幅 0.025 m,最厚处 0.04 m,产状 176°∠33°,脉体打块样(D1168-3)化验结果:Au 品位 1.28 g/t、Sb 品位 0.001%、WO_3 品位 0.016%;上盘围岩控制样(D1168-2)结果:Au 品位 0.10 g/t、Sb 品位 0.001%、WO_3 品位 0.021%;下盘围岩控制样(D1168-1)结果:Au 品位 0.10 g/t、Sb 品位 0.001%、WO_3 品位 0.014%。断层产状 152°∠66°,断层面上有擦痕。

④核桃湾多处民窿采的是同一组矿(化)脉。石英脉白色至乳白色,局部为黄白色,呈蠕虫状或舒缓波状产出,可见长 12 m,平均脉厚 0.04 m,从不同标高民窿所揭露的地质情况分析,石英脉沿倾向往深处有变厚的趋势。脉体产状 205°∠51°。在 ML15 内离洞口 20 m 处刻槽取样,化验结果:Au 品位 1.81 g/t、Sb 品位 0.01%、WO_3 品位 0.040%;在 ML16 内离洞口 17 m 处刻槽取样,样品化验结果:Au 品位 1.37 g/t、Sb 品位 0.01%、$WO_3$0.043%;围岩样平均品位:Au 0.10 g/t、Sb 0.01%、WO_3 0.045%。围岩产状 19°∠24°,具硅化、绿泥石化、绢云母化、褪色化,局部黄铁矿化。

2)浅变质砂岩或其透镜体中节理型金矿化

在板溪群横路冲组($Ptbnm^1$)和冷家溪群小木坪组($Ptln$)板岩中之砂质夹层均有矿(化)脉分布。浅变质砂岩呈层状或透镜状顺层沿板岩产出,整体产状(40°~330°)∠(25°~70°)。单层厚最大为 3.5 m,平均厚 2 m,可见长 600~1500 m。板岩具柔性,与浅变质砂岩接触具硅化及挠曲变形现象,偶见黄铁矿呈浸染状或粗晶状分布,整体产状(15°~325°)∠(25°~85°)。

浅变质砂岩中石英脉发育,均为节理脉,节理面较为平直,形态简单,局部因后期改造叠加,整体形态略为复杂一点,但大致可分为枝状细脉、"X"节理脉、张羽性雁列脉和不规则网脉，如图 3-19 所示。

图 3-19　冷家溪石英脉特征（二）

各脉体之间亦存在多种穿插关系，详见图 3-20（浅变质砂岩层横断面）、图 3-21（浅变质砂岩层纵断面），反映出测区发生过多次构造运动和多期石英脉充填。较为明显的早期脉体（主脉或大脉）以透镜状产出为主，规模较大，平均脉幅 0.03 m，整体产状 205°∠40°，与细砂岩岩层面近垂直交切，遇柔性板岩则消失尖灭，故脉体走向延长与岩层厚度基本等同。石英呈白色至乳白色，局部因裂隙面有零星的褐铁矿化而呈黄白色，油脂光泽，弱矿化，基分取样 6 个，其结果显示 Au 品位均在 0.10 g/t 以下，Sb、WO_3 品位则更低。晚期脉体规模小，平均脉幅 0.02~0.06 m，可见长约 1000 m，最密处有 12 条/m，平均为 5 条/m，大致沿层展布，断断续续出现，整体产状 345°∠79°。石英脉与围岩界面清晰，接触面呈绿至暗绿色，蚀变以硅化、绿泥石化及褐铁矿化为主。

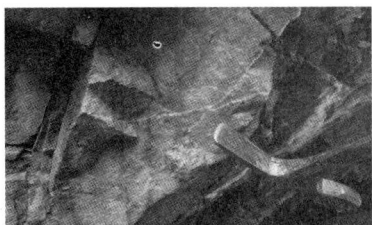

图 3-20　冷家溪石英脉特征（三）

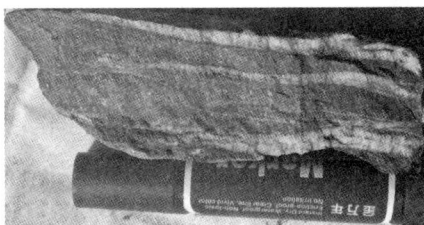

图 3-21　冷家溪石英脉特征（四）

上述 3 条矿化带中，除第 Ⅰ 矿化带内已发现、具备极大工业价值的规模矿床外，其余第 Ⅱ、Ⅲ 矿化带近来勘查均未取得找矿突破。从规模考虑，第 Ⅱ、Ⅲ 矿化带在矿区分布范围较广，展布面积达到 20 km² 以上，从目前勘查成果来看，初步认为其成矿作用与区域变质或动力变质作用有关，形成大中型矿床的可能性相对较小，但也不排除在某些地段（如大风垭）与深部构造联通良好的地段，形成中大型规模的矿床还是存在可能，值得进一步进行深部成矿的探索。主要依据是：

（1）不整合面在宏观上可视为一种特殊的构造薄弱带，当其上下岩性差异较大时，容易形成有利的构造空间。一旦深部有热液活动，这种构造薄弱带往往会成为热液向上运移、沉淀的通道。沃溪矿区冷家溪群岩性主要为绢云母板岩（青灰色），赋矿围岩为变质砂岩、砂质板岩，上覆马底驿组为绢云母板岩（灰绿色-紫红色），相对而言上下围岩泥质含量高，较软弱，赋矿围岩则较坚硬，岩性差异明显，有利于构造空间的形成和矿质的保留。

（2）已有的研究成果表明，沃溪矿区在形成不整合面后，经历了多期的构造活动，不整合面上盘的变质砂岩、砂质板岩中普遍发育的多组次级节理裂隙即是受这些构造影响形成的。

（3）上述节理裂隙内有大量石英细脉充填（局部含金），且围岩具有一定的硅化现象等证据，显示本区确有含矿热液活动的迹象。

（4）虽然目前来看，不整合面上的构造裂隙带内的确存在一定的金矿化，反映含矿热液活动比较明显，总体来说 Au、Sb、W 矿化并不强，深部是否存在较好的矿化，主要取决于矿化带的延深。

（5）此外，从岩性角度考虑，赋矿围岩为变质砂岩、砂质板岩，这类岩石由于孔隙相对发育，在构造作用和热液液压致裂作用下，易于形成可贯通的空间；且其上下围岩均为泥质含量相对高的绢云母板岩，可作为有利的屏障，使热液中矿质不至于分散迁移，从而得以富集。

3.2.3　矿床地质特征

沃溪矿区已发现 16 条矿脉，圈出 30 多个具有一定规模的矿体，均赋存于板溪群马底驿组第二岩性段（$Ptbnm^2$）紫红色绢云母含钙砂质板岩中，受近乎顺层产出的脆-韧性剪切系统控制，含矿石英脉沿层面断裂、分支断裂及次级张、剪裂隙充填。按产出形态可分为层脉、网脉和节理脉三种类型，层脉规模最大，网脉次之。

（1）与岩层产状一致的层间脉

与岩层产状一致的层间脉，简称层脉。层脉为矿床主要含矿脉体，占总储量的70%。层脉沿层间断裂充填，产状与岩层基本一致（图3-22），至鱼儿山矿段与岩层呈小角度斜交。矿区西部矿脉走向近东西，倾向北；从十六棚工矿段往东转向南东，倾向北东，倾角20°~35°，局部达40°~50°。

矿区已发现 8 条矿脉，自西向东分别为 V6、V5、V2、V1、V3、V4、V7、V8（图3-22），均属层脉。其中 V2、V1、V3、V4、V7、V8 等 6 条矿脉中共产有 26 个矿体，分布在红岩溪、鱼儿山、粟家溪、十六棚工和上沃溪等 5 个矿段中，矿段与矿段之间无矿段间距为 250~600 m。金锑钨矿体呈扁豆、透镜状产于各矿脉中。

矿体(柱)与矿体(柱)之间无矿间距为 20~140 m，无矿地段为蚀变带，由微细石英脉或层间断层泥线连接。矿体在各矿脉和各矿段中的分布及主要特征见表 3-2。

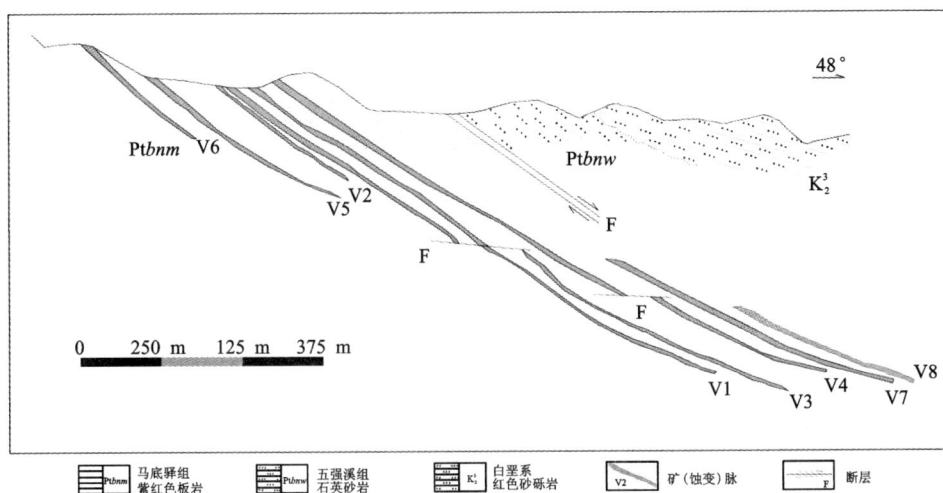

图 3-22　沃溪金锑钨矿区 4 号勘探线剖面示意图

表 3-2　沃溪矿区矿脉(体)规模统计表

矿脉编号	矿脉长度/m	矿体个数	矿体走向长度/m	矿体倾斜延深/m	平均厚度/m	Au 品位/10^{-6}	Sb 品位/%	WO$_3$ 品位/%
V1	5300	11	35~220	180~2010	0.47	5.45	2.08	0.22
V2	650	2	40~70	320~1490	0.29	7.09	2.39	0.27
V3	1100	6	75~190	>2500	0.52	8.73	3.01	0.24
V4	600	4	50~350	590~1420	0.52	9.13	3.55	0.55
V5	1250	0	—	—	—	—	—	—
V6	450	0	—	—	—	—	—	—
V7	550	1	60~120	>600	1.36	12.10	4.99	0.56
V8	700	1	50~130	>500	2.20	5.29	2.60	0.13

层脉空间分布有如下特征：

1)间脉矿柱(体)有规律地分段出现,赋存于倾伏开张式褶曲轴部,由于层间剥离构造具多层性,所以 8 条主要层脉中的矿柱往往重叠出现、赋存于背斜上部的矿体走向长度较大,下部矿柱长度较小,如十六棚工背斜上部 4 号脉矿体走向长 350 m,而其下部的 2 号脉矿体走向长仅 40~70 m。

2)脉体倾斜延深大于走向延长,矿体走向长度依存于褶曲波幅的宽度,褶曲波幅宽度大则矿体走向长度也大,反之则小(如红岩溪矿段)。矿体倾斜延深长度则取决于倾伏褶曲延深的稳定程度,褶曲延深稳定则矿物倾斜延深长度大,反之,则倾斜延深长度小。如果该构造消失则矿体也随之尖灭。层脉矿体一般倾斜延深大于走向延长 3~7 倍(表 3-2)。

3)倾角和矿体的关系

区内层脉倾角 20°~30°,矿体稳定延深。倾角变陡则矿化变弱,矿体厚度变薄,倾角若大于 40°则矿体趋于尖灭;倾角平缓则矿体厚度增大。如粟家溪矿段,150 m 中段以下层脉倾角变陡,各矿体与十六棚工矿段各矿体分离;65 m 中段以下层脉倾角达 40°~45°,矿体厚度变薄乃至尖灭。

4)矿体侧伏方向与褶曲倾伏方向基本一致

区内横跨褶曲的倾伏方向,由西向东依次为 NNW、NNE、NE,即由 NNW 逐渐向 NE 偏转(图 3-23)。而区内各矿柱的侧伏方向,则由近东西逐渐向南北偏转。

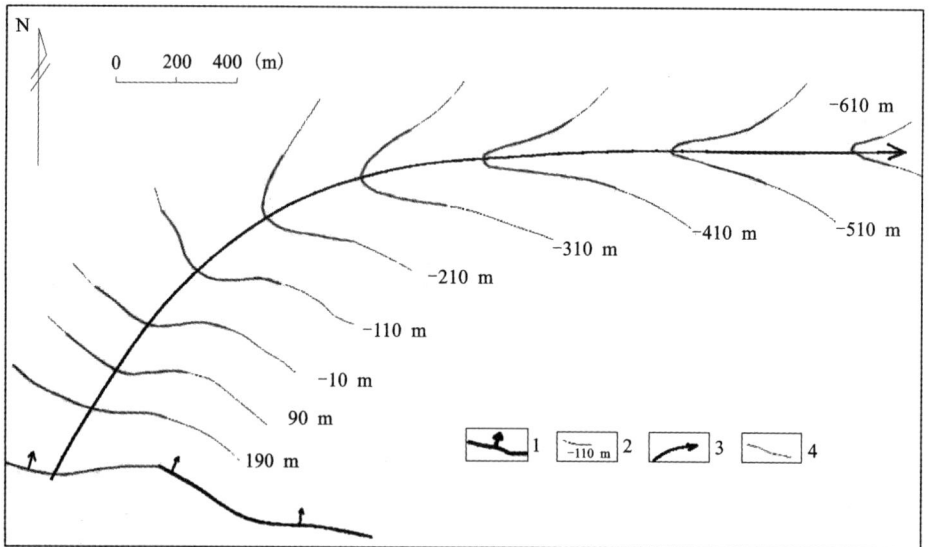

1—矿脉走向线(箭头表示倾向);2—标高线;3—总体侧伏方向;4—蚀变带(黑线)。

图 3-23 V3 矿脉侧伏规律示意图

5）矿体埋藏深度

就目前控制情况来看，矿区西端的红岩溪矿段，矿体埋深在 200 m 标高以上；鱼儿山矿段主矿体在 0 m 标高以上，据矿山开采至 -175 m 中段矿化明显减弱；粟家溪矿段主要矿体在 -200 m 以上；而十六棚工矿段矿体直至 -810 m 标高矿化仍然良好。总之，自西而东，矿体埋藏深度有增大趋势。

6）矿体（包括网脉带矿体和节理脉矿体）多呈盲矿出现，盲矿体头部在地表仅见褪色化蚀变带或断层泥线，其头部出现标高也是由西向东越来越低。

（2）网脉

网脉又称细脉带型矿脉（体），多指平行于层脉或沿不同方向的密集节理填充的含矿石英脉，一般多出现在层脉的下盘，而上盘相对较少。石英脉常与蚀变围岩一起，构成含金或含钨金矿体的脉带，形态有扁豆状、楔状、帚状。细脉的前期构造一种为形态不规则的张节理，另一种为形态规整的剪节理。而从细脉与层脉的关系看，大多数平行于层脉，少数与层脉呈大角度（>60°）相交，产状（220°~250°）∠（30°~70°）。细脉带矿体一般走向长 20~60 m，倾斜延深 40~120 m，最大厚度 3~8 m。单条细脉厚 0.5~5 cm，延伸 1~4 m，含脉率 5%~13%。

细脉带矿体产出特征有：①细脉带紧紧伴随层间脉出现，一般在主层间脉下盘即层间脉弯曲的内侧；②在两层间脉之间（一般两层间脉相距 1~3 m）；③层间脉与节理（断裂）脉锐角相交部位；④层间脉的尖灭端或盲矿脉顶端。

（3）节理脉

节理脉也依附于层脉，规模小，一般产于层脉下盘或两条层脉之间的切层节理裂隙中，走向长 10~50 m，延深 10~30 m，脉厚 0.1~2 m，一般规模不大，但品位较高。其出现部位与褶皱过程中层间滑动时的张裂面相接近。

3.3　围岩蚀变及其分布

围岩蚀变又称围岩交代蚀变，是指围岩在流体［气相、汽相（低于临界温度的气体简称蒸汽，加压液化，高于临界温度的气体）、液相］的作用下所发生的化学变化和物理变化，从而引起围岩化学成分和结构构造的变化。其实质是：在不同的温度和压力环境下，不同性质（酸碱度、氧逸度等）的流体汇聚在此处，使得该处岩石处于不平衡状态，为了使两者达到化学与物理上的平衡，导致岩石与流体物质的能量发生交换，从而使矿物溶解，析出一些元素进入流体中，而另一些化学组分则沉淀下来，形成新的矿物。围岩交代蚀变的强度与范围，既取决于流体的物理化学性质，如活度、逸度、pH、Eh、温度、压力等，也取决于围岩的物理化学性质，如孔隙度、渗透性、裂隙的发育程度、与流体的远近、与流体化学性质的差异。流体与围岩的化学性质差异越大，围岩交代蚀变越强烈。不同温度压力条件下形成的蚀变岩在空间上可以分离，形成不同的晕圈；也可以在时间的推移下，随流体性质的演变而出现共生叠加现象，即高温、中温、低温围岩交代蚀变混杂于一处，此时往往会形成多金属矿床。

在研究围岩蚀变时，有几个方面值得思考：

首先，为什么在此处发生围岩蚀变，该处提供了什么样的条件，蚀变受哪些条件限制。

其次，发生了什么样的围岩蚀变，这些蚀变是什么原因引起，与成矿有什么样的内在联系等。

其三，蚀变带的分布特点、有无规律性的变化及形成的原因等。

从历年来的勘查和研究成果来看，沃溪矿区围岩蚀变主要有褪色化、硅化、黄铁矿化、绢云母化、碳酸盐化、绿泥石化、伊利石化和叶腊石化等。其分布非常广泛，特别是褪色化蚀变，在马底驿组地层中比较普遍，呈面型、线型分布特征，其分布范围变化很大，有的在矿脉的两侧为毫米级、厘米级宽，有的分布可达数十米宽。结合前述沃溪矿区矿床（矿点）分布特点来看（图3-13），沃溪矿区范围内围岩蚀变在宏观上存在一定的规律性的变化，主要表现在与上述矿化带相一致的分布特征。

3.3.1 分布于板溪群马底驿组地层中的蚀变带

马底驿组是矿区的主要含矿地层，目前所发现的中大型矿床均产于该套地层中，由于成矿地质作用和成矿物质（热液）来源不同，其围岩蚀变呈现出不同的特点，主要表现在蚀变种类比较齐全，有褪色化、硅化、黄铁矿化、绢云母化、碳酸盐化、绿泥石化、伊利石化和叶腊石化等。在地表大部分呈线型分布，有少部分呈面型（粟家溪、金厂弯、塘虎坪）分布，分布范围广，蚀变强弱变化较大。它既有高温成矿期蚀变，也有中温成矿期蚀变；既有成矿前期的蚀变，又有成矿后的蚀变。因此，就具体的蚀变矿物及其蚀变的强弱而言，对于不同的地段其找矿的指示意义截然不同。大致可以分成两类：

一类是与成矿作用关系密切的蚀变带，如目前所发现的 V1、V2、V3、V4、V5、V6、V7、V8 号矿脉，呈近东西向平行排列，分布在沃溪大断裂（F1）下盘马底驿组板岩中，倾向北，均具有褪色化、硅化、黄铁矿化、绢云母化、碳酸盐化、绿泥石化、伊利石化和叶腊石化等蚀变特征。无论是地表还是深部坑道揭露，该类蚀变带上盘褪色化蚀变宽度和强度明显强于下盘，石英细脉见有多期充填的特点，由于成矿条件较好，其褪色化、硅化、黄铁矿化、绢云母化较强，蚀变叠加特点比较明显，该类蚀变具有良好的浅中深部找矿意义。

另一类是产于马底驿组地层中，地表出现小到几十厘米大到几十米宽度的褪色化蚀变带，一般与地层走向一致，并且蚀变带破碎程度较低，地层产状保留比较完整，以褪色化蚀变为主，很少见到硅化和黄铁矿化，只是在局部岩层破碎较严重的地段(次级断层)可见少量石英脉，一般呈团块状和细脉状产出，连续性较差，该类蚀变属于区域变质作用或者动力变质作用形成，Au 的矿化较差，浅地表找矿意义不大。但对于规模较大的该类褪色化蚀变带，它的形成说明该区岩层的孔隙度、渗透性、裂隙的发育程度相对较高，为流体提供了良好的通道；其次，蚀变带的形成也是热源中心位置，还存在良好的成矿地质条件，因此，不能排除深部找矿的潜力。

3.3.2　分布于冷家溪群与板溪群横路冲组(马底驿组第一段)不整合面一带

该类蚀变带与产于冷家溪群和板溪群底部不整合接触面附近的金矿化带相对应。以马儿桥为界分为东西两段，东段以陈扶界、大片为代表，以含金石英脉为主。含金石英脉呈灰白色、浅灰色，呈单脉、细脉带产出于横路冲组灰色-灰绿色变质砂岩、砂质板岩的穿层节理、裂隙内。其围岩蚀变主要以强硅化为特征，围岩除普遍硅化外，另有少量不均匀的细粒黄铁矿化、毒砂化。西段围岩蚀变，因变质作用(如早期热液活动)，被石英、黄铁矿(所见者大多已氧化成褐铁矿)等矿物充填。这种早期形成的石英脉与地层顺层或切层，呈微(细)脉状成组(群或带)产出。西段以大风垭—新屋场一带为代表，产出于板溪群横路冲组($Ptbnm^1$)细中粒变余砂岩和冷家溪群小木坪组($Ptln$)薄至中层状绢云母粉砂质板岩中，产生于板溪群横路冲组的金矿化类型主要为构造角砾岩型，而产于冷家溪群小木坪组的金主要为节理脉型金矿化。由于成矿类型不同，围岩蚀变也存在一些差异，构造角砾岩型围岩蚀变由于岩层破碎程度相对较高，蚀变相对较强，除硅化、黄铁矿化、毒砂化外，还见有弱褪色化现象。而节理脉型围岩蚀变是以硅化为主，还见有白色的钙质条带。

3.3.3　分布于冷家溪群小木坪组的脆韧性剪切带

该矿带分布在仙鹅抱蛋和阳明山穹窿冷家溪群小木坪组脆韧性剪切带中，目前发现有 2 条具有代表性的矿化蚀变带，即潘家—下刘家—牛角拐—罗家和大屋场(新屋场所辖)—窑湾尖上—大屋场(聂溪冲所辖)一带，矿化类型主要为构造角砾岩型和节理脉型，走向近东西向，伴随相应的蚀变相对比较简单，具硅化、局部黄铁矿化、绿泥石化、绢云母化、褪色化明显减弱，大部分地段未见褪色化蚀变。

3.4 矿石特征

3.4.1 矿石类型

按矿物共生组合，可划分以下 7 种主要矿石类型：石英-金-白钨矿型、石英-金-辉锑矿型、石英-金-白钨矿-辉锑矿型、石英-金-黄铁矿型、石英-金-黄铁矿-辉锑矿型、石英-蚀变绢云母板岩-金-白钨矿（黑钨矿）型、含金破碎蚀变岩型。

3.4.2 矿物组成

矿石中金属矿物主要有自然金、辉锑矿、白钨矿、黑钨矿、黄铁矿，其次有闪锌矿、方铅矿、黄铜矿、黝铜矿、辉铜矿，次生矿物有锑华、钨华、水绿矾、褐铁矿等；脉石矿物以石英为主，其次有绢云母、叶蜡石、方解石、绿泥石、白云石、铁白云石、磷灰石、钠长石、高岭石、伊利石等。

自然金：是矿区主要经济矿物。产出形态主要呈不规则片状、树枝状、粒状、环带状、乳滴状等。主要赋存于石英、黄铁矿的微裂隙、晶面及边缘；其次赋存于辉锑矿边缘并被交代或包裹；少数赋存于白钨矿、黑钨矿、绿泥石、闪锌矿、毒砂等矿物中。矿床自然金粒度一般较细，$0.2 \sim 2 \ mm$ 粒度的可见金少见；多以显微金、次显微金和晶格金的形式存在。

辉锑矿：辉锑矿是重要载金矿物之一，常为铅灰色，致密块状、针状、毛发状等，呈条带状充填于石英脉中，呈块状不规则充填在石英裂隙中或包裹石英碎屑。镜下观察，辉锑矿呈细粒致密块状集合体或细脉状、星点充填于石英当中，粒径为 $0.1 \sim 0.25 \ mm$，交代白钨矿、黑钨矿和石英。

白钨矿：白色、粗粒状、块状、角砾状、细脉状分布于层间石英脉或细脉带中，常具压碎结构，被黑钨矿、辉锑矿和晚期石英所穿插交代。镜下观察，白钨矿呈半自行细粒状充填在石英间隙中。

黑钨矿：常呈自形-半自形晶、粒状、板状、细脉状、星点状产于石英脉或近矿蚀变岩中。交代或切穿早期石英脉，被中、后期石英、黄铁矿和辉锑矿所切穿和交代。黑钨矿主要产于鱼儿山及其以西的矿段，东部少见。

黄铁矿：分为早晚两期。早期呈五角十二面体，少数立方体，粗粒状、自形或半自形，具压碎结构，常呈角砾状，具有拉长或自生加大现象，星散分布于蚀变板岩中，可见黄铁矿交代早期黑钨矿、白钨矿，亦可见黄铁矿被后期辉锑矿交代。晚期黄铁矿结晶不好，粒径多小于 $0.03 \ mm$，颜色较暗，在石英脉或近脉的蚀变板岩中呈细脉状、条带状、团块状、浸染状产出。黄铁矿为矿床主要的载金矿物, 黄铁矿的粒度和晶形与含金量关系密切, 一般细粒(小于 1 mm)结晶不完整且密集发育的黄铁矿含金量较高, 而粗粒(大于 2 mm)的五角十二面体黄铁矿含金量低。

石英为最常见的脉石矿物, 肉红色、灰白色, 他形, 局部为半自形或自形。粒径为 0.01~0.15 mm, 呈块状或脉状产出。生成分为两期, 早期为肉红色, 具气相或液相包裹体及生长环带, 晚期石英多呈细脉状。石英是与自然金密切共生的矿物之一。

3.4.3 矿石组构

矿石结构主要为粒状结构、交代结构等(图 3-24), 其次为填充结构以及压碎结构等。常见的矿石构造有以下 4 种。

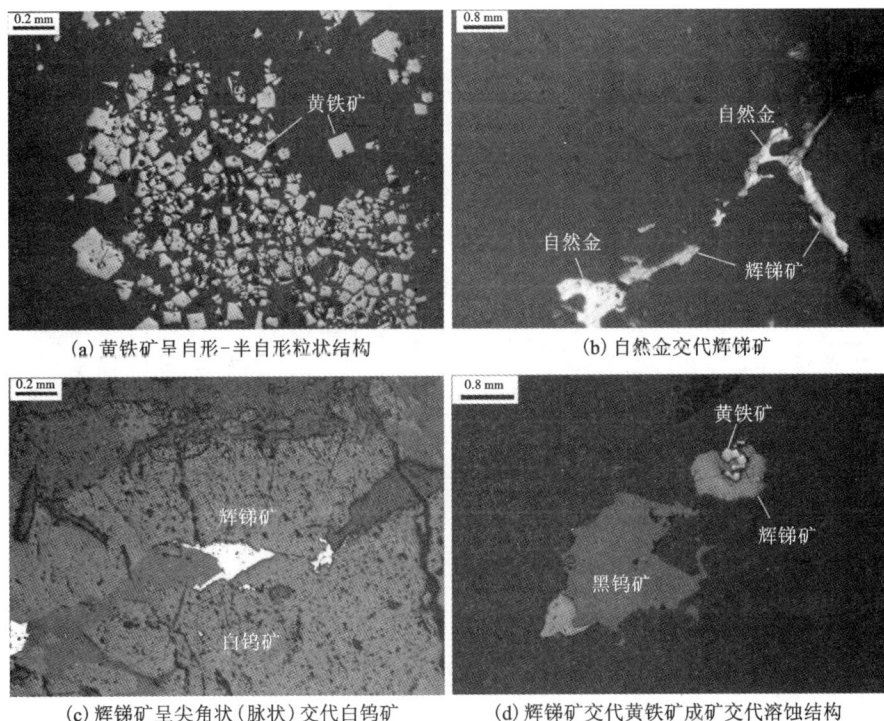

(a) 黄铁矿呈自形-半自形粒状结构 (b) 自然金交代辉锑矿

(c) 辉锑矿呈尖角状(脉状)交代白钨矿 (d) 辉锑矿交代黄铁矿成矿交代溶蚀结构

图 3-24 典型矿石结构镜下照片

(1)条带状构造

这是最常见的矿石构造形式。辉锑矿、白钨矿、细粒黄铁矿、石英平行脉壁相间而生, 组成黑白相间的条带[图 3-25(a)]。

（2）角砾状构造

早期石英、白钨矿和蚀变板岩碎块呈砾状-次棱角状，被辉锑矿捕房和胶结。角砾长轴多平行于脉壁，有时还见有白钨矿、石英角砾中的微裂隙被辉锑矿穿插。

（3）块状构造

石英、辉锑矿、白钨矿等矿物各自组成致密块状矿石，含金的早期块状石英往往嵌布少量不规则的白钨矿；块状辉锑矿常包裹有石英、白钨矿角砾[图3-25(b)]；块状白钨矿多见于150 m中段以上，并常见半透明石英细脉切穿块状白钨矿[图3-25(c)]。

（4）网脉状构造

由强蚀变板岩和石英细脉、网脉组成[图3-25(d)]，通常发育在层间石英脉上下盘。黄铁矿化发育，一般含金、钨较多，辉锑矿则极为少见。

（a）条带状辉锑矿矿石

（b）块状辉锑矿脉中残留的早期石英角砾

（c）块状白钨矿矿石

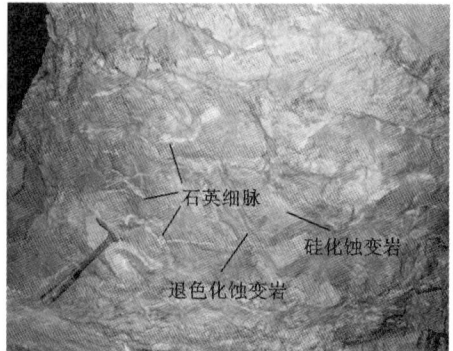

（d）层脉下盘发育的网脉状矿石

图3-25　矿石的典型构造

3.5　成矿期次

关于成矿期次划分的研究，前人认识大致相似，普遍认为：大气降水经渗滤至基底，经过加热，使基底金属元素发生活化、迁移，在有利地段形成高品位含矿层或矿体。据矿石结构构造、矿物共生组合及其相互关系，以及石英包裹体测温等资料，成矿过程可划分为 2 期 4 个成矿阶段，分别为加里东期（石英-金-白钨矿阶段）和印支-燕山期（石英-金-黄铁矿阶段、石英-金-辉锑矿阶段和石英-金-碳酸盐阶段），各阶段矿物生成顺序见表 3-3。

石英-金-白钨矿阶段（Ⅰ）：该阶段矿物主要由白钨矿、毒砂、绿泥石、绢云母、叶腊石、伊利石及石英脉组成，为白钨矿的主要成矿期，局部出现少许黑钨矿。早期石英、白钨矿具压碎结构或呈角砾状，被后期矿物所穿插、熔蚀和交代。该阶段包裹体均一温度为 193~288℃。

石英-金-黄铁矿阶段（Ⅱ）：该阶段为金的主要成矿期，其特点是黄铁矿大量出现，局部还可见叶腊石和伊利石。该阶段包裹体的均一温度为 155~266℃。

石英-金-辉锑矿阶段（Ⅲ）：该阶段为辉锑矿、金矿的主要成矿期，其特点是辉锑矿大量出现，并且辉锑矿石英脉充填到早期形成的含黄铁矿、含金石英脉中，形成清晰的条带状构造。该阶段包裹体的均一温度为 136~225℃。

石英-金-碳酸盐阶段（Ⅳ）：由石英和碳酸盐类矿物组成，呈须根状或不规则网脉状穿插于早期脉石或矿物的裂隙中。该阶段包裹体均一温度为 123~205℃。

前人普遍将Ⅱ、Ⅲ阶段划为一个成矿阶段，彭南海（2017）认为是两个阶段，其证据如下：①在野外与镜下未见黄铁矿和辉锑矿共生关系，而是黄铁矿碎裂后被辉锑矿与石英所胶结和交代；②黄铁矿与辉锑矿各呈条带状构造，二者条带界限明显，辉锑矿细脉穿插切割黄铁矿细脉；③黄铁矿的金含量高于辉锑矿数倍至数百倍，自然金呈微粒球状沉淀于黄铁矿晶面上，二者有共生关系，而辉锑矿常切割和包裹自然金，显然辉锑矿晚于自然金形成；④包裹体测温表明，黄铁矿的爆裂温度为 225~253℃，而辉锑矿只有 179℃，二者爆裂温差较大。

笔者本次通过对地幔亚热柱-幔枝构造初步研究发现：第Ⅰ成矿阶段以钨为主，这似乎与矿区北部三条基性岩脉钨的富集成矿的结论表现出一致性，该期为加里东期产物，同时，伴生有金的成矿。

而彭南海将Ⅱ、Ⅲ阶段划分为两个成矿阶段，不仅存在所列出的四个方面的证据，而且与前述矿区矿床（点）分布、蚀变特征一致，Ⅱ阶段在整个矿区均见有该阶段产物，而Ⅲ阶段只有在几个具有较大工业意义矿床十六棚工、鱼儿山比较普遍。说明沃溪矿床具有多期次叠加成矿的可能。

表 3-3　沃溪矿床矿物生成顺序表

矿物名称	加里东期	印支-燕山期		
	石英-金-白钨矿阶段	石英-金-黄铁矿阶段	石英-金-辉锑矿阶段	石英-金-碳酸盐阶段
石英	————————————————————————————————			
白钨矿	————			
黑钨矿	————			
毒砂	————			
绿泥石	————			
绢云母	—————————			
黄铁矿		—————————		
自然金		———————————————		
辉锑矿			————	
方锑金矿			————	
方解石				————
白云石				————

第 4 章　矿区地球物理特征及新技术应用

4.1　矿区地球物理特征

沃溪矿区物探工作包含多个区块，由于物探工作时间跨度较大（主要收集 2007—2020 年地球物理资料），涉及物探方法种类多，成果资料格式不统一，地质成果认识更新，为便于综合解释与分析，笔者按分布于矿区的多个矿段和地球物理方法的种类分别进行了统一成图与异常编号，并形成新的成果图件，以便对沃溪矿区的地球物理特征进行分析和研究。

沃溪矿区收集的资料中，视电阻率平面等值线成果基本反映了各地层的电性分布特征，沃溪矿区由新至老地层的视电阻率基本特征归纳如下：

上白垩统（K_2），巨厚层状红色、棕红色砂砾岩为低阻特征，视电阻率一般小于 800 $\Omega \cdot m$，为低阻低极化特征。

震旦系下统南沱组（$Zann$）的冰碛层和震旦系上统陡山沱组（Zbd）细晶云岩夹含铁质云岩及含铁质泥板岩主要表现为低阻特征，局部地段铁富集，极化率增高。

五强溪组（$Ptbnw$），青灰、灰绿色中至厚层变质条带状长石石英砂岩，表现为低阻低极化特征。

马底驿组第二段（$Ptbnm^2$），紫红色、灰紫色条带状板岩，表现为中等电阻率特征，局部地段矿化蚀变，硫化物含量增加表现为弱极化特征。

冷家溪群（$Ptln$），深绿色-灰黑色绢云母板岩，砂质板岩表现为中高阻特征，局部地段矿化蚀变带黄铁矿等硫化物增加，表现为弱极化特征。

4.1.1　矿区地球物理特征

沃溪矿区电性参数也综合了中南工业大学物探所 1995 年在沃溪矿区的电性资料、湖南省有色地质勘查研究院 2007 年、2012 年在本区地表和坑道实测的电

性参数，以及粟家溪矿段 2013 年 8 个钻孔的井壁测量成果资料，矿区主要岩
（矿）石电性参数特征见表 4-1。

表 4-1　沃溪矿区主要岩（矿）石电性参数表

岩矿石名称	参数来源	标本/测点数	幅频率 F_s/%		电阻率 ρ_s/（Ω·m）	
		块/点	变化范围	常见值	变化范围	常见值
砂岩	测井	218	0.0~1.87	1.1	131~1045	620
红色砂岩	标本测定	12	0.5~1.3	1.0	100~450	350
板岩	测井	285	0~1.25	1.0	210~820	450
灰色板岩	标本测定	7	0.9~1.2	1.1	334~1154	
灰黑色板岩	标本测定	8	0.8~1.0	0.9	412~2271	
灰色、紫红色板岩	收集	17	1.0~2.4	1.2	397~1857	1047
褪色化蚀变板岩	收集	13	0.4~4.9	2.9	239~2988	1135
硅化、黄铁矿化蚀变板岩	收集	8	3.3~7.0	5.4	700~2198	1534
黄铁矿化蚀变板岩	收集	28	2.8~9.3	4.5	430~1180	670
似层状石英脉	标本测定	6	1.0~1.1		450~1220	
灰白色网状石英脉	标本测定	8	0.7~1.1		438~1509	
含矿网脉、灰黑色板岩	标本测定	5	1.0~1.3		378~2043	
构造角砾岩	收集	9	1.8~5.4	2.6	1080~2908	1728
断层破碎带	测井	97	2.8~15.6	3.8	145~2580	1260
褪色化蚀变带	测井	102	3.1~17.5	4.0	662~2787	1750
矿化蚀变带	测井	56	4.3~29.8	5.5	452~3075	1180
辉锑矿	收集	18	4.7~14.0	9.0	80~636	213
白钨矿	标本测定	15	2.3~4.6	3.8	508~1270	720

4.1.1.1 沃溪矿区视电阻率特征

（1）褪色化蚀变板岩的电阻率变化范围通常为 240~3000 Ω·m，表现为相对
高阻特征。

（2）硫化物含量较少的硅化含金石英脉，电阻率变化范围通常为 440~
1500 Ω·m，以中、高阻为主要特征。

（3）含硫化物（特别是矿脉中硫化物含量丰富并相互连通）的蚀变带（体）或矿石其电阻率变化范围通常为 430～1200 Ω·m，表现为相对低电阻率。

（4）白垩系红色砂砾岩表现为低电阻率，其电阻率为 100～400 Ω·m。

4.1.1.2 沃溪矿区幅频率特征

（1）普通砂岩、板岩的幅频率通常在 1.2% 以下，幅频率相对较低。

（2）褪色化蚀变板岩幅频率通常为 0.4%～4.9%，常见值为 2.9%，相对较高。

（3）含硫化物（特别是矿脉中硫化物含量丰富并相互连通）的蚀变带（体）或矿石其幅频率通常为 2.8%～9.3%，常见值为 4.5%，相对较高。

（4）硅化、黄铁矿化板岩，幅频率通常较高，其变化范围为 3.3%～7.0%，常见值为 5.4%。

沃溪矿区普通板岩（即矿区围岩）为高阻、低极化特征；白垩系砂砾为低阻低极化特征；褪色化、硅化、矿化蚀变围岩以中-高阻、相对高极化率为特征；硫化物含量少的含金石英脉以高阻、低-中等极化率为特征；矿（化）体以相对中-高阻、中-高极化率为主，硫化物发育的块状矿体呈低阻、高极化特征；与矿（化）体有关的围岩蚀变体为相对中-高阻、中-高极化特征。

结合以往地球物理工作和研究区特点，以地球物理资料为基础，根据沃溪断裂的分布特征，由西向东，从北至南，对沃溪矿区的地球物理成果和工作进行归纳总结，分析不同矿段的地球物理特征，为整个沃溪矿区的成矿模型建立和研究提供了科学基础。

为了更好地了解沃溪矿区的岩（矿）石的物性参数特征，为异常解释提供依据，笔者收集了 2020 年对矿区内外主要岩性进行的物性标本测试数据。

本次工作收集的鱼儿山、沃溪坑口、塘虎坪地表和仙鹅测区 ZK2301 钻孔岩芯的物性标本，共计 146 块，采集的岩性主要有金锑矿体、蚀变带、围岩、灰绿色板岩、紫红色板岩。结合 2014 年测井资料进行统计，结果见表 4-2，总结的物性参数规律如下：

（1）白垩系红色砂岩、砂砾岩表现为低阻低极化特征；

（2）震旦系南沱组冰碛砾岩、构造角砾岩表现为低阻低极化特征；

（3）五强溪组石英砂岩表现为低阻低极化特征；

（4）马底驿组第二段紫红色板岩、灰绿色板岩表现为中等电阻率低极化特征；

（5）马底驿组第一段灰绿色板岩、砂岩表现为高阻低极化特征；

（6）沃坑 V7、V8 脉矿体表现为低阻弱极化特征；

（7）鱼儿山 V6 脉矿体表现为高阻弱极化特征，围岩表现为中高阻低极化特征。

表 4-2 沃溪矿区近外围物性参数统计表

序号	岩性	层位	块数	电阻率/($\Omega \cdot m$)		充电率 M_s/%		备注
				变化范围	常见值	变化范围	常见值	
1	红色砂砾岩	K_2^3	5	379~608	379	0.06~0.16	0.1	ZK2301
2	石英砂岩	Ptbnw	218	130~1045	550	0.0~1.9	0.5	测井
3	灰绿色板岩	Ptbnm^2	15	814~2264	1405	0.115~1.705	0.527	地表
4	紫红色板岩	Ptbnm^2	21	759~3008	1505	0.125~0.679	0.26	地表
5	沃坑围岩	Ptbnm^2	7	271~1308	611	0.270~0.455	0.335	沃坑
6	沃坑蚀变带	Ptbnm^2	8	70~450	450	0.190~1.444	0.552	沃坑
7	沃坑矿脉	Ptbnm^2	5	210~1714	701	0.367~3.510	1.828	沃坑
8	V6 顶板围岩	Ptbnm^2	13	903~3641	1585	0.233~0.963	0.474	鱼儿山
9	V6 顶板围岩	Ptbnm^2	15	705~2349	1177	0.248~0.880	0.488	鱼儿山
10	V6 蚀变带	Ptbnm^2	14	856~9679	3546	0.361~3.111	1.559	鱼儿山
11	V6 矿脉	Ptbnm^2	22	6013~13291	4507	0.192~3.789	1.185	鱼儿山
12	灰绿色板岩	Ptbnm^1	6	9240~16042	11579	0.25~0.73	0.521	ZK2301
13	砂岩	Ptbnm^1	5	2737~21613	10097	0.27~0.68	0.49	ZK2301
14	构造角砾岩	Zan$n$	5	267~697	499	0.07~0.7	0.25	ZK2301
15	冰碛砾岩	Zan$n$	5	301~2815	1302	0.34~1.13	0.84	ZK2301

另据湖南省有色地质勘查研究院 2019 年完成的沃溪矿区近外围南部塘虎坪矿段物探勘查成果,通过对沃溪矿区常见的岩矿石完成的电阻率物性参数统计发现,本区电阻率最高的为灰绿色的板岩,电阻率最高达到 10000~12000 $\Omega \cdot m$,其次是砂岩,电阻率最高达到 10000 $\Omega \cdot m$,以及 V6 矿脉和 V6 蚀变带,通常它们的电阻率为 4000~5000 $\Omega \cdot m$,除此之外,沃溪矿区常见的岩矿石电阻率均在 2000 $\Omega \cdot m$ 以下。相对于沃溪矿区内的岩矿石极化率(充电率),它的极化率不高,极化率最高的沃溪矿坑,极化率也仅为 1.8% 左右,V6 矿脉和蚀变带极化率也仅为 1.2% 左右,这主要是因为矿区内硫化物含量不高。普通围岩和沃溪矿区内其他岩石极化率则更低,通常在 1% 以下。这表明,在沃溪矿区开展的激发极化法背景极化率非常低,通过激电异常寻找矿化异常,圈定的标准则是相对较低值,要在以沃溪为代表的矿区开展传统的激发极化法找矿工作会遇到较大的困难。

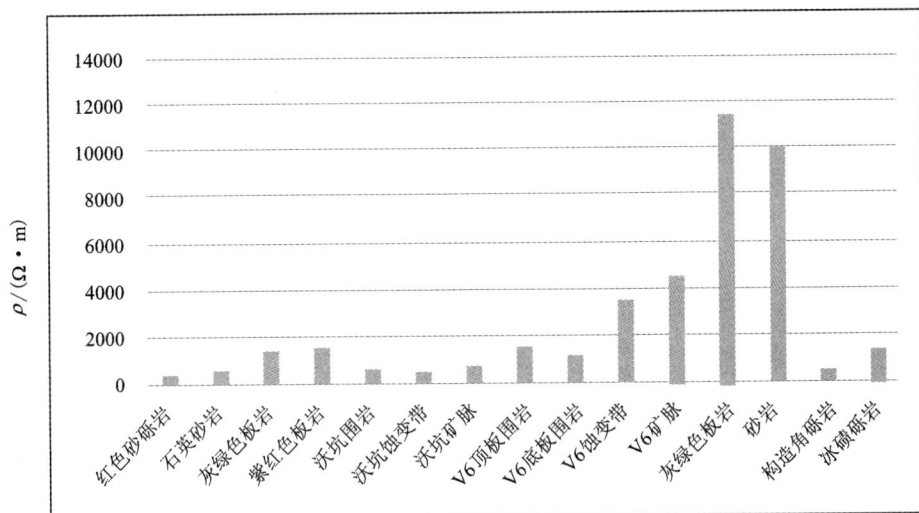

图 4-1　沃溪矿区近外围物性参数电阻率统计柱状图

（据 2019 沃溪矿区塘虎坪物探报告）

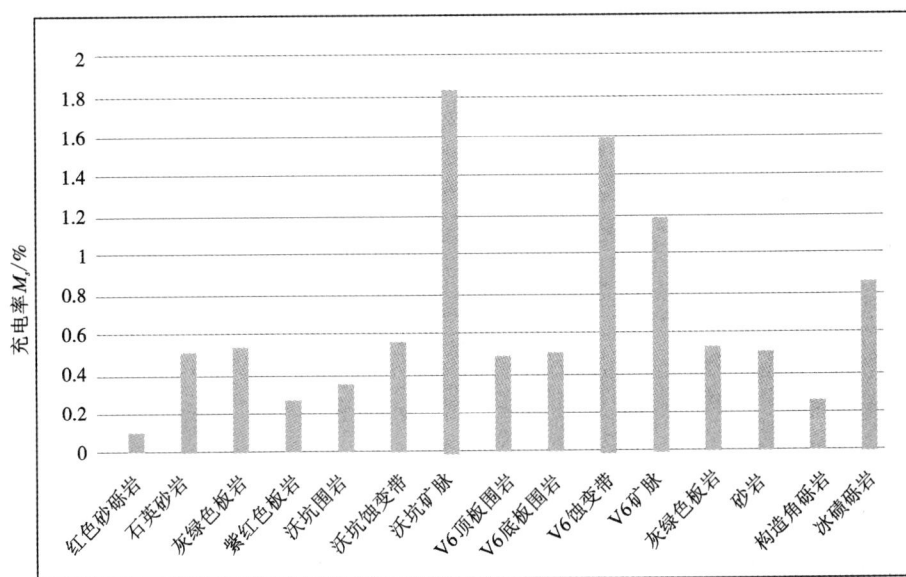

图 4-2　沃溪矿区近外围物性参数充电率统计柱状图

（据 2019 沃溪矿区塘虎坪物探报告）

4.1.2 大风垭矿段地球物理特征

大风垭矿段位于沃溪成矿带的最西端，该矿段开展的物探测线位于板溪群下段横路冲组（Ptbnm^1）、板溪群上段马底驿组（Ptbnm^2），岩性主要为紫红色、灰紫色薄层状或条带状板岩。大风垭测区布置的两条测线，分别位于大风垭测区南西方位（测线方向150°），以及北东方位（测线方向170°）（图4-3），点距20 m，测线长1000 m。

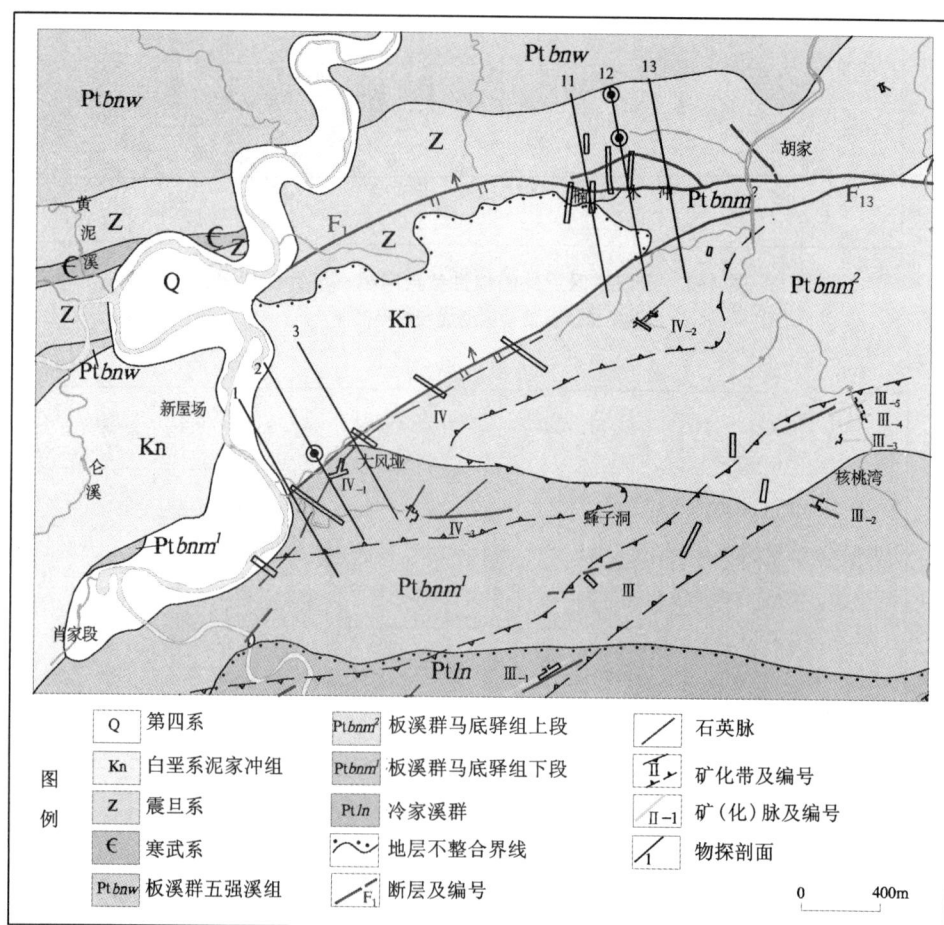

图 4-3　大风垭测区物探工作布置图

从大风垭测区2号线物探综合剖面图大地电磁测深断面图可以看出：最大勘探深度取到地下-800 m，标高-650 m，图中电阻率上低、下高，等值线呈现上部相对变化剧烈、底部相对平缓的特点。地表附近电阻率为20～500 Ω·m，深度大致在地表至地下 50 m 范围，电阻率相对较低，推测为第四系的残积、坡积、冲积物，有板岩、砂岩及少量角砾、砂砾、亚黏土等。由于大气降水的作用，局部电阻率较低，根据野外记录，在测线点位 580 m 的沟底位置，沟中河流的冲刷致使地表覆盖层厚度较薄，从电磁测深断面图中相应位置的电阻率即可反映出来。中深部的电阻率为 1000~5000 Ω·m，深度在标高 50~300 m，电阻率曲线形态变化相对比较剧烈，其中在点位 450~650 m，出现一凸起的高阻区域，高阻异常顶部距离地表约 30 m，根据电阻率曲线形态可推测该处存在一断裂破碎带，产状较陡，断层编号 F_{2-1}。深部电阻率为 5000~20000 Ω·m，电阻率曲线形态较平缓，推测是对底部基岩的反映。

从该条测线的激电中梯剖面图可知：整条剖面电阻率在几百到几千欧姆米，受地形因素的影响，局部出现低阻，与地形对应相一致，推测是地形影响的结果，在测线点位 580 m 左右出现较高的电阻率。结合幅频率曲线形态，幅频率为 1%~6%，其中，在点位 580 m 处也出现 6% 的极大值，结合地质剖面图可知该段地层为薄层状或条带状板岩地层，综合异常推测 F_{2-1} 断裂破碎带中呈高电阻率和高极化率的异常区域可能为有利的成矿、控矿地段。

大风垭测区 12 号线物探成果推断解译：该条测线位于区域断层 F_1 和 F_{13} 的交汇地段，地形起伏剧烈。测线自南向北经过的地层有板溪群马底驿组的下部（$Ptbnm^2$）、板溪群五强溪组（$Ptbnw$）、震旦系南沱组（Zn）、震旦系陡山沱组（Zd）、震旦系留茶坡组（Z_1l）、白垩系泥家冲组（K_2n），岩性主要为板岩、石英砂岩、泥岩等。从大风垭测区 12 号线物探综合剖面图大地电磁测深断面图可以看出：最大勘探深度取到地下 -800 m，标高 -650 m，图中视电阻率呈现上下低、中间局部高、左边低、右边高的特点，等值线变化相对平缓。地表附近电阻率为 20~500 Ω·m，电阻率相对较低，厚度大约在 30 m，推测为第四系的残积、坡积、冲积物，有板岩、砂岩及少量角砾、砂砾、亚黏土等。以点位 640 m 为分界电阻率在小号点方向普遍较低，从几十到几百欧姆米不等，中深部在点位 150~600 m 内出现相对高阻区域，电阻率为 1000~3000 Ω·m，深度为标高 -400~150 m，电阻率曲线形态变化相对剧烈。点位 640 m 以后的测线断面电阻率普遍较高，电阻率曲线平缓光滑，与地质剖面对比可知，这是对地下不同岩性分界面、接触面的综合反映。其中，位于点位 200 m、700 m 和 900 m 处，电阻率曲线形态呈现垂向分布，推断此处为断裂破碎带的反映，结合地质剖面可推测是对区域断层 F_1 和 F_{13} 的反映。点位 200 m 的电阻率曲线形态呈垂向分布，可推测为一断层，编号为 F_{12-1}。

从该条测线的激电中梯结果可知，整条剖面电阻率在几十到一千欧姆米的范围变化，受地形因素的影响，局部出现低阻，与地形对应相一致，总体来看呈现"左低右高"的特点，与测深剖面一致。结合幅频率曲线形态，幅频率在 1% 和 10% 之间跳跃变化，其中，在点位 0~600 m 表现为相对较高的幅频率，结合地质剖面该段地层为含矿化灰岩、矿化板岩以及硅质岩，点位 0~200 m 呈现高极化率、相对高电阻率特征，推测深部的岩矿石具有高阻高极化的特点，由于埋深的关系，电阻率相对较高。点位 250~600 m 也呈现高电阻率和高极化率的特点，推测应是深部岩矿石的综合反映，这些综合异常地段是有利的成矿、控矿地段。点位 650~1000 m 电阻率剖面曲线呈现高电阻率的特点，极化率较低，结合地质剖面和测深剖面可知该段是对地下板溪群马底驿组下部板岩的综合反映。

4.1.3 陈扶界矿段地球物理特征

4.1.4.1 视电阻率、激电异常特征

该矿段内圈定 3 个异常，编号分别为 E2-1、E2-2、E2-3(图 4-4)，视幅频率最大可达到 7%，常见值为 3%。均沿着板溪群马底驿组地层中的蚀变带与冷家溪群不整合接触带分布。

E2-1 异常位于预查区西北部的猪槽洞一带，走向大致为北西向。在不整合接触带两侧的冷家溪群和板溪群马底驿组地层中，异常都较为平稳，而在接触带或蚀变带，矿体上有较好的异常中心，推断该异常由已知矿脉和部分隐伏矿体所引起。

E2-2 异常位于预查区中部，走向大致为南北向，在不整合接触带两侧的冷家溪群和板溪群马底驿组地层中，异常显示较平稳，在接触带矿体上有较好的异常浓集中心，异常区内及南北两侧见有蚀变带或矿脉，推断该异常由已知矿脉和部分隐伏矿体所引起。

E2-3 异常位于预查区 E2-2 异常南侧，走向大致为南北向，异常强度不大，推测该异常与隐伏矿(化)体有关。

4.1.4.2 测深剖面综合异常特征

对五个激电测深断面综合分析，认为视幅频率 F_s 小于 1.5% 为背景值，大于 2% 为异常值；视电阻率 ρ_s 小于 500 $\Omega \cdot m$ 为低阻，500~1000 $\Omega \cdot m$ 为中等高阻，大于 1000 $\Omega \cdot m$ 为高阻。激电异常主要特征多为中等高阻、中等极化，局部为低阻、中等极化，推断其主要地质性质为硅化含金石英脉和矿化蚀变体，赋存于元古界板溪群马底驿组地层中，发育于层间断裂、层理、板理、片理、节理的硅化带或蚀变带等。以 330 线(190~210 点)为例(图 4-5)，解释推断如下：

由视幅频率断面来看，极化异常不明显。近地表的浅部地段有较高的极化异常，推断为硫化物含量较多的近地表的蚀变带的反映。深部有局部小范围出现极化异常，推断为含硫化物的硅化石英细脉的反映。

由视电阻率断面来看，视电阻率为 500~3000 $\Omega \cdot m$。大部分表现为高阻，只有局部小范围表现为低阻~中等高阻，推断为较完整板岩的反映。

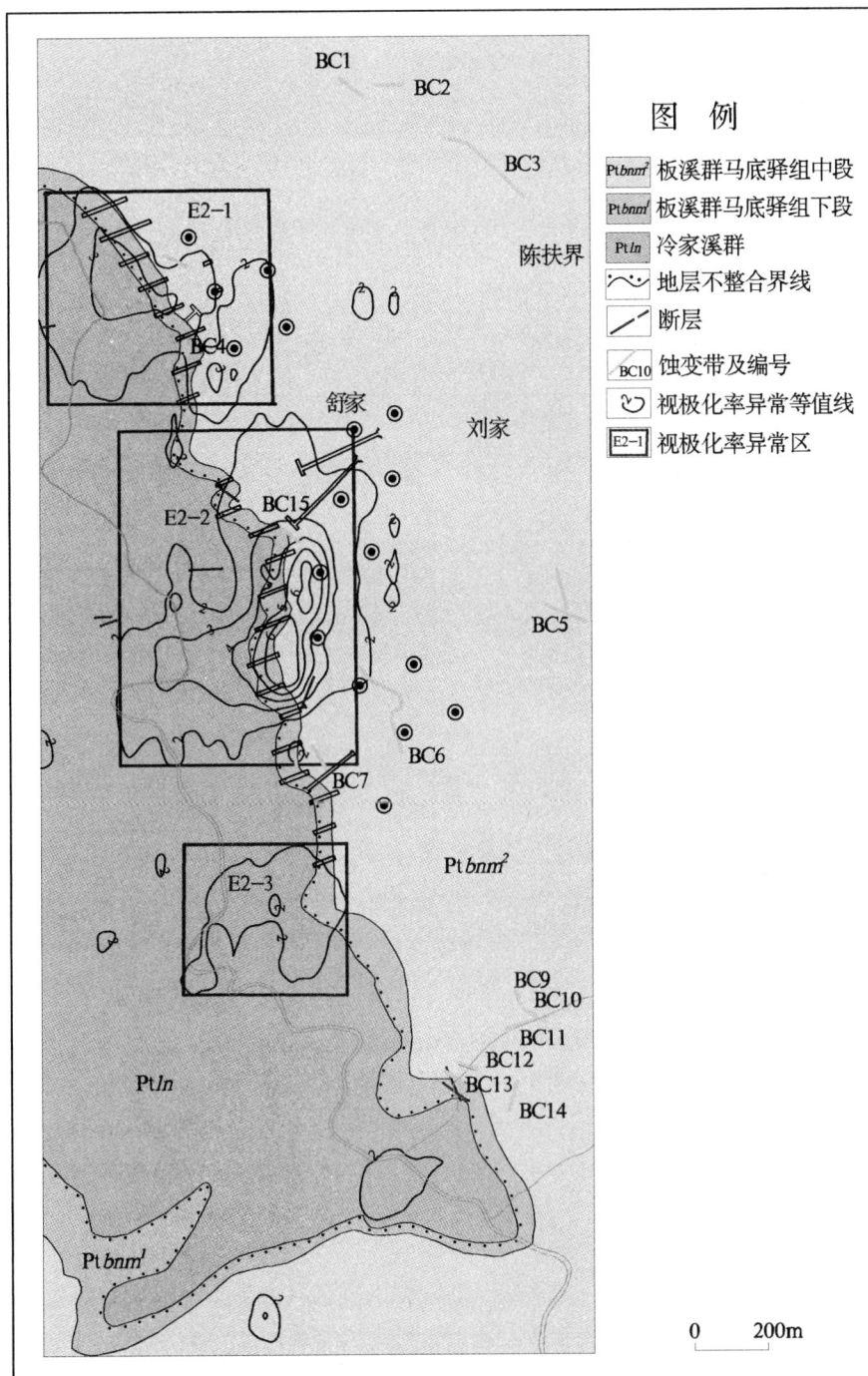

图 例

Pt*bnm²*	板溪群马底驿组中段
Pt*bnm¹*	板溪群马底驿组下段
Pt*ln*	冷家溪群
〰	地层不整合界线
╱	断层
BC10	蚀变带及编号
ᠥ	视极化率异常等值线
E2-1	视极化率异常区

图 4-4　测区激电中梯测量视幅频率异常平面图

高精度磁测磁异常 ΔT 曲线图

激电中梯视极化率 F_s、视电阻率 ρ_s 曲线图

| 激电测深视极化率 F_s 断面等值线图 | 激电测深电阻率 ρ_s 断面等值线图 | 成果推断图 |

地质图

图 例

$Pt bnm^2$	板溪群马底驿组上段
$Pt bnm^1$	板溪群马底驿组下段
$Pt ln$	冷家溪群
	地层不整合界线
	推断矿(化)体

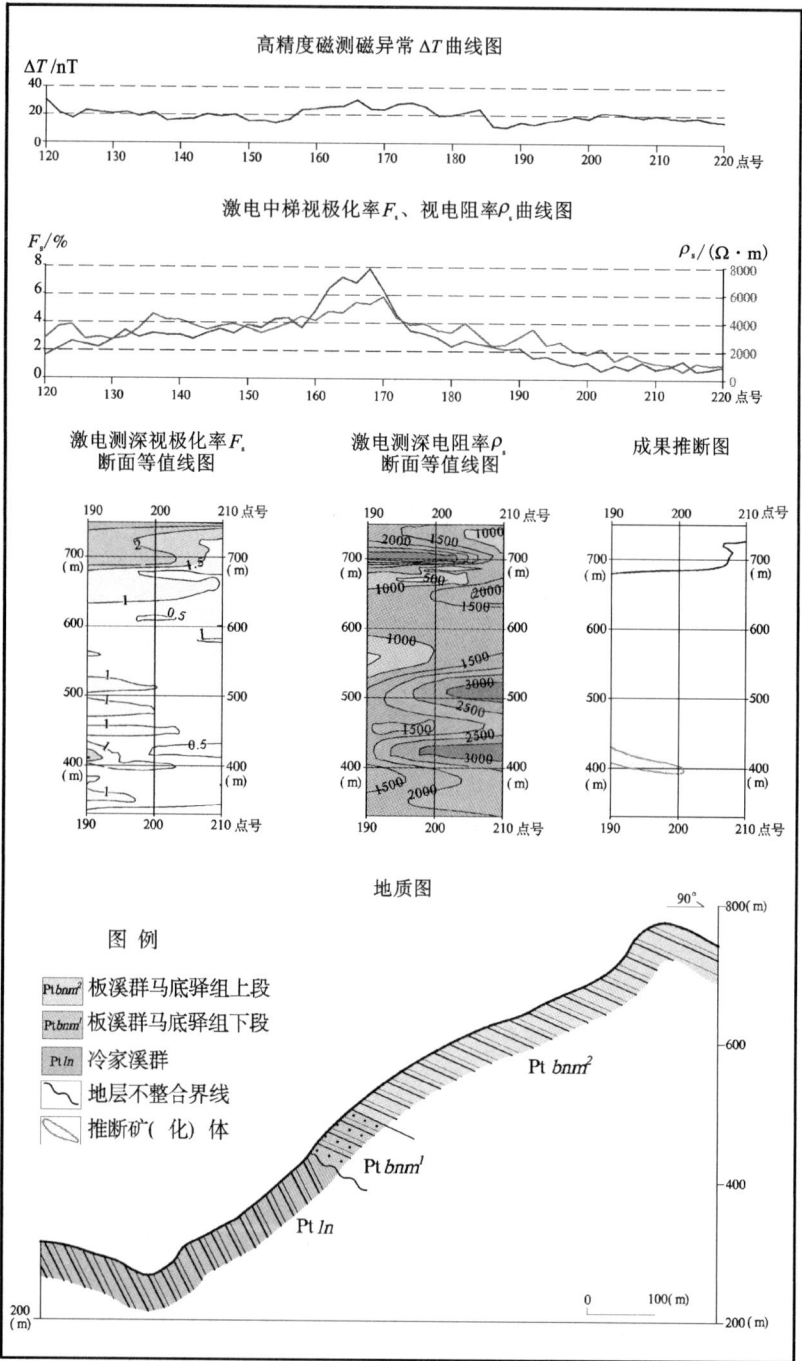

图 4-5　物探 330 线激电异常及测深成果图

第一组异常为中等高阻、中等极化异常，出现在 190 号和 200 号点之间，标高为 390~430 m。呈带状产出于深部的中等高阻部位，规模很小，埋深较大，往东倾斜，倾角约为 25°。视幅频率为 1.5%，视电阻率为 1500~2000 Ω·m，异常未封闭。在倾向上，推断异常中心位置分别为 190 点以下标高 420 m，200 点以下标高 400 m。

总体分析，激电中梯平面异常主要特征是：激电异常紧靠板溪群马底驿组地层中的蚀变带及与冷家溪群不整合接触带，多呈条带状分布，与区内的蚀变带和不整合接触带产出特征极为相似。局部异常浓集中心明显，在矿脉上有较好的异常中心显示，推断区内激电异常大都由含矿蚀变带(体)和部分隐伏矿体引起。

激电异常推断的场源主要为硅化石英脉和矿化蚀变体，其赋存于元古界板溪群马底驿组地层中，发育于层间断裂、层理、板理、片理、节理的硅化带或蚀变带。其激电异常特征主要表现为三种：其一，高阻、高极化，推断为硅化及石英脉引起；其二，中等高阻、高极化，推断为硅化石英脉或蚀变体；其三，低阻、高极化，推断为含水层硅化石英脉或强硫化物蚀变体。

依据物探异常的浓集中心，设计并施工了 1 个验证孔(ZK601)，根据收集到的钻孔资料显示，并未见到矿化，推测是钻孔施工的位置不合理以及施工深度不够所致。

4.1.4　大片矿段地球物理特征

4.1.5.1　激电中梯平面异常的解释推断

大片矿段以 $F_s=2.2\%$ 等值线圈定激电异常，由于异常呈带状沿东西向分布，总体特征相似，归纳为一个异常带，编号为 E3-1。异常区内视幅频率常见值为 2.5% 左右，最大值可达 5%。

E3-1 异常贯穿预查区 100 线至 320 线的中段地带，沿板溪群马底驿组地层中的蚀变带及与冷家溪群不整合接触带分布，主要出现在板溪群马底驿组地层中，走向为东西向，呈东西向长、南北向窄的条带状分布。这与区内的蚀变带和不整合接触带的分布特征极为相似，异常带内有两条已知的大致呈东西向延伸的含矿蚀变带(体)，其上有较好的激电异常显示，推测该异常带由含矿蚀变带(体)和部分隐伏矿体引起。

4.1.5.2　剖面综合异常的解释推断

对三个激电测深断面综合分析(图 4-6)，认为视幅频率 F_s 小于 2% 为背景值，大于 2% 为异常值；视电阻率 ρ_s 小于 2000 Ω·m 为低阻，2000~3000 Ω·m 为中等高阻，大于 3000 Ω·m 为高阻。激电异常主要特征多为高阻-中等高阻、中等极化-高极化，局部为低阻-中等高阻、中等极化-高极化，推断其主要地质性质为硅化含金石英脉和矿化蚀变体，赋存于元古界板溪群马底驿组地层中，发育于层间断裂、层理、板理、片理、节理的硅化带或蚀变带等。

视电阻率整体特征表现为中高阻特征，为冷家溪群和马底驿组第一段地层的反映，局部的高阻带由不整合接触带内硅化蚀变引起。圈定了较大规模的主要激电异常 1 个，编号为 IP3。该异常贯穿预查区从 100 线至 320 线地段，呈东西向长、南北向窄的条带状，沿板溪群马底驿组地层中的蚀变带及与冷家溪群不整合接触带分布，且主要出现在板溪群马底驿组地层中。

在 180 线、280 线和 320 线进行了五极纵轴激电测深工作，但剖面测点数偏少，反映深度较有限，参考意义不大。

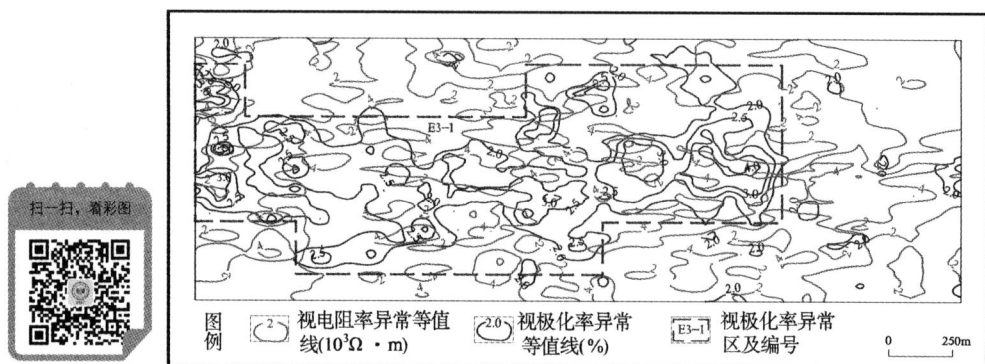

图 4-6 大片激电中梯综合成果图

如图 4-7 所示，以比较典型的 320 线(150~180 点)测深资料进行解释推断如下：

由视幅频率断面来看，极化异常视幅频率为 2%~3.5%，强度偏弱，视幅频率在 1.5% 和 2% 之间占据背景的大部分，使得异常对比不是很明显。若以视幅频率为 2% 的等值线作为分界面，则可看出此界面约以 60° 角往北倾斜，北侧视幅频率较南侧高，推断此界面可能是不整合接触带的反映。近地表的浅部地段有较高的极化异常显示，推断为硫化物含量较多的近地表蚀变带的反映；较浅部和深部有三组不同深度的极化异常显示，均分布在分界面的北侧，推断为含硫化物的硅化含金石英厚脉的反映。

由视电阻率断面来看，视电阻率为 500~7500 Ω·m，视电阻率变化范围大，高低阻分带明显，出现了"中深部高而浅部和深部低"的带序。高阻带轴线约以 15° 角小角度往南倾斜，南侧未封闭，高阻带北侧下盘出现中等高阻-低阻带。低阻带视电阻率为 500~2000 Ω·m，高阻带视电阻率为 3000~7500 Ω·m。而视电阻率为 2000~3000 Ω·m 且呈现出明显的梯度变化的过渡带，将高阻带包络起来。推断低阻带为断裂蚀变带的反映，高阻带为较完整板岩或硅化石英脉的反映。

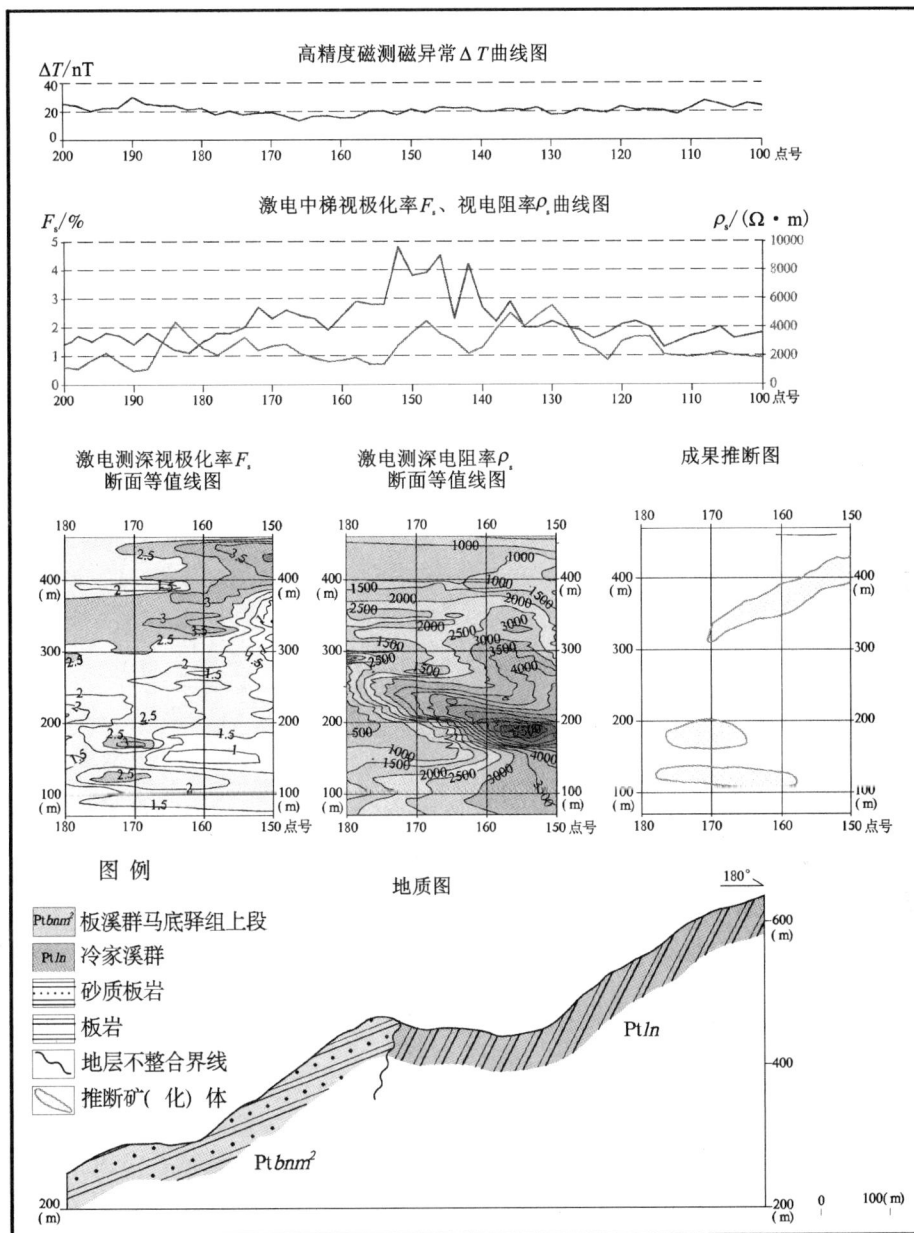

图 4-7 大片矿点物探 320 线异常解释图

第一组异常为中等高阻-低阻、中高极化异常，视幅频率为 2.5%～3.5%，视电阻率为 1000～3000 Ω·m，异常相对封闭。规模较大，埋深较浅，往北倾斜，倾角约为 25°。

第二组异常为低阻、中高极化异常，视幅频率为 2%～3%，视电阻率为 500～1500 Ω·m，异常封闭。规模较大，埋深较大，产状近水平。

第三组异常为高阻-中低极化异常（图 4-7 中紫色线），规模较大，埋深较深，产状近水平。视幅频率为 2%～2.5%，视电阻率为 1500～3000 Ω·m，异常封闭。

4.1.5 龚家湾矿段地球物理特征

龚家湾测区共布置了 4 条平行测线，测线方向为 150°，测线长 1500 m，物探点距 20 m（图 4-8）。下面对测线逐条进行推断解译。

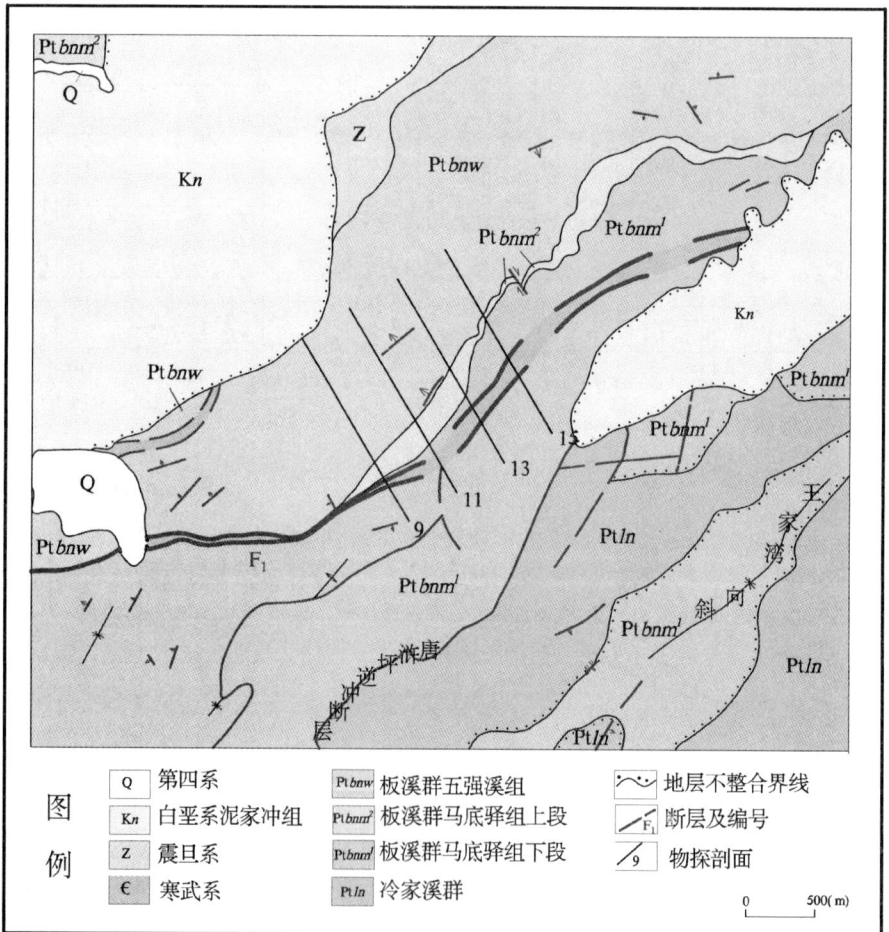

图 4-8 龚家湾测区物探工作布置图

4.1.6.1 龚家湾测区 9 号线物探成果推断解译

龚家湾测区 9 号测线自南向北经过的地层有板溪群马底驿组中段（Ptbnm^2）、板溪群马底驿组上段（Ptbnm^3）、板溪群五强溪组（Ptbnw）和上白垩统（K_2），岩性主要为板岩、石英砂岩、砂砾岩等。

从龚家湾测区 9 号线物探综合剖面图（图 4-9）大地电磁测深断面图可以看出：最大勘探深度取到地下 -800 m，标高 -550 m，图中电阻率值呈现上下低、中间高、两侧低的特点。等值线变化相对平缓。地表附近电阻率为 20~100 Ω·m，电阻率相对较低，厚度大约为 20 m，推测为第四系的残积、坡积、冲积物，主要为板岩、砂岩及少量角砾、砂砾、亚黏土等。在点位 160 m、590 m、1230 m 的位置，电阻率曲线均呈垂向分布的特点，推测为断裂破碎带的反映，产状较陡，断层编号见图 4-9。点位 0~200 m 深部的大片低阻区域推测为上白垩统（K_2）砂砾岩的综合反映，对照地质剖面点位 1180 m 处的低阻异常应为破碎带的反映，断裂带两边高、低阻异常应是岩性差异造成的。中深部点位 300~1000 m 出现相对高阻区域，电阻率为 1000~10000 Ω·m，深度为标高 -500~200 m，电阻率曲线形态相对平缓，推测是电阻率较高的板岩、石英砂岩等的反映。

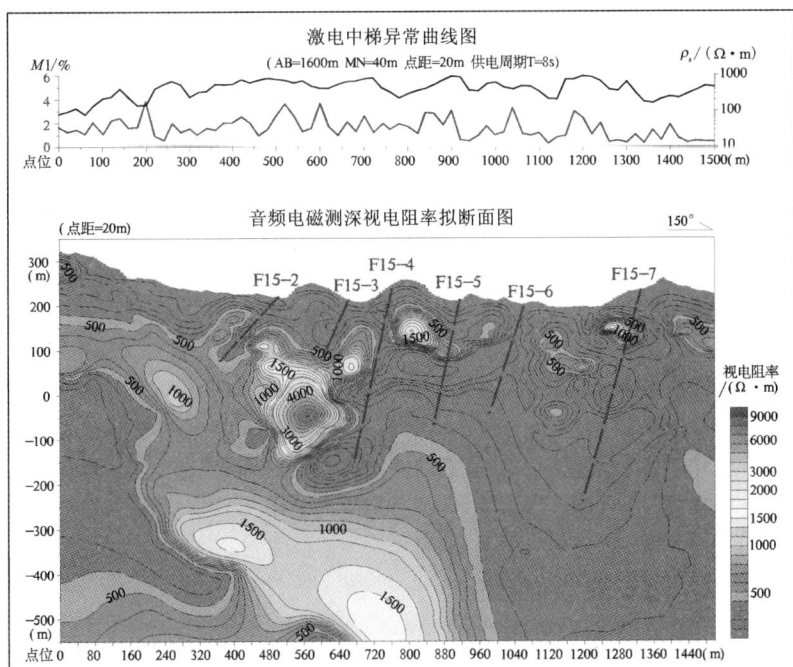

图 4-9　龚家湾测区 9 号线物探综合剖面图

从9号测线激电中梯剖面图可知：整条剖面电阻率从几欧姆米到一千欧姆米的范围变化，受地形因素的影响，局部出现低阻，与地形相对应，总体与测深断面一致。结合幅频率曲线形态，幅频率总体为1%～5%，局部出现跳跃值，最大为17%，其中，在点位100～200 m段表现为较高的幅频率，推测深部的岩矿石具有高阻高极化的特点，由于地表电阻率低和存在断裂破碎带的关系，剖面上呈现低阻高极化的特点。其余地段则单一地表现为高电阻率的特点，与测深断面所反映出的信息一致，岩性测试的结果表明含矿岩脉本身极化率不高，所以推测这些高电阻率、相对低极化率地段，特别是断裂破碎带附近均为有利的成（控）矿地段。

4.1.6.2 龚家湾测区11号线物探成果推断解译

龚家湾11号线经过的地层有板溪群马底驿组中段（Ptbnm^2），板溪群马底驿组上段（Ptbnm^3），板溪群五强溪组（Ptbnw），岩性主要为板岩、石英砂岩、砂砾岩等（图4-8）。

从龚家湾测区11号线物探综合剖面图（图4-10）大地电磁测深断面图可知：最大勘探深度取到地下-800 m，标高-550 m，图中电阻率值呈现上部高、下部低、左边高、右边低的特点。等值线变化相对平缓。地表附近电阻率在20～500 Ω·m范围变化，电阻率相对较低，厚度大约在25 m，推测为第四系的残积、坡积、冲积物，有板岩、砂岩及少量角砾、砂砾、亚黏土等。在点位950 m的位置，电阻率呈现两边相对低的特点，结合地质剖面可知为板溪群马底驿组上段（Ptbnm^3）板岩的

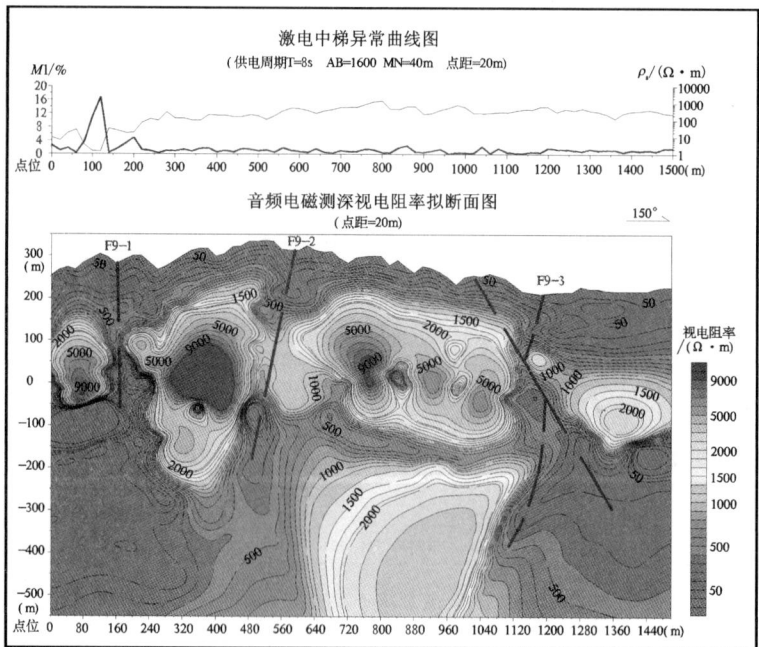

图4-10　龚家湾测区11号线物探综合剖面图

反映，点位 950 m、1250 m 附近的断面图中电阻率曲线形态呈垂向分布，推测为断裂破碎带的反映，产状较陡，断层编号见图 4-10。其余各段中部电阻率较高，推测为板岩、石英砂岩的反映。

从 11 号测线的激电中梯剖面图中可知：整条剖面电阻率从几十到一千欧姆米的范围变化，受地形因素的影响，局部出现低阻，与地形起伏相对应，电阻率变化与测深断面反映的信息一致。结合幅频率曲线形态，幅频率总体为 0.5% ~ 4%，其中，在点位 280 m、650 m、940 m、1080 m 和 1300 m 左右出现较高的幅频率，对应点位附近的电阻率也较高，推测底部岩矿石具有高阻、高极化的特征。其中点位 940 m 和 1300 m 处的异常位于推测断裂破碎带上。

综上所述，11 号测线的这 5 处异常提供了有利的找矿信息。

4.1.6.3 龚家湾测区 13 号线物探成果推断解译

龚家湾 13 号线经过的地层有板溪群马底驿组中段（Ptbnm^2），板溪群马底驿组上段（Ptbnm^3），板溪群五强溪组（Ptbnw），岩性主要为板岩、石英砂岩、砂砾岩等。

从龚家湾测区 13 号线物探综合剖面图（图 4-11）大地电磁测深断面图可以看出：最大勘探深度取到地下 -800 m，标高 -550 m，图中电阻率呈上部低、下部高、左边高、右边低的特点，等值线变化相对平缓。地表附近电阻率为 20 ~ 200 Ω·m，相对较低，推测为第四系的残积、坡积、冲积物，由板岩、砂岩及少量角砾、砂砾、亚黏土等组成，厚度大约在 20 m。点位 250 m、700 m 及 1150 m 左右视电阻率较低，视电阻率曲线呈垂向分布，结合地质地形图推测本条测线上有 3 处断裂破碎带。其余各段中、深部电阻率较高，电阻率曲线形态发生较大扭曲，间接反映该段岩体电性参数变化较大，分布范围及形态较复杂。

13 号测线上共进行了供电周期为 8 s、16 s 的大功率激电剖面和双频激电剖面实验，从各条激电剖面曲线可知：整条剖面视电阻率为 100 ~ 1000 Ω·m，受地形因素的影响，局部出现的低阻与地形相对应，剖面上电阻率变化趋势与测深断面反映的信息一致。结合幅频率曲线形态，幅频率为 0.5% ~ 4%，其中，在点位 250 m、600 m 左右、850 m 和 1400 m 左右表现出相对较高的异常，推测深部的岩矿石具有高阻、高极化的特征，以上 4 处激电异常分别位于推测的 3 处断裂破碎带附近，表明这些地段具良好的致矿异常，提供了有用的找矿信息。

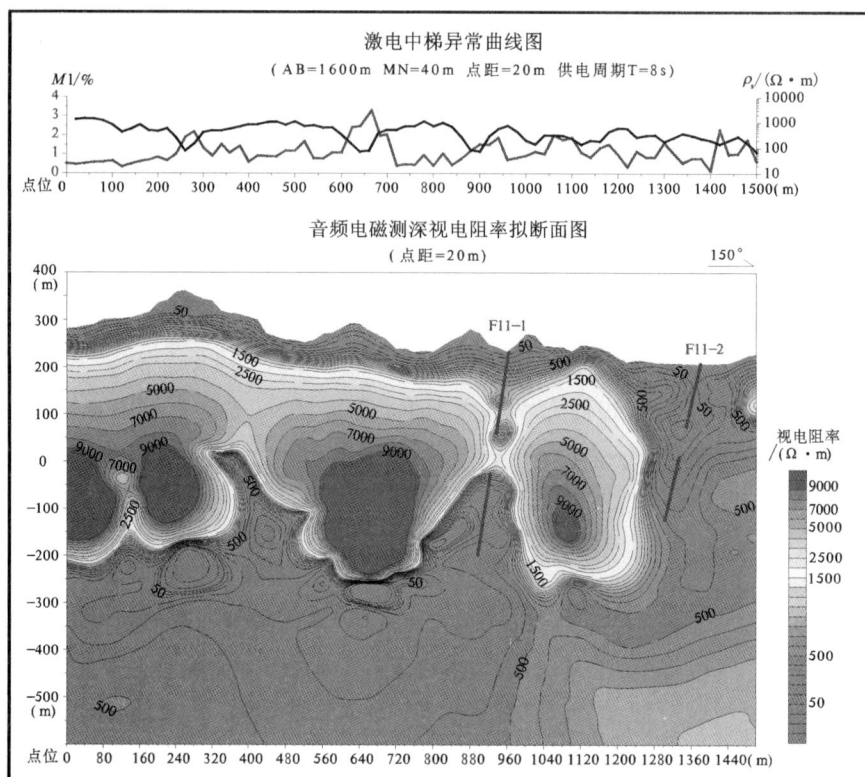

图 4-11　龚家湾测区 13 号线物探综合剖面图

扫一扫，看彩图

4.1.6.4 龚家湾测区 15 号线物探成果推断解译

龚家湾 15 号线位于龚家湾测区北东方位(图 4-8)，测线自南向北经过的地层有板溪群马底驿组中段($Ptbnm^2$)、板溪群马底驿组上段($Ptbnm^3$)、板溪群五强溪组($Ptbnw$)，岩性主要为板岩、石英砂岩、砂砾岩等。从图 4-12 中的大地电磁测深断面图可知：勘探深度取为 800 m，地面最高点标高为 325 m，断面中视电阻率总体呈上低、下高，小号点高、大号点低的特点。电阻率等值线总体变化平缓，地表附近的电阻率为 20～100 Ω·m，相对较低，厚度在 20 m 左右，推测是第四系残积、坡积、冲积物的反映，其由板岩、砂岩及少量角砾、砂砾、亚黏土等组成。

在点位 0～500 m 的断面中电阻率相对较高，电阻率过渡平缓，电阻率曲线相对光滑，整体向下倾斜变化，反映出该段地下介质相对较完整，对照地质平面图可知该段对应的是板溪群五强溪组($Ptbnw$)的青灰、灰绿色中至厚层变质纹带状

时域激电
$(T=8\,\mathrm{s},\ t_0=200\,\mathrm{ms},\ I=3.0\,\mathrm{A})$

双频激电
$(f_1=4/13\,\mathrm{Hz},\ f_2=4\,\mathrm{Hz})$

时域激电
$(T=16\,\mathrm{s},\ t_0=200\,\mathrm{ms},\ I=3.2\,\mathrm{A})$

音频电磁测深视电阻率拟断面图
（点距=20 m）

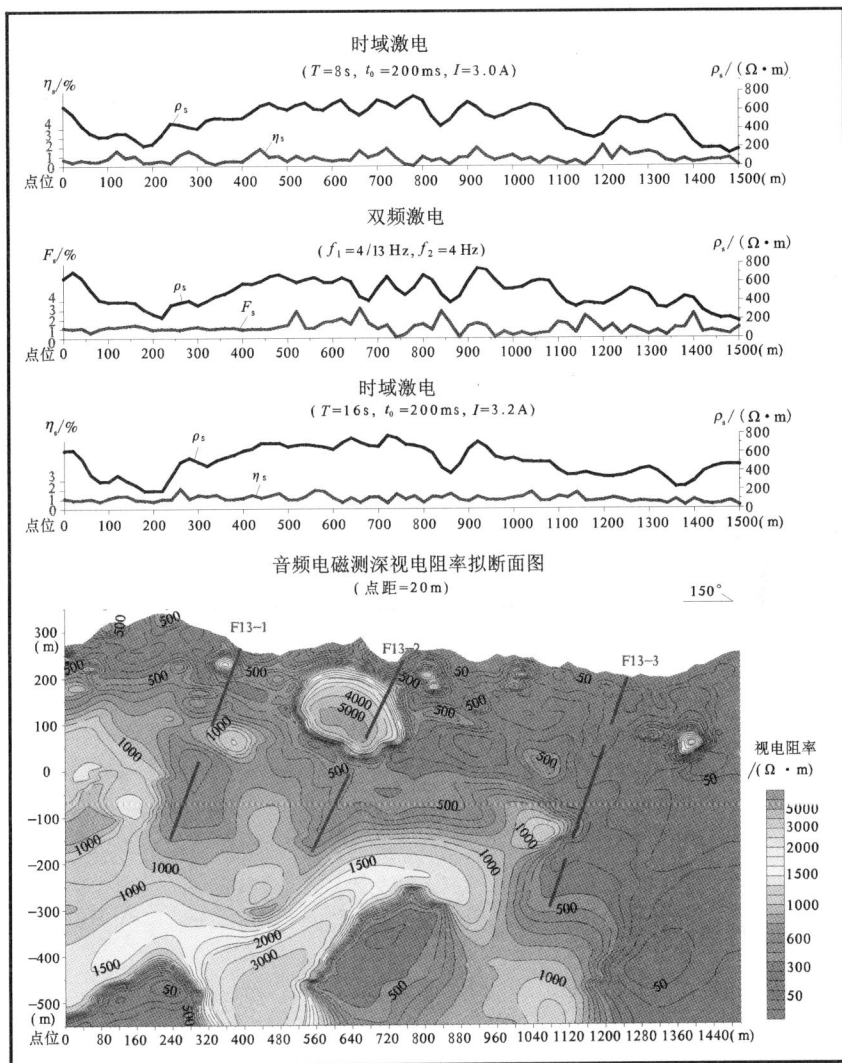

图 4-12　龚家湾测区 15 号线物探综合剖面图

长石石英砂岩，夹砂岩、板岩，因此可初步推测该段相对高阻异常区域应是对电阻率相对较高的石英砂岩、板岩的反映。点位 550~600 m 有团状高阻异常区，对照地质平面图出现的位置在板溪群马底驿组上段，该处异常应是对板岩的反映。

点位 600~1500 m 的断面中电阻率相对低，横向分布范围广，纵向分布较深，与点位 600 m 以前的岩性形成明显变化，对照地质平面图可推测这应是五强溪组与马底驿组不同岩性的接触带。点位 150 m、500 m、650 m、700 m、900 m、

1050 m 和 1180 m 左右电阻率等值线呈明显垂向分布，推测为断裂破碎带，其中，点位 900 m 处的断裂应是对横贯测区的断裂破碎带的反映，与地质平面图中推测的断裂破碎带一致。根据电阻率曲线形态，本条测线上共推测有 7 处规模不等的断裂破碎带。

对比激电中梯剖面可知，视电阻率总体偏高，局部产生的低阻与地形线相对应，可推测是地形影响的结果，小号点高阻反映出底部基岩电阻率相对较高，右侧大号点高阻则是浅部的团状高阻体影响的结果，结合幅频率曲线形态，F_s 总体在 0.5% 和 5% 之间变化。结合测深剖面共圈定 4 处激电异常，它们分别位于推测的断裂破碎带附近，具体点位是 200 m、525 m、850 m 和 1200 m 左右。

综上所述，本条测线圈出的 4 个激电异常分别位于推测的 7 个断裂破碎带上，异常特征明显，提供了丰富的找矿信息。

4.1.6.5 官庄 0 号线物探成果综合分析

官庄 0 号物探线位于鱼儿山—十六棚工矿段测区东北方位，测线方位为 228°，长 800 m，（图 4-13）。

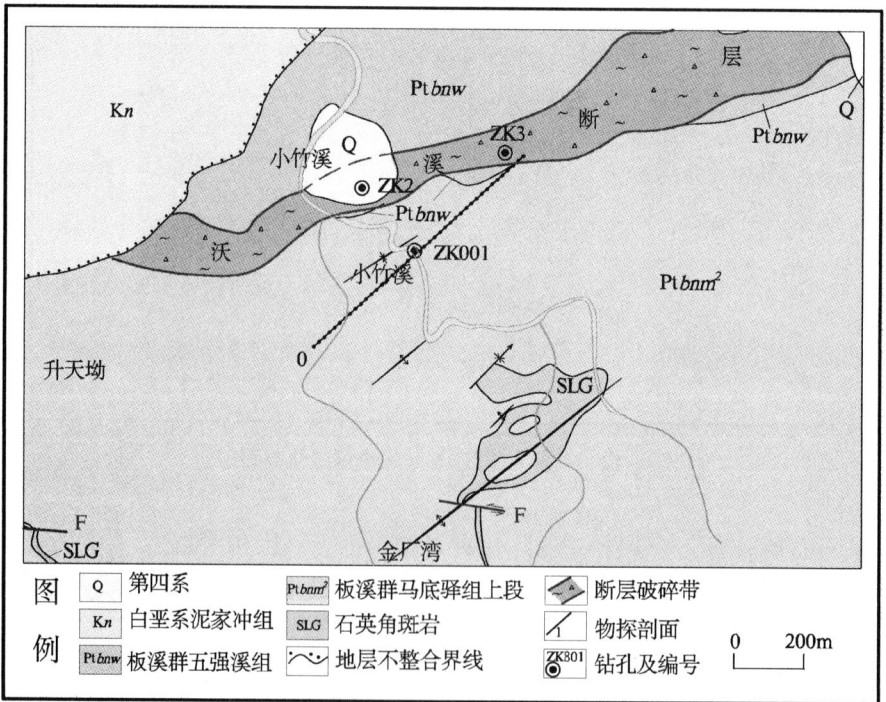

图 4-13 官庄 0 号线物探工作布置图

测线自南向北经过的地层有板溪群马底驿组中段（$Ptbnm^2$）和板溪群五强溪组（$Ptbnw$），岩性分别为紫红色绢云母板岩和灰白色石英砂岩，从该条测线的激电中梯剖面图（图 4-14）可知，整条测线的视电阻率为 $100 \sim 2000\ \Omega \cdot m$，局部地段的低电阻率与地形线山脊相对应，推测是地形影响的结果，结合幅频率曲线形态分析，F_s 总体在 0.2% 和 6% 之间变化。其中在点位 $200 \sim 400\ m$ 视电阻率与极化率均呈现较高值，$480 \sim 550\ m$ 出现极化率极大值，结合地质剖面分析，高阻、高极化的曲线段出现在地质剖面中的板溪群马底驿组中段的绢云母板岩部位，该地层中有产状较平缓、埋深较浅的破碎带和蚀变带，推测激电剖面中的激电异常是对其的反映。此外激电曲线形态呈锯齿状，表明致矿异常规模小，多呈细脉状分布。

2018 年在龚家湾矿段采用剖面测量的形式开展音频大地电磁法测深工作，获得了 10 条剖面的地电断面资料，收集并重新分析了以往工作（2011 年）4 条剖面的地电断面资料；初步掌握了工作区内视电阻率异常特征，为推断工作区内的地层和断层构造的分布特征、圈定找矿靶区提供了依据，主要成果如下：

（1）基本掌握了工作区内地层的视电阻率特征及分布特征、局部视电阻率异常的起因及与断层构造的关系。

（2）大致查明了工作区内断层构造的空间分布特征，对断层构造的地质特征进行了初步分析。基本查明已知断层构造的空间分布特征，大致圈定 F_1 的产出位置、产状、规模及顶、底界面。

（3）综合分析地质特征、控矿构造、赋矿地层及物探异常等资料，初步圈定 5 个找矿靶区，分别编号为 I 号靶区：沃溪矿区（采矿权）南东部；II 号靶区：徐家院一带；III 号靶区：王家湾一带；IV 号靶区：大茶园北部；V 号靶区：尹家湾一带。

各个找矿靶区的地质特征及物探异常异常如下：

（1）I 号靶区［沃溪矿区（采矿权）南东部］

地质特征：处在 F_1 下盘，出露地层为马底驿组中段、上段。根据坑道揭露及地质推断，沃溪矿区控制的 V_7、V_8 脉及隐伏矿脉延伸至矿区南东部，其上升端可能隐伏于 F_1 下盘的马底驿组中段地层中，控矿及成矿条件有利。

该处位于沃溪采矿权南延段，通过编录 2012 年工勘孔资料发现，在已知矿层上盘存在蚀变层位，同时 F_1 组成成分在此段硅化较强。

遥感解译在此处也有发现与 F_1 近似平行的次级断裂（破碎带）和蚀变异常。

物探异常特征：根据物探异常分析，在 V_7、V_8 脉由向斜转背斜的上升部位，异常特征相似，即视电阻率异常均存在中低阻异常过渡带，可能是 V_7、V_8 脉等层间脉或层间断裂的反映。

（2）II 号靶区（徐家院一带）

地质特征：处在 F_1 下盘，出露地层为马底驿组中段、上段。据地质填图及工程揭露,靠近 F_1 下盘控制了两条平行产出的蚀变带,虽然取样化验结果显示没有品位,但不排除深部蚀变变好的可能性,具有一定的找矿指示意义。

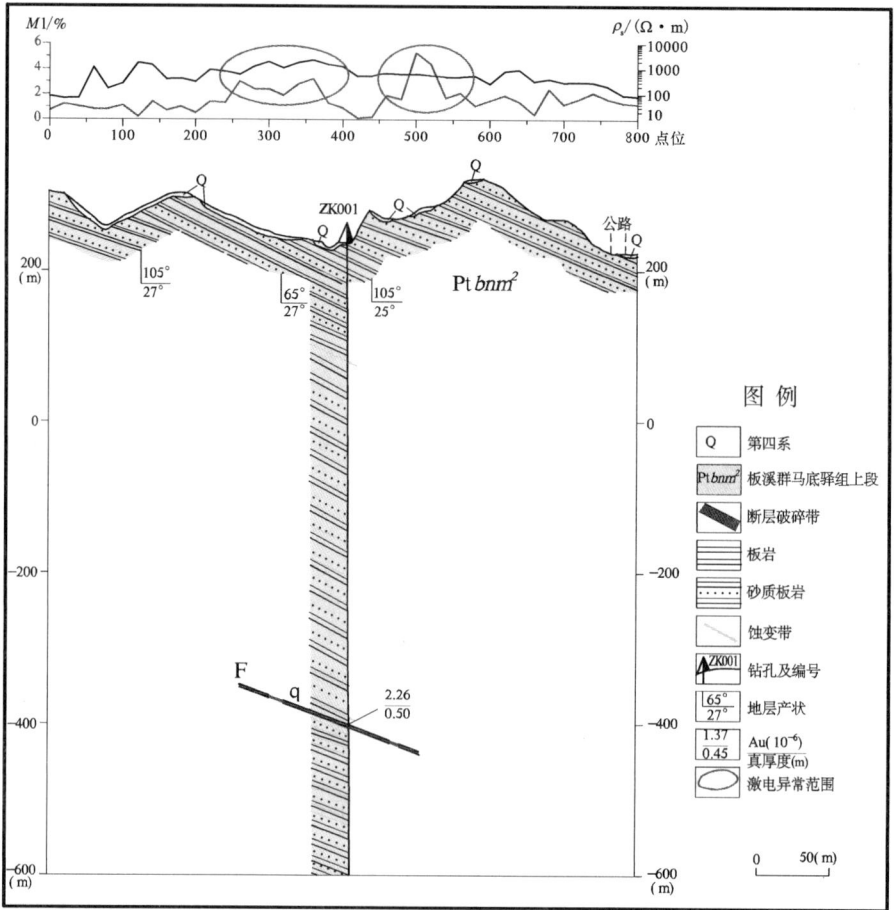

图 4-14 官庄 0 线激电中梯剖面图

遥感解译在此处也有发现与 F_1 近似平行的次级断裂(破碎带)和蚀变异常。

物探异常特征:根据物探异常分析, F_1 下盘马底驿组地层表现为低阻异常,与正常围岩形成的高阻异常存在明显差异,推断异常起因与矿化蚀变、层间断层等有关,并在 F_1 下盘推断有一条破碎蚀变带。

(3)Ⅲ号靶区(王家湾一带)

地质特征:位于王家湾向斜、马底驿组中段地层,据地质工作资料,沿地层不整合接触外接触带发育矿化体或矿化蚀变带,有较好的矿化迹象。

物探异常特征:根据物探异常分析,浅部-中深部马底驿组地层表现为低阻、中低阻异常，与正常围岩形成的高阻异常存在明显差异，推断异常起因与矿化蚀变、层间断层等有关。另据 2007 年危矿勘查涉及的塘虎坪、陈扶界、大片等测区的激电成果显示，矿化蚀变带亦产出于不整合接触带型的马底驿组中段地层中，其激电异常特征为中低阻中高极化。经过对比分析认为，该处的中低阻异常可能是矿化蚀变带、矿(化)体的反映。

(4)Ⅳ号靶区(大茶园北部)

地质特征：位于 F_3 上盘与 F_8(注：新定名)之间的马底驿组中段地层，断层构造发育。其东侧唐家溪民采老硐分布密集区为不整合接触带型矿体，通过老硐调查、编录及取样分析结果证明有矿化存在，对深部延伸矿化情况有必要进行一定的控制。

物探异常特征：根据物探异常分析，浅部-中深部马底驿组地层表现为低阻、中低阻异常，与正常围岩形成的高阻异常存在明显差异，推断异常起因与矿化蚀变、层间断层等有关。

(5)Ⅴ号靶区(尹家湾一带)

地质特征：处在 F_1 下盘，马底驿组中段地层，据调查有民采迹象。该靶区为 F_1 上盘唯一存在马底驿组中段地层(含矿地层)区域，通过分析推测此段可能在 F_1 下盘接近 F_1 位置赋存破碎带型矿体。

物探异常特征：根据物探异常分析，F_1 下盘马底驿组地层表现为低阻异常，与正常围岩形成的高阻异常存在明显差异，推断异常起因与矿化蚀变、层间断层等有关。

4.1.6　塘虎坪矿段地球物理特征

该区 2007 年主要完成了高磁物理点 960 个，激电中梯物理点 943 个，综合剖面总长度为 3 km，激电测深物理点 15 个，有效地揭示了塘虎坪矿段的地球物理特征(图 4-15)。

其成果表明，该区视电阻率整体表现为中等电阻率特征，为马底驿组紫红色板岩的反映。圈定较大规模的激电异常 2 个，编号分别为 IP7(原编号 E1-1)、IP8(原编号 E1-2)。其中，IP7 异常位于预查区的西南部，紧靠板溪群马底驿组第二段地层中蚀变带的北缘，整体呈东西向带状分布，东西长约 700 m，南北宽约 200 m；IP8 异常主要分布在测区东南角的冷家溪群地层中，但异常分布较为零散，没有明显的规律。新推断断层 Fw04 和 Fw05，呈北东走向。

对 130 线、150 线和 170 线进行了五极纵轴激电测深工作，但剖面测点数偏少，AO 最大距离偏小，反映深度较有限，参考意义不大，在此不做详细的叙述。

此外，塘虎坪矿段也于 2019 年进行了塘虎坪—柳林段激电中梯剖面和激电测深等地球物理工作(图 4-16)，获得了重要的找矿信息。

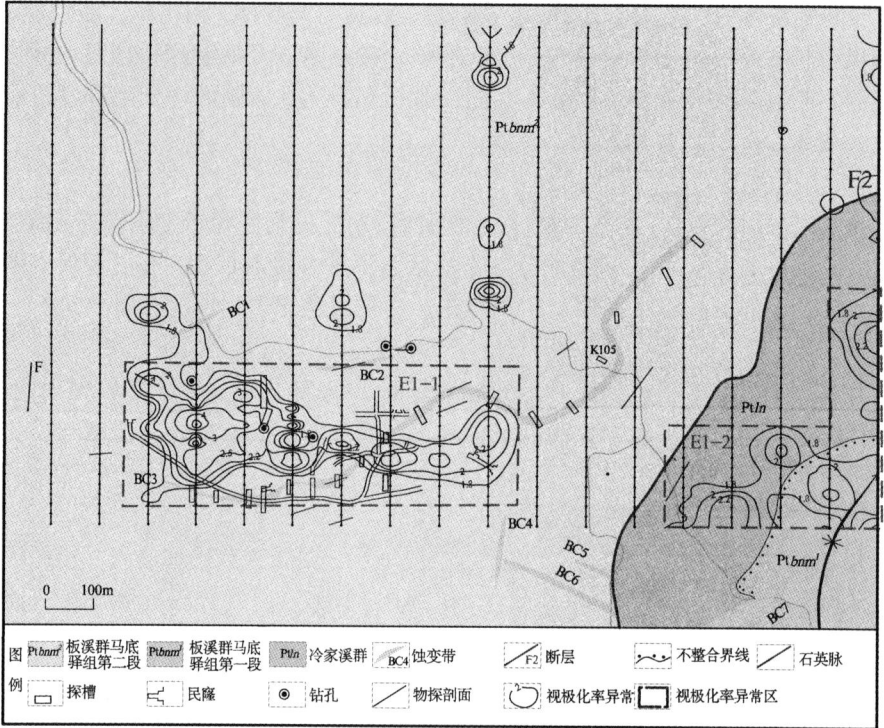

图 4-15　塘虎坪激电中梯综合成果图

本次共圈定激电异常 6 处，编号为 IP9 ~ IP14，异常幅值普遍偏低，都小于 1.6%，推测为深部硫化物的反映，其分布走向与断裂构造关系密切。推断断层 3 条，编号为 Fw05、Fw06 和 Fw07，其中 Fw06 与原塘虎坪断裂 F_2 存在局部偏差，并且在断裂平面延伸位置有局部微弱激电异常显示。

在 340 线、400 线和 460 线开展了激电测深工作，基本反映了剖面垂向电性分布特征，地层倾向南东，Fw06 倾向南东，倾角为 $45° ~ 60°$。

根据在塘虎坪开展的激电中梯剖面工作，显示了多个局部综合异常，推断为深部硫化物矿化富集的反映，其分布走向与断裂构造有着密切的关系。区内推定的断裂带位置与原塘虎坪断裂 F_2 存在局部偏差，并且在断裂平面延伸位置有局部激电异常显示，表明在深部存在硫化矿物或黄铁矿化富集明显。

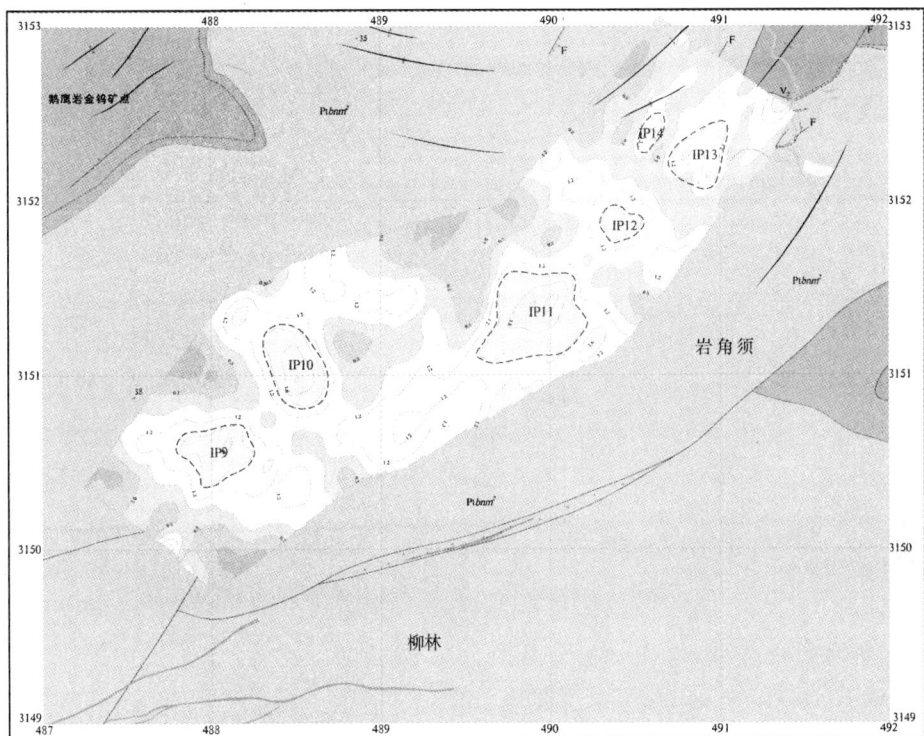

图 4-16　2019 年塘虎坪激屯中梯综合成果图

4.2　地球物理新技术应用及研究

笔者在沃溪矿区从事了多年的地球物理方法研究工作，从最初的双频激电法到伪随机电磁法、广域电磁法，以及天然场音频大地电磁法及可控源电磁法等，最新的技术和方法都已经在沃溪矿区投入和开展过应用，而且，近年来收集到的资料显示，湖南省乃至全国在沃溪矿区开展过地球物理方法的单位和个人也非常多，各种最新的方法和技术也不断得到研究和应用，这些方法在实际应用中为找矿工作起到了重要的指示作用。

在前人研究的基础之上，通过吸收和创新，笔者总结出一套利用天然电磁场作为场源，模拟激电现象和提取极化信息的方法和技术，通过在多个矿区的应用研究，证明该技术方法具有重要的研究和应用价值。

4.2.1 天然场源激电测深法原理

根据大地电磁测深理论，在近似平面电磁波场的作用下，电阻率为 ρ 的均匀大地表面上的复电阻率表达式为：

$$Z_1^0 = |Z_1^0| e^{-i\frac{\pi}{4}} \tag{4-1}$$

$$\rho = \frac{1}{\omega\mu_0} |Z_1^0|^2 \tag{4-2}$$

式中：$Z_1^0 = \sqrt{\omega\mu_0\rho}$，对于水平层状大地而言，其视电阻率和复阻抗的表达式为：

$$\rho_T = \frac{1}{\omega\mu_0} |Z_1|^2 = \frac{1}{\omega\mu_0} \left|\frac{E_x}{H_y}\right|^2 \tag{4-3}$$

$$Z_1 = \frac{|E| e^{-i(\omega t - \phi_E)}}{|H| e^{-i(\omega t - \phi_H)}} = |Z_1| e^{-i\phi_T} \tag{4-4}$$

式中：ϕ_T 为阻抗相位，$\phi_T = \arg Z = \phi_E - \phi_H$。

$$Z_1^0 = \frac{-i\omega\mu_0}{\sqrt{-i\omega\mu_0/\rho}} = \sqrt{-i}\sqrt{\omega\mu_0\rho}$$

$$Z_1^0 = |Z_1^0| e^{-i\frac{\pi}{4}} \tag{4-5}$$

式中：$|Z_1^0| = \sqrt{-i\omega\mu_0/\rho}$，$\omega = 2\pi f$，$\mu_0 = 4\pi \times 10^{-7}$ 为真空磁导率。

由此可知，波阻抗的相位是磁场与电场的相位差，从相位关系式入手，研究激电信号对相位关系的影响，分析由激电效应导致的电场与磁场相位产生的滞后效应，本书利用测区无激发极化测深点作为全区参考点，通过计算测深剖面的视电阻率振幅参数，来研究深部激发极化体的反应特征。

$$\rho_b = |\rho_{\text{Position(IP)}}/\rho_{\text{Position(Non)}}|$$

式中：ρ_b 为视电阻率振幅比参数，$\rho_{\text{Position(Non)}}$ 和 $\rho_{\text{Position(IP)}}$ 分别表示正常场和测深点对应频率的视电阻率。

另一个有效的重要激电参数是阻抗相位差 $\Delta\phi_T$，其表达式为

$$\Delta\phi_T = \phi_{\text{Position(Non)}} - \phi_{\text{Position(IP)}}$$

式中：$\phi_{\text{Position(Non)}}$ 和 $\phi_{\text{Position(IP)}}$ 分别为正常场和测深点对应频率的阻抗相位。在不同频率天然场源的激发下，通过提取这些表征极化强度的参数，来达到探测深部极化体的目的。在频率越低的情况下，深部极化体的激发会越充分，产生的激发极化效应会越强烈，因此，该技术和方法也适合于发现更大规模的深部极化体。此外，正常场的选择需要多个参考点进行比较确定，沃溪矿区的应用参考点则主要选择在地质体比较均匀的地段。

4.2.2　数据加密及重构

长时间以来在沃溪矿区应用的音频大地电磁法探测技术和装备主要是美国进口的 EH-4 或者 V8，受沃溪矿区的人文电磁信号干扰，多年来应用效果不佳，这一方面是方法技术本身的制约，另一方面则是应用条件和干扰因素的影响。例如，随着探测深度的增加，地层深部的数据密度会降低，对地质体形态和构造的判断精度会变差。为了得到高质量的数据，就迫切需要将先进的去噪方法、数据反演方法引入音频大地电磁处理系统，但一般处理软件采用实时处理，技术封装很严密，所以需从其输出文件入手，通过研究各输出文件间的关系，掌握数据处理的整个过程，才有可能引入先进的去噪技术，抑制或消除电磁噪音，提高电磁信噪比，从而改善数据质量。国内外地球物理学者对此也进行了大量的研究工作，如汤井田、席振铢、化希瑞等。

以 EH-4 系统为例，介绍数据处理过程中的数据加密和重构技术，在 EH-4 自带的数据处理软件中，一般的 X 文件是功率谱文件，存储各道信号的自相关功率谱密度、互相关功率谱密度，每个 X 文件标定的频率是一样的，频率共 292 个频点，功率谱文件频段的选择与 EH-4 中各标定文件中频段的选择相一致。

Z 文件是阻抗文件，是存储视电祖率、阻抗相位、相关度及张量阻抗信息的文件，同时也是 EH-4 数据处理的最终文件。

通过对 EH-4 功率谱文件至阻抗文件转换过程的研究可以发现，从功率谱文件至阻抗文件的转换过程是随频率一一对应的，即 X 文件中包含多少频段信息，阻抗文件中就应包含多少频段信息。然而阻抗文件中的频段信息明显要少于功率谱文件，频段少，就意味着数据解释是纵向分辨率低，通过对时间序列进行 HHT 滤波，滤波后数据经过 IMAGEM 程序生成新的功率谱文件，然后通过对新的功率谱文件按本章所述流程估算阻抗分量、电阻率，重构阻抗文件，就能够大幅提高数据的密度。

图 4-17 所示为 EH-4 数据处理流程，首先读取时间序列文件，时间序列文件是 EH-4 采集的原始数据文件，其正确读取为后续数据处理提供了有力保障，由第 2 章可知大地电磁信号是非平稳信号，通过 HHT 滤波、基线矫正，可以消除在时域表现为大尺度的随机噪声，根据第 3 章所述过程进行功率谱分析，重新生成阻抗文件，储存所得的数据于相应 D 文件中。D 文件的数据格式与 Z 文件数据格式一样，可以直接用 imagem 程序处理 D 文件，对于所得的 D 文件，采用五点三次法对数据进行平滑处理，将平滑后的数据存储于 Z 文件，新生成的 Z 文件与原始 Z 文件的存储格式一致，方便以后调用 imagem 程序，经过本程序处理过的数据频点是原始 Z 文件频点的 5~6 倍，并且弥补了原始 Z 文件在某些频段空白

的缺陷，这对于 EH-4 数据处理至关重要，同时提高了成果分析的可靠性。

通过估算功率谱密度，重构阻抗文件就存储于新文件中，再进行 TM 模式数据平滑，将平滑后的结果存储于 Z＊.＊文件中，后续的数据就能够直接利用这个 Z 文件进行处理。

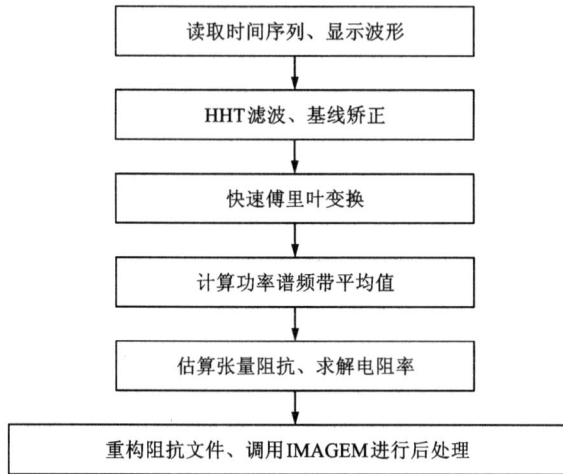

图 4-17　EH-4 数据处理流程图

4.2.3　沃溪矿区应用效果及分析

试验选用的数据是 2012 年湖南省有色地质勘查研究院采用天然场音频大地电磁测深仪器 EMI 和 Geometrics 公司的 EH-4 型 StrataGem 电磁系统在沃溪金矿大风垭测区采集的原始数据，数据的天然场频率采集范围为 0.25～256 Hz。此外也投入双频道激电仪开展激电剖面测量，主要目的是对比测线浅部和中深部激电异常特征和变化规律，激电剖面测量则选用 SQ-3C 双频道数字直流激电仪，其抗干扰能力强，仪器轻便，广泛应用于各类金属矿勘查。结合已开展的地化剖面成果来对比地球化学元素分布与物探成果的对应情况。

图 4-18 为沃溪矿区大风垭区 12 线地物化综合剖面图，该综合图根据常规 AMT 和激电剖面，以及地化和地质剖面成果集合而成。

12 线土壤地化剖面结果显示有 Zn、Pb、Ag、Au、Sb、Hs、Hg 等元素组合的综合异常，该综合异常产于本测区内区域 F_1 断层向西延长线和 F_{13} 交汇处，其中 Au、As、Hg 等综合异常值较高 [图 4-18(a)]，与区内之前异常检查时地表发现的金矿化点位置吻合。

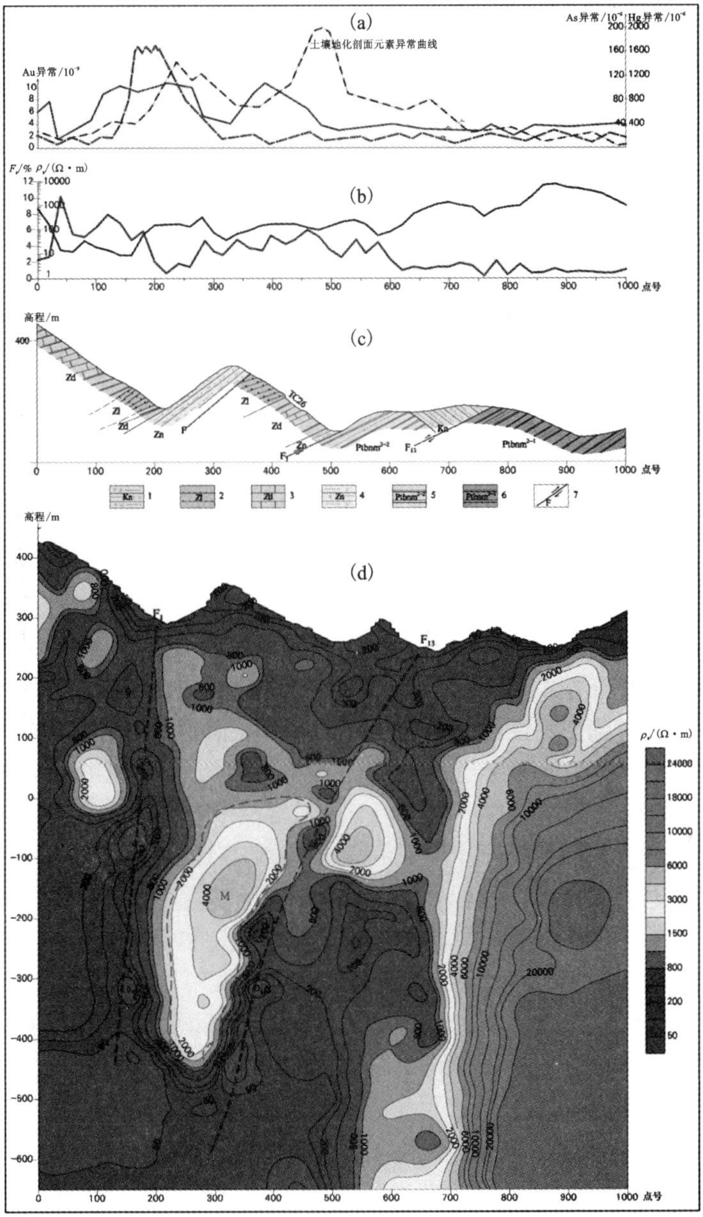

图 4-18　大风垭区 12 线地物化综合剖面图

激电中梯剖面曲线反映了一定深度内地电介质的综合特性，12线视电阻率为 10~1000 Ω·m[图 4-18(b)]，视电阻率从起始点开始逐渐增大，与地质剖面各岩性相互对应，即震旦系的红色砂砾岩表现为低视电阻率，板溪群马底驿组的板岩、褪色化蚀变板岩为中高视电阻率。极化率剖面中视幅频率反映出板溪群马底驿组内的板岩、褪色化蚀变板岩视幅频率较低[图 4-18(b)中红色幅频率曲线]，震旦系地层内的红色砂砾岩表现为低极化，含硅化、黄铁矿化板岩则相对较高。

音频大地电磁测深断面图反映出地表下岩性电阻率和构造特征[图 4-18(d)]，图中视电阻率呈明显分带特征，能够推断出地层岩性分界情况和覆盖层规模等特征，此外断裂构造、岩性接触带、围岩整合等情况也有反映，穿过研究区的区域断裂 F_1 和 F_{13} 也能够反映在测深断面中。测深图中视电阻率等值线与地表激电剖面曲线所反映的趋势一致，即总体上从小号点至大号点方向视电阻率由低到高过渡变化，电阻率等值线变化反映出板溪群马底驿组板岩、褪色化蚀变板岩在深部产状较陡，电阻率曲线垂向分布的位置与地表断裂带一致，可推测为区域断裂的反映。

综合图能够反映出 12 线剖面中浅部激电异常 M[图 4-18(d)]，其与测线中部(里程 300~600 m 段)中阻、高极化异常和 As 异常对应，位置位于 F_{13} 的上盘，异常顶板深度 400 m 左右。

虽然常规综合剖面图能够反映出浅部的极化异常 M，且其与地化剖面中的 As 异常对应较好，但对于剖面中出现的 Au、Hg 高异常，以及激电剖面中出现的强烈的低阻、高极化异常位置却不对应。而该异常位于 F_1 区域断裂的中心位置，说明该异常为一个较强烈的硫化物特征的异常(低阻高极化)，埋藏深度较深。通过采用天然场激电测深技术，在不增加额外工作量的情况下，通过提取上述激电参数，能够大大提高激电异常的探测深度。由于该区人文干扰因素少，测线起始点远离断裂构造和地形起伏剧烈的地段，故视电阻率振幅比参数的计算选择测线的已有点，阻抗相位差参数也选择该点开展研究，计算得到振幅比和阻抗相位差参数通过音频大地电磁测深断面得到相应频点的拟合断面图，图 4-19 为大风垭测区 12 线天然场源激电测深视电阻率振幅比断面图，图 4-20 为阻抗相位差断面图。

从图 4-19 大风垭测区 12 线天然场源激电测深视电阻率振幅比拟断面图可知，视电阻率振幅比呈现上低下高的特征，在高程 -1000~-400 m 发现有强烈的高极化率(振幅比)异常，该异常的最大埋藏深度在地下 1.3 km，与常规方法获得的激电剖面和地球化学异常，以及区域控矿构造 F_1 位置高度符合，能够较好地解释该段出现的综合异常。此外，之前圈定的 M 异常也能够反映，但强度较弱，其原因是天然场源激发下，电磁场频率越低，穿透深度就越深，岩矿石激发就越充分, 以多层或厚层硫化物矿体为目标的探测效果就越明显。而浅部由于激发频率相对较低, 硫化物矿体等激发不完全, 显示的强度相对较弱, 这就是为何拟断面图中整个地层浅部极化显示整体偏弱的原因, 这也证明该方法可以用于寻找大深度、多层状、大厚度有色金属矿体。

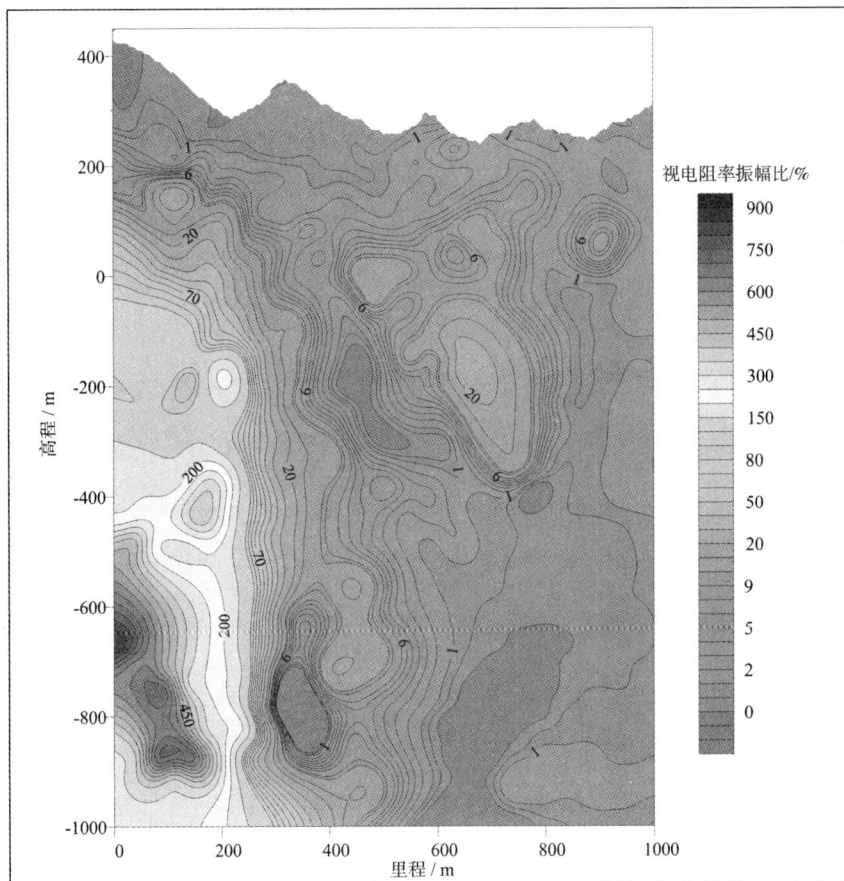

图 4-19　大风垭测区 12 线天然场源激电测深视电阻率振幅比断面图

从图 4-20 也可以清晰地看出阻抗相位差参数与极化率异常位置相互对应, 其参数的物理意义能够反映出矿化体极化异常的特征, 是进行异常综合研究和判断不可缺少的参数。

结合之前的常规物探成果和天然场激电测深成果, 可推测受 F_1 断裂构造控制的激电异常埋藏较深, 其规模较大, 结合沃溪矿区金属矿化赋存特点, 推测异常是由强烈蚀变带或者是黄铁矿化强烈的矿脉多组平行顺层赋存, 其特点符合沃溪矿区成矿地质条件, 是本区重要的矿致异常。

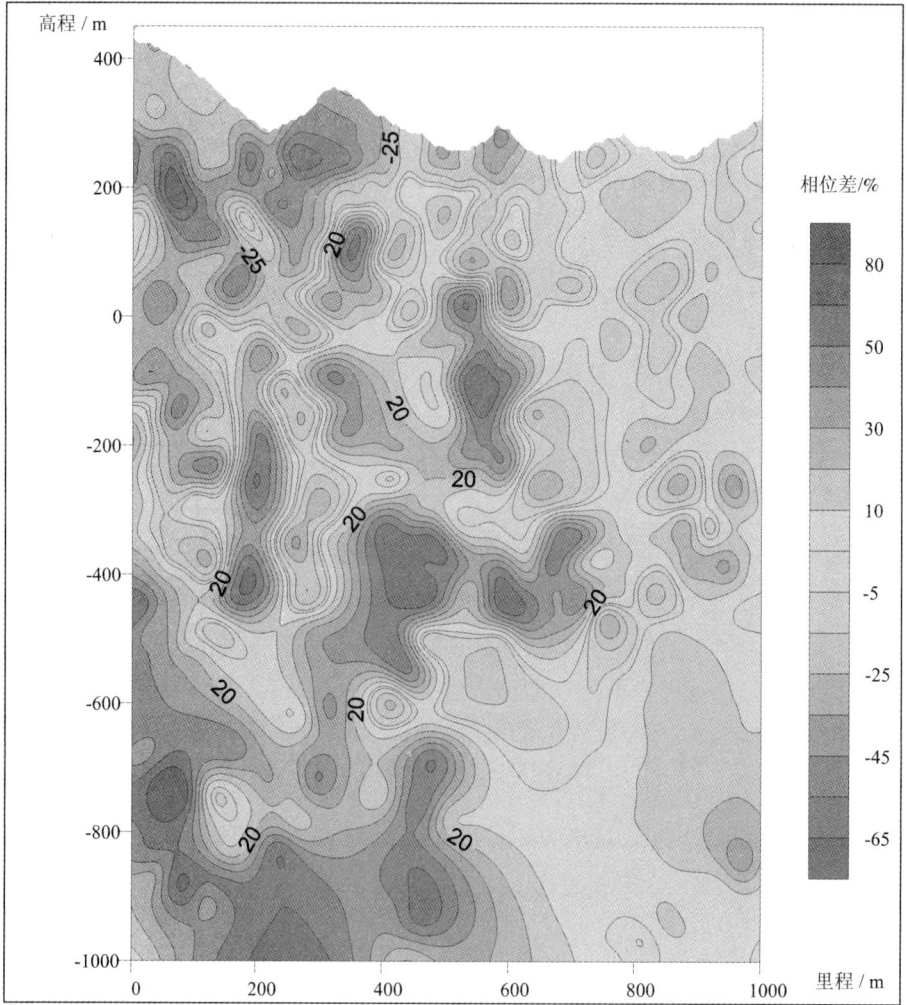

图4-20　大风垭测区12线天然场源激电测深阻抗相位差断面图

　　研究成果表明，通过天然场激电测深技术结合综合勘查方法和手段，能够较好地解决老矿山对深边部有色金属勘查的需求，能够提取出微弱的天然场源信号，通过重新计算可以得到与极化率参数等价的激电表征参数，该技术可以应用到其他电磁法勘探和激电勘查领域，为大深度有色金属勘查提供有益的尝试。

第 5 章　矿区地球化学特征

5.1　地层地球化学特征

5.1.1　区域地球化学特征简述

前述区域地球化学研究资料表明：①沃溪矿区所在的沅陵幅（1∶20 万幅）中 Au、Sb、W 元素的丰度与地壳丰度相比均具有相对较高含量水平，预示着 Au、Sb、W 是该区的特色矿产，因此，该区以 Au、Sb、W 成矿为主。②主要元素变异系数由大到小顺序是 Sb、W、Au、As、Mn、Mo、Ag、Hg、Sn、Pb、Bi、Cu、Zn、U、V、Cs、Ni、B、Li、F、Be、Rb、Sr、Th、Cr、La、Zr、P、Co、Nb、Yo。其中 Sb、W、Au、As、Mn、Mo、Ag、Hg 属于分布极不均匀；Sn、Pb、Be 属于分布很不均匀；Bi、Cu、Zn、U、V 等属于不均匀分布；Sr、Th、Cr、La、Zr、P、Co、Nb、Yo 为均匀分布。Sb、W、Au 变异系数异常大，Au 在沅陵幅的变异系数达到 1024，Sb 在新化幅的变异系数达到 2000，W 在安化幅的变异系数达到 1100，说明 Sb、W、Au 元素分布极不均匀，呈现极端集中的可能，集中成矿的可能性较大。这与本区分布有众多的 Sb、W、Au 矿床的实际地质现象十分吻合。③本区 W、Au、Sb 在板溪群中均呈现高背景的分布规律，而在其他地层中并没有共同出现高含量的特征。因此，可以认为，板溪群是含 W、Au、Sb 的原始沉积构造，这也是长期以来认为板溪群是 Au、Sb、W 含矿地层的重要依据。

5.1.2　矿区与其外围地层成矿元素背景对比

本次对沃溪矿区内十六棚工、鱼儿山、红岩溪矿段马底驿组地层分别进行了采样，分析结果见表 5-1。

表 5-1 沃溪矿区近外围不同地层元素背景值

分析结果		矿区近外围			矿区				地壳丰度值
		冷家溪群	马底驿组	五强溪组	十六棚工矿段	鱼儿山矿段	红岩溪矿段	平均值	
样品数		10	42	23	20	22	10		
Au	质量分数/10^{-9}	0.5	0.3	0.2	3.3	5.6	7.6	5.5	4
	变异系数	55	119	84	118	34	30		
Sb	质量分数/10^{-6}	1.9	1.1	0.9	15.5	27.3	10.8	17.8	0.2
	变异系数	2	77	102	66	60	61		
W	质量分数/10^{-6}	2.9	2	1.2	4	3.2	3.5	3.6	1.5
	变异系数	5	42	83	50	32	68		
As	质量分数/10^{-6}	9.3	2.6	20	4.1	6.4	8.3	6.3	1.8
	变异系数	65	112	6	38	65	67		
Hg	质量分数/10^{-9}	39.3	32.1	170	140	100	40	93	80
	变异系数	31	74	53	252	144	28		
Mo	质量分数/10^{-6}	1	0.5	0.5	0.6	0.8	0.8	0.7	1.5
	变异系数	123	22	34	17	32	35		
Bi	质量分数/10^{-6}	0.5	0.3	0.1	0.3	0.3	0.3	0.3	1.7
	变异系数	79	70	58	27	65	121		

（1）与矿区外围地层平均值相比

矿区内马底驿组金、锑、钨的背景值分别为 $5.5×10^{-9}$、$17.8×10^{-6}$、$3.6×10^{-6}$。与矿区外围地层平均值相比，Au 富集了 16 倍，Sb 富集了 16 倍，W 富集了 2 倍，砷富集了 2.5 倍，Hg、Mo、Bi 的含量变化不大，表明马底驿组的 Au、Sb、W 富集明显。

（2）与地壳丰度值相比

矿区内十六棚工、鱼儿山、红岩溪三个矿段马底驿组 Au、Sb、W、As、Hg、Mo、Bi 的背景值均高于或接近地壳丰度值，十六棚工矿段的 Au、Mo、Bi 略有贫化，Sb、W、As、Hg 均有富集。Au 背景值为 $3.3×10^{-9}$，略低于地壳丰度值，Mo、Bi 背景值分别为 $0.6×10^{-9}$、$0.3×10^{-9}$，均低于地壳丰度值的 2.5 倍和 5.6 倍，而 Sb、W、As、Hg 的背景值分别为地壳丰度值的 2 倍、3.5 倍、1.25 倍。其次从变异系数可以看出，十六棚工矿段的 Au、Sb、W、As、Hg、Mo、Bi 的变异系数分别为 118%、66%、50%、38%、252%、32%、65%，板溪群的 Au、Hg 元素含量随岩性变化相对较大，说明 Au 元素分布离散程度较大，主要是受岩石蚀变影响较大，而 Sb、W、As、Mo、Bi 变异系数相对较小，说明板溪群的 Sb、W、As、Mo、Bi 元素含量随岩性变化较小，元素分布离散程度较小。Au、Hg 变异系数较大主要是个别样受蚀变影响，其含量出现高值点导致的，Au 变异系数最高为 19.12×10^{-9}，Hg 变异系数最高为 1920×10^{-9}，而远离蚀变带的状板岩中 Au 的变异系数一般为 $1.0 \times 10^{-9} \sim 3.0 \times 10^{-9}$，Hg 的变异系数一般为 $10 \times 10^{-9} \sim 100 \times 10^{-9}$。其他两个区具有相类似特点。

在矿区内成矿元素 Au、Sb、W、As、Hg 相对比较富集，均高于地壳丰度值，而 Mo、Bi 均低于地壳丰度值，说明矿区具有富 Au、Sb、W、As、Hg，贫 Mo、Bi 的特点。

(3) 含矿岩层常量元素特征

板溪群马底驿组紫红色板岩为该组中部的主要岩性，沉积了一套富铁(Fe^{3+})富钙的紫红色砂质板岩夹多层灰绿色板岩，中下部还有钙质板岩和碳酸盐岩夹层。该层区域金丰度为 5.5×10^{-9}，在湘西为主要容矿层位，已知 102 处矿床(点)中有 82 处产于马底驿组地层中，占总数的 80%。马底驿组含金建造围绕以冷家溪群为基底的武陵期古陆分布，反映了该组金源与基底古陆的继承关系。

沃溪金锑钨矿层受紫红色绢云母板岩中的钙质板岩夹层层间剥离带控制成矿，表明含钙高的层位有利于 W、Au、Sb 的富集(表 5-2)。据计算矿化强弱与 CaO 和 MgO 含量的比值密切相关，该比值小于 1 时形成 Au、W 矿，为 $1 \sim 2$ 时形成 Au、Sb、W 矿，大于 2.5 时形成以白钨矿为主的矿床。

表 5-2 十六棚工等矿区矿脉化学成分与矿化关系表

矿区	脉号	矿石类型	样数	氧化物含量/%						矿石品位		
				SiO$_2$	Al$_2$O$_3$	CaO	MgO	Fe$_2$O$_3$	FeO	Au/10^{-6}	Sb/%	WO$_3$/%
鱼儿山	V1	金锑钨石英脉	9	72.45	6.62	1.08	0.59	3.46	1.73	6.22	0.90	0.24
十六棚公	V4	金锑钨石英脉	14	67.75	8.92	2.51	1.20	0.82	2.24	10.13	5.55	0.75
	V3	金锑钨石英脉	11	68.75	8.93	1.50	0.92	3.14	1.91	10.33	3.91	0.24
	V1	金锑钨石英脉	11	70.94	6.78	1.65	0.88	3.13	1.29	5.45	2.58	0.22
上沃溪	V1	金钨石英脉	11	73.52	7.93	0.62	0.67	3.03	1.99	3.49		0.13

资料来自钟东球，1992.

通过上述研究发现：

（1）区域内地层富含 As、Sb、W，贫 Au、Hg、Mo、Bi，说明板溪群和冷家溪群地层能为成矿提供一定的矿源。

（2）矿区内含矿层马底驿组的 Au、Sb、W 含量均高于区域地层 2～20 倍，说明该区 Au、Sb、W 在区域变质作用过程中，具备为成矿提供物质来源的可能性。

（3）从区域到矿区 Hg、Mo、Bi 的含量普遍偏低，属于贫 Hg、Mo、Bi 地区，As 虽然具有较高的背景值，但 As、Hg 在十六棚工和鱼儿山矿段富集比较明显，说明 As、Hg 在区域变质作用过程中与成矿关系密切，而 Mo、Bi 在区域变质作用中变化不大。

（4）沃溪矿区紫红色绢云母板岩地层 FeO 与（$FeO + Fe_2O_3$）含量之比为 39.3%，较其他地层低，意味着在变质作用过程中 Fe^{3+} 含量相对增多，而 Fe^{3+} 可使氧化态的金趋于稳定和富集。

5.1.3　马底驿组紫红色绢云母板岩的原岩恢复

马底驿组紫红色绢云母板岩一直被认为是矿区含矿地层，在以往大量的研究文献中都处于较为重要的地位。为了查明马底驿组紫红色板岩的真实情况，2011 年在中南大学邵拥军教授的指导下，彭南海博士通过对变质岩岩石学和元素特征的研究来对马底驿组紫红色绢云母板岩进行原岩恢复。因为所有变质岩是特定原岩在相对封闭条件下经变质作用的产物，成分变化基本上是等化学的，因而其岩石化学和地球化学特征，基本反映原岩的特征，并主要受原岩形成作用和成岩构造环境所制约。

（1）首先区分正副变质岩。板溪群马底驿组紫红色板岩的主量元素表现为 $w(K_2O) > w(Na_2O)$，$w(CaO) < w(MgO)$，表现为沉积变质岩的特征。微量元素中的 Li、Rb、Cs、B 等含量较高，显示了同样的结果。利用 K-A 图解投点判别（江苏冶金地质勘探公司研究室，1980），马底驿组板岩全部落于泥质粉砂岩区（图 5-1）。在 $w(La)/w(Yb)$-$\sum$REE 判别图解（图 5-2）上，除一个样品外，其他样品均落入砂质岩区。

K-A 和 $w(La)/w(Yb)$-$\sum$REE 图解的判别结果表明，新元古界板溪群马底驿组紫红色板岩为的原岩属于沉积岩类。为进一步区分原岩类型，我们选用 $\lg[w(Na_2O)/w(Al_2O_3)]$-$\lg[w(SiO_2)/w(K_2O)]$ 图解进一步进行判别，结果表明，马底驿组紫红色板岩的原岩为砂岩或杂砂岩（图 5-3）。在 F_1-F_2（图 5-4）判别图解中，样品点都集中落在石英质沉积物源与中性火成岩分界线附近，这与镜下观察到岩石为含有一定数量火山物质的陆源碎屑相吻合。

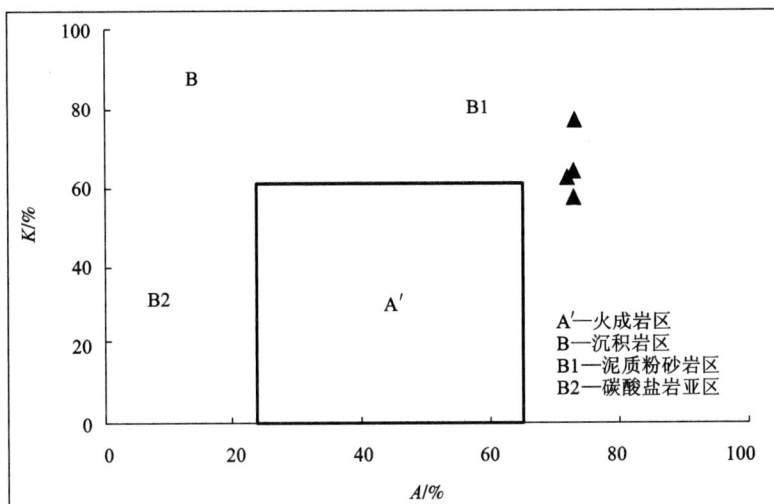

图 5-1　判别正副变质岩的 *K-A* 图解

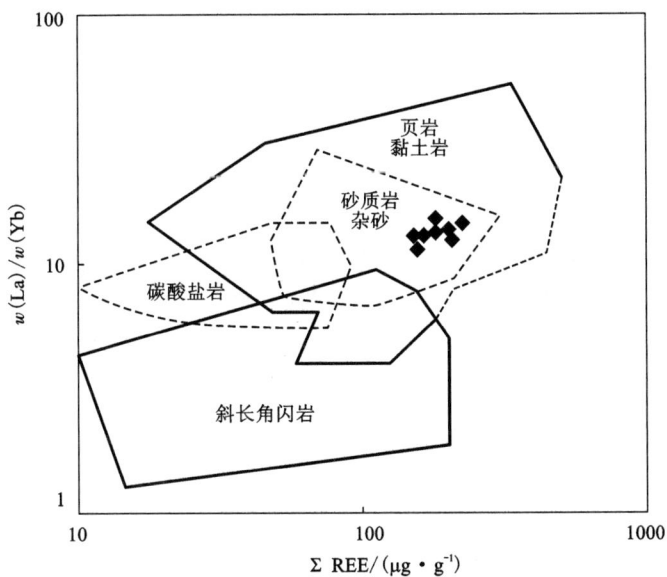

图 5-2　*w*(La)/*w*(Yb) - ∑REE 投影图

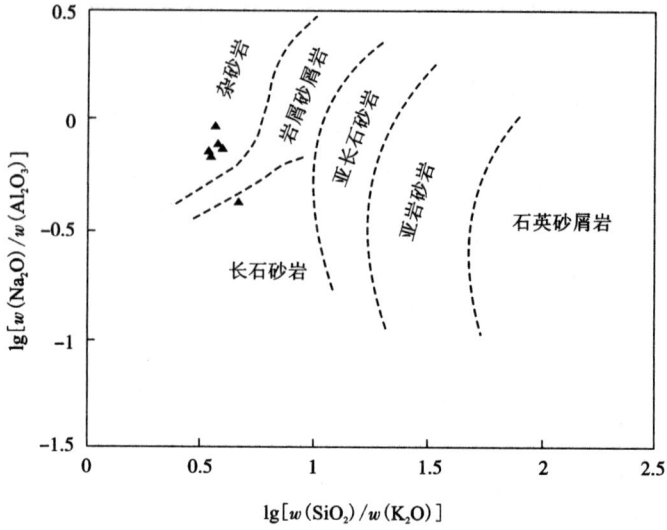

图5-3 $\lg[w(Na_2O)/w(Al_2O_3)]-\lg[w(SiO_2)/w(K_2O)]$ **图解**

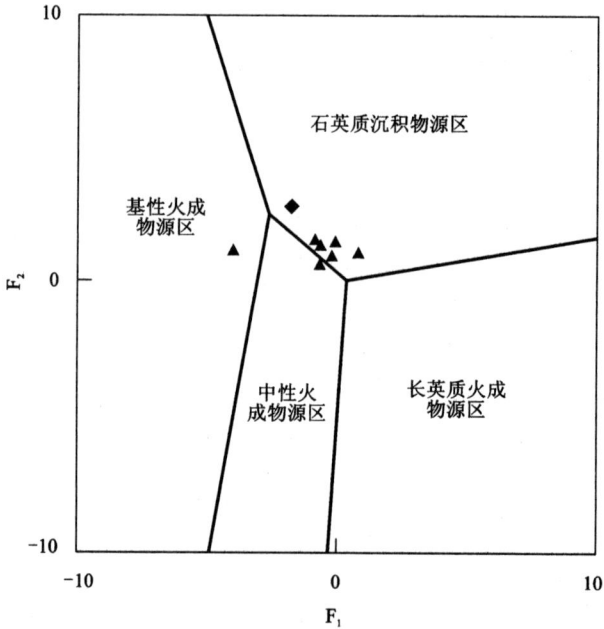

图5-4 F_1-F_2 **判别图解**

（2）马底驿组紫红色绢云母板岩原岩的沉积构造环境

（Roser et al.，1986）将沉积盆地划分为三个大的构造环境类别，即被动大陆边缘（PM）、活动大陆边缘（ACM）和大洋岛弧（ARC），并发现来自这三类不同构造环境的砂岩和泥岩在 $w(K_2O)/w(Na_2O)-w(SiO_2)$ 图上落入明显不同的区域。Maynard et al.，提出了类似的判别现代沉积物构造环境的 $w(K_2O)/w(Na_2O)-w(SiO_2)/w(Al_2O_3)$ 关系图。在上述两个图解中，本区的新元古界板溪群马底驿组的紫红色板岩样品多数投影于活动大陆边缘（ACM）和被动大陆边缘（PM）区域，并以被动大陆边缘区域为主（图 5-5、图 5-6）。

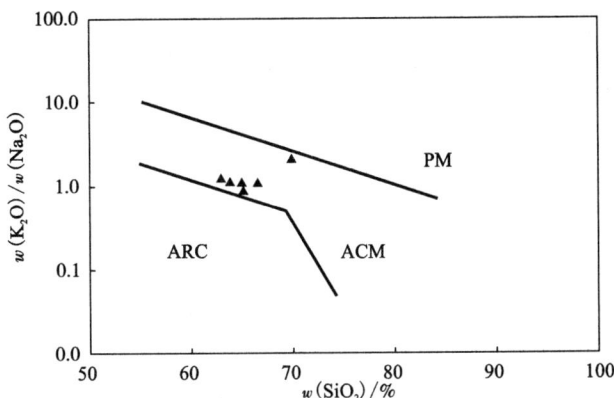

ARC：大洋岛屿；ACM：活动大陆边缘；PM：被动大陆边缘。

图 5-5　$w(K_2O)/w(Na_2O)-w(SiO_2)$ 构造环境判别图

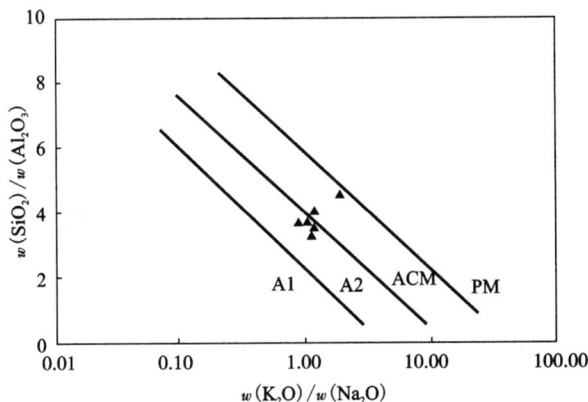

A1：玄武质和安山质碎屑的岛屿环境；A2：长英质侵入岩碎屑的进化岛屿环境；CM：活动大陆边缘；PM：被动大陆边缘。

图 5-6　$w(SiO_2)/w(Al_2O_3)-w(K_2O)/w(Na_2O)$ 构造判别图

顾雪祥等(2003)通过研究指出，中元古代冷家溪群和新元古代板溪群(包括下部马底驿组和上部五强溪组)地层具有以下地球化学特征：在主元素成分上无明显区别，总体上以中等 SiO_2 含量和 $w(K_2O)/w(Na_2O)$ 比值以及较高的(Fe_2O_3+MgO)含量为特征；其稀土元素球粒陨石标准化曲线与典型的后太古宙页岩(如PAAS或NASC)和上陆壳相似，以轻稀土富集、显著的铕负异常和重稀土平坦为特征；其大离子亲石元素和铁镁族元素的含量中等。这些特征均指示了元古宙浊积岩很可能代表了一套活动大陆边缘弧后沉积盆地的产物。

综上所述，通过对板溪群马底驿组紫红色板岩的地球化学分析，判定其原岩为砂岩或杂砂岩，形成于活动大陆边缘。

5.2 构造蚀变带地球化学特征

5.2.1 构造与成矿的关系

沃溪矿区构造控矿的特征十分明显，矿床或矿体均产于层间破碎带中，矿床的形成与构造活动是分不开的，一是构造活动为成矿热液提供了运移的通道和沉淀空间；二是矿床的形成与构造活动具有同步的特征，因为构造动力在这些矿床形成过程中起着积极的重要作用，构造应力驱使成矿物质重新调整、分配，驱使矿源层中成矿元素活化、迁移，并在构造有利部位集聚成矿，即构造也可成矿。这些成矿活动均形成地球化学异常。基于这种认识，结合前人研究成果，以及对沃溪矿区主要构造、矿体微量元素的相关分析研究，得出如下认识：

(1)沃溪断裂与成矿的关系

对沃溪断裂与成矿关系的研究，历年来国内有许多观点，按成矿期来划分：一种观点认为断裂是成矿前形成的，而中南大学研究结果得出断裂是成矿后形成的；按断层的性质来分：一种观点认为是压性断层，另一种观点认为是张性断层。这些观点都有各自的依据，通过对沃溪断裂地表和坑道的观察以及对构造地化剖面样品结果的分析，我们认为沃溪断裂具有长期活动的特点，他形成于武陵运动，受南北向应力作用，具有压性断层的特点，经雪峰、加里东和印支燕山运动，由于受东西向或北西向应力作用，具有张性断层的特点，总体沃溪断裂是一条先压后张、多期活动的断层。

关于沃溪断层是成矿前还是成矿后的断层，笔者认为他形成于武陵运动，经雪峰、加里东和印支燕山运动，不同的地质构造事件对其有积极的影响，因地壳深部动力的连续性(间断性)使得沃溪断层变形与之相适应，并伴随不同的成矿作用。许多研究成果资料表明，沃溪断裂带中有矿化蚀变和成矿活动的痕迹，在这些方面，长沙大地构造所的黄瑞华教授，辰州矿业的谭碧富高工等做了许多有代表性的工作。他们的研究成果与我们野外观察和专项的构造地化研究结果十分吻合：

1) 沃溪断层中见有石英脉、硅化、粗粒黄铁矿化现象，在鱼儿山矿段沃溪断层直接作为矿体顶板存在。这说明它至少可以为成矿提供屏蔽作用。

2) 断层带具有成矿元素高含量值。对沃溪断裂做专项的构造地化研究，从表5-3、图5-7~图5-10明显可以看出：

Au、Sb、W、As、Hg等主要成矿元素在断裂带的含量明显高出断层上下盘地层中的含量，说明沃溪断裂内有矿液活动的迹象；其次，在红岩溪、鱼儿山、十六棚工等矿段均见沃溪断裂带具有明显的矿化蚀变特征，因此沃溪断裂具有长期活动的特点，他形成于武陵运动，经雪峰、加里东和印支燕山运动，与相应的地质事件具有连动性，并伴随不同的成矿作用。

表 5-3　沃溪断层地表构造地化剖面主要元素分析结果表

矿区	位置	样品编号	分析结果						
			$w(\mathrm{W})$ /10^{-6}	$w(\mathrm{Mo})$ /10^{-6}	$w(\mathrm{As})$ /10^{-6}	$w(\mathrm{Sb})$ /10^{-6}	$w(\mathrm{Bi})$ /10^{-6}	$w(\mathrm{Hg})$ /10^{-9}	$w(\mathrm{Au})$ /10^{-9}
红岩溪段	上盘	DHW3-1	2.3	0.76	6.77	10.9	0.17	120	6.15
	断裂带	DHW3-2	26.6	0.47	17.0	38.8	0.18	78	46.49
		DHW3-3	16.0	0.82	4.45	39.6	0.46	54	4.97
	下盘	DHW3-4	5.7	0.71	22.0	5.14	1.41	62	5.79
		DHW3-5	8.8	0.56	10.8	8.84	0.29	77	33.19
	上盘	DHW4-1	2.2	0.99	9.48	13.4	0.24	53	5.28
		DHW4-2	1.8	1.66	9.76	53.3	0.23	50	9.17
	断裂带	DHW4-3	1.5	1.23	13.1	27.9	0.22	27	7.17
		DHW4-4	31.4	0.65	6.25	18.1	0.26	90	108.84
	下盘	DHW4-5	25.3	0.59	4.01	12.0	0.27	52	9.17
	上盘	DHW6-1	8.0	0.59	3.65	6.46	0.25	26	8.11
		DHW6-2	7.3	0.63	3.62	11.0	0.23	18	9.74
	断裂带	DHW6-3	1.6	1.39	4.39	7.11	0.10	17	4.26
		DHW6-4	2.3	1.89	8.63	19.4	0.10	30	12.84
	下盘	DHW6-5	1.6	0.47	2.27	2.32	0.10	10	6.96

续表5-3

矿区	位置	样品编号	分析结果						
			$w(W)$ /10^{-6}	$w(Mo)$ /10^{-6}	$w(As)$ /10^{-6}	$w(Sb)$ /10^{-6}	$w(Bi)$ /10^{-6}	$w(Hg)$ /10^{-9}	$w(Au)$ /10^{-9}
十六棚工	上盘	DHW32-1	1.5	0.86	2.28	1.84	0.21	51	1.33
	断裂带	DHW32-2	2.2	1.23	8.04	3.08	0.48	120	1.75
	下盘	DHW32-3a	1.3	0.67	8.49	3.26	0.10	28	1.07
		DHW32-3b	1.5	0.91	5.73	2.05	0.10	33	1.21
		DHW32-4	2.0	0.82	11.8	4.65	0.29	34	1.29
		DHW32-5a	1.3	0.94	6.74	1.17	0.27	18	1.41
		DHW32-6b	1.4	1.09	18.1	3.79	0.14	34	1.21
鱼儿山	上盘	DHW7-1	7.4	0.61	8.91	50.4	0.30	91	9.45
	断裂带	DHW7-2	60.6	0.32	209.4	38.3	0.64	260	59.13
		DHW7-3	9.1	0.70	16.6	61.0	0.30	210	22.28
		DHW7-4	18.8	0.72	270.8	142.4	0.41	380	51.07
		DHW7-5	93.1	0.93	602.4	450.2	0.59	410	>2000
		DHW7-6	34.0	1.28	304.7	106.9	0.87	330	825.28
		DHW7-7	22.6	1.16	75.6	87.8	0.41	300	142.36
		DHW7-8	15.6	0.53	17.8	62.4	0.23	180	54.19
	下盘	DHW7-9	10.3	0.66	6.41	45.1	0.28	54	13.65
		DHW7-10	2.7	0.71	7.49	29.9	0.10	49	8.62
		DHW7-11	1.6	0.75	4.25	8.09	0.10	34	6.54

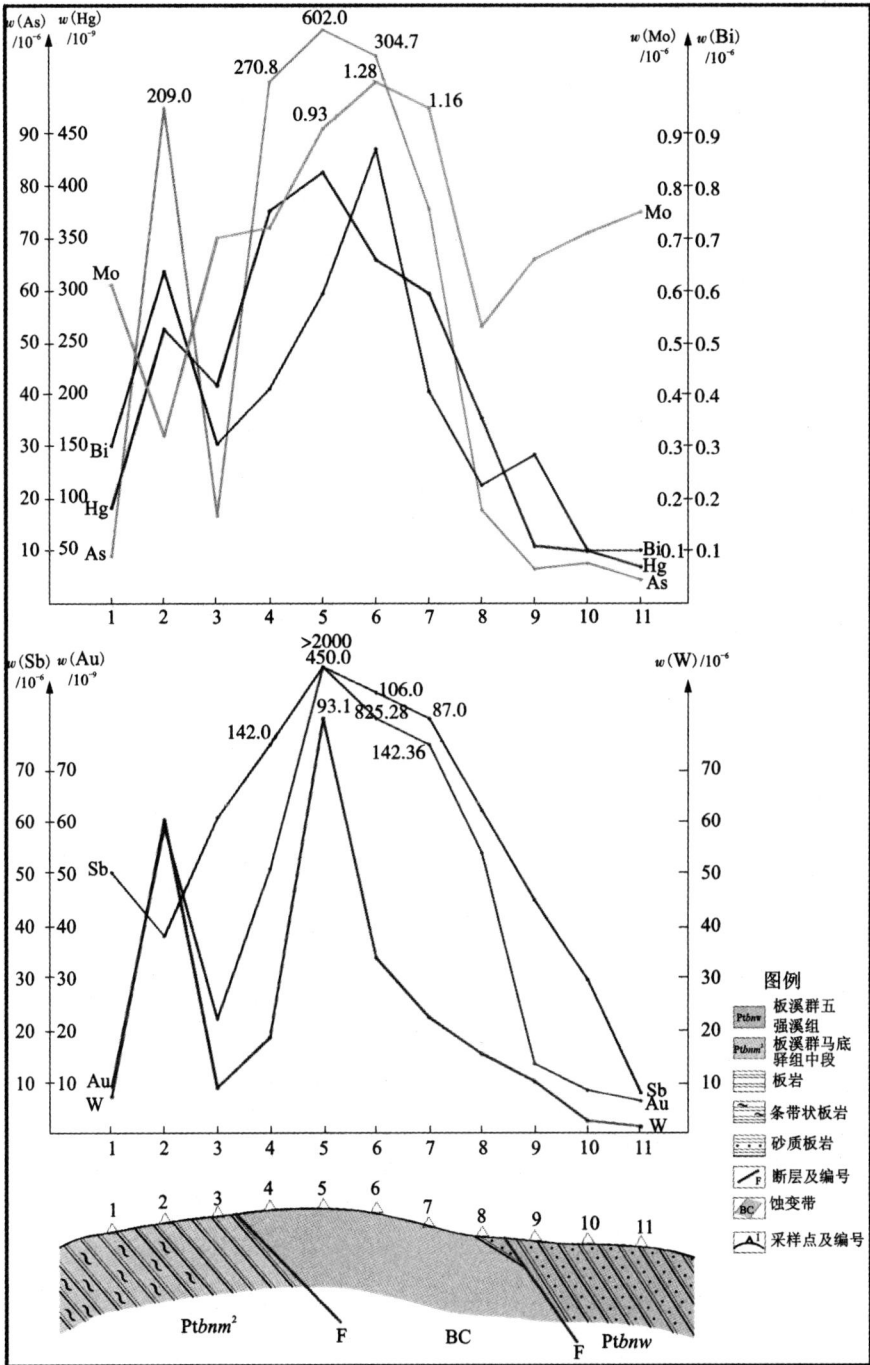

图 5-7　鱼儿山矿段沃溪断层 7 号地化剖面图

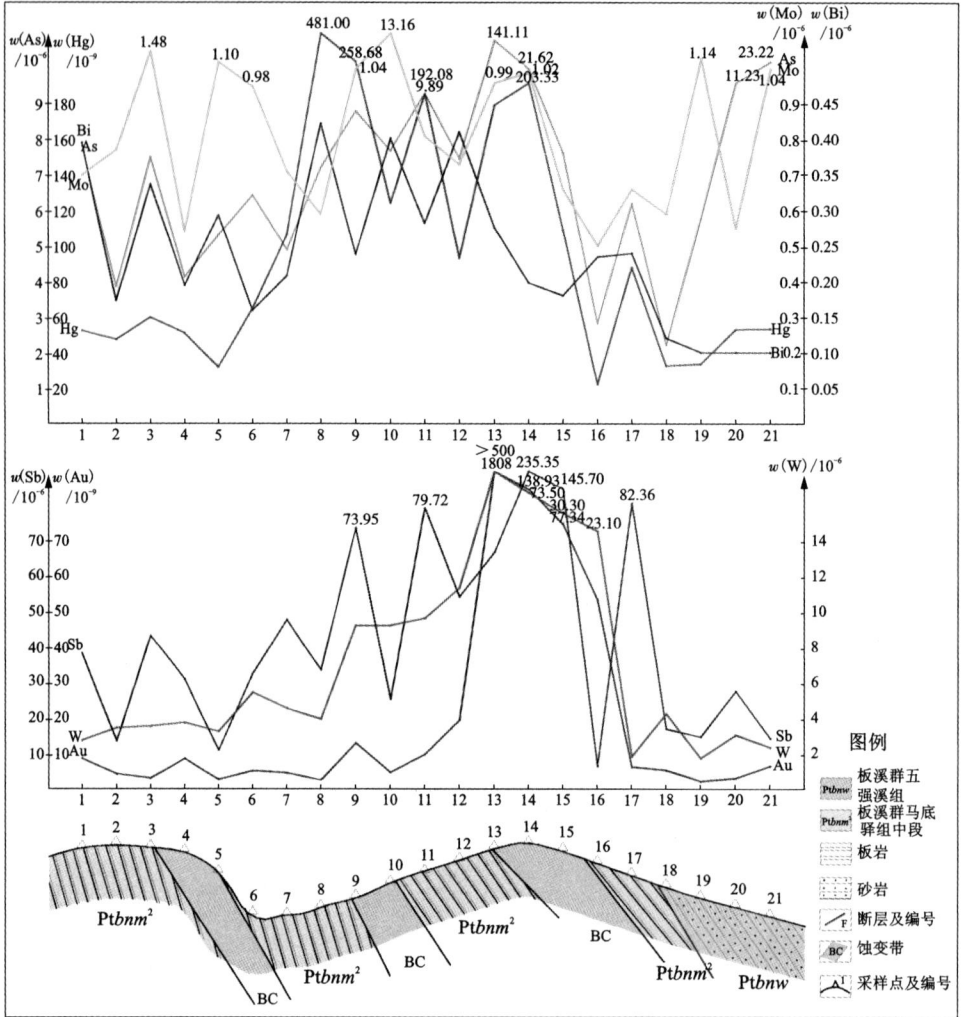

图 5-8　粟家溪矿段沃溪断层 11 号地化剖面图

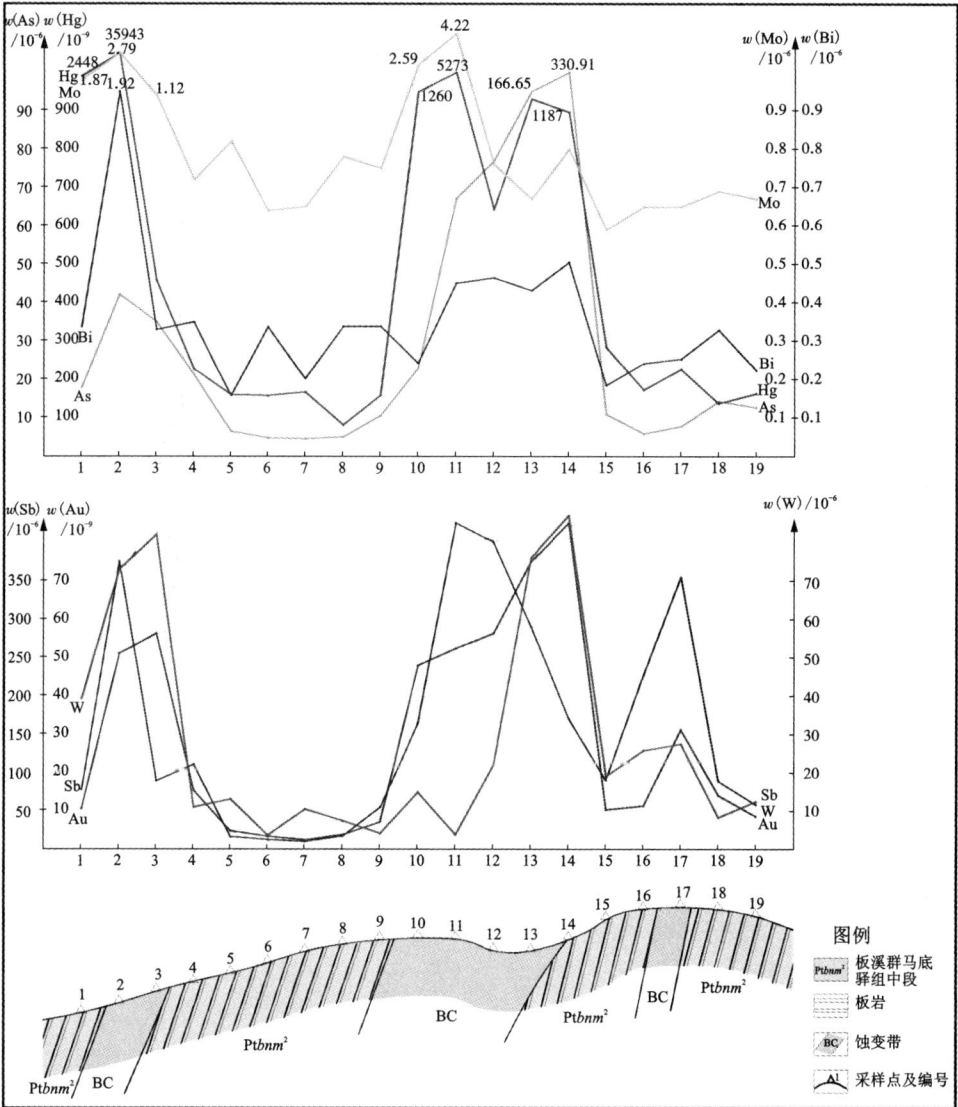

图 5-9　十六棚工矿段沃溪断层 14 号地化剖面图

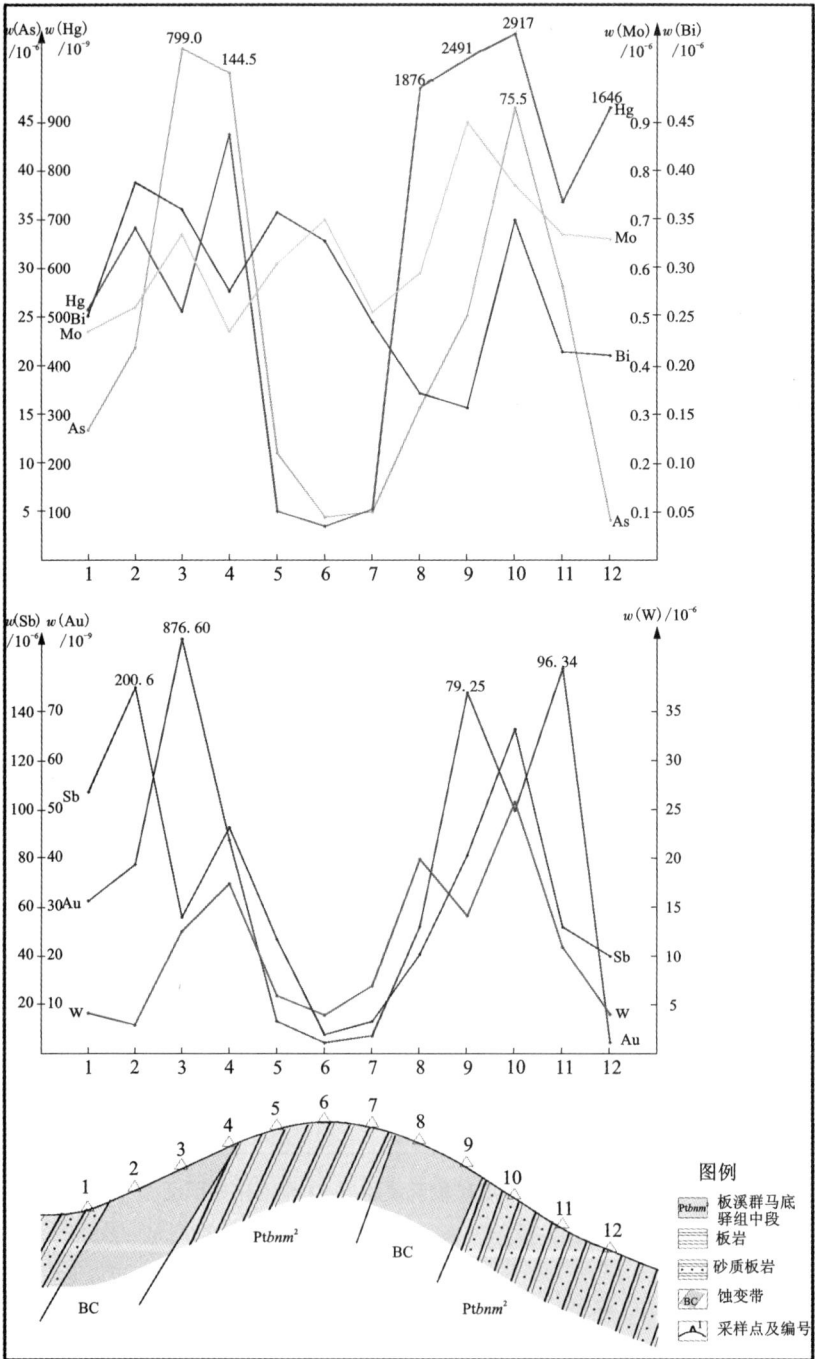

图 5-10　十六棚工矿段沃溪断层 17 号地化剖面图

（2）褶皱构造与成矿关系

沃溪矿区褶皱构造控矿特征十分明显，一是在纵弯褶皱作用下形成各期各级褶皱构造过程中，岩层褶皱可重新调整、分配，造成这一现象的主要原因是元素的地球化学行为不同和褶皱构造不同部位的引力状态不同。由于成矿元素 Au、Sb、W 及主要运矿元素 Si、S、O 的离子半径较大，这些元素在褶皱构造两翼多期脉动性向转折端迁移并积聚。二是在构造应力作用下，褶皱形成虚脱构造为成矿流体提供了成矿空间，形成了沃溪矿床今天的空间展布格局。主要特点表现在以下几个方面：

1）矿区Ⅰ级褶皱仙鹅抱蛋背斜控矿规律

沃溪矿区范围内的上沃溪、十六棚工、粟家溪、鱼儿山、红岩溪五个矿段均产在仙鹅抱蛋穹隆复式背斜的北东肩部附近区域，其控矿规律表现为：肩部控矿，倾伏端控矿。以十六棚工背斜为各矿段的总的矿化中心，而十六棚工背斜恰位于仙鹅抱蛋穹隆复式背斜肩部和倾伏端附近。其原因是背斜肩部各种应力集中，易于产生层间断裂及张裂等构造，岩石较破碎，导致矿质在该部位矿化强烈，而其两侧构造的发育程度降低，因而矿化随之减弱。与这种特征相同的地区将是第二个沃溪金锑钨矿区，仙鹅抱蛋穹隆复式背斜南翼的柳林具有与沃溪相同的特征，因此有较好的找矿前景。

2）矿区Ⅱ级褶皱控矿规律

矿区Ⅱ级褶皱以矿区似裙边状倾伏开阔式横跨褶皱为主，它包括以十六棚工为中心的倾伏裙边式横跨褶曲，自西向东依次为红岩溪背、向斜，鱼儿山背、向斜，粟家溪向斜，十六棚工西向斜、中背斜、东向斜，上沃溪背斜等。已知的五个工业矿段基本上与这五条背、向斜轴部扩容带相吻合，各矿段矿脉的产状也受控于这五个背、向斜的产状，这五个背、向斜在空间分布上近似于等距排列，也决定了这五个矿段的近似等距排列。这表明似裙边状倾伏开阔式横跨褶皱对矿区各矿段的空间展布有明显控制作用，矿床段多富集或赋存于其轴部扩容带附近，也说明多期次的褶皱叠加作用可使矿化加强。

3）矿区Ⅲ级褶皱控矿规律

Ⅲ级褶皱主要是指控制矿区内单个矿体的褶皱，从上述五个矿段的单个矿体所处位置来看，基本上与Ⅲ级褶皱的轴部扩容带相对应，且矿体的产状与这些Ⅲ级褶皱的产状基本一致。这一特点在十六棚工背斜的Ⅲ级褶皱中表现得相当清楚。这说明矿区Ⅲ级褶皱控制着各矿段内矿体的空间展布形态及赋矿部位。

4）矿区Ⅳ级褶皱控矿规律

Ⅳ级褶皱是指在Ⅲ级构造中存在更次一级的局部小褶皱，实际观察和取样分析表明，矿体经常在Ⅳ级小褶皱的转折端部位变富加厚，这些Ⅳ级小褶皱也使层间矿脉和网羽矿脉的形态发生了变化。这说明矿区的Ⅳ级褶皱对矿化的进一步加强和矿体形态的变化有一定的影响。

(3)层间断层控制矿体形态

层间断裂(平行层滑交变脆-韧性剪切带)发育,它往往控制了矿化蚀变带和矿体的分布,是主要的控矿和赋矿构造。

5.2.2　蚀变带地球化学特征

矿床的形成是成矿元素富集沉淀的过程,就热液矿床来讲,其实际就是流体地球化学动力学演化过程。而热液矿床中广泛发育的特征蚀变(带),就是流体地球化学动力学演化过程中留下来的"历史产物"。地质上,根据流体的来源不同,有浅部流体和深源流体之分;按流体的性质有变质流体、大气降水、深部岩浆热液、混合流体(大气降水、岩浆和变质流体)等。显然,不同来源、不同性质的流体,其地球化学性质是不一样的,形成的蚀变也存在一定的差别[由于围岩性质不同,引起的围岩蚀变也存在不同的特点,比如同一 Si 含量高的流体,流经富硅岩石(石英砂岩)与贫硅岩石(绢云母板岩)地段时,由于石英砂岩本身 Si 含量较高,根据物质平衡原理,如果流体中 Si 的含量低于石英砂岩,则石英砂岩中的 Si 肯定会被流体带出,黏土矿物肯定较少等;而流经贫 Si 岩石时,如果流体中的 Si 含量较高,Si 会被带入地层岩石中,使地层产生硅化现象,并且黏土矿物较多等]。从成矿角度来讲,由于成矿元素和伴生元素的性质不同,矿物生成的条件不一样,肯定会产生许多矿物沉淀的分带和元素的分带现象。李惠教授的构造叠加晕模式研究就是基于元素的分带的总结。虽然蚀变带形成的影响因素有很多,但都会留下地质地球化学"痕迹",有些"痕迹"可能会被后期蚀变所掩盖,通过不同地段(相同条件下的成矿与不成矿)的元素或蚀变矿物的差异比较,建立目前所见到的模型,笔者称之为"静态模型",再根据"静态模型"还原其地球化学动力学过程建立"动态模式",这是可行的。

研究围岩蚀变,首先要弄明白发生了什么样的围岩蚀变,蚀变有无分带以及其特点是怎样的;其次要查明围岩蚀变发生在哪里,此处具备了怎样的地质条件;最后要查明这些蚀变是什么原因引起的,与成矿有什么样的内在联系等。

要回答上述问题,其实也不难,任何事物的发生都存在一定的规律性,这些规律性揭示了其"本质"。此外,众所周知,围岩蚀变是由于流体与围岩发生交代作用形成的,交代作用有"酸交代作用"和"碱交代作用"之分,而交代作用的方式以扩散交代和渗滤交代或者两者兼有的方式为主。据杜乐天教授研究,"碱交代作用"一般是有利于成矿元素的迁移,"酸交代作用"有利于矿质及相关组分的沉淀。成矿流体一般是沿通道运移(断裂带),也就是说成矿流体在通道迁移过程中以碱交代为主,此时并没有成矿,围岩蚀变以碱交代作用引起的蚀变为主,而碱性热液的特点是富含 H^+、Na^+、K^+、OH^- 等。矿床是在酸性条件下形成的，由于环境的变化和矿质及相关成分的沉淀，使得流体的性质发生改变。因此，在成矿前期、成矿期和成矿后期其围岩蚀变肯定存在较大的差异，就会留下矿物的分带和元素的分带特征，即表现为成矿前蚀变(通道蚀变)、矿体头部晕蚀变、成矿期蚀变(矿晕蚀变)、矿质卸载之后的尾晕蚀变和成矿期后蚀变等。

基于上述分析，再来研究沃溪矿区围岩蚀变的特点，遗憾的是沃溪矿区的围岩蚀变研究，没有按上述思路来系统地开展工作，只能根据以往的零散资料来加以总结，虽然研究程度不够深，但还是能发现一些变化规律，沃溪矿区围岩蚀变存在以下两种不同的蚀变特点。

5.2.2.1 分布于板溪群马底驿组地层中的蚀变带

(1)蚀变类型及特征

该蚀变带是沃溪金锑钨矿床主要赋存的蚀变带，地表以褪色化蚀变为主，且褪色化蚀变带规模大、特征明显、易于识别，是良好的找矿标志。矿床以含石英脉型为主，蚀变岩型为辅，石英脉的两侧必有褪色化蚀变带存在，但有褪色化蚀变不一定存在矿脉。依据特征蚀变矿物的种类及某些宏观标志，矿床近矿围岩蚀变有褪色化、黄铁矿化、硅化、绢云母化、碳酸盐化、绿泥石化、伊利石化和泥化等。

1)褪色化

含金锑钨石英脉充填于紫红色绢云母板岩、含钙绢云母板岩的断裂构造中，沿断裂两侧的围岩由紫红色褪色为黄白色、黄褐色、浅肉红色等，称之为褪色化蚀变带[图 5-11(a)]，实际为绢云母化、硅化、黄铁矿化、碳酸盐化等蚀变类型的叠加反映，构成了重要的找矿标志。褪色化蚀变带分布在矿脉两侧，厚度一般为 0.2~2 m，最厚可达 20 m。

据镜下观察，褪色化蚀变的实质是绢云母化使原岩的绢云母含量大量增加(最高达 95%)，导致岩石颜色变浅。绢云母化主要以交代钠长石、碳酸盐矿物以及原生的绢云母重结晶或新生成等方式进行。与未蚀变岩石中的原生绢云母对比，蚀变作用中形成的鳞片状绢云母片幅明显增大，且呈一定的定向排列。绢云母化作用较强时矿化蚀变带的规模也比较大，各种矿化作用都比较强烈。据化学分析对比，蚀变岩石相比未蚀变岩石，SiO_2、Al_2O_3、FeO 含量增高，$w(Fe^{3+})/w(Fe^{2+})$ 比值增高；而 CaO、Fe_2O_3 含量相对降低。蚀变岩石泥质物重结晶，绢云母呈鳞片状定向排列，具花岗变晶结构，板状构造。一般靠近矿体褪色蚀变强度大，颜色为黄白色，向两侧逐渐变为浅肉红色。蚀变强度、厚度与矿化强度、矿体厚度、围岩微裂隙发育程度关系密切。

2)黄铁矿化

黄铁矿化发育于矿脉内和近脉的褪色化蚀变岩中，呈细脉浸染状、团块状、条带状产出[图5-11(b)]。靠近矿脉黄铁矿化强烈，向两侧逐渐减弱，其蚀变宽度小于褪色化蚀变宽度。黄铁矿的结晶形态和粒度大小变化很大，主要形态有五角十二面体、立方体，以及以五角十二面体为主的聚形等。

黄铁矿化主要发生在石英-辉锑矿-自然金阶段，与其相邻的两个阶段亦有较弱的黄铁矿化产生。黄铁矿化与钨、金矿化关系密切：当围岩的细小含钨石英脉旁有条带状黄铁矿化时，必有金矿化存在，网脉矿体黄铁矿化与白钨矿化共存，矿床中有相当数量的金赋存于黄铁矿中。据前人资料统计，蚀变围岩中的黄铁矿含金量为 $1.6×10^{-6}$ ~ $151×10^{-6}$，粗粒立方体黄铁矿含金量低微，而细粒的五角十二面体黄铁矿含金量高。故黄铁矿化愈强，金矿化愈好；黄铁矿的晶形越复杂，其中的砷、锑含量越高，金矿化也越好。

3) 硅化

硅化就是使围岩中石英或隐晶质二氧化硅含量增加的一种蚀变作用。二氧化硅是一种很难风化的组分，但在碱性溶液中是最不稳定、最易迁移的，它是在碱性条件下迁移，而在酸性条件下沉淀。石英脉的形成一般由热液带入，也可由长石或其他矿物经蚀变后形成。一般来讲，石英脉是热液由碱性环境向酸性环境转变的产物。硅化几乎在任何岩石中和不同温度条件下都可产生。由于硅化可以在大部分环境中由热液作用形成，因此硅化常与其他蚀变，如绢云母化、绿泥石化、泥化、长石化等共生。沃溪矿区硅化现象非常普遍，几乎大部分地层中均能见到规模和分布形态不一的石英脉。

分布于近脉褪色化蚀变岩中的硅化主要有两种形式，一种是石英、玉髓等交代岩石中的绢云母、斜长石等矿物或原岩中的石英重结晶；另一种是石英或玉髓以细小脉体穿插于褪色板岩中，其产状往往随断裂的发育程度而异。硅化作用在钨矿化阶段及金矿化阶段均较发育。当围岩的硅化作用强时，矿体的规模比较大，矿化作用也较强。当硅化作用与黄铁矿化、辉锑矿化相伴时，矿体的金(锑)矿化强烈。

4) 绢云母化

绢云母化是矿区分布最广泛的一种蚀变类型，蚀变作用产生的绢云母以片状、较粗大颗粒与原岩中细粒绢云母相区别[图5-11(c)]。研究表明，正是本区域沉积岩在变质作用过程中的绢云母化，使 SiO_2、Sb、W、S 等从岩层中析出，进入含矿热液，发生矿化。

5) 碳酸盐化

区内碳酸盐类矿物含量一般在 10% 以下，极少达 15% ~ 30%，呈细小圆粒状均匀分布于黄铁矿化、硅化的外缘边部。碳酸盐化使围岩中的白云石、铁白云石、方解石、菱镁铁含量增加。在矿脉尖灭或无矿地段，以充填在层间裂隙中的脉状碳酸盐化最为典型[图5-11(d)]，在远离矿脉的紫红色板岩中也可见到。不论何种形式的碳酸盐化，在其较发育部位，一般矿化作用均较弱。

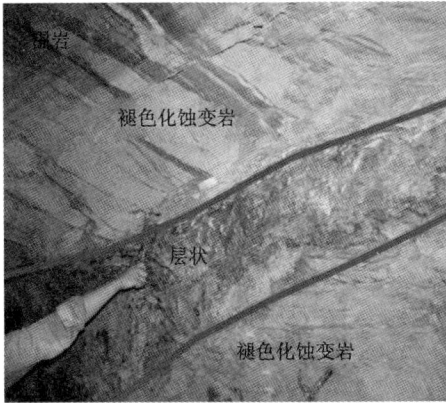

(a) 矿脉两盘发育的褪色化蚀变，宽约0.5 m

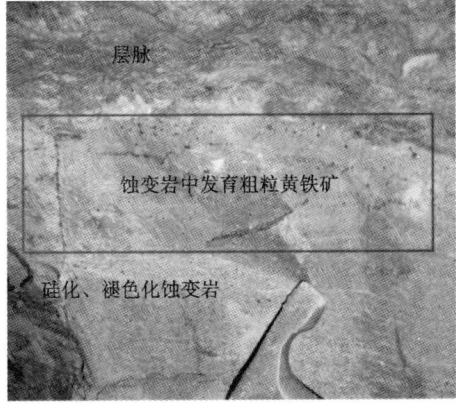

(b) 矿脉下盘硅化、褪色化蚀变岩中发育的粗粒黄铁矿化

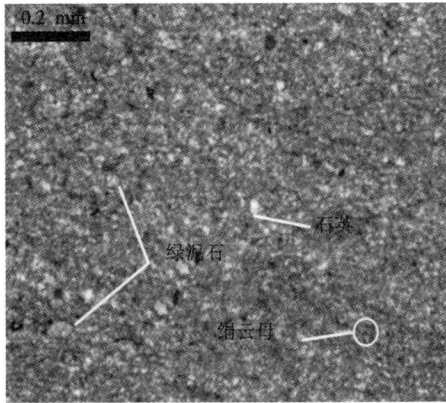

(c) 近矿围岩发育的绢云母化，单偏光

(d) 围岩中发育的碳酸盐化

图 5-11　沃溪矿床主要围岩蚀变

6）绿泥石化

绿泥石化属于中、低温蚀变作用。研究表明，与绿泥石化有关的原岩主要是中性-基性的火成岩，部分酸性火成岩和泥质岩石也可产生绿泥石化。在围岩蚀变过程中，绿泥石主要由富含铁、镁的硅酸盐矿物经热液交代蚀变而成，也可由热液带来铁、镁组分与一般的铝硅酸盐矿物交代反应而形成。与成矿作用有关的绿泥石化多与其他热液蚀变作用（如电气石化、绢云母化、硅化、碳酸盐化等）共生，很少单独出现。沃溪矿区绿泥石化分布不是很普遍，一般在产于马底驿组地层中的褪色化蚀变带中基本上能见到绿泥石化的现象，并与绢云母化、硅化、碳酸盐化伴生，主要呈灰-暗绿-墨绿色，呈鳞片状、条带状、细脉产出。据十六棚工和鱼儿山矿段开采情况表明，绿泥石化主要分布在矿化减弱的贫矿或无矿地

段,尤其在矿脉底部层位的 V2 脉最为发育,其次是 V1 脉,局部与石英组成条带状矿脉。表现有两种类型:星点状分布的铁绿泥石及铁镁绿泥石化;以细小脉体(和石英、白云石共生)产于围岩中的磷绿泥石化。其中细小脉状磷绿泥石化岩石附近一般有较强的钨矿化,显示出两者存在一定的关系。而构造裂隙中的绿泥石一般与矿化无关。

7)伊利石化

伊利石为白至黄白色,鳞片状,具滑感,分布于脉壁或节理中,常称"脉壁泥",厚 1~2 cm。人工重砂中见有压碎状白钨矿、辉锑矿、自然金,经分析含量为 Au:15.67×10^{-6},Sb:0.04%,WO_3:0.13%,Al_2O_3:26.89%,SiO_2:50.26%。

8)泥化:在鱼儿山矿段发育较好,人们习惯将其叫作"金刚泥",对流体有屏蔽作用,泥化蚀变的特点是以特征矿物高岭石、叶蜡石等黏土矿物为主,常伴有绢云母、石英、黄铁矿等。属于中高度泥化,通常呈带状,向内(矿脉方向)过渡为绢云母化、硅化、黄铁矿化。

上述各种蚀变虽各有分布范围,但在空间分布上其实是相互叠加、彼此关联的,不能完全分开,褪色化、黄铁矿化和硅化蚀变叠加强烈地段,预示着有矿体出现,而碳酸盐化、绿泥石化强烈地段,则预示矿化尖灭。

(2)围岩蚀变地球化学特征

1)褪色化板岩及原岩的化学成分

蚀变岩研究的核心问题是原岩的性质及蚀变过程中组分的得失,在这些方面中南大学做了很全面的研究,其研究成果为:

①通过对沃溪金锑钨矿区的蚀变板岩和原岩样品进行化学成分对比研究(表5-4)可知:Al_2O_3 含量相比 TiO_2 含量变化程度要小,围岩发生蚀变以后,岩石中的 SiO_2、CaO、K_2O 含量有不同程度的增加;Fe_2O_3、MgO、Na_2O 含量有不同程度的减少。

表5-4 褪色化蚀变板岩与原岩的化学成分含量对比 单位:%

样号	xxjk27-1	xxjk27	xxjk16	xxjk1-1	xxjk24	xxjk1
样品名称	紫红色板岩	紫红色板岩	灰黑色板岩	灰白色板岩	灰白色板岩	灰白色板岩
Na_2O	2.36	2.24	1.18	0.64	0.48	0.5
MgO	1.85	1.89	1.78	1.8	1.75	1.98
Al_2O_3	17.3	18.3	15.5	16.2	15.8	17.7
SiO_2	61.4	61.6	64.6	63.7	63.6	62.7
P_2O_5	0.1	0.14	0.06	0.07	0.06	0.07
K_2O	3.17	3.1	3.38	3.74	3.8	4.16

续表5-4

样号	xxjk27-1	xxjk27	xxjk16	xxjk1-1	xxjk24	xxjk1
CaO	0.59	0.64	0.42	0.67	0.44	0.8
TiO_2	0.92	0.96	0.67	0.72	0.72	0.82
MnO	0.11	0.13	0.19	0.17	0.18	0.18
Fe_2O_3	7.5	8.24	5.54	5.9	5.87	6.12
LOI	3.96	3.38	5.92	6.68	6.57	7.3

测试单位：中南大学地球科学与信息物理学院 X 荧光实验室

②通过计算原岩、褪色化蚀变岩的常量元素平均含量(表 5-5)，选择惰性组分 Al_2O_3，先计算原岩到蚀变岩元素的 K 值，再分别计算从原岩到最终蚀变岩元素的得失量(表 5-6)。

表 5-5 褪色化蚀变岩、原岩中常量元素平均含量 单位：%

常量元素	Na_2O	MgO	Al_2O_3	SiO_2	K_2O	CaO	MnO	TiO_2	Fe_2O_3
原岩	2.30	1.87	17.8	61.5	3.13	0.61	0.12	0.94	7.87
褪色化蚀变岩	0.54	1.79	16.5	63.3	3.90	0.64	0.18	0.75	5.96

表 5-6 常量元素得失量

常量元素	Na_2O	SiO_2	K_2O	CaO	TiO_2	MnO	Fe_2O_3	K 值
得失量/%	-1.67	6.88	0.91	0.06	-0.15	0.07	-1.58	0.93

从表 5-6 可以看出围岩发生褪色化蚀变过程中明显带入 SiO_2、K_2O、MnO、CaO，带出 Na_2O、TiO_2、Fe_2O_3。其中 SiO_2 带入量最多，其次是 K_2O，而 Na_2O、Fe_2O_3 带出量最大。SiO_2、K_2O、MnO、CaO 的带入说明引起围岩蚀变的流体中富含 Si^{4+}、K^+、Mn^{2+}、Ca^{2+}。围岩中 SiO_2 的迁移有两种方式：①参与形成石英；②在褪色化蚀变岩中局部沉淀形成小脉。Ca 是白钨矿的主要成分，围岩中 CaO 的增加有利于钨的矿化。围岩中 K^+ 的增加和 Na^+ 减少，表明围岩发生绢云母化，碱的交代作用明显增强。蚀变过程中 Fe_2O_3 减少，一部分 Fe 参与黄铁矿的形成，即发生黄铁矿化。

2）褪色化过程中的微量元素变化特征

本次工作为了查明沃溪矿田不同矿区在蚀变过程中的微量元素的变化规律，笔者分别对塘虎坪、鱼儿山、十六棚工三个矿区的原岩、蚀变板岩和矿脉进行了微量元素分析，共化验了 14 种元素，现将微量元素变化较大的 7 种元素列于表 5-7，其他元素如 Cu、Pb、Zn、Ag、Co、Ni、Mn 从原岩、蚀变板岩至矿脉的含量变化甚微，未列入表中。

从表中列出的 7 种元素分析结果可以看出围岩发生褪色化蚀变过程中明显带入 As、Hg、Sb、Au、W、Mo、Bi 等元素，其中 Sb、Au、As、Hg 带入量最多，其次是 W、Mo、Bi，而随着成矿热液的形成，在各矿区矿脉中元素含量发生显著变化，Au、W、Sb、Hg 元素含量在各矿区呈现显著增加，而 As、Mo、Bi 等元素在不同矿区表现各异，如 As 元素在十六棚工、鱼儿山矿区增加明显，而在塘虎坪矿区呈下降的趋势，Mo 元素在十六棚工、鱼儿山矿区增加明显，而在塘虎坪矿区增加甚微，Bi 元素在各矿区变化不大。这反映出各矿区存在明显差异。

表 5-7　褪色化蚀变板岩和原岩与矿脉的微量元素对比

矿区	位置（样数）	$w(As)$ /10^{-6}	$w(Hg)$ /10^{-9}	$w(Sb)$ /10^{-6}	$w(Mo)$ /10^{-6}	$w(Bi)$ 10^{-6}	$w(W)$ /10^{-6}	$w(Au)$ /10^{-9}
塘虎坪	原岩（16）	1.83	53.94	9.62	0.52	0.57	3.85	6.14
	蚀变板岩（14）	35.71	157.69	33.02	0.51	0.57	9.72	45.61
	矿脉（13）	22.33	205.68	160.46	0.79	0.32	300.98	306.7
十六棚工	原岩（20）	4.1	280	15.5	0.6	0.3	4	3.3
	蚀变板岩（47）	67.3	1594.9	111.2	0.9	0.3	29.3	147.9
	矿脉（69）	170.56	3733.00	17141.80	1.07	0.30	80.20	14856.60
鱼儿山	原岩（22）	6.4	98.0	27.3	0.8	0.3	3.2	5.6
	蚀变板岩（34）	137.2	257.5	109.5	0.8	0.4	35.7	228.0
	矿脉（178）	344.1	3751.0	99.8	4.0	0.5	104.1	624.1

5.2.2.2 分布于冷家溪群和冷家溪群与板溪群横不整合面的蚀变带特征

（1）基本特征

产于冷家溪群地层和产于冷家溪与板溪群不整合面的蚀变带，其特征基本具有相似性。地表以石英脉破碎带型为主，几乎所有的蚀变带及围岩都具有不同程度的硅化现象，只是在硅化强度上存在一些差异；褪色化蚀变与产于马底驿组地层中的蚀变相比较弱，在不整合面的横路冲组（$Ptbnm^1$）地层和冷家溪群较大规模的剪切带能见到弱褪色化蚀变，在石英脉附近能见到黄铁矿化，围岩见绢云母化，局部见少量绿泥石化、褐铁矿化等。一般硅化强烈，并伴有大量黄铁矿化的地段 Au 矿化发育较好，Sb、W 矿化基本上很少见。

（2）围岩蚀变类型及特征

围岩蚀变主要有硅化、弱褪色化、绢云母化、黄铁矿化及毒砂化。它们与金矿化关系密切。绢云母呈细鳞片状，具变晶结构，见图 5-12，黄铁矿呈细粒状、稀疏星散浸染状分布在岩石中，见图 5-13，自然金则赋存于这些矿物的晶隙间。

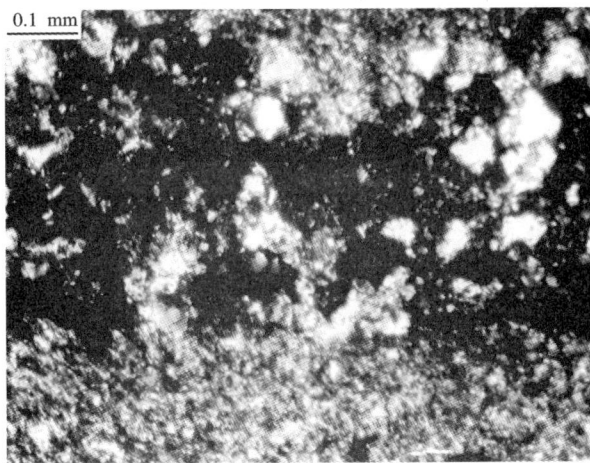

绢云母呈细鳞片状，粒径 0.01 mm 以下，含量为 20%。

图 5-12　变晶结构

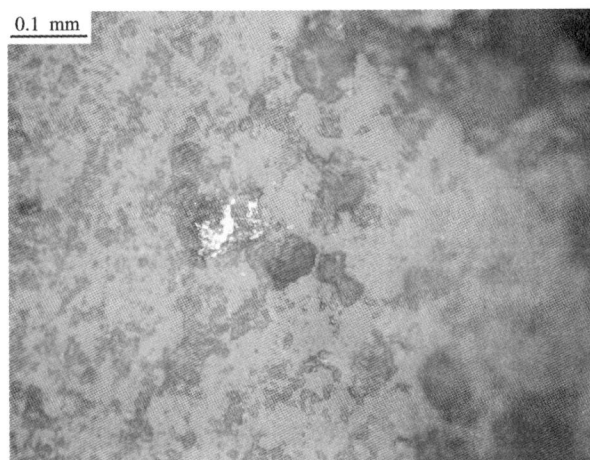

褐铁矿：他形细粒状、立方体状，粒径约 0.005 mm×0.005 mm，
含量<1%；黄铁矿：他形粒状，粒径约 0.025 mm×0.02 mm，含量<1%。

图 5-13　浸染状构造

（3）蚀变作用微量元素分布特征

成矿热液形成后，主要金属元素以各种络合物形式存在，随温度和压力的下降，热液变为近中性，弱氧化条件，W、Sb 矿化明显减少，以 Au 矿化为主，热液再次活动，温度、压力继续下降，热液中由于大量的阴离子参与交代围岩中的云母等矿物，H^+ 浓度上升，pH 下降，成为弱酸性溶液，Eh 下降，为弱还原条件，Au 及其他金属硫化物沉淀，同时从围岩中吸取大量组分于热液中。Au 元素含量随矿脉、蚀变岩、原岩明显增加（表5-8），而 Sb 元素稍有增加，W 元素含量变化不大。

微量元素在各矿区矿脉中的变化存在明显差异，Hg 元素急剧增加，而 As、Mo、Bi 等元素变化不大。

表5-8　蚀变板岩和原岩与石英脉的微量元素对比

矿区	位置（样数）	$w(As)$ $/10^{-6}$	$w(Hg)$ $/10^{-6}$	$w(Sb)$ $/10^{-6}$	$w(Mo)$ $/10^{-6}$	$w(Bi)$ $/10^{-6}$	$w(W)$ $/10^{-6}$	$w(Au)$ $/10^{-9}$
陈扶界	原岩（10）	4.44	430	8.15	0.81	0.59	2.1	0.45
	蚀变板岩（10）	5.12	160	3.1	0.35	0.48	3.3	24.86
	矿脉（10）	9.74	2710	52.9	5.08	5.79	3.3	936.9
峰子洞	原岩（8）	10.80	134.23	43.06		0.83		11.1
	蚀变板岩（8）	6.55	99.25	9.85		0.42		52.03
	矿脉（8）	3.84	159.79	15.41		0.40		775.3

以上蚀变带地球化学特征表明，沃溪矿区存在两类明显不同的围岩蚀变特征，产于马底驿组地层中的蚀变明显强于产于冷家溪群和冷家溪群与马底驿组不整合面一带的蚀变，说明其成矿热液的来源不同，表现在前者成矿流体规模、成分、热源明显强于后者，因此，二者的成矿作用、地球化学特征明显不同。

5.3　土壤地球化学异常特征

沃溪矿区历年来的土壤地球化学测量工作总体来讲还比较薄弱，2006 年随着危机矿山项目的实施才较为系统地开展了土壤地球化学测量工作，但工作重点落在矿区外围塘虎坪、大片、陈扶界、大风垭（包括峰子洞）一带开展1∶1 万网度为200 m×20 m 的土壤地球化学测量，分析了 Cu、Pb、Zn、Ag、W、Hg、Au、As、Sb、Mo 等 10 种元素土壤地球化学异常特征，面积相对较小，工作区大部分集中布置在冷家溪群与马底驿组不整合面一带，通过土壤地球化学测量基本查明了该区内土壤地球化学特征。

5.3.1　大风垭—峰子洞土壤地球化学特征

（1）地质特征

通过对峰子洞测区地质填图，大致查明矿区内有四条金（锑）矿化带与构造关系十分密切，其矿化带由南往北呈北东东向平行排列，矿化带编号为Ⅰ、Ⅱ、Ⅲ、Ⅳ，其特征如下（图 5-14）：

1）Ⅰ号矿化带分布于潘家—下刘家—牛角拐—罗家一带，主要产于背斜核部近轴面位置的冷家溪群小木坪组（Ptx）地层中。主要特征表现为：绢云母化粉砂质板岩中有灰绿色含钙条带板岩夹层，见多条石英细脉与之相切。片理、劈理发育，地化剖面结果显示，Au 异常相对较好，其前缘晕元素 As、Hg 异常良好，该矿化带有多个民窿呈串珠状沿带分布。构造角砾岩型矿（化）脉Ⅰ-2、Ⅰ-1 就产于该带内，经 ML8、ML4 取样检测，金品位分别为 1.28 g/t、0.47 g/t。

2）Ⅱ号矿化带分布于大屋场（新屋场所辖）—窑湾尖上—大屋场（聂溪冲所辖）一带，主要产于冷家溪群小木坪组（Ptx）和横路冲组（Ptbnm^1）地层中，马底驿组上段的下部（Ptbnm$^{2-1}$）亦有分布。该矿化带主要特征表现为：金矿化较好，Sb、W 矿化较差，见多处民窿分布。该带东端大屋场北面 200 m 处，矿（化）脉Ⅱ-3，ML24 取样 Au 品位为 0.90 g/t。该带西端高公界南面约 1 km 处，矿（化）脉Ⅱ-1，ML21 取样 Au 品位为 15.53 g/t。河沟矿（化）脉Ⅱ-2 刻槽取样 Au 品位为 2.87 g/t。矿（化）脉产于断层构造角砾岩中，内有多期石英脉充填。规模小而形态不规整的烟灰色至乳白色蠕虫状石英脉，与主脉平行或毗邻，具金矿化，位于主脉之间者金（锑）矿化稍优。

3）Ⅲ号矿化带分布于高公界南—窑湾—核桃湾一带，产于板溪群马底驿组上段的下部及横路冲组细中粒变余砂岩、冷家溪群小木坪组薄至中层绢云母粉砂质板岩中。以构造角砾岩型矿化为主，代表脉体有Ⅲ-1、Ⅲ-2，其次为砂岩节理型矿（化）脉，代表脉体有Ⅲ-3、Ⅲ-4、Ⅲ-5，矿化弱，有紧闭型的，也有变质作用或构造运动改造型的。该矿化带主要特征表现为：带内老窿成群、成带、成规模分布，整体成弧线形展布，ML18 揭露矿（化）脉Ⅲ-1，取样 Au 品位为 8.35 g/t。矿化带平均宽 250 m，走向长约 4000 m，整体产状（40°～300°）∠（25°～70°）。

矿化带石英脉发育，主脉两侧均有羽状支脉或平行细脉分布，而上盘脉体的金矿化要好于下盘，形态越复杂（如丝状、蠕虫状等）金含量越高。当地老窿大都为土法掘进而成，所以，硐内或采空区空间的三分之二分布在石英脉上盘，且整体形态随脉体倾斜而倾斜。矿化带中往往见多个民窿采自同一条矿脉，上、下民窿因势而开，彼此相通相连。地表或位置较高处民窿（ML14 上）所见石英脉脉幅窄小，相对分散，同一脉体在浅部或位置较低处民窿（ML14 下）有分枝增多、脉密度增大及脉幅变厚的趋势或特点。

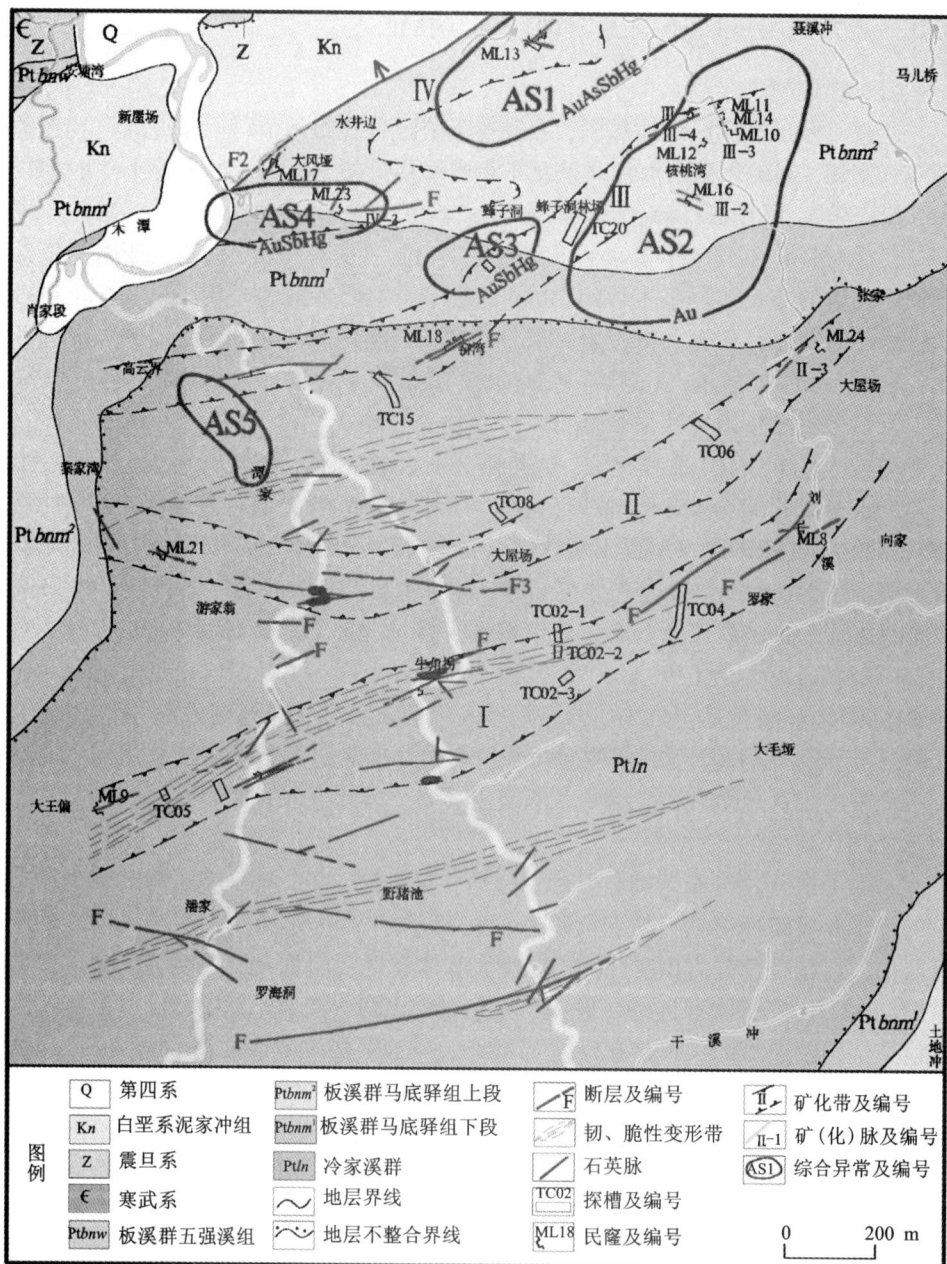

图 5-14 峰子洞—大风垭综合异常图

4)Ⅳ号矿化带分布于峰子洞林场—大风垭—井水边一带,产于马底驿组灰紫色板岩中。该矿化带主要特征表现为:矿化带以峰子洞林场为界分为东、西两部分,ML17、ML13 揭露矿(化)脉Ⅳ-1、Ⅳ-2,Au 品位(10^{-6})/脉幅(m)分别为 3.47/0.14、0.34/0.08。

矿化带东面以白色钙质条带板岩为特征,钙质条带分布密集,密度最大处为 75 条/m,平均为 40 条/m,条幅厚数毫米至 10 cm 不等。岩层产状 356°∠35°,片理、劈理发育,远看酷似毛刷,两者呈大角度斜交。该段厚达 8 m,可见长约 30 m。岩石致密坚硬,硅化强烈。上述部位(含岩层层面)因变质作用(如早期热液活动),被石英、黄铁矿(所见者大多已氧化成褐铁矿)等矿物充填。这种早期形成的石英脉,与地层顺层或切层,呈微(细)脉状成组(群或带)产出。化探成果显示,其产出部位存在 Au、Sb、As 综合异常。

(2)化探异常特征

通过土壤地球化学测量,发现了一批元素组合简单,但异常规模一般,Au 峰值较高、中心突出、分带明显的以 Au、Sb、As、Hg 为组合特征的地球化学异常,与本次地质填图已查明的矿化带或蚀变带大致相吻合(表 5-9)。

表 5-9　峰子洞—大风垭测区土壤次生晕 Au 异常特征一览表

异常编号	异常形态	分布位置	异常规模			异常浓度分带	备注
			长/m	宽/m	面积/km²		
AS1	不规则状	楠木冲	600	500	0.3	3 级	该异常 Au 的前缘元素 As、Sb、Hg 和近矿元素铅锌异常较好,峰值较高,产于 F_1、F_2 断层交汇处
AS2	呈北北东向不规则的带状	下院子—胡家—邓家	>1100	60~500	>0.5	4 级	该异常 Au、As、Sb、Hg 相对较好,以 Au 异常为主,对应有Ⅳ-2一条矿化脉

续表5-9

异常编号	异常形态	分布位置	异常规模			异常浓度分带	备注
			长/m	宽/m	面积/km²		
AS3	呈北北东向不规则的带状	三角尖—核桃湾—窑湾	>1500	50~300	>0.4	4级	该异常 Au 较好,其他异常较差,对应有 III-2、III-3、III-4、III-5 四条矿化脉
AS4	带状	峰子洞林场—窑湾	1000	30~100	>0.1	3级	该异常 Au、Sb、Hg 相对较好,以 Au 异常为主,对应有 III-1 一条矿化脉
AS5	不规则状	安塘堡—大风垭—井水边	400	20~100	0.03	3级	该异常 Au、Hg 相对较好,以 Au 异常为主,对应有 IV-1、IV-3 两条矿化脉

5.3.2 大片测区土壤地球化学特征

(1)地质特征

位于红岩溪矿段南部,陈扶界区的北西,仙鹅抱蛋穹隆状复背斜北翼,地层倾向北北东,总体为一单斜,褶皱不发育。

区内断层较发育,主要有 13 条规模不一的层间破碎带,产于马底驿组砂岩、板岩中,均以具较明显的褪色化为直观特征,规模较大的有 BC2 和 BC5。

BC2:见于图区北西马底驿组中段($Ptbnm^2$)板岩中,走向北东东,倾向北北西,倾角 35°~55°,西起三角尖,东至马儿桥溪边,出露长约 900 m,破碎带宽 0.5~20 m,局部充填有石英脉,具硅化、黄铁矿化等蚀变,但矿化不强。

BC5:见于图区西部马底驿组下段($Ptbnm^1$)砂岩中,沿走向弯曲明显,总体走向北东东,倾向北北西,倾角 22°~47°。分布于 55~19 线,出露长约 900 m,破碎带宽 0.5~15 m，局部充填有石英脉，具硅化、黄铁矿化等蚀变，但矿化不强，曾有短暂民采。

其他层间破碎带，与沃溪矿区其他地段特征基本一致，因其规模小（长数十米至 300 余米，宽 1 m 至数米），其内未见规模矿体。

此外，在马底驿组下段（Ptbnm¹）灰绿色中厚层浅变质石英砂岩、粉砂岩中，节理、裂隙较发育，节理主要有近东西向和北东向两组，多被微细石英脉充填，曾有短暂民采，表明其含金，但规模小。

（2）土壤化探异常特征

通过土壤地球化学测量查明该区地球化学特征如下（图 5-15）：

1）整个测区 Au 元素异常发育较好，其次是 W 元素，但只发育在矿区的东部，是矿区主要寻找 Au 矿的最佳地段。重点放在冷家溪群（Ptln）绿色板岩，砂质板岩夹细粒变质石英砂岩、砂岩与板溪马底驿组下段（Ptbnm¹）不整合接触带附近，应以寻找热液型脉状 Au 矿为主要目标。

2）根据异常的产出地质背景和分布特征，该矿区可划分出以 Au 元素为主的三个北东向异常带，由东往西分别是 Ⅰ、Ⅱ、Ⅲ。

3）从三个异常带看，Ⅰ带发育有两个较好的综合异常，编号为 AS1；Ⅱ带发育有两个综合异常，编号为 AS3、AS4；Ⅲ带发育有两个综合异常，编号为 AS2、AS5。几个主要综合异常特征见表 5-10。

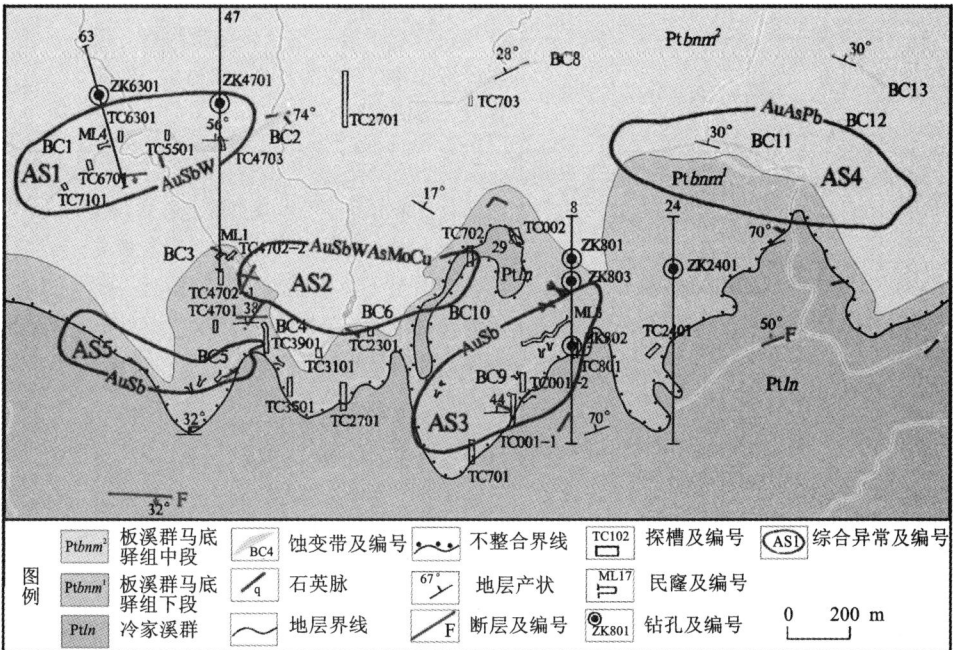

图 5-15　大片土壤测量综合异常图

表 5-10　大片矿点化探土壤测量元素异常特征及验证情况一览表

异常编号	面积/km²	元素组合	一般含量	最高含量	地质背景	级别
AS1	0.84	Au	3.5~7	360	该综合异常分布于冷家溪群绿色板岩、砂质板岩夹细粒变质石英砂岩、砂岩与板溪群马底驿组下段不整合接触带附近。板溪群马底驿组下段为砂岩、粉砂岩，局部地段底部偶见同生砾岩	二级
		Sb	80~140	184		
		W	5~10	42		
AS2	0.45	Au	3.5~14	1401	该综合异常分布于冷家溪群绿色板岩、砂质板岩夹细粒变质石英砂岩、砂岩与板溪群马底驿组下段不整合接触带附近。板溪群马底驿组下段为砂岩、粉砂岩，局部地段底部偶见同生砾岩	一级
		Sb	80~140	157		
		W	5~10	79.6		
		As	25~30	34		
		Mo	2~4	5.38		
		Cu	50~100	138.8		
AS3	0.1	Au	3.5~7	265	该综合异常分布于冷家溪群绿色板岩、砂质板岩夹细粒变质石英砂岩、砂岩与板溪群马底驿组下段不整合接触带附近。板溪群马底驿组下段为砂岩、粉砂岩，局部地段底部偶见同生砾岩	二级
		Sb	80~160	173.8		
AS4	0.36	Au	3~7	207.2	该综合异常分布于冷家溪群绿色板岩、砂质板岩夹细粒变质石英砂岩、砂岩与板溪群马底驿组下段不整合接触带附近。板溪群马底驿组下段为砂岩、粉砂岩，局部地段底部偶见同生砾岩	三级
		As	25~30	37.2		
		Pb	100~200	222.5		
AS5	0.06	Au	3~7	19.35	该综合异常分布于板溪群马底驿组中段为紫红色、灰紫色条带状板岩、砂质板岩、含钙板岩中	四级
		Sb	80~160	173.8		
		Sb	80~160	324.9		

注：Au 元素含量单位为 10^{-9}，其他元素含量单位为 10^{-6}。

5.3.3　陈扶界测区土壤地球化学特征

（1）地质特征

工作区处于仙鹅抱蛋穹隆的东侧，总体为一单斜，地层倾向东。局地见岩层发生褶曲现象，其内发育网状石英微细脉。

主要出露地层为冷家溪群和板溪群。

冷家溪群（Ptln）主要岩性为青灰色–灰绿色板岩、砂质板岩，中至厚层状，具细至粉砂质条带构造，板理发育，物质成分以绢云母为主。与上覆板溪群不整合接触。

板溪群仅见马底驿组（Ptbnm），分为上下两段。

下段（Ptbnm^1）与下伏冷家溪群不整合接触，下部为灰绿色中厚层浅变质石英砂岩、粉砂岩，上部为灰绿色砂质条带板岩夹灰绿色薄–中厚层石英砂岩。

中段（Ptbnm^2）为一套厚大的浅海相浅变质碎屑岩，岩性以紫红色、灰紫色条带状板岩为主，具浅色砂质条带构造，夹有砂质板岩、含钙板岩。

区内断层不发育，但有 18 条小规模的层间破碎带，主要产于马底驿组底部砂岩、板岩中，均以具较明显的褪色化为直观特征，走向长数十米至数百米，宽 1 m 至数米，其内未发现规模矿体。

（2）化探土壤异常特征

圈出的 3 个异常带（图 5-16）均分布于冷家溪群与板溪群不整合界面上及两侧，这 3 个组合异常特征及工程验证情况见表 5-11。

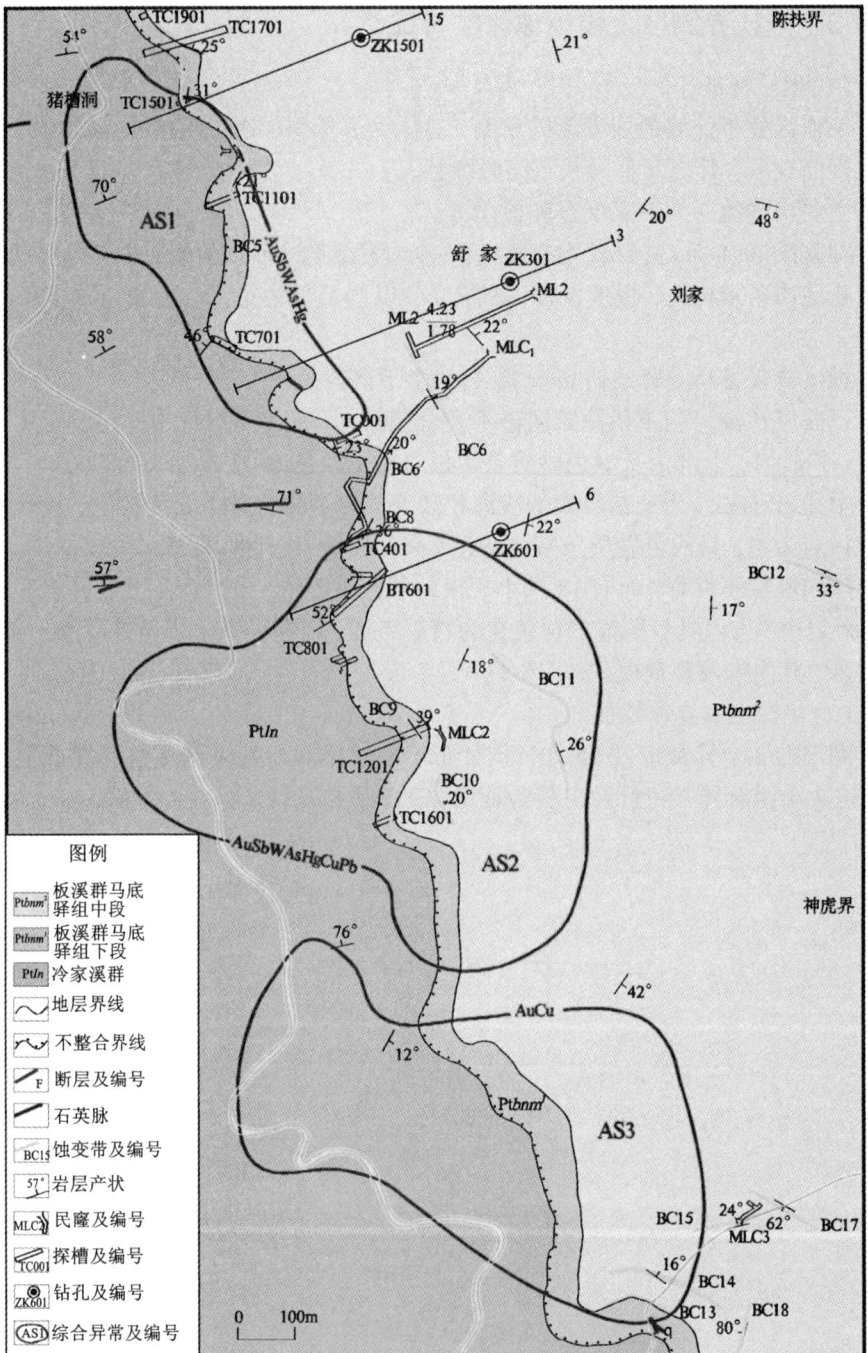

图 5-16 陈扶界土壤化探综合异常图

表 5-11　主要元素综合异常特征及验证情况表

异常编号	面积 /km²	元素组合	一般含量	最高含量	异常特征及验证情况
AS2	0.54	Au	14~28	833.1	Au、Sb、As、W、Hg 组合简单，成矿元素 Au 异常规模大，强度较高，浓度分带明显，具有多级浓度分带，异常浓集中心突出，且异常中心面积较大，属一级异常。该异常带内见有两处民采废石堆，且位于溪沟处，推测异常为废石堆引起
		Sb	80~140	601.2	
		W	5~10	71.2	
		As	25~50	1151	
		Hg	0.4~0.5	0.9	
AS3	2.24	Au	14~28	1457.81	Au、Sb、As、Hg、Cu、Pb、Zn 组合齐全，成矿元素 Au 异常规模大，强度较高，浓度分带明显，具有多级浓度分带，异常浓集中心突出，由三个异常中心组成，属一级异常。该异常带内有多处民采，经槽探工程验证，见矿效果较差
		Sb	80~160	233	
		W	5~10	310.2	
		As	25~50	27149.6	
		Hg	0.4~0.5	0.59	
		Cu	50~100	108.9	
		Pb	100~200	879	
AS4	0.04	Au	14~28	119.04	成矿元素 Au 异常规模小，强度不高，浓度分带明显，具有三级浓度分带，异常浓集中心突出，且异常中心为单点，属四级异常。经槽探、钻探工程验证，见矿效果较差
		Cu	50~100	104	

注：Au 元素含量单位为 10^{-9}，其他元素含量单位为 10^{-6}。

5.3.4　塘虎坪测区土壤地球化学特征

（1）地质特征

塘虎坪测区位于塘虎坪复式背斜的西北，除在南东角见规模较大的塘虎坪向斜外，大部分地段未见明显褶皱，仅局部地段有小褶曲出露。

塘虎坪向斜：核部为马底驿组下段（$Ptbnm^1$）灰绿色中厚层浅变质石英砂岩、粉砂岩，两翼为冷家溪群（$Ptln$）青灰色-灰绿色板岩、砂质板岩，出露不全，向斜轴部往南有一定延伸，往北北东倾伏。

区内断裂较多，规模最大的是塘虎坪断层（F2），其次为一条规模较大的层间破碎带（BC3），其余均为小规模的断层，走向大多近东西—北东。

塘虎坪断层（F2）：走向总体近北东，倾向南东，倾角 50°~70°，具逆时针扭动现象。该断裂属区域性大断裂，往北东延伸与沃溪大断裂（F1）呈"人"字形斜交。

区内见有蚀变矿化体 7 条，其中 BC3：长约 1500 m，破碎带宽 1.4~40 m，沿走向呈舒缓波状，倾向北西—北西西，倾角 50°~80°。其内及近侧岩石具褪色化，形成明显的褪色化带，局地有微细石英脉充填，可见硅化、黄铁矿化等蚀变，浅部坑探工程见矿品位低且矿体不连续，深部未见矿。该蚀变体有物探视极化率异常（异常长 850 m，宽 100~400 m）和 AS2 号化探土壤 Au、W 综合异常（异常长 900 m，宽 50~200 m）与之吻合。经地表槽探、硐探工程揭露，见金矿（化）体 1 个，矿山生产探矿施工的 510 m 中段坑探揭露 V1 脉矿（化）体长度 40 m，平均厚度 1.38 m，Au 平均品位 1.65×10⁻⁶，450 m 中段坑探揭露 V1 脉矿（化）体长度 32 m，平均厚度 1.36 m，Au 平均品位 2.16×10⁻⁶。经深部坑探及钻探工程证实，矿体往深部已尖灭。

（2）土壤化探异常特征

圈出了 4 个 Au、W 元素组合综合异常，异常分布见图 5-17，其中 AS4 综合异常较弱，其他 3 个综合异常特征及工程验证情况见表 5-12。

表 5-12　主要元素综合异常特征及验证情况表

工作区	异常编号	面积/km²	元素组合	一般含量	最高含量	异常特征及验证情况
塘虎坪	AS1	0.16	Au	2.5~5	334.3	成矿元素 Au 异常规模小，强度较低，浓度分带明显，异常浓集中心突出，属四级异常，Au 的找矿前景差。经槽探工程验证，见矿效果较差
			W	5~10	164.9	
	AS2	0.3	Au	5~10	214.9	成矿元素 Au 异常规模相对较大，由一个 Au 异常组成，强度较低，浓度分带明显，异常浓集中心突出，属二级异常。经槽探、钻探工程验证，见矿效果较差
			W	5~10	91.8	
	AS3	0.6	Au	2.5~5	7.0	Au 元素异常规模相对较小，强度较低，浓度分带明显，只有二级浓度带，异常浓集中心突出，属四级异常，Au 的找矿前景差，是找 W 矿相对较好的地段，未验证
			W	5~10	38.5	

注：Au 元素含量单位均为 10⁻⁹，其他元素含量单位为 10⁻⁶。

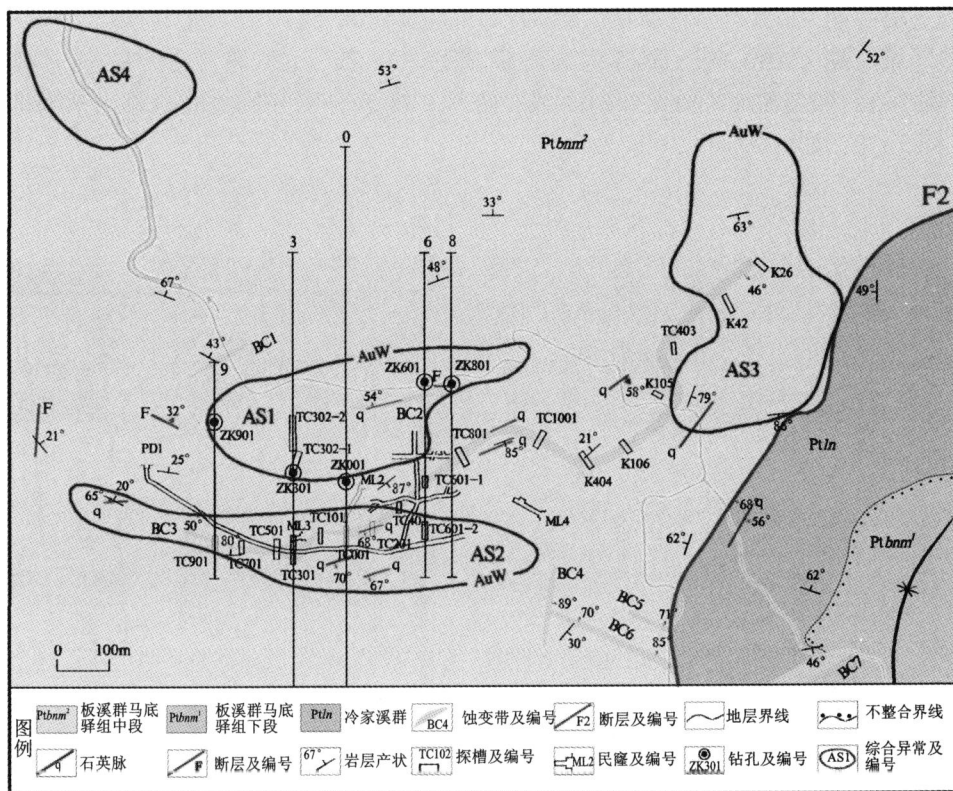

图 5-17　塘虎坪土壤化探综合异常图

5.4　地电地球化学特征

5.4.1　地电地球化学工作简介

　　地电化学方法是借外电场作用，将呈活动态的金属离子迁移到指定接收电极，收集并分析电极上吸附的电解物，可发现与矿有关的金属离子异常，从而达到找矿和评价的目的。该方法早在 20 世纪 60 年代，由苏联列宁格勒大学 IO·雷斯等提出，称之为"部分取提取金属法"（CHIM），我国最早开展地电化学找矿方法研究的是南京地质学院费锡铨。与此同时，桂林冶金地质学院罗先熔等与地质矿产部刘吉敏、刘占元等在全国开展了地电化学找矿的系列研究，取得较好找矿效果。沃溪矿区地电化学应用试验工作由辰州矿业委托长沙大地构造所完成，并委托湖南有色地质勘查研究院统一管理；共分两期进行。

第一期，2011 年，选择在沃溪矿区鱼儿山矿段 87 线和 91 线进行试验工作。

第二期，2015 年，选择在红岩溪矿段 115 线、123 线、131 线、139 线
（图 5-18）和塘虎坪矿段 6 线、12 线、18 线、24 线分别开展地电地球化学测量
（图 5-18、图 5-19）。

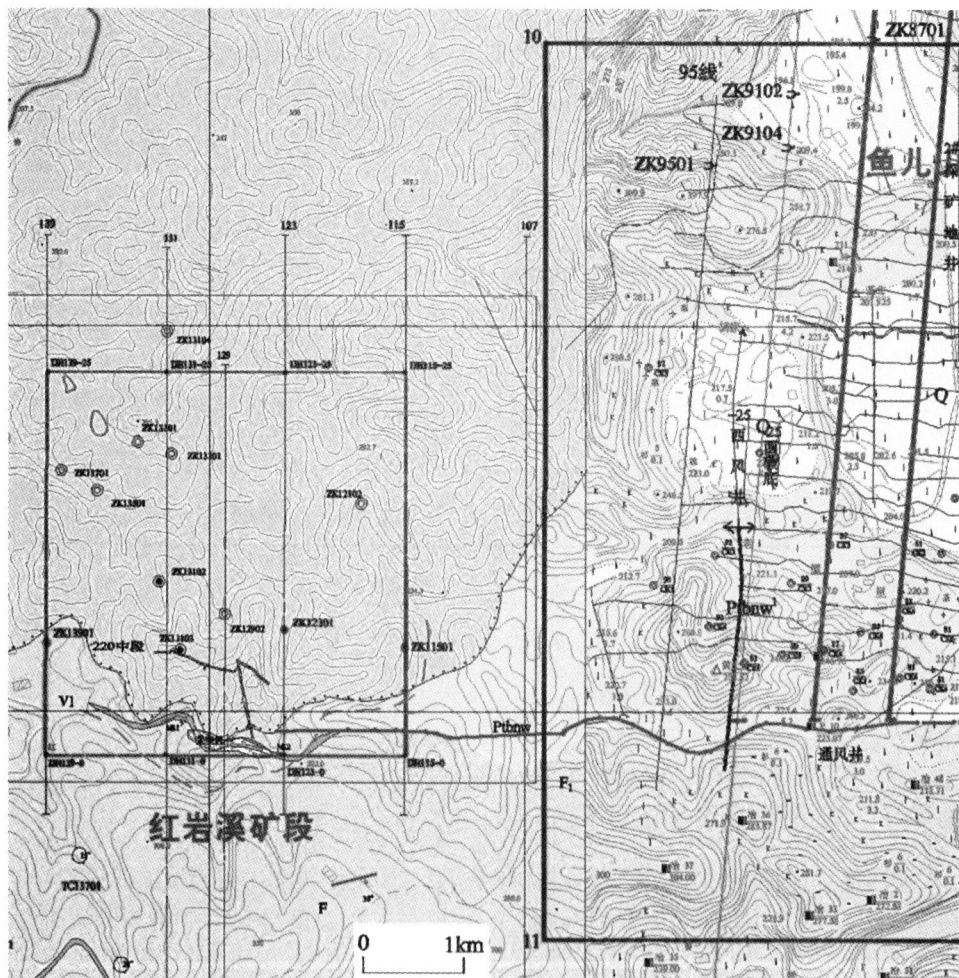

图 5-18　鱼儿山—红岩溪矿段地电化学工程布置图

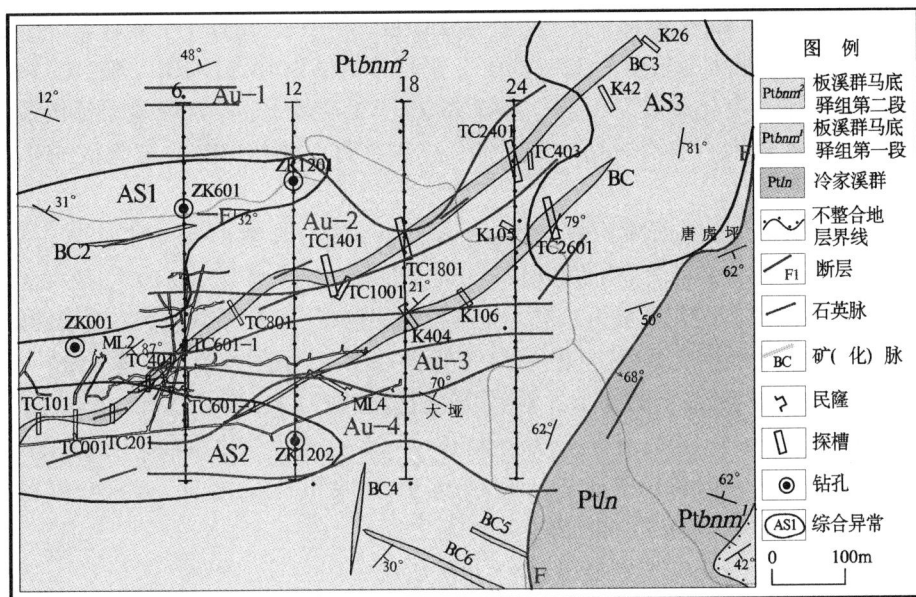

图 5-19　塘虎坪矿段地电化学工程布置图

5.4.2　鱼儿山矿段地电地球化学特征

根据鱼儿山矿段地电化学勘查野外作业剖面测点坐标测量、分析测试和统计计算结果，划分地电化学勘查金异常 9 处、锑异常 5 处、钨异常 5 处、复合异常 7 处(图 5-20、图 5-21)。

(1)金异常特征

金的最大分析值为 1460×10^{-9}，平均值为 51.7059×10^{-9}，风暴样品 12 件，背景值为 5.7663×10^{-9}，标准离差为 2.3873×10^{-9}，异常下限为 10.5409×10^{-9}，异常点 37 个，占 36%，划分 9 处异常。

Au-1，位于 91 线和 87 线北部，肖家西南部，由 10 个异常点组成，其中 87 线有 4 个异常点，91 线有 6 个异常点，最大分析值为 551×10^{-9}，平均分析值为 135.29×10^{-9}，最大富集系数为 330.18，平均富集系数为 23.4。本异常位于鱼儿山矿化带内，异常峰值高，变化系数大，规模大，在 91 线南北长达 120 m，且向东、向西都未封闭，异常连续性好，是目前在鱼儿山矿段发现的找矿潜力最大的金异常，表明 V1 矿脉深部找矿潜力较大。

Au-2，位于 Au-1 南侧，由 3 个异常点组成，其中 87 线有 2 个异常点，91 线有 1 个异常点，最大值为 490×10^{-9}，平均值为 171.6×10^{-9}，最大变化系数为 84.98，平均变化系数为 29.76×10^{-9}。该异常规模较小，但峰值高，变化系数大，东西两侧没有封闭，推断为小矿体所致。

Au-3，位于 Au-2 南部，由 7 个异常点组成，其中 87 线有 4 个异常点，91 线有 3 个异常点，最大分析值为 32.2×10^{-9}，平均分析值为 18.91×10^{-9}，最大变化系数为 5.58，平均变化系数为 3.28。本异常位于 V1 矿带上，异常峰值和变化系数中等，但规模较大，东西两端没有封闭，连续性好，推断为向北东侧伏的矿体所致。

Au-4，位于 Au-3 异常南侧，由 4 个异常点组成，其中 87 线有 3 个异常点，91 线有 1 个异常点，最大分析值为 124×10^{-9}，平均分析值为 41.25×10^{-9}，最大变化系数为 21.58，平均变化系数为 7.15。本异常峰值较高，变化系数较大，连续性好，规模较大，在 87 线南北宽度达 60 余 m，东西两端没有封闭，推断为矿体所致。

Au-5，见于 87 线上的两个异常点，分析值分别为 24.4×10^{-9} 和 10.4×10^{-9}，最大分析值为 24.4×10^{-9}，平均分析值为 17.4×10^{-9}，最大变化系数为 4.23，平均变化系数为 3.02。异常规模较小，向西尖灭于 91 线和 87 线之间，异常峰值和变化系数中等，推断为小矿化体所致。

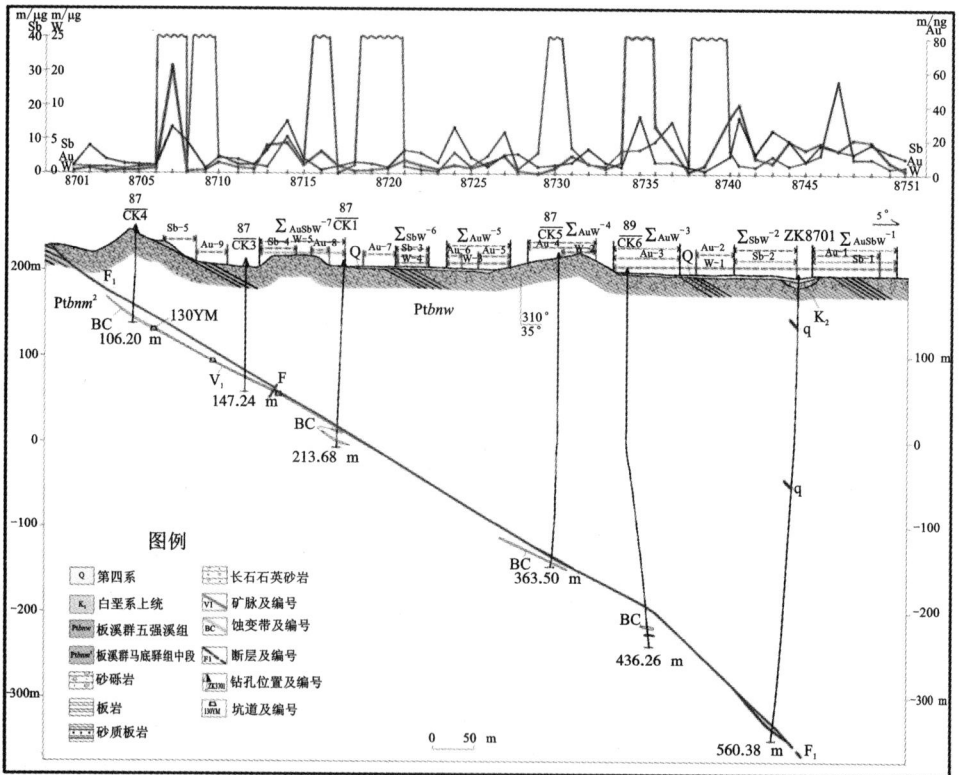

图 5-20　鱼儿山矿段 87 线地电化学异常剖面图

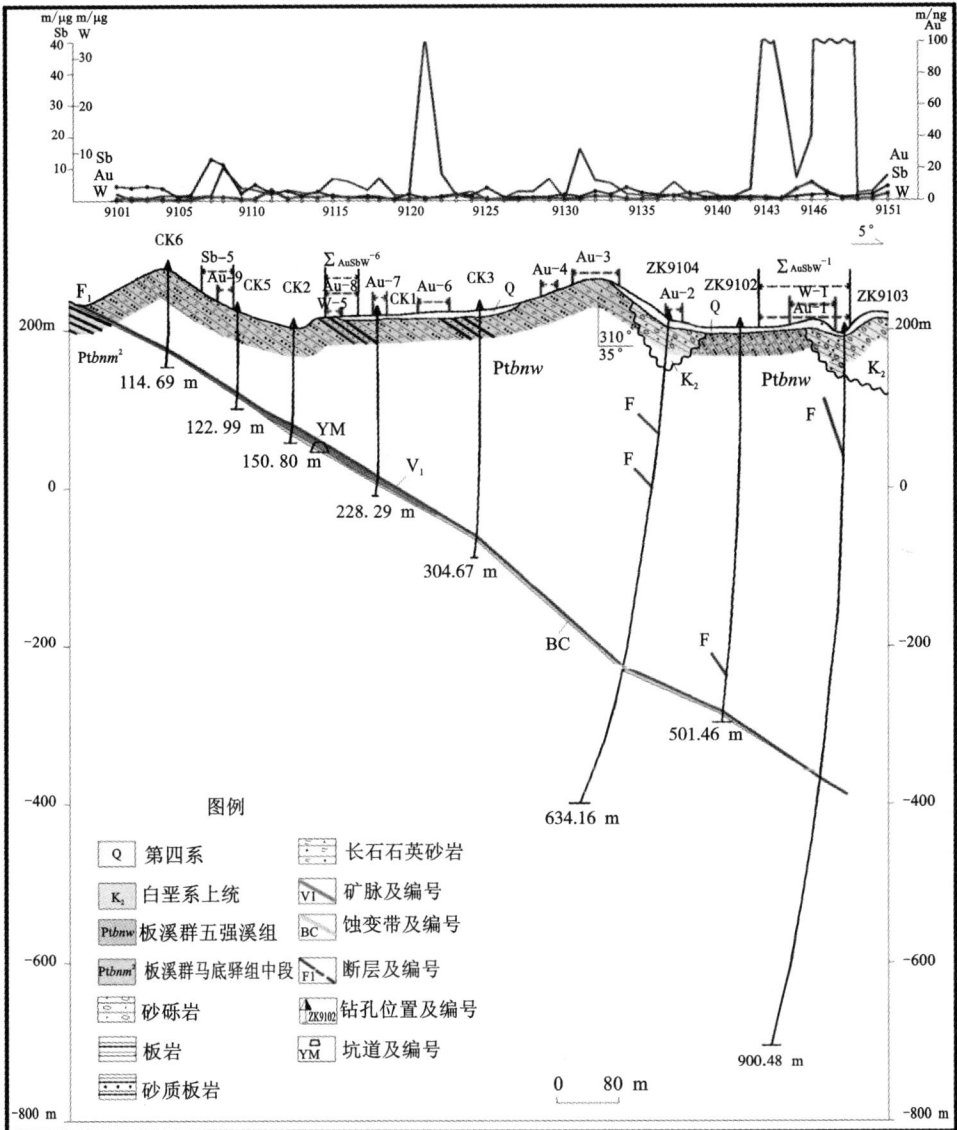

图 5-21 鱼儿山矿段 91 线地电化学异常剖面图

Au-6，由 3 个异常点组成，其中 87 线有 1 个异常点，91 线有 2 个异常点，最大分析值为 105×10^{-9}，平均分析值为 44.77×10^{-9}，最大变化系数为 18.21，平均变化系数为 7.76。异常规模较小，峰值和变化系数较大，推断为小矿体所致。

Au-7，由 3 个异常点组成，其中 87 线有 2 个异常点，91 线有 1 个异常点，最

大分析值为 $493×10^{-9}$，平均分析值为 $247.33×10^{-9}$，最大变化系数为 85.50，平均变化系数为 42.89。异常峰值高，变化系数大，规模中等，东西两端未封闭，推断为小矿体所致。

Au-8，由 3 个异常点组成，其中 87 线有 1 个异常点，91 线有 2 个异常点，最大分析值为 $152×10^{-9}$，平均分析值为 $59.23×10^{-9}$，最大变化系数为 26.36，平均变化系数为 10.27。异常峰值较高，变化系数较大，规模中等，东西两端未封闭，推断为小矿体所致。

Au-9，由 3 个异常点组成，其中 87 线有 2 个异常点，91 线有 1 个异常点，本异常峰值高，变化系数大，规模中等，两端没有封闭，推断为浅部小矿体所致。

在 87 线南部 8707 测点获得本次金提取最高分析值 $1460×10^{-9}$，位于山洼烂泥田中，往西至 91 线消失，是否为人工污染所致有待查明。

（2）锑异常特征

锑异常最大分析值为 $16.8×10^{-6}$，平均分析值为 $3.9373×10^{-6}$，风暴样品 8 件，标准离差为 $2.0178×10^{-6}$，背景值为 $2.4496×10^{-6}$，异常下限为 $6.4852×10^{-6}$，异常点 17 个，占 16.67%，划分 5 处异常，这些异常除南部 Sb-5 异常跨过 91 线外，其余 4 个异常都在 87 线和 91 线之间消失。异常峰值和变化系数偏低。现分述如下：

Sb-1，位于 87 线北端，由 5 个异常点组成，其中有 2 个低缓异常点，最大分析值为 $8.8×10^{-6}$，平均分析值为 $7.32×10^{-6}$，最大变化系数为 3.59，平均变化系数为 2.99。异常峰值和变化系数中等，规模较大，向东未封闭，向西消失于 87 线与 91 线之间，连续性好，与金、钨异常叠合性亦好，推断为金锑钨矿体所致。

Sb-2，由 87 线上 3 个异常点和 1 个低缓异常点组成，最大分析值为 $16.5×10^{-6}$，平均分析值为 $11.23×10^{-6}$，最大变化系数为 6.74，平均变化系数为 4.58。异常峰值和变化系数中等，规模较大，向东没有封闭，向西消失于 87 线与 91 线之间，与钨叠合性好，但未见金异常，只见一个低缓金异常点，推断为深部锑钨矿化体所致。

Sb-3，由 87 线 2 个异常点组成，最大分析值为 $6.8×10^{-6}$，平均分析值为 $6.4×10^{-6}$，最大变化系数为 2.78，平均变化系数为 2.61。异常峰值和变化系数中等，规模较小，向东未封闭，向西尖灭于 87 线与 91 线之间，有钨异常与其叠合，推断为锑钨矿体所致。

Sb-4，由 87 线 2 个异常点组成，最大分析值为 $15.3×10^{-6}$，平均分析值为 $11.05×10^{-6}$，最大变化系数为 6.25，平均变化系数为 4.51，异常向西尖灭于 87 线与 91 线之间，向东没有封闭。异常峰值和变化系数较大，与 W-5 钨异常叠合性好，同时还有一个异常分析值为 $21.4×10^{-9}$ 的金异常点，推断为金锑钨矿（化）体所致。

Sb-5，位于鱼儿山矿段南部，由 4 个异常点组成，向东、向西两端均未封闭，其中 87 线有 2 个异常点，91 线也有 2 个异常点，最大分析值为 13.5×10^{-6}，平均分析值为 11.78×10^{-6}，最大变化系数为 5.51，平均变化系数为 4.81。异常峰值和变化系数较大，连续性好，并有金异常叠合，推断为金锑矿体所致。

（3）钨异常特征

最大分析值为 133×10^{-6}，平均分析值为 3.1731×10^{-6}，风暴样品 5 件，背景值为 0.7516×10^{-6}，标准离差为 0.3068×10^{-6}，异常下限为 1.3653×10^{-6}，由 34 个异常点组成，占 33%，划分钨异常 5 处，它们是：

W-1，位于鱼儿山矿段北部，由 19 个异常点和 1 个非异常点组成，其中 87 线有 16 个异常点和 1 个非异常点，91 线由 3 个异常点组成，最高分析值为 133×10^{-6}，平均分析值为 11.48×10^{-6}，最大变化系数为 176.96，平均变化系数为 5.27。本异常规模大，在 87 线南北宽达 400 余 m，且向东西两端没有封闭，异常峰值高，连续性好，并且有金、锑异常叠加，北部找矿潜力巨大。

W-2、W-3 和 W-4 三个钨异常位于 87 线中部，向西尖灭于 87 线与 91 线之间，往东没有封闭。

W-2，位于小山丘南东坡，该异常有 Au-4 金异常叠加，同时还有 1 个锑异常点，异常分析值为 7.3×10^{-6}，推断为金、锑矿（化）体所致。

W-3，该异常叠加有金异常和未编号的低缓锑异常（异常分析值分别为 5.8×10^{-6} 和 5.5×10^{-6}），推断为金锑钨矿（化）体所致。

W-4，位于石床溪荒田中，异常叠加有 Sb-3 锑异常，推断为锑钨矿（化）体所致。

W-5，位于鱼儿山矿段中南部，由 6 个异常点组成，其中 87 线有 5 个异常点，91 线有 1 个异常点，异常分析值为 1.07×10^{-6}，最大分析值为 5.88×10^{-6}，平均分析值为 3.29×10^{-6}，最大变化系数为 7.82，平均变化系数为 4.39。该异常叠加有 Sb-4 锑异常，并有两个高值金异常点（异常分析值为 21.4×10^{-9} 和 152×10^{-9}），推断为浅部金锑钨矿（化）体所致。

（4）复合异常特征

沃溪金锑钨矿鱼儿山矿段地电化学勘查金、锑、钨复合异常产生的原因有：

1）由于金锑钨多金属共生在一个矿体中引起的复合异常；

2）由于金锑钨矿分带性引起的复合异常；

3）可能是不同深度不同元素的矿体引起的元素异常在垂直投影上叠合在一起引起的复合异常，这种异常在鱼儿山矿段可能不存在。

按照鱼儿山矿段金锑钨地电化学异常在空间上的叠合程度划分了 7 处复合异常，它们是：

∑AuSbW-1 复合异常，由 Au-1、Sb-1 和 W-1 北段异常组成，其中 Sb-1 异常向西消失于 87 线与 91 线之间，Au-1 和 W-1 均跨越 87 线和 91 线。本复合异常规模大，向东向西均未封闭，南北最宽达 120 m，异常峰值高，变化系数大，连续性好，叠合性亦好，是深部金锑钨矿体所致，找矿潜力较大。

ΣSbW-2 复合异常，由 W-1 异常中段和 Sb-2 异常组成，缺乏金异常，异常向西消失于 87 线和 91 线之间，向东没有封闭，异常峰值较高，变化系数较大，连续性、叠合性好，推断为锑钨矿（化）体所致。

ΣAuW-3 复合异常，由 Au-3 和 W-1 南段异常组成，金异常规模较大，东西两端均未封闭，钨异常向西在 87 线与 91 线之间消失，向东没有封闭，异常峰值高，变化系数大，连续性好，叠合性强，推断为金锑矿（化）体所致。

ΣAuW-4 复合异常，由 Au-4 和 W-2 异常组成，其中还有一个异常分析值为 7.3×10^{-6} 的锑异常点。其中 Au-4 异常规模较大，东、西两端没有封闭，W-2 异常规模较小，向西消失于 87 线与 91 线之间，向东没有封闭，两个异常峰值和变化系数较大，连续性好，叠合性尚好，推断为金钨矿（化）体所致。

ΣAuW-5 复合异常，由 Au-5、Au-6 和 W-3 异常组成，在 Au-5 异常还叠加一个低缓的锑异常，本复合异常的 Au-5 和 Au-6 异常在 87 线中间相隔一个低缓异常，其异常值为 4.0×10^{-9}，在 87 线上 Au-5 和 Au-6 异常与 W-3 异常完全叠合。Au-5 和 W-3 异常向西消失于 87 线与 91 线之间，向东没有封闭，Au-6 异常向西延伸到 91 线上，两端均未封闭，复合异常规模较大，峰值和变化系数大，连续性和叠合性好，推断为金锑矿（化）体所致。

ΣSbW-6 复合异常，由 Sb-3 和 W-4 异常组成。该复合异常位于 87 线上，向西消失于 87 线与 91 线之间，向东没有封闭，推断为锑钨矿（化）体所致。

ΣAuSbW-7 复合异常，由 Au-8、Sb-4 和 W-5 异常组成，该复合异常中 Sb-4 异常规模较小，向西在 87 线与 91 线间消失，Au-8 和 W-5 规模较大，向西都跨过 91 线，且两端都没有封闭，其中 W-5 规模最大，向西迅速缩小。异常峰值和变化系数都较大，连续性好，叠合性尚好，推断为较浅部金锑钨矿（化）体所致。

上述地电化学勘查成果表明地电化学异常在测区空间分布上具有分带性：8 个金异常跨过 91 线向西继续延伸，而锑异常只有 Sb-5 异常，钨异常仅有南、北两个异常（W-1 和 W-5 钨异常）跨过了 91 线，其余锑钨异常都在 87 线和 91 线之间消失，说明金锑钨矿（化）具有空间分布上的分带性，金矿（化）延伸较远，大部分跨过了 91 线继续向西延伸，锑矿化只有南侧可能跨过了 91 线继续向西延伸，钨矿（化）在南北两侧可能跨过了 91 线继续向西延伸外，其余区段锑钨矿（化）都在 87 线和 91 线之间消失。此外，从金锑钨地电化学异常的规模、峰值、变化系数和连续性地电化学指标看，北部（即深部）的地电化学指标要优于南部（即浅部）的地电化学指标，如果获得的金锑钨地电化学异常是由 V1 矿脉所致，则 V1 矿脉往北的矿化要优于南侧的矿化。

5.4.3　塘虎坪、红岩溪矿段地电化学参数特征

各矿段地电化学勘查所获得的各元素的最大值、最小值、风暴样品下限值、背景值、高值异常下限、低值异常下限、各矿区异常点各元素的平均值、非异常点均值、反差等统计数字特征对矿区找矿预测有着重要意义。

5.4.3.1　金元素地电化学勘查统计参数特征

塘虎坪、红岩溪矿段金元素地电化学勘查统计参数特征见表 5-13，从表中可以看出，塘虎坪、红岩溪矿段金元素地电化学勘查统计参数特征有较大的差异。首先，异常点平均值和总强度上塘虎坪矿段远远高于红岩溪矿段，说明塘虎坪矿段找矿勘探潜力远远大于红岩溪矿段，其次，在背景值、异常下限、各矿区异常点各元素的平均值、平均衬度、非异常点均值、反差上，红岩溪矿段高于塘虎坪矿段，说明红岩溪矿段金的富集程度较塘虎坪矿段强，在红岩溪矿段有寻找富金体的潜力。

表 5-13　塘虎坪、红岩溪矿段金矿金元素地电化学勘查统计参数表　　单位：10^{-9}

矿段名称	最大值	最小值	风暴样品下限	背景值	高值异常下限	低值异常下限	异常点平均值	异常点个数	总强度#	平均衬度	非异常点平均值	反差
塘虎坪	761	0	69.0	11.94	19	14	103.74	57	5913.4	8.69	7.56	13.72
红岩溪	480	1		1.96	2.5		27.92	40	1116.9	14.24	1.76	15.86

注：总强度#指所论地段异常点元素浓度总和，该表中是指矿区所圈定异常内异常点元素浓度平均值与异常点个数的乘积。

5.4.3.2　锑元素地电化学勘查统计参数特征

塘虎坪、红岩溪矿段锑元素地电化学勘查统计参数特征见表 5-14，从两个矿段的统计参数的对比可以看出：①两个矿段锑的地电化学勘查统计参数较低；②红岩溪矿段几乎所有的地电化学勘查统计参数高于塘虎坪矿段，只有平均衬度和反差上两个矿段很接近，说明两个矿段锑的找矿潜力低，比较起来，红岩溪矿段锑矿找矿潜力稍大。

表 5-14　塘虎坪、红岩溪矿段锑元素地电化学勘查统计参数表　　单位：10^{-6}

矿段名称	最大值	最小值	风暴样品下限	背景值	高值异常下限	低值异常下限	异常点平均值	异常点个数	总强度	平均衬度	非异常点平均值	反差
塘虎坪	0.54	0.04	0.19	0.09	0.13	0.11	0.19	56	10.45	2.11	0.072	2.64
红岩溪	3.64	0.25		0.85	1.22		1.72	35	60.32	2.02	0.80	2.15

5.4.3.3 钨元素地电化学勘查统计参数特征

塘虎坪、红岩溪矿段钨元素地电化学勘查统计参数特征见表5-15，从两个矿段的统计参数值的对比可以看出：①两个矿段钨的地电化学勘查统计参数较低，且两矿段总强度相近；②红岩溪矿段背景值、异常下限、异常点平均值高于塘虎坪矿段，而异常点个数、平均衬度和反差上红岩溪矿段要低于塘虎坪矿段，说明两个矿段钨的找矿潜力低，比较起来，红岩溪矿段钨矿找矿潜力稍大。

表 5-15　塘虎坪、红岩溪矿段钨元素地电化学勘查统计参数表　单位：10^{-6}

矿段名称	最大值	最小值	风暴样品下限	背景值	高值异常下限	低值异常下限	异常点平均值	异常点个数	总强度	平均衬度	非异常点平均值	反差
塘虎坪	0.90	0.02	0.20	0.089	0.14	0.12	0.213	51	10.65	2.39	0.067	3.18
红岩溪	1.96	0.09		0.22	0.30		0.51	32	10.34	1.70	0.19	2.68

5.4.3.4 砷元素地电化学勘查统计参数特征

塘虎坪、红岩溪矿段砷元素地电化学勘查统计参数特征见表5-16，塘虎坪矿段砷元素的最大值、异常点个数、异常点平均值、总强度、平均衬度和反差比红岩溪矿段要高，说明塘虎坪矿段含砷矿物较红岩溪矿段较多。

表 5-16　塘虎坪、红岩溪矿段砷元素地电化学勘查统计参数表　单位：10^{-6}

矿段名称	最大值	最小值	风暴样品下限	背景值	高值异常下限	低值异常下限	异常点平均值	异常点个数	总强度	平均衬度	非异常点平均值	反差
塘虎坪	3.88	0.03	0.76	0.35	0.41	0.37	0.91	70	63.61	2.6	0.21	4.33
红岩溪	1.0	0.1		0.31	0.44		0.61	20	12.13	1.97	0.28	2.18

5.4.4　塘虎坪、红岩溪矿段地电化学异常统计参数特征

沃溪矿区塘虎坪、红岩溪矿段地电化学异常统计参数是评价各元素地电化学异常找矿潜力的重要依据，包括异常的点数、峰值、平均值、总强度和衬度。

5.4.4.1 金元素地电化学异常统计参数特征

两个矿段共发现地电化学金异常9处，其中塘虎坪矿段4处、红岩溪矿段5

处，统计参数特征见表 5-17，根据异常的地电化学统计参数特征值的大小划分为 A、B、C 三类，A 类有 3 处异常，其特点是：代表异常规模的异常点个数为 11~26 个，峰值为 $335.0×10^{-9}~761×10^{-9}$，平均值为 $64.49×10^{-9}~173.81×10^{-9}$，总强度为 $902.9×10^{-9}~2781.00×10^{-9}$，异常衬度为 6.37~32.9。B 类有 2 处异常，其特点是：代表异常规模的异常点个数为 7~11 个，峰值为 $87.0×10^{-9}~178.0×10^{-9}$，平均值为 $20.76×10^{-9}~48.3×10^{-9}$，总强度为 $145.3×10^{-9}~531.3×10^{-9}$，异常衬度为 4.05~10.59。C 类有 4 处异常，其特点是：代表异常规模的异常点个数为 2~7 个，峰值在 $3.0×10^{-9}~58.8×10^{-9}$，平均值为 $3.0×10^{-9}~54.3×10^{-9}$，总强度为 $9.0×10^{-9}~108.6×10^{-9}$，异常衬度为 1.53~4.55。

表 5-17　沃溪矿区塘虎坪、红岩溪矿段金元素地电化学异常统计参数表　单位：10^{-9}

矿段名称	异常编号	异常点数	峰值	平均值	总强度	衬度	评估等级
塘虎坪	Au-1	2	58.8	54.3	108.6	4.55	C
塘虎坪	Au-2	26	335.0	76.10	1978.7	6.37	A
塘虎坪	Au-3	11	178	48.30	531.3	4.05	B
塘虎坪	Au-4	17	761	163.59	2781.00	13.70	A
红岩溪	Au-1	3	3	3.00	9.00	1.53	C
红岩溪	Au-2	7	87.0	20.76	145.3	10.59	B
红岩溪	Au-3	7	5.5	3.9	27.3	1.99	C
红岩溪	Au-4	4	5.0	3.65	14.6	1.86	C
红岩溪	Au-5	14	480.00	64.49	902.9	32.9	A

5.4.4.2 锑元素地电化学异常统计参数特征

两个矿段共发现地电化学锑异常 11 处，其中塘虎坪矿段 5 处、红岩溪矿段 6 处，统计参数特征见表 5-18，B 类异常有 2 处，C 类异常有 9 处，B 类异常特点是：代表异常规模的异常点个数为 7 个，峰值为 $1.98×10^{-6}~2.61×10^{-6}$，平均值为 $1.55×10^{-6}~2.10×10^{-6}$，总强度为 $10.84×10^{-6}~14.67×10^{-6}$，异常衬度为 1.82~2.47。C 类异常特点是：代表异常规模的异常点个数为 1~28 个，峰值在 $0.23×10^{-6}~2.52×10^{-6}$，平均值为 $0.17×10^{-6}~1.84×10^{-6}$，总强度为 $0.32×10^{-6}~9.21×10^{-6}$，异常衬度为 1.71~6.07。要强调的是，塘虎坪矿段锑的地电化学统计参数要比红岩溪矿段低许多，且两个矿段锑的地电化学统计参数普遍偏低，因此大多数异常划为 C 类，只有两个锑异常划为 B 类，两个矿段锑矿找矿潜力较小。

表5-18 沃溪矿区塘虎坪、红岩溪矿段锑元素地电化学异常统计参数表 单位：10^{-6}

矿区名称	异常编号	异常点数	峰值	平均值	总强度	衬度	评估等级
塘虎坪	Sb-1	1	0.32	0.32	0.32	3.53	C
塘虎坪	Sb-2	28	0.38	0.19	5.34	2.11	C
塘虎坪	Sb-3	3	0.23	0.18	0.55	1.99	C
塘虎坪	Sb-4	8	0.25	0.17	1.34	1.88	C
塘虎坪	Sb-5	17	0.54	0.17	2.97	1.88	C
红岩溪	Sb-1	8	2.61	1.83	14.67	2.15	B
红岩溪	Sb-2	3	2.52	1.72	5.16	2.02	C
红岩溪	Sb-3	7	1.98	1.55	10.84	1.82	B
红岩溪	Sb-4	6	2.01	1.54	9.21	1.81	C
红岩溪	Sb-5	4	1.56	1.45	5.81	1.71	C
红岩溪	Sb-6	3	1.89	1.84	5.53	2.16	C

5.4.4.3 钨元素地电化学异常统计参数特征

两个矿段共发现地电化学钨异常10处，其中塘虎坪矿段5处、红岩溪矿段5处，统计参数特征见表5-19，B类异常有2处，其特点是：代表异常规模的异常点个数为8~21个，峰值为0.90×10^{-6}~1.96×10^{-6}，总强度4.66~6.56，异常均值0.22×10^{-6}~0.82×10^{-6}，衬度为2.45~3.73；C类有8处异常，其特点是：代表异常规模的异常点个数为2到13个，峰值为0.16×10^{-6}~0.84×10^{-6}，平均值为0.16×10^{-6}~0.50×10^{-6}，总强度为0.16×10^{-6}~4.48×10^{-6}，异常衬度为1.80到3.55，要指出的是，红岩溪矿段钨的地电化学异常统计参数普遍高于塘虎坪矿段，而且两个矿段钨的地电化学统计参数普遍偏低，因此，两个矿段钨矿找矿潜力较小。

表5-19 沃溪矿区塘虎坪、红岩溪矿段钨元素地电化学异常统计参数表 单位：10^{-6}

矿区名称	异常编号	异常点数	峰值	平均值	总强度	衬度	评估等级
塘虎坪	W-1	1	0.16	0.16	0.16	1.80	C
塘虎坪	W-2	21	0.90	0.22	4.66	2.45	B
塘虎坪	W-3	13	0.38	0.16	2.06	1.80	C
塘虎坪	W-4	10	0.50	0.17	1.73	1.91	C
塘虎坪	W-5	5	0.24	0.20	1.01	2.25	C
红岩溪	W-1	3	0.40	0.34	1.03	1.55	C
红岩溪	W-2	4	0.33	0.33	1.32	1.50	C

续表5-19

矿区名称	异常编号	异常点数	峰值	平均值	总强度	衬度	评估等级
红岩溪	W-3	9	0.84	0.50	4.48	2.26	C
红岩溪	W-4	8	1.96	0.82	6.56	3.73	B
红岩溪	W-5	2	0.39	0.39	0.78	3.55	C

5.4.4.4 砷元素地电化学异常统计参数特征

两个矿段共发现地电化学砷异常 7 处，其中塘虎坪矿段 4 处、红岩溪矿段 3 处，统计参数特征见表 5-20，B 类异常有 2 处，其特点是：代表异常规模的异常点个数为 26~31 个，峰值为 $2.75×10^{-6}$ ~ $3.88×10^{-6}$，平均值为 $0.85×10^{-6}$ ~ $0.93×10^{-6}$，总强度为 $22.14×10^{-6}$ ~ $28.72×10^{-6}$，异常衬度为 2.43~2.66，C 类有 5 处异常，其特点是：代表异常规模的异常点个数为 1~15 个，峰值为 $0.58×10^{-6}$ ~ $1.24×10^{-6}$，平均值为 $0.53×10^{-6}$ ~ $1.21×10^{-6}$，总强度为 $1.1×10^{-6}$ ~ $11.47×10^{-6}$，异常衬度为 1.71~3.46。

表 5-20　沃溪矿区塘虎坪、红岩溪矿段砷元素地电化学异常统计参数表　单位：10^{-6}

矿区名称	异常编号	异常点数	峰值	平均值	总强度	衬度	评估等级
塘虎坪	As-1	1	1.21	1.21	1.21	3.46	C
塘虎坪	As-2	26	2.75	0.85	22.14	2.43	B
塘虎坪	As-3	31	3.88	0.93	28.72	2.66	B
塘虎坪	As-4	15	1.24	0.76	11.47	2.17	C
红岩溪	As-1	5	0.86	0.69	3.45	2.23	C
红岩溪	As-2	2	0.62	0.55	1.1	1.77	C
红岩溪	As-3	5	0.58	0.53	2.67	1.71	C

两个矿段各元素地电化学异常分级统计见表 5-21。

表 5-21　沃溪矿区塘虎坪、红岩溪矿段各元素地电化学异常分级统计表

元素	A 级	B 级	C 级	合计
Au	3	2	4	9
Sb	0	2	9	11
W	0	2	8	10
As	0	2	5	7
合计	3	8	26	37

5.4.5 塘虎坪、红岩溪矿段地电化学勘查找矿预测

5.4.5.1 地电化学勘查统计参数找矿指示意义

从塘虎坪、红岩溪矿段金元素地电化学勘查统计参数表(表5-13)可以看出，塘虎坪矿段金元素地电化学勘查统计参数比红岩溪矿段要高得多，塘虎坪矿段有2个A级金异常和1个B级金异常，红岩溪矿段有1个A级金异常和1个B级金异常，显示塘虎坪矿段找金矿潜力比红岩溪矿段大得多。

红岩溪矿段锑元素各项地电化学勘查统计参数高于塘虎坪矿段(表5-14)，而且红岩溪矿段有2个B级锑异常，塘虎坪矿段都是C级锑异常，显示红岩溪矿段找锑矿潜力相对比塘虎坪矿段大些。

对于钨元素而言，红岩溪矿段的地电化学勘查统计参数比塘虎坪矿段相对高些(表5-15)，表明红岩溪矿段找钨矿的潜力要比塘虎坪矿段稍大些。

砷元素地电化学勘查统计参数值也是以塘虎坪矿段稍高，塘虎坪矿段有2个B级砷异常，红岩溪矿段都是C级砷异常，所以塘虎坪矿段砷矿物比红岩溪矿段普遍。

综上所述，基于金、锑、钨、砷元素地电化学勘查统计参数对比，塘虎坪、红岩溪矿段按照其地电化学勘查统计参数的大小，即按找矿潜力从大到小排序是：

金：塘虎坪矿段→红岩溪矿段；

锑：红岩溪矿段→塘虎坪矿段；

钨：红岩溪矿段→塘虎坪矿段；

砷：塘虎坪矿段→红岩溪矿段。

综合起来，从地电化学勘查统计参数考虑金矿找矿预测，两个矿段的找矿潜力从大到小排序是：塘虎坪矿段→红岩溪矿段。

5.4.5.2 地电化学异常评价和找矿预测

从表5-21可知，塘虎坪、红岩溪矿段共划分四元素A级异常3处、B级异常8处和C级异常26处，累计37处，其中金异常有A级异常3处、B级异常2处和C级异常4处，由于C级异常规模小，地电化学勘查统计参数值低，找矿潜力有限，因此对C级异常不进行找矿评述，对3处A级金异常和2处B级金异常进行找矿评述，地电化学统计参数见表5-22。

表5-22 塘虎坪、红岩溪矿段金元素A、B级地电化学异常统计参数表 单位：10^{-9}

矿区名称	异常编号	异常点数	峰值	平均值	总强度	衬度	评估等级	顺序
塘虎坪	Au-4	17	761	163.59	2781.00	13.70	A	1
塘虎坪	Au-2	26	335	76.10	1978.70	6.37	A	2

续表5-22

矿区名称	异常编号	异常点数	峰值	平均值	总强度	衬度	评估等级	顺序
红岩溪	Au-5	14	480	64.49	902.90	32.90	A	3
塘虎坪	Au-1	11	178.0	48.30	531.30	4.05	B	4
红岩溪	Au-3	7	87.0	20.76	145.30	10.59	B	5

由图 5-19、图 5-22 得出：

(1)塘虎坪矿段 Au-4 异常位于矿段南东部，呈东西向横跨 12 线、18 线和 24 线，由 17 个异常点组成，异常呈哑铃状，往东没有封闭，最大分析值为 761×10^{-9}，平均值为 163.59×10^{-9}，最大衬度为 63.74，平均衬度为 17.70。本异常基岩为板溪群马底驿组第二岩性段，该异常规模大，峰值特高，连续好，衬度最大，东部没有封闭，西部封闭于 6 线和 12 线之间，推断为近东西向延伸的矿化带或矿体所致，是本矿段找矿潜力最大的金异常。

(2)塘虎坪矿段 Au-2 异常位于矿段中北部，呈东西向横跨全矿段，往东和往西两端都未封闭，由 26 个异常点组成(中间夹有 5 个非异常点)，最大分析值为 335.0×10^{-9}，平均分析值为 76.10×10^{-9}，最大衬度为 28.06，平均衬度为 6.37×10^{-9}。本异常基岩为板溪群马底驿组第二岩性段，北东部分有贯穿全矿段的北东走向的蚀变带 BC3，该异常规模大，峰值高，连续性好，衬度大，东西两侧没有封闭，是本矿段找矿潜力巨大的金异常。

(3)红岩溪矿段 Au-5 异常位于红岩溪矿段南部，沃溪大断裂北侧，呈东西向横跨全矿段，延伸达 600 m 以上，往东和往西两端都未封闭，由 14 个异常点组成，最大分析值为 480×10^{-9}，平均分析值为 64.49×10^{-9}，最大衬度为 244.90，平均衬度为 32.90。本异常出露基岩为红色砂砾岩，地貌上为山间洼地或陡坎，该异常是红岩溪矿段峰值和强度最高、衬度最大、规模最大、找矿潜力较大的金异常，推断为东西向延伸的矿化蚀变带所致。

(4)塘虎坪矿段 Au-3 异常位于 Au-2 南部，呈东西向横跨全矿段，往东和往西两端都未封闭，本异常范围内有一个北东向蚀变带，由 11 个异常点组成，最大分析值为 178.0×10^{-9}，平均分析值为 48.3×10^{-9}，最大衬度为 14.91，平均衬度为 4.05。本异常基岩为板溪群马底驿组第二岩性段，该异常延伸较大，峰值高，连续性好，衬度大，东西两侧没有封闭，推断为东西向延伸的矿化体所致。

(5)红岩溪矿段 Au-2 异常位于矿段 123 线、115 线、131 线北东部，呈北东东向延伸，长达 450 m，115 线宽度达 80 m，向东没有封闭，向西封闭于 131 线，由 7 个异常点组成，最大分析值为 87.0×10^{-9}，平均分析值为 20.76×10^{-9}，最大衬度为 45.41，平均衬度为 10.59。本异常地表出露白垩系红色砂岩和含砾砂岩，地貌为陡坡和山间洼地，该异常规模较大，峰值高，连续性尚好，衬度大，向东部没有封闭，在115线有较好的找矿前景，向西渐变为矿化蚀变带。

综合上述5个找矿潜力较大的地电化学金异常参数特征，按照找矿潜力由大到小的顺序排列：

塘虎坪矿段Au-4→塘虎坪矿段Au-2→红岩溪矿段Au-5→塘虎坪矿段Au-1→红岩溪矿段Au-3。

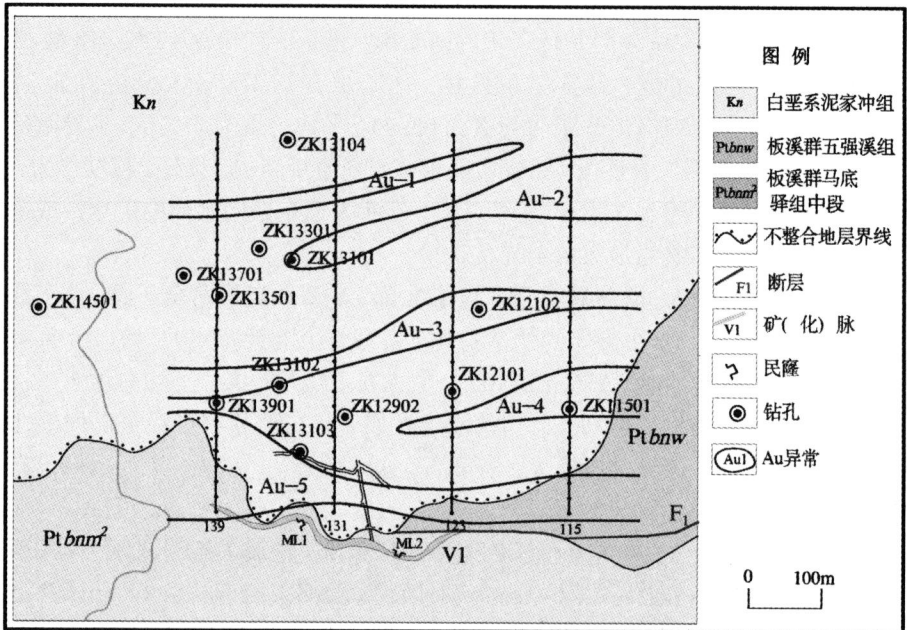

图5-22　红岩溪矿段地电化学综合异常图

5.4.6　塘虎坪矿段地电地球化学异常工程验证

根据上述塘虎坪矿段矿床地质、构造的认识和地电化学测量的成果，按照总体部署、分步实施的原则，开展深部钻探验证工作，选择对Au-2、Au-4异常开展钻探工程验证，选择12线和24线设计了ZK1201、ZK2401验证钻孔，其中ZK1201验证Au-2金异常（图5-23），ZK2401验证Au-4金异常（图5-24）。

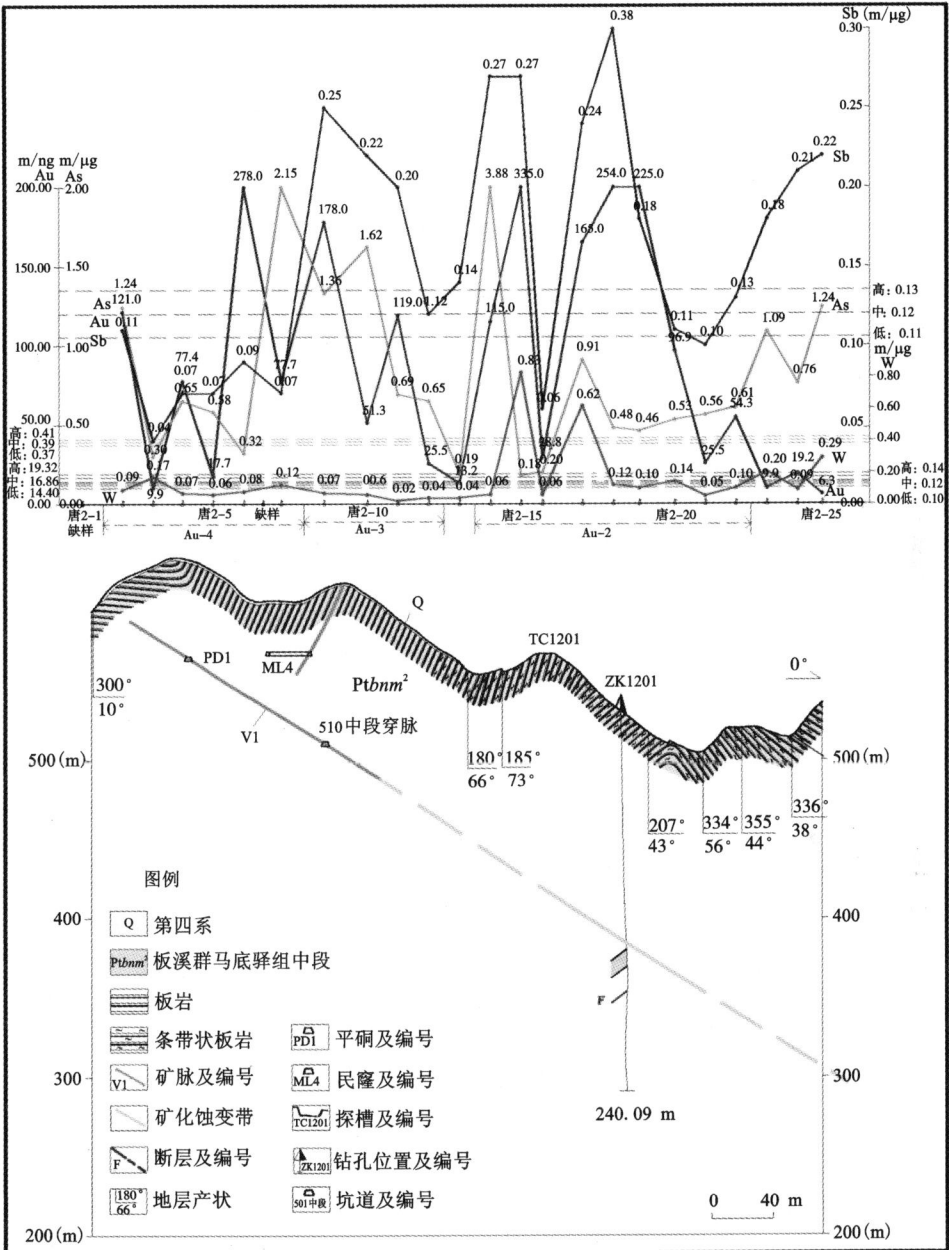

图 5-23 塘虎坪矿段 12 线地质勘探剖面图

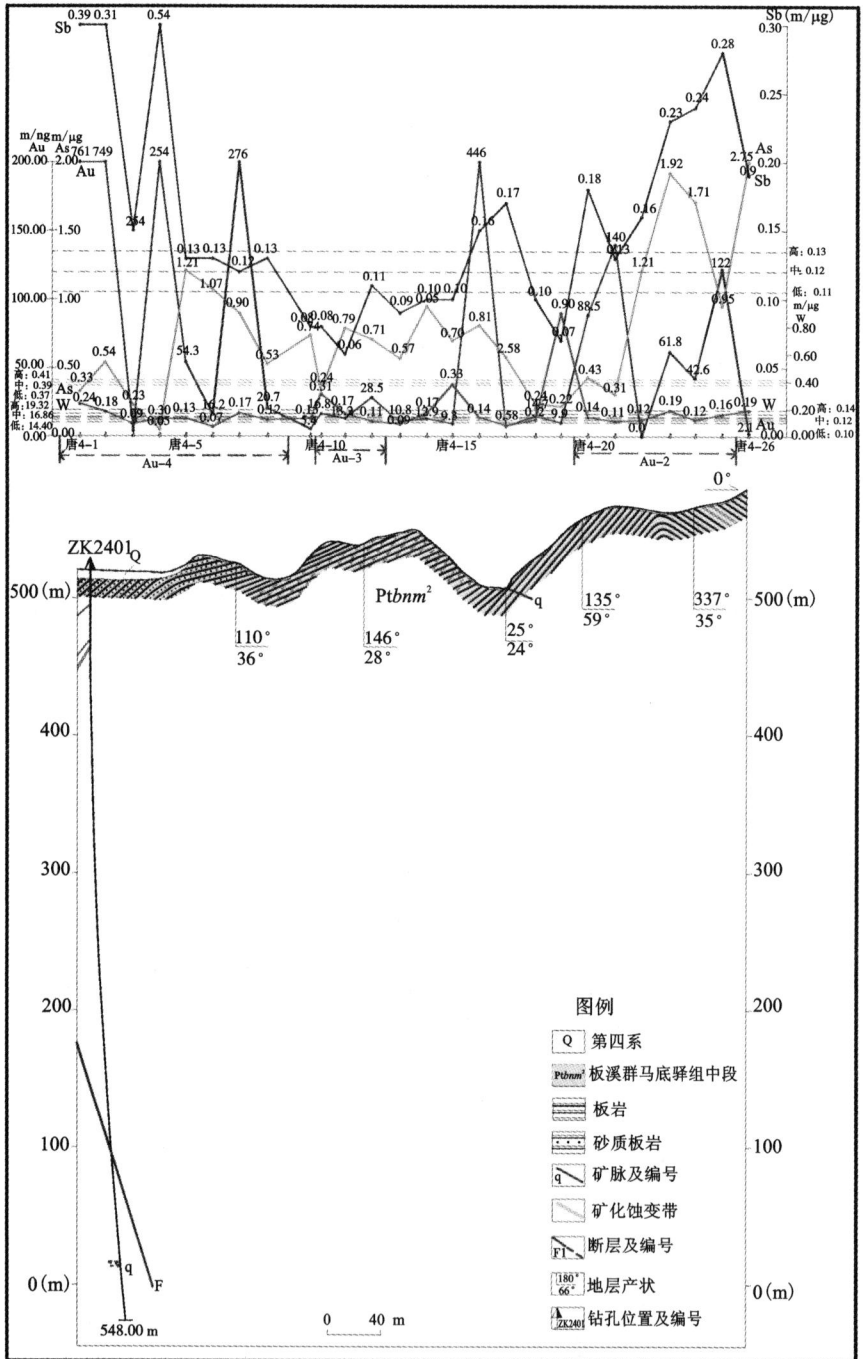

图 5-24　塘虎坪矿段 24 线地质勘探剖面图

根据 ZK1201 和 ZK2401 验证结果可获得如下认识。

(1)ZK1201 和 ZK2401 两钻孔见矿化层 6 层，总视厚度(垂深)16.51 m，加权金品位 0.14 g/t，其中 ZK1201 孔见矿化层 3 层，累计总视厚度(垂深)6.36 m，加权金品位 0.17 g/t，3 层矿化层分别是：①产出深度 150.31~151.55 m，垂深 1.24 m，金品位 0.12 g/t；②产出深度 153.20~155.22 m，垂深 2.02 m，金品位 0.30 g/t；③产出深度 157.82~160.92 m，垂深 3.10 m，金品位 0.10 g/t。ZK2401 钻孔矿化层 3 层，累计总视厚度(垂深)10.15 m，加权金品位 0.12 g/t，3 层矿化层分别是：①产出深度 424.50~433.50 m，垂深 7.80 m，为构造破碎带(因岩心破碎 425.00~426.20 m 深度区间没有采获样品)，金品位 0.13 g/t；②产出深度 503.55~504.80 m，垂深 1.25 m，金品位 0.08 g/t；③产出深度 506.90~508.00 m，垂深 1.10 米，金品位 0.10 g/t。

(2)ZK1201 和 ZK2401 钻孔均在板溪群马底驿组钻进，ZK1201 所见矿化层均为褪色化、硅化、绢云母化或绿泥石化蚀变带，当蚀变强烈时，岩石破碎，石英脉较发育，石英脉中见黄铁矿零星分布，ZK2401 第 1 矿化层为断层破碎带，具绿泥石化、硅化和褪色化蚀变，第 2 和第 3 矿化层硅化强烈，石英细脉密集产出，石英脉中偶见细粒黄铁矿稀疏分布。

(3)Au-2 金异常可能部分由 ZK1201 所见 3 层矿化层所致，Au-4 金异常可能部分由 ZK2401 所见 3 层矿化层所致，但不排除两个钻孔深部(ZK1201 孔 300 m 深度以下，ZK2401 孔 548 m 深度以下)还有金矿体产出的可能性，因为本次进行的地电化学测量所获得的 Au-2 和 Au-4 异常峰值高，规模和衬度大，连续性好，由深部层间破碎带型金矿引起的概率较大。

(4)ZK2401 孔所见第 1 矿化层规模较大、成矿条件有利，是该区金矿的重要找矿方向。

上述地电化学找矿成果资料表明，该方法还是停留在"就异常而论异常"阶段，对浅表矿化体(矿体)效果还是比较明显，但由于缺乏对地电化学异常形成机理的正确认识，加之该方法本身无法判断成矿物质来源于地层，还是来源于深部流体带来的成矿物质的叠加(两者成矿规模不同，找矿意义不同)，即无法解决地电化学异常的多解性(即不同成矿作用形成的异常的识别)，单就"异常而论异常"来开展深部工程验证风险较大。因此试验效果并不十分理想。

近年来，随着研究程度加深和技术的完善，地电化学法成为我国应用最广泛的深穿透地球化学技术之一，但其找矿效果有待检验，技术规范化和标准化亟需加强，与地气测量和 MMI(金属活动动态测量)结果多解性一样是地电化学法面临的问题。

5.5 矿床地球化学特征

5.5.1 元素的分类及分布特征

矿区含矿石英脉中金、锑、钨3种元素均有工业价值，以金的矿化深度和矿化强度最大，也最稳定，含矿系数达0.9~0.99，品位变化系数96%~116%；锑次之，含矿系数0.64~0.71，品位变化系数127%~154%；三氧化钨跳跃式出现，变化最大，含矿系数0.47~0.55，品位变化系数296%~327%。从宏观看，金、锑、钨的变化沿走向大于倾斜延深。它们的含量与脉幅厚薄无明显的依随关系。金、锑、钨元素沿走向与沿倾向的分布具有明显特征。

5.5.1.1 元素分带特征

(1)元素的水平分带特征

以往研究成果表明，矿区东部上沃溪仅见金钨矿化，锑微量，矿区中部十六棚工金锑钨矿化强烈，往西粟家溪矿段比十六棚工矿化减弱，矿区西端的鱼儿山、红岩溪一带以金、钨矿化为主。自西向东总的矿化趋势是：金钨金锑钨金钨，矿化中心在十六棚工一带。从东到西白钨矿含量减少，黑钨矿含量逐渐增多。这种现象在鱼儿山矿段最为明显，鱼儿山东矿柱白钨矿占67%，黑钨矿占33%，西矿柱黑钨矿占69%，白钨矿占31%，矿段最西边的马家院、胡家台盲矿柱黑钨矿达83%，白钨矿只占17%，在十六棚工矿段，东矿柱黑钨矿少见，而西矿柱却常可见到。但近年鱼儿山、红岩溪深部找矿表明，V6盲脉Au、Sb矿化良好，W矿化相对较差。

(2)元素纵向分带特征

总的趋势是上部钨高，向下变贫，而金、锑变化不大，向下略显增高。然而在不同矿段或矿柱也不尽相同。如鱼儿山矿段V1脉往深部锑矿化减弱，而金、钨矿化稳定，延深较大。

本次对十六棚工矿段V1、V3脉和鱼儿山矿段的V1脉从地表到不同中段的矿体采样分析结果，通过计算Hg、W、Au、Sb、Pb、Zn、Cu、Ag、Bi、As、Ni、Co、Mn、Mo 14个元素的分带系数，再对元素分带系数进行排序，发现十六棚工矿段V1脉与V3脉元素垂向分带具有共同的分带特征，其分带序列是：Hg、W、Au、Sb、Pb、Zn、Cu、Ag、Bi、As、Ni、Co、Mn、Mo。根据元素地球化学性质和前人研究成果，Hg、Sb、As元素在不同类型金矿的成矿序列中，为其前缘晕元素组合，Mo、Bi、Ni、Co为其尾晕元素组合。而本次研究表明确有这种规律存在。

5.5.1.2 成矿过程元素分类特征

成矿活动是比较复杂的过程,它不仅是成矿元素在不断地活化、迁移和富集,并伴随着其他微量元素的活化和迁移。本次工作对十六棚工矿段的 V1、V3、V4、V7、V8 脉和鱼儿山矿段 V1 脉及红岩溪矿段的成矿元素金、锑、钨及部分微量元素进行了相关分析和 R 型聚类分析。

(1)相关分析

表 5-23 表明,V1 脉成矿元素 Au 与 Sb、Pb、As、W、Mo、Ag、Bi 呈正相关关系,并呈显著相关,与 Mn、Ag、Zn、Co、Ni、Cu 相关性一般;成矿元素 Sb 与 Au、W、As、Hg 呈正相关关系并呈显著相关,与 Mn、Ag、Zn、Co、Ni、Cu 相关性一般;成矿元素 W 与 Au、Ag、As、Pb 呈正相关关系并呈显著相关,与 Mn、Sb、Zn、Co、Ni、Cu 相关性一般。

表 5-23　V1 脉矿体元素相关系数计算结果表

	Cu	Pb	W	Ni	Mo	Mn	Ag	Zn	Co	As	Sb	Bi	Hg	Au
Cu	1.00													
Pb	0.27	1.00												
W	0.56	0.56	1.00											
Ni	0.12	0.07	0.28	1.00										
Mo	0.12	0.54	0.43	-0.06	1.00									
Mn	0.27	-0.15	0.26	0.62	-0.18	1.00								
Ag	0.68	0.37	0.60	0.45	0.20	0.69	1.00							
Zn	0.08	-0.30	-0.05	0.40	-0.65	0.71	0.28	1.00						
Co	0.14	0.15	0.40	0.92	0.04	0.62	0.47	0.32	1.00					
As	0.38	0.60	0.58	0.01	0.58	-0.25	0.26	-0.53	0.10	1.00				
Sb	0.20	0.36	0.18	0.04	0.63	-0.26	0.12	-0.51	0.01	0.71	1.00			
Bi	0.56	0.39	0.31	0.14	0.11	0.28	0.58	0.02	0.09	0.35	0.24	1.00		
Hg	0.53	0.59	0.41	-0.17	0.49	-0.18	0.32	-0.38	-0.05	0.72	0.62	0.46	1.00	
Au	0.36	0.63	0.64	0.22	0.49	-0.06	0.37	-0.36	0.29	0.89	0.59	0.40	0.64	1.00

表 5-24 表明,V3 脉成矿元素 Au 与 As、Sb、Zn、Ag、W、Pb、Hg、Cu、Co、Mo 呈正相关关系,并呈显著相关;成矿元素 Sb 与 Au、W 呈正相关关系,并呈显著相关,其他元素相关性一般;成矿元素 W 与 Sb、Au 呈正相关关系,并呈显著相关,其他元素相关性一般。

表 5-24　V3 脉矿体元素相关系数计算结果表

	Cu	Pb	W	Ni	Mo	Mn	Ag	Zn	Co	As	Sb	Bi	Hg	Au
Cu	1.00													
Pb	0.28	1.00												
W	0.13	0.34	1.00											
Ni	0.31	0.30	-0.04	1.00										
Mo	0.03	0.36	0.24	0.14	1.00									
Mn	0.01	-0.35	-0.21	0.31	-0.25	1.00								
Ag	0.81	0.46	0.21	0.39	0.26	-0.03	1.00							
Zn	0.46	-0.07	-0.12	0.42	-0.38	0.33	0.28	1.00						
Co	0.28	0.41	0.11	0.90	0.26	0.23	0.36	0.37	1.00					
As	0.19	0.47	0.42	0.26	0.36	-0.23	0.26	-0.16	0.40	1.00				
Sb	0.08	0.20	0.49	-0.27	0.22	-0.25	0.18	-0.24	-0.12	0.24	1.00			
Bi	0.65	0.36	0.24	0.55	0.23	-0.03	0.67	0.33	0.53	0.39	-0.05	1.00		
Hg	0.76	0.14	0.21	0.13	0.03	0.02	0.59	0.30	0.13	0.13	0.22	0.44	1.00	
Au	0.33	0.61	0.59	0.04	0.46	-0.34	0.47	-0.21	0.19	0.59	0.61	0.39	0.34	1.00

表 5-25 表明，V4 脉成矿元素 Au 与 As、Sb、Zn、Ag、W、Pb、Hg、Cu、Co、Mo 呈正相关关系，并呈显著相关；成矿元素 Sb 与 Au、W 呈正相关关系，并呈显著相关，其他元素相关性一般；成矿元素 W 与 Sb、Au 呈正相关关系，并呈显著相关，其他元素相关性一般。

表 5-25　V4 脉矿体元素相关系数计算结果表

	Cu	Pb	W	Ni	Mo	Mn	Ag	Zn	Co	As	Sb	Bi	Hg	Au
Cu	1.00													
Pb	0.22	1.00												
W	0.53	0.28	1.00											
Ni	0.35	0.19	0.27	1.00										
Mo	0.33	0.73	0.49	0.23	1.00									
Mn	0.32	-0.10	0.31	0.11	-0.10	1.00								
Ag	0.90	0.37	0.64	0.31	0.46	0.46	1.00							
Zn	0.78	0.62	0.52	0.37	0.56	0.18	0.86	1.00						

续表5-25

	Cu	Pb	W	Ni	Mo	Mn	Ag	Zn	Co	As	Sb	Bi	Hg	Au
Co	0.72	0.48	0.69	0.61	0.68	0.20	0.79	0.78	1.00					
As	0.51	0.57	0.64	0.35	0.53	0.36	0.67	0.57	0.61	1.00				
Sb	0.53	0.44	0.66	0.16	0.60	0.26	0.66	0.60	0.62	0.72	1.00			
Bi	0.08	-0.14	-0.08	0.38	-0.21	0.24	0.00	-0.12	-0.06	0.24	-0.04	1.00		
Hg	0.57	0.61	0.46	0.09	0.59	-0.02	0.61	0.69	0.50	0.50	0.54	-0.01	1.00	
Au	0.54	0.60	0.62	0.37	0.61	0.28	0.64	0.64	0.62	0.86	0.75	0.12	0.55	1.00

表 5-26 表明, V7 脉成矿元素 Au 除与 Mn 以外, 其他元素均具有显著相关性; 成矿元素 Sb 与 Hg、Pb、Au、As、Mo、Zn 呈正相关关系, 并呈显著相关, 其他元素相关性一般; 成矿元素 W 与 Au、As、Hg、Sb 呈正相关关系, 并呈显著相关, 其他元素相关性一般。

表 5-26　V7 脉矿体元素相关系数计算结果表

	Cu	Pb	W	Ni	Mo	Mn	Ag	Zn	Co	As	Sb	Bi	Hg	Au
Cu	1.00													
Pb	0.43	1.00												
W	0.06	0.32	1.00											
Ni	0.44	0.30	-0.02	1.00										
Mo	0.45	0.63	0.33	0.23	1.00									
Mn	-0.05	-0.22	-0.14	0.15	-0.28	1.00								
Ag	0.69	0.64	0.23	0.47	0.60	0.20	1.00							
Zn	0.37	0.66	0.08	0.29	0.57	-0.24	0.41	1.00						
Co	0.38	0.22	0.11	0.80	0.27	0.29	0.44	0.33	1.00					
As	0.36	0.57	0.52	0.38	0.48	-0.10	0.53	0.24	0.45	1.00				
Sb	0.19	0.47	0.39	-0.20	0.40	-0.22	0.34	0.31	-0.12	0.41	1.00			
Bi	0.49	0.51	0.35	0.66	0.43	-0.06	0.54	0.35	0.56	0.49	0.09	1.00		
Hg	0.64	0.80	0.42	0.27	0.69	-0.21	0.69	0.55	0.22	0.61	0.62	0.46	1.00	
Au	0.42	0.65	0.64	0.33	0.61	-0.17	0.59	0.36	0.43	0.83	0.45	0.52	0.75	1.00

表 5-27 表明, V8 脉成矿元素 Au 与 As、Hg、Mo、Bi 呈正相关关系, 并呈显著相关, 其他元素相关性较差; 成矿元素 Sb 与 W、Hg 呈正相关关系; 成矿元素

W 与 Au、Sb、As、Hg、Pb 呈正相关关系。

表 5-27 V8 脉矿体元素相关系数计算结果表

	Cu	Pb	W	Ni	Mo	Mn	Ag	Zn	Co	As	Sb	Bi	Hg	Au
Cu	1.00													
Pb	0.56	1.00												
W	0.08	0.27	1.00											
Ni	0.27	0.27	-0.08	1.00										
Mo	0.57	0.58	0.14	0.30	1.00									
Mn	-0.11	-0.29	-0.19	0.26	-0.32	1.00								
Ag	0.63	0.58	0.09	0.52	0.49	0.16	1.00							
Zn	0.43	0.45	0.09	0.45	0.27	-0.04	0.52	1.00						
Co	0.34	0.32	0.01	0.91	0.37	0.18	0.58	0.55	1.00					
As	0.04	0.09	0.26	0.13	0.35	-0.24	-0.01	0.00	0.24	1.00				
Sb	0.10	0.18	0.27	-0.44	0.14	-0.40	0.04	-0.02	-0.30	0.00	1.00			
Bi	0.45	0.57	0.20	0.52	0.43	-0.04	0.54	0.24	0.48	0.20	-0.11	1.00		
Hg	0.53	0.67	0.23	0.20	0.48	-0.46	0.40	0.51	0.26	0.14	0.21	0.35	1.00	
Au	0.21	0.38	0.29	0.37	0.44	-0.22	0.24	0.21	0.43	0.61	0.05	0.40	0.47	1.00

表 5-28 表明，鱼儿山 V1 脉成矿元素 Au 与 As、W、Ag、Bi、Pb、Mo、Hg、Sb、Cu 呈正相关关系；成矿元素 Sb 与 Cu、Ag、Hg、Au、W、As 呈正相关关系；成矿元素 W 与 Au、Ag、As、Hg、Mo、Pb、Sb 呈正相关关系。

表 5-28 鱼儿山矿区元素相关系数计算结果表

	Cu	Pb	W	Ni	Mo	Mn	Ag	Zn	Co	As	Sb	Bi	Hg	Au
Cu	1.00													
Pb	0.27	1.00												
W	0.34	0.56	1.00											
Ni	0.09	0.18	0.17	1.00										
Mo	0.16	0.41	0.42	0.09	1.00									
Mn	-0.08	-0.17	-0.05	0.22	0.02	1.00								
Ag	0.76	0.44	0.54	0.13	0.38	-0.05	1.00							

续表5-28

	Cu	Pb	W	Ni	Mo	Mn	Ag	Zn	Co	As	Sb	Bi	Hg	Au
Zn	0.27	-0.03	0.02	0.35	-0.01	0.22	0.08	1.00						
Co	0.35	0.45	0.33	0.75	0.34	0.12	0.40	0.33	1.00					
As	0.23	0.61	0.71	0.10	0.51	0.06	0.52	0.00	0.40	1.00				
Sb	0.55	0.32	0.37	0.07	0.25	-0.04	0.53	0.08	0.23	0.31	1.00			
Bi	0.45	0.31	0.37	0.30	0.42	0.09	0.52	0.15	0.54	0.47	0.36	1.00		
Hg	0.45	0.32	0.51	0.06	0.25	0.04	0.46	0.06	0.22	0.43	0.49	0.22	1.00	
Au	0.46	0.55	0.75	0.21	0.54	0.02	0.67	0.06	0.48	0.78	0.45	0.58	0.48	1.00

表 5-29 表明，红岩溪矿段成矿元素 Au 与 As、W、Hg、Sb、Mo 呈正相关关系，并呈显著相关，其他元素相关性一般；成矿元素 Sb 与 Hg、Pb、Au、Ag、As 呈正相关关系，并呈显著相关，其他元素相关性一般；成矿元素 W 与 As、Au、Sb 呈正相关关系，并呈显著相关，其他元素相关性一般。

表 5-29　红岩溪矿区元素相关系数计算结果表

	Cu	Pb	W	Ni	Mo	Mn	Ag	Zn	Co	As	Sb	Bi	Hg	Au
Cu	1.00													
Pb	0.73	1.00												
W	-0.06	0.23	1.00											
Ni	0.06	0.09	0.09	1.00										
Mo	0.08	0.43	0.15	0.02	1.00									
Mn	-0.38	-0.18	0.09	0.40	0.00	1.00								
Ag	0.82	0.81	0.15	0.22	0.19	-0.25	1.00							
Zn	0.25	0.34	0.11	0.12	0.49	0.07	0.18	1.00						
Co	0.07	0.21	0.33	0.74	0.25	0.52	0.26	0.26	1.00					
As	-0.19	0.14	0.82	-0.12	0.28	0.11	-0.04	0.04	0.33	1.00				
Sb	0.41	0.60	0.39	-0.06	0.47	-0.21	0.39	0.76	0.14	0.35	1.00			
Bi	0.74	0.68	0.21	0.03	0.04	-0.12	0.67	0.05	0.24	0.24	0.34	1.00		
Hg	0.47	0.31	0.11	-0.04	0.35	-0.32	0.42	0.62	-0.04	-0.03	0.67	0.17	1.00	
Au	-0.01	0.35	0.76	-0.15	0.53	0.02	0.11	0.24	0.23	0.83	0.54	0.29	0.28	1.00

从不同矿段元素的相关性分析，各矿段具有较为鲜明的特征。

红岩溪矿段金与钨、锑相关性均很好，但锑与钨相关性较差，锑与 Hg、Pb、Au、Ag、As 相关性较好，说明红岩溪矿段至少具有两个主要成矿期，即金钨和金锑同时伴有 As、Hg、Mo、Pb、Ag 等元素的参与成矿作用。

鱼儿山矿段与红岩溪矿段具有相类似的特征，金与钨、锑相关性均很好，但锑与钨相关性较差，锑与 Cu、Hg、Au、Ag 相关性较好，说明鱼儿山矿段至少具有两个主要成矿期，即金钨和金锑同时伴有 As、Hg、Mo、Pb、Cu、Ag 等元素的参与成矿作用。

十六棚工矿段元素的相关性相对比较复杂，从近地表（9 中段以上）和深部（9 中段以下）元素相关性分析具有较大的差别。近地表（9 中段以上）元素相关性（V1 脉）与鱼儿山矿段和红岩溪矿段具有类似的特征，金与钨锑相关性均很好，但锑与钨相关性较差。深部（9 中段以下的 V8、V3、V7 脉）元素金、锑、钨均具有较好的相关性。Au 与 As、Hg、Pb、W、Mo、Ag、Bi、Sb、Cu、Zn 呈正相关关系；成矿元素 Sb 与 Hg、Pb、Au、As、Mo、Zn 呈正相关关系；成矿元素 W 与 Au、As、Hg、Sb 呈正相关关系，这反映该矿段具有多期成矿的特点。

（2）R 型聚类分析

R 型聚类分析是研究元素亲疏关系的一种多元统计方法，通过对十六棚工 V1、V3、V7 脉和鱼儿山矿段 V1 脉的岩石样品 14 个变量的分析结果进行计算，得到各自的谱系图，四个矿脉均按 0.2 的相关系数进行分类，由于各矿段之间或同一矿段不同矿体之间存在成矿条件或者控矿因素的差异，表现在元素分类上也存在差异。

十六棚工 V1 脉：按 0.2 的相似性水平来划分，元素可以分为 5 组。

1 组：Ni、Co、Zn、Mn，它们的相关性很好，但这些元素呈分散状态，并没有形成独立的矿体，成矿元素 Au、Sb、W 的相关性较差。说明该组元素在成矿过程中参与程度较低。

2 组：单 Ag 组合，该元素呈分散状态，并没有形成独立的矿体，且与成矿元素 W 的相关性很好（相关系数 0.6），与 Au、Sb 相关性相对较差，与 Au 有一定的相关性（相关系数 0.37），与 Cu、Mn、Co、Ni 相关性较好。说明 Ag 元素参与成矿活动。

3 组：Cu、Bi，该组元素呈分散状态，并没有形成独立的矿体，且与成矿元素 W 的相关性很好（相关系数 0.56），与 Au、Sb 相关性相对较差，与 Au 有一定的相关性（相关系数 0.36），与 Ag、Hg 相关性较好。说明该组元素参与成矿活动。

4 组：As、Sb、Hg、Au、Pb、Mo，该组元素中的 Au、Sb 是主要成矿元素，其他为分散元素，其中 As、Sb、Hg、Au 关系最为密切，Au 与 As、Sb、Hg 的相关系数分别为 0.89、0.59、0.64，说明该组元素在成矿过程中关系十分密切。

5 组：单 W 组合，该元素为主要成矿元素，并形成独立的钨矿体，且与 Au、Ag、Cu、Pb、Mo、As、Hg、Bi 等元素相关性较好，但与 Sb 相关性较差（相关系数 0.18），说明 Au、Ag、Cu、Pb、Mo、As、Hg、Bi 元素在成矿过程中与 W 关系十分密切。

从十六棚工矿段 V1 脉的 R 型聚类分析（图 5-25）来看：十六棚工矿段 V1 脉至少存在两个成矿期，第一期是以 W 成矿为主，并伴有 Au 矿形成，Sb 不参与该期的成矿；微量元素组合以 Au、Ag、Cu、Pb、Mo、As、Hg、Bi 组合为特征。原因是该期 W 是单独元素组合，且与 Sb 的相关性较差，与 Au 的相关性较好，而 Sb 与 Au 的相关性较好，W 与 Au、Ag、Cu、Pb、Mo、As、Hg、Bi 等元素相关性较好。第二期以 Au、Sb 为主，对第一期有叠加作用，造成在第一期中有 Sb 矿的存在。同时该成矿期与 As、Hg、Au、Cu、Pb 等元素相关性较好。

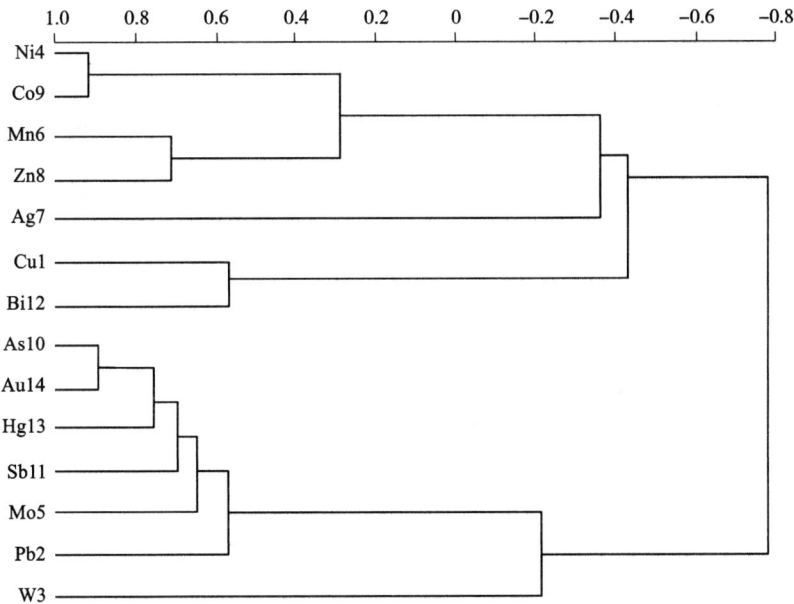

图 5-25　十六棚工矿段 V1 脉 R 型聚类谱系图

V3 脉：按 0.2 的相似性水平来划分，元素可以分为 5 组，图 5-26 为十六棚工矿段 V3 脉 R 型聚类谱系图。

1 组：Ni、Co，它们的相关性很好，但这些元素呈分散状态，并没有形成独立的矿体，且与成矿元素 Au、Sb、W 的相关性较差。说明该组元素在成矿过程中参与程度较低。

2 组：单 Zn、Mn 组合，该组元素呈分散状态，并没有形成独立的矿体，且与成矿元素 W、Au、Sb 的相关性较差,与 Cu、Mn、Co、Ni 相关性相对较好。说明该组元素在成矿过程中参与程度较低。

3 组:Cu、Ag、Hg、Bi,该组元素呈分散状态,并没有形成独立的矿体,且与成矿元素 W、Sb 相关性相对较差,Cu、Ag、Hg、Bi 与 Au 的相关性相对较好,说明该组元素参与 Au 的成矿活动。

4 组:W、Au、Sb、As、Pb,该组元素中 Au、Sb、W 是主要成矿元素,其他为分散元素,说明该组元素在成矿过程中关系十分密切。

5 组:单 Mo 组合,该元素为分散元素,没有形成独立的矿体,除与 Au、Pb 等元素相关性相对较好外(与 Au 相关系数为 0.46、与 Pb 相关系数为 0.36),与其他元素的相关性均较差,说明 Mo 与金的成矿活动有一定的关系。

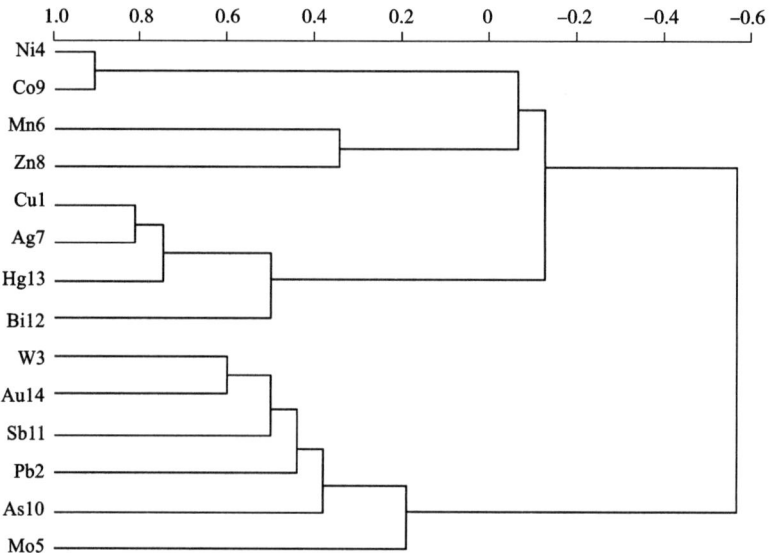

图 5-26　十六棚工矿段 V3 脉 R 型聚类谱系图

V7 脉:按 0.2 的相似性水平来划分,元素可以分为 3 组,图 5-27 为十六棚工矿段 V7 脉 R 型聚类谱系图。

1 组:Ni、Go、Bi,它们的相关性很好,但这些元素呈分散状态,并没有形成独立的矿体,且与成矿元素 Au、Sb、W 的相关性较差。说明该组元素在成矿过程中参与程度较低。

2 组:Cu、Ag、As、Au、Pb、Hg、Mo、Zn、Sb、W 组合,该组元素中的 Au、Sb、W 是主要成矿元素,其他为分散元素,该组如再进行细分又分为两个亚组:即 Cu、Ag 一个组合,As、Au、Pb、Hg、Mo、Zn、Sb、W 为一个组合,在 As、Au、

Pb、Hg、Mo、Zn、Sb、W 组合中，元素与元素之间的相关性又存在着差别，As、Au、Pb、Hg、Mo、Zn、Sb 相关性更为密切，而与 W 的相关性相对差些，说明该组元素在成矿过程中关系十分复杂，反映成矿过程多期次叠加的特点。

5 组：单 Mn 组合，该元素为分散元素，没有形成独立的矿体，与成矿元素 Au、Sb、W 的相关性均较差。

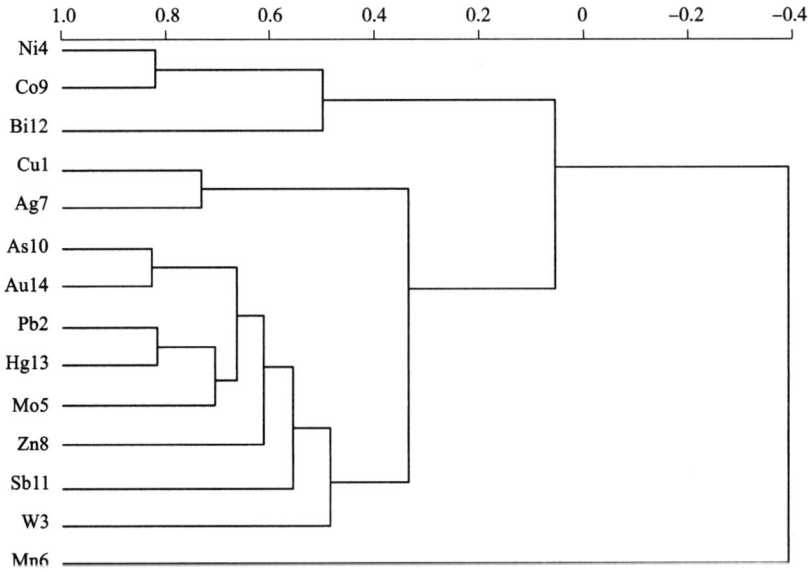

图 5-27 十六棚工矿段 V7 脉 R 型聚类谱系图

鱼儿山矿段 V1 脉：按 0.2 的相似性水平来划分，元素可以分为 3 组（图 5-28）。

1 组：As、Au、W、Pb、Cu、Ag、Sb、Mo、Hg、Bi 组合，该组元素中的 Au、Sb、W 是主要成矿元素，其他为分散元素，该组元素中 Au、Sb、W 之间的相关性均很好，且与 As、Pb、Cu、Ag、Mo、Hg、Bi 等元素具有较好的相关性，如再进行细分，按 0.6 的相似性水平来划分，又可分为两组，即 As、Au、W、Pb、Cu、Ag 为一组，Sb、Mo、Hg、Bi 为一组，总地来说该组元素在成矿过程中关系十分密切，结合元素的相关性，不难看出，还是存在着两个期次的特点，W、Au、Pb、Cu、Ag 为一期，Au、Sb、As、Mo、Hg、Bi 为另一期。与十六棚工矿段不同，该区的 W 与 Au、Hg、As 相关系数很好，相关系数分别为 0.75、0.51、0.71，而与 Sb 相关性一般，相关系数为 0.27，

2 组：Ni、Co、Zn，它们的相关性很好，但这些元素呈分散状态，并没有形成独立的矿体，且与成矿元素 Au、Sb、W 的相关性一般。说明该组元素在成矿过程

中有一定的参与。

5组：单 Mn 组合，该元素为分散元素，没有形成独立的矿体，与成矿元素 Au、Sb、W 的相关性均较差。

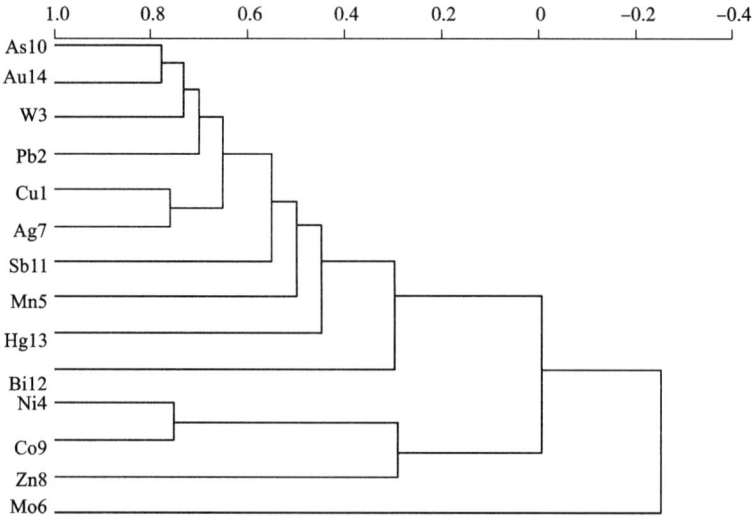

图 5-28　鱼儿山矿段 V1 脉 R 型聚类谱系图

　　综上所述，从不同矿段元素的相关性分析来看，各矿段具有较为鲜明的特征，鱼儿山矿段与红岩溪矿段具有相类似的特征，Au 与 W、Sb 相关性均很好，但 Sb 与 W 相关性较差，Sb 与 Cu、Hg、Au、Ag 相关性较好，说明鱼儿山和红岩溪矿段 V1 脉至少具有两个主要成矿期，即 Au、W 和 Au、Sb 成矿，同时伴有 As、Hg、Mo、Pb、Cu、Ag 等元素参与其成矿作用。

　　十六棚工矿段元素的相关性相对比较复杂，近地表（9 中段以上）和深部（9 中段以下）元素相关性分析具有较大的差别。近地表（9 中段以上）元素相关性（V1 脉）与鱼儿山矿段和红岩溪矿段具有类似的特征。

　　深部（9 中段以下）（V8、V3、V7 脉）元素金、锑、钨均具有较好的相关性。Au 与 As、Hg、Pb、W、Mo、Ag、Bi、Sb、Cu、Zn 呈正相关关系；成矿元素 Sb 与 Hg、Pb、Au、As、Mo、Zn 呈正相关关系；成矿元素 W 与 Au、As、Hg、Sb 呈正相关关系，这反映该矿段具有多期成矿的特点。

　　聚类分析研究表明，十六棚工 V3、V7 脉和鱼儿山 V1 脉具有相同特征，Au、W、Sb 是主要成矿元素，都在同一类，而十六棚工 V1 脉 W 单独为一类，Au、Sb 为一类，说明沃溪矿区存在两次叠加成矿的可能。

5.5.2 微量元素地球化学特征

对沃溪金锑钨矿床中的砂质板岩、褐色蚀变岩、含金石英、辉锑矿及白钨矿等不同岩石(矿石)开展了微量元素分布特征的研究(结果见表 5-30)。

成矿元素 Sb 在砂质板岩中的含量为 116.76×10^{-6}，为各类岩石、矿石中含量最低者，但远大于维氏值；Sb 在辉锑矿中的含量最高，高于检测线；Sb 在各类岩石、矿石中的含量由高到低依次为辉锑矿、含金石英、白钨矿、褐色蚀变岩、砂质板岩。

成矿元素 W 在砂质板岩和辉锑矿中的含量最低，均为 10×10^{-6}，大于维氏值；在白钨矿中的含量最高，为 1583.33×10^{-6}，远大于维氏值；在未蚀变围岩(砂质板岩)中含量最低，仅为 10.0×10^{-6}；W 在各类岩石、矿石中的含量由高到低依次为：白钨矿、含金石英、褐色蚀变岩、辉锑矿、砂质板岩。

W、Sb 在褐色蚀变岩中的含量均大于在砂质板岩中的含量，说明在褐色化过程中 W、Sb 发生了富集作用，说明后期成矿流体为本区提供了主要的成矿物质，而砂质板岩地层中 W、Sb 的含量大于维氏值，说明砂质板岩地层也具有提供成矿物质的潜力。

表 5-30　沃溪金锑钨矿床微量元素含量表　　　　单位：$\times 10^{-6}$

	砂质板岩	褐色蚀变岩	含金石英	辉锑矿	白钨矿	维氏值
Cs	110.42	126.03	16.22	6.04	45.89	
Rb	75.58	82.19	7.28	2.76	27.83	
Ba	256.97	258.73	52.19	34.71	95.71	
Th	378.32	401.35	161.97	32.93	211.84	
Ta	69.75	74.35	27.55	7.14	40.48	
Nb	47.56	51.39	16.09	7.52	26.96	
K	46.69	50.79	4.61	1.38	18.04	
Sr	17.33	16.91	7.41	0.91	9.93	
Nd	64.21	78.70	31.39	7.17	34.98	
P	0.25	0.25	0.07	0.02	0.16	
Sm	38.87	46.22	20.62	4.25	22.22	
Zr	50.62	54.50	18.83	3.88	22.39	
Ti	4.56	5.89	1.09	0.45	1.87	
Y	18.46	19.67	12.23	1.69	7.77	

续表5-30

	砂质板岩	褐色蚀变岩	含金石英	辉锑矿	白钨矿	维氏值
Ag	<0.50	<0.50	<0.50	<0.50	<0.50	0.07
As	6.88	58.55	257.14	102.50	209.33	1.7
Fe	41500	37400	30500	10100	27900	46500
Mn	1269.00	1219.86	813.00	138.50	595.67	1000
Sb	116.76	163.50	1830.29	>10000.00	175.00	0.5
W	10.00	15.45	35.71	10.00	1583.33	1.3

上述微量元素研究结果表明，沃溪金锑钨矿床砂质板岩、褐色蚀变岩中 Ag 的含量均小于 0.5×10^{-6}，As 的含量分别为 6.88×10^{-6}、58.55×10^{-6}，与现代太平洋中脊各类型热水沉积物的 Ag($5\times10^{-6}\sim186\times10^{-6}$，平均值为 37×10^{-6})、As($45\times10^{-6}\sim1253\times10^{-6}$，平均值为 252×10^{-6})含量相差较大(Hekinianand Fouqur，1985)。砂质板岩、褐色蚀变岩中 Sb 的含量分别为 116.76×10^{-6}、163.50×10^{-6}，远大于现代大洋热水沉积物中 Sb 的含量(7×10^{-6}，Maxching et al.，1982)。说明沃溪地区砂质板岩地层并非经热水沉积物变质而来。

5.5.3 稀土元素地球化学特征

顾雪祥、刘建明等(2005)通过对沃溪金锑钨矿床中蚀变板岩、未蚀变板岩、层状矿体含金石英和条带状矿石中含金石英的流体包裹体中的稀土进行研究表明：

矿床中的蚀变板岩与未蚀变板岩在稀土元素的含量、特征比值以及球粒陨石标准化分布模式等方面没有明显区别，并与区域上的马底驿组板岩以及典型的后太古宙页岩和上陆壳相似，以轻稀土富集[$(La/Yb)_N=5.6\sim7.7$，LREE/HREE = $5.8\sim8.7$]、显著的铕负异常[$(Eu/Eu^*)_N=0.62\sim0.81$]和重稀土平坦[$(Gd/Yb)_N=1.1\sim1.5$]为特征。所有样品均无铈异常(Ce/Ce^* 约为1)。

层状矿体中两个含金石英条带样品的稀土总量为 $6\sim28$ μg/g，其分布模式与条带状矿石相似。两个黏土条带样品的稀土总量高($\sum REE = 183\sim300$ μg/g)，分布模式特征与赋矿板岩极为相似，显示陆源碎屑沉积成因。

条带状矿石中含金石英的流体包裹体稀土分布模式相似，稀土总量变化范围大($\sum REE = 3.5\sim136$ μg/g)，轻稀土富集[$(Gd/Yb)_N=28\sim248$，LREE/HREE = $16\sim34$]，铕异常不显著[$(Eu/Eu^*)_N=0.83\sim1.18$]，铈异常不明显或显弱的正异常($Ce/Ce^* = 0.87\sim1.42$)。在相对于板岩的稀土元素标准化分布模式图上，流体包裹体显示轻稀土相对平坦、重稀土强烈亏损的特征。

沃溪金、锑、钨建造矿床的浅变质沉积岩及其所赋存矿石的稀土元素地球化学特征，并未受到沉积后的地质作用改造，以较高的稀土总量、显著的轻稀土富集和缺乏明显的铈异常为特征的成矿流体，代表了一种通过在碎屑沉积物柱中循环而萃取矿质的演化的海水热液。

董树义等(2008)对湖南沃溪金锑钨矿床进行了地球化学分析，通过对流体包裹体稀土元素地球化学组成的研究，认为成矿流体为一种进化的海水，即海水在海底下沉积柱循环过程中萃取矿质，形成的120~180℃温度的低密度成矿流体。

2012 年，项目组对沃溪金锑钨矿床砂质板岩、褪色蚀变岩、含金石英、辉锑矿及白钨矿分别采集相关样品开展稀土元素含量及特征研究，测试工作由广州澳实矿物实验室完成，采用的方法为质谱仪定量分析，测试结果见表 5-31 和图 5-29。

表 5-31　沃溪金锑钨矿床稀土元素含量表　　　　　　　单位：$\times 10^{-6}$

	砂质板岩	蚀变岩	含金石英	辉锑矿	白钨矿
La	28.82	33.18	20.00	10.00	13.33
Ce	74.94	92.65	34.99	8.70	40.13
Pr	7.97	9.85	3.84	0.88	4.33
Nd	29.99	36.75	14.66	3.35	16.33
Sm	5.95	7.07	3.15	0.65	3.40
Eu	1.16	1.31	0.74	0.11	0.75
Gd	5.03	5.49	3.08	0.53	3.39
Tb	0.82	0.87	0.57	0.08	0.50
Dy	5.10	5.26	3.48	0.50	2.54
Ho	1.04	1.11	0.68	0.09	0.48
Er	3.02	3.21	1.85	0.30	1.35
Tm	0.50	0.54	0.31	0.07	0.26
Yb	3.05	3.30	1.80	0.29	1.55
Lu	0.48	0.51	0.27	0.05	0.24
Y	28.98	30.89	19.20	2.65	12.20
ΣREE	196.84	232.01	108.61	28.22	100.79
ΣLREE	148.82	180.83	77.37	23.69	78.29
ΣHREE	48.02	51.18	31.24	4.54	22.51
LREE/HREE	3.10	3.53	2.48	5.22	3.48

续表5-31

	砂质板岩	蚀变岩	含金石英	辉锑矿	白钨矿
δEu	0.69	0.68	0.79	0.61	0.74
δCe	1.02	1.06	0.79	0.48	1.10
$(La/Sm)_N$	3.03	2.93	3.96	9.62	2.45
$(Gd/Yb)_N$	1.01	1.02	1.04	1.14	1.34

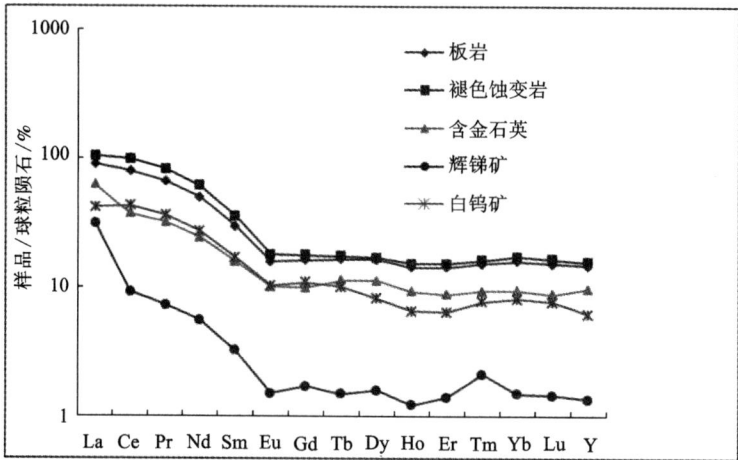

图5-29 沃溪金锑钨矿床岩矿石稀土元素配分图

(1)砂质板岩稀土总量($\sum REE$)为 $137.65 \times 10^{-6} \sim 286.90 \times 10^{-6}$，平均值为 196.84×10^{-6}；轻稀土含量(LREE)为 $92.92 \times 10^{-6} \sim 216.59 \times 10^{-6}$，平均值为 148.82×10^{-6}；重稀土含量(HREE)为 $32.36 \times 10^{-6} \sim 70.31 \times 10^{-6}$，平均值为 48.02×10^{-6}；轻重稀土比(LREE/HREE)为 $2.08 \sim 4.41$，平均值为 3.10；$(La/Sm)_N$ 平均值为 3.03，$(Gd/Yb)_N$ 平均值为 1.01，小于 $(La/Sm)_N$ 平均值。铕异常(δEu)平均值为 0.69，属铕负异常型；铈异常(δCe)平均值为 1.02，基本属铈无异常型。

(2)褪色蚀变岩稀土总量($\sum REE$)为 $170.98 \times 10^{-6} \sim 453.15 \times 10^{-6}$，平均值为 232.01×10^{-6}；轻稀土含量(LREE)为 $136.23 \times 10^{-6} \sim 377.56 \times 10^{-6}$，平均值为 180.83×10^{-6}；重稀土含量(HREE)为 $30.85 \times 10^{-6} \sim 75.59 \times 10^{-6}$，平均值为 51.18×10^{-6}；轻重稀土比(LREE/HREE)为 $3.10 \sim 6.13$，平均值为 3.53；$(La/Sm)_N$ 平均值为 2.93，$(Gd/Yb)_N$ 平均值为 1.02，小于 $(La/Sm)_N$ 平均值。铕 Eu 异常(δEu)平均值为 0.68，表现出明显的负异常；Ce 异常(δCe)平均值为 1.06，属弱铈正异常型。

（3）含金石英稀土总量（$\sum REE$）为 $16.81\times10^{-6}\sim281.13\times10^{-6}$，平均值为 108.61×10^{-6}；轻稀土含量（LREE）为 $15.16\times10^{-6}\sim210.79\times10^{-6}$，平均值为 77.37×10^{-6}；重稀土含量（HREE）为 $1.65\times10^{-6}\sim70.34\times10^{-6}$，平均值为 31.24×10^{-6}；轻重稀土比（LREE/HREE）为 $1.06\sim9.19$，平均值为 2.48×10^{-6}；$(La/Sm)_N$ 平均值为 3.96，$(Gd/Yb)_N$ 平均值为 1.04，小于 $(La/Sm)_N$ 平均值。铕异常（δEu）平均值为 0.79，表现出负异常；铈异常（δCe）平均值为 0.79，属铈负异常型。

（4）辉锑矿稀土总量（$\sum REE$）为 $19.98\times10^{-6}\sim36.46\times10^{-6}$，平均值为 28.22×10^{-6}；轻稀土含量（LREE）为 $17.91\times10^{-6}\sim29.46\times10^{-6}$，平均值为 23.69×10^{-6}；重稀土含量（HREE）为 $2.07\times10^{-6}\sim7.00\times10^{-6}$，平均值为 4.54×10^{-6}；轻重稀土比（LREE/HREE）为 $4.21\sim8.65$，平均值为 5.22×10^{-6}；$(La/Sm)_N$ 平均值为 9.62，$(Gd/Yb)_N$ 平均值为 1.14，小于 $(La/Sm)_N$ 平均值。铕异常（δEu）平均值为 0.61，表现出负异常；铈异常（δCe）平均值为 0.48，属铈负异常型。

（5）白钨矿稀土总量（$\sum REE$）为 $59.43\times10^{-6}\sim124.50\times10^{-6}$，平均值为 100.79×10^{-6}；轻稀土含量（LREE）为 $50.04\times10^{-6}\sim96.67\times10^{-6}$，平均值为 78.29×10^{-6}；重稀土含量（HREE）为 $9.39\times10^{-6}\sim36.35\times10^{-6}$，平均值为 22.51×10^{-6}；轻重稀土比（LREE/HREE）在 $2.43\sim5.33$，平均值为 3.48×10^{-6}；$(La/Sm)_N$ 平均值为 2.45，$(Gd/Yb)_N$ 平均值为 1.34，小于 $(La/Sm)_N$ 平均值。铕异常（δEu）平均值为 0.74，表现为负异常；铈异常（δCe）平均值为 1.10，属铈正异常型。

综上所述，沃溪矿区砂质板岩和褐色蚀变岩稀土元素含量最高，辉锑矿稀土元素含量最低，但均表现出轻稀土相对富集的特征；各类岩/矿石轻重稀土比值均大于 1，表现出稀土元素分馏程度较高、衰减速度较快；砂质板岩、褐色蚀变岩及白钨矿均表现出铈正异常，含金石英和辉锑矿表现出铈负异常，表明在含金石英和辉锑矿生成于还原环境。辉锑矿 $(La/Sm)_N$ 比值较高，表明辉锑矿中轻稀土元素富集程度相对较大。

5.5.4　同位素地球化学特征

5.5.4.1 以往研究成果认识

（1）硫（S）同位素

罗献林（1984）研究指出，沃溪矿床矿石硫化物的硫同位素组成范围较窄，$\delta^{34}S$ 为 $-5.1‰\sim+2.1‰$（表 5-32），主要落在零值附近，且塔式效应较明显（图 5-30）。矿区分布的元古界冷家溪群和板溪群的 $\delta^{34}S$ 分别为 $+13.1‰\sim+17.2‰$ 和 $+12.9‰\sim+23.5‰$。显然，沃溪矿床成矿流体中的硫不应是来自赋矿的围岩或下伏的冷家溪群，而应以深部硫为主。

表 5-32　沃溪金锑钨矿床矿石硫同位素组成(罗献林, 1984)

测定矿物	产出部位	样品数	$\delta^{34}S/‰$ 变化范围	$\delta^{34}S/‰$ 算术平均	离差
黄铁矿	脉中微细粒浸染状	5	-1.3~-2.2	-1.7	0.9
黄铁矿	近矿蚀变围岩中粗粒浸染状	6	-0.3~-4.1	-2.5	3.8
辉锑矿	层脉中	5	+2.1~-3.1	-1.59	5.2
闪锌矿	层脉中	1	-3.8		
方铅矿	层脉中	1	-5.1		
黄铜矿	层脉中	1	1.1		
合计		19	-5.1~+2.1	-2	

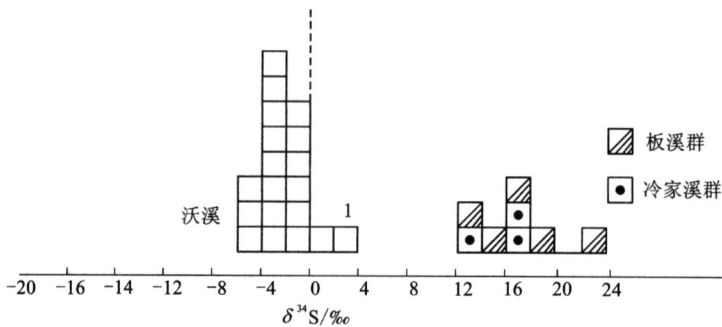

图 5-30　沃溪金锑钨矿床硫同位素组成图(毛景文, 1997)

鲍振襄等(1989, 1999)对区内沃溪、板溪、西冲、沧浪坪、符竹溪等十几处金锑矿床的硫砷化合物进行了硫同位素组成测试, 结果显示, 本区硫砷化合物 $\delta^{34}S$值变化范围为-15.71‰~ +6.91‰, 平均值为 0.66‰, 且有 93%左右的硫砷化合物的 $\delta^{34}S$ 值集中在±5‰附近, 具有明显的塔式效应, 认为这些矿床的含金硫砷化合物中的硫可能起源于同位素均一程度较高的地壳深部或下地壳, 而不含金或含微量金的硫化物则可能是受到了较多地层硫混染的结果。考虑到赋矿地层、矿层和蚀变岩石中有机碳的含量比较高(0.01%~0.478%), 且富金硫化物中都是以富集^{32}S为主, 因此有机质可能也参与了成矿作用。

顾雪祥、刘建明等(2004)通过对沃溪金锑钨矿床中硫的同位素研究表明: 矿床中硫化物的 $\delta^{34}S$ 值以辉锑矿>黄铁矿 ≈ 闪锌矿>方铅矿的顺序递减, 表明各矿物之间并未达到同位素平衡。这种共生的硫化物之间同位素的不平衡关系, 无论在现代抑或古代块状硫化物矿床中均十分常见。通常的解释是, 矿石在海底生长过程中常发生频繁的破碎、机械迁移以及再沉积等。

18 个辉锑矿样品的 $\delta^{34}S$ 值集中在 $-2.1‰±0.4‰$ 左右(表 5-33)。层纹状矿石中黄铁矿的 $\delta^{34}S$ 为 $-7.4‰~-6.2‰$(平均为 $-6.8‰$),蚀变板岩中一个黄铁矿样品的 $\delta^{34}S$ 值为 $-1.7‰$。3 个方铅矿和闪锌矿样品的 $\delta^{34}S$ 值为 $-12.3‰~-5.0‰$,平均为 $-8.5‰$。元古界浅变质沉积岩中硫化物的 $\delta^{34}S$ 值随地层单元的不同显示出较大的差异(杨燮,1985;杨舜全,1986;周德忠等,1989;罗献林等,1996)。赋矿的马底驿组地层中硫化物的 $\delta^{34}S$ 值为 $-10.6‰~-5.5‰$,平均为 $-7.2‰$;而上覆的五强溪组和下伏的冷家溪群地层中硫化物的 $\delta^{34}S$ 值均为较大的正值,分别为 $6.3‰~19.4‰$(平均为 $12.8‰±4.1‰$,$n=11$)和 $12.9‰~23.5‰$(平均为 $18.5‰±5.0‰$,$n=4$)。马底驿组地层中一个重晶石样品的 $\delta^{34}S$ 值为 $13.1‰$(杨舜全,1986)。

表 5-33　沃溪矿床硫化物的硫同位素分析结果

样品类型	岩石/矿石(样数)	检测矿物	$\delta^{34}S_{CDT}/‰$		资料来源
			均值	变化范围	
矿石类	石英-白钨矿-辉锑矿(16)	辉锑矿	-2.12	-2.8~-1.2	顾雪祥(2004)
	块状辉锑矿矿石(2)	辉锑矿	-2.4	-2.6~-2.2	
	石英条带中的黄铁矿浸染体(1)	黄铁矿	-6.7		
	石英-白钨矿-辉锑矿-黄铁矿(1)	黄铁矿	-6.2		杨燮(1985)
	石英-辉锑矿-黄铁矿-方铅矿-闪锌矿(3)	黄铁矿	-9.08	-12.3~-7.4	
	块状辉锑矿-闪锌矿矿石(1)	闪锌矿	-5.0		

续表5-33

样品类型	岩石/矿石(样数)	检测矿物	$\delta^{34}S_{CDT}$/‰		资料来源
			均值	变化范围	
围岩类	五强溪组(11)	黄铁矿	12.8	6.3~19.4	杨蠁(1985) 杨舜全(1986) 周德忠(1989)
	马底驿组	黄铁矿(3)	-7.7	-7.7~-5.6	杨舜全(1986) 罗献林(1996)
		黄铜矿(1)	-6.3		罗献林(1996)
		辉铜矿(1)	6.5		
		重晶石(1)	13.1		杨蠁(1985)
	冷家溪组(4)	黄铁矿	18.5	12.6~23.5	

沃溪矿床中硫化物 $\delta^{34}S$ 值的总体变化范围(-12.3‰~-1.2‰)类似于以沉积岩为容矿主岩的海相块状硫化物矿床,但远大于火山成因块状硫化物矿床的变化范围,后者同一矿床中的硫化物 $\delta^{34}S$ 值的变化范围通常不超过3‰ (Ohmoto,1986)。Ohmoto(1986)认为,硫化物 $\delta^{34}S$ 值如此大的变化范围,表明矿石中生物成因硫化物硫和热液硫化物硫同时存在。生物成因的硫主要以黄铁矿形式固定,而热液成因硫不仅以黄铁矿形式而且以闪锌矿、方铅矿以及其他硫化物(如辉锑矿)形式固定,认为沃溪矿床中硫化物较大的 $\delta^{34}S$ 值变化范围也是生物成因硫与热液成因硫(下伏沉积柱中硫化物的溶解和部分海水硫酸盐的还原)共同贡献的结果。赋矿层下伏冷家溪群和上覆五强溪组地层中成岩黄铁矿的 $\delta^{34}S$ 值变化范围宽且均为正值(平均分别为18.5‰±5.0‰和12.8‰±4.1‰),但总体上接近(部分高于)同期的海水硫酸盐值(12‰~15‰;Claypool et al.,1980),反映其硫源可能主要源于相对封闭系统中硫酸盐的低温无机还原作用(Rollinson,1993)。

张理刚(1985)对不同含矿地层硫的同位素的研究表明,冷家溪群中的西冲锑-金矿床 $\delta^{34}S$ 值平均为-10.8‰;马底驿组中的沃溪金锑钨矿床平均为-3.4‰、五强溪组中的渣滓溪锑矿床平均为8.0‰。随着赋矿地层时代的变新,矿床的硫同位素组成由富轻硫变为富重硫。这种变化类似于近代红海的热卤水沉积物,也与日本新近系与古近系海底火山-海水热液循环作用形成的黑矿型矿床的硫同位素分馏特征相似。此外,张理刚(1985,1997)较为系统地研究了沃溪矿床层状矿体中石英及其中包裹体水、浅色板岩(褪色化板岩)和紫红色板岩的氢、氧同位素组成，认为层状矿体既非沉积(热卤水)改造成因，也非变质分泌水成因，而是代表了一种同生化学沉积的含矿硅质层；层状矿体上、下浅色板岩不是后生的蚀变体，而是在海底热泉环境下形成的浅色沉积层。

郑永飞和陈江峰(2000)研究认为，沃溪金锑钨矿床辉锑矿 $\delta^{34}S_{CDT}$ 介于 $-4.3‰$ 和 $-2.9‰$ 之间，平均值为 $-3.3‰$；黄铁矿 $\delta^{34}S_{CDT}$ 介于 $-4.1‰$ 和 $-0.3‰$ 之间，平均值为 $-2.0‰$，硫同位素分布较窄，具有较均一的硫源。辉锑矿硫同位素组成小于黄铁矿硫同位素组成，符合共生矿物同位素平衡的硫同位素组成，说明成矿热液硫同位素分馏达到了平衡，这种情况下，虽然单个硫化物的 $\delta^{34}S$ 值不能代表其源区的值，但热液 $\delta^{34}S$ 值可代表其源区的硫同位素组成。本区组成矿体的矿石矿物主要为辉锑矿、黄铁矿等硫化物及黑钨矿和白钨矿，少见硫酸盐类矿物，本区成矿热液硫同位素组成应该略大于辉锑矿硫同位素组成(图 5-31)，因此，本区成矿热液硫同位素组成应该更接近于幔源硫区域($\pm 3‰$)(Faure，1986；Hedenquistand Lowenstern，1994；Chaussidon et al.，1989)。本区硫同位素组成显示，矿石矿物硫同位素组成与陨石和月岩范围最为接近，显示了硫的深源成因。

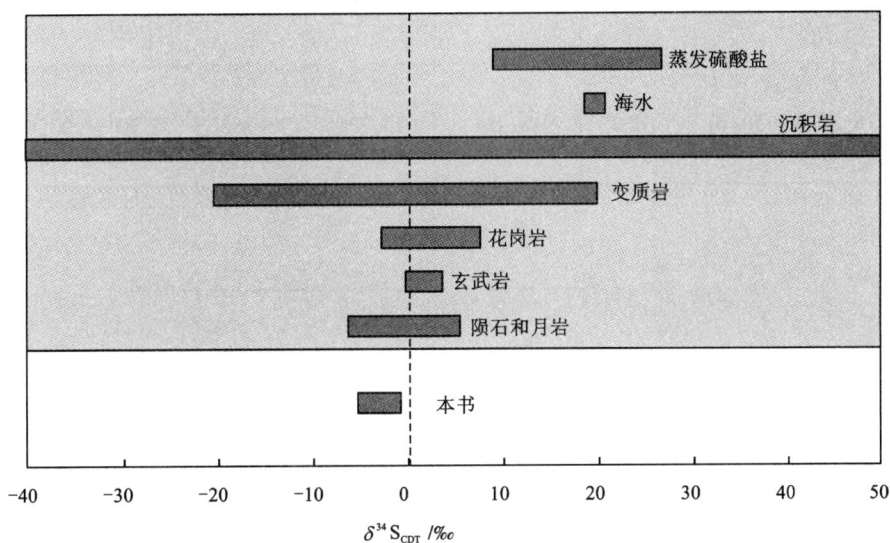

图 5-31　沃溪金锑钨矿床硫同位素组成

综上所述，硫同位素研究表明，沃溪矿床成矿流体中有深部硫，并更接近于幔源硫、海底热泉环境下形成的硫、不含金或含少量金的硫砷化合物中的硫，是地层硫的混染，这与沃溪矿区浅部流体蚀变带矿化较差，而深源流体蚀变带矿化较好相吻合。同时，表明沃溪矿床成矿流体存在深源(地幔流体)、海底热泉、层间建造水或变质水参与成矿的可能。

(2)铅(Pb)同位素

沃溪金锑钨矿床矿石中的铅同位素组成(表5-34)和铅同位素 $w(^{208}Pb)/$ $w(^{204}Pb)-w(^{206}Pb)/w(^{204}Pb)$ 构造演化图(图 5-32)、$w(^{207}Pb)/w(^{204}Pb)-$ $w(^{206}Pb)/w(^{204}Pb)$ 构造演化图(图 5-33)表明,铅同位素基本落在上地壳铅演化曲线附近。这说明沃溪矿区矿石中的铅可能为来自上地壳。

表5-34 沃溪金锑钨矿床矿石铅同位素组成(罗献林,1989)

样号	采样地点	测试矿物	测试结果汇总			$\Delta\alpha$	$\Delta\beta$	$\Delta\gamma$
			$\dfrac{w(^{206}Pb)}{w(^{204}Pb)}$	$\dfrac{w(^{207}Pb)}{w(^{204}Pb)}$	$\dfrac{w(^{208}Pb)}{w(^{204}Pb)}$			
1	十六棚工矿段3号脉	方铅矿	17.882	15.739	38.999	42.21	27.08	47.84
2	鱼儿山矿段1号脉 150 m中段	黄铁矿	18.477	15.683	38.781	76.89	23.43	41.98
3	鱼儿山矿段1号脉 150 m中段	黄铁矿	18.484	15.706	38.865	77.30	24.93	44.23

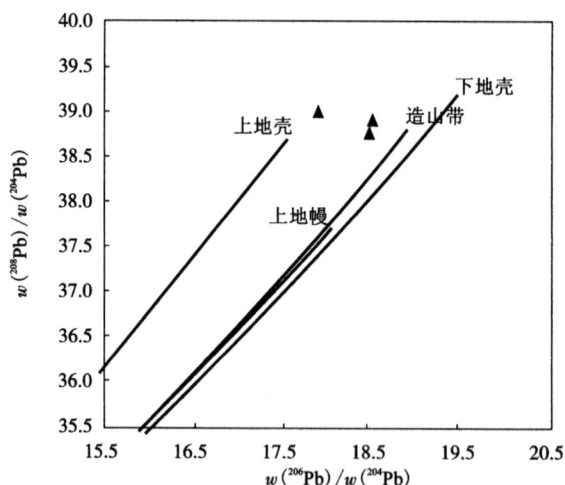

图 5-32 沃溪矿床矿石 $w(^{208}Pb)/w(^{204}Pb)-w(^{206}Pb)/w(^{204}Pb)$ 构造演化图

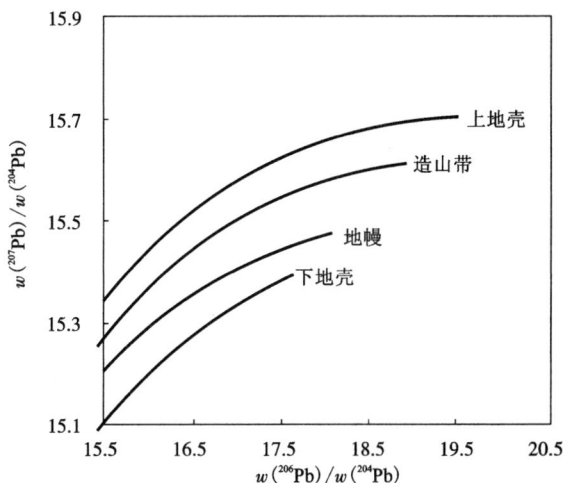

图 5-33　沃溪矿床矿石 $w(^{207}\text{Pb})/w(^{204}\text{Pb})-w(^{206}\text{Pb})/w(^{204}\text{Pb})$ 构造演化图

彭渤等(2006)研究表明,沃溪金矿床中的白钨矿 Pb 同位素投影点位于平均地壳 Pb 同位素演化线之上,显示白钨矿中的 Pb 来源于具高产值的成熟陆壳,具陆源普通 Pb 特征,且 $w(^{206}\text{Pb})/w(^{204}\text{Pb})$、$w(^{207}\text{Pb})/w(^{204}\text{Pb})$、$w(^{208}\text{Pb})/w(^{204}\text{Pb})$ 落在区域板溪群板岩相应比值的变化范围之内,呈现大致协调一致变化的特征,显示成矿物质来源与赋矿围岩有关。

(3)锶(Sr)同位素

彭建堂等选取湘西雪峰地区典型矿床——沃溪金锑钨矿床,对其白钨矿进行了 Nd-Sr 同位素研究,结果表明沃溪金矿床白钨矿的 $w(^{87}\text{Sr})/w(^{86}\text{Sr})$ 为 0.7468~0.7500,远高出板溪群和冷家溪群的测定值(<0.7290),说明成矿流体很可能从下伏更老的陆壳基底获取这种高放射成因 Sr。而且白钨矿的初始 ε_{Nd} 值异常低,远低于雪峰山地区元古宇地层的相应值,其成矿流体中的 Nd 很可能来自下伏更老的基底地层。

彭渤等(2006)对沃溪金矿床中的白钨矿 Nd-Sr-Pb 同位素进行了成矿流体的示踪分析,研究表明白钨矿的 ε_{Nd} 值低(平均为-25.5)且变化范围大,在 Nd 同位素演化模式图上位于赋矿围岩之下,说明成矿流体可能是由下伏成熟陆壳的流体与其他源区的流体混合而成。$w(^{87}\text{Sr})/w(^{86}\text{Sr})$ 测定的同位素值为 0.17476~0.17504,平均为 0.174961($n=11$),显示明显的壳源特征。Peng 等对沃溪和廖家坪金矿中白钨矿 Nd-Sr-Pb 同位素的研究也得出了相近的结论。

Peng 等同时进行了 Rb-Sr 同位素分析,沃溪矿区白钨矿样品的锶同位素组成为 0.74675~0.75003(表 5-35),表现出明显的富放射成因锶。

表 5-35　沃溪金锑钨矿床白钨矿的 Rb、Sr 同位素组成

样号	产状	采样位置	$w(\mathrm{Rb})/$ $(\mu g \cdot g^{-1})$	$w(\mathrm{Sr})/$ $(\mu g \cdot g^{-1})$	$w(^{87}\mathrm{Rb})/$ $w(^{86}\mathrm{Sr})$	$w(^{87}\mathrm{Sr})/$ $w(^{86}\mathrm{Sr})(2\sigma)$
WX-18	浸染状白钨矿	9 中段	1.954	1470	0.0038	0.746835(8)
WX-19			2.142	1455	0.0043	0.747622(7)
WX-20		10 中段	2.054	1705	0.0039	0.746754(8)
WX-21			0.539	3867	0.0004	0.749273(6)
W-67	团块状白钨矿	7 中段	0.384	2596	0.0004	0.750027(8)
W-77-1			0.511	6809	0.00022	0.749623(7)

测试者：天津地质矿产研究所同位素室张辉英、林源贤。

　　成矿流体显著富放射成因 $^{87}\mathrm{Sr}$，表明其来自或流经富放射成因锶的地段。富放射成因 $^{87}\mathrm{Sr}$ 的潜在来源为 $w(\mathrm{Rb})/w(\mathrm{Sr})$ 值较高的碎屑岩和火成硅酸盐矿物。

　　由于在湘西雪峰山地区岩浆活动相对微弱，在沃溪矿区及其外围，至今未发现岩浆岩出露。故由岩浆岩硅酸盐矿物提供放射成因锶的可能性不大，成矿流体中的锶很可能来自古老地层的碎屑岩。由表 5-36 不难发现，板溪群岩石的 $w(^{87}\mathrm{Sr})/w(^{86}\mathrm{Sr})$ 为 0.7131～0.7287，明显小于沃溪矿床成矿流体的同位素组成；如果考虑到时间因素，对地层岩石的锶同位素组成进行校正，则与沃溪成矿流体的 $w(^{87}\mathrm{Sr})/w(^{86}\mathrm{Sr})$ 差异更明显。因此，如果该矿的成矿物质是就地取材的话，除非是流体对板溪群碎屑岩中的富 Rb 矿物进行选择性淋滤作用，否则赋矿地层不可能提供如此高的放射成因锶。

表 5-36　湖南新元古界板溪群地层的 Rb、Sr 同位素组成

地层单元	$w(\mathrm{Rb})/$ $(\mu g \cdot g^{-1})$	$w(\mathrm{Sr})/$ $(\mu g \cdot g^{-1})$	$w(^{87}\mathrm{Rb})/$ $w(^{86}\mathrm{Sr})$	$w(^{87}\mathrm{Sr})/$ $w(^{86}\mathrm{Sr})$	年龄/Ma
宝林组	72.932	112.263	1.880	0.728738	921.1
	86.415	139.482	1.793	0.727558	
	80.530	254.357	0.9161	0.716071	
	56.284	168.480	0.9666	0.716618	
马底驿组下部	6.529	28.943	6527	0.718126	884.7
	5.614	58.014	0.2757	0.713060	
	4.885	11.877	1.190	0.724839	
	5.560	27.954	0.5755	0.717246	

续表5-36

地层单元	$w(Rb)/$ $(\mu g \cdot g^{-1})$	$w(Sr)/$ $(\mu g \cdot g^{-1})$	$w(^{87}Rb)/$ $w(^{86}Sr)$	$w(^{87}Sr)/$ $w(^{86}Sr)$	年龄/Ma
多益塘组底部	8.839	149.558	0.1710	0.722144	883.9
	6.645	99.812	0.1926	0.722408	
	11.608	166.624	0.20158	0.722514	
	9.303	171.257	0.15718	0.721988	

注：资料来源于湖南区域地质调查所，湖南新元古界板溪群，1995。

史明魁等（1993）对沃溪辉锑矿共生的石英的流体包裹体铷-锶同位素研究表明，$w(^{87}Sr)/w(^{86}Sr)$ 值为 0.754~0.766，流体的初始锶同位素组成为 0.752 左右，大体与早期成矿流体一致。因此，在矿床的形成过程中，从成矿早期至晚期，成矿流体始终保持显著富放射成因锶的特征，这明显区别于毗邻的湘中盆地那些产于碳酸盐岩中的锑矿床。

综上所述，认为沃溪 Au-Sb-W 矿床成矿流体至少来自或流经下伏古老成熟陆壳、赋矿围岩及深部花岗质岩浆等三个源区。

（4）钕（Nd）同位素

Nd 同位素研究表明，该矿赋矿地层板溪群的 $\varepsilon_{Nd}(402Ma)$ 为-7.0~-16.1，该区中元古界冷家溪群和下元古界仓溪岩群的 $\varepsilon_{Nd}(402Ma)$ 分别为-7.7~-10.9 和-9.4~-12.3（彭建堂），均远大于沃溪矿床白钨矿的初始值。因此，沃溪白钨矿中的 Nd 可能并非来自湘西一带出露的元古宇地层，而是来自下伏更古老、更成熟的陆壳基底。

综合沃溪矿床矿石和马底驿组板岩的 Sr 和 Nd 同位素组成作图（图5-32）可知，矿石和马底驿组的 Sr、Nd 同位素组成明显不同，说明其成矿物质并不来源于马底驿组。

（5）碳-氢-氧（C-H-O）同位素

鲍振襄等（1999）对雪峰山地区的沃溪、西安金锑矿床的方解石和含矿石灰岩进行了 C、O 同位素测试，获得的方解石和含矿石灰岩的 $\delta^{13}C$ 值为-7.24‰~-0.58‰，$\delta^{18}O$ 值为 15.80‰~17.56‰，认为上述两个矿床矿石中的碳主要来源于碳酸盐岩地层或沉积变质岩地层。

曹亮等（2015）对雪峰山铲子坪金矿床进行流体包裹体 H、O 同位素研究，认为岩浆水和变质水是成矿流体的主要来源，在成矿后期有大气降水的掺入，因此成矿流体具混合流体特征。

5.5.4.2　沃溪成矿规律研究成果认识

在 2012 年的沃溪成矿规律专题研究中采集了沃溪坑口井下含矿石英脉样品

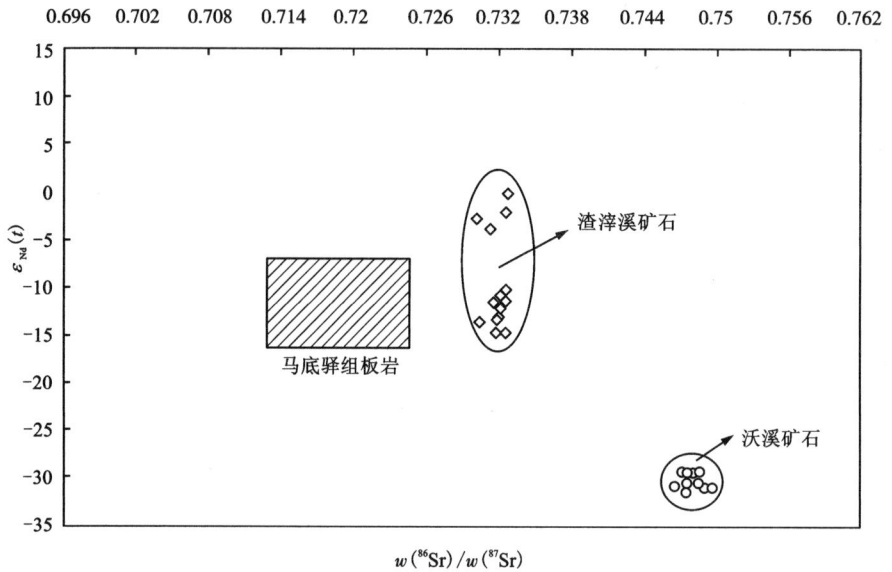

图 5-33 沃溪金锑钨矿床矿石和马底驿组板岩 Sr、Nd 同位素组成图解

共 22 件，氢、氧同位素测试分析样品采自矿区 34 平 V3、V7、V8 号矿脉，37 平 V3 号矿脉，38 平 V7 号矿脉和 40 平 V3、V8 号矿脉；硫、铅同位素分析样品分别采自矿区 34 平 V3 号矿脉、37 平 V3 号矿脉、38 平 7 号矿脉和 40 平 V3 号矿脉以及板溪群马底驿组砂岩及砂质板岩。并对其进行了测温及 H、O 同位素测试工作，测试结果列于表 5-37。

氢、氧同位素分析采用真空热爆裂法和锌还原法提取氢；在真空条件下于 500~680℃，使用 BrF5 法从石英中收集纯净的 O_2，并制成 CO_2。氢、氧同位素组成测试由核工业北京地质研究院分析测试研究中心采用 MAT-253 质谱仪测定。硫同位素样品用 Cu_2O 作为氧化剂，与硫化物单矿物混合发生反应，生成 SO_2 并冷冻收集，由 MAT-251 质谱仪测定，采用标准为国际标准 VCDT，分析精度为 ±0.2‰；铅同位素样品溶解、分离后，在相对湿度 36%、室温 20℃ 的条件下，根据《岩石中铅锶钕同位素测定方法》(GB/T 17672—1999)，利用英国 GV 公司生产的 ISOPROBE-T 热电离质谱仪进行铅同位素比值测量，测量结果用国际标样 NBS981 进行校正，测量误差在 2σ 以内。硫同位素组成及铅同位素分析在核工业北京地质研究院分析测试研究中心完成。

表 5-37 沃溪坑口井下含矿石英脉测温及 H、O 同位素测试结果

原样号	样品名称	$\delta^{18}O_{V-SMOW}$/‰	均一温度/℃	$\delta^{18}O_{H_2O}$/‰	δD_{V-SMOW}/‰
D028	石英	18.3	201.3	6.32	−71
D025	石英	17.7	206.8	6.06	−61
FO64-1	石英	19.3	191.5	6.70	−56
FO66-2	石英	19.4	198.7	7.26	−64
FO67-1	石英	19	163.7	4.39	−58
FO70	石英	19.2	191.8	6.62	
FO71	石英	18.4	181.5	5.12	−54
FO72	石英	16.1	200	4.04	−62
FO77	石英	18.5	168.4	4.25	−76
FO83	石英	17.9	188.6	5.10	−58
FO86-1	石英	17.3			−52
FO86-2	石英	17.6	185	4.56	−58
FO89-1	石英	17.4	201.4	5.43	−64
FO89-2	石英	17.1	197.6	4.89	−66
FO90	石英	17.6	192.5	5.06	−52
FO91	石英	16.7	208.8	5.18	
FO92-1	石英	14.9	185.3	1.88	−48
FO92-2	石英	16.1	184.8	3.05	−62
FO94	石英	14.8	197.8	2.60	−80
FO96-1	石英	15.1	198	2.92	−55
FO97-2	石英	16.2	211.4	4.83	−72
FO98	石英	15	195.6	2.66	−55

由表 5-37 可以看出，沃溪坑口井下含矿石英脉具有较低的 $\delta^{18}O$（大都小于 6‰，平均为 4.6‰）和较低的 δD 值（−70‰~−55‰，平均为−62‰），基本上均处于本区大气降水值（$\delta^{18}O=−10$‰；$\delta D=−70$‰）与变质水值（$\delta^{18}O=5$‰~25‰；$\delta D=−40$‰~100‰）之间，显示可能为大气降水与变质水混合来源的特征。

将表 5-37 中的数据投影于 H、O 同位素图解上（图 5-34）。图中虚线（曲线）为 200℃时大气降水与岩浆岩交换演化曲线。花岗岩 $\delta^{18}O$ 和 δD 分别取值+9×10⁻³和−70×10⁻³；大气降水 $\delta^{18}O$ 和 δD 分别取值−10×10⁻³和−70×10⁻³。花岗岩对水的

氢氧同位素分馏值按 $\Delta_{岩-水} = \delta D_{Si} - \delta D_{H_2O} = -21.3 \times 106T^{-2} - 2.8$ 和 $\Delta_{岩-水} = \delta^{18}O_{Pl} - \delta^{18}O_{H_2O} = 2.68 \times 106T^{-2} - 3.53$（张理刚，1986）计算。200℃代表了包裹体测温获得的区内平均成矿温度。

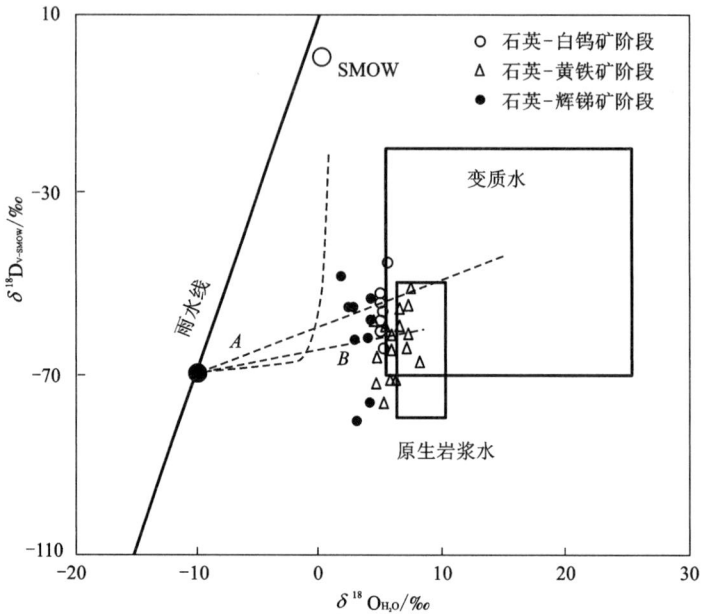

图 5-34 沃溪矿区含金石英脉 H、O 同位素图解

由图 5-34 可以看出，在区内成矿温度下，沃溪坑口含矿石英脉的 H、O 同位素投影点均偏离了水/岩交换过程大气降水和岩浆水演化曲线。除个别样品外，大部分样品点均落入变质水的范围内，显示热液流体可能与变质水密切相关。利用偏离变质水数据点与本区大气降水点拟合出两条直线（虚线 A 和 B），值得注意的是，虚线 A 附近的点均取自沃溪矿区的 V1 号脉和 V3 号脉，而且虚线 A 的右端进入了变质水的范围，说明其热液流体来源与变质水和大气降水转化而成的中低温热液流体密切相关；虚线 B 附近的点均取自沃溪矿区的 V3 号脉及一些独立矿块，虚线 B 的右端则进入了岩浆水的范围，说明其热液流体亦可能与岩浆水和大气降水转化而成的中低温热液流体密切相关。

综上所述，沃溪矿区含金石英脉流体并非单一的变质流体，而可能是变质流体与大气降水转化而成的中低温热液流体的混合流体，但并不排除岩浆水与大气降水混合来源的可能。

沃溪金锑钨矿床辉锑矿、黄铁矿样品的硫同位素组成见表 5-38，分析测试结果显示，辉锑矿样品的硫同位素组成比较稳定，$\delta^{34}S_{CDT} = -4.3‰ \sim -2.9‰$，平均值为-3.3‰，总体上变化范围较窄；黄铁矿样品 $\delta^{34}S_{CDT}$ = -4.1‰~-0.3‰，平均值为-2.0‰。

表 5-38　沃溪金锑钨矿床矿石硫化物 S 同位素组成

样品编号	测试对象	$\delta^{34}S_{CDT}$/‰	资料来源
BT011-1	辉锑矿	-3.0	2012 实测
40levelV3N2-3	辉锑矿	-3.0	2012 实测
34levelV3-1N3-1	辉锑矿	-4.3	2012 实测
40levelV3N1-3	辉锑矿	-3.4	2012 实测
BT002-2	辉锑矿	-2.9	2012 实测
BT010-1	辉锑矿	-3.3	2012 实测
	黄铁矿	-4.1~-0.3(15)，平均值-2.0	鲍振襄等，2001

　　沃溪金锑钨矿床粉砂质板岩、蚀变板岩、长石石英砂岩和硫化物样品的铅同位素组成见表 5-39，分析测试结果显示，粉砂质板岩 $w(^{206}Pb)/w(^{204}Pb)$ = 18.246~18.828，$w(^{207}Pb)/w(^{204}Pb)$ = 15.647~15.688，$w(^{208}Pb)/w(^{204}Pb)$ = 38.608~39.778，$w(Th)/w(U)$ = 3.85~4.07，μ = 9.55~9.62，ω = 37.98~40.35；近矿蚀变板岩 $w(^{206}Pb)/w(^{204}Pb)$ = 16.818~17.972，$w(^{207}Pb)/w(^{204}Pb)$ = 15.448~15.523，$w(^{208}Pb)/w(^{204}Pb)$ = 37.389~38.825，$w(Th)/w(U)$ = 4.07~4.22，μ = 9.32~9.42，ω = 39.20~40.73；长石石英砂岩 $w(^{206}Pb)/w(^{204}Pb)$ = 17.831~19.374，$w(^{207}Pb)/w(^{204}Pb)$ = 15.530~15.705，$w(^{208}Pb)/w(^{204}Pb)$ = 38.164~39.851，$w(Th)/w(U)$ = 3.71~5.13，μ = 9.35~9.59，ω = 36.10~49.76；辉锑矿 $w(^{206}Pb)/w(^{204}Pb)$ = 17.707~19.034，$w(^{207}Pb)/w(^{204}Pb)$ = 15.539~15.713，$w(^{208}Pb)/w(^{204}Pb)$ = 38.347~39.470，$w(Th)/w(U)$ = 3.85~4.07，μ = 9.43~9.63，ω = 38.31~39.68。

　　硫化物中 U 和 Th 含量较低，U 和 Th 衰变产生的放射性成因铅对铅同位素组成产生的影响可以不予考虑（张理刚，1992；张乾等，2000），因此，本次辉锑矿测试结果可以代表辉锑矿形成时初始铅同位素的组成。

表 5-39　沃溪金锑钨矿床矿石硫化物 Pb 同位素组成

样品编号	测试对象	$w(^{206}Pb)/$ $w(^{204}Pb)$	$w(^{207}Pb)/$ $w(^{204}Pb)$	$w(^{208}Pb)/$ $w(^{204}Pb)$	μ	ω	$w(Th)/$ $w(U)$
DHⅡ-23	粉砂质板岩	18.726	15.658	39.197	9.55	38.39	3.89
DHⅡ-26		18.636	15.656	39.139	9.55	38.64	3.92
DHⅢ-2		18.615	15.688	39.172	9.62	39.20	3.94
DHⅢ-6		18.598	15.680	39.075	9.60	38.83	3.91
DHⅢ-15		18.828	15.683	39.778	9.59	40.35	4.07
DHI-5		18.653	15.687	39.349	9.61	39.69	4.00
DHI-16		18.678	15.673	39.392	9.58	39.58	4.00
DHⅡ-35-1	蚀变板岩	16.818	15.448	37.389	9.42	40.27	4.14
DHⅡ-16		17.972	15.532	38.825	9.38	40.02	4.13
DHⅡ-17		17.565	15.503	38.226	9.38	39.68	4.09
DHⅡ-19		17.454	15.502	38.297	9.40	40.73	4.19
DHⅡ-21		18.492	15.646	38.801	9.55	37.98	3.85
DHⅡ-25-1		18.246	15.647	38.608	9.58	38.60	3.90
DHⅢ-17		18.401	15.642	38.858	9.55	38.69	3.92
DHⅢ-20		18.217	15.563	38.164	9.41	36.10	3.71
DHⅢ-23		18.298	15.589	38.270	9.45	36.34	3.72
DHⅢ-12		17.339	15.456	37.904	9.32	39.20	4.07
DHⅢ-19		17.600	15.513	38.359	9.39	40.16	4.14
DHI-10		17.549	15.494	38.476	9.36	40.82	4.22
DHⅡ-34-2	长石石英砂岩	18.398	15.543	39.809	9.35	41.57	4.30
DHⅢ-7		19.374	15.705	39.849	9.59	38.61	3.90
DHⅢ-9		17.831	15.530	39.851	9.39	49.76	5.13
DHⅢ-22		18.103	15.552	39.292	9.40	41.39	4.26

续表5-39

样品编号	测试对象	$w(^{206}\text{Pb})/$ $w(^{204}\text{Pb})$	$w(^{207}\text{Pb})/$ $w(^{204}\text{Pb})$	$w(^{208}\text{Pb})/$ $w(^{204}\text{Pb})$	μ	ω	$w(\text{Th})/$ $w(\text{U})$
BT011-1	辉锑矿	17.707	15.539	38.347	9.43	39.68	4.07
40levelV3N2-3		18.171	15.599	38.599	9.49	38.53	3.93
34levelv3-1N3-1		18.021	15.589	38.659	9.49	39.58	4.04
40levelV3N1-3		18.037	15.582	38.657	9.47	39.41	4.03
BT002-2		19.034	15.713	39.470	9.63	38.31	3.85
BT010-1		18.133	15.601	38.533	9.50	38.49	3.92

铅同位素源区特征值 $\mu[w(^{238}\text{U})/w(^{204}\text{Pb})]$ 的变化能够指示地质作用过程，提供铅的来源信息，一般认为 μ 大于 9.58 的矿石铅来自 U、Th 相当富集的上地壳物质，具有低 μ 值(小于 9.58)的铅被认为来自下地壳或上地幔(Zartman 和 Doe，1981；吴开兴等，2002；刘清泉，2015)。沃溪金锑钨矿床地层岩石 μ 值介于 9.32 和 9.62 之间，ω 值介于 36.10 和 49.76 之间；辉锑矿 μ 值介于 9.43 和 9.63 之间，只有样品 BT002-2 的 μ 值大于 9.58，其余样品 μ 值均小于 9.58，ω 介于 38.31 和 39.68 之间，总体上高于平均地壳铅的 ω 值(36.84)。高 ω 值、低 μ 值是下地壳或上地幔铅的显著特征(Kamona et al.，1999)，本区辉锑矿具低 μ 值、高 ω 值的特征，暗示 Pb 来源于下地壳。沃溪金锑钨矿床矿石铅的 $w(\text{Th})/w(\text{U})$ 为 3.71~5.13，比值变化范围小，位于中国地幔值(3.60)和下地壳值(5.48)(李龙等，2001)之间，说明本区辉锑矿的铅同位素组成具有壳幔混合特征。

根据地层和辉锑矿铅同位素测试数据，在铅同位素增长线演化图解和构造环境演化图解(图 5-35、图 5-36)上进行投点，对比研究沃溪金锑钨矿床不同岩性地层和矿石的铅的来源，在 $w(^{207}\text{Pb})/w(^{204}\text{Pb})-w(^{206}\text{Pb})/w(^{204}\text{Pb})$ 图[图 5-35 (a)]上，辉锑矿的数据主要落在造山带和地幔演化曲线之间，部分落在造山带演化曲线附近；$w(^{208}\text{Pb})/w(^{204}\text{Pb})-w(^{206}\text{Pb})/w(^{204}\text{Pb})$ 图[图 5-35(b)]上，数据主要落入下地壳和造山带演化曲线之间。在铅同位素构造环境演化图解(图 5-36)中，数据主要落在下地壳范围内，部分落在下地壳和造山带重合区域。以上特征表明，矿体中铅的来源较为复杂，主要为下地壳铅，也有地幔组分的加入。由图 5-35 和图 5-36 可以看出，矿石铅同位素具有明显的线性关系，是一种混合线，代表深部低放射成因铅和壳源高放射成因铅这两个端元，辉锑矿 μ 值绝大多数小于 9.58 也证实了低放射成因铅的存在(彭建堂等，2002)。

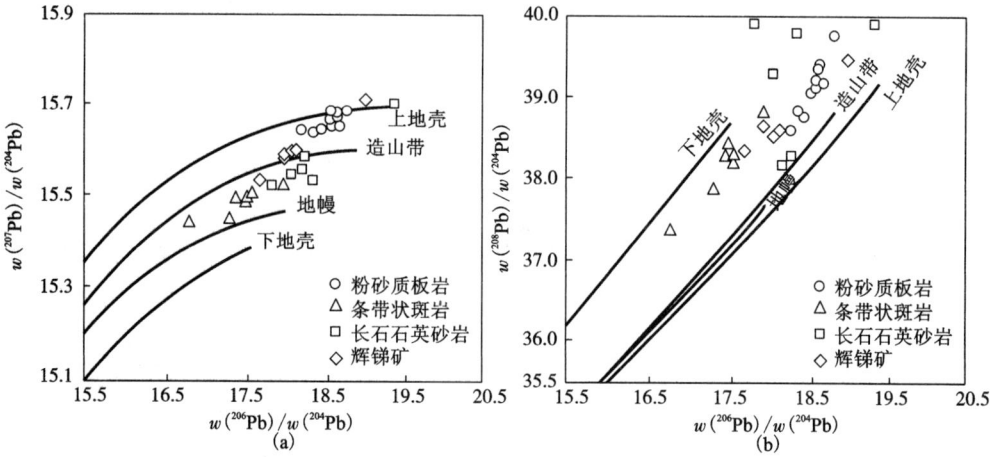

图 5-35 沃溪金锑钨矿床铅同位素 $w(^{207}Pb)/w(^{204}Pb)-w(^{206}Pb)/w(^{204}Pb)$（a）和 $w(^{208}Pb)/w(^{204}Pb)-w(^{206}Pb)/w(^{204}Pb)$（b）增长曲线图

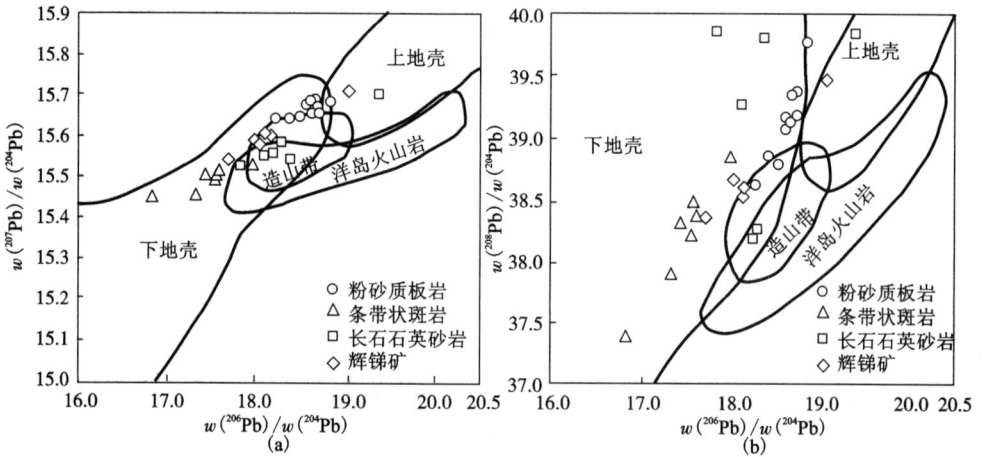

图 5-36 沃溪金锑钨矿床铅同位素 $w(^{207}Pb)/w(^{204}Pb)-w(^{206}Pb)/w(^{204}Pb)$（a）和 $w(^{208}Pb)/w(^{204}Pb)-w(^{206}Pb)/w(^{204}Pb)$（b）构造环境演化图解

由矿石铅同位素 $\Delta\gamma-\Delta\beta$ 成因分类图解（图 5-37）可知，沃溪金锑钨矿床矿石铅同位素主要落在壳幔混合铅范围内（图 5-37 中 3a），表明深部的幔源铅可能参与了成矿作用。

铅同位素组成测试结果（表 5-35、图 5-37）表明，本区近矿蚀变板岩铅同位

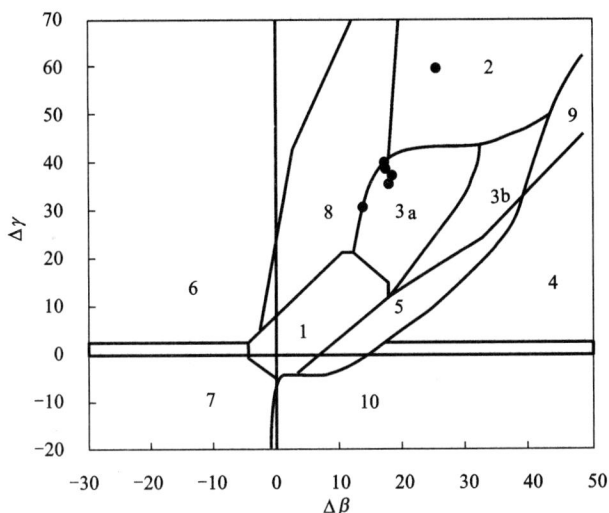

1—地幔源铅；2—上地壳铅；3—上地壳与地幔混合的俯冲带铅(3a-岩浆作用；3b-沉积作用)；
4—化学沉积型铅；5—海底热水作用铅；6—中深变质作用铅；7—深变质下地壳铅；8—造山带铅；
9—古老页岩上地壳铅；10—退变质铅。

图 5-37　沃溪金锑钨矿床矿石铅同位素 $\Delta\beta$-$\Delta\gamma$ 成因分类图解

(底图据朱炳泉等，1998)

素组成整体与辉锑矿铅同位素组成较为—致，而粉砂质板岩和长石石英砂岩的硫同位素组成与辉锑矿同位素组成相差较大，暗示本区近矿蚀变板岩与辉锑矿具有一定的亲缘性。

以上特征表明，本区矿石铅主要来源于下地壳及地幔，为多源混合铅，是深源流体将上地幔或下地壳铅沿深大断裂带至浅部，在此过程中，由于深源流体与地壳物质间的水、岩反应，地层中部分铅混入深源流体中，造成了本区矿石中的铅具有壳幔混合的特征。

综上所述，形成沃溪矿区含金石英脉的成矿流体并非单一的成矿流体，早期可能是变质水与大气降水转化而成的混合流体，中晚期可能为岩浆水与大气降水的混合流体。

5.5.5　标型矿物微区地球化学特征

本次研究样品于 2012 年采自湘西沃溪金锑钨矿床的 38 中段 V3 号脉和 37 中段的 V3 号脉，样品为印支-燕山期石英-金-黄铁矿阶段和石英-金-辉锑矿阶段含金辉锑矿黄铁矿矿石，测试矿物为辉锑矿及不同类型的黄铁矿。选择具有代表性的矿石样品，磨制顶面和底面平整的电子探针片(方形电子探针片长×宽×厚一般为 10 mm×10 mm×5 mm，对角线小于 25 mm；圆形电子探针片直径×厚为 15 mm×5 mm，最大直径小于 25 mm），磨制单位为有色金属成矿预测与地质环境监测教育部重点实验室(中南大学)。

分析测试工作在有色金属成矿预测与地质环境监测教育部重点实验室(中南大学)电子探针微区分析实验室完成。采用仪器为津岛 Shimadzu 公司生产的 EPMA-1720/1720H 型电子探针，加速电压(ACCV)设定为 15 kV、电子束流为 10 nA、电子束直径为 1~5 μm，检出限为 0.01%。测试前先进行光斑聚焦，再选用不同标样进行相互标定，然后对待测试验样品进行测定。测试分析之前，首先记录圈定的待测矿物和区域的坐标，最后把待测样品和标样固定在样品靶上放入样品室内，进行光斑聚焦、样品标定，设定测试条件及标样，设定完成后开始测试。

5.5.5.1 测试矿物的产出特征

(1)黄铁矿产出特征

不同阶段、不同形态的黄铁矿中元素组成的变化可以用来指示成矿流体的性质变化(周涛发等，2010；Large et al.，2007，2009；刘忠法，2014)。黄铁矿是湘西沃溪金锑钨矿床中普遍存在的矿物，就沃溪矿床而言，黄铁矿可以分为立方体形态的黄铁矿[图 5-38(a)]、五角十二面体形态的黄铁矿[图 5-38(a)]以及他形粒状黄铁矿[图 5-38(b)]。

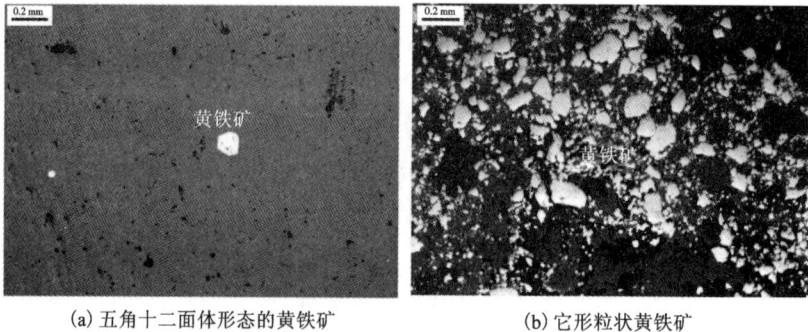

(a) 五角十二面体形态的黄铁矿　　　　　　(b) 它形粒状黄铁矿

图 5-38　沃溪矿床不同类型的黄铁矿产出特征

(2)辉锑矿产出特征

湘西沃溪金锑钨矿床辉锑矿主要呈他形粒状产出，主要分布于石英脉中，与黄铁矿、白钨矿、黑钨矿、自然金等矿物共生(图 5-39)。可见白钨矿呈尖角状充填交代白钨矿[图 5-39(b)]，呈脉状沿石英裂隙充填[图 5-39(c)]，亦可见辉锑矿交代溶蚀黄铁矿[图 5-39(d)]。

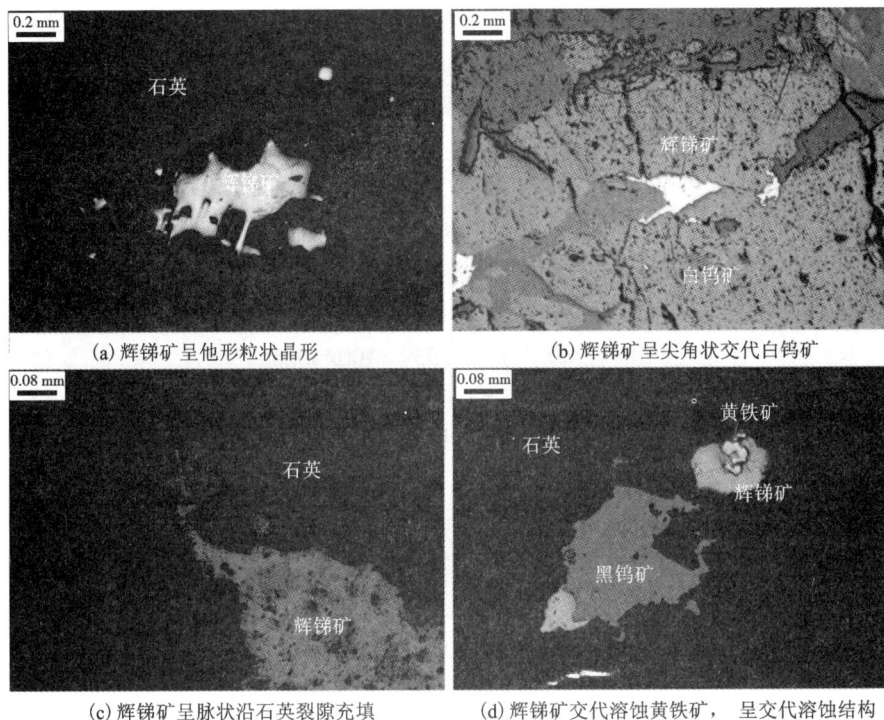

(a) 辉锑矿呈他形粒状晶形

(b) 辉锑矿呈尖角状交代白钨矿

(c) 辉锑矿呈脉状沿石英裂隙充填

(d) 辉锑矿交代溶蚀黄铁矿，呈交代溶蚀结构

图 5-39 沃溪矿床辉锑矿产出特征

5.5.5.2 测试结果与讨论

(1) 黄铁矿

由沃溪金锑钨矿床黄铁矿电子探针分析结果 (表 5-40) 可知，立方体形态的黄铁矿 $w(S)$ 为 53.57% ～ 53.87%，平均值为 53.03%；$w(Fe)$ 为 46.57% ～ 46.89%，平均值为 46.76%；与黄铁矿 S、Fe 含量理论值（S：53.45%，Fe：46.55%，王濮等，1984，下同）对比，立方体形态的黄铁矿表现出亏 S、富 Fe 的特征。五角十二面体形态的黄铁矿 $w(S)$ 为 52.16% ～ 53.33%，平均值为 52.67%；$w(Fe)$ 为 46.00% ～ 46.99%，平均值为 46.65%，与黄铁矿 S、Fe 含量理论值（S：53.45%，Fe：46.55%）相比，五角十二面体形态的黄铁矿表现出亏 S、弱富 Fe 的特征。他形粒状黄铁矿 $w(S)$ 为 52.40% ～ 53.40%，平均值为 53.01%；$w(Fe)$ 为 46.46% ～ 47.34%，平均值为 46.96%；与黄铁矿 S、Fe 含量理论值（S：53.45%，Fe：46.55%）对比，他形粒状黄铁矿同样表现出亏 S、富 Fe 的特征。徐国风和邵洁涟（1980）研究认为，沉积成因的黄铁矿 S、Fe 含量接近理论值或 S 略多，而本区立方体

形态的黄铁矿、五角十二面体形态的黄铁矿及他形粒状黄铁矿的 S/Fe 原子比值分别为 1.981、1.971 和 1.970，均小于 2，不同类型的黄铁矿均为亏硫型（Doyle and Mirza，1996；Oberthur et al.，1997；李红兵和曾凡治，2005），因此，本区黄铁矿成因不可能是沉积型黄铁矿，这也说明成矿热液硫逸度不高。

立方体黄铁矿中 $w(As)$ 为 0.14%~0.70%，平均值为 0.372%；五角十二面体黄铁矿中 $w(As)$ 为 0.41%~1.69%，平均值为 1.19%；他形粒状黄铁矿中 $w(As)$ 为 0.21%~0.59%，平均值为 0.34%。δFe 和 δS 可以用于表征黄铁矿中 Fe 与 S 元素的质量和元素个数偏离理论值的程度。二者公式如下：

$$\delta Fe = [w(Fe)-46.55] \times 100/46.55 \tag{5-1}$$

$$\delta S = [w(S)-53.45] \times 100/53.45 \tag{5-2}$$

根据式（5-1）、式（5-2）计算的结果见表 5-40，由计算结果可知，立方体黄铁矿 δFe 值为 0.04~0.72，平均值为 0.44；δS 为 -1.65~0.79，平均值为 -0.71；$\delta Fe/\delta S$ 值为 -1.39~0.78，平均值为 -0.49。五角十二面体黄铁矿 δFe 值为 -1.19~0.94，平均值为 0.30；δS 为 -2.42~-0.23，平均值为 -1.17；$\delta Fe/\delta S$ 值为 -1.39~1.01，平均值为 -0.35。他形粒状黄铁矿 δFe 值为 -0.19~0.94，平均值为 0.53；δS 为 -1.97~-0.10，平均值为 -1.04；$\delta Fe/\delta S$ 值为 -16.22~0.11，平均值为 -1.44。

在 $\delta Fe/\delta S$-$w(As)$ 图解 [图 5-40(a)] 中，五角十二面体黄铁矿主要分布于岩浆热液型金矿床及其附近；立方体系统的黄铁矿和他形粒状黄铁矿主要落入变质热液型金矿床内，同时落入岩浆热液型金矿床内；但五角十二面体黄铁矿与立方体形态的黄铁矿和他形粒状黄铁矿明显分布在两个区域内，表明本区成矿流体具有较为复杂的来源。在 $w(Fe+S)$-$w(As)$ 图解 [图 5-40(b)] 中，五角十二面体黄铁矿基本上都落入岩浆热液型金矿集中区内，个别点落入浅成低温热液型金矿床集中区内；立方体黄铁矿和他形粒状黄铁矿部分点落在岩浆热液型金矿床集中区内，部分点落在浅成低温热液型金矿床和变质热液型金矿集中区内及其附近。由此可见，本区五角十二面体黄铁矿很有可能为岩浆热液成因，立方体黄铁矿和他形粒状黄铁矿成因较为复杂，有岩浆热液成因也有变质热液和浅成低温热液成因。由于五角十二面体黄铁矿大量分布于褪色蚀变岩内，因此，推测矿体围岩的褪色化有可能是由岩浆热液作用引起的。

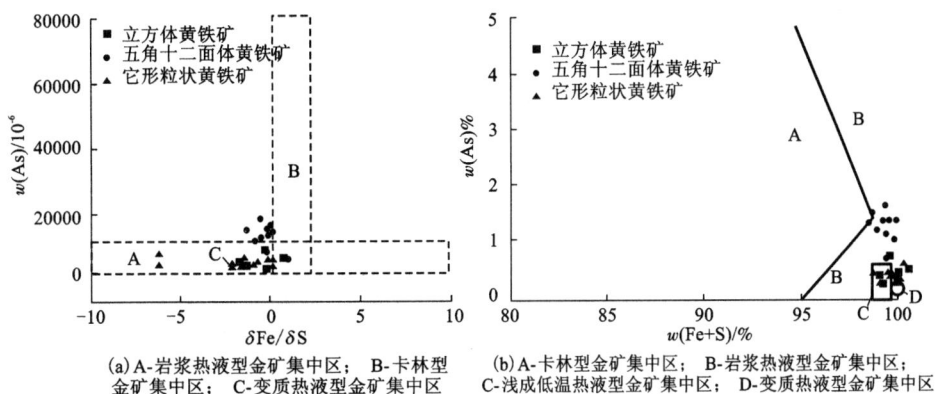

(a) A-岩浆热液型金矿集中区； B-卡林型金矿集中区；C-变质热液型金矿集中区

(b) A-卡林型金矿集中区； B-岩浆热液型金矿集中区；C-浅成低温热液型金矿集中区； D-变质热液型金矿集中区

图 5-40　沃溪金锑钨矿床 δFe/δS-w(As) 图解(a) 和 w(Fe+S)-w(As) 图解(b)

除 S、Fe、As 以外，各类黄铁矿内 Bi、Sb、Cu、Zn、Pb 和 Co 含量极少，说明黄铁矿与辉锑矿并非同一阶段的产物，这与本区黄铜矿、闪锌矿、方铅矿等矿物不发育相符合。

(2) 辉锑矿

湘西沃溪金锑钨矿床辉锑矿电子探针分析结果显示(表 5-41)，本区辉锑矿 w(Sb) 为 70.16%~71.67%，平均值为 70.86%；w(S) 为 28.34%~29.39%，平均值为 28.89%。辉锑矿中 S 的含量略高于理论值、Sb 的含量略低于理论值[w(Sb) =71.38%，w(S)=28.62%]，与渗流热卤水改造成因的锡矿山辉锑矿[w(Sb)= 70.98%~71.14%，平均值为 71.06%；w(S)=27.15%~27.63%，平均值为 27.39%]一样表现出富硫、亏锑的特征。w(As) 为 1.01%~1.30%，平均值为 1.15%，As 以类质同象或机械混入的形式替代了部分 Sb。S 的富集说明本区含锑流体处于 S^{2-} 饱和状态，暗示该阶段成矿流体处于较为还原的环境。除此之外，辉锑矿中还含有极少量的 Cu、Zn、Fe、Ni 和 Mn，大多低于检出限。

表5-40 沃溪金锑钨矿床黄铁矿电子探针分析结果

黄铁矿类型	样品编号	w(S)/%	w(Fe)/%	w(As)/%	w(Bi)/%	w(Sb)/%	w(Cu)/%	w(Zn)/%	w(Pb)/%	w(Co)/%	δFe	δS	δFe/δS	[w(S)+w(Fe)]/%
立方体	wx3-1.18	53.87	46.84	0.46	0.10	0.00	0.00	0.00	0.07	0.03	0.62	0.79	0.78	100.71
	wx3-1.17	53.24	46.89	0.35	0.11	0.01	0.00	0.00	0.00	0.03	0.72	-0.40	-1.81	100.12
	wx3-1.16	52.95	46.69	0.70	0.16	0.00	0.00	0.01	0.00	0.10	0.29	-0.94	-0.31	99.64
	wx3-1.6	53.20	46.85	0.22	0.13	0.00	0.00	0.00	0.02	0.12	0.65	-0.47	-1.39	100.05
	wx1-3,45	52.61	46.71	0.14	0.19	0.04	0.09	0.04	0.00	0.00	0.34	-1.58	-0.21	99.31
	wx1-3,44	52.57	46.57	0.36	0.12	0.02	0.00	0.04	0.02	0.04	0.04	-1.65	-0.02	99.14
	wx1-3.15	52.16	46.61	1.51	0.12	0.01	0.11	0.05	0.01	0.04	0.13	-2.42	-0.05	98.77
	wx1-3,47	52.18	46.48	1.32	0.23	0.00	0.00	0.02	0.00	0.04	-0.14	-2.38	0.06	98.66
	wx1-3,46	52.82	46.00	0.41	0.10	0.00	0.00	0.13	0.00	0.02	-1.19	-1.18	1.01	98.82
	wx1-3.5	52.72	46.74	0.66	0.00	0.00	0.00	0.03	0.04	0.01	0.41	-1.37	-0.30	99.46
	wx1-3.4	52.40	46.63	1.22	0.05	0.00	0.00	0.00	0.04	0.03	0.17	-1.97	-0.09	99.03
五角十二面体	wx1-3.2	52.62	46.90	1.14	0.13	0.00	0.00	0.04	0.00	0.04	0.75	-1.55	-0.48	99.52
	wx1-3.1	52.66	46.61	1.39	0.24	0.00	0.00	0.07	0.00	0.04	0.14	-1.48	-0.09	99.28
	wx3-1.28	53.33	46.70	1.37	0.08	0.06	0.04	0.02	0.01	0.05	0.32	-0.23	-1.39	100.03
	wx3-1.27	53.06	46.83	1.02	0.15	0.00	0.03	0.02	0.03	0.07	0.61	-0.73	-0.83	99.89
	wx3-1.26	52.47	46.99	1.69	0.08	0.01	0.00	0.00	0.00	0.07	0.94	-1.83	-0.51	99.46
	wx3-1.25	52.93	46.61	1.39	0.09	0.00	0.05	0.13	0.04	0.10	0.13	-0.97	-0.13	99.54

续表5-40

黄铁矿类型	样品编号	$w(S)$/%	$w(Fe)$/%	$w(As)$/%	$w(Bi)$/%	$w(Sb)$/%	$w(Cu)$/%	$w(Zn)$/%	$w(Pb)$/%	$w(Co)$/%	δFe	δS	$\delta Fe/\delta S$	$[w(S)+w(Fe)]$/%
他形	wx3-1.5	53.09	47.19	0.29	0.12	0.01	0.02	0.00	0.00	0.05	1.38	-0.67	-2.07	100.29
	wx3-1.30	53.08	47.10	0.24	0.11	0.00	0.00	0.03	0.01	0.05	1.18	-0.69	-1.70	100.18
	wx3-1.29	53.36	47.04	0.59	0.26	0.02	0.03	0.02	0.03	0.10	1.04	-0.17	-6.27	100.40
	wx3-1.14	53.05	46.97	0.31	0.00	0.01	0.04	0.04	0.00	0.09	0.90	-0.75	-1.19	100.01
	wx3-1.13	52.89	47.28	0.45	0.00	0.00	0.00	0.02	0.08	0.04	1.57	-1.06	-1.49	100.17
	wx3-1.4	53.11	47.19	0.23	0.16	0.01	0.01	0.06	0.05	0.05	1.37	-0.63	-2.17	100.30
	wx3-1.3	52.70	46.48	0.23	0.22	0.02	0.00	0.03	0.00	0.00	-0.15	-1.40	0.11	99.18
	wx3-1.2	53.40	46.84	0.30	0.00	0.00	0.10	0.02	0.13	0.05	0.63	-0.10	-6.25	100.24
	wx3-1.1	53.39	47.34	0.21	0.00	0.02	0.00	0.00	0.07	0.08	1.70	-0.10	-16.22	100.74
	wx1-3,48	52.66	47.07	0.37	0.10	0.00	0.00	0.05	0.03	0.03	1.11	-1.48	-0.75	99.73
	wx1-3,43	52.40	46.46	0.42	0.19	0.00	0.00	0.03	0.00	0.06	-0.19	-1.97	0.10	98.86
	wx1-3,42	52.98	46.61	0.42	0.19	0.00	0.08	0.00	0.00	0.03	0.12	-0.88	-0.13	99.59

表5-41　沃溪金锑钨矿床辉锑矿电子探针分析结果

样品编号	$w(S)$/%	$w(Fe)$/%	$w(Sb)$/%	$w(As)$/%	$w(Cu)$/%	$w(Zn)$/%	$w(Ni)$/%	$w(Mn)$/%	$w(Au)$/%	总计/%
wx3-1.36	28.87	0.00	71.16	1.06	0.03	0.03	0.04	0.00	0.00	101.19
wx3-1.35	29.04	0.00	70.90	1.17	0.04	0.01	0.00	0.00	0.00	101.16
wx3-1.34	28.88	0.00	70.64	1.15	0.05	0.00	0.06	0.00	0.00	100.78

续表5-41

样品编号	$w(S)/\%$	$w(Fe)/\%$	$w(Sb)/\%$	$w(As)/\%$	$w(Cu)/\%$	$w(Zn)/\%$	$w(Ni)/\%$	$w(Mn)/\%$	$w(Au)/\%$	总计/%
wx3-1.33	28.85	0.04	71.63	1.01	0.00	0.00	0.00	0.05	0.00	101.57
wx3-1.32	29.39	0.01	70.56	1.14	0.01	0.00	0.06	0.00	0.00	101.17
wx3-1.31	29.18	0.01	71.06	1.12	0.03	0.00	0.02	0.04	0.00	101.45
wx3-1.24	28.83	0.00	71.52	1.17	0.19	0.00	0.00	0.00	0.00	101.71
wx3-1.23	28.85	0.00	70.55	1.09	0.09	0.17	0.00	0.00	0.00	100.75
wx3-1.22	29.02	0.00	71.37	1.10	0.05	0.08	0.00	0.03	0.00	101.64
wx3-1.21	28.88	0.03	71.03	1.04	0.00	0.00	0.04	0.01	0.00	101.02
wx3-1.20	28.94	0.00	70.84	1.22	0.00	0.00	0.04	0.00	0.00	101.04
wx3-1.19	28.97	0.03	70.93	1.10	0.05	0.05	0.00	0.00	0.00	101.11
wx3-1.12	29.17	0.00	71.33	1.08	0.04	0.23	0.01	0.04	0.00	101.89
wx3-1.11	29.33	0.00	71.67	1.11	0.00	0.00	0.05	0.00	0.00	102.16
wx3-1.10	28.87	0.00	71.38	1.12	0.00	0.08	0.00	0.00	0.00	101.44
wx3-1.9	28.92	0.02	70.92	1.12	0.00	0.00	0.02	0.00	0.00	100.99
wx3-1.8	28.98	0.00	71.25	1.18	0.00	0.16	0.00	0.01	0.00	101.58
wx3-1.7	28.96	0.00	70.86	1.02	0.10	0.00	0.00	0.03	0.00	100.98
wx1-3,52	28.87	0.01	70.26	1.18	0.07	0.14	0.03	0.00	0.00	100.56
wx1-3,51	28.46	0.03	70.58	1.29	0.08	0.04	0.03	0.01	0.00	100.51
wx1-3,50	28.74	0.01	70.54	1.13	0.00	0.11	0.07	0.04	0.00	100.63
wx1-3,49	28.68	0.00	70.16	1.17	0.10	0.00	0.00	0.00	0.00	100.11

续表5-41

样品编号	w(S)/%	w(Fe)/%	w(Sb)/%	w(As)/%	w(Cu)/%	w(Zn)/%	w(Ni)/%	w(Mn)/%	w(Au)/%	总计/%
wx1-3, 53	28.72	0.08	70.47	1.30	0.07	0.00	0.03	0.00	0.00	100.66
wx1-3, 57	28.74	0.03	70.59	1.15	0.02	0.00	0.05	0.03	0.00	100.61
wx1-3, 56	28.60	0.12	70.52	1.23	0.01	0.00	0.00	0.04	0.00	100.52
wx1-3, 55	28.92	0.06	70.22	1.24	0.00	0.10	0.05	0.00	0.00	100.58
wx1-3, 54	28.80	0.00	70.32	1.30	0.09	0.02	0.02	0.00	0.00	100.54
wx1-8, 5	28.63	0.00	70.39	1.20	0.03	0.00	0.00	0.00	0.00	100.24
wx1-8, 4	29.24	0.00	70.94	1.18	0.03	0.00	0.00	0.00	0.00	101.40
wx1-8, 3	28.98	0.00	71.09	1.17	0.03	0.06	0.04	0.00	0.00	101.36
wx1-8, 2	28.34	0.03	70.93	1.16	0.01	0.07	0.00	0.01	0.00	100.55
wx1-8, 1	28.90	0.00	71.01	1.11	0.15	0.00	0.00	0.02	0.00	101.20

5.5.6 流体包裹体地球化学特征

在详细的野外地质调查的基础上,按照成矿阶段采集了流体包裹体测试样品。本次流体包裹体研究所取的 12 件样品均采自沃溪矿区深部原生矿石。样品特征及采样位置见表 5-42。

表 5-42 样品特征及采样位置

样品编号	采样位置	样品特征	主矿物
BT009	38 平 V7 脉	含石英团块的白钨矿	石英
BT049	38 平 V7 脉	含石英团块的白钨矿	石英
D025	27 平 V3-2 节理脉	含金及黄铁矿的块状石英	石英
F072	30 平 V3-3349 采场	含金及黄铁矿的块状石英	石英
F089-1	29 平 V3 脉转折端南翼	含金及黄铁矿的块状石英	石英
F094	38 平 V3 脉	含金及黄铁矿的块状石英	石英
F071	30 平 V3 脉靠近轴部	含金及石英团块的辉锑矿矿石	石英
F083	34 平 V3 西	含金及石英团块的辉锑矿矿石	石英
F086-2	28 平 3 号脉穿脉 V3 北	含金及石英团块的辉锑矿矿石	石英
F092-1	37 平 V3 脉	含金及石英团块的辉锑矿矿石	石英
F067-1	-50 平 503 矿块	含金块状石英	石英
F077	30 平 V7 脉北沿节理脉	含金块状石英	石英

测试工作在中南大学地球科学与信息物理学院实验中心测试研究室完成。样品均被磨制成两面抛光的略厚于普通薄片的测温片(0.05~0.1 mm),用于包裹体观察和描述以及均一温度和冰融温度(换算为盐度)的测定。

利用群体包裹体分析法,对各成矿阶段石英中的包裹体进行了气液相成分分析,单矿物纯度在98%以上。气、液相成分分析测试工作在有色金属成矿预测与地质环境监测教育部重点实验室(中南大学)完成,测试仪器分别为 Varian-3400 型气相色谱仪(美国 Varian 公司生产)和 DX-120IonChromatography 型离子色谱仪(美国 Dionen 公司生产),分析误差<5%(刘忠法,2014)。

经显微镜下观察发现,在不同成矿阶段的石英中发育大量的原生流体包裹体,根据其室温下的岩相学特点,沃溪矿床不同成矿阶段的包裹体类型主要为富液相气液两相水溶液包裹体,占95%以上,另外,还包括极少量的含子矿物的三相包裹体(图5-41),富液相包裹体粒径多数为3~8 μm,少数为9~12 μm,个别可达15 μm以上,呈椭圆状、不规则状、四边形,气液相比多数为10%~25%,少数为25%~40%,加热后均一为液相。含子矿物三相包裹体气液比约为25%,加热后均一为液相。

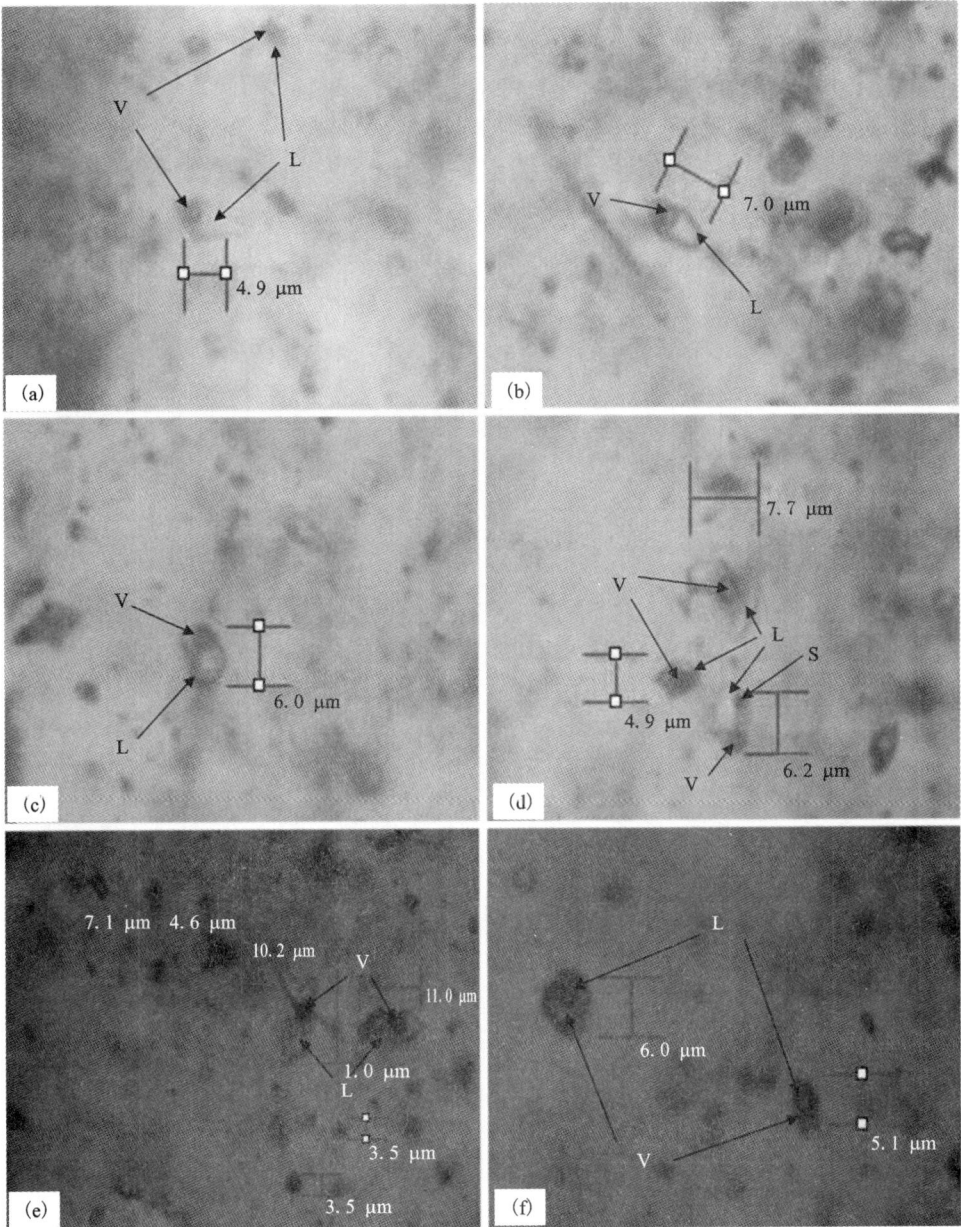

（a）、（b）石英-白钨矿阶段富液相水溶液包裹体；（c）、（d）石英-金-黄铁矿阶段中富液相水溶液包裹体和含子矿物的三相包裹体；（e）石英-金-辉锑矿阶段富液相水溶液包裹体；（f）石英-金-碳酸盐阶段中的富液相水溶液包裹体；L-水溶液相；V-气相；S-子矿物流体包裹体显微测温结果。

图 5-41　沃溪金锑钨矿床各成矿阶段矿物流体包裹体特征

对沃溪金锑钨矿床各个成矿阶段的石英进行了流体包裹体测温，共测试12件样品，171个包裹体，其中石英-白钨矿（黑钨矿）阶段2件样品，20个包裹体；石英-金-黄铁矿阶段4件样品，60个包裹体；石英-金-辉锑矿阶段4件样品，61个包裹体；石英-金-碳酸盐阶段2件样品，30个包裹体。测试结果见表5-43。

根据流体包裹体显微测温结果绘制流体包裹体均一温度及盐度直方图（图5-42）。

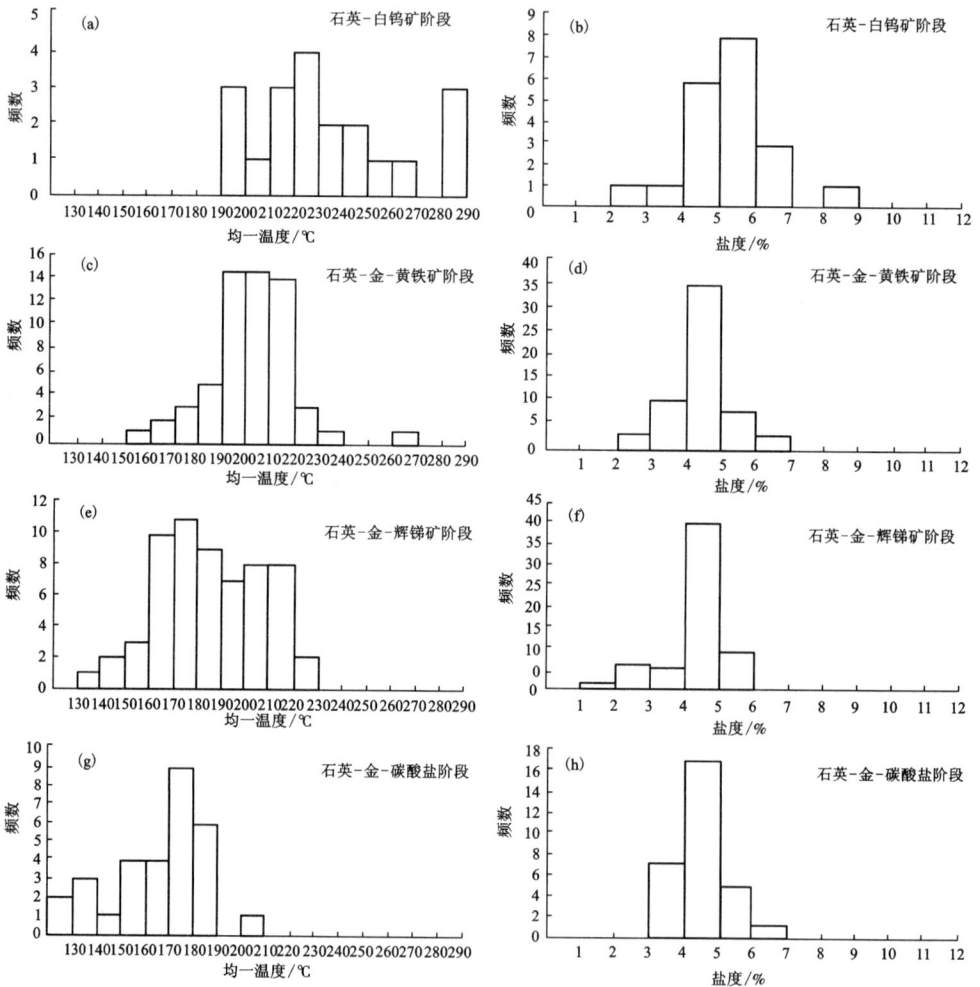

图5-42 沃溪金锑钨矿床均一温度及盐度直方图

由均一温度测试结果（表5-43）及其直方图（图5-41）可知，石英-白钨矿（黑钨矿）阶段富液相流体包裹体均一温度为193～288℃，平均值为232℃。石英-金-黄铁矿阶段富液相流体包裹体均一温度为155～238℃，平均值为201℃。石英-金-辉锑矿阶段富液相流体包裹体均一温度为136～225℃，平均值为185℃。石英-金-碳酸盐阶段富液相流体包裹体均一温度为123～205℃，平均值为166℃。成矿流体均一温度（平均值）显示由早到晚逐渐降低的趋势。

此外，表5-43中所有样品测得的包裹体均一温度跨度范围较大，为123～288℃，不同类型的样品既有高温，也有低温，各阶段之间有重合，这一特征可能反映了沃溪矿床的成矿过程具有叠加成矿的特点。

利用冰点下降温度与盐度关系式（5-3）和石盐熔化温度与盐度关系式（5-4）（Hall et al.，1988）分别计算气液两相水溶液包裹体和含子矿物三相包裹体的盐度，计算结果参见表5-43。

$$W = 0.00 + 1.78T_m - 0.042T_m^2 + 0.000557T_m^3 \tag{5-3}$$

式中，W 为 NaCl 的质量百分数（0～23.3%），T_m 为冰点下降温度，℃。

$$W = 26.242 + 0.4928\psi + 1.42\psi^2 - 0.223\psi^3 + 0.04129\psi^4 +$$
$$0.006295\psi^5 - 0.001967\psi^6 + 0.0001112\psi^7 \tag{5-4}$$

式（5-4）的应用范围为 $0.1℃ \leqslant T \leqslant 801℃$，其中 $\psi = T/100$（T 为 NaCl 子矿物熔化温度，℃）。

根据盐度计算结果绘制盐度直方图（图5-42）。从表5-43及图5-42中可以看出，石英-白钨矿阶段富液相流体包裹体盐度为2.63%～8.79%（NaCl 的质量分数，下同），平均值为5.15%。石英-金-黄铁矿阶段富液相流体包裹体盐度为2.40%～6.43%，平均值为4.38%；含子矿物三相包裹体盐度为33.20%，虽然含子矿物包裹体数量较少，代表意义不大，但也可以从侧面暗示本阶段成矿流体有可能来自岩浆热液。石英-金-辉锑矿阶段富液相流体包裹体盐度为1.73%～5.99%，平均值为4.31%。石英-金-碳酸盐阶段富液相流体包裹体盐度为3.05%～6.58%，平均值为4.50%。

在所有样品的均一温度与盐度关系图（图5-43）上，未见不同盐度和温度流体混合的现象。而且大部分样品的点落在中低温（150～250℃）以及低盐度（NaCl 的质量分数为2%～7%）范围内，表明成矿流体具有低盐度的特征，且成矿温度主要在150～250℃这个范围内。

表 5-43 流体包裹体均一温度、盐度、密度数据表

样号	寄主矿物	组成	气液相比/%	均一温度/℃	盐度 w(NaCl)/%	密度 /(g·cm⁻³)	成矿阶段
BT009	石英	气液两相	8~20	193~281	2.63~8.79	0.82~0.94	石英-金-白钨矿阶段
BT049	石英	气液两相	7~40	220~288	4.23~6.82	0.79~0.89	
D025	石英	气液两相	15~30	185~238	3.72~4.66	0.87~0.92	
F072	石英	含子矿物（三相）	25%	266（225 子矿物熔化温度）	11.10	0.89	石英-金-黄铁矿阶段
F089-1	石英	气液两相	15~35	155~220	3.88~6.43	0.88~0.99	
F094	石英	气液两相	15~35	173~220	3.39~4.51	0.87~0.92	
F071	石英	气液两相	15~35	160~216	3.23~4.97	0.88~0.94	
F083	石英	气液两相	15~40	154~225	4.19~5.99	0.87~0.96	石英-金-辉锑矿阶段
F086-2	石英	气液两相	15~40	143~213	3.23~4.97	0.89~0.96	
F092-1	石英	气液两相	10~35	136~216	1.73~5.28	0.88~0.95	
F067-1	石英	气液两相	10~40	130~190	3.23~5.73	0.91~0.96	石英-金-碳酸盐阶段
F077	石英	气液两相	15~30	123~205	3.05~6.58	0.90~0.99	

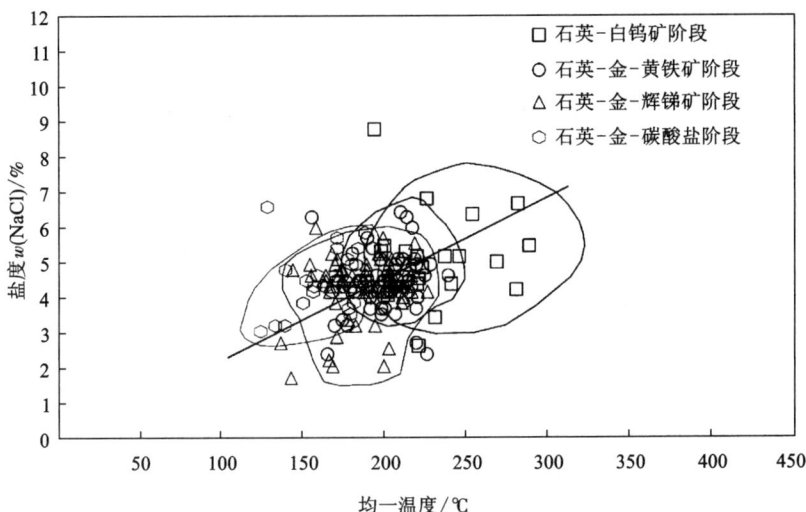

图 5-43　均一温度与盐度关系图

本书根据刘斌等(1999)给出的数表来估算成矿流体密度和均一压力, 采用的流体为 NaCl 的水溶液, 估算结果见表 5-43。由估算结果可知, 石英-白钨矿阶段富液相流体包裹体密度为 0.79~0.94 g/cm³, 平均值为 0.88 g/cm³。石英-金-黄铁矿阶段富液相流体包裹体密度为 0.85~0.96 g/cm³, 平均值为 0.90 g/cm³; 含子矿物三相包裹体密度为 1.103 g/cm³。石英-金-辉锑矿阶段富液相流体包裹体密度为 0.87~0.99 g/cm³, 平均值为 0.91 g/cm³。石英-金-碳酸盐阶段富液相流体包裹体密度为 0.90%~0.99%, 平均值为 0.94 g/cm³。

成矿流体成分:

本次研究按照成矿阶段对各阶段的石英进行了流体包裹体气液相成分分析, 分析结果见表 5-44。测试结果表明, 各成矿阶段气相成分以 H_2O 和 CO_2 为主, 其次为 CH_4 和 H_2, 另外还含有一定量的 N_2、C_2H_2、C_2H_6。液相成分阴离子以 SO_4^{2-} 和 Cl^- 为主, 另外还含有一定量的 F^- 和 Li^-; 阳离子以 Na^+、K^+ 和 Ca^{2+} 为主, 还含有一定量的 Mg^{2+}。

表 5-44 沃溪金锑钨矿床流体包裹体气、液相成分分析结果

样号		BT009	F097-2	F091	F096-1	F090	F071	F086-1	F077
矿物		石英	石英	石英	石英	石英	石英	石英	石英
		石英-白钨矿阶段		石英-金-黄铁矿阶段			石英-金-辉锑矿阶段		石英-金-碳酸盐阶段
气相 /10^{-6}	H_2	2.825	2.266	4.09	3.792	2.112	2.675	1.05	1.722
	N_2	痕	0.074	0.053	0.038	痕	0.126	痕	0.091
	CH_4	9.561	24.736	10.86	10.886	9.125	28.175	3.266	13.493
	CO_2	110.733	323.242	803.998	781.415	405.274	628.708	128.832	344.642
	C_2H_2	1.826	8.851	痕	痕	1.164	6.741	痕	0.325
	C_2H_6	2.629	4.315	0.897	5.538	痕	4.168	3.543	0.267
	H_2O	1024	1731	856	1993	987	1007	1072	1615
液相 /10^{-6}	F^-	2.260	0.163	0.182	0.273	0.412	0.348	0.053	0.178
	Cl^-	0.712	9.084	13.029	9.333	11.911	0.827	2.059	1.724
	SO_4^{2-}	4.741	22.562	10.975	37.418	44.529	75.874	46.674	42.963
	Li	2.624	0.521	痕	0.459	0.321	0.663	0.902	0.045
	Na^+	6.492	6.055	1.271	2.434	1.877	4.904	5.49	2.496
	K^+	1.407	1.825	1.047	0.842	1.674	8.176	3.782	5.627
	Mg^{2+}	2.438	0.592	3.479	1.271	1.503	痕	痕	痕
	Ca^{2+}	7.704	1.457	4.196	5.842	4.983	6.829	2.524	10.255
特征值	$w(Na^+)/w(K^+)$	4.61	3.32	1.21	2.89	1.12	0.60	1.45	0.44
	$w(H_2O)/w(CO_2)$	9.25	5.36	1.06	2.55	2.44	1.60	8.32	4.69
	$w(Na^+)/[w(Ca^{2+})+w(Mg^{2+})]$	0.64	2.96	0.17	0.34	0.29	0.72	2.18	0.24

Roedder(1976，1984)指出当流体包裹体液相成分 $w(Na^+)/w(K^+)<2$，$w(Na^+)/[w(Ca^{2+})+w(Mg^{2+})]>4$ 时，成矿流体为岩浆热液；当 $w(Na^+)/w(K^+)>10$，$w(Na^+)/[w(Ca^{2+})+w(Mg^{2+})]<1.5$ 时，成矿流体为热卤水；$2<w(Na^+)/w(K^+)<10$，$1.5<w(Na^+)/[w(Ca^{2+})+w(Mg^{2+})]<4$ 时，成矿流体可能为改造型流体。沃溪金锑钨矿床石英-白钨矿阶段 $w(Na^+)/w(K^+)$ 在 2 和 10 之间，$w(Na^+)/[w(Ca^{2+})+w(Mg^{2+})]$ 为 0.64 和 2.96，表明该阶段成矿流体可能来源于改造型流体，结合 H-O 同位素组成认为，可能为变质水与大气降水的混合流体。石英-金

-黄铁矿阶段、石英-金-辉锑矿阶段及石英-金-碳酸盐阶段 $w(Na^+)/w(K^+)$ 只在样品 F096-1 中为 2.89，其余均小于 2；而 $w(Na^+)/[w(Ca^{2+})+w(Mg^{2+})]$ 为 0.17~2.18，仅在样品 F086-1 中为 2.18，其余均小于 1.5，说明石英-金-黄铁矿阶段、石英-金-辉锑矿阶段及石英-金-碳酸盐阶段成矿流体来源较为复杂，可能是岩浆水和大气降水的混合流体。

何明勤等(2004)、傅晓明等(2010)认为 $w(H_2O)/w(CO_2)$ 可以反映成矿作用的强度和成矿有利程度，比值越小，成矿作用越强，对成矿越有利。石英-白钨矿阶段 $w(H_2O)/w(CO_2)$ 在 5.36 和 9.25 之间，平均值为 7.30；石英-金-黄铁矿阶段 $w(H_2O)/w(CO_2)$ 在 1.06 和 2.55 之间，平均值为 2.02；石英-金-辉锑矿阶段 $w(H_2O)/w(CO_2)$ 在 1.60 和 8.32 之间，平均值为 4.96；石英-金-碳酸盐阶段 $w(H_2O)/w(CO_2)$ 为 4.69。由此可以看出，沃溪金锑钨矿床成矿作用强度及成矿有利程度由强到弱依次为：石英-金-黄铁矿阶段→石英-金-辉锑矿阶段→石英-金-碳酸盐阶段→石英-白钨矿阶段。因此，本区金的主成矿阶段为石英-金-黄铁矿阶段和石英-金-辉锑矿阶段。

成矿流体来源及演化：

H-O 同位素组成及流体包裹体气液相成分特征显示，石英-白钨矿阶段成矿流体主要来源于改造型流体及大气降水的混合，而石英-金-黄铁矿阶段、石英-金-辉锑矿阶段和石英-金-碳酸盐阶段的成矿流体则来源于岩浆水，有部分热卤水或变质水的混入。由均一温度和盐度直方图(图 5-42)及均一温度与盐度关系图(图 5-43)可以看出，由石英-金-白钨矿阶段到石英-金-碳酸盐阶段，成矿流体温度逐渐降低；石英-金-白钨矿阶段盐度最高，石英-金-黄铁矿阶段、石英-金-辉锑矿阶段及石英-金-碳酸盐阶段盐度变化不大，没有明显的降低趋势。根据成矿流体估算结果，成矿流体密度随成矿作用的进行有微弱升高的趋势，成矿压力有降低的趋势。

5.5.7　矿床地球化学分带模式

地球化学异常模式实际是一种异常评价标志和找矿预测模式，是对所研究的地质体的各种地球化学特征，特别是地球化学异常特征的提炼和概括。研究的思路是从成矿成晕作用入手，研究与成矿有关的地层、构造、岩浆岩的演化特点，以及成矿元素、伴生元素、矿化剂元素在成矿作用过程中随时间的演化规律和在空间上的分带特点。本次研究工作分别对沃溪矿区的十六棚工、鱼儿山、塘虎坪三个矿段的不同中段的构造蚀变带采集化探原生晕样品，通过对化探数据统计分析，大致圈定 14 个元素的异常，总结 14 个元素的分布特征和垂向分带特征，以及指示元素的纵向变化规律，现将各矿区的地球化学异常特征总结如下。

5.5.7.1 十六棚工地球化学分带模式的特点

（1）异常元素组合是 Au、Sb、W、Hg、As、Pb、Zn、Cu、Mo、Bi。

（2）异常明显受构造控制，呈条带状，Au、Sb、W、Hg、As 元素异常宽度比矿体宽 3~5 倍。其他元素异常相对较差。

（3）异常元素的分带性比较混乱，显示多次叠加特点，通过综合分析，不难看出，异常元素具有明显的分带性，前缘晕元素组合简单，以 As、Hg 为主，尾晕元素以 Mo、Bi 为主，成矿元素为近矿元素 Au、Sb、W，但前缘晕元素 As、Hg 异常贯穿始终，尤其 Au、Sb、W、Hg、As 等元素异常往深部越来越强，而 Pb、Zn、Cu 元素异常变化相对平稳，Mo、Bi 元素异常起伏较大。具体见图 5-44 和表 5-45。

表 5-45　十六棚工 V3 脉主要微量元素变化特征表

期次	分带	不同标高元素含量单位 Au、Hg 为 10^{-9}，其他为 10^{-6}							
		元素	地表	3 平	7 平	27 平	37 平	38 平	40 平	41 平
第一期	前缘晕	As	35	443	95					
		Hg	810	1980	900					
		Sb	58	281	1105					
	矿晕	Au	70	142	359					
		W	15.5	31	30					
	尾晕	Mo	0.81	1.38	6.3					
		Bi	0.31	0.66	0.74					
第二期	前缘晕	As				173	118	50	36	102
		Hg				4550	4340	2500	17500	2400
	矿晕	Au				2000	488	362	651	459
		Sb				485	1191	461	683	589
	尾晕	Mo				0.81	0.75	0.43	0.61	0.78
		Bi				1.68	0.39	0.39	0.46	0.52

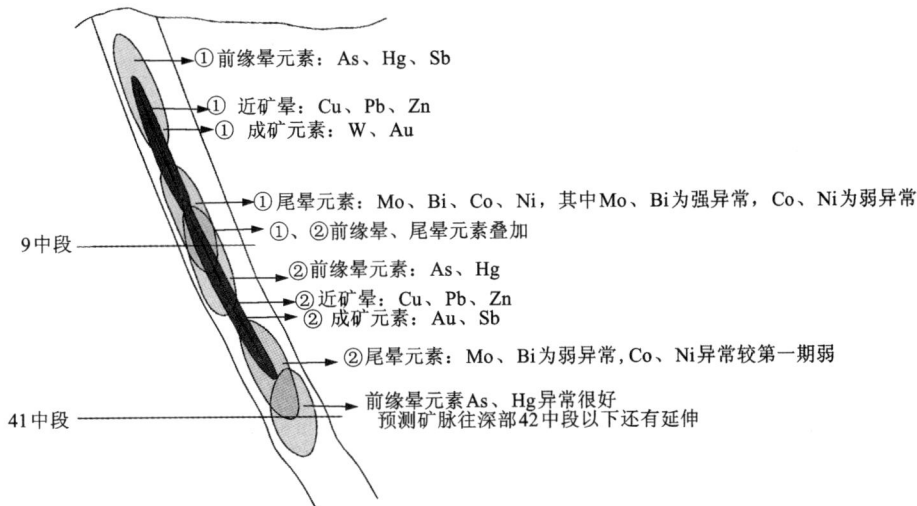

①前缘晕元素：As、Hg、Sb

①近矿晕：Cu、Pb、Zn

①成矿元素：W、Au

①尾晕元素：Mo、Bi、Co、Ni，其中 Mo、Bi 为强异常，Co、Ni 为弱异常

①、②前缘晕、尾晕元素叠加

②前缘晕元素：As、Hg

②近矿晕：Cu、Pb、Zn

②成矿元素：Au、Sb

②尾晕元素：Mo、Bi 为弱异常，Co、Ni 异常较第一期弱

前缘晕元素 As、Hg 异常很好
预测矿脉往深部 42 中段以下还有延伸

9中段

41中段

图 5-44　十六棚工 V3 脉地球化学分带模式示意图

5.5.7.2 鱼儿山地球化学分带模式特征

(1) 异常元素组合是 Au、Sb、W、Hg、As、Mo、Bi。

(2) 异常明显受构造控制，呈条带状，Au、W、Hg、As 元素异常宽度比矿体宽 2~3 倍。其他元素异常相对较差。

(3) 异常的分带性较明显，前缘晕元素组合简单，以 As、Hg、Sb 为主，尾晕元素以 Mo、Bi 为主；前缘晕元素 As、Hg、Sb 异常贯穿始终，尤其 Au、Sb、W、Hg、As 等元素异常从地表到 -200 中段，往深部逐渐加强，Mo、Bi 元素异常起伏较大，但在 -200 中段 Au、Sb、W、Hg、As 元素异常明显减弱，Mo、Bi 元素异常明显增强，具体见图 5-45 和表 5-46。

表 5-46　鱼儿山 V1 脉主要微量元素变化特征表

期次	分带	不同标高元素含量单位 Au、Hg 为 10^{-9}，其他为 10^{-6}					
		元素	地表	70 平	110 平	-110 平	-150 平	-200 平
第一期	前缘晕	As	71.6	274	176	365	663	163
		Hg	190	580	510	370	310	130
		Sb	73	70	62	81	149	51
	矿晕	Au	114	298	247	423	249	257
		W	19	39	54	79	94	39
	尾晕	Mo	0.97	2.46	2.66	1.04	5.79	2.19
		Bi	0.33	0.35	0.53	0.45	0.53	0.68

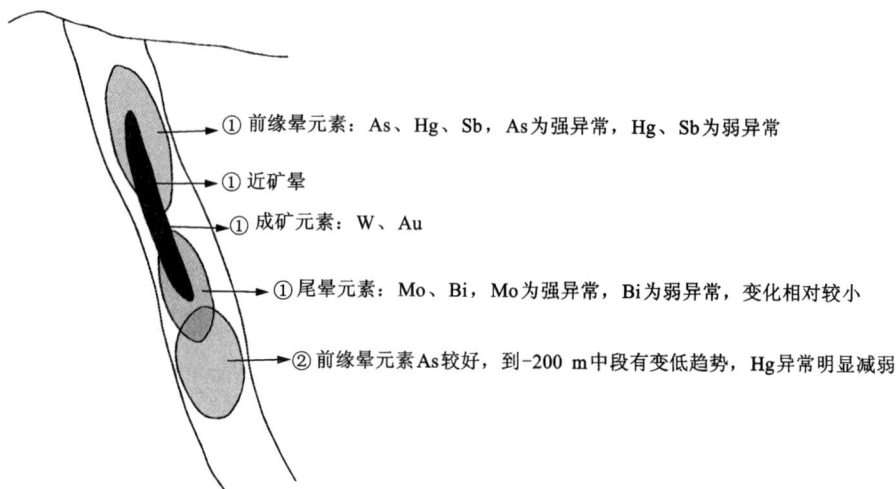

① 前缘晕元素：As、Hg、Sb，As 为强异常，Hg、Sb 为弱异常

① 近矿晕

① 成矿元素：W、Au

① 尾晕元素：Mo、Bi，Mo 为强异常，Bi 为弱异常，变化相对较小

② 前缘晕元素 As 较好，到-200 m 中段有变低趋势，Hg 异常明显减弱

图 5-45　鱼儿山矿段 V1 脉地球化学分带模式示意图

5.5.7.3 塘虎坪地球化学分带模式特征

（1）异常元素组合是 Au、Sb、W、Hg、As、Mo、Bi，除 Au、W 异常较好外，其他元素均为弱异常。

（2）异常明显受蚀变带控制，呈条带状，Au、W、Hg、As 元素异常宽度比矿体宽 1~2 倍。

（3）异常的分带性较明显，地表 Au、Sb、W、Hg、As 等元素异常相对较好，往深部逐渐减弱，据钻探资料表明，其深部 Au、Sb、W、Hg、As 元素无异常，Mo、Bi 元素异常起伏不大。往深部稍有增强，具体见图 5-46 和表 5-47。

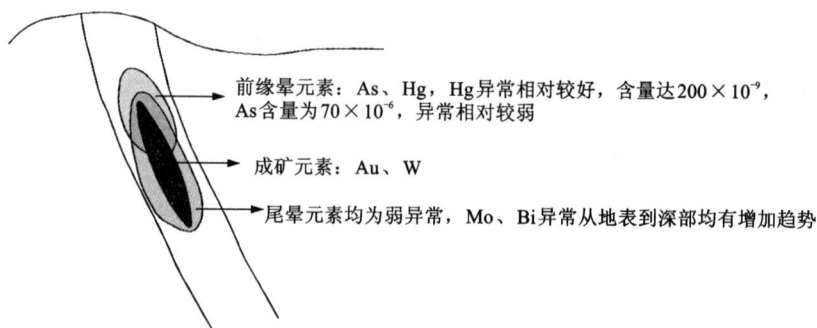

前缘晕元素：As、Hg，Hg 异常相对较好，含量达 200×10^{-9}，As 含量为 70×10^{-6}，异常相对较弱

成矿元素：Au、W

尾晕元素均为弱异常，Mo、Bi 异常从地表到深部均有增加趋势

图 5-46　塘虎坪矿段地球化学分带模式示意图

表5-47　塘虎坪矿段主要微量元素变化特征表

期次	分带	不同标高元素含量单位 Au、Hg 为×10⁻⁹，其他为×10⁻⁶			
		元素	地表	老窿(500 m 标高)	钻探(350 m 标高)
第一期	前缘晕	As	73	22	2.1
		Hg	100	200	90
		Sb	73	160	20
	矿晕	Au	65	306	11
		W	17	300	4.2
	尾晕	Mo	0.54	0.79	0.52
		Bi	0.48	0.32	0.59

5.5.7.4 地球化学分带模式综合评述

从上述3个矿段的地球化学异常分带特征来看，十六棚工矿段成矿元素叠加的特点，从地表到7中段，前缘晕元素 As、Hg 异常明显减弱，但 Sb 元素异常明显增强，到9中段以下的27中段开始，前缘晕元素 As、Hg、Sb 显著增加，尤其 Hg、Sb 增加了10倍，而尾晕 Mo、Bi 异常在7中段增加明显，但从27中段开始又明显减弱。现有资料表明十六棚工矿段成矿具有两期叠加的特征，在9中段一带前缘晕和尾晕元素异常均增强。但3个矿区存在明显差异：

(1)鱼儿山矿段和塘虎坪矿段所有元素的异常明显弱于十六棚工矿段。

(2)鱼儿山矿段在-200中段以上元素异常相对较好，但在-200中段前缘晕元素异常有明显减弱的趋势(表5-46)，尾晕元素异常明显增强。

(3)塘虎坪矿段，只在近地表 As、Hg、Sb、Au、W 元素异常相对较好，往深部异常明显减弱，表明深部成矿较差。原因主要是受明月山和仙鹅抱蛋穹隆构造的影响，被剥蚀造成。

为了更好地判别矿体的剥蚀深度，通过计算前缘晕与尾晕元素异常之和的比值 K(表5-48)后发现，在矿化蚀变带中，蚀变越强，且前缘晕元素异常越强，尾晕元素异常越差，即 K 值越大的地段，预示深部成矿越好。

通过对上述3个已知矿床 K 值的计算发现：蚀变带 K 值小于200，同时矿脉 K 值小于500时，预示矿体被剥蚀的可能性较大；蚀变带 K 值为200~1000，矿脉 K 值为1000~2000时，矿脉被剥蚀程度相对较浅，矿体沿倾向延伸深度大约在500 m 内，蚀变带 K 值大于1000，矿脉 K 值大于2000时，矿脉未被剥蚀，矿体沿倾向延伸深度大于1000 m。

显然，表5-48反映十六棚工矿段深部 K 值很大，表明仍有较大深度成矿空间；鱼儿山矿段和塘虎坪矿段则深部找矿空间有限。这与各区开采的实际情况吻合。

表 5-48 典型矿段 K 值计算表

矿段	样品地段	样品数	分析结果 $\omega_B/10^{-6}$				K
			As	Hg	Mo	Bi	
十六棚工	地表	101	35.64	0.81	0.81	0.31	752.7071
	3 中段	4	443.37	1.98	1.38	0.66	1194.198
	7 中段	4	95.72	0.90	6.30	0.74	141.2904
	27 中段	5	173.65	4.55	0.89	1.68	1832.324
	37 中段	22	118.47	4.34	0.75	0.39	3935.155
	38 中段	29	50.52	2.50	0.43	0.39	3116.183
	40 中段	9	36.83	17.75	0.61	0.46	16559.94
	41 中段	20	102.75	2.42	0.78	0.52	1937.089
鱼儿山	地表	69	71.60	0.19	0.97	0.33	205.1113
	70 中段	39	274.39	0.58	2.46	0.35	302.1578
	110 中段	27	176.35	0.51	2.66	0.53	214.544
	−100 中段	34	365.05	0.37	1.04	0.45	493.1396
	−150 中段	40	663.10	0.31	5.79	0.53	153.3947
	−200 中段	34	163.70	0.13	2.19	0.68	101.5062
塘虎坪	地表	8	73.6	0.1	0.54	0.48	170.1961
	民窿	13	22.3	0.2	0.79	0.32	200.2703
	钻孔	26	2.1	0.09	0.52	0.59	82.97297

5.6 矿区烃汞叠加晕特征

5.6.1 烃汞叠加晕方法简介及理论

（1）方法简介

"烃汞叠加晕方法"是将构造叠加晕和烃汞测量进行有效融合的一种地球化学评价新方法，是以有机烃成矿理论、叠加成矿理论、烃碱地球化学原理、流体成矿理论为研究基础；以深部成矿理论（如地幔热柱及幔枝构造控矿理论、"幔-

壳成矿作用"成因论等)为指导。通过总结不同地质体中成矿元素与烃类组分(吸附相、吸留相和结合相)和汞(热释汞)的演化特征、异常叠加特点来反演地表土壤形成烃汞综合异常的特点、异常结构、烃汞与成矿元素的叠加特点、异常模式等,从而预测深部成矿的可能及与矿体空间对应关系,从而达到深部找矿目的。通过实践证实具有以下 3 个方面的优势:

1)能较好地解决厚层覆盖区深部找盲矿难题。主要通过研究土壤异常叠加特点,来分辨是"同生叠加异常"还是"深源叠加异常",实现深部找矿。

2)能较好地解决矿体埋深和是否存在平行盲脉的难题。通过"对偶双峰异常模式"特点研究,判断矿体产出位置和埋深,以及"对偶双峰异常模式"是否具有叠加特点,来判断是否存在平行盲脉。

3)通过研究"同生叠加晕"和"深源叠加晕"的分布规律,来分辨"有矿段""无矿段"以及矿体侧伏方向的难题。

(2)有机烃成矿理论

关于有机烃与金属成矿关系的研究,早在 20 世纪 30 年代,Goldschmidt(1933)、Страхов(1953)、叶连俊(1963)、汪本善(1963)、Манская 和 Дроздово(1964)等,着重讨论了有机质对 U、V、Cu、Mn、Co、Ni、Au、Ag、Zn 等元素的富集作用。初步揭示了有机质对金属元素的富集具有重要作用,逐步揭开了有机质与金属成矿关系研究的序幕。

Dozy(1970)系统地研究了密西西比河谷型铅-锌矿床中卤水-石油-金属的关系,引起普遍重视;Richard(1975)报道了瑞典莱斯瓦尔(Laisvall)铅锌矿伴生有机烃类,其组成有高分子量的石蜡烃和角鲨烯,证明其成矿溶液含有石油烃类;Saxby(1976)在"有机质在矿床成因中的重要意义"一文中指出,由于有机质的热稳定性低,尽管许多变质程度较高的层状金属矿床中有机质含量低,但有机质在金属沉淀、成岩、成矿过程中的作用可能比我们通常认识的大得多;1980 年在华盛顿"金属矿床中有机质的地球化学"讨论会上,在讨论有机质与成矿溶液问题时,从地球化学角度也论述了油田与金属矿床间的关系;杨蔚华、刘友梅(1983)研究了干酪根热降解产生的 CH_4 与层控铜矿床浅色层的形成;傅家谟、刘德汉(1983)进行了有机质演化与汞、水晶等层控矿床的成矿研究。

为了进一步了解有机物参与金属成矿的过程和作用,开展了大量的实验研究,M. A. Rashid(1971,1974),J. L. Bischoff(1979),Sholkovitz(1981),吴厚泽(1980),林兵(1987)等进行过实验,所有的实验结果均表明,有机物对金属元素的吸附、活化、迁移和沉淀富集成矿均有重要作用;Rashid(1973)曾通过实验证明腐殖酸及含大量氨基酸的腐殖酸水解产物能够有效地从不溶的金属盐中溶解大量金属,平均每克腐殖酸捕获二价金属离子的能力为 97~150 mg,在碳酸盐中每克腐殖酸能溶解 54~250 mg 金属。实验结果说明有机质及其产生的腐殖酸能有效活化吸收成矿元素并形成初步富集，为后期经历沉淀和成岩作用后形成含矿建造(初始矿源层)产生重要贡献；桂林矿产地质研究院(1981—1985年)做了有机质对 Pb^{2+}、Zn^{2+} 的吸附沉淀，金属有机络合物生成硫化物，矿源层中铅锌活化迁移，细菌在层控铅锌矿床形成中的作用等一系列实验；中国科学院贵阳地球化学研究所涂光炽等(1985—1988年)做了在含腐殖酸水溶液中胶体 $Fe(OH)_3$ 对多金属元素的吸附沉淀作用，铁溶解度与腐殖酸含量的关系，不同来源腐殖酸对金属元素的络合量以及有机-金属络合物的红外光谱特征，溶解的腐殖酸和 Fe、Cu、Pb、Cd、Mn 的凝聚作用与 pH、电解质浓度的关系，有机-金属络合物的热稳定性研究，有机物的差热、失重分析，方铅矿、闪锌矿在不同介质条件下溶解度的对比等系列实验；张景荣等(1993)通过模拟实验证明，藻类具有很强的富集金的能力，富集系数平均在 4485 以上，最高为 85220；王恩德等(1993)在研究腐殖酸对金银的迁移沉淀作用时认为，腐殖酸作为生物化学稳定性很高的化合物，含有大量羧基、羟基、羰基、氨基等游离基，能与各种金属元素形成溶解度和热稳定性较大的金属-有机物络合物或螯合物，如氨基乙酸铜 $Cu(NH_2CH_2COO)_2$、醋酸铅 $Pb(CH_3COO)_2$、乳酸-Zn、苯醌-Zn、氨基酸-Zn 等络合物，因而有利于各种金属元素的活化与迁移；张文淮(1996)用油田水所做的溶解和迁移实验证明，在 150℃ 低温条件下，Au 可以与有机质形成可溶 Au-有机络合物迁移，这些 Au-有机络合物热稳定性好，部分在 250℃ 温度条件下仍很稳定。这些含金属-有机物络合物或螯合物的流体在适当的构造位置汇聚富集，使成矿元素由分散状态转为聚集状态。有机质对流体中的金属成矿物质卸载成矿也同样发挥重要作用。

另外，在国内外许多矿床成因研究中发现矿床形成与有机质存在成因上的联系。ЛевичкийВ. В. 和 ДеминБ. Г(1981)对贝加尔地区金和硫化物的单矿物包体成分研究中，发现存在大量的碳氢化合物，并认为在金的迁移中有机物起着重要作用，其中，以甲基、烷基、烯基及炔基所起作用较大；Roedder(1984)指出，密西西比型铅锌矿床中存在与盐水共存的石油包裹体；Kelly 等(1985)对美国密执安怀特派恩铜矿床研究后发现，与铜矿成因密切的方解石包裹体中含大量石油包裹体；G. B. Naumov(1987)通过对大量内生流体的性状研究后指出，几乎所有流体包裹体中都发现数量不定的 CO_2，且大部分包裹体含有有机酸和甲烷等大量碳化物，其含量甚至比 CO_2 含量还高；於崇文等(1988)对个旧锡矿研究后指出，无论是岩浆作用阶段形成的各类矽卡岩，还是云英岩-锡石阶段形成的各类岩脉和硫化物-锡石阶段形成的矿石矿物，其气液包裹体中均不同程度地含有 CH_4，其含量达 $0.25×10^{-6} \sim 17×10^{-6}$；涂光炽等 1988 年在《中国层控矿床地球化学》(第三卷)一书中，系统地论述了有机质在层控矿床成矿中的作用，并明确指出有机质的热演化及其产物，对层控矿床的形成有着各种直接或间接的成因联系。另一方面，通过对各类金属矿物包裹体进行成分分析，发现有机质不但参与了层控矿床

的成矿作用，而且参与了许多岩浆热液矿床的成矿。卢焕章等(1990)对岩浆矿床
100 多个样品的包裹体气体成分进行分析后发现，其主要成分为 H_2O、CO_2、CO、
CH_4 和 H_2，对混合岩化-重熔岩浆热液型金矿床(如招远金矿)的包裹体成分分析
表明，其气体成分主要为 H_2O 和 CO_2，还有 CH_4；王秀璋等(1992)对黔西板其金
矿方解石包裹体成分进行分析后发现，其中 CH_4 含量达 5×10^{-6}，CO_2 含量达
320.13×10^{-6}；李统锦等(1993)对龙水金矿 II 号矿带研究后发现，该矿带不同岩
石、矿石中富含有机碳(达 $0.05\% \sim 15.39\%$)和碳质沥青，成矿流体包裹体内有固
体沥青、液态烃和气态烃；在广西大厂锡多金属矿围岩和矿体中(张清等，2002)，
新疆阿合奇县布隆金矿石英、方解石和重晶石包裹体(杨富全等，2004)，河南祁
雨沟金矿的石英包裹体(邵世才等，1995)和广东河台韧性剪切带金矿的含矿石英
脉及糜棱岩中(李兆麟等，2000)都含有机烃类组分。还有一部分烃类组分会在温
压条件较高的成矿环境下以游离态形式通过裂隙通道向上运移，并被所经过的围
岩裂隙系统或地表土壤吸附(贾国相等，2003)；毛景文等(2003)、李厚民等
(2004)在我国西南峨眉玄武岩型铜矿中发现矿石内存在大量沥青和炭质，并且矿
物包裹体内发育有沥青、甲烷及具有明显荧光的液态烃类，经研究后认为石油圈
闭构造是成矿流体中成矿物质沉淀富集场所，沥青、炭质等有机质为自然铜的沉
淀起了还原和吸附，即地球化学障作用；李晓峰等(2004，2005)在对扬子地台西
缘成矿流体地球化学研究中发现很多金矿都有有机质流体包裹体的存在；邵拥
军、彭南海(2017)对沃溪金锑钨矿床不同成矿阶段石英流体包裹体进行检测后发
现不同成矿阶段石英包裹体存在大量烃类组分，其中 CH_4 在石英-白钨矿、石英-
金-黄铁矿阶段、石英-金-辉锑矿阶段的含量分别为 24.7×10^{-6}、10.8×10^{-6}、
6.74×10^{-6}；C_2H_2 含量分别为 8.8×10^{-6}、1.16×10^{-6}、28.2×10^{-6}；C_2H_6 含量分别为
4.3×10^{-6}、5.5×10^{-6}、4.1×10^{-6} 等。从金属矿质的初始富集、活化转移、卸载成矿
乃至矿体形成后变质改造的整个成矿过程，均存在有机质和有机烃的参与。一部
分烃类组分在成岩成矿过程中被矿体和附近围岩滞留被包裹体保存记录下来。

20 世纪 80—90 年代，许多有识之士都曾提出过将有机烃类气体测量应用于
金属矿床勘查的设想(涂光炽，1988；卢焕章，1990；阮天健，1985；刘英俊，
1990；傅家谟，1984；李生郁，1990；李惠，1998)，国内外有关勘探公司和研究院
还开展了初步的有机物找矿勘查试验研究。如在国外，美国的 Petrex Minerals 公
司 1983 年曾开发出一种包括多项无机、有机指标的地球化学勘查技术(称为指纹
法)，在埃尔-普洛莫金矿、斯坦里-赫基尔金银矿等若干已知贵金属矿床上做过
试验，并清晰地圈出了矿体的位置；1984 年 Carter 和 Cazalet 首次报道了用烃类气
体(甲烷、乙烷、丙烷、丁烷等)作金属矿勘探指标的试验结果；1986 年 R. W.
Macqueen 也报告了在 Pb-Zn 矿碳酸盐围岩中，发现有机物蚀变现象；1988 年，
Disnar 等对挥发有机化合物勘查隐伏 Pb-Zn 矿又作了进一步的试验，指出烃类气

体可作为 Pb-Zn 矿的区域勘探标志。在国内，李生郁等在 1987—1989 年，对轻烃、汞及二氧化碳气体综合测量找矿进行过专题试验，初步表明了轻烃气体是找金属矿的有效指标。然而，一方面，长期以来人们认为油气矿床主要是有机成因的，是外生的，而金属矿床是无机成因的，其成矿作用主要是内生的，两者之间毫不相干，没有联系的必要。另一方面，气体测量的方法技术比较复杂，而且该技术的应用还必须依赖于相应高灵敏度的分析仪器和较低的分析成本，所以，利用有机烃类气体寻找金属矿在国内外是大家一直想做而长期处于初级试验阶段的前沿性气体测量研究领域和方向。

以上研究表明：有机烃与金属成矿作用的关系极为密切(李生郁，徐丰孚等，1994，1997；祁士华、阮天健，1995；殷鸿福，张文怀，张志坚等，1999)。从成矿物质的初始富集、活化转移、富集成矿直至矿体形成后叠加改造的整个成矿过程都存在有机烃的参与并发挥重要作用(陈远荣，贾国相，徐庆鸿，2003；胡凯，1998)。而且有机物热降解气体能为矿源层的成矿元素的排出和汇聚提供通道和动力。据李明城的研究，2000 m 深处页岩孔隙直径为 $50 \times 10^{-10} \sim 100 \times 10^{-10}$ m，4500 m 深处则仅为 $8 \times 10^{-10} \sim 16 \times 10^{-10}$ m，这几乎与许多气体分子的直径相差无几，在正常情况下，已萃取于孔隙水或热液中的成矿元素的排出可谓"寸步难行"，然而，由于这些矿源层富含有机质，且其干酪根多属 I 型(即无定形的类脂组)和 II 型(即无定形-草本-木质组)，当其埋藏处地温达到 50~90℃ 时(埋深 1500~2500 m)，这些干酪根会因热降解作用开始生成大量的烃类(CH_4、C_2H_6、C_3H_8 等)和 CO_2 气体，而当地温大于 100℃ 时(埋深 3000~4000 m)，烃类和 CO_2 等气体的数量会急剧增加。据格里戈里也夫，即使是母质以木质组干酪根(III型)为主体的无烟煤，生成每吨无烟煤平均会放出大于 700 kg 的 H_2O，大于 500 kg 的 CO_2 和大于 200 kg 的 CH_4。另据 Momper 的研究，有机质在生油高峰向液体或气体转化过程中，它的纯体积超过原来有机质体积的 25%，大量气体、气泡的产生，会堵塞孔隙通道，逐步增加孔隙内的流体压力。当孔隙压力大于周围静水压力 1.42~2.4 倍时便超过岩石力学强度，产生微裂隙或使原已存在的裂隙再度张开，这样，含矿质的流体便可从这些微裂隙中排出。成矿流体排出后，压力下降，微裂隙闭合；气体再度产出引起压力升高时，微裂隙再次张开，成矿流体再排出，通过这种气体产生→引起高压→微裂隙形成和张开→成矿流体排出的反复作用，矿源层中的成矿物质得以随成矿流体间歇性地排出并汇聚，继而进一步共同运移到有利的空间沉淀、富集成矿。

(3)地球化学深部找矿的思考

随着找矿工作的不断深入，地表矿和浅部矿发现的概率越来越低，在现有大中型矿床的深边部、厚层覆盖区寻找盲矿体(床)已成为当今地勘工作必然的选择。靠传统的"地-物-化-遥"和"槽-坑-钻"相结合的勘查手段，越来越显得力不从心，而开发一些反映深度大、效果好、经济、快速的勘查新技术已势在必行。为此，国内外有关的地球化学工作者根据气体场理论、电磁场理论、微细粒穿透理论等从不同的角度提出了多种勘查新技术。如谢学锦先生提出的地气测量方法、金属活动态测量等；雷斯先生提出的地电化学测量方法。在新疆、内蒙古、山东胶东半岛、河南、河北等地广泛试验应用，均取得了相应的应用效果。李惠教授根据热液型金矿床具有多期、多阶段叠加的特点，通过在山东、河北、河南、内蒙古、东北地区等 50 多个金矿应用，总结"异常叠加结构"来实现深部找矿，取得了良好的效果，同时还获得了更多、更有用的深部找盲矿信息。而将这些深部叠加信息反演到地表土壤形成的叠加异常指标研究较少，造成"构造叠加晕"深部预测方法局限在老矿山原生晕轴(垂)向分带方面，而对于新的预测区(缺乏深部工程)，尤其是厚层覆盖区深部成矿预测依据显得还不够充分。关于有机烃在金属矿床勘查中的应用，上述多方面研究表明，有机烃与金属成矿作用的关系极为密切，从成矿物质的初始富集、活化转移、富集成矿直至矿体形成后叠加改造的整个成矿过程都存在有机烃的参与并发挥重要作用(陈远荣、贾国相、徐庆鸿等，2003，胡凯 2000 等)。通过对有机烃异常形态、分布特征以及微观上烃类各组分间的相关性和变化规律进行总结，建立了烃类综合气体深部找矿预测模式，均取得了较好的预测效果。

　　近十年来，笔者在沃溪金锑钨矿区及外围分别开展了"地电地球化学""构造叠加晕""烃汞测量"方法试验和地气测量、金属活动态测量等方法的理论学习及初步尝试工作。通过试验研究发现，地电地球化学应用相对较成熟，对浅部露头矿效果明显，但对深部盲矿体的发现存在异常清晰度较低，并且干扰因素排除较难的问题，对深部找矿还存在较多的不确定因素；"构造叠加晕"在十六棚工、鱼儿山、红岩溪、塘虎坪老矿山的深部，通过总结矿脉原生晕元素的轴向分带规律和异常叠加特点来开展深部找矿预测均取得较好预测效果，但对外围深部找矿，尤其是白垩系红层覆盖区深部成矿的判断依据不充分，找矿效果不突出。传统的烃汞测量虽然能较好地揭示深部成矿的信息，但由于烃汞异常具有多解性，对矿致异常的判断和矿体的空间对应关系的揭示，存在较大的偏差；地气测量方法根据前人研究成果表明，探测的信息十分微弱，指示元素的含量水平低，异常背景难以辨析，单凭分析结果解释异常，不确定性会很大，而且野外操作复杂，样品采集要求严格、样品的检测灵敏度要求较高；金属活动态测量方法提出的基本思想是在金属矿床及其近矿围岩中，与矿有关的超微细金属会相应增多，并会在某种营力(如地下水、电场、地气流、蒸发作用、浓度梯度、毛细管作用等)作用下，从深部向上迁移，到达地表后被上覆土壤或其他疏松物的地球化学障所捕获，在原介质含量的基础上形成活动态叠加含量，用适当的提取剂将其提取出来加以测试分析，即可达到寻找深部矿的目的。该方法先不说效果如何，就样品测试成本而言，通过湖南省有色地质勘查研究院测试中心和桂林矿产研究院测试中心两个检测单位对 Au、Sb、W 三种元素按金属活动态检测要求进行了成本核算，其检测成本高达近 600 元/件（而烃类 9 个指标预算标准为 373 元/件），生产成本高，因此，在现有的勘查技术条件下，大面积推广还是存在一定的局限性。

试验证明，成矿环境的多变性、成矿物质的多源性、成矿作用的多期性、控矿因素的多样性等，决定了大多数矿床（尤其是热液矿床）的形成具有高度复杂性，因此，即使是上述这些具有先进性的新技术，若仅依靠单一方法也往往难以胜任找矿任务。为此，笔者开展了不同方法组合的实践和综合研究，通过对沃溪矿区鱼儿山矿段不同地质体（包括矿体）、不同标高成矿元素及烃类组分变化规律和叠加特点的研究，分析不同地质体（包括金矿体）不同期次的成矿作用叠加演化规律，获得深部成矿关键要素，并将这些关键要素反演到地表土壤（或者岩石）形成的地球化学异常，总结了异常特征、异常结构和异常模式的叠加特点来开展深部成矿预测，由此，克服了传统的烃汞测量或构造叠加晕测量单一方法的不足，提高了预测的准确性，取得了良好的预测效果。

基于上述综合研究，加上近年来老矿山深边部勘查中传统单一的化探方法在深部找矿中遇到瓶颈，我们提出将"成本相对较低、野外易于操作、方法研究成熟、应用效果良好"的"构造叠加晕"和"烃汞测量"进行有效融合，建立一套新的、可行的地球化学深部找矿评价方法技术体系——"烃汞叠加晕法"的创新思路，在沃溪矿区鱼儿山—大风垭段开展了烃汞叠加晕深部勘查评价工作，取得了深部找矿的突破，下面介绍具体工作情况。

5.6.2 烃汞背景场特征

对沃溪矿区出露的冷家溪群、马底驿组、五强溪组、白垩系地层及其对应的土壤分别采集了 B、C 层土壤样 32 件和 D 层新鲜岩石样 16 件，作为区域地层背景和土壤-岩石富集系数研究类样品；在沃溪矿区内采集未蚀变原生晕样品 16 件，分别检测了 Au、Sb、W、甲烷、乙烷、丙烷、正丁烷、异丁烷、异戊烷、正戊烷、乙烯、丙烯和吸附汞 13 个指标。通过调查研究发现：

区内无含煤系地层和岩浆岩活动，也无有机物河流污染，说明烃汞背景场不存在这些因素的干扰。

区域和矿区原生晕烃汞组分的背景含量算术平均值结果（表 5-49）表明，区域和矿区烃汞组分的变异系数相对较小，说明烃类含量变化较均匀，对背景场影响较小。

矿区地层烃汞组分含量明显高于区域地层，说明矿区烃汞组分具有明显叠加特点。因此，烃汞组分作为本区找矿预测的重要指标是合适的。

表 5-49 沃溪矿区地层原生晕烃汞组分背景含量

参数		甲烷	乙烷	丙烷	异丁烷	正丁烷	异戊烷	正戊烷	乙烯	丙烯	吸附汞
区域	平均值	161	34.4	20.6	1.46	6.5	1.2	1.8	28.8	21.3	2.2
	C_v	0.55	0.52	0.51	0.54	0.53	0.56	0.54	0.52	0.55	0.99
矿区	平均值	817	150	69.0	4.7	21	3.7	5.6	125	82	3.9
	C_v	0.55	0.49	0.46	0.56	0.46	0.46	0.45	0.49	0.48	2.5

注：烃类含量单位为 μL/kg；吸附汞含量单位为 10^{-9}；C_v 变异系数=标准差/平均值

区域内土壤与其母岩富集系数统计结果(表 5-50)表明，岩石风化成壤过程中，烃类组分明显贫化，冷家溪群、马底驿组、五强溪组地层烃类组分贫化最为严重(富集系数为 0.01~0.09)，白垩系中烃类组分贫化相对较小(富集系数为 0.34~0.66)。由于区域背景研究烃类组分明显偏少，说明岩石风化成壤后烃类组分含量更低，加之选用工作方法为岩石和土壤烃汞测量，烃类组分的提取以吸留相、包裹相、结合相形式为主，因此土壤烃类组分异常的形成与后期成矿活动的叠加改造关系密切，同样可以说明烃类组分作为本区找矿预测的重要指标是合适的。

表 5-50 区域不同地层对应土壤与岩石比值(富集系数)

地层	甲烷	乙烷	丙烷	异丁烷	正丁烷	异戊烷	正戊烷	乙烯	丙烯	吸附汞
冷家溪群	0.03	0.01	0.01	0.01	0.01	0.01	0.01	0.02	0.03	7.2
马底驿组	0.04	0.03	0.03	0.07	0.05	0.07	0.07	0.06	0.04	23
五强溪组	0.04	0.03	0.03	0.05	0.04	0.05	0.05	0.05	0.09	18
白垩系	0.46	0.45	0.40	0.41	0.38	0.36	0.34	0.58	0.66	3.19

5.6.2 已知矿区不同地质体烃汞异常场特征

为了了解沃溪矿区不同地质体烃汞组分的分布和 V6 脉垂向分带特征，在鱼儿山矿段 V6 脉-400 m、-425 m、-450 m 标高分别采集了矿体、强蚀变、弱蚀变、未蚀变围岩新鲜岩石样，共分析测试了 83 件样品中 Au、Sb、W、As、Bi、Mo、甲烷、乙烷、丙烷、正丁烷、异丁烷、异戊烷、正戊烷、乙烯、丙烯、吸附汞等 16 个指标。经综合研究发现：

(1)矿体及近围烃汞分布特征

矿区不同地质体样品分析结果(表 5-51)表明，烃汞组分在不同类型地质体中的算术平均含量均显著高于背景值，说明烃汞组分参与成矿，并起到积极的作用。从矿体、强蚀变、弱蚀变、未蚀变围岩，各烃汞组分含量明显呈由高到低的变化特征，显示出成矿元素 Au 与烃汞组分之间具有同步消长关系，说明成矿热液在就位、沉淀成矿过程中，其伴生的烃汞组分受热力作用、内压作用和浓度梯度变化的驱动，不断向周边围岩扩散，最终形成一个以矿体为中心的晕圈异常。

表 5-51　沃溪矿区不同地质体烃汞组分含量特征

	Au	甲烷	乙烷	丙烷	异丁烷	正丁烷	异戊烷	正戊烷	乙烯	丙烯	吸附汞
背景值	8.9	161	34.4	20.6	1.46	6.5	1.2	1.8	28.8	21.3	2.2
矿体	3000	5877	865	272	17	79	12	22	747	504	36
强蚀变	1246	4331	626	199	13	62	10	17	576	411	36
弱蚀变	284	1010	163	59	4	18	3	5	138	91	89
未蚀变	28	501.2	81.8	31.5	2.0	9.2	1.5	3.0	64.6	40.9	6.5

注：烃类含量单位为 $\mu L/kg$；吸附汞、Au 含量单位为 10^{-9}

　　各烃汞组分在不同地质体中的含量虽然不同，但各组分含量之间的高低变化组成比例是同步协调的，这表明各烃类组分与金来源于同一母体，且经历了类似的地质地球化学历程。烃汞组分异常信息能较好地反映或指示金矿化信息。

　　（2）矿体构造原生叠加晕特征

　　根据李惠教授对不同矿区金矿体构造叠加晕深部找矿预测研究成果，通过对鱼儿山矿段 V6 脉成矿元素金及烃汞组分和部分微量元素进行的相关分析、R 型聚类分析和矿体构造叠加晕纵向分带特征分析，可得出如下认识：

　　相关性分析（表 5-52）表明，Au 与甲烷、乙烷、丙烷、正丁烷、异丁烷、异戊烷、正戊烷、乙烯、丙烯和吸附汞均具有较好的相关性，说明烃汞参与成矿并具有同源性。

表 5-52　鱼儿山矿段各指标相关系数

指标	Sb	W	Au	甲烷	乙烷	丙烷	异丁烷	正丁烷	异戊烷	正戊烷	乙烯	丙烯	吸附汞
Sb	1.00												
W	0.06	1.00											
Au	0.64	0.18	1.00										
甲烷	0.24	0.13	0.63	1.00									
乙烷	0.21	0.12	0.64	0.99	1.00								
丙烷	0.17	0.13	0.56	0.98	0.99	1.00							

续表5-51

指标	Sb	W	Au	甲烷	乙烷	丙烷	异丁烷	正丁烷	异戊烷	正戊烷	乙烯	丙烯	吸附汞
异丁烷	0.17	0.14	0.55	0.98	0.98	0.99	1.00						
正丁烷	0.16	0.15	0.57	0.98	0.99	0.99	0.99	1.00					
异戊烷	0.14	0.16	0.54	0.98	0.98	0.99	0.99	0.99	1.00				
正戊烷	0.15	0.16	0.57	0.98	0.99	0.99	0.99	0.99	0.99	1.00			
乙烯	0.26	0.17	0.68	0.99	0.99	0.98	0.98	0.98	0.97	0.98	1.00		
丙烯	0.27	0.19	0.72	0.98	0.98	0.97	0.97	0.97	0.96	0.97	0.99	1.00	
吸附汞	0.13	0.38	0.70	0.29	0.34	0.26	0.25	0.28	0.25	0.30	0.37	0.41	1.00

对 V6 脉矿石样品 16 个变量的分析结果进行统计, 得到 R 型聚类分析谱系图 (图 5-47), 按相似水平 20 进行分类, 元素可以分为 3 组。

1 组: 烃类组分(C1~C9), 相关性良好, 相关系数均接近 1, 但该组分呈分散状态, 且与成矿元素 Au 相关性良好, Sb、W 的相关性相对较差, 说明该组分在成矿过程中参与程度较高。

2 组: Mo、Sb 组合, 该组合比较独特, 相关系数达 0.98, 相关性良好, Mo 呈分散状态, 并没有形成独立的矿体。而 Sb 形成了独立矿体, 与 Au 相关性比较好 (相关系数为 0.64), 表明 Mo 参与成矿活动。

3 组: As、Hg、Au、W, 该组元素中的 Au、W 为成矿元素, 其他为分散元素, 其中 As、Hg、Au 关系最为密切, 说明该组元素参与成矿活动。但 Au 与 W 相关性相对较差(相关系数为 0.182), 如果相似性水平按 15 分类, W 可单独分一类, 这说明 Au、W 成矿大部分不在同一期, 而且 W 与烃类气体相关性较差(相关系数为 0.15), Au 与烃类气体相关性较好(相关系数为 0.5~0.7), 说明 W 矿成矿过程中烃类气体参与较少, Au 矿成矿过程中烃类气体大量参与。

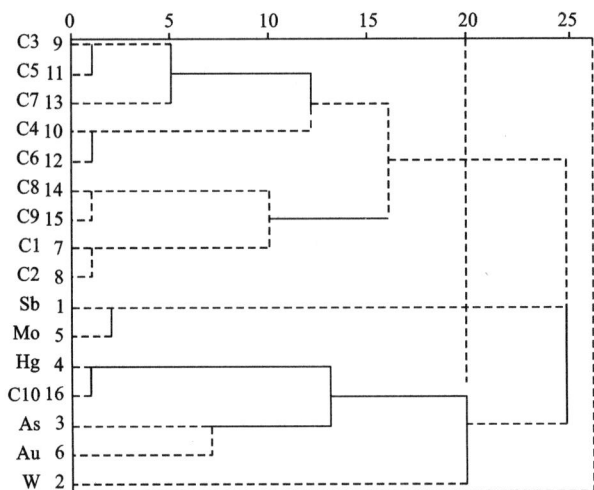

图 5-47 鱼儿山矿段 V6 脉 R 型聚类分析谱系图

根据 V6 脉不同中段矿石样品化验结果,分别计算了 Hg、W、Au、Sb、As、Bi、Mo 和烃类组分等 16 个指标的分带指数并进行排序,发现 V6 脉元素纵向分带序列为甲烷、Sb、Mo、W、Au、As、乙烷、乙烯、丙烯、Hg、丙烷、正丁烷、Bi、异戊烷、正丁烷、正戊烷。纵向分带比较混乱,说明 V6 脉成矿具有多期次叠加的特点。据以往沃溪矿区鱼儿山矿段构造叠加晕研究成果,前缘晕元素为 Hg、As,尾晕元素为 Mo、Bi,结合本次分带指数研究,按前缘晕元素 Hg、As、烃类气体,尾晕元素 Mo、Bi,圈定 V6 脉在 $-400\sim-450$ m 的元素异常范围,总结了元素垂向分带规律,建立了 V6 脉构造叠加晕垂向分带模式(图 5-48),根据构造叠加晕判别原则,证实 V6 脉具有明显的构造叠加特点。

(3)矿体上方土壤烃汞叠加异常特征

矿体上方烃汞土壤测量主要根据坑道调查结果与其对应的地表位置 83 线和 87 线开展,采样点距为 20 m,采集 B 层(或 C 层)土壤样品,分析了 Au、Sb、W、甲烷、乙烷、丙烷、正丁烷、异丁烷、异戊烷、正戊烷、乙烯、丙烯、吸附汞等 13 个指标,目的是查明已知矿体上方土壤烃汞与成矿元素 Au、Sb、W 之间的关系,是否存在叠加的特点以及空间对应关系,以指导预测区土壤烃汞综合气体异常的评价。

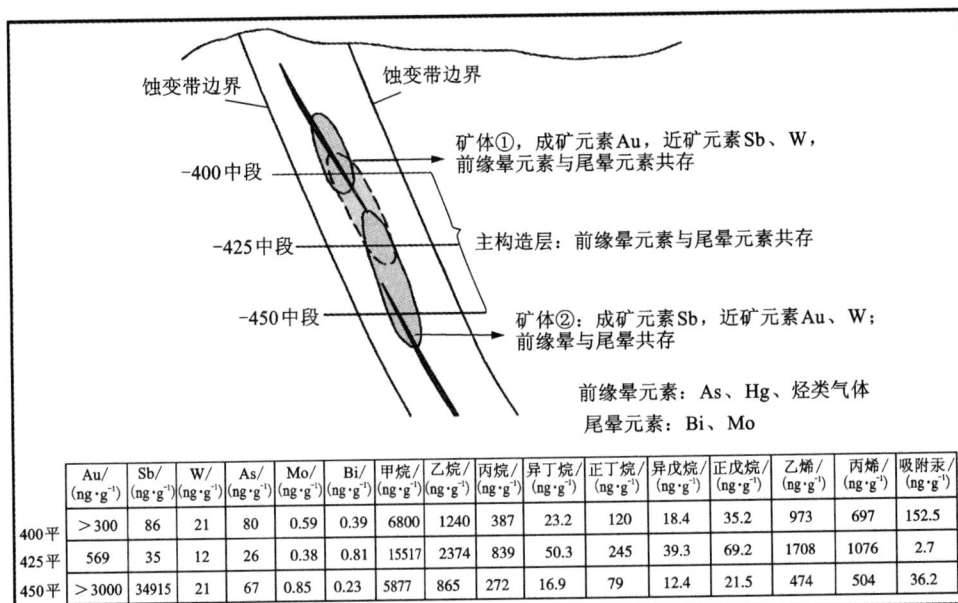

图 5-48　鱼儿山矿段 V6 脉元素垂向分带模式示意

	Au/ (ng·g⁻¹)	Sb/ (ng·g⁻¹)	W/ (ng·g⁻¹)	As/ (ng·g⁻¹)	Mo/ (ng·g⁻¹)	Bi/ (ng·g⁻¹)	甲烷/ (ng·g⁻¹)	乙烷/ (ng·g⁻¹)	丙烷/ (ng·g⁻¹)	异丁烷/ (ng·g⁻¹)	正丁烷/ (ng·g⁻¹)	异戊烷/ (ng·g⁻¹)	正戊烷/ (ng·g⁻¹)	乙烯/ (ng·g⁻¹)	丙烯/ (ng·g⁻¹)	吸附汞/ (ng·g⁻¹)
400平	>300	86	21	80	0.59	0.39	6800	1240	387	23.2	120	18.4	35.2	973	697	152.5
425平	569	35	12	26	0.38	0.81	15517	2374	839	50.3	245	39.3	69.2	1708	1076	2.7
450平	>3000	34915	21	67	0.85	0.23	5877	865	272	16.9	79	12.4	21.5	474	504	36.2

5.5.2.1 鱼儿山矿段 87 线土壤烃汞异常特征

(1)土壤元素相关性分析

元素组合是元素亲和性在地质体内的具体表现，为了对不同变量进行有效分类，引用相关性分析等多元统计分析方法是可行的。相关性分析(表 5-53)表明，土壤中 Au 与甲烷、乙烷、丙烷、正丁烷、异丁烷、异戊烷、正戊烷、丙烯、吸附汞呈正相关，说明土壤中的 Au 有部分来自深源热液叠加。

表 5-53　鱼儿山矿段 87 线土壤元素相关系数

指标	Sb	W	Au	甲烷	乙烷	丙烷	异丁烷	正丁烷	异戊烷	正戊烷	乙烯	丙烯	吸附汞
Sb	1.00												
W	0.37	1.00											
Au	0.45	0.85	1.00										
甲烷	0.11	0.15	0.23	1.00									
乙烷	0.11	0.23	0.30	0.76	1.00								
丙烷	0.31	0.14	0.19	0.47	0.80	1.00							

续表5-53

指标	Sb	W	Au	甲烷	乙烷	丙烷	异丁烷	正丁烷	异戊烷	正戊烷	乙烯	丙烯	吸附汞
异丁烷	0.32	0.20	0.25	0.57	0.73	0.81	1.00						
正丁烷	0.40	0.12	0.17	0.39	0.65	0.92	0.78	1.00					
异戊烷	0.42	0.03	0.07	0.30	0.35	0.61	0.62	0.71	1.00				
正戊烷	0.45	-0.03	0.02	0.24	0.21	0.51	0.51	0.66	0.79	1.00			
乙烯	0.48	-0.09	-0.09	-0.03	-0.13	0.32	0.28	0.46	0.48	0.63	1.00		
丙烯	0.24	0.03	0.08	0.14	0.21	0.35	0.30	0.32	0.36	0.29	0.38	1.00	
吸附汞	0.62	0.15	0.16	0.12	0.09	0.31	0.32	0.40	0.34	0.41	0.45	0.26	1.00

（2）土壤地球化学异常特征

土壤地球化学异常分布和空间对应关系（图5-49）有如下特征：

土壤中Au、Sb、W、Hg和烃类组分形成了3个较好的综合异常，即AS1、AS2、AS3，总体来看，3个综合异常中Au、Sb、W明显高于异常下限，异常发育良好；Hg高于异常下限（$120×10^{-9}$）1~3倍；稳定性良好的饱和链烃类C1（甲烷）在AS2综合异常处高于异常下限值（6μL/kg）7倍，C2（乙烷和丙烷）、C3（正丁烷、异丁烷、异戊烷、正戊烷）异常发育相对较好，均高于异常下限值1倍；而稳定性较差的不饱和烃类C4（乙烯）、C5（丙烯）异常相对较差，总体来看单元素异常套合较好。

AS1和AS3综合异常峰与V1脉对应良好，两峰值之间的相对低值区对应为V1脉，烃类的高值异常峰分布在AS3号异常带，位于矿体倾斜方向尾部，AS1和AS3号异常形成了明显的对偶双峰异常模式，控制V1脉产出位置。

在AS1和AS3两峰值之间的相对低值区出现AS2号烃汞异常，并且Au、Hg、链烷烃类（C1、C2、C3）和成矿元素（Au、Sb、W）形成良好的综合异常，与深部V6盲脉头部对应良好，具有头部异常的特征，而V6盲脉尾部异常还没有出现，根据"对偶双峰异常模式"特征，表明AS2以北具有较好的找矿前景。

87线土壤烃汞综合异常空间对应关系表明，在AS1和AS3形成的对偶双峰异常模式中，头部异常峰（AS1）和尾部异常峰（AS3）与已知矿体V1脉产出位置对应良好，在两峰之间烃汞相对低值区出现具有头部特征的烃汞和成矿元素形成的综合异常（AS2），并且与深部平行盲脉V6的头部对应良好，说明V6盲脉形成了另一个对偶双峰异常模式并且叠加在前一个（V1脉）对偶双峰异常模式之上，形成对偶双峰异常叠加模式的特点比较明显。这与目前鱼儿山矿段V1和V6脉深部开采情况十分吻合。

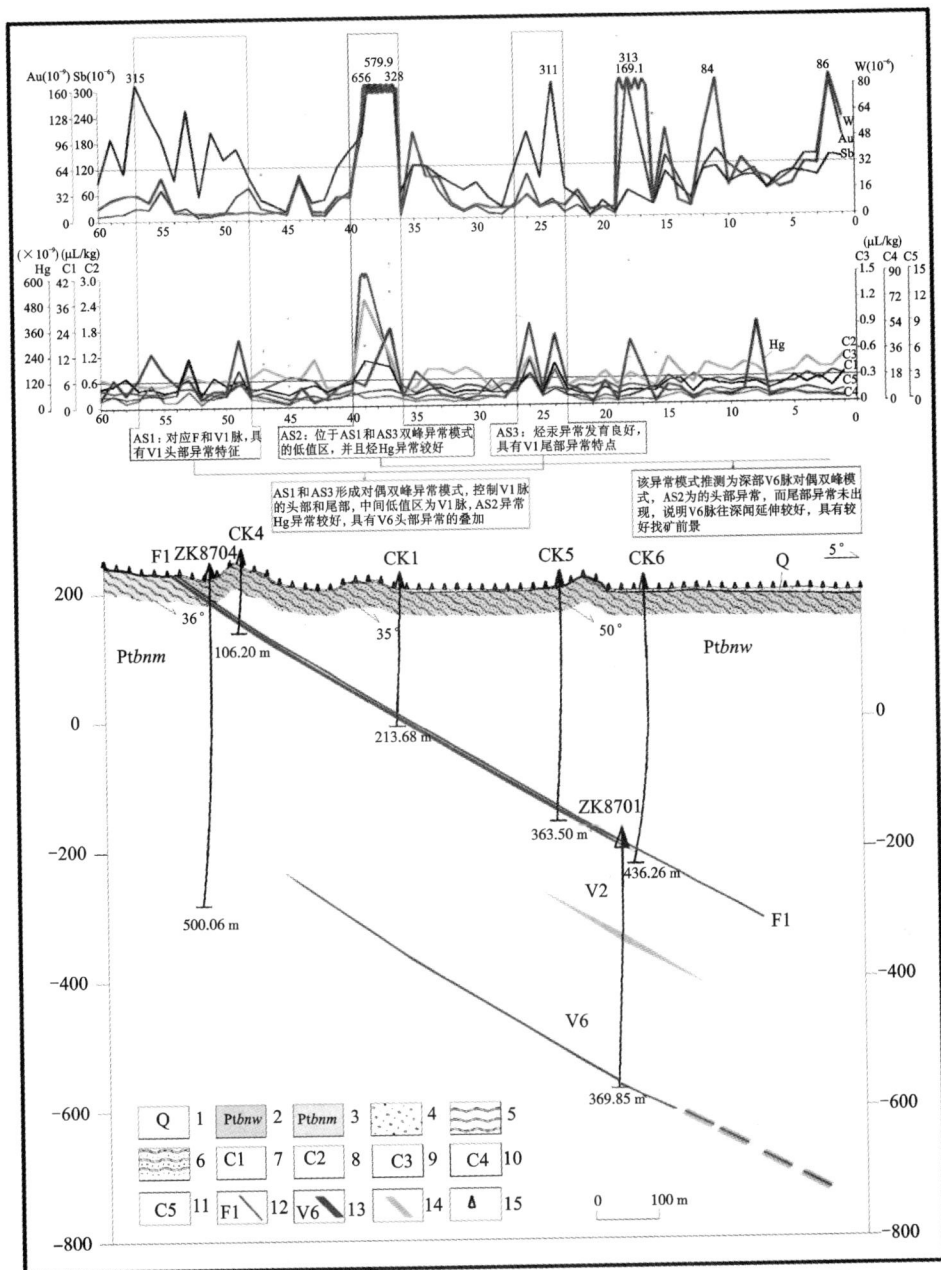

1—第四系；2—五强溪组；3—马底驿组；4—浮土；5—板岩；6—砂质板岩；7—甲烷；
8—乙烷和丙烷；9—异丁烷、正丁烷、异戊烷、正戊烷；10—乙烯；11—丙烯；12—断层及编号；
13—矿脉及编号；14—蚀变岩；15—采样点。

图 5-49　鱼儿山矿段 87 线土壤地球化学剖面

5.5.2.2 鱼儿山矿段 83 线土壤烃汞异常特征

（1）元素相关性特征

相关性分析（表 5-54）表明，鱼儿山矿段 83 线土壤中 Au 与甲烷、乙烷、丙烷、丙烯、正丁烷、异丁烷、异戊烷、正戊烷、乙烯、丙烯、汞相关性较好，且 Au、Sb、W 之间相关性较好，说明 Au 与烃类组分具有同源性，土壤中的 Au、Sb、W 具有深源叠加的特点，对深部找矿有利。

表 5-54　鱼儿山 83 线土壤元素相关系数

指标	Sb	W	Au	甲烷	乙烷	丙烷	异丁烷	正丁烷	异戊烷	正戊烷	乙烯	丙烯	吸附汞
Sb	1.00												
W	0.26	1.00											
Au	0.27	0.84	1.00										
甲烷	0.08	0.15	0.23	1.00									
乙烷	0.11	0.27	0.35	0.77	1.00								
丙烷	0.42	0.16	0.18	0.55	0.76	1.00							
异丁烷	0.37	0.18	0.18	0.53	0.64	0.81	1.00						
正丁烷	0.50	0.10	0.10	0.39	0.51	0.92	0.75	1.00					
异戊烷	0.45	0.05	0.03	0.13	0.15	0.62	0.58	0.76	1.00				
正戊烷	0.43	0.11	0.10	0.05	0.00	0.49	0.45	0.70	0.83	1.00			
乙烯	0.48	0.14	0.19	0.09	0.21	0.35	0.35	0.59	0.68	0.73	1.00		
丙烯	0.20	0.08	0.10	0.11	0.16	0.27	0.13	0.25	0.25	0.15	0.28	1.00	
吸附汞	0.67	0.03	0.05	0.19	0.07	0.33	0.37	0.45	0.43	0.40	0.37	0.18	1.00

（2）土壤地球化学异常特征

土壤中 Au、Sb、W、Hg 和烃类组分形成了 4 个较好的综合异常，即 AS1、AS2、AS3、AS4，总体来看，4 个综合异常中 Au、Sb、W 明显高于异常下限，异常发育良好；Hg 高于异常下限值（120×10^{-9}）1~3 倍；稳定性良好的饱和链烃类 C1（甲烷）在 AS2 综合异常处高于异常下限值（6μL/kg）7 倍，C2（乙烷和丙烷）、C3（正丁烷、异丁烷、异戊烷、正戊烷）异常发育相对较好，均高于异常下限值 1 倍；而稳定性较差的不饱和烃类 C4（乙烯）、C5（丙烯）异常相对较差，总体来看单元素异常套合较好。

AS2 和 AS4 综合异常峰与 V1 脉对应良好，两峰值之间的相对低值区对应为 V1 脉，烃类的高值异常峰分布在 AS4 号异常一带，位于矿体倾斜方向尾部，AS2 和 AS4 号异常形成了明显的对偶双峰异常模式，控制 V1 脉产出位置。

在 AS2 和 AS4 峰值之间的相对低值区出现 AS3 号烃汞异常，并且 Au、Hg、链烷烃类（C1、C2、C3）和成矿元素（Au、Sb、W）形成良好的综合异常，与深部 V6 盲脉头部对应良好，具有头部异常的特征，而 V6 盲脉尾部异常还没有出现，根据"对偶双峰异常模式"特征，表明 AS3 以北具有较好的找矿前景。

83 线土壤烃汞综合异常空间对应关系表明，在 AS2 和 AS4 形成的对偶双峰异常模式中，头部异常峰（AS2）和尾部异常峰（AS4）与已知矿体 V1 脉产出位置对应良好，在两峰之间烃汞相对低值区出现具有头部特征的烃汞和成矿元素形成的综合异常（AS3），并且与深部平行盲脉 V6 的头部对应良好，说明 V6 盲脉形成了另一个对偶双峰异常模式并且叠加在前一个（V1 脉）对偶双峰异常模式之上，形成对偶双峰异常叠加模式的特点比较明显。这与目前鱼儿山 V1 和 V6 脉深部开采情况（图 5-50）十分吻合。

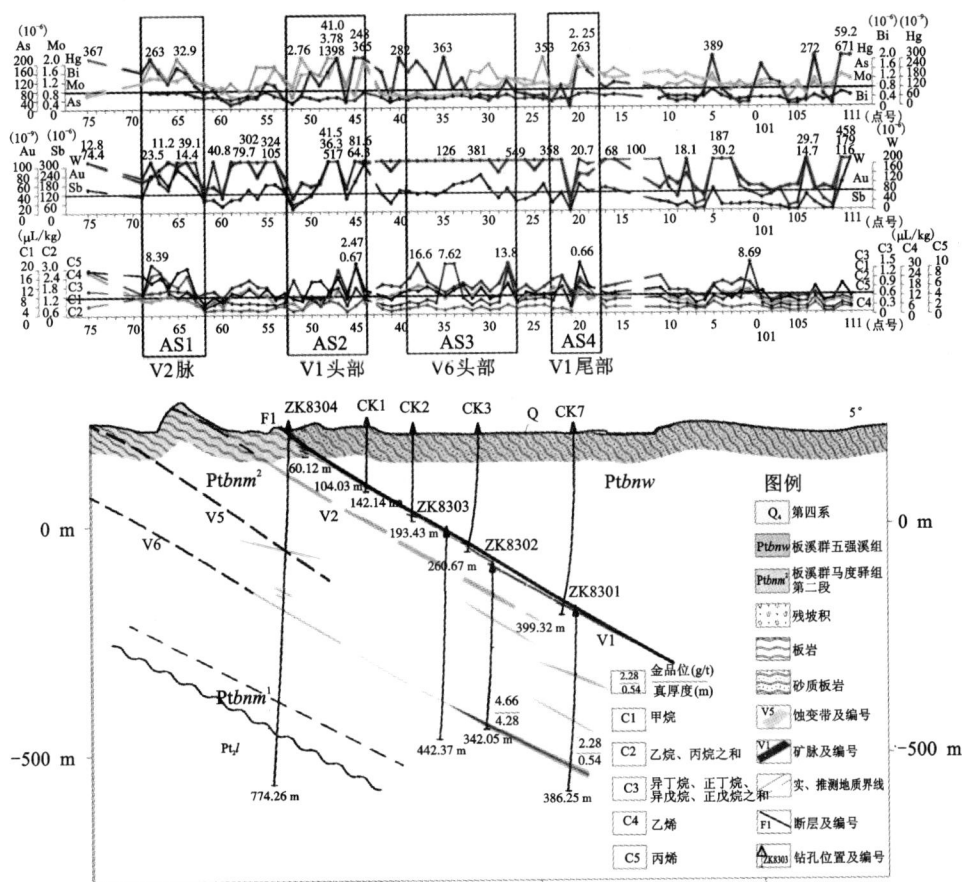

图 5-50 鱼儿山矿段 83 线土壤地球化学剖面

5.6.3 土壤烃汞综合异常场特征

研究表明，中大型金矿床大多具有多期成矿的特点，按地质成因，地球化学场可分为地球化学同生场和地球化学叠加场两部分。同生场反映成岩作用的元素分布，叠加场反映后期蚀变矿化作用的元素分布。通过对沃溪矿区土壤烃汞组分与成矿元素异常叠加特点研究发现，土壤中烃汞组分与成矿元素形成的综合异常与矿化蚀变关系十分密切。一般来说，构造蚀变带地表出露或者深部矿体产出的位置均形成相对较好的烃汞综合异常，大量的烃类异常与矿体对应关系以及烃类异常形成的机理研究成果都得到了较好的证明。但由于不同的地质地球化学成矿作用或者多期成矿作用的叠加，使得地球化学场通常表现为复杂的叠加场。根据叠加场形成的机理不同，笔者将地球化学叠加场划分为同生叠加场和深源叠加场。同生叠加场反映区域变质或者动力变质作用形成的异常，成矿元素主要来自地层，由于变质作用，变质热液将地层中成矿元素重新活化、迁移、富集，在构造有利部位形成良好的成矿元素的地球化学叠加异常，这类叠加异常由于缺乏后期成矿热液带来成矿物质的叠加，一般形成异常面积较小，异常元素组合不全，除成矿元素外其他组分异常强度相对较低，可能会形成较好的矿点，形成中大型矿床的概率相对较小；深源叠加场反映深源含矿热液带来成矿物质叠加形成的异常，是对同生叠加场的再次叠加，其异常元素组合相对齐全，成矿元素异常不一定很强，但能代表深源组分的异常强度都处于较高水平，多种研究方法表明具有深源热液带来成矿物质的叠加特点。两者虽然都具有叠加特点，但从找矿意义来讲，代表的是性质和意义截然不同的两种地质地球化学作用过程。所以，传统的地球化学勘查或者单一的地球化学勘查新方法虽然可表征元素异常模式和异常结构特征，但由于缺乏异常元素叠加特点的进一步研究，在地球化学意义的表征、变化规律和结构的揭示等方面还是不够严格。一般来说，元素组合的成因特征能有效地反映地质地球化学的多期性。而有效的多元统计分析方法，能够对研究矿床形成环境、成矿期次、成矿阶段、不同的元素组合等提供支持(孟宪伟，窦明晓，余先川等，1994)。而"分形理论"指出，如果某一随机过程可以用各种等级的空间尺度等概率去刻画，那么由该过程形成的物体或产生的现象往往具有分形特征，而"自相似原则"和"迭代生成原则"是分形理论的两条重要原则。就地质地球化学成矿作用而言，一般都存在几种随机过程(如成岩作用、变质作用、构造动力、深部岩浆活动等)在某些地段(不是全区都存在)形成的地球化学场的叠加，而且地球化学场的"自相似性"与"自相关性"同样存在着某种必然联系(孟宪伟，窦明晓，余先川等，1994)，所以研究地球化学场分解及其地质意义，显得十分必要和非常重要。而地球化学场分解就是把代表不同成矿作用形成的异常结构分离出来，然后以小结构的代表成分，通过对其元素组合特征与不同的成矿地质作用的耦合关系进行研究，将地球化学异常赋予相应的成矿地质意义，来开展地球化学深层次的评价，对研究地球化学成矿过程动力学、成矿地质作用、矿床形成过程、成矿环境、成矿阶段等都将产生积极的促进作用。

所以，利用多元统计分析方法，从分布复杂、无序的地球化学元素中提取与深部成矿有关的参数，来阐明地球化学异常与深部成矿统一的表征和定位，才是地球化学深部找矿评价的有效途径。

5.6.3.1 烃汞组分异常分类

根据地球化学叠加场形成的机理不同，地球化学叠加场分为同生叠加场和深源叠加场。深源叠加场，土壤中的 Au 与烃类组分相关性较好，土壤中 Au 与烃类组分具有同源性，而烃类组分异常反映其为深部成矿热液带来的叠加，一般该类异常具有较好的深部找矿潜力；同生叠加异常是土壤中的 Au 与烃汞组分相关性差，土壤中的 Au 主要来自地层，由于变质作用，变质热液将地层中成矿元素重新活化、迁移、富集形成的。由于没有深源热液带来 Au 的叠加，该类异常深部找中大型矿床的潜力相对较小。

2019 年，笔者在鱼儿山已知矿区和大片—马儿桥—大风垭段开展了烃汞叠加晕研究，为了更好地揭示土壤元素分类的本质，笔者对工作区进行了分区相关性研究，目的是查明不同测区指示元素的相关性。通过研究表明：

已知矿区鱼儿山矿段（表 5-55）：土壤中 Au 与 W、Sb 均具有非常好的相关性（相关系数为 0.85、0.45），W 与 Sb 均具有较好的相关性（相关系数为 0.37）。Au 与甲烷、乙烷、丙烷、正丁烷、异丁烷、异戊烷、正戊烷、丙烯、吸附汞呈正相关，但相关系数较低（分别为 0.23、0.3、0.19、0.25、0.17、0.07、0.02、0.08、0.16），与乙烯为负相关（相关系数为 -0.09）；说明鱼儿山矿段土壤中的 Au、W 与烃汞有一定的相关性，但相关性不如矿脉，说明成矿热液带来了部分 Au、W 富集在土壤中，为深源叠加异常。

Sb 与烃汞相关性相对较好，与甲烷、乙烷、丙烷、正丁烷、异丁烷、异戊烷、正戊烷、乙烯、丙烯、吸附汞呈正相关，但相关系数较高（分别为 0.11、0.11、0.31、0.32、0.40、0.42、0.45、0.48、0.24、0.62），并且表现出重烃好于轻烃。Sb 与轻烃相关性较差，与重烃相关性较好，由于轻烃分子量小迁移较快，重烃分子量大迁移慢与矿体结合较好而稳定下来，充分说明重烃的找矿指导意义较大。

表 5-55　沃溪矿区鱼儿山矿段土壤元素相关系数

	Sb	W	As	Mo	Au	甲烷	乙烷	丙烷	异丁烷	正丁烷	异戊烷	正戊烷	乙烯	丙烯	吸附汞
Sb	1.00														
W	0.37	1.00													
As	0.28	0.14	1.00												
Mo	0.30	-0.06	0.05	1.00											
Au	0.45	0.85	0.13	-0.06	1.00										
甲烷	0.11	0.15	0.11	0.07	0.23	1.00									
乙烷	0.11	0.23	0.26	-0.10	0.30	0.76	1.00								
丙烷	0.31	0.14	0.38	0.03	0.19	0.47	0.80	1.00							
异丁烷	0.32	0.20	0.23	0.03	0.25	0.57	0.73	0.81	1.00						
正丁烷	0.40	0.12	0.41	0.12	0.17	0.39	0.65	0.92	0.78	1.00					
异戊烷	0.42	0.03	0.30	0.27	0.07	0.30	0.35	0.61	0.62	0.71	1.00				
正戊烷	0.45	-0.03	0.23	0.24	0.02	0.24	0.21	0.51	0.51	0.66	0.79	1.00			
乙烯	0.48	-0.09	0.12	0.20	-0.09	-0.03	-0.13	0.32	0.28	0.46	0.48	0.63	1.00		
丙烯	0.24	0.03	0.09	0.05	0.08	0.14	0.21	0.35	0.30	0.32	0.36	0.29	0.38	1.00	
吸附汞	0.62	0.15	0.19	0.32	0.16	0.12	0.09	0.31	0.32	0.40	0.34	0.41	0.45	0.26	1.00

　　大片—马儿桥—峰子洞段(表 5-56)：Au 与 W、Sb 相关性较差，W 与 Sb 相关系数为 0.32，具有一定的相关性。但 Au 与烃类相关系数较低，一般在 0.1 以下，与 Hg 相关系数很低(0.02)。说明仙鹅测区土壤中 Au 与深部成矿热液关系不密切，为同生叠加异常。土壤中的 Au 以地层区域变质造成次生富集的可能性较大，因此近地表寻找较大型的金矿可能性较小。

　　W 与 Sb 相关系数为 0.32，具有一定的相关性。W 与烃、汞的相关性较差，较 Au 相对好一些；Sb 与烃、汞相关性存在较大的变化，总体来看：轻烃类甲烷、乙烷相对较差(相关系数分别为 0.03、-0.02)；与次重烃丙烷、异丁烷相对较好(相关系数分别为 0.33、0.33)；与重烃类正丁烷、异戊烷、正戊烷、乙烯、丙烯、吸附汞相关性更好些(相关系数分别为 0.46、0.45、0.51、0.64、0.34、0.58)，并且表现出重烃好于轻烃，同鱼儿山具有相似性。

表 5-56　沃溪矿区大片—马儿桥—峰子洞段土壤元素相关系数

	Sb	W	As	Mo	Au	甲烷	乙烷	丙烷	异丁烷	正丁烷	异戊烷	正戊烷	乙烯	丙烯	吸附汞
Sb	1.00														
W	0.32	1.00													
As	0.08	-0.06	1.00												
Mo	0.01	-0.11	0.68	1.00											
Au	-0.03	-0.03	-0.02	-0.02	1.00										
甲烷	0.03	0.00	0.11	0.41	-0.02	1.00									
乙烷	-0.02	-0.03	0.08	0.34	-0.02	0.94	1.00								
丙烷	0.33	0.08	0.10	0.31	-0.02	0.77	0.79	1.00							
异丁烷	0.33	0.01	0.10	0.31	-0.03	0.64	0.67	0.82	1.00						
正丁烷	0.46	0.09	0.12	0.30	-0.02	0.62	0.63	0.91	0.84	1.00					
异戊烷	0.45	0.06	0.06	0.18	-0.02	0.34	0.32	0.59	0.75	0.69	1.00				
正戊烷	0.51	0.17	0.13	0.26	0.00	0.40	0.39	0.71	0.72	0.86	0.74	1.00			
乙烯	0.64	0.13	0.13	0.22	-0.01	0.21	0.14	0.58	0.59	0.73	0.58	0.67	1.00		
丙烯	0.34	0.12	0.13	0.28	-0.01	0.60	0.56	0.70	0.64	0.65	0.43	0.52	0.54	1.00	
吸附汞	0.58	0.04	0.15	0.17	0.02	0.09	0.03	0.33	0.33	0.44	0.32	0.40	0.72	0.32	1.00

2020 年，笔者在鱼儿山—红岩溪矿段布置了 15 条土壤烃汞剖面(图 5-51)，通过 Au 与烃汞组分相关性分析结果表明，红岩溪矿段红层土壤烃汞叠加异常可划分为两大类(表 5-57)。

表 5-57　鱼儿山-红岩溪矿段土壤烃汞异常分类特征表

分类	产出位置	特点
深源叠加异常	T2、T8、T10、T12、T14、T16、T18、T20、T24、79、73	成矿元素 Au 与烃汞组分相关性较好，相关系数大部分为 0.2~0.53，说明土壤中 Au 具有深源叠加特征，深部找矿潜力大
同生叠加异常	161、T4、T6	成矿元素 Au 与烃汞组分相关性都比较差，相关系数大部分为 0.01~0.1，说明土壤中 Au 不具有深源叠加特征，深部找矿潜力不大

5.6.3.2 烃汞深源叠加异常特征

(1)红岩溪矿段

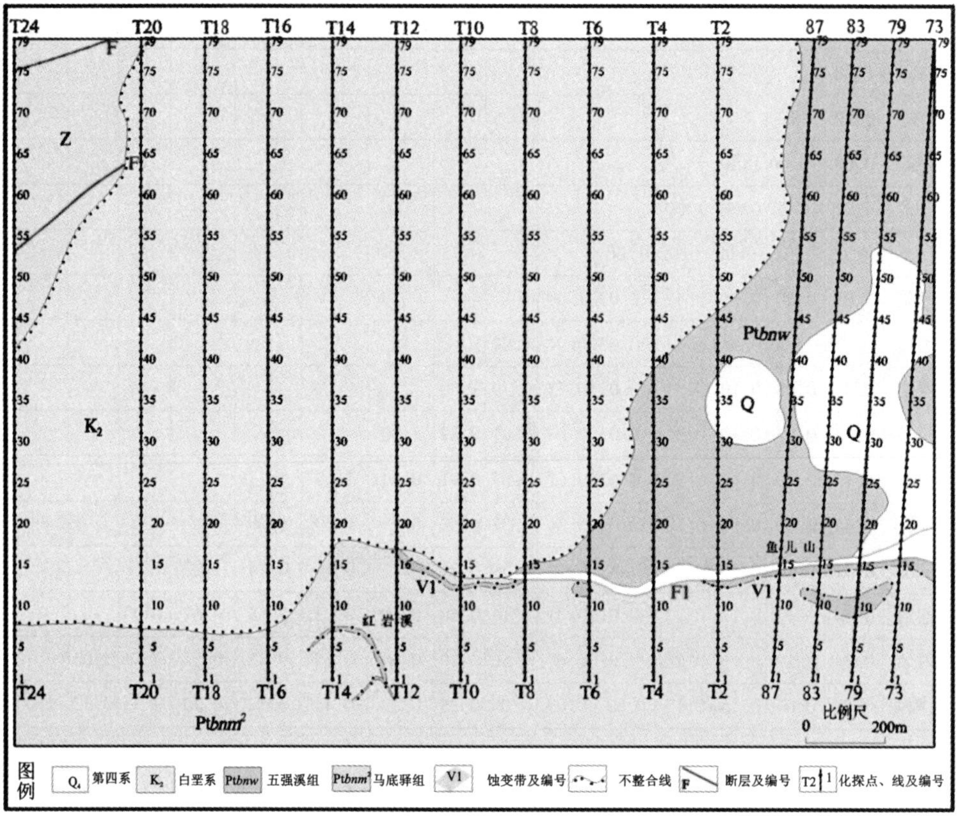

图 5-51 烃汞测量工程布设面

相关性分析(表 5-58)表明，红岩溪矿段 131 线土壤中 Au 与甲烷、乙烷、丙烷、丙烯、正丁烷、异丁烷、异戊烷、正戊烷、乙烯、丙烯、汞相关性较好，且 Au、Sb、W 之间相关性较好，说明 Au 与烃类组分具有同源性，土壤中的 Au、Sb、W 具有深源叠加的特点，对深部找矿有利。

表 5-58 红岩溪 131 线土壤元素相关系数

指标	Sb	W	Au	甲烷	乙烷	丙烷	异丁烷	正丁烷	异戊烷	正戊烷	乙烯	丙烯	吸附汞
Sb	1.00												
W	0.29	1.00											
Au	0.66	0.29	1.00										
甲烷	0.39	0.02	0.31	1.00									

续表5-58

指标	Sb	W	Au	甲烷	乙烷	丙烷	异丁烷	正丁烷	异戊烷	正戊烷	乙烯	丙烯	吸附汞
乙烷	0.44	0.03	0.24	0.84	1.00								
丙烷	0.65	0.06	0.51	0.73	0.75	1.00							
异丁烷	0.62	0.06	0.41	0.57	0.58	0.75	1.00						
正丁烷	0.62	0.03	0.41	0.56	0.62	0.89	0.78	1.00					
异戊烷	0.54	0.01	0.33	0.26	0.26	0.55	0.71	0.61	1.00				
正戊烷	0.63	0.14	0.47	0.38	0.41	0.69	0.76	0.86	0.72	1.00			
乙烯	0.67	0.11	0.49	0.56	0.49	0.86	0.75	0.83	0.57	0.72	1.00		
丙烯	0.41	0.08	0.30	0.54	0.42	0.54	0.45	0.40	0.26	0.32	0.49	1.00	
吸附汞	0.64	0.18	0.71	0.30	0.23	0.50	0.44	0.44	0.29	0.48	0.56	0.35	1.00

土壤烃汞异常分布、异常结构和空间对应关系研究表明（图 5-52），土壤中 Au、Sb、W、Hg 和烃类组分形成了 3 个较好的综合异常，即 AS1、AS2、AS3，其中，AS1 综合异常相对较差（因采矿丢样）；AS2、AS3 综合异常发育相对较好，异常元素 Au、Sb、Hg、C1（甲烷）、C2（乙烷和丙烷）、C3（正丁烷、异丁烷、异戊烷、正戊烷）均形成较好异常，Au、Hg 异常峰值高于背景值 2 倍，其他指标均在 1 倍以上，C4（乙烯）、C5（丙烯）相对较差，单元素异常组合相对较好。

烃类异常结构和空间分布表明：AS1 和 AS3 综合异常与 V1 脉对应良好，两峰值之间的相对低值区对应为 V1 脉，烃类的高值异常峰分布在 AS3 号异常一带，位于矿体倾斜方向尾部，并呈现明显的对偶双峰异常模式，与 V1 脉产出位置对应良好。

在 AS1 和 AS3 两峰值之间的相对低值区出现 AS2 号烃汞异常，Au、Hg、链烷烃类（C1、C2、C3）和成矿元素（Au、Sb、W）形成良好的综合异常，并与深部 V6 盲脉头部对应良好，具有头部异常的特征，而 V6 盲脉尾部异常还没有出现，表明 AS2 以北具有较好的找矿前景。

131 线土壤烃汞综合异常空间对应关系与鱼儿山矿段 87 线具有相同的特点，131 线中 AS1 和 AS3 综合异常形成对偶双峰异常模式，控制 V1 脉位置。在两峰之间烃汞相对低值区出现 AS2 综合异常，并且与深部平行盲脉 V6 的头部对应良好，说明 V6 盲脉形成了另一个对偶双峰异常模式并且叠加在前一个（V1 脉）对偶双峰异常模式之上，形成对偶双峰异常叠加模式，表明 AS2 综合异常就近找矿及以北地段均具有较好的找矿前景。

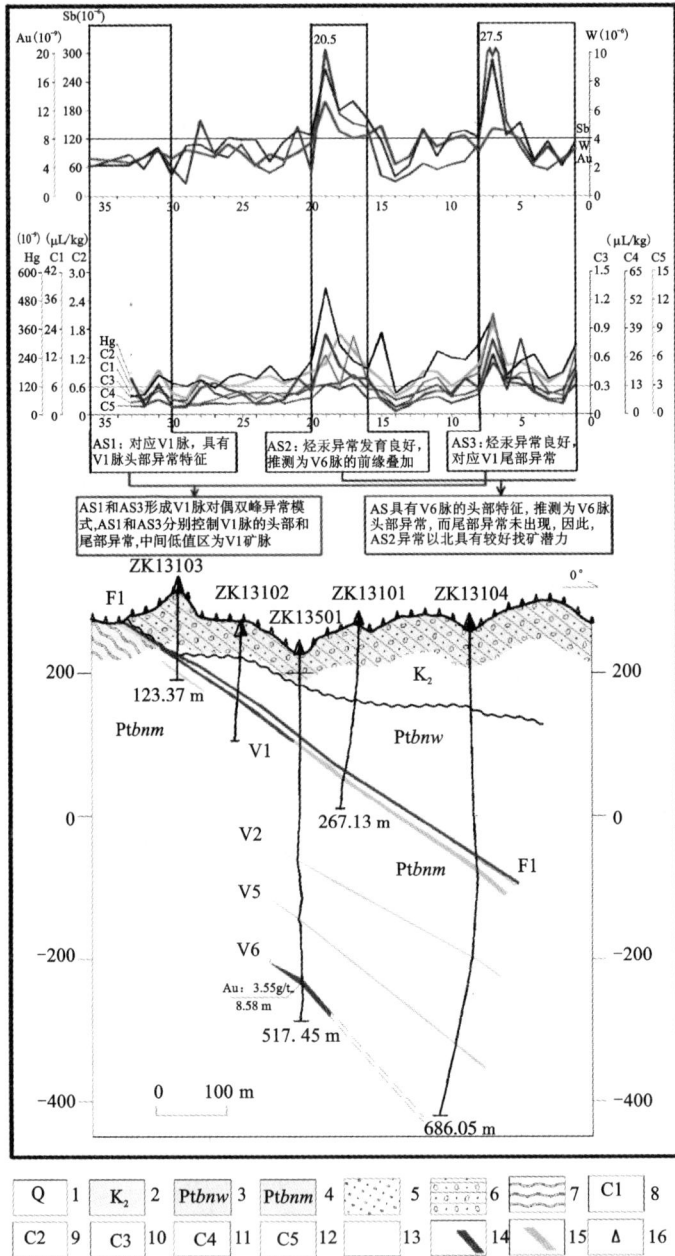

1—第四系；2—白垩系；3—五强溪组；4—马底驿组；5—浮土；6—砂砾岩；7—板岩；8—甲烷；
9—乙烷、丙烷；10—异丁烷、正丁烷、异戊烷、正戊烷；11—乙烯；12—丙烯；13—断层及编号；
14—矿脉及编号；15—蚀变岩；16—采样点。

图5-52　红岩溪矿段131线土壤地球化学剖面

（2）红岩溪 T8 线

1）相关性分析（表 5-59）表明，Au 与烃汞具有较好的相关性。说明该区段土壤 Au 与烃汞具有同源性，深部找矿意义大。

表 5-59 T8 线相关分析

	Au	甲烷	乙烷	丙烷	异丁烷	正丁烷	异戊烷	正戊烷	乙烯	丙烯	吸附汞
Au	1.00										
甲烷	0.26	1.00									
乙烷	0.33	0.98	1.00								
丙烷	0.42	0.95	0.96	1.00							
异丁烷	0.45	0.86	0.86	0.95	1.00						
正丁烷	0.44	0.91	0.93	0.99	0.94	1.00					
异戊烷	0.44	0.73	0.70	0.84	0.92	0.85	1.00				
正戊烷	0.51	0.62	0.67	0.77	0.78	0.84	0.82	1.00			
乙烯	0.51	0.67	0.68	0.82	0.84	0.86	0.88	0.84	1.00		
丙烯	0.44	0.92	0.93	0.95	0.88	0.95	0.78	0.76	0.85	1.00	
吸附汞	0.09	0.15	0.09	0.17	0.26	0.15	0.26	0.04	0.00	0.01	1.00

2）上壤烃汞异常分布、异常结构和空间对应关系研究（图 5-53）表明，土壤中 Au 和烃汞形成了 4 个较好的综合异常，即 AS1、AS2、AS3、AS4，其中，AS1 综合异常中成矿元素 Au 异常发育良好（峰值为 462×10^{-9}），而烃类组分异常低于背景值，Hg 异常良好（为背景值的 1~2 倍）；AS2 综合异常中 Au 相对较好（峰值为 462×10^{-9}），烃组分中 C1、C2、C3、Hg 异常良好（为背景值的 1~2 倍）；AS3 综合异常中 Au、Hg 异常良好，Hg 的峰值为 475.94×10^{-9}，Au 的峰值为 15.19×10^{-9}，重烃 C2、C3 较好（为背景的 1~2 倍），甲烷相对低；AS4 综合异常中 Hg、烃类（C1、C2、C3），异常良好（为背景值的 2~4 倍），成矿元素异常一般。

烃类异常结构和空间分布表明：AS1 与 AS3 具有"不对称对偶双峰异常模式"，控制 V1 脉的产出，而在 AS1 与 AS3 峰值之间的相对低值区出现 AS2 综合异常，具有 V6 脉头部特征，AS4 为尾部异常，形成另一个"不对称对偶双峰异常模式"，表明 V6 脉在 AS2 异常以北具有较好的找矿前景。

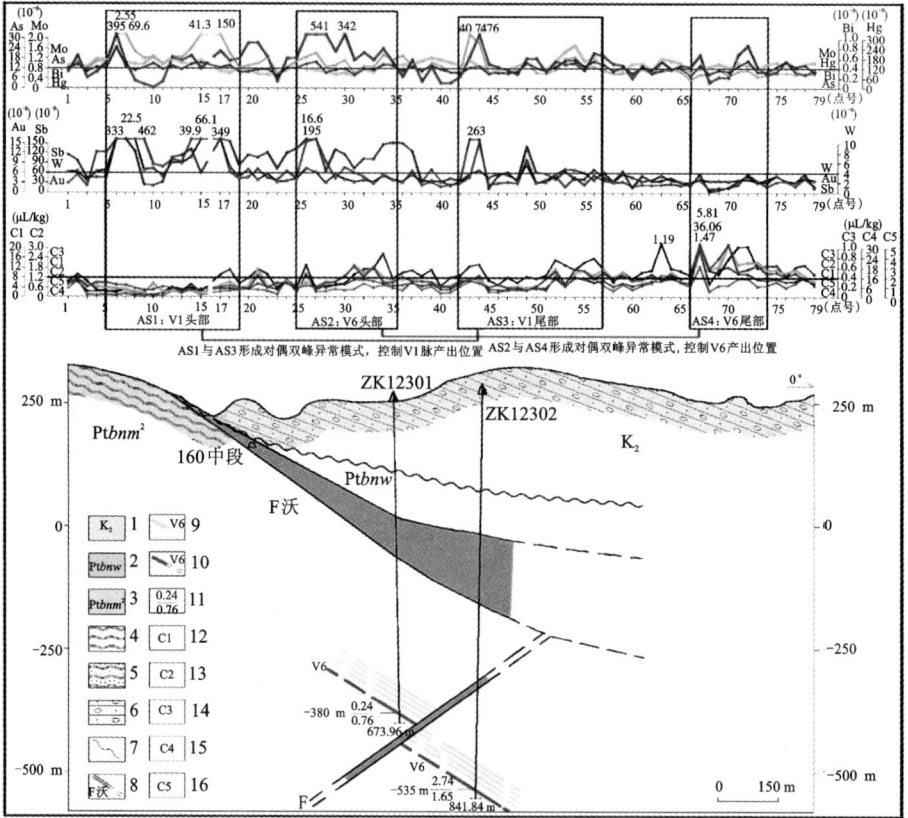

1—白垩系；2—五强溪组；3—马底驿组中段；4—板岩；5—砂质板岩；6—砂砾岩；7—不整合接触
界线；8—实、推测断层及编号；9—实、推测蚀变带及编号；10—矿脉及编号；11—品位/厚度；
12—甲烷；13—乙烷和丙烷；14—异丁烷、正丁烷、异戊烷、正戊烷；15—乙烯；16—丙烯。

图 5-53　红岩溪矿段 T8 线（123 线）地化剖面图

（3）鱼儿山矿段 73 线土壤烃汞异常特征

1）相关性特征

由表 5-60 可知：Au 与甲烷、乙烷、丙烷、正丁烷、异丁烷、异戊烷、正戊烷、乙烯、丙烯相关系数较低（分别为 0.05、0.11、0.11、0.02、0.12、0.04、0.16、0.14、0.21），相关性较差，而与吸附汞相关性比较好，说明土壤中的 Au 与烃汞线性关系不密切，与 Hg 关系比较密切。滤波后相关分析（表 5-61）表明：Au 与甲烷、乙烷、丙烷、丙烯、正丁烷、异丁烷、异戊烷、正戊烷、乙烯、丙烯、Hg 相关系数较高，大部分在 0.3 以上，说明 Au、Sb、W 与烃汞存在较好的相关性。出现这种情况，说明土壤中的 Au、Sb、W 烃汞异常形成比较复杂，可能与元素的分布形式有关。对于深部找矿具有一定的指示意义。

表 5-60　73 线土壤元素相关系数

	As	Mo	Sb	W	Au	Bi	甲烷	乙烷	丙烷	异丁烷	正丁烷	异戊烷	正戊烷	乙烯	丙烯	吸附汞
As	1															
Mo	0.88	1.00														
Sb	0.62	0.31	1.00													
W	0.45	0.20	0.50	1.00												
Au	0.84	0.78	0.51	0.61	1.00											
Bi	0.36	0.14	0.58	0.22	0.22	1.00										
甲烷	0.15	0.00	0.24	0.13	-0.05	0.31	1.00									
乙烷	0.20	0.05	0.28	0.16	0.11	0.31	0.99	1.00								
丙烷	0.18	0.01	0.28	0.17	0.11	0.26	0.95	0.97	1.00							
异丁烷	0.07	0.08	0.19	0.12	0.02	0.22	0.85	0.88	0.93	1.00						
正丁烷	0.17	0.01	0.30	0.18	0.12	0.22	0.87	0.91	0.98	0.93	1.00					
异戊烷	0.08	0.06	0.22	0.07	0.04	0.13	0.71	0.75	0.86	0.88	0.92	1.00				
正戊烷	0.16	0.01	0.19	0.21	0.16	0.03	0.47	0.51	0.58	0.55	0.65	0.61	1.00			
乙烯	0.12	0.04	0.12	0.28	0.14	0.01	0.48	0.49	0.56	0.58	0.61	0.54	0.71	1.00		
丙烯	0.18	0.39	0.16	0.14	0.21	0.23	0.86	0.85	0.86	0.83	0.83	0.71	0.56	0.62	1.00	
吸附汞	0.68	0.60	0.45	0.22	0.57	0.50	-0.09	-0.14	-0.11	-0.04	-0.08	-0.03	0.04	0.13	0.14	1.00

表5-61　73线土壤元素（滤波后）相关系数

	As	Mo	Sb	W	Au	Bi	甲烷	乙烷	丙烷	异丁烷	正丁烷	异戊烷	正戊烷	乙烯	丙烯	吸附汞
As	1															
Mo	0.67	1.00														
Sb	0.84	0.27	1.00													
W	0.64	0.16	0.63	1.00												
Au	0.86	0.75	0.60	0.69	1.00											
Bi	0.56	0.01	0.75	0.35	0.31	1.00										
甲烷	0.51	0.21	0.58	0.39	0.33	0.53	1.00									
乙烷	0.52	0.23	0.58	0.39	0.35	0.54	0.99	1.00								
丙烷	0.51	0.17	0.60	0.40	0.32	0.57	0.97	0.99	1.00							
异丁烷	0.36	0.01	0.50	0.35	0.18	0.55	0.88	0.91	0.94	1.00						
正丁烷	0.51	0.13	0.62	0.43	0.31	0.56	0.92	0.95	0.99	0.94	1.00					
异戊烷	0.33	0.01	0.50	0.25	0.12	0.51	0.77	0.81	0.89	0.91	0.93	1.00				
正戊烷	0.50	0.11	0.60	0.53	0.38	0.44	0.65	0.67	0.72	0.69	0.77	0.74	1.00			
乙烯	0.59	0.13	0.67	0.70	0.49	0.51	0.71	0.73	0.76	0.74	0.80	0.70	0.90	1.00		
丙烯	0.43	0.06	0.64	0.46	0.22	0.64	0.93	0.93	0.94	0.91	0.93	0.83	0.75	0.81	1.00	
吸附汞	0.59	0.29	0.53	0.14	0.43	0.72	0.30	0.33	0.35	0.28	0.32	0.28	0.21	0.22	0.30	1.00

其次，表 5-60 表明，Bi 与 Au、Sb、W、Hg 相关性较好（相关系数分别为 0.22、0.58、0.22、0.5），研究表明 Bi 在岩石中是比较稀有的元素，一般分布在硫化物矿床中，它与深部岩浆活动密切相关，而与烃汞组分相关系数较高，一般在 0.2 和 0.3 之间。滤波后相关分析（表 5-61）表明 Bi 与 Au、Sb、W、Hg 和烃汞组分相关系性良好，相关系数一般在 0.5 以上。说明土壤中部分 Bi 来自深部岩浆，指示深部存在一定的找矿潜力。

2）土壤烃汞异常特征

共圈定了 4 个烃汞异常（图 5-54），编号为 A1、AS2、AS3、AS4，异常特征如下：

①AS1 综合异常：对应 F1、V1 地表出露位置，形成 Hg、Au、Sb、W、烃类组分异常，其中 Hg 异常特别好。烃类异常一般，说明 F1 断裂屏蔽较好，不利于活动性强的 Hg 和轻烃迁移，具有 V1 脉头部特征。

②AS2 综合异常：主要由 Hg、Sb、Au、W、烃类 C1（甲环）、C2（乙环和丙环）、C3（丁环和戊环）形成较好的异常，套合良好，但缺不饱和烃类（C4、C5）异常，相关分析表明，Au 与 C3、C4、C5 重烃有一定的相关性，与 C1、C2 相关性较差，考虑 Au 异常峰值较高（941×10^{-9}），深部存在一定的找矿潜力。

③AS3 综合异常：主要由 Hg、Sb、Au、W，烃类 C1、C2 形成较好的异常，套合良好，但缺重烃类 C3、C4、C5 异常，具有 V1 尾部特征。

④AS4 综合异常：主要由 Hg、烃类（C1、C2）形成较好的异常，成矿元素（Au、Sb、W）和重烃类（C3、C4、C5）异常相对较弱，异常组合简单，推测为 V6 尾部异常。

3）烃汞综合异常空间对应关系及找矿潜力分析

从所圈定的 4 个烃汞综合异常的分布和单个异常结构来看，73 线土壤烃汞综合异常呈"土不对称对偶双峰异常模式"的特点。

"不对称对偶双峰异常模式"：在已知 V1 脉对应特点非常清晰，即头部峰为 AS1 综合异常，尾部峰为 AS3 号异常，两峰值之间的相对低值区对应为 V1 脉。在 AS1 和 AS3 之间出现 AS2 成矿元素与烃汞形成综合异常，表明有深部盲脉的叠加，并且 Hg、Au、烃类组分异常强度较强，推测为深部 V6 脉头部异常，并与 AS4 形成"不对称对偶双峰异常模式"叠加在 V1 脉"不对称对偶双峰异常模式"之上。

剖面图（图 5-54）显示 4 个综合异常呈现出"不对称对偶双峰异常叠加模式"特点，而且，V6 脉头部峰 Hg、Sb、Au、W、烃类 C1（甲环）、C2（乙环和丙环）、C3（丁环和戊环）形成较好的异常，套合良好，但缺不饱和烃类（C4、C5）异常，相关分析表明，Au 与 C3、C4、C5 重烃有一定的相关性，与 C1、C2 相关性较差，考虑 Au 异常峰值较高（941×10^{-6}），深部存在一定的找矿潜力。

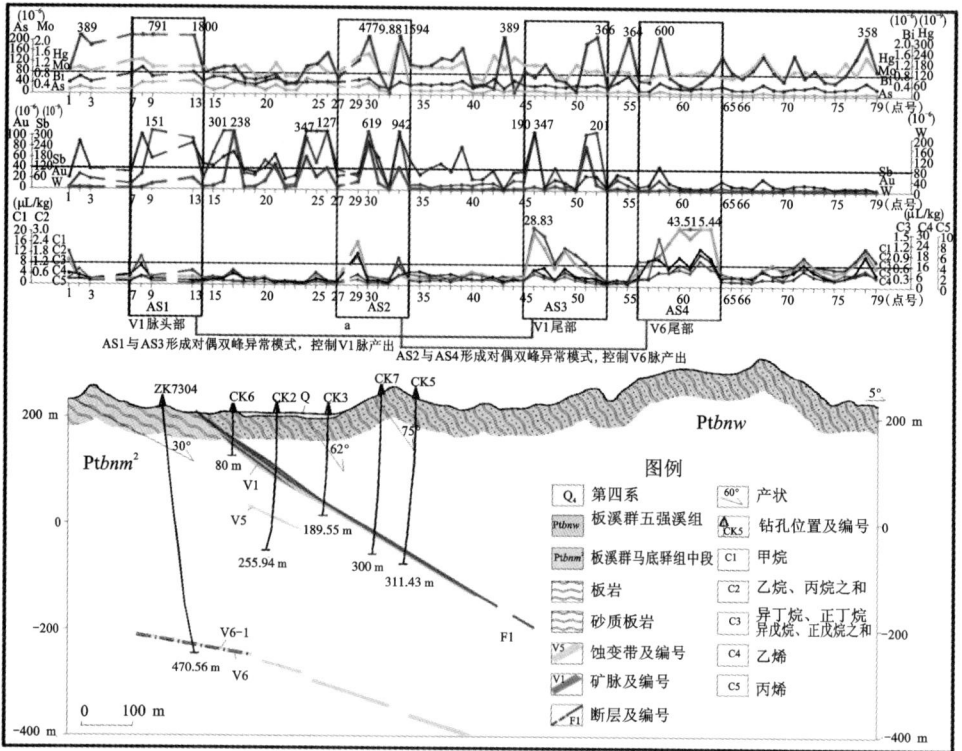

图 5-54　鱼儿山矿段 73 线土壤地化剖面图

(4)鱼儿山矿段 79 线

1)元素相关性特征

表 5-62 表明：Au 与甲烷、乙烷、丙烷、丙烯、正丁烷、异丁烷、异戊烷、正戊烷、乙烯、丙烯相关系数总体较低，但较 73 线要好些，而与吸附汞相关系数较高，一般为 0.2，说明 Au 与烃汞关系不密切。滤波后相关分析(表 5-63)表明，Au 与甲烷、乙烷、丙烷、丙烯、正丁烷、异丁烷、异戊烷、正戊烷、乙烯、丙烯、Hg 呈正相关，并且相关系数较高，说明 Au 的形成与烃汞存在一定关系。出现这种情况，说明土壤中的 Au、烃、汞异常形成原因比较复杂，可能与元素的分布形式有关。对于深部找矿具有一定的指示意义。

表 5-62　79 线土壤元素相关系数

	As	Mo	Sb	W	Au	Bi	甲烷	乙烷	丙烷	异丁烷	正丁烷	异戊烷	正戊烷	乙烯	丙烯	吸附汞
As	1															
Mo	0.35	1.00														
Sb	0.37	0.02	1.00													
W	0.24	0.00	0.30	1.00												
Au	0.65	0.20	0.54	0.69	1.00											
Bi	0.10	0.51	0.08	0.02	0.08	1.00										
甲烷	0.21	0.32	0.11	0.28	0.15	0.08	1.00									
乙烷	0.24	0.29	0.07	0.26	0.12	0.07	0.97	1.00								
丙烷	0.25	0.18	0.04	0.23	0.09	0.03	0.89	0.96	1.00							
异丁烷	0.18	0.06	0.01	0.33	0.13	0.06	0.77	0.82	0.89	1.00						
正丁烷	0.25	0.07	0.02	0.20	0.06	0.02	0.76	0.85	0.96	0.88	1.00					
异戊烷	0.22	0.18	0.21	0.13	0.05	0.14	0.53	0.60	0.72	0.71	0.79	1.00				
正戊烷	0.21	0.15	0.00	0.04	0.06	0.06	0.34	0.44	0.64	0.66	0.80	0.80	1.00			
乙烯	0.19	0.35	0.05	0.05	0.11	0.09	0.08	0.13	0.38	0.45	0.56	0.65	0.85	1.00		
丙烯	0.22	0.15	0.09	0.23	0.10	0.02	0.86	0.89	0.94	0.89	0.89	0.70	0.60	0.42	1.00	
吸附汞	0.00	0.21	0.39	0.33	0.22	0.33	0.17	0.21	0.29	0.36	0.37	0.58	0.50	0.51	0.30	1.00

表5-63 79线土壤元素（滤波后）相关系数

	As	Mo	Sb	W	Au	Bi	甲烷	乙烷	丙烷	异丁烷	正丁烷	异戊烷	正戊烷	乙烯	丙烯	吸附汞
As	1															
Mo	0.17	1.00														
Sb	0.51	0.12	1.00													
W	0.17	0.20	0.31	1.00												
Au	0.57	0.07	0.53	0.71	1.00											
Bi	0.34	0.56	0.27	0.06	0.05	1.00										
甲烷	0.16	0.55	0.14	0.62	0.41	0.25	1.00									
乙烷	0.27	0.47	0.02	0.61	0.36	0.26	0.97	1.00								
丙烷	0.37	0.31	0.06	0.57	0.29	0.24	0.88	0.96	1.00							
异丁烷	0.31	0.16	0.12	0.60	0.26	0.14	0.77	0.83	0.91	1.00						
正丁烷	0.45	0.13	0.14	0.47	0.17	0.18	0.71	0.83	0.95	0.90	1.00					
异戊烷	0.42	0.28	0.03	0.27	0.00	0.10	0.38	0.49	0.65	0.70	0.78	1.00				
正戊烷	0.50	0.27	0.22	0.15	0.15	0.03	0.22	0.37	0.60	0.67	0.80	0.88	1.00			
乙烯	0.42	0.51	0.23	0.06	0.26	0.01	0.14	0.04	0.23	0.38	0.47	0.71	0.86	1.00		
丙烯	0.31	0.30	0.06	0.58	0.34	0.21	0.89	0.92	0.96	0.92	0.89	0.66	0.56	0.27	1.00	
吸附汞	0.07	0.42	0.35	0.35	0.10	0.45	0.11	0.16	0.28	0.39	0.41	0.76	0.63	0.59	0.33	1.00

2）土壤烃汞异常特征

共圈定了 3 个烃汞综合异常（图 5-55），编号为 AS1、AS2、AS3，异常特征如下：

①AS1 综合异常：对应 F1 和 V1 脉地表出露位置，烃类组分异常相对较差，只有 C1、C2、C3 形成弱异常，Hg 异常较好，有四个异常峰，分别为 527.6×10^{-9}、342.4×10^{-9}、401.4×10^{-9}、502.3×10^{-9}，而成矿元素 Au 异常一般，Sb、W 异常较差。判断为断层构造活动引起，找矿意义不大。

②AS2 综合异常：对应 V1 脉头部位置，主要形成 Hg、Bi、Mo、C1（甲环）、C2（乙环和丙环）、Hg（热释汞）综合异常。C3（丁环和戊环）、C4（乙烯）、C5（丙烯）异常相对较差，该异常元素组合相对齐全，套合较好，成矿元素 Au、Sb、W 异常较好，Au、Sb、W 异常峰值分别为 547.4×10^{-9}、905.6×10^{-6}、304.5×10^{-6}，说明附近找矿潜力较大。

③AS3 综合异常：形成多峰异常组合模式，烃类组分达 6 个异常峰，大致呈等距分布，间距一般为 20~40 m，范围大，异常组分齐全，但成矿元素（Au、Sb、W）、Hg、烃类组分（C1、C2、C3、C4、C5）异常均较好，有两个，编号为 AS3-1、AS3-2，说明该处深部存在多条矿脉热液活动的可能，但由于 Au 与烃类组分相关性较差，该期热液并没有带来大量的成矿物质，但存在 AS3-1、AS3-2 深部附近找矿的可能性。说明该地段为深源热液边缘地带，有异常但无深部成矿物质的叠加，不排除局部成矿的可能。

3）烃汞综合异常空间对应关系及找矿潜力分析

从 79 线圈定的 3 个烃汞综合异常的分布和单个异常结构来看，79 线土壤烃汞综合异常呈"顶部多峰式异常模式"和"不对称对偶双峰异常模式"的特点。

"顶部多峰式异常模式"：这种模式多见于多层矿或多个矿体断续分布或多期成矿作用叠加的矿床上方。其特点是异常峰分布于矿体地表投影正上方，AS3 号对应 V1、V2、V3、V4、V5、V6 脉叠加的可能。根据以往工程揭露，V1、V6 脉找矿潜力较大，其他矿脉成矿较差，推测 AS2 与 AS3-2 具有"不对称对偶双峰异常模式"，控制 V1 脉的产出，而在 AS2 与 AS3-2 两峰值之间的相对低值区出现 AS3-1 综合异常，具有 V6 脉头部特征，尾部异常未出现，形成另一个"不对称对偶双峰异常模式"，表明 V6 脉在 AS3-1 以北具有一定的找矿前景。

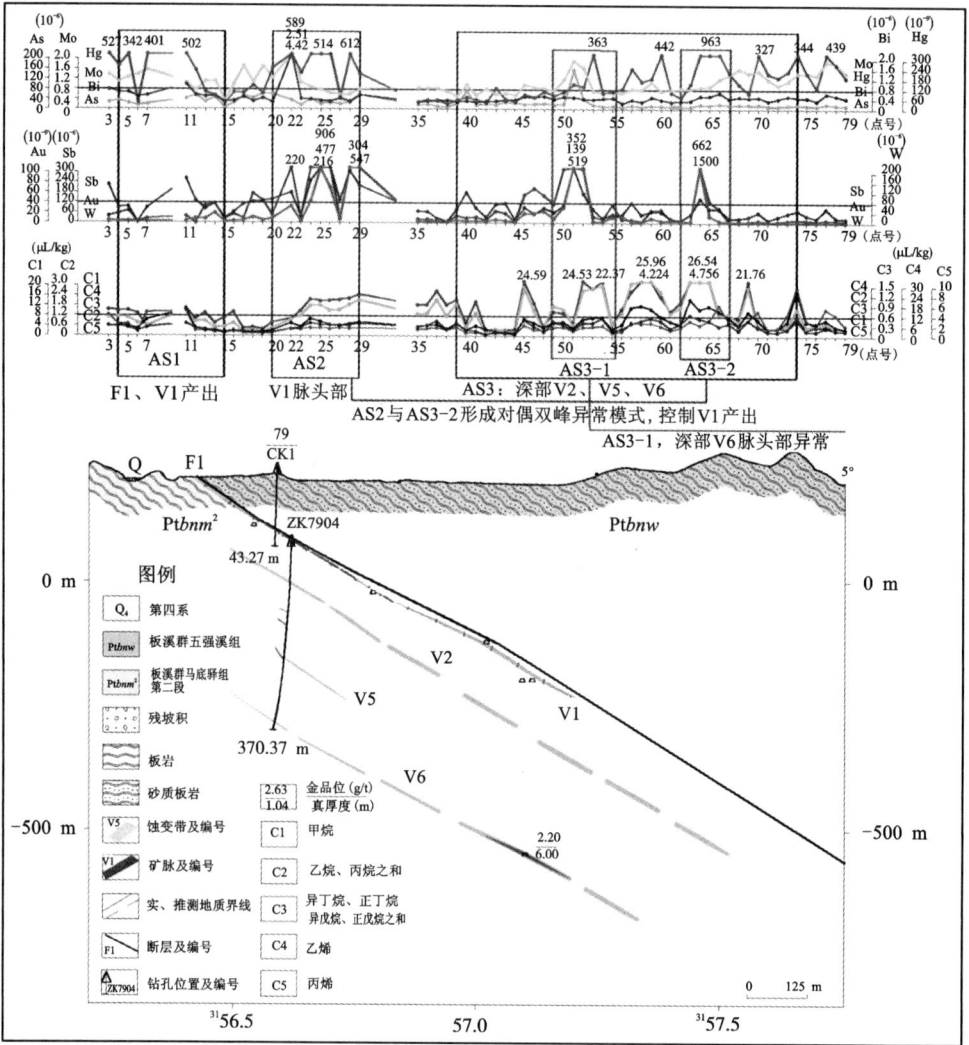

图 5-55　鱼儿山矿段 79 线土壤地化剖面图

5.6.3.3 烃汞同生叠加异常特征

（1）马儿桥矿段

相关性分析（表5-64）表明，马儿桥矿段 161 线土壤中 Au 与烃汞相关性较差（相关系数接近 0），说明土壤中的 Au 没有深源叠加的特点，因此其深部找矿潜力较差。

表 5-64　马儿桥 161 线土壤元素相关系数

指标	Sb	W	Au	甲烷	乙烷	丙烷	异丁烷	正丁烷	异戊烷	正戊烷	乙烯	丙烯	吸附汞
Sb	1.00												
W	0.11	1.00											
Au	0.18	0.38	1.00										
甲烷	(0.04)	(0.18)	(0.06)	1.00									
乙烷	(0.07)	(0.16)	(0.07)	0.99	1.00								
丙烷	0.15	(0.11)	(0.03)	0.87	0.87	1.00							
异丁烷	0.21	(0.17)	(0.02)	0.72	0.69	0.85	1.00						
正丁烷	0.24	(0.05)	0.00	0.71	0.70	0.94	0.84	1.00					
异戊烷	0.21	(0.19)	(0.05)	0.43	0.40	0.67	0.87	0.74	1.00				
正戊烷	0.28	(0.00)	0.02	0.54	0.50	0.77	0.79	0.87	0.80	1.00			
乙烯	0.60	(0.05)	0.21	0.19	0.13	0.48	0.58	0.58	0.60	0.64	1.00		
丙烯	0.44	(0.15)	0.06	0.77	0.73	0.89	0.84	0.85	0.65	0.75	0.74	1.00	
吸附汞	0.55	(0.05)	0.15	0.02	(0.01)	0.31	0.35	0.40	0.37	0.42	0.81	0.54	1.00

注："（）"表标负相关。

土壤烃汞异常分布、异常结构和空间对应关系研究（图 5-56）表明，土壤中 Au、Sb、W、Hg 和烃类组分形成了 AS1、AS2、AS3、AS4 共 4 个综合异常，其中 AS1、AS2、AS3 以 Hg 异常为主，C1（甲烷）、C2（乙烷和丙烷）、C3（正丁烷、异丁烷、异戊烷、正戊烷）、C4（乙烯）、C5（丙烯）异常均较差。AS4 综合异常中烃汞异常相对较好，Hg、C1（甲烷）、C2（乙烷和丙烷）、C3（正丁烷、异丁烷、异戊烷、正戊烷）、C4（乙烯）、C5（丙烯）均形成相对较好异常，但往北未封闭。

成矿元素 Au、Sb 在 AS1 异常区发育较好，其他异常区只见 Sb 异常。

烃类异常结构和空间分布表明，AS2 和 AS4 异常虽然具有对偶双峰异常模式，但中部低值区控制 V5 蚀变带，缺乏 Au 异常，烃类异常较差，找矿意义不大。

AS3 异常产于 AS2 和 AS4 异常形成的对偶双峰异常模式相对低值区，与 F1 断层（V1 脉）地表出露位置对应，Hg 和 C2（乙烷和丙烷）为弱异常，具有 V1 脉头部异常特点，但由于该异常烃汞和成矿元素异常强度较低，找矿意义不大。

AS4 综合异常烃汞异常发育较好，异常元素组合全，强度相对较大，异常往北未封闭，存在深部盲脉（V1、V6）叠加的可能，但成矿元素异常较差，AS4 综合异常就近找矿意义不大，但不排除往北找矿的可能。

（2）鱼儿山—红岩溪结合部位 T4 线

（1）元素相关性特征

表 5-65 表明，Au 与甲烷、乙烷、丙烷、丙烯、正丁烷、异丁烷、异戊烷、正戊烷、乙烯、丙烯相关系数低（0.02～0.11），与吸附汞相关系数也较低（0.12），

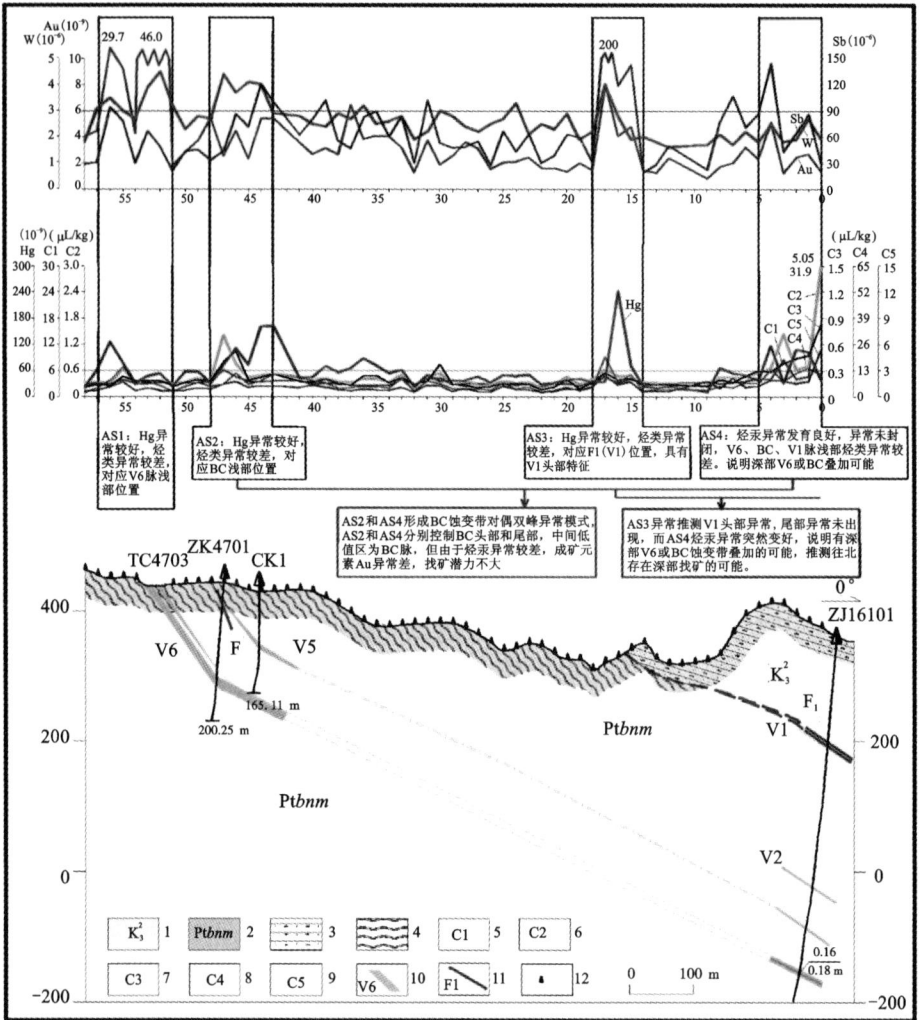

1—白垩系；2—马底驿组；3—杂砂岩；4—板岩；5—甲烷；6—乙烷、丙烷；7—异丁烷、正丁烷、异戊烷、正戊烷；8—乙烯；9—丙烯；10—矿脉及编号；11—蚀变带；14—采样点。

图 5-56　马儿桥矿段 161 线土壤地球化学剖面

说明 Au 与烃汞关系不密切。滤波后相关分析（表 5-65）表明，Au 与甲烷、乙烷、丙烷、丙烯、正丁烷、异丁烷、异戊烷、正戊烷、乙烯、丙烯、Hg 相关系数有所提高，但总体处于较低水平（0.1~0.17），说明土壤中的 Au、烃、汞相关性较差，说明该区段土壤 Au 没有深源叠加。深部找矿指示意义不大。

表 5-65 和滤波后相关分析（表 5-66）表明，Bi 与 Au、Hg 相关性较好，而与烃汞组分相关性较差，与异戊烷、正戊烷、乙烯相关性较好，但 Bi 异常较差，带来的量有限，说明 Au、Bi、Hg 和烃类不同源，深部找矿意义不大。

表 5-65　T4 线土壤元素相关系数

	As	Mo	Sb	W	Au	Bi	甲烷	乙烷	丙烷	异丁烷	正丁烷	异戊烷	正戊烷	乙烯	丙烯	吸附汞
As	1															
Mo	0.50	1.00														
Sb	0.87	0.26	1.00													
W	0.58	0.30	0.54	1.00												
Au	0.27	-0.17	0.20	0.22	1.00											
Bi	0.69	0.59	0.57	0.45	0.12	1.00										
甲烷	-0.26	0.06	-0.23	-0.11	-0.04	-0.08	1.00									
乙烷	-0.28	0.05	-0.24	-0.13	-0.04	-0.08	1.00	1.00								
丙烷	-0.20	0.19	-0.17	-0.10	-0.06	0.04	0.96	0.97	1.00							
异丁烷	-0.13	0.30	-0.13	-0.05	-0.09	0.14	0.85	0.86	0.93	1.00						
正丁烷	-0.13	0.25	-0.09	-0.02	-0.06	0.13	0.92	0.93	0.98	0.93	1.00					
异戊烷	0.01	0.43	0.02	-0.02	-0.08	0.24	0.70	0.72	0.83	0.87	0.88	1.00				
正戊烷	0.13	0.35	0.18	0.17	0.03	0.40	0.48	0.50	0.62	0.64	0.73	0.77	1.00			
乙烯	0.22	0.45	0.26	0.10	-0.04	0.48	0.52	0.54	0.67	0.71	0.73	0.78	0.75	1.00		
丙烯	-0.14	0.23	-0.12	-0.06	-0.06	0.08	0.93	0.94	0.98	0.93	0.96	0.82	0.62	0.72	1.00	
吸附汞	0.34	0.15	0.42	0.09	0.12	0.53	0.06	0.07	0.18	0.22	0.24	0.27	0.50	0.66	0.22	1

表 5-66　T4 线土壤元素（滤波后）相关系数

	As	Mo	Sb	W	Au	Bi	甲烷	乙烷	丙烷	异丁烷	正丁烷	异戊烷	正戊烷	乙烯	丙烯	吸附汞
As	1															
Mo	0.50	1.00														
Sb	0.90	0.24	1.00													
W	0.71	0.30	0.68	1.00												
Au	0.29	0.18	0.32	0.26	1.00											
Bi	0.69	0.69	0.55	0.62	0.08	1.00										
甲烷	0.40	0.20	0.46	0.25	0.10	0.07	1.00									
乙烷	0.42	0.19	0.47	0.27	0.10	0.08	1.00	1.00								
丙烷	0.34	0.35	0.40	0.23	0.14	0.04	0.97	0.97	1.00							
异丁烷	0.24	0.44	0.32	0.17	0.17	0.16	0.87	0.88	0.95	1.00						
正丁烷	0.26	0.42	0.33	0.15	0.14	0.14	0.93	0.94	0.99	0.96	1.00					
异戊烷	0.11	0.57	0.16	0.12	0.14	0.25	0.73	0.75	0.87	0.92	0.91	1.00				
正戊烷	0.00	0.58	0.05	0.02	0.06	0.43	0.61	0.62	0.75	0.80	0.82	0.90	1.00			
乙烯	0.08	0.66	0.01	0.01	0.17	0.44	0.57	0.58	0.73	0.80	0.78	0.88	0.84	1.00		
丙烯	0.25	0.41	0.33	0.17	0.16	0.10	0.93	0.93	0.98	0.95	0.98	0.88	0.77	0.80	1.00	
吸附汞	0.26	0.27	0.30	0.04	0.11	0.44	0.12	0.13	0.23	0.30	0.27	0.35	0.49	0.64	0.30	1.00

（2）土壤烃汞异常特征

共圈定了4个烃汞异常（图5-57），编号为AS1、AS2、AS3、AS4，其异常特征如下：

1）AS1综合异常：主要由Hg、烃类（C1、C2、C3）、Au、Sb元素组合而成，其中烃类（C1、C2、C3）、Au、Sb异常发育良好，Hg异常发育较好，连续性较差，具有V1脉头部异常特征，土壤中Au与烃类组分相关性较差，证明深源叠加程度较低，虽然成矿元素异常较好，但深部找矿潜力一般。

2）AS2综合异常：主要由Hg、烃类（C1、C2、C3、C4、C5）、Au、Sb、W元素组合而成，其中烃类、Hg、Au、Sb异常发育良好，强度较AS1大，具有V6脉叠加的特征。

3）AS3综合异常：具有多峰异常组合特征，范围大，烃类异常强度较强，Hg异常虽然连续性差，但异常值较高，在该区段，造成多峰出现的主要原因为深部具有多条矿脉叠加，或者呈主要矿脉多期成矿，变化较大，因此，推测本区可能存在V2、V6、V4、V5脉的叠加，可能带来深源叠加，但考虑Au异常较差，Au与烃类组分相关性较差，带来的成矿物质可能有限。推测此处为两个深部流体夹持地带，受深部流体夹持影响，造成大面积的异常形成，其找矿意义不大，但不排除受其构造影响，存在局部成矿的可能。

4）AS4综合异常：主要由Hg、烃类（C1、C2、C3、C4、C5）、Au、Sb、W元素组合而成，其中烃类、Hg、Au、Sb异常发育良好，强度较AS1大，具有V6脉叠加的特征。

（3）烃汞综合异常空间对应关系及找矿潜力分析

从T4线土壤所圈定的3个烃汞综合异常的分布和单个异常结构来看，T4线烃汞综合异常呈"顶部多峰式异常模式"和"不对称对偶双峰异常模式"的特点。

"顶部多峰式异常模式"：该模式多见于多层矿或多个矿体断续分布或多期成矿作用叠加的矿床上方。其特点是异常峰分布于矿体地表投影之正上方，AS3号综合异常对应V1、V2、V3、V4、V5、V6脉叠加的可能。根据以往工程揭露，V1、V6脉找矿潜力较大，其他矿脉成矿较差，推测AS2与AS3-2具有"对偶双峰异常模式"，控制V1脉的产出，而在AS2与AS3-2峰值之间的相对低值区出现AS3-1综合异常，具有V6脉头部特征，尾部异常未出现，形成另一个"对偶双峰异常模式"，表明V6脉在AS3-1以北具有一定的找矿前景。

（4）鱼儿山—红岩溪结合部位T6线

1）元素相关性特征

表5-67表明，Au与甲烷、乙烷、丙烷、丙烯、正丁烷、异丁烷、异戊烷、正戊烷、丙烯、乙烯呈负相关，相关系数低（0.03~0.13），与吸附汞的相关系数较差（0.21），说明Au与烃汞关系不密切。滤波后相关分析（表5-68）表明，Au、

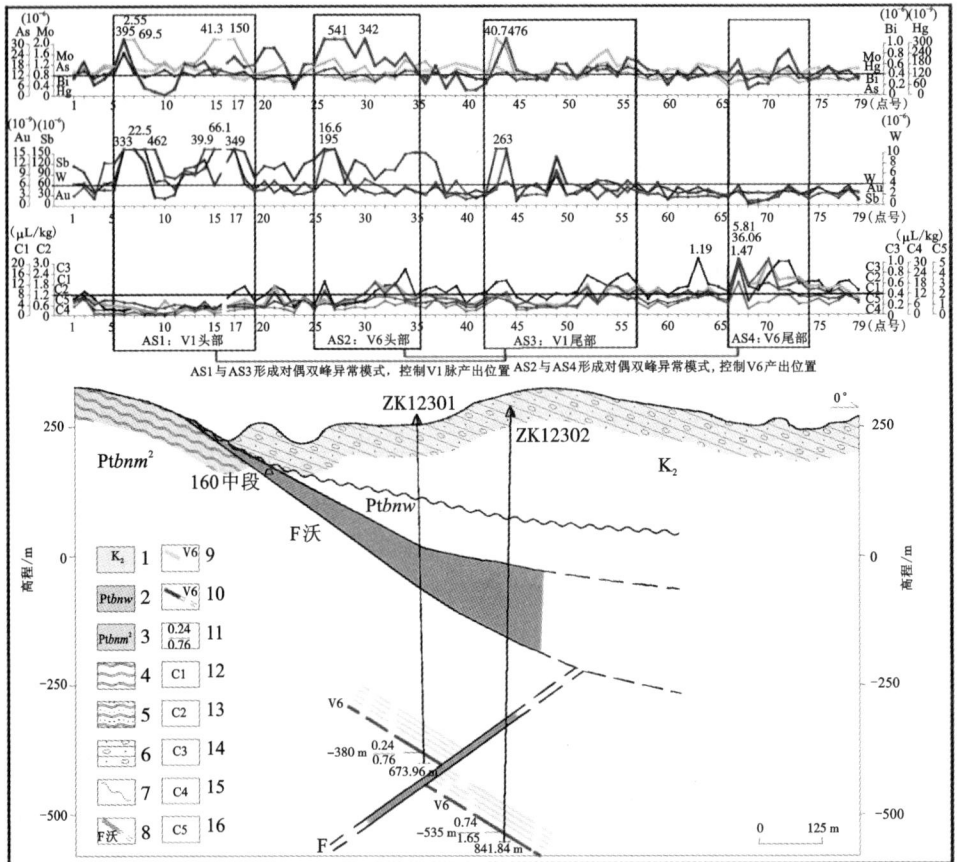

1—白垩系；2—五强溪组；3—马底驿组中段；4—板岩；5—砂质板岩；6—砂砾岩；7—不整合接触界线；
8—实测、推测断层及编号；9—实测、推测蚀变带及编号；10—矿脉及编号；11—品位/厚度；
12—甲烷；13—乙烷和丙烷；14—异丁烷、正丁烷、异戊烷、正戊烷；15—乙烯；16—丙烯。

图 5-57　鱼儿山—红岩溪矿段 T4(107)线土壤地化剖面图

Sb、W 与甲烷、乙烷、丙烷、丙烯、正丁烷、异丁烷、异戊烷、正戊烷、乙烯、丙烯、Hg 呈正相关，并且相关系数有所提高，但总体处于较低水平(0.00~0.24)说明土壤中的 Au、烃类、Hg 相关性较差，说明该区段土壤 Au 没有深源叠加。深部找矿指示意义不大。

表 5-67 表明，Bi 与 Au、Hg 和烃类组分相关性较差，滤波后相关分析(表 5-68)表明，Bi 与异戊烷、正戊烷、乙烯相关性较差，但 Bi 异常较差，带来的量有限，说明 Au、Bi、Hg 和烃类不同源，深部找矿意义不大。

表 5-67　T6 线土壤元素相关系数

	As	Mo	Sb	W	Au	Bi	甲烷	乙烷	丙烷	异丁烷	正丁烷	异戊烷	正戊烷	乙烯	丙烯	吸附汞
As	1															
Mo	0.15	1.00														
Sb	0.16	−0.14	1.00													
W	0.99	0.10	0.08	1.00												
Au	0.99	0.07	0.15	0.99	1.00											
Bi	0.25	0.13	0.39	0.21	0.21	1.00										
甲烷	−0.05	−0.27	0.24	−0.07	−0.03	−0.26	1.00									
乙烷	−0.09	−0.34	0.27	−0.10	−0.07	−0.26	0.98	1.00								
丙烷	−0.13	−0.33	0.31	−0.15	−0.11	−0.13	0.93	0.96	1.00							
异丁烷	−0.10	−0.33	0.34	−0.13	−0.09	0.01	0.84	0.87	0.94	1.00						
正丁烷	−0.14	−0.32	0.32	−0.17	−0.12	−0.02	0.83	0.88	0.97	0.96	1.00					
异戊烷	−0.13	−0.09	0.25	−0.17	−0.13	0.14	0.45	0.51	0.66	0.72	0.75	1.00				
正戊烷	−0.07	−0.06	0.26	−0.12	−0.08	0.27	0.27	0.35	0.55	0.63	0.70	0.81	1.00			
乙烯	−0.13	−0.10	0.22	−0.16	−0.13	0.25	0.31	0.36	0.57	0.63	0.69	0.66	0.84	1.00		
丙烯	−0.13	−0.23	0.27	−0.15	−0.11	−0.10	0.86	0.87	0.94	0.92	0.93	0.67	0.60	0.69	1.00	
吸附汞	0.23	0.04	0.63	0.17	0.21	0.62	−0.04	0.00	0.11	0.22	0.19	0.18	0.39	0.39	0.17	1

表5-68 T6线土壤元素（滤波后）相关系数

	As	Mo	Sb	W	Au	Bi	甲烷	乙烷	丙烷	异丁烷	正丁烷	异戊烷	正戊烷	乙烯	丙烯	吸附汞
As	1															
Mo	0.26	1.00														
Sb	0.22	0.40	1.00													
W	0.99	0.25	0.16	1.00												
Au	0.99	0.18	0.24	0.99	1.00											
Bi	0.16	0.07	0.16	0.14	0.11	1.00										
甲烷	0.04	0.46	0.45	0.06	0.00	0.44	1.00									
乙烷	0.08	0.55	0.46	0.10	0.03	0.46	0.99	1.00								
丙烷	0.15	0.56	0.43	0.18	0.11	0.35	0.94	0.96	1.00							
异丁烷	0.13	0.53	0.43	0.17	0.10	0.22	0.87	0.90	0.97	1.00						
正丁烷	0.19	0.56	0.40	0.22	0.15	0.25	0.84	0.89	0.98	0.98	1.00					
异戊烷	0.27	0.28	0.16	0.29	0.24	0.14	0.48	0.53	0.71	0.76	0.80	1.00				
正戊烷	0.16	0.25	0.13	0.18	0.14	0.04	0.29	0.35	0.57	0.65	0.72	0.85	1.00			
乙烯	0.24	0.26	0.08	0.26	0.22	0.11	0.31	0.36	0.58	0.65	0.72	0.78	0.92	1.00		
丙烯	0.13	0.44	0.36	0.16	0.09	0.30	0.88	0.90	0.96	0.96	0.96	0.75	0.64	0.68	1.00	
吸附汞	0.39	0.14	0.64	0.36	0.40	0.54	0.06	0.08	0.13	0.22	0.19	0.08	0.29	0.28	0.18	1.00

2）土壤烃汞异常特征

共圈定了 3 个烃汞异常（图 5-58），编号为 AS1、AS2、AS3，其异常特征如下：

1）AS1 综合异常：对应于 F1 地表出露位置，主要由 Hg、Au、Sb、W、Mo 等元素组成，异常强度一般，烃类组分异常较差，说明断裂压性造成屏蔽效果较好，不利于烃类元素迁移，找矿意义不大。

2）AS2 综合异常：具有多峰异常组合特征，说明深部存在多条矿脉，该区段位于两个深部流体中心位置夹持地带，由于两个深部流体相差较近，夹持地带受两流体边缘影响，造成大面积的烃类异常，相关分析表明，所有烃类组分与 Au 相关性较差，因此，虽然存在较好异常，但深部找矿意义不是特别大，但也不排除受深部构造影响，有局部成矿的可能。就找矿来说，该综合异常存在三个较明显的 Au、Sb、W、Hg、烃类组分较好的异常，标号为 AS2-1、AS2-2、AS2-3。根据以往的勘查成果，推断 AS2-1 具有 V1 脉头部特征，AS2-2 具有 V6 脉头部特征，AS2-3 为 V1 脉的尾部。AS2-2 和 AS2-3 还是存在一定的找矿潜力。

3）AS3 综合异常：烃类组分形成的多峰异常模式，异常强度较高，成矿元素异常较差，Hg 异常一般。

3）烃汞综合异常空间对应关系及找矿潜力分析

从 T6 线土壤所圈定的 3 个烃汞综合异常的分布和单个异常结构来看，T6 线烃汞综合异常呈"顶部多峰式异常模式"和"不对称对偶双峰异常模式"的特点。

"顶部多峰式异常模式"：这种模式多见于多层矿或多个矿体断续分布或多期成矿作用叠加的矿床上方。其特点是异常峰分布于矿体地表投影之正上方，AS3 号异常对应 V1、V2、V3、V4、V5、V6 脉的叠加。根据以往工程揭露，V1、V6 脉找矿潜力较大，其他矿脉成矿较差，推测 AS2-1 与 AS2-3 具有"不对称对偶双峰异常模式"，控制 V1 脉的产出，而在 AS2-1 与 AS2-3 峰值之间的相对低值区出现 AS2-2 综合异常，具有 V6 脉头部特征，AS3 为尾部异常，形成另一个"不对称对偶双峰异常模式"，表明 V6 脉在 AS2-2 以北具有一定的找矿前景。

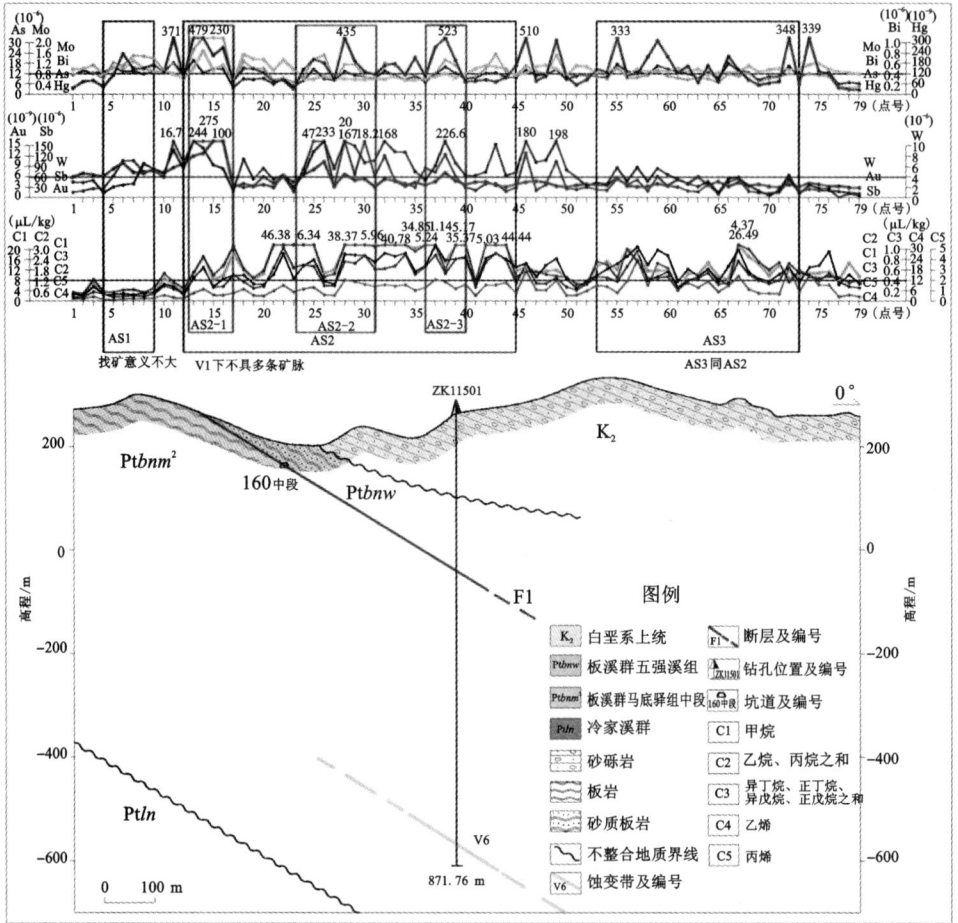

图 5-58 鱼儿山—红岩溪矿段 T6(115)线土壤地化剖面图

5.6.3.4 烃汞叠加异常在水平面上的展布特征

(1)工作简介

2020 年在鱼儿山—红岩溪矿段关于烃汞测量共设计了 15 条土壤地化剖面(图 5-51)。其中,已知矿段鱼儿山东部安排了 73 号和 79 号两条勘探线土壤剖面;鱼儿山与红岩溪结合部位安排了 T2(95 号勘探线)、T4(107 号东部)、T6(115 号勘探线)3 条土壤剖面;红岩溪矿段安排了 T8(119 号勘探线)、T10(127号勘探线)、T12(135 号勘探线)、T14(143 号勘探线)、T16(151 号勘探线)、T18(159 号勘探线)6 条土壤剖面;马儿桥矿段安排了 T20(161 号勘探线)、T24(177号勘探线)两条土壤地化剖面。目的是查明各区段烃汞综合气体土壤地球化学异常特征、异常结构和空间对应关系,以指导测区土壤烃汞综合气体异常的评价。同时,为了更精确了解烃汞指标深部预测的指导意义,加强了对土壤元素的分布、分类和元素之间相关性的分析。同时,对每条剖面所取得的数据进行了相关性分析,而且在相关性较差的地段,为了进一步查明该地段的相关关系,对数据进行了滤波处理,并对其相关系数进行对比分析,以便更精准地查明成矿元素是否与烃汞具有同源性、是否有深源叠加等,从而更好地评价烃汞综合异常。

(2)烃汞叠加晕异常平面分布特征

将每一条剖面中对偶双峰异常叠加模式投影到平面图上,比较清楚地展示出 3 条成矿较好的重要靶区(图 5-59),编号为预-1、预-2、预-3,其特征如下:

预-1 为 V1 脉对偶双峰异常模式对应区,为 V1 脉集中成矿区。分布在研究区南部地区的 T2 线和 T24 线之间,白垩系与板溪群不整合面附近的白垩纪地层中,沿不整合面呈东西向展布,其中 T8~T24 线成矿元素与烃汞相关性较好,烃汞异常较强地集中分布在 T10~T14 线,其他区域相对较差,与 V1 脉原开采情况吻合,控制 V1 脉产出位置。

预-2 区为 V6 盲脉对偶双峰异常模式对应区,为 V6 脉集中成矿区。与预-1区在 T2~T14 线重叠,V1 脉下部存在盲脉。集中分布在 T2 和 T18 线之间,分布在白垩系与板溪群不整合面附近的白垩纪地层中,沿不整合面呈北东向展布,其中 T8~T24 线成矿元素与烃汞相关性较好,异常强度较集中分布在 T8 和 T14 线之间,但 T2~T6 线北部烃汞异常发育良好,推测往北存在深部找矿潜力。

预-3 区为 V6 盲脉对偶双峰异常模式对应区,为 V6 脉另一个成矿集中区。分布在 T16~T24 线北部白垩系与震旦系不整合面附近的白垩纪地层中,与 T12~T14 线北部烃汞多峰异常模式区形成一个整体,呈北东向展布,烃汞异常强度较大,预测存在深部找矿的潜力。

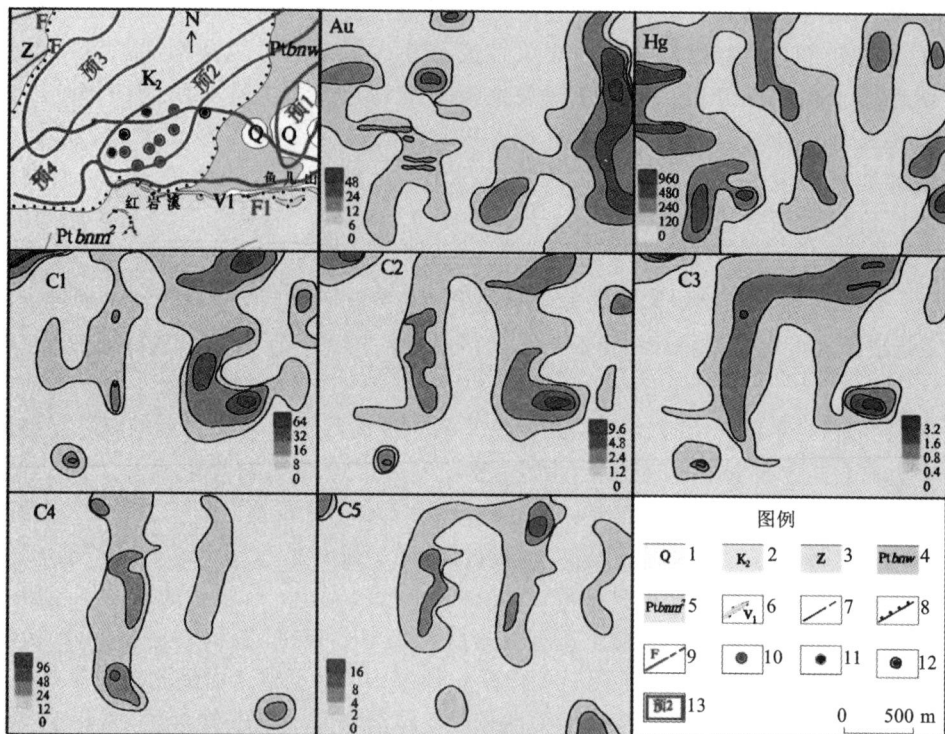

1—第四系；2—白垩系；3—震旦组；4—五强溪组；5—马底驿组；6—蚀变带及编号；
7—实测、推测地质界线；8—地层不整合接触界线；9—断裂；10—见矿钻孔；
11—未见矿化钻孔；12—矿化孔；13—成矿预测区及编号。

图 5-59 红岩溪矿段 V1、V6 脉头部和尾部异常峰平面分布示意图

5.6.4 成矿预测及验证情况

上述对红岩溪—马儿桥矿段土壤烃汞综合异常特征的总结和烃类组分异常衬度的计算结果(表 5-69)表明，沃溪矿区蚀变带矿化至少存在两种不同的地球化学成矿叠加作用，形成两类叠加异常，即同生叠加异常和深源叠加异常。

表 5-69　红岩溪—马儿桥矿段异常元素衬值

矿段	特征值	Hg	C_1	C_2	C_3	C_4	C_5
全区	异常下限	120	6	0.6	0.3	13	3
红岩溪	异常均值	188	7.5	1.3	0.7	24.4	3.9
	衬值	1.56	1.25	2.17	2.33	1.87	1.3
马儿桥	异常均值	177	5.84	0.56	0.27	10.57	1.94
	衬值	1.47	0.97	0.93	0.9	0.81	0.64

注：烃类含量单位为 $\mu L/kg$；吸附汞含量单位为 10^{-9}；衬值=异常平均值/异常下限值

深源叠加异常以红岩溪矿段为代表，其特征是：土壤中的 Au 与烃类组分相关性较好，说明土壤中 Au 与烃类组分具有同源性，而烃类组分异常反映其是由深部成矿热液带来的。该区形成的 AS1、AS2、AS3 综合异常烃汞组分比较齐全，异常强度相对较高，异常衬值相对较高（表 5-69），具有明显的深源叠加特征，预示深部找矿潜力较大。同时，在已知 V1 脉由 AS1、AS3 烃汞综合异常组成的对偶双峰异常模式低值区出现 AS2 深源叠加异常，预示 V1 脉下部存在平行盲脉，推测为深部 V6 脉叠加形成，具有较好的找矿潜力。

同生叠加异常以马儿桥矿段为代表，土壤中的 Au 与烃汞相关性较差（表 5-64），说明土壤中没有深源热液带来成矿物质的叠加，该区形成的 AS1、AS2、AS3、AS4 这 4 个综合异常烃汞组分异常组分较简单，异常强度较弱，异常衬值相对较低（均小于 1），并且都缺乏稳定性良好的饱和链烃类 C2（乙烷和丙烷）、C3（正丁烷、异丁烷、异戊烷、正戊烷）异常和不饱和烃类 C4（乙烯）、C5（丙烯）异常。结合以往勘查成果，认为该类异常是在区域变质或动力变质作用下，由地层中的元素进一步活化、迁移、初步富集而成，为同生叠加异常，找矿意义不大。

通过对红岩溪矿段 131 线（图 5-52）、79 线、83 线以及平面异常预 2 区开展工程验证，得出在同生叠加异常（T4、T6、161 线）深部找矿效果较差，深源叠加异常深部找矿效果良好，并且查明了 V6 脉所产出的金矿体呈北东向侧伏，与预测结果一致（表 5-70）。

表 5-70　钻探施工见矿情况表

勘探线/化探线	115/T6	123/T8	127/T10	131/（T10~T12）		135/T12	143/T14
钻孔号	ZK11501	ZK12302	ZK12703	ZK13105	ZK13108	ZK13501	ZK14301
终孔深度/m	871.76	841.84	626.78	575.65	800.33	517.45	519

续表5-70

勘探线/化探线	115/T6	123/T8	127/T10	131/(T10~T12)		135/T12	143/T14
见矿标高/m	−570±	−550±	−337±	−297±	436±	−255±	−240±
品位/厚度 (10⁻⁴/m)	0.16/5.03	2.74/1.65	3.23/1.16	3.05/3.7	1.23/3.61	3.55/8.58	1.1/0.64

5.6.5 烃汞叠加晕的深部成矿指示意义

金属矿床的形成实际上是地球化学过程动力学使分散存在的有用物质聚集到一起，由于多期叠加成矿作用，地球化学场表现为复杂的叠加场。

前人大量的研究成果为烃汞叠加晕深部找矿提供了理论支持。主要有以下几个方面：

（1）大量的研究成果表明，有机物对金属元素的吸附、活化、迁移和沉淀富集成矿均有重要作用，生物成因的有机质由于腐殖酸生物化学稳定性很高，并含有大量羧基、羟基、羰基、胺基等游离基，能与各种金属元素形成溶解度和热稳定性较大的金属-有机物络合物或螯合物等。

（2）地幔流体及其成矿关系研究表明，地幔流体（深源流体）主要由C、H、O、N、S、碱金属和F、Cl、P等组成，随着流体多级演化，CH_4+H_2占气体总量的97.8%；杜乐天等通过研究得出中国东部新生代玄武岩中地幔捕房体普遍含有相当多的可燃气体（如H_2、CO、烷类、非饱和烃烯烃和炔烃类）。由于地幔流体存在C原子和H原子，而碳的电负性较大，在高压下能吸引与之相近的氢原子形成氢键，构成笼状结构，可用$mCH_4 \cdot nH_2O$来表示，表明幔源流体存在无机成因的有机质烃类的可能。

（3）深源流体的金属成矿迁移机制实验研究表明，在150℃低温条件下，Au可以与有机质形成可溶Au^-有机络合物或螯合物迁移，250℃温度条件下仍很稳定；高温高压实验结果及成矿作用研究发现，地幔流体（或深部流体）处于超临界状态，超临界流体对物质具有极强的溶解性，深部流体与岩石相互作用是获取金属的一种主要来源。

（4）成矿流体是一种非常复杂的流体，是多种成因流体的混合，由于流体的来源不同，组分各异，物理化学性质不一，成矿作用肯定不同。历年来的成矿地质作用和矿床成因研究表明，沃溪金矿床存在两种不同的成矿作用。第一期，成矿物质主要来源于含矿地层，由于成矿作用发生在浅地表，氧浓度增加，Au主要是以$[Au(HS^-)_2]^-$形式迁移为主，流体以变质流体为主，可能发生如下化学反应：$Au^+ + 2HS^- = [Au(HS^-)_2]^-$，当富含$[Au(HS^-)_2]^-$的流体由于氧化还原条件的变化，发生如下化学反应：$[Au(HS^-)_2]^- + e = Au + 2HS^-$，$[Au(HS^-)_2]^-$ 还原成 Au，并使 Au 沉淀成矿。该期由于烃类组分参与程度较低，表现出 Au 与烃类组分相关性较差，烃汞异常强度较低并且较为分散，中心不突出，称之为"同生叠加异常"。第二期，成矿物质来源于深部岩浆热液，该期带来大量成矿物质和烃类组分，Au 主要与烃类形成 $[Au(CH_3)_2]^+$ 的形式迁移，当富含 $[Au(CH_3)_2]^+$ 的流体由于氧化还原条件的变化，发生如下化学反应：$[Au(CH_3)_2]^+ + e = Au + CH_4^+$，$[Au(CH_3)_2]^+$ 还原成 Au，并使 Au 沉淀成矿，叠加在第一期成矿之上。由于烃汞组分参与程度较高，表现出 Au 与烃汞组分相关性较好，烃汞组分异常强度变大，中心突出，称之为"深源叠加异常"。虽然都是叠加异常，但由于成矿作用不同，找矿意义也不同，显示出深源叠加异常找矿潜力较大，同生叠加异常找大矿潜力较小。

⑤关于烃汞异常模式的研究表明，烃汞异常模式主要有对偶双峰式、顶端单峰式、多峰式三大类，以"对偶双峰式"居多。前期鱼儿山已知矿脉烃汞对偶双峰异常模式特征十分明显，烃汞组分因成矿热液温度较高，围岩受到成矿热液的高温烘烤，伴生烃类以及有机络离子将向围岩低温区扩散，并在矿体周围一定距离富集，同时，有机物受热后转化生成的烃气亦向外扩散，在剖面上表现出在矿体的头部和尾部异常良好，矿体部分烃类相对贫化。而且烃类对偶双峰异常中，由于烃汞地球化学性质的差异，不同烃汞组分形成异常的位置存在差异。Hg 具有很高的电离势，易于还原为自然汞(直径为 3.006×10^{-10} m)，比烃气中直径最小的 CH_4(直径为 3.8×10^{-10} m)还要小，且小于水分子的有效直径(3.2×10^{-10} m)，在水中的溶解度极低，水分子对其螯合作用力差，运移阻力小，同时，汞具有很高的蒸气压、挥发性和很强的穿透能力。所以汞不需舍近求远，以向上运移方式直接穿过盖层，如果盖层条件较好，一般来说，Hg 在矿体上部形成较好的异常。而烃类随着分子量的逐渐增大，分子直径增大(CH_4 直径为 3.8×10^{-10} m、C_2H_6 直径为 4.4×10^{-10} m、C_3H_8 直径为 5.1×10^{-10} m、C_4H_{10} 直径为 5.3×10^{-10} m、C_5H_{12} 直径为 5.8×10^{-10} m)，运移阻力增大；其次，由于矿体在中下部地温也相对较高，有利于有机质的热解作用，产生更多的烃类组分，加之，矿体中下部氧逸度较低，具有较好的还原环境，有利于有机质的保存和向烃类转化，提供更多的烃类气体。因此，异常高值区偏向于矿体尾部区域。所以在矿体的头部和尾部形成对偶双峰异常模式。

5.7　分析与探讨

地球化学异常作为最重要的找矿标志之一，在历年来的找矿勘查中发挥了重要作用。2019 年以前，沃溪矿区根据地质勘查的需要，在峰子洞、大片、陈扶界、塘虎坪矿段开展了传统的土壤地球化学勘查，均发现了大批土壤地球化学异常，这些化探异常与矿化体(矿体)、矿化点和矿化带均表现出良好的吻合关系，为地质勘查提供了重要的依据。但也存在一些问题，如区域土壤中 Sb 的背景值为 1.9×10^{-6}，矿区土壤中 Sb 的背景为 17.9×10^{-6}，而土壤地球化学测量在沃溪矿区外围的大片、陈扶界、塘虎坪等地段土壤中得出 Sb 异常下限为 80×10^{-6}，峰子洞土壤地球化学测量得出 Sb 异常下限为 50×10^{-6}，都表明 Sb 的土壤异常相当强，但找矿效果一直没有突破。其次，在常规化探异常评价时，Au 异常发育良好，浓度分带清晰，中心突出，峰值较高，元素组合齐全，判断为矿致异常，槽探揭露发现较好的矿脉，但中深部钻探找矿效果不佳。说明传统地球化学勘查(土壤地球化学测量、包括地电地球化学新方法)对由隐伏矿和深部矿引起的弱缓地球化学异常的识别十分困难。2019 年后的烃汞测量研究发现：

(1)烃汞综合气体因分子直径小，迁移距离远、异常清晰而集中，显示出良好的深部找矿指示意义，但由于成矿地质作用不同、烃汞组分来源不同，烃汞异常具有多解性，对深部成矿的预测存在较多的不确定性。

(2)由于沃溪矿区具有多期、多阶段的叠加成矿，地球化学场表现出复杂的叠加异常，由于地球化学系统的复杂性导致地球化学数据具有复杂的空间分布特性，加之，传统地球化学勘查异常评价缺乏对成矿元素或伴生元素(组分)的组合叠加特点研究，其异常特征、异常结构和空间对应关系很难做出相对准确的评价，找矿效果不明显。

(3)通过开展烃汞叠加晕综合研究，发现沃溪矿区的叠加异常，具有同生叠加和深源叠加异常两大类，虽然都具有叠加特点，但从找矿意义来讲，代表的是性质和意义截然不同的两种地质地球化学作用过程。这种研究思路和方法其实际就是地球化学场的分解，符合"分形理论"基本原则。

(4)烃汞叠加晕研究发现，已知矿脉中 Sb 与烃汞相关性一般，但土壤中 Sb 与烃汞相关性处于较高水平。对上述 Sb 土壤背景较低，但异常较强而找矿效果较差的现象，可从以下三个方面进行解析：①Sb 来源于深部成矿热液，热液中的 Sb 一般以复杂硫化物形式进行运移，由于 Sb 的沉淀温度较低，迁移较远，先于其他元素进入地表氧化环境，Sb 的复杂硫化物氧化后形成更难容的锑华(Sb_2O_3)、锑赭石(Sb_2O_4)、黄锑华($Sb_2O_4 \cdot nH_2O$)等；②沃溪矿区由于仙鹅隆起矿脉遭受强烈剥蚀，造成大面积土壤中 Sb 残留；③土壤中的 Sb 与烃汞相关性较好，说明 Sb 的复杂硫化物中含有烃汞组分，氧化后烃汞会被释放出来并被土壤吸附。

研究表明，沃溪金矿床经历两期不同的成矿地质作用，第一期，成矿物质主要来源于含矿地层，以浅表流体(地层水、地热水、卤水、大气降水、区域变质水等)为主,有机烃类组分来自成岩过程中动植物、微生物残体腐解,属生物成因,该类有机烃类本身熔点较低(一般不超过 400℃),极性很弱,不溶于水,反应速度缓慢等。加之,成烃过程中的环境条件(温度、压力、氧化还原等物化条件)影响,有机烃类未经复杂热液改造,热稳定性较差,容易被分解就近释放,并具有突发性,所以有机烃类异常呈分散状态,有机烃参与成矿的程度较低,Au 以 $[Au(HS^-)_2]^-$ 形式迁移为主,Au 与有机烃相关性较差。埋藏较深的动植物、微生物残体腐解产生的有机烃类,因压力、高温等变化,地层中 Au 可能以有机络合物形式迁移,但其总量(与矿床总金属量)还是有限。笔者认为,已成矿物质来源于含矿地层的成矿作用,主要在就近容矿构造带成矿,这也是发现大量 Au 矿点的主要原因,如果缺乏后期深源带来成矿物质的叠加成矿,则形成的矿床规模有限。由于成矿物质仅来源于含矿地层,故称之为“同生叠加异常”。第二期成矿物质主要来源于深部岩浆或幔源物质,以深部流体(岩浆热液、幔源流体)为主。研究表明,深源流体含有大量的烃类组分,并且存在无机成因的有机质。深源流体普遍认为 C-H-O 组构,由于碳的电负性较大,在高压下能吸引与之相近的氢原子形成氢键,构成笼状结构,可用 $mCH_4 \cdot nH_2O$ 来表示,m 代表水合物中的气体分子,n 为水合指数(即水分子数),并有利于有机烃随深源热液迁移。关于无机成因的烃类组分,2020 年 11 月报导,中国科学院深海科学与工程研究所研究员彭晓彤团队与荷兰研究人员通过高分辨率电子显微镜并结合原位振动光谱技术发现水深 6413 m 蛇纹岩化橄榄岩中的固态有机质由脂肪族和芳香族化合物组成,但尚未发现与生物有机质有关的信息。由于深源流体具有高温、高压、复杂成分等特征,所以有机烃经深源流体改造后,具有较强的稳定性,有机烃的释放比较平缓,这与邵靖帮等(1989)对沃溪矿床未蚀变岩石、钨矿化蚀变岩石和金锑矿化蚀变岩石的有机质热解色谱、有机质热解参数、有机质成熟度等的对比研究结论一致。由于有机烃释放平缓,形成的烃异常较为集中,Au 可能与烃类形成以 $[Au(CH_3)_2]^+$ 迁移为主的有机物,Au 与烃汞相关性较好。同时形成与之匹配的地球化学场叠加在第一期成矿之上,表现为有机烃异常强度较大,由于成矿物质来源于深源,故称之为“深源叠加异常”。

“分形理论”指出,如果某一随机过程可以用各种等级的空间尺度等概率去刻画,那么由该过程形成的物体或产生的现象往往具有分形特征,而自相似原则和迭代生成原则是分形理论的重要原则。地球化学场的自相似性与自相关性同样存在着某种必然联系(孟宪伟,窦明晓,余先川等,1994)。地球化学场分解理论认为,地质作用的叠加导致地球化学变量的变差函数具有多级套合结构,即 $\gamma(\gamma) = \gamma_0(\gamma) + \gamma_1(\gamma) + \gamma_2(\gamma)$,地球化学场分解就是把代表成矿作用的结构分离出来,然后以小结构的代表成分,编制地球化学图件,开展地球化学深部找矿评价。

上述烃汞叠加异常的分类研究,其实际是运用了“地球化学场的分解理论”来实现的。虽然研究的程度较低，但其研究思路符合"地球化学场分解理论"，通过直接取用原始测量数据，以母体的统计分布是正态分布为前提，得到对数函数的表达式：$2\gamma(h)=1/n\sum[g(x_i)-g(x_i+h)]^2$，其中，$n$ 是所有可能的、间隔为 h 的样品对数目，$g(x)$ 是某元素在 x 点处的观测值。计算成矿元素与其他组分之间的相关性，判断不同成矿地质作用的宏观特征及其地球化学异常特征、异常组合、异常结构，从而实现深部找矿的预测。由于不同成矿作用的叠加导致地球化学变量的变差函数肯定存在叠加套合结构，即 $R(a)=R_1(a)+R_2(a)+R_3(a)+\cdots$，本书只涉及"同生叠加和深源叠加"两种不同套合结构，其分类研究属于地球化学场的分解，在以母体的统计分布是正态分布的前提下，通过采用原始测量数据，计算成矿元素与其他组分之间的相关性，以及研究地球化学异常特征、异常组合、异常结构等来进行异常分类是可行的。一般来说，元素组合的成因特征能有效地反映地质地球化学的多期性（孟宪伟，窦明晓，余先川等，1994），而有效的多元统计分析方法，能够对矿床形成环境、成矿期次、成矿阶段、不同的元素组合等研究提供支持（於崇文等，1995；吴锡生，2008）。因此，把代表不同成矿作用形成的异常分离开，然后以小结构（同生叠加和深源叠加异常）的代表成分，来开展地球化学深部找矿评价，更有利于揭示地球化学异常与其匹配的矿体空间的对应关系，能大幅度提高预测的准确度。一般来说，深源叠加异常由于存在深部流体带来的大量成矿物质叠加在同生叠加异常之上，其找矿意义大于同生叠加异常。

基于以上分析，通过加强对沃溪矿区土壤烃汞叠加异常的分类研究，结合前期沃溪矿区研究成果对比发现，深源叠加异常具有良好的找矿效果，沃溪矿区131 线、161 线、83 线、87 线、79 线以及红岩溪矿段 10 余处（包括 T4、T6、T8）深源叠加异常的工程验证都得到了良好应验。

本次运用分形理论对地球化学异常进行分解取得了良好的找矿效果，虽然研究程度较低，但为今后的地球化学深部找矿评价提出了新的研究思路，为今后的深部找矿提供了可供选择的研究方法。

第 6 章　成矿动力学与构造期次的演化特征

　　矿床的形成其实质就是成矿作用的发生，即矿化向成矿的转变。而成矿作用又是十分复杂的问题，它受很多成矿因素的制约。但任何事物的发生必定有其规律性的变化，更会留下蛛丝马迹，只要沿着这些"蛛丝马迹"运用符合相关理论的研究就会接近其本质。一般来说，一个矿集区的大规模成矿作用往往与成矿期的岩浆活动密切相关，尽管某一个具体的矿区不一定有明显的岩浆活动，但是整个矿集区一定具备岩浆活动的时空耦合关系。而大规模的成矿作用不仅要有强烈的岩浆活动，还要有良好的成矿流体迁移通道，便于深部成矿物质的运移，同时，必须为成矿流体提供集聚、沉淀、成矿的有利构造扩容空间和相适应的物理化学环境。这三者必须同时具备才可能形成大型矿床。因为与岩浆活动有关的深部流体会带来大量的深部成矿物质，根据流体运移原理，这些成矿物质一般沿深大断裂带这些减压带运移，在运移过程中如果流体的物理化学条件（碱性条件、氧化还原等）没有发生改变，成矿物质就一直处于溶解状态，只有当流体物理化学条件发生改变（由碱性转变为酸性）时成矿物质在构造扩容空间处才开始沉淀成矿。因此，研究构造活动与成矿的关系是解决成矿作用的关键之一。

　　本章笔者试图通过对不同构造期次演化规律与深部成矿动力学之间的关系进行探讨来分析沃溪矿区与之配套的构造体系的发育特征，建立沃溪矿区构造控矿模式。

6.1　大地构造演化与沃溪矿区构造的耦合

　　沃溪矿区大地构造位置处于江南地轴（或称台窿）中段的雪峰弧形隆起带由 NE 向向 NEE—EW 向的弧形转折部位。呈现出两盆夹一隆的构造格局。处于雪峰山隆起带中部，自南西向北东，由北东方向向北东东、近东西向呈弧形展布。雪峰山隆起带南东侧为涟邵晚古生代沉积盆地，北西侧为沅麻中生代沉积盆地。

这种"两盆夹一隆"的构造格局的形成与整个湖南所处的大地构造位置是分不开的，而且沃溪特大型矿床的形成与"两盆夹一隆"的构造格局是分不开的。根据图 2-4 并结合历年来湖南构造演化研究成果以及笔者对湖南地幔热柱-幔枝构造的初步认识，对湖南地区的构造演化与沃溪矿区的耦合关系，初步归纳总结如下：

（1）沃溪矿区位于常德断陷盆地的西侧边缘，沅麻盆地南缘，这些与华夏陆块向扬子克拉通碰撞拼贴形成大规模的逆冲推覆，使地壳张裂、缩短而造山，造山与深层挤压升温、地壳部分熔融是分不开的。

（2）沃溪断层是区域性深大断层，是黄土店—漠滨北东向断裂的一部分，它北东起黄土店，经官庄—辰溪—怀化—漠滨进入广西境内，并且控制着"沅麻盆地"的南缘边界。表现为该断层的南东面为以冷家溪-板溪群-加里东构造层为特征，北西面以印支-燕山期构造层为代表。

（3）玄武岩岩浆沿深大断裂上升，形成火山喷发，玄武岩和基性-超基性岩侵入，当挤压停止时，就发生抬升夷平，形成陆坡接受沉积，即形成板溪群。板溪期（新元古代晚期）有一次张裂的断块运动，使之抬升遭受剥蚀，从而使震旦系成为不整合超覆沉积，这就是雪峰运动（850~800 Ma）、加里东运动（405 Ma）的开始，两个板块的碰撞汇聚在各阶段的发展是不平衡的，这一时期地幔上隆的岩浆活动，有早期海洋（华夏一侧）向大陆（扬子一侧）俯冲的同熔型花岗岩（诸广山岩体）。

（4）从新元古代开始，在加里东运动褶皱基底上的上叠盆地，接受了从泥盆系到下三叠统以碳酸盐为主的沉积，从而形成了碰撞汇聚带中段的"两个基底，一个盖层"的壳层结构。沃溪矿区处于隆起阶段，造成泥盆系到下三叠统缺失。

（5）印支运动主要表现为基底滑移和分段推掩，以形成改造型花岗岩为主，并多沿断裂带分布。到侏罗纪和白垩纪，华南陆块周围的板块继续活动，基底滑移和分段推掩进一步加强，而表现为燕山运动，由于其构造薄弱带是地壳的"伤痕"，幔源物质易于渗入和地壳物质混熔生成壳幔岩浆，通过上侵形成中酸性和酸性花岗岩，伴生或共生在一个低序列次的构造单元中，从而使两板块汇聚带成为一个重要的构造活动岩浆活动带。沃溪矿区虽然未见相关岩浆岩的产出，但从时空耦合来说，不排除沃溪矿区深部（大于 3 km）范围内存在中酸性和酸性花岗岩岩浆房的可能。

6.2 沃溪矿区区域构造-建造特征

与湖南地区大地构造演化相匹配的沃溪矿区的区域构造特征，宏观上由北往南表现为雷家界穹隆（复式背斜）—复式向斜（汪家—官庄）—古佛山穹隆（复式背斜)的构造格局。复式向斜以核部地层为寒武纪地层,两翼依次出露震旦纪地层、板溪群;由一系列的次级褶皱和北翼的由潘香铺—小桃源和官庄—黄土铺区域断层(沃溪断层)控制的断陷盆地(白垩纪地层)叠加组成的复式向斜。沃溪矿区位于古佛山穹隆的北翼(仙鹅抱蛋和明月山)与复式背斜南翼的断陷盆地(白垩纪地层)的断裂(沃溪断层)接触带附近。矿区在构造-建造序列上,经历了四个构造发展阶段,即武陵期构造、雪峰-加里东期构造、印支期构造、燕山期构造,形成了三个构造层,即以冷家溪群组成的武陵期构造层、板溪群-寒武纪地层组成的雪峰-加里东期构造层和白垩纪地层组成的燕山期构造层。区内构造变形以雪峰-加里东期褶皱构造和燕山期的断陷盆地为主,其组合图像(图2-6)是多次构造变形叠加的结果。

　　武陵运动是区内一次强烈的褶皱构造运动,表现为南北向的挤压,使冷家溪群全面褶皱形成近东西向展布的紧闭型褶皱;产生顺层劈理对层理普遍置换;岩层发生低绿片岩相区域变质;同时,伴随韧性变形带的生成发展,形成了一系列轴向东西的带状剪切带。

　　到雪峰运动初期,基本继承了武陵运动的特点,仍以南北向挤压为主,形成了近东西向的田香湾等复式向斜和板溪群层间断层。雪峰运动晚期,区域构造应力场逐步转变为北西—南东向的挤压应力,导致在矿区形成了一系列的褶皱叠加在复向斜之上。在矿区叠加褶皱(田香湾等复式向斜等)总的特点是主要形成似裙边状倾伏开阔式横跨褶皱,它包括以十六棚工为中心的倾伏裙边式横跨褶曲,自西向东依次为红岩溪背、向斜,鱼儿山背、向斜,粟家溪向斜,十六棚工西向斜、中背斜、东向斜,上沃溪背斜等。

　　加里东运动期,两个板块碰撞汇聚形成大规模的逆冲推覆,使地壳再次张裂,地壳部分熔融,形成改造型花岗岩;同时,岩浆沿深大断裂上升,形成基性-超基性侵入岩,在复式向斜北部棉花塔、蔡家等地,发育有三条辉绿岩脉,分布于五强溪组。该区处于隆起阶段,造成加里东期大面积缺失,区内岩层普遍发生区域变质,形成较宽开阔褶皱,断层以发育一系列北东向断层为主,同时使雪峰期形成的层间断层由原来的压性断层向张性断层转变。构造行迹广布全区,形成区内地质构造主体架构。

　　印支运动由北东、南西向挤压应力引起,在区域内表现为褶皱和断层继承性活动。燕山期区内处于陆内演化阶段,燕山运动的表现是最早期伸展,盖层滑覆造盆,官庄断陷带得以形成,并接受白垩纪山前河流相-山麓相棕红色砾泥岩、砂砾岩、杂砾岩为主的内陆磨拉石建造;晚期因区域上存在由南东往北西的挤压应力场,断层挤压回返,白垩纪红层盆地边缘遭受破坏,逆冲于前白垩系之上,并在区域上形成逆冲推覆构造,构成现今的所展示的构造格局。

6.3 沃溪矿区幔枝构造特征

地幔亚热柱-幔枝构造及壳幔成因论认为，板块构造不管其运动模式是推-挤，还是推-拉，或者板块边界是增生，还是走滑，只是一种地球浅部的被动构造的表现形式。真正的动力源、板块运动的动力机制，应受到地球深部(不仅是软流圈、地幔，甚至包括地核在内)动力过程的控制或制约。因此，浅部构造的形成与深部构造活动(壳幔活动)分不开，浅部构造"痕迹"与深部构造存在密切关系。

从地幔热柱的角度看，前述湖南地区存在两个地幔上隆区，即常德—洞庭湖和衡阳—娄邵断陷盆地，沃溪矿区位于沅麻盆地南缘和常德—洞庭湖断陷盆地边缘滑脱带内，其主要特征是该类地区地表表现为新生代热断陷，形成断陷盆地，接受侏罗-白垩系的沉积。实际上，这种地貌特征是地幔亚热柱地幔岩上隆后期热断陷的表现形式，也就是说亚热柱隆升的早中期，应该以常德—洞庭湖盆地和衡阳盆地为隆起中心，在地幔亚热柱隆升的中后期，由于地幔上涌的继续亏空，在亚热柱的中心部位形成热断陷构造。

在常德—洞庭湖亚热柱演化过程，早在加里东期，上地幔上隆，造成常德—洞庭湖中心地幔亚热柱隆升，侵蚀下地壳亚岩层，使中心地壳岩层变薄，逐步塌陷，形成深度断层，岩浆沿深大断层上涌，并在其周边地区侵入地壳中上部，在其外围则形成一系列幔枝构造，包括雪峰构造带北部的隆起、沅麻盆地断陷盆地形成等。到了印支-燕山期，地幔热柱继续上隆，深部构造进一步加强，断陷盆地形成，接受白垩系沉积，同时，一系列幔枝构造继续上隆，和印支-燕山期岩浆活动形成现有的地貌特征。

就沃溪矿区而言，幔枝构造控矿特征十分明显，实际上是地幔热柱多级演化中的第三级构造，即地幔亚热柱(secondary mantleplume)的次级构造单元，它一般由核部岩浆、变质杂岩-外围盖层拆离滑脱层、上叠断陷-火山沉积盆地等3个单元组成。

从幔枝构造演化特点来看，早在加里东期，上地幔上隆，在其外围雪峰构造带北部隆起，沃溪地区局部时空对应关系表现为与两个板块碰撞，相对应的冷家溪群和板溪群构造层继续上隆，冷家溪群变质杂岩体裸露于地表，形成幔枝构造核部杂岩体；此时，沃溪大断层活动继续加强，造成板溪群地层下滑，形成初步的断陷盆地并接受加里东期构造层的沉积，形成现有的震旦-寒武系构造层，同时地壳再次张裂，地壳部分熔融，形成改造型花岗岩，同时，岩浆沿深大断裂上升，形成基性-超基性侵入岩，在复式向斜北部棉花塔、蔡家等地，发育有三条辉绿岩脉，分布在五强溪组。区内岩层普遍发生区域变质，形成较宽的开阔褶皱，断层以发育一系列北东向断层为主，同时使雪峰期形成的层间断层由原来的压性断层向张性断层转变。构造行迹广布全区，形成区内地质构造主体架构。印支期该区还是处于上隆状态，并未接受泥盆-二叠系的沉积，主要表现为褶皱和断层继承性活动。到了燕山期，地幔亚热柱继续上隆，深部构造进一步加强，形成断陷盆地，接受白垩系沉积，同时，一系列幔枝构造继续上隆和印支-燕山期岩浆活动，形成现有以冷家溪群为核部杂岩体、板溪群为滑脱盖层、白垩系断陷盆地为典型幔枝构造的地貌特征(图 6-1)。同时，伴随深部岩浆活动，带来大量的深部流体，考虑该区并未发现岩浆岩出露，推测由于受该区上部岩石圈阻隔在其深部可能形成以壳幔型为主的岩浆房。

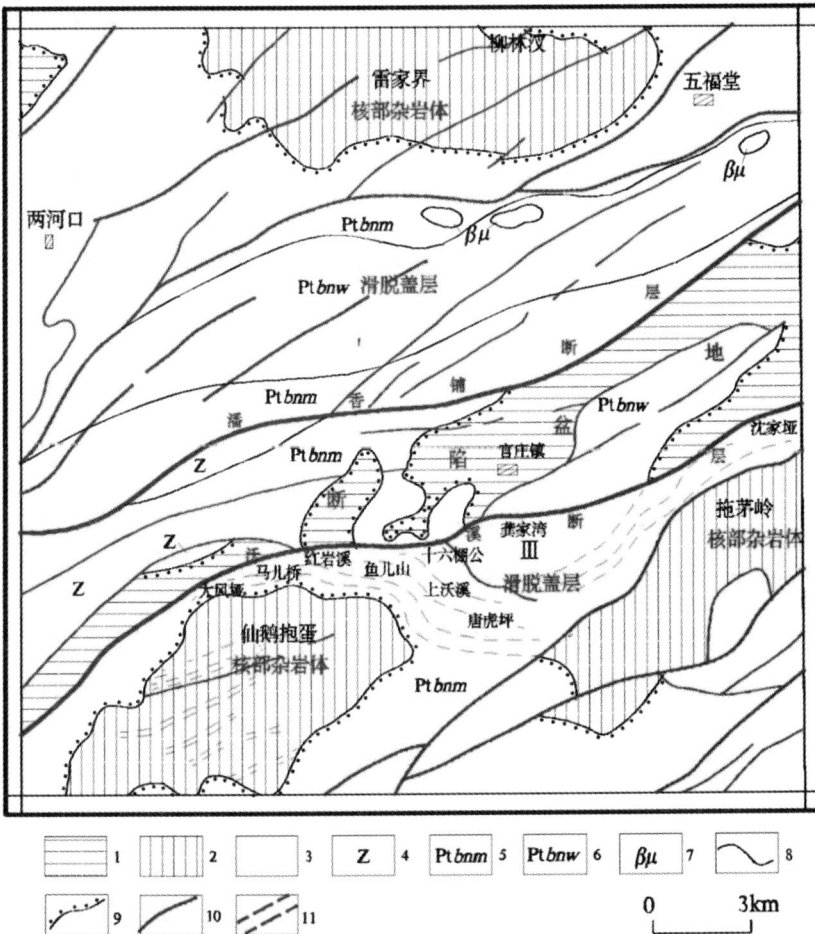

1—断陷盆地；2—核部杂岩体；3—滑脱盖层；4—震旦系；5—马底驿组；
6—五强溪组；7—基性岩脉；8—地质界线；9—不整合线；10—断层；11—韧脆性断层。

图 6-1　沃溪地区幔枝构造示意图

　　受上述地幔亚热柱的影响，前期(加里东前期)地幔亚热柱上升到岩石圈底部时，地幔亚热柱首先遇到岩石圈盖层封闭作用，柱内物质开始受阻累积，并向外扩展，形成蘑菇状顶冠，并产生较大浮力；中期(加里东期)随着顶冠物质的增多，浮力增大，深部岩石圈融熔，由于亚热柱顶部大规模的岩浆活动，亚热柱顶部最初表现出热隆作用，继而发生减薄断陷作用，形成初步的盆岭构造。此时沃溪矿区西部下沉，接受加里东期构造层沉积，东部抬升，造成加里东期沉积缺失，同时，深部岩浆活动在顶蚀中心外围可能形成基性或超基性岩脉；中后期(印支燕山期)随着地幔亚热柱的不断加强，顶冠物质继续增多，浮力不断增大，深部顶蚀中心岩石圈不断融熔，热浮力继续隆升，对深部岩石继续发生同熔或顶蚀作用，使岩石圈底部不断溶蚀而崩落，导致拆离带下岩块脱落下沉，在顶蚀中心形成热断陷盆地，接受白垩系沉积，官庄白垩系红层断陷盆地形成，而周边地区浅部地壳大规模隆起，形成巨大热穹隆构造，基底裸露。同时，地幔热物质逐渐向上侵位，当其上升力和重力、阻力达到平衡状态时，地幔物质会向外围拆离脱落。而这些拆离的地幔软片一旦受到上部韧性剪切带的搅动，会沿韧性剪切带发生岩浆活动，导致基性岩浆的侵入和喷发。强烈的岩浆活动必然同熔下地壳物质，形成地幔型、幔壳型或壳幔重熔型岩浆岩，岩浆岩性质取决于岩浆作用(活动)时间的长短。如果上升通道(断裂)连通性较好，上升速度快，很快造成岩浆喷发(侵入)，则以基性岩为主；反之，断层连通性较差，或岩浆以热力上侵致裂为主，则时间较长，混入壳源物质越多，岩浆越向中性、中酸性岩浆演化，表现为幔壳-壳幔混合型，如果幔源呈片状、舌状沿岩石圈某一拆离滑脱层呈板块状侵入一定层位中，地幔(基性)岩浆超高的温度(1200~1300℃)足以将上覆岩石圈岩石熔融，形成局部中酸性岩浆源地。

　　从幔枝构造与成矿关系来看，宏观上，沃溪矿区具有工业意义的矿床集中产于白垩系断陷盆地南缘马底驿组含钙板岩间破碎带中。矿带呈东西分布，由多个矿段组成，由东向西分布有三渡水、龚家湾、十六棚工(上沃溪)、粟家溪、鱼儿山、红岩溪、马儿桥、大风垭8个矿段，其中，以中部的十六棚工—红岩溪矿段发育最好，矿化规模较大，三渡水的沈家垭金矿次之，其他矿段均为矿化带(矿点)，矿化带长15 km，宽2 km。开采价值高的沃溪金锑钨矿床，研究程度比较深，矿脉呈顺层产出，存在多层矿脉，并呈雁形排列。

6.4　沃溪矿区构造及其控矿特征

6.4.1　区域构造特征

沃溪矿区总体表现为"两窿夹一盆"的构造格局,受其两大地幔亚热柱的影响,形成了比较典型的幔枝构造,主要表现为以北部雷家界穹隆(复式背斜)和南部古佛山穹隆(仙鹅抱蛋和明月山)为核部岩浆-变质杂岩、以板溪群为外围盖层拆离滑脱层、以官庄白垩系红层为断陷盆地组成幔枝构造的三个构造单元。

沃溪矿床位于幔枝构造核部变质杂岩体(仙鹅抱蛋和明月山)和官庄白垩系红层断陷盆地之间盖层滑脱构造层中,该盖层为一向北东弧形突起的倾伏单斜构造(图 6-1)。区内褶皱、断裂、节理十分发育,并具有多期次叠加的特征,对区内成矿具有多级控制作用。

6.4.2　褶皱构造控矿特征

沃溪矿区在构造-建造序列上,经历了武陵期构造、雪峰-加里东期构造、印支期构造、燕山期构造四个构造发展阶段的叠加。褶皱构造从区域上由北往南总体表现为"北部雷家界穹隆(复式背斜)、中部复式向斜(汪家—官庄)、南部古佛山穹隆(复式背斜)"的构造格局。沃溪矿区位于南部古佛山穹隆(复式背斜)北翼,也是汪家—官庄复式向斜南翼地带。这些复式褶皱为区域内的第一期褶皱(Ⅰ级)。其中,古佛山复式背斜以塘虎坪断层为界分成东西两段,西段为仙鹅抱蛋穹窿状复背斜,东段为拖毛岭(明月山)复背斜,轴向均近东西向。在仙鹅抱蛋复背斜北翼,汪家—官庄复向斜南翼地区,广泛发育次Ⅰ级褶皱(Ⅱ级褶皱),如田香湾复式向斜(Ⅱ级褶皱)等,它是控制沃溪矿床的主体褶皱。该复式向斜轴向开始为北东向,后向东偏转,最终为近东西向。复向斜由许多次级(Ⅲ级)背、向斜组成,自西向东有红岩溪背斜、红岩溪(东)向斜、鱼儿山背斜、鱼儿山(东)向斜、粟家溪背斜、十六棚工背斜、中沃溪向斜、上沃溪背斜等。这些Ⅲ级褶皱复式向斜轴部收敛,直接控制矿体产出形态。复向斜对应的深部也为一近东西向的褶皱,构造形态十分完整。

大量研究表明:这些褶皱构造控矿的总体特征十分相似,但在褶皱形态上还存在较大的差异。在沃溪地区,第一期褶皱为区域性近东西向大规模背向斜构造。除了古佛山大背斜之外,汪家—官庄复向斜南翼断陷盆地以北地区,以马底驿组二段紫红色板岩夹含钙结核板岩为核部,以马底驿组三段灰色板岩夹紫灰色板岩组成次级褶皱构造；在潘香铺—小桃源断层与官庄—黄土铺断层控制的断陷盆地的西部，有以震旦系地层为核部和断陷盆地东部以板溪群五强溪组为核部的倒转褶皱构造；在古佛山大背斜与断陷盆地南部官庄—黄土铺断裂之间地区，发育有田香湾复向斜等，这些次级褶皱均叠加在东西向大褶皱之上，第二期褶皱作用与第一期东西向大褶皱均属于横跨叠加褶皱构造，由一系列短轴背向斜相间排列。除此之外，由于第二期褶皱构造的叠加，也使第一期褶皱构造发生波状起伏，形成类似穿坳构造。

第三期褶皱为在北东向挤压应力下形成的北西向的短轴背向斜。

第四期实际上是受地幔上隆影响，引起区域性差异升降，对前期褶皱进行改造，主要形成一些穿盆状构造。

通过对沃溪矿区褶皱形成的动力学研究，得出沃溪矿区褶皱控矿表现出以下明显的特征。

(1)矿区Ⅰ级褶皱仙鹅抱蛋背斜控矿规律

沃溪矿区范围内的上沃溪、十六棚工、粟家溪、鱼儿山、红岩溪5个矿段均产在仙鹅抱蛋穹隆复式背斜的北东肩部附近区域，其控矿规律表现为肩部控矿和倾伏端控矿。以十六棚工背斜为各矿段的矿化中心，而十六棚工背斜恰位于仙鹅抱蛋穹隆复式背斜肩部和倾伏端附近。其原因是背斜肩部各种应力集中，易于产生层间断裂及张裂等构造，岩石较破碎，导致矿质在该部位矿化强烈，而其两侧构造的发育程度相对较低，浅部矿化似乎有随之减弱的趋势。但近年来在鱼儿山(-460 m)和红岩溪(-350 m)的深部勘查中发现在向斜核部发育有良好的工业金锑矿体。

(2)矿区Ⅱ级褶皱控矿规律

矿区Ⅱ级褶皱以矿区似裙边状倾伏开阔式横跨褶皱(田香湾复向斜等)为主，包括以十六棚工为中心的倾伏裙边式横跨褶曲，自西向东依次为红岩溪背、向斜，鱼儿山背、向斜，粟家溪背、向斜，十六棚工西向斜、中背斜、东向斜，上沃溪背斜等。已知的5个工业矿段基本上与这5条背向斜轴部扩容带相吻合，而且各矿段矿脉的产状也受控于这5个背向斜的产状，这5个背向斜在空间分布上近似呈等距排列，也决定了这5个矿段呈近似等距排列。这表明似裙边状倾伏开阔式横跨褶皱对矿区各矿段的空间展布有明显控制作用，不同矿段的矿床多富集赋存于其轴部扩容带附近，也说明多期次的褶皱叠加作用可使矿化加强。

(3)矿区Ⅲ级褶皱控矿规律

Ⅲ级褶皱主要是指控制矿区内单个矿体的褶皱，从上述5个矿段的单个矿体所产位置来看，基本上与Ⅲ级褶皱的轴部扩容带相对应，且矿体的产状与这些Ⅲ级褶皱的产状基本一致。这一特点在十六棚工背斜的Ⅲ级褶皱中表现得相当清楚，说明矿区Ⅲ级褶皱控制着各矿段内矿体的空间展布形态及赋矿部位。

（4）矿区Ⅳ级褶皱控矿规律

Ⅳ级褶皱是指在Ⅲ级构造中存在更次一级的局部小褶皱，实际观察和取样分析表明，矿体经常在Ⅳ级小褶皱的转折端部位变富加厚，而且这些Ⅳ级小褶皱也使层间矿脉和网羽矿脉的形态发生了变化。这说明矿区的Ⅳ级褶皱对矿化的进一步加强和矿体形态的变化有一定的影响。

6.4.3　断层构造控矿特征

由于矿区内经历了多期强烈的构造活动，矿区断裂构造（脆弱性剪切带、层间顺层滑动断裂）十分发育，成群成组出现，总体呈北东、北东东、东西向分带展布特点。其中，区域性的官庄断陷盆地边界断层规模较大，并且控制着区域上矿床（点）的产出。如断陷盆地南部边界官庄—黄土铺断层（沃溪大断裂）和北部边界潘香铺—小桃源断层，集中发育有 13 处 Au、Sb、W、Cu、Fe 矿床，大多数分布在沃溪、小桃源和黄土铺一带，如沃溪金锑钨矿床、沈家垭金矿床、山金坳、小桃源、黄金坪、楠竹湾、黄土店等金矿，都具有较好的工业价值。

而韧脆性剪切带和层间顺层滑动断裂控制矿体的产出位置，集中分布在以下三个地段：①产于板溪群马底驿组中段，以层间顺层滑动断裂为主，目前沃溪矿区已控制的 9 条层间断裂大致平行排列，表现出十分明显的成群成组出现特征。②产于冷家溪群与板溪群角度不整合接触面附近，以层间顺层滑动断裂和韧脆性剪切带为主。③产于冷家溪群，以韧脆性剪切带为主。沃溪矿区 90% 以上的金锑钨矿床（点）分布在这三个构造带内，断裂控矿特点十分明显。

近十多年来，随着在上述三个大的断裂构造带地质勘查工作的不断深入，明显发现对本区的控矿构造和成矿动力学研究相对比较薄弱，运用以往的研究成果来指导找矿，并没有取得应有的效果，主要表现在以下几个方面：

（1）由于缺乏对区内不同期次构造活动的地球化学作用的详细对比研究，因此，对不同期次构造的成矿作用对矿床形成的贡献大小判断不准。

（2）对现有的构造组合形式与区域性强的构造活动之间的联系，以及构造地球化学环境对成矿作用的制约研究不足。众所周知，区域性大的构造活动规模大、岩石变形强度较高、对成矿地质背景的影响深度较大，这使得成矿流体带来的成矿物质更多、来源更广，更有利于成矿。因此对现有的构造组合形式与区域性构造活动之间关系的研究显得十分重要。然而，成矿作用的发生与其地球化学环境密不可分。研究表明，金属元素在碱性环境中处于溶解状态，被迁移，只有在酸性环境和其他物理化学条件下才产生分离或者形成其他金属矿物而沉淀堆积成矿。

（3）多期次构造的叠加、利用和改造，必然会引起地球化学作用的叠加、利用和改造，由于构造活动的强弱不同，带来成矿物质的叠加也不同，成矿流体来源、流体的性质引起的围岩蚀变应该有一定的差别，有成矿前、成矿期和成矿后的蚀变之别。从地球化学角度来讲，有矿前晕、矿体晕、矿尾晕和通道晕之差别。

基于上述研究思路，在前人研究的基础上，提出对沃溪矿区构造控矿特征的认识。

6.4.3.1 沃溪断裂的结构特征

沃溪断裂位于官庄断陷盆地南部边界区域性大断层，它控制着官庄断陷盆地的产出。尽管已有一些学者对其进行了研究，但沃溪断裂仍是该矿床具有长期争议性的一个关键地质问题。关于沃溪断层性质的认识主要有：①属于逆断层或推覆断层或左旋压扭性逆冲断层（梁金城等，1981；罗献林等，1984；刘亚军等，1992；雷鸣波等，1998）；②属于左旋张剪性正断层（黄瑞华等，1998）。关于矿区内这条重要断裂构造性质的争论，主要基于该断裂具有多期活动的特征，其既具有某些控矿特征，又在某些地段错开矿体。此外，该矿床还具有地层-构造联合控矿特征，矿脉沿特定层位的层间剪滑断裂展布（谭碧富等，1998），这些不同的运动学特征，显然是不同构造动力学作用的产物。

2012年彭南海对沃溪断裂进行了详细野外构造解剖，认为沃溪断裂具有多期活动的特点。同时，沃溪断裂具有较复杂的结构（图6-2）。官庄村龙会湾村民组的公路边出露完整的沃溪断裂构造剖面表明，断裂带内既发育断层泥，又发育构造角砾岩，而且发育有二次构造角砾，断裂破碎带具明显的构造分带特征，从底板断层泥向上依次出现：①条带状断层泥（图6-3）；②紫红色强劈理化带（图6-4），劈理被断层泥带所切；③条带状断层泥（图6-5）；④细粒构造角砾岩带（图6-6）；⑤粗粒构造角砾岩带（图6-7）；⑥基本未破碎的变质砂岩。底板断层泥之下为细粒构造角砾岩。剖面显示以断层泥和强劈理化带为中心，向两侧依次为细粒构造角砾岩→粗粒构造角砾岩带→碎裂岩化带→基本未破碎围岩。

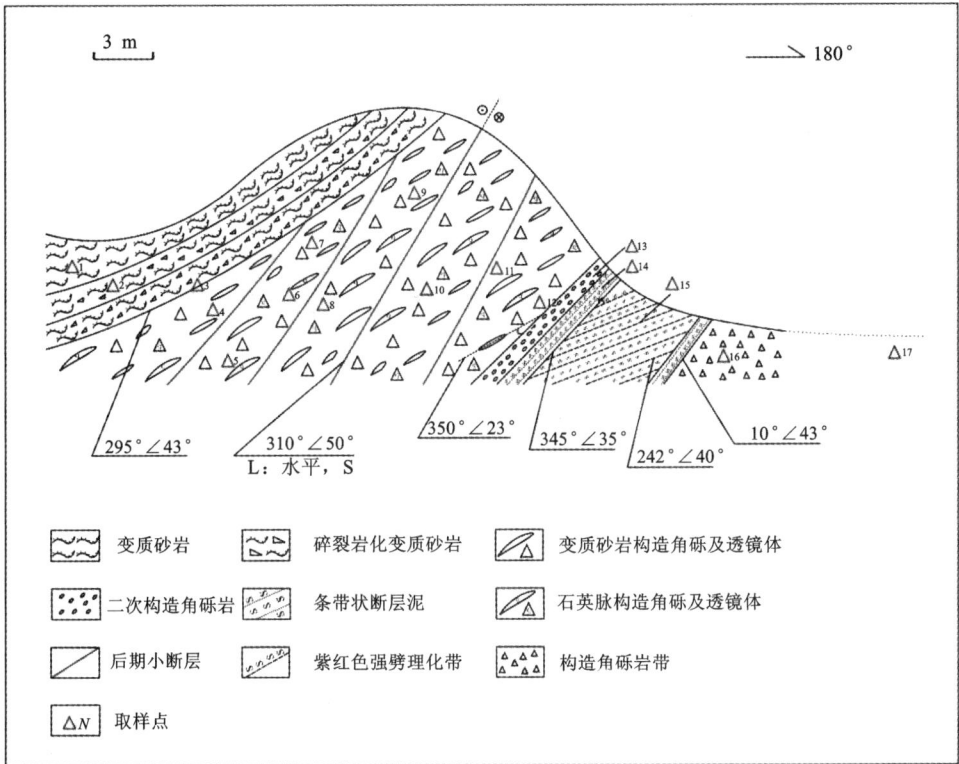

图6-2 官庄村龙会湾村民组公路边沃溪断裂构造剖面素描图

图6-3 条带状断层泥

图6-4 紫红色强劈理化带

图 6-5 条带状断层泥

图 6-6 细粒构造角砾岩带

图 6-7 粗粒构造角砾岩带

野外观察到的沃溪断裂仅两期构造，早期为引张的正断层，晚期为以左行平移为主的平移断层。

早期正向下滑在断层泥中表现十分明显，发育大量而清晰的阶步，均指示为正断层(图 6-8)。

第二期左行平移仅发育断层面，不发育构造岩，该期断层面发育于粗构造角砾岩中(图 6-9)。因此，断层带中的二次构造角砾及被断层泥带所切的构造劈理化带指示在断层左行平移前至少有两期活动，可以确定由断层泥中阶步指示的正向断层下滑前发生过构造活动。研究表明，正断层形成的构造角砾岩一般不具分带特征，只有压扭性断裂形成的构造岩才具分带特征(孙岩等，1986)，因此，构造岩的分带既不是晚期左行平移的结果，也不是这次正向下滑的产物，这种断裂带的构造分带性和左行平移活动期的特征以及二次角砾的发育均指示这两期活动前有一期压扭性活动。

野外所观察到的早期活动形成了二次构造角砾及对断层泥的改造。根据区域构造及对本次区域内构造期次的研究，在这两期构造活动前，在 NW—SE 向或近 S—N 向(或 NNW—SSE 向)的挤压作用下，沃溪断裂发生了以逆冲作用为主的活动。

图 6-8　断层泥内正阶步

图 6-9　粗角砾岩内左行平移断层

6.4.3.2 断裂与成矿作用的关系

(1)沃溪断裂与成矿作用的关系

沃溪断裂与成矿作用的关系一直是个悬而未决的问题。本次对其进行了较为系统的研究，尤其对官庄村龙会湾村民组的公路边沃溪断裂构造剖面进行了构造地球化学研究。该组样品在垂直于断裂带不同部位进行采集，包括断层泥构造角砾岩，在构造角砾岩带内对基质及不同成分的角砾均进行了采样，样品采集位置见图 6-2，样品所在构造分层及样品岩性特征见表 6-1，测试结果见表 6-2。然而，区内主要成矿元素 Au、Sb、W 表现出了不同的异常特征。对于 Au，部分样品中 Au 的含量与湘西地层背景值 Au 的丰度(3.5×10^{-9})接近，另一部分样品中 Au 的含量均明显低于地壳中 Au 的丰度；W 的含量大多高于地层背景值 W 的丰度(4.8×10^{-6})，局部富集达 10 倍；Sb 则与地层背景值 Sb 的丰度(2.4×10^{-6})相近。造成这种结果的原因有两种可能，一种是沃溪断裂与成矿无明显联系；另一种是因为地表所观察的沃溪断裂位于成矿作用热液活动的前端，根据前人研究显示，沃溪矿区中 W 主要是以杂多酸络合物形式存在，较易于扩散，因而相对富集。

表 6-1 官庄村龙会湾村民组公路边沃溪断裂构造地球化学样品岩性

样号	样品产出部位及岩性
H013-1	未破碎的变质砂岩
H013-2	碎裂岩化变质砂岩
H013-3	紧邻断层面碎裂砂岩
H013-4	构造角砾岩带内砂岩角砾
H013-5	构造角砾岩带内石英脉角砾
H013-6	构造角砾岩带内石英脉角砾
H013-7	构造角砾岩带内砂岩角砾和砂岩基质
H013-8	构造角砾岩带内石英脉角砾
H013-9	构造角砾岩带内砂岩角砾和砂岩基质
H013-10	构造角砾岩带内石英脉角砾
H013-11	构造角砾岩带内砂岩角砾和砂岩基质
H013-12	断层泥附近构造角砾岩(含石英脉角砾)
H013-13	断层泥附近二次构造角砾
H013-14	紫红色断层泥
H013-15	紫红色断层泥
H013-16	断层泥下盘的细粒构造角砾岩
H013-17	断层泥下盘未破碎围岩

表 6-2　官庄村龙会湾村民组公路边沃溪断裂构造地球化学样品成矿元素测试结果

序号	测试中心编号	原编号	检测结果									
			$w(Cu)$ $/10^{-6}$	$w(Pb)$ $/10^{-6}$	$w(Zn)$ $/10^{-6}$	$w(Ag)$ $/10^{-6}$	$w(Sn)$ $/10^{-6}$	$w(Mo)$ $/10^{-6}$	$w(W)$ $/10^{-6}$	$w(Sb)$ $/10^{-6}$	$w(Bi)$ $/10^{-6}$	$w(Au)$ $/10^{-9}$
1	2013003743	H013-1	4.4	14.3	56.4	0.035	1.2	0.76	26.9	0.57	0.08	5.8
2	2013003744	H013-2	58.8	9.3	62.9	0.028	1.0	0.68	25.4	5.34	0.16	2.0
3	2013003745	H013-3	6.1	10.5	60.2	0.038	1.9	0.59	39.6	0.18	0.05	4.7
4	2013003746	H013-4	5.2	12.1	72.0	0.023	0.9	0.41	11.7	1.04	0.04	1.1
5	2013003747	H013-5	14.1	17.6	68.4	0.028	0.7	0.51	22.8	1.92	0.02	1.9
6	2013003748	H013-6	2.7	10.1	39.7	0.029	0.7	0.30	18.2	4.07	0.09	4.1
7	2013003749	H013-7	8.0	21.7	119.6	0.015	0.9	0.46	14.6	1.34	0.09	0.8
8	2013003750	H013-8	9.1	10.9	20.6	0.032	0.5	0.28	16.3	1.19	0.12	3.7
9	2013003751	H013-9	7.9	30.5	43.8	0.059	0.8	0.47	7.9	2.77	0.12	3.6
10	2013003752	H013-10	10.2	27.8	27.5	0.032	0.5	0.26	12.4	2.81	0.07	3.3
11	2013003753	H013-11	2.0	19.0	56.3	0.009	1.7	0.17	10.5	1.79	0.21	4.8
12	2013003754	H013-12	2.0	16.1	32.1	0.012	0.4	0.19	8.9	1.27	0.07	2.4
13	2013003755	H013-13	3.6	25.6	65.1	0.017	1.5	0.24	8.4	1.14	0.10	1.9
14	2013003756	H013-14	23.1	26.9	111.5	0.019	2.8	0.21	13.1	13.88	0.54	2.0
15	2013003757	H013-15	12.5	20.3	112.3	0.017	2.4	0.19	11.7	1.10	0.19	3.0
16	2013003758	H013-16	25.9	16.4	163.4	0.024	3.2	0.43	16.3	1.81	0.34	2.0
17	2013003759	H013-17	11.4	25.7	119.3	0.024	3.5	0.40	25.4	3.99	0.27	2.2

从上述官庄村龙会湾村民组公路边沃溪断裂构造地球化学研究结果可知，沃溪断裂与成矿作用的关系仍不明朗，为此，对鱼儿山-50中段西沿脉12矿块揭露出的沃溪断裂也进行了构造地球化学研究。取样位置见图6-10，样品岩性描述列于表6-3，元素分析结果见表6-4。

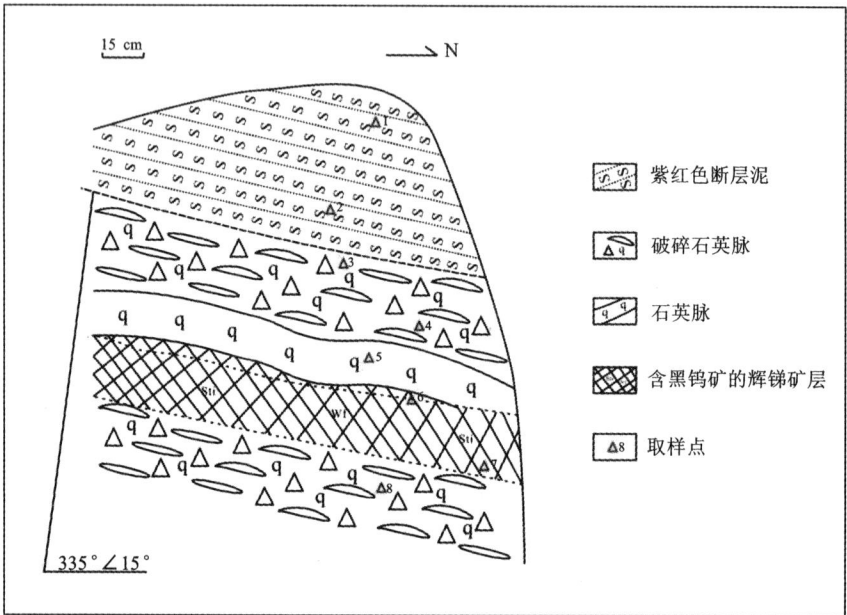

图6-10 鱼儿山-50中段西沿脉沃溪断裂构造剖面及取样位置

表6-3 鱼儿山-50中段西沿脉沃溪断裂构造地球化学样品岩性

样号	样品产出部位及岩性
H064-1	离破碎石英脉稍远红色断层泥
H064-2	紧邻破碎石英脉红色断层泥
H064-3	破碎石英脉
H064-4	破碎石英脉
H064-5	靠近破碎石英脉较完整的石英脉
H064-6	辉锑矿
H064-7	辉锑矿
H064-8	辉锑矿下盘破碎石英脉

表 6-4　鱼儿山-50 中段西沿脉沃溪断裂构造地球化学样品分析结果

序号	测试中心编号	原编号	检测结果									
			$w(\mathrm{Cu})$ /10^{-6}	$w(\mathrm{Pb})$ /10^{-6}	$w(\mathrm{Zn})$ /10^{-6}	$w(\mathrm{Ag})$ /10^{-6}	$w(\mathrm{Sn})$ /10^{-6}	$w(\mathrm{Mo})$ /10^{-6}	$w(\mathrm{W})$ /10^{-6}	$w(\mathrm{Sb})$ /10^{-6}	$w(\mathrm{Bi})$ /10^{-6}	$w(\mathrm{Au})$ /10^{-9}
1	2013003763	H064-1	5.6	12.0	45.6	0.042	1.7	0.38	1.2	16.92	0.32	10.1
2	2013003764	H064-2	77.6	206.5	77.1	0.158	5.8	1.30	15.1	125.0	0.58	600
3	2013003765	H064-3	61.1	287.1	47.4	0.191	0.8	1.73	802.8	140.0	0.21	11640
4	2013003766	H064-4	50.1	274.9	24.0	0.078	0.6	1.44	17.9	235.0	0.15	4740
5	2013003767	H064-5	5.6	714.8	73.4	0.166	0.9	0.73	55.1	492.5	0.16	1800
6	2013003768	H064-6	72.8	9742	7638	0.995	0.9	0.94	151.2	8110	0.76	945
7	2013003769	H064-7	90.0	10994	8743	0.750	0.6	0.55	131.0	10890	0.78	960
8	2013003770	H064-8	21.1	44.3	86.7	0.040	1.2	0.22	9437	130.0	0.44	4830

从分析结果(表6-4)可以看出,除样品 H064-1 和 H064-2 外,主要成矿元素 Au、Sb、W 含量都很高,这是因为样品均取于石英脉及辉锑矿体上;取于沃溪断裂带中的样品 H064-1 和 H064-2 的主要成矿元素含量差异巨大,却具有重要的指示意义:紧邻石英脉的断层泥(H064-2)主要成矿元素 Au、Sb、W 含量分别为 $600×10^{-9}$、$125×10^{-6}$、$15.1×10^{-6}$,而离石英脉约 30 cm 处的断层泥(H064-1)主要成矿元素 Au、Sb、W 含量分别为 $10.1×10^{-9}$、$16.92×10^{-6}$、$1.2×10^{-6}$,这种结果反映了断层泥中局部成矿元素的富集是临近矿体影响的结果,这预示沃溪断裂并非区内成矿热液运移通道,也非赋矿构造,但当沃溪断裂紧临矿体时,可能作为热液扩散的屏障,利于成矿元素的富集。

该处样品除主要成矿元素 Au、Sb、W 外,其他成矿元素的分析结果也给我们提供了十分有用的信息。无论是辉锑矿矿体,还是破碎石英脉和完整的石英脉,Cu 和 Sn 均无富集,Sn、Mo、Bi 及 Ag 微弱富集,而 Pb 和 Zn 富集十分显著,尤其辉锑矿矿体内的两个样品,Pb 和 Zn 富集达 20~90 倍,金含量最高的 H064-3 样品,Pb 和 Zn 的富集并不显著。由此认为 Pb 和 Zn 与 Sb 关系密切;Au 含量很高的样品 H064-3 和 H064-8 中,W 的含量也特高,显示 W 与 Au 关系更为密切。早期成矿阶段以 W 和 Au 为主,晚期阶段以 Sb、Pb 和 Zn 为主。

尽管对两处代表性的沃溪断裂带的研究表明,沃溪大断裂对区内的运矿及储矿没有显示出明显的直接关系,但作为区内最重要的区域性断裂,对成矿作用的影响不容置疑。

首先,根据本次研究,沃溪断裂可能在成矿过程中起着地球化学屏障的作用,对成矿物质的富集起着重要作用;其次,在沃溪大断裂多期构造活动过程中,会派生出一系列二级乃至三级断裂,这些次级断裂很可能成为运矿及储矿构造。

(2)产于马底驿组层间破碎带结构特征与成矿的关系

沃溪矿区较好的金锑钨矿床都产于该套地层中,自西向东有红岩溪、鱼儿山、粟家溪、十六棚工、上沃溪 5 个矿段。矿区内已知有 7 条矿脉,自南往北(由下而上)依次为 V6、V2、V1、V3、V4、V7、V8 脉,其中 V3 脉规模最大,V7 和 V8 脉属隐伏矿脉,近年来发现 V6 脉浅部找矿潜力较差,但在鱼儿山—红岩溪段深部取得了良好的找矿效果。各赋矿矿脉的统计特征见表6-5、表6-6。

表 6-5 沃溪矿区矿脉(体)规模统计表

脉号	地表蚀变带长度/m	矿体个数	矿体走向长度/m	矿体倾斜延深/m	平均厚度/m	品位			含矿系数
						$w(Au)$/10^{-6}	$w(Sb)$/%	$w(WO_3)$/%	
V1	5300	11	35~220	180~2010	0.47	5.45	2.08	0.22	0.50
V2	650	2	40~70	320~1490	0.29	7.09	2.39	0.27	0.50
V3	1100	6	75~190	550~2500	0.52	8.73	3.01	0.24	0.65
V4		4	50~350	590~1420	0.52	9.13	3.55	0.55	0.50
V7		1	60~120	>600	1.36	12.10	4.99	0.56	0.55
V8		1	50~130	>500	2.20	5.29	2.60	0.13	0.75

表 6-6 沃溪矿区各矿段矿体规模一览表

矿段名称	矿体规模				
	脉号	矿体数	走向长/m	已知倾斜深/m	厚度/m
红岩溪	V1	1	40	180	0.60
鱼儿山	V1	4	50~250	200~360	0.88~2.66
粟家溪	V1、V3	3	115~190	550~650	0.12~0.44
十六棚工	V1、V2、V3、V4、V7、V8	16	80~350	730~2500	0.40~1.40
上沃溪	V1	1	50	80	0.11~0.64

矿区所有矿脉均产于板溪群马底驿组中段($Ptbnm^2$)紫红色绢云母含钙砂质板岩中,受近乎顺层产出的脆-韧性剪切带(滑动面)控制,含矿石英脉沿滑动面、分支断裂及次级张、剪裂隙充填。按产出形态可分为层脉、网脉和切层节理脉三种类型,层脉规模最大,网脉次之。

沃溪矿区 V2、V1、V3、V4、V7、V8 等 6 条矿脉中共产有 25 个矿体,分布在 5 个矿段中,矿段与矿段之间无矿段间距 250~600 m。金锑钨矿体呈扁豆、透镜状产于各矿脉中。矿体(柱)与矿体(柱)之间无矿间距 20~140 m,无矿体(柱)地段由微细石英脉或层间断层泥线连接。各矿段特征不尽相同。

(1)十六棚工矿段 V3 脉

1)地表及浅(中)部特征

该脉属层脉,含金石英脉沿顺层的褪色蚀变带充填,地表及浅部倾向北北东,倾角 35°左右。地表出露标高 240~300 m,地表及浅部矿体较分散,品位低,断续长

1200 m，单个矿体长 45~190 m，含矿系数为 0.4；往深部矿体走向长度变小，但矿化集中，品位变富，从-35 m(9 中段)开始，矿脉长度基本稳定在 500 m 左右，含矿系数达 0.6 以上。因已采空(1~28 中段)，坑道矿化参数不详，仅据钻孔情况，矿脉厚 0.26~3.42 m，含 Au 量为 $0.17×10^{-6}$~$8.3×10^{-6}$，钨、锑矿化弱，品位低。

2)深部特征

矿体总体倾向东，倾角大致相同，一般小于 30°，但矿体形态较复杂，从-460 m、-560 m 和-660 m 三个标高中段矿体水平投影叠合图(图 6-11)上可以看出，在-460 m 标高中段，矿体南部明显存在两个曲率较大的弧形弯曲，显示受褶皱影响，北部较平直；-560 m 和-660 m 两个标高中段，矿体总体较平直，但有多个曲率小的弯曲，表明褶皱波幅变小。同时，与-460 m 标高中段相比，-560 m 和-660 m 两个标高中段矿体北部因未得到充分控制，延深明显短。

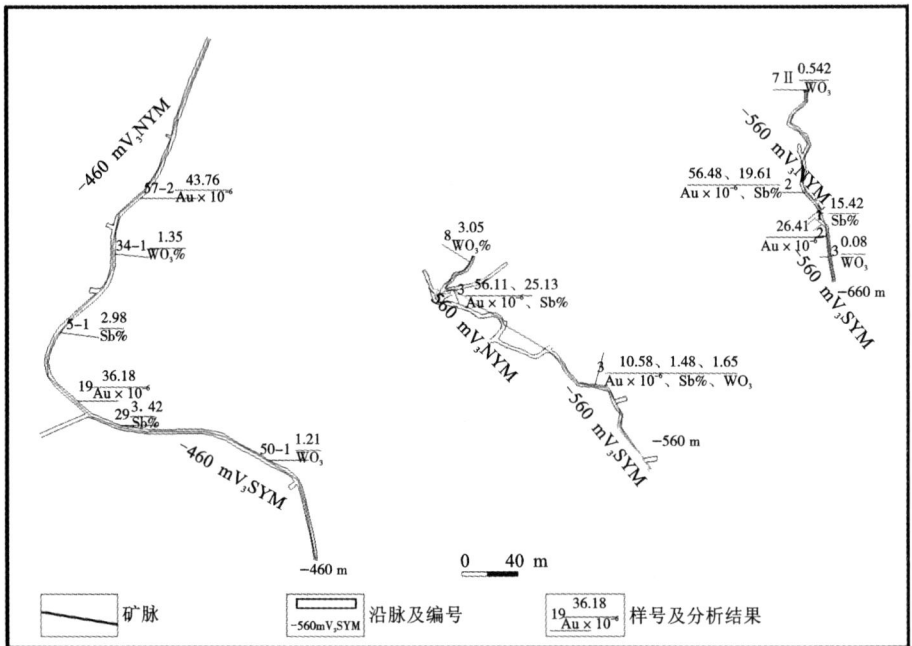

图 6-11　V3 矿脉深部中段水平投影示意图

从-560 m 标高中段来看，矿体走向上南北两端已控制，但北端蚀变带仍有较大宽度，其内石英脉厚度亦较大，显示往北继续探矿仍有空间；而-660 m 标高中段矿体北端明显未封边，金、钨矿化仍较强(7 号样：厚 1.3 m，加权平均品位 Au：$2.97×10^{-6}$，WO_3：0.232%)。结合全矿区矿体往北东侧伏的总体规律分析，560 m 和-660 m 标高中段往北侧伏延深地段仍具有较大潜力。

（2）十六棚工矿段 V7 脉

1）浅（中）部特征

该脉属隐伏脉，含金石英脉沿层间断裂充填，初现于 -210 m 标高附近。倾向北东，倾角 30°左右，走向长约 120 m。从 -410 m 标高开始，矿脉长度略变大，达 150 m 以上，倾向偏转为北东东。除局部残块外，其余多已采空，主要保有资源量分布于 -410 m 标高以下。据矿山资料，-385 m 标高中段（27 平）保有块段矿体平均厚 0.75~0.81 m，Au 品位为 10.62×10^{-6} ~ 15.81×10^{-6}，Sb 品位为 4.64%~19.95%，WO_3 品位为 0.32%~0.41%。

2）深部特征

该脉与 V3 脉大体平行产出，位于 V3 脉上盘，与 V3 脉间隔 10~35 m，且两脉之间常见网状脉分布。该矿体总体倾向东，倾角上陡下缓（图 6-12），矿体总体较平直，受褶皱影响，有多个波状弯曲。图 6-12 显示，-560 m 标高中段矿体北段延长明显短于上、下中段，表明该中段往北未控制到位。

（3）鱼儿山 V1 脉

1）地表及浅部特征

V1 脉蚀变带呈近东西向展布，处于沃溪大断层下盘，往东逐渐偏离断层。矿脉产出于 V1 脉蚀变带中，地表断续长约 500 m，由含矿石英脉和蚀变岩组成。其中含金石英脉为较规则的大脉，呈扁豆状，单个扁豆体长 35~102 m，厚 0.07~2.24 m，沿倾向、走向均具尖灭再现特征，尖灭地段为细脉带、含矿蚀变岩和断层泥线连接。

鱼儿山矿段圈定矿体 4 个，自西向东依次为胡家台、马家院、西矿柱和东矿柱，主矿体为后两者，占该区资源量的 86%，是矿山目前的采矿对象，被统称为 V1 脉。东矿柱控制到 -100 m 已明显变短，走向长仅 22 m，地表长 260 m，已呈尖灭趋势；而西矿柱地表长 230 m，至 -100 m 仍有 110 m 长。

据以往资料，矿体中金、锑、钨矿化沿水平方向和倾斜方向具有一定规律：水平方向上，西矿柱是该区的矿化中心，金、锑、钨矿化同消长，金较连续；倾斜方向上，0 m 标高以上，金、锑、钨含量较高且矿化强，0 m 标高以下，则以金钨矿化为主，锑矿化减弱，品位变化较大。

东矿柱地表及浅部长 50~260 m，倾斜长 300~460 余 m，平均厚 2.04 m，平均品位：Au 6.30×10^{-6}，Sb 0.71%，WO_3 0.28%；西矿柱地表及浅部长 90~230 m，倾斜长 460 余 m，平均厚 4.10 m，平均品位：Au 7.26×10^{-6}，Sb 1.48%，WO_3 0.15%。全区品位变化系数分别为金 79%、钨 180% 和锑 291%，含矿系数分别为金 0.85、钨 0.62 和锑 0.37，表明金矿化强度大而稳定，钨矿化较稳定，而锑不稳定。

2）深部特征

通过坑探在 -100 m 标高见两段矿体，一段见矿长 110 m，平均厚度为

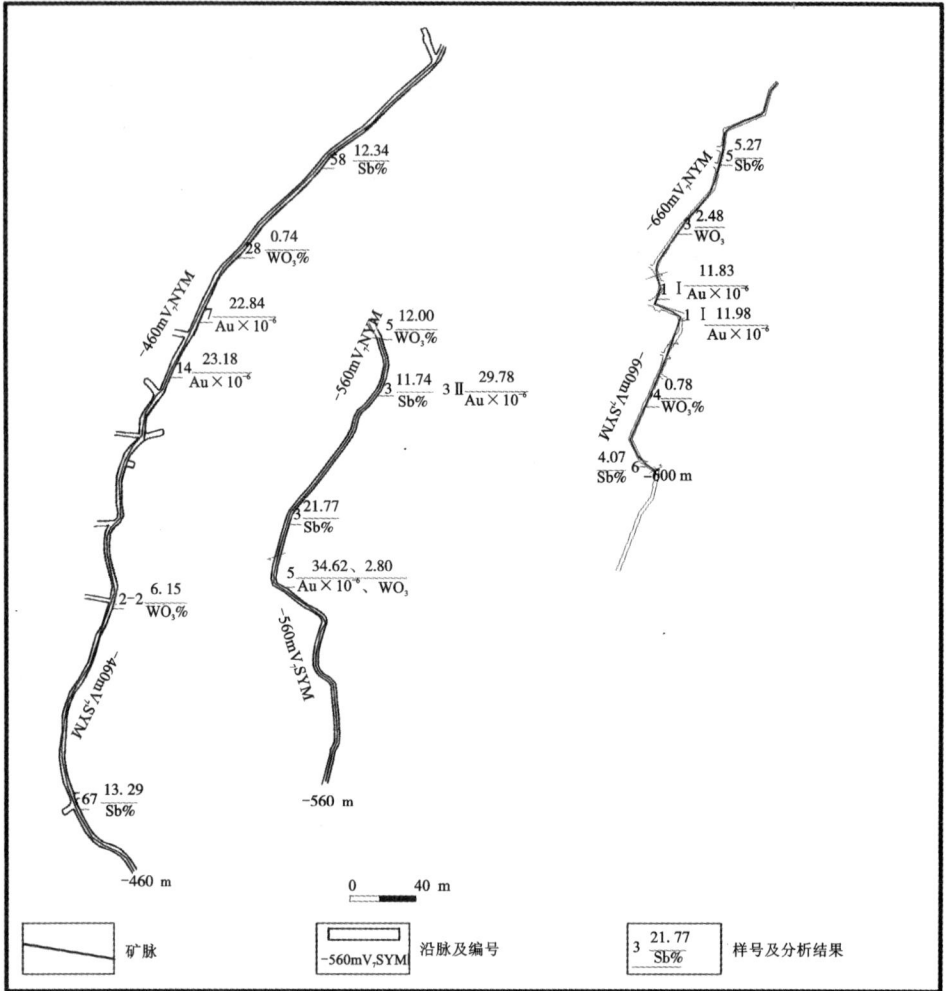

图 6-12　V7 矿脉深部中段水平投影叠合示意图

1.14 m，平均品位：Au 2.96×10^{-6}，Sb 0.011%，WO_3 0.306%；另一段见矿长 22 m，平均厚度为 0.69 m，平均品位：Au 7.82×10^{-6}，Sb 0.023%，WO_3 0.004%；−175 m 标高，已见矿长 70 m，平均厚度为 1.69 m，平均品位：Au 4.85×10^{-6}，Sb 0.020%，WO_3 0.171%（图 6-13）。

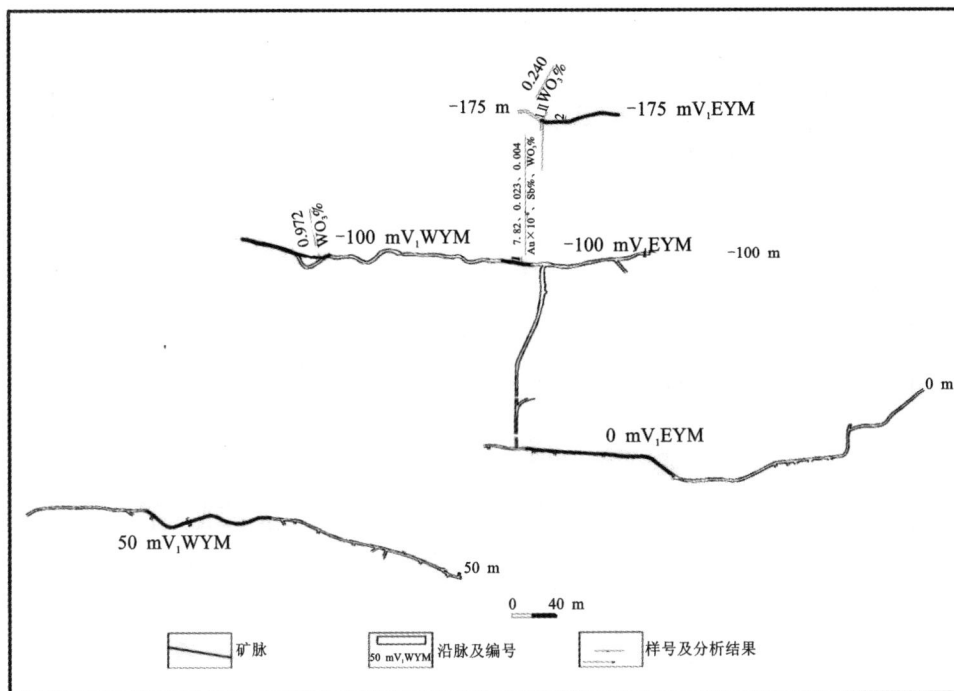

图 6-13　鱼儿山 V1 矿脉深部中段水平投影叠合示意图

6.4.3.3 产于冷家溪群与马底驿组不整合面破碎带结构特征与成矿的关系

(1)陈扶界矿段：处于仙鹅抱蛋穹窿的东侧，总体为一单斜，地层倾向东。局地见岩层发生褶曲现象，其内发育网状石英微细脉，其内未见规模矿体(图 6-14)。

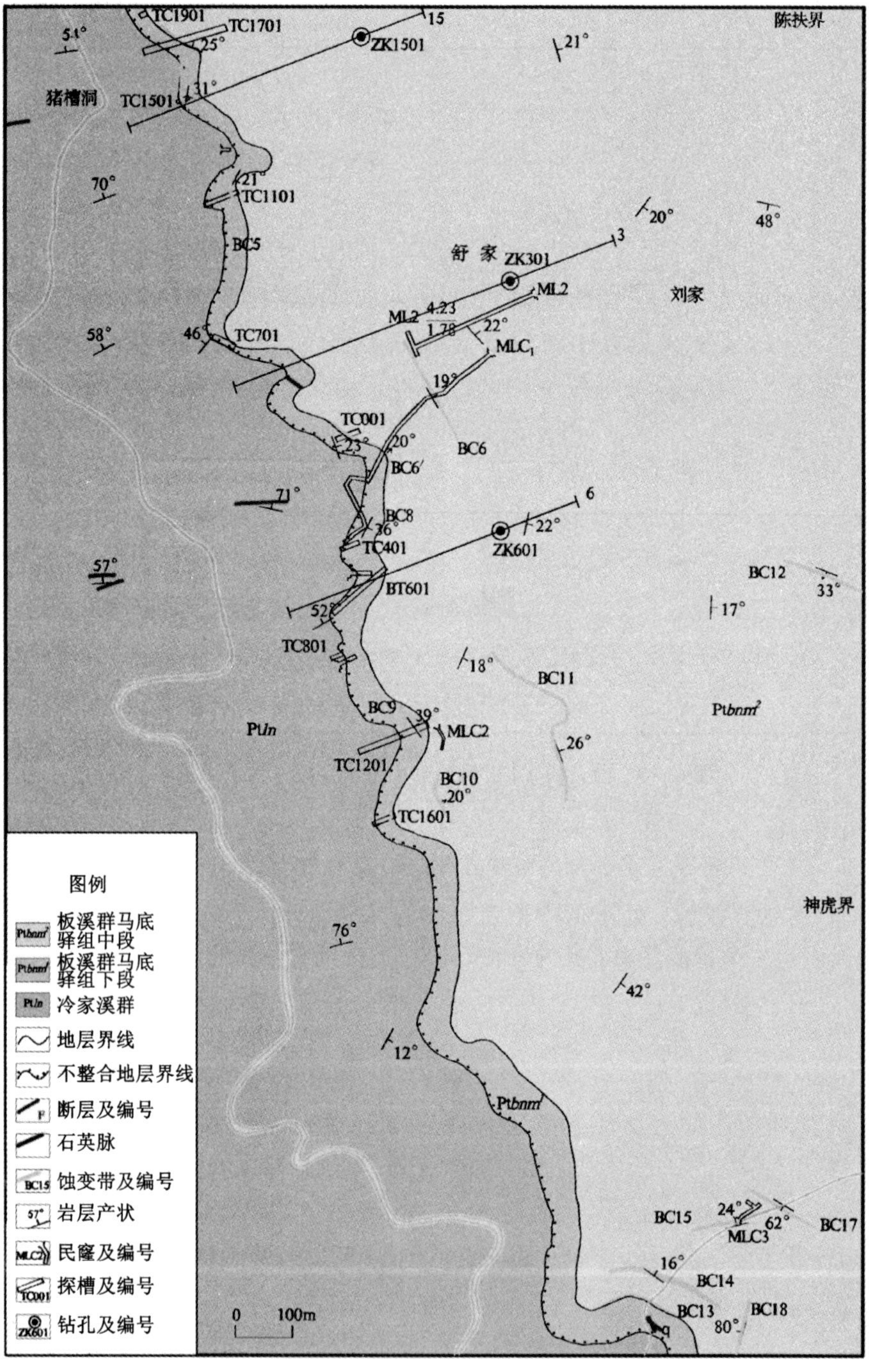

图 6-14　陈扶界矿段地质简图

区内断层不发育,但有 15 条小规模的层间破碎带,主要产于马底驿组砂岩、板岩中,均以具较明显的褪色化为直观特征,与沃溪矿区其他地段特征基本一致,但规模小(长数十米至百余米,宽 1 至数米)。地表圈出大小蚀变体 10 余个,主要产于板溪群马底驿组第一段、第二段,初步认为有找矿前景的蚀变体为 BC2、BC4、BC7、BC10 等。

BC4 为褪色化蚀变砂岩,产于板溪群马底驿组下段,长约 100 m,宽约 4 m,产状(316°~345°)∠(20°~50°)。附近曾有采金老窿。经槽探、钻探工程验证,未见工业矿体,推测规模有限。

通过地质测量及少量工程工作,在地表圈出大小蚀变体 18 个,主要产于板溪群马底驿组第一段,少数在第二段内,初步认为有一定找矿前景的为 BC5、BC6、BC10 这 3 个。

BC5 产于板溪群马底驿组下段,为褪色化蚀变砂岩,内夹不规则石英细网脉,蚀变带长约 500 m,宽约 4 m,产状(36°~65°)∠(21°~25°)。附近曾有采金老窿。经少量槽探、钻探工程验证,未见工业矿体。

BC6 位于 BC5 南约 250 m,特征与之类似,相对而言厚度稍小,仅 1~2 m,但石英细脉更为发育,有基本顺层和穿层两类(图 6-15),均有金矿化显示,采样一般含金 0.2~0.3 g/t,最高达 1.3 g/t。顺层脉与蚀变带产状一致,形态规则,存在由相互平行的厚 1~5 cm 的多条单脉组成的脉带形式,脉带厚度稳定(0.25~0.55 m),延长较大(民窿揭露走向长大于 200 m,倾斜长 50 m 左右);穿层脉位于蚀变带下盘,单脉厚度以 3~10 cm 居多,形态不规则,沿走向及倾向变化大。

图 6-15　LD02 中的 BC6 及其中的石英细脉(带)

(2)大片矿段:位于红岩溪矿段南部,陈扶界区的北西向,仙鹅抱蛋穹隆状复背斜北翼,地层倾向北北东,总体为一单斜,褶皱不发育(图 6-16)。

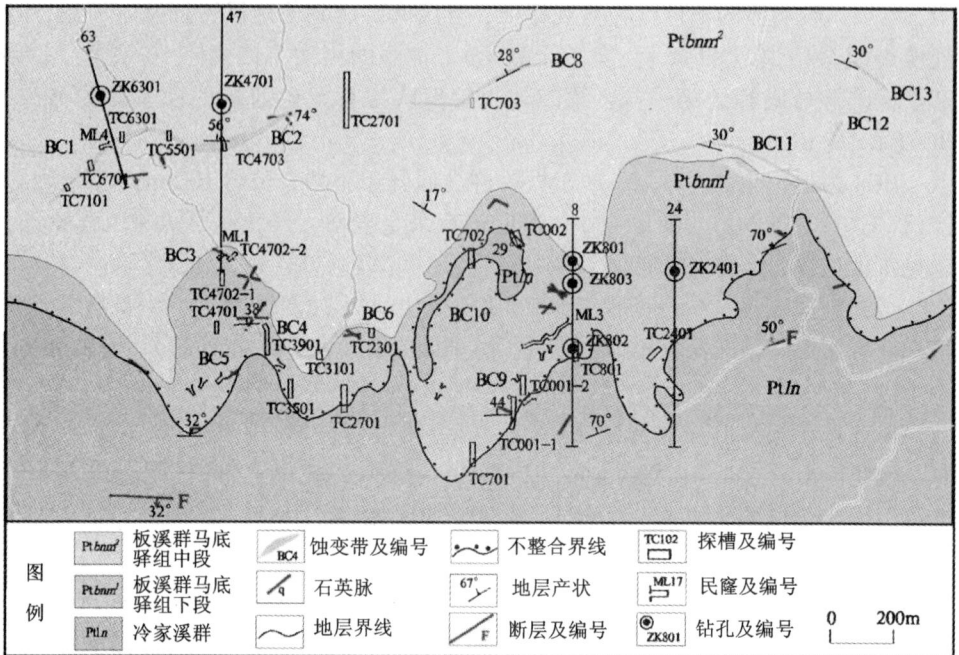

图 6-16 大片矿段地质简图

区内断层较发育，主要有 13 条规模不一的层间破碎带，产于马底驿组砂岩、板岩中，均以具较明显的褪色化为直观特征。地表圈出大小蚀变体 10 余个，主要产于板溪群马底驿组第一段、第二段，初步认为有找矿前景的蚀变体有 5 个，分别为 BC2、BC3、BC5、BC9、BC11。其中 BC9 为褪色化蚀变砂岩，产于板溪群马底驿组第一段，长约 700 m，宽 5~20 m，产状（316°~345°）∠（20°~50°）。民窿揭露该蚀变体存在石英脉，脉中有少量黄铁矿化。经槽探、钻探工程验证，未见矿化。规模较大的有 BC2 和 BC5。

BC2 见于矿区北西马底驿组中段（$Ptbnm^2$）板岩中，走向北东东，倾向北北西，倾角 35°~55°，西起三角尖，东至马儿桥溪边，出露长约 900 m，破碎带宽 0.5~20 m，局部充填有石英脉，具硅化、黄铁矿化等蚀变，但矿化不强。

BC5 见于图区西部马底驿组下段（$Ptbnm^1$）砂岩中，沿走向弯曲明显，总体走向北东东，倾向北北西，倾角 22°~47°。分布于 55~19 线，出露长约 900 m，破碎带宽 0.5~15 m，局部充填有石英脉，具硅化、黄铁矿化等蚀变，但矿化不强，曾有短暂民采。

其他层间破碎带与沃溪矿区其他地段特征基本一致，因其规模小（长数十米至 300 余米，宽 1 至数米），其内未见规模矿体。

此外，在马底驿组下段（Ptbnm¹）灰绿色中厚层浅变质石英砂岩、粉砂岩中，节理、裂隙较发育，节理主要有近东西向和北东向两组，多被微细石英脉充填，曾有短暂民采，表明其含金，但规模小。

6.4.3.4 产于冷家溪群中的剪切带结构特征与成矿的关系

该矿带分布在仙鹅抱蛋和阳明山穹窿冷家溪群小木坪组脆韧性剪切带绢云母板岩、砂质板岩中，矿带中金矿点发育较多，分布较广，民采活动频繁，呈线状分布。仙鹅抱蛋穹窿冷家溪群小木坪组工作程度相对较高，目前发现有 2 条矿化带（图 6-17）。

（1）Ⅰ号矿化带分布于潘家—下刘家—牛角拐—罗家一带，主要产于仙鹅抱蛋背斜核部近轴面位置的冷家溪群小木坪组（Ptln）。主要特征表现为：绢云化粉砂质板岩中有灰绿色含钙条带板岩夹层，见多条石英细脉与之相切，片理、劈理发育，该矿化带有多个民窿呈串珠状沿带分布。

（2）Ⅱ号矿化带分布于大屋场（新屋场所辖）—窑湾尖上—大屋场（聂溪冲所辖）一带，主要产于冷家溪群小木坪组（Ptln），板溪群横路冲组（Ptbnm¹）亦有分布。该矿化带主要特征表现为：以金矿化为主，见多处民窿分布。该带东端大屋场（聂溪冲所辖）一带较西部大屋场（新屋场所辖）矿化差，东端取样结果：Au 0.90 g/t、Sb 0.001%、WO₃ 0.037%。该带西端高公界南面约 1 km 处取样结果：Au 15.53 g/t、Sb 0.004%、WO₃ 0.037%；河沟矿（化）脉刻槽取样品位 Au 2.87 g/t。矿（化）脉产于断层构造角砾岩中，内有多期石英脉充填。具硅化、绿泥石化、绢云母化及褪色化。规模小而形态不规整的烟灰色至乳白色蠕虫状石英脉与主脉平行或毗邻，具金矿化，位于主脉之间的金矿化稍优。该矿化带存在构造角砾岩型和浅变质砂岩或其透镜体中节理型两种不同类型金矿。

近十年来在沃溪矿区冷家溪地层发现有大量的规模较大（宽 20 m，长达几百 m）蚀变剪切带，民采活动非常多，Au 的品位也比较好（最高 15 g/t，一般 3～4 g/t），但矿体不连续、矿脉较薄不成规模，如果成矿物质源自含矿地层，那么在这样有利的成矿条件（剪切带）下应该会形成较好的矿床。

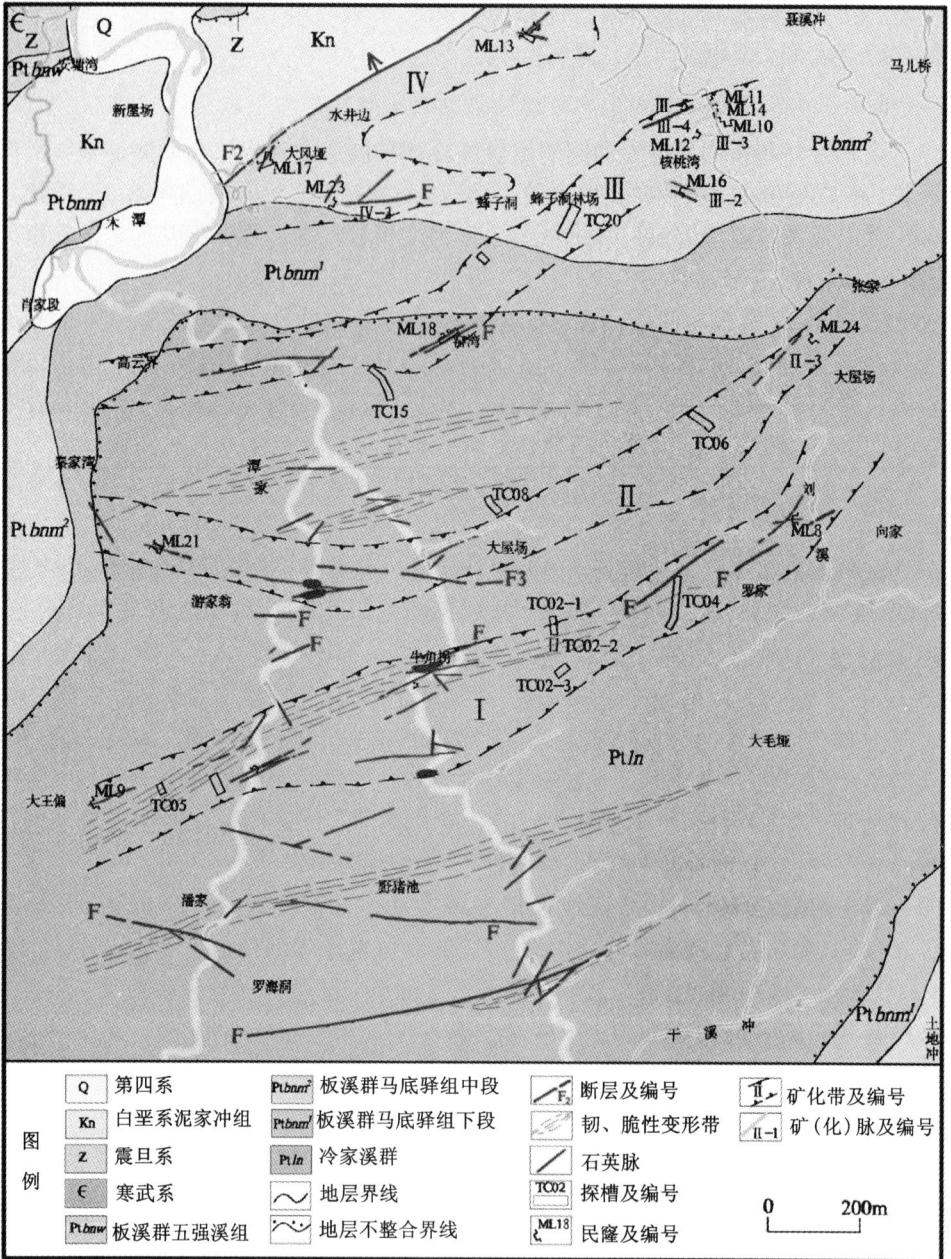

图 6-17 峰子洞矿段地质简图

6.4.4　深部构造与成矿之间的关系

由于控矿构造一般都经历了多期的活动，现今所观察到的控矿断裂基本都有后期构造的改造与叠加，这给成矿期构造研究带来了困难，所以，要寻找成矿期构造与矿体的特殊关系。彭南海博士通过对沃溪坑口深部构造的观察得到了一些能反映成矿期构造应力场特征的典型现象。根据野外观察及测量结果，初步确定本区成矿期的构造应力场为 NW—SE 向的引张作用，成矿期古构造应力场为 σ_1：273°∠86°，σ_2：50°∠3°，σ_3：141°∠3°，σ_1 近直立，σ_2、σ_3 近水平，σ_3 走向为141°，具体能反映成矿期构造应力场特征的典型现象如下：

在沃坑 32 平 V3-1 穿脉中（图 6-18），见有两组共轭小断层，一组产状为168°∠42°，擦痕侧伏 78°∠70°，为正断层；另一组产状为 15°∠37°，擦痕侧伏105°∠90°，为正断层，其反映的构造应力场为 NW—SE 向引张作用。这两组断层均为石英脉充填，在石英脉充填过程中，两组相互错断时，一组在继续充填，造成另一组脉的变形，而不是后期的错开。

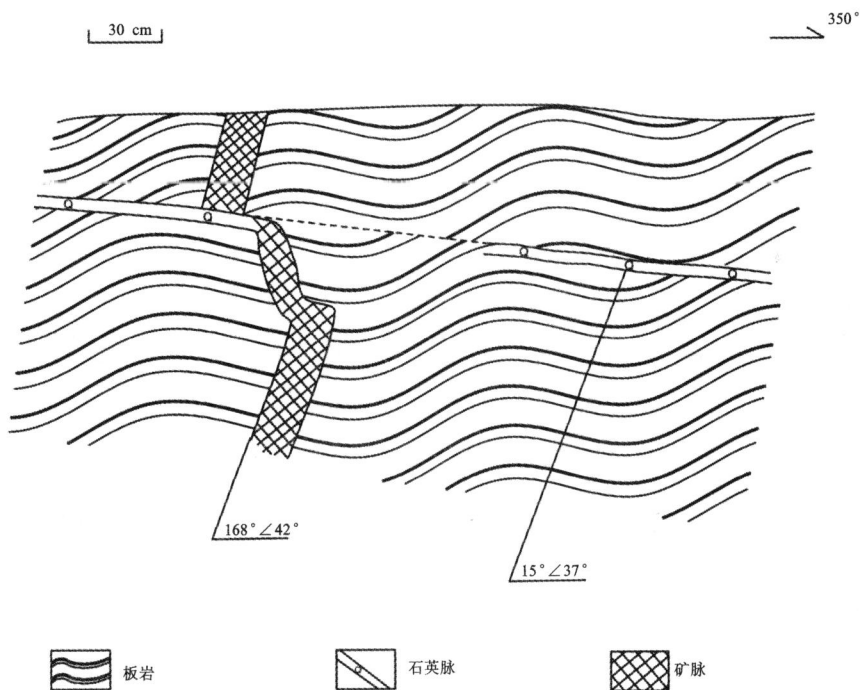

图 6-18　两组共轭同构造期含矿石英脉

在 34 平 V7 沿脉发育有大量短而粗、脉幅变化大的张性石英脉（图 6-19），大致平行产出，总体产状为 165°∠35°，这组张性脉反映的构造应力场为 NW—SE 向引张。

图 6-19　张性石英脉

此外，尽管局部矿体褶皱变形明显，反映了挤压的构造环境，但这应是成矿后构造改造的结果；很多矿体具成分分带，则是成矿过程断裂多次张开-充填愈合的结果，这是张性断裂特有的现象：29 平 V8 脉显示的对称成分分带（图 6-20），中间为辉锑矿，两侧为含金石英脉，指示的是第一次含金石英脉沿断裂充填，愈合后又一次沿脉体中间裂开，为辉锑矿充填；7 中段 V2 脉表现为不对称成分分带（图 6-21），反映了第二次裂开是沿着第一次脉的脉壁，然后被第二次充填。

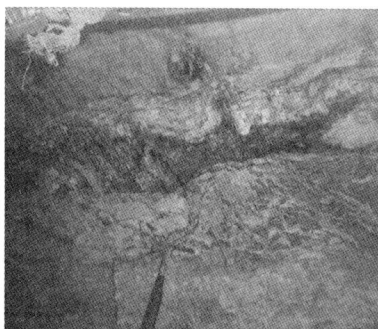

图 6-20　29 平 V8 脉对称成分分带

图 6-21　7 中段 V2 脉不对称成分分带

此外，含矿成分差异显著的石英脉分带，也是控矿断层多次张开-充填愈合的结果。31 平 3187 采场，富含 W 的石英脉与贫 W 的石英脉呈明显的对称条带分布(图6-22),反映了第一次贫 W 石英脉沿断裂充填,愈合后又一次沿脉体中间裂开,为富 W 石英脉充填。

图 6-22　31 平 3187 采场富 W 石英脉与贫 W 石英脉呈对称条带分布

6.5　构造期次与成矿空间的形成机制

6.5.1　构造期次的划分

沃溪矿区经历了武陵、雪峰-加里东、印支-燕山等多期构造演化和多期次的构造活动,为了解决构造与成矿作用关系的难题,2012 年沃溪外围勘查项目组联合中南大学开展了沃溪矿区控矿构造专题研究,将本区中生代以来重要构造活动划分为四期六阶段。

6.5.1.1 第一期 NW—SE 向挤压及近 S—N 向挤压

该期构造活动是形成本区乃至整个江南造山带西部构造格局的最重要的一期构造运动。该期构造运动形成了现有的主要构造格局,是本区及江南造山带最重要的陆内造山过程,奠定了现有构造格架基础。从本次构造期次划分及古构造应力场研究的结果分析,该期构造运动可分为两个阶段:早期阶段 NW—SE 向挤压,晚期阶段近 S—N 向挤压。

(1)早期阶段 NW—SE 向挤压

本阶段主要形成以褶皱为主的区内现有构造格架,断裂构造不太发育,主要形成相伴生的 NWW—SEE 向逆冲断层及 NNW 向左行平移断层(表 6-7,图 6-23)。

表 6-7　NW 挤压平移断裂部分测量数据

序号	运动方向	断面倾向/(°)	断面倾角/(°)	擦痕产状侧伏角/(°)	擦痕产状侧伏向
1	S	253	63	30	W
2	S	225	87	30	W
3	S	255	50	40	N
4	S	71	82	20	S
5	D	225	35	35	W
6	D	185	74	40	W
7	S	268	70	20	N
8	D	225	60	40	W
9	S	60	50	25	N

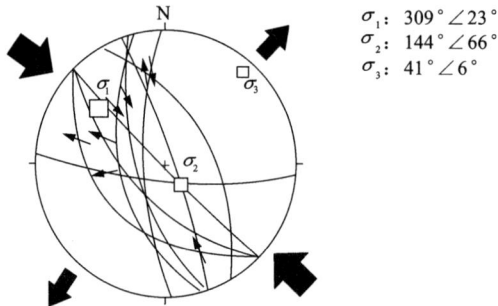

σ_1：309°∠23°
σ_2：144°∠66°
σ_3：41°∠6°

图 6-23　NW 挤压平移断裂古应力场图解

(2)晚期阶段近 S—N 向挤压

在该构造运动过程中，由于南部华南板块的旋转，在晚期阶段造成应力场逐渐向近 S—N 向挤压转换，形成了 NNW—SSE(NW—SE)及 NNE—SSW(NE—SW)方向的两组断裂(表 6-8,图 6-24)。

表 6-8　S—N 挤压平移断裂部分测量数据

序号	运动方向	断面倾向/(°)	断面倾角/(°)	擦痕产状侧伏角/(°)	擦痕产状侧伏向
1	S	305	43	0	水平
2	S	130	88	5	N
3	D	60	87	30	S

续表6-8

序号	运动方向	断面倾向/(°)	断面倾角/(°)	擦痕产状侧伏角/(°)	擦痕产状侧伏向
4	D	50	31	0	水平
5	S	275	55	25	S
6	S	295	40	15	N
7	D	252	30	0	水平
8	S	285	45	10	S
9	D	72	45	0	水平
10	S	120	72	0	水平
11	S	290	72	15	S
12	S	290	64	0	水平
13	S	310	50	0	水平
14	S	295	59	20	S

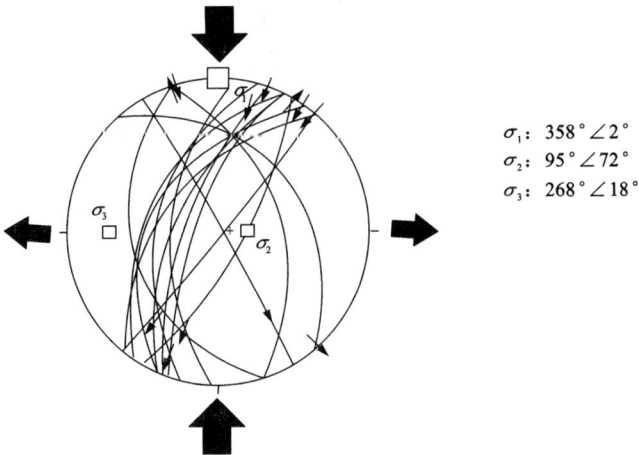

σ_1: 358°∠2°
σ_2: 95°∠72°
σ_3: 268°∠18°

图 6-24　S—N 挤压平移断裂古应力场图解

6.5.1.2 第二期 NW—SE 向引张

经历了印支及燕山运动早期阶段 NW—SE 向及晚期阶段近 S—N 向挤压后，区内进入了应力松弛及 NW—SE 向引张阶段，σ_1 近直立，σ_3 近水平，为 NW—SE 向，该阶段早期形成的 NE 向断裂表现为张性断裂，近 E—W 向的断裂以张性为主，兼有少量左行平移。同时还形成新的 NE 向张性断裂(表6-9，图6-25)。

该期构造活动在本区具有十分重要的意义，反映了主成矿期的构造应力场，该期构造为同成矿期构造，可能发生于燕山中晚期。

表 6-9　NW—SE 向引张断裂部分测量数据

序号	运动方向	断层倾向/(°)	断层倾角/(°)	擦痕产状	
				侧伏角/(°)	侧伏向
1	N	253	63	60	N
2	N	338	49	75	W
3	N	335	20	70	W
4	N	178	78	60	E
5	N	335	54	90	N
6	N	3	76	80	W
7	N	325	60	90	W
8	N	0	46	40	W
9	N	25	85	50	W
10	N	72	45	60	S
11	N	330	81	90	W
12	N	325	74	90	N
13	N	340	42	90	N
14	N	330	60	80	E
15	N	168	42	70	E
16	N	115	25	70	S
17	N	346	25	90	E
18	N	290	64	90	W
19	N	130	82	90	E
20	N	345	35	90	N

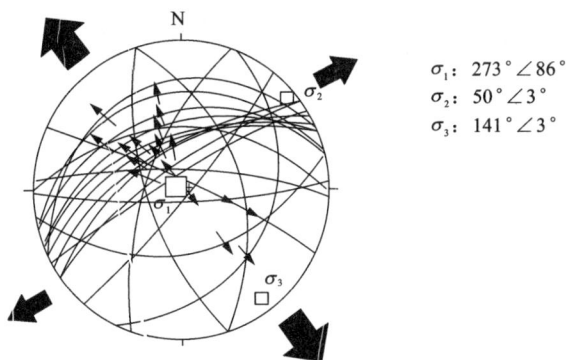

$$\sigma_1: 273°\angle 86°$$
$$\sigma_2: 50°\angle 3°$$
$$\sigma_3: 141°\angle 3°$$

图 6-25　NW—SE 向引张古应力场图解

6.5.1.3 第三期 NE—SW 向挤压及近 E—W 向挤压

该时期是中国由特提斯体系向太平洋体系转换的时期，研究区内根据古构造应力场的研究，可分为两个阶段，其中早期阶段构造应力场为 NE—SW 向挤压，该阶段的构造是成矿后构造，发生于 K_2 之后。

（1）早期阶段 NE—SW 向挤压

经过印支及燕山期的陆内造山后，燕山末期本区进入新华夏及滨太平洋构造域。区域构造应力场由 NW—SE 向引张转化为 NE—SW 向挤压。该期构造发生在 K_2 之后。在官（庄）—沃（溪）新公路边见到晚元古的五强溪组与 K_2 间的断层接触，两者间为十分清晰的断层面，断层面平直（图 6-26），发育擦痕和阶步，断层面两侧发育构造角砾岩（图 6-27）。断层面产状为 $260°\angle 58°$，擦痕侧伏 $170°\angle 70°$，为逆冲断层，反映了 NE—SW 向挤压。

该期断层滑移矢量部分测量数据列于表 6-10，图 6-28 为古应力场图解。

图 6-26 五强溪组与 K_2 间的断层接触　　**图 6-27 断层带中构造角砾岩**

表 6-10 NE—SW 向挤压断裂部分测量数据

序号	运动方向	断层倾向/(°)	断层倾角/(°)	擦痕产状	
				侧伏角/(°)	侧伏向
1	S	253	63	30	W
2	S	225	87	30	W
3	S	255	50	40	N
4	S	71	82	20	S
5	D	225	35	35	W
6	D	185	74	40	W
7	S	268	70	20	N
8	D	225	60	40	W
9	S	60	50	25	N

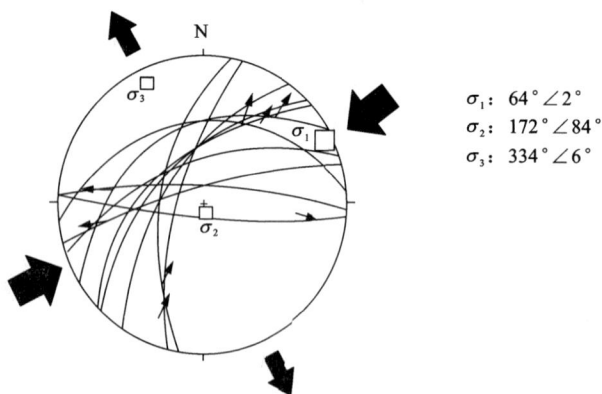

σ_1: 64°∠2°
σ_2: 172°∠84°
σ_3: 334°∠6°

图 6-28 NE—SW 向挤压古应力场图解

(2)晚期阶段近 E—W 向挤压

随着太平洋板块的持续俯冲与对中国大陆作用的增强，该期构造活动晚期，构造应力场由 NEE—SWW 向挤压转为近 E—W 向挤压。该期构造广泛发育于 K_2 地层中。断层擦痕矢量测量数据列于表 6-11，古应力场图解见图 6-29。

表 6-11　近 E—W 向挤压断裂部分测量数据

序号	运动方向	断层倾向 /(°)	断层倾角 /(°)	擦痕产状	
				侧伏角/(°)	侧伏向
1	S	214	58	20	W
2	S	10	85	20	E
3	D	162	55	20	W
4	D	166	66	20	W
5	S	25	36	30	W
6	D	325	74	20	W
7	S	6	42	20	E
8	S	40	78	5	E
9	D	327	85	20	E
10	S	14	48	10	W

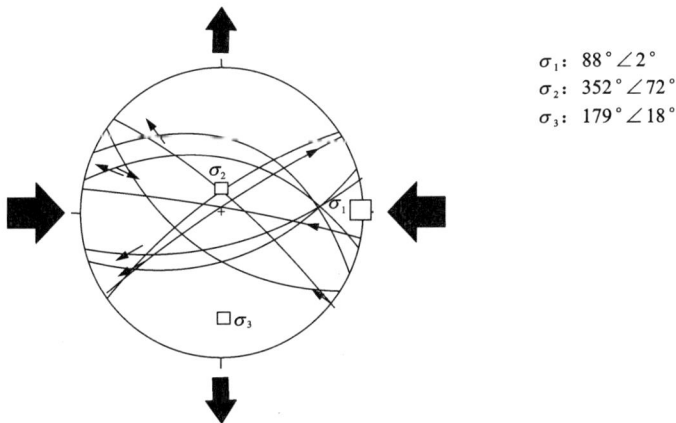

σ_1: 88°∠2°
σ_2: 352°∠72°
σ_3: 179°∠18°

图 6-29　近 E—W 向挤压古应力场图解

6.5.1.4 第四期 NE—SW 向引张

该期构造为区内观察的最晚一期构造,野外观察该期构造应力场作用下形成的断层明显切割其他期次构造形成的断裂,在同一个断层面上发育多期擦痕时,该期引张形成的擦痕明显切割其他期次形成的擦痕。该期断层擦痕矢量测量数据列于表 6-12,应力场见图 6-30。

表 6-12 NE—SW 向引张断裂部分测量数据

序号	运动方向	断层倾向 /(°)	断层倾角 /(°)	擦痕产状	
				侧伏角/(°)	侧伏向
1	N	355	32	70	E
2	N	214	58	70	E
3	N	15	75	70	E
4	N	12	73	80	E
5	N	34	14	75	E
6	N	70	62	60	N
7	N	25	35	70	E
8	N	70	62	60	N
9	N	50	31	90	E
10	N	12	47	60	E
11	N	15	78	70	E
12	N	355	68	80	E
13	N	245	55	90	W
14	N	45	50	90	E
15	N	275	36	50	S

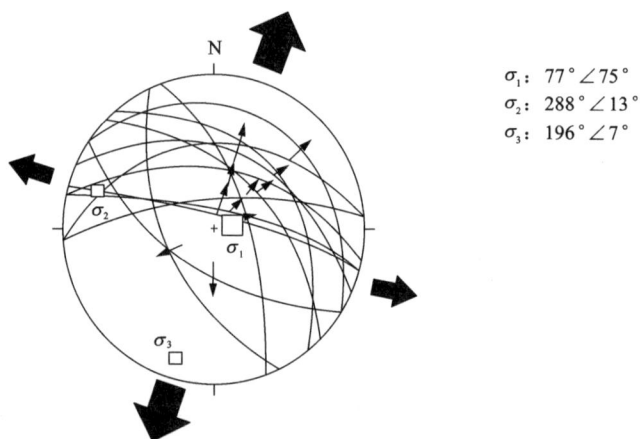

σ_1: 77°∠75°
σ_2: 288°∠13°
σ_3: 196°∠7°

图 6-30 NE—SW 向引张古应力场图解

6.5.2　成矿空间的形成机制

（1）成矿储矿空间的形成

沃溪矿区宏观上明显受官庄断陷盆地北缘滑脱断层带（沃溪断层）控制，集中产于沃溪断层与仙鹅抱蛋隆起夹持地段。该带主要发育有三条成矿带，都具有较好的成矿和储矿空间，即①断陷盆地南缘沃溪大断层下盘马底驿组，呈东西分布，由 8 个矿（化）段组成，由东向西分别为三渡水（沈家垭）、龚家湾、十六棚工（包括上沃溪）、粟家溪、鱼儿山、红岩溪、马儿桥、大风垭。其中沃溪矿区西起红岩溪，东至上沃溪，东西长约 6 km，南北宽 1～2 km，面积为 6～12 km²；沃溪矿区由西向东分为红岩溪、鱼儿山、粟家溪、十六棚工、上沃溪和塘虎坪六个矿段。②产于冷家溪与板溪群不整合接触面附近。③产于冷家溪群剪切带。

沃溪是大型金锑钨矿床，主要矿脉均产于缓倾斜层间剪切滑动断裂带内（图 6-31），由于它具有层带结构的特点，故在成矿过程中大都是以"层状"矿化出现，尤其在褶皱轴部产生的虚脱空间、层间剥离构造带内，往往发育着较富厚的板柱状矿体，且沿褶皱轴部延深可达数千米，矿体侧伏方向与褶皱轴向倾伏方向基本一致。在同一构造部位的矿体，具有多层性和叠瓦状的特征（包正襄等，2002）。

就褶皱类型和变形特征与成矿作用关系来说，第一期褶皱作用不仅时间较早，而且为厚皮褶皱，上下地层一起卷入褶皱构造；第二、三期褶皱作用为典型的薄皮构造，在褶皱形态上表现为下部褶皱作用幅度小，上部褶皱作用幅度大，以至于在上、下褶皱层位之间出现滑动虚脱构造，加之第二期褶皱构造为北西向挤压作用，形成北东向褶皱构造；第三期褶皱构造为北东向挤压作用，形成北西向褶皱构造，或者说，两个挤压造成的虚脱构造具有贯通性，这种滑脱构造往往利用和改造早期形成的脆韧性剪切带构造或强弱岩性界面构造，多会成为成矿流体的迁移通道和储集场所（图 6-31）；第四期褶皱构造属于区域抬升，可以把形成于深部的矿体抬升至浅部，使之成为浅部开采矿床。当然，这种隆升作用也会发育一系列高角度正断层，它们会破坏矿体的连续性，甚至由于隆升幅度过大，而使整个矿体被剥蚀殆尽。

（2）成矿空间形成机制

构造变形是成矿控矿的主导因素，通过上述对沃溪地区的变形期次和特征的分析和归纳，可以将其划分为四个大的变形期次，除了早期变形之外，基本上对应成矿前构造格局、成矿期控矿变形特征及成矿后的构造改造作用。区内主要的变形阶段亦可与区域上划分的四次主要构造运动时期相对应（图 6-32）。

早期构造变形虽然是早在成矿作用以前的构造事件与成矿作用关系不大，但是作为构造演化序列，早期构造变形往往对后期构造变形有一定的限制和控制作用。沃溪地区早期变形应该为武陵期的产物，形成了古佛山大背斜、柑子坪大背斜等一系列背向斜构造,其主压应力方向为近南北向。

成矿前构造变形主要发生在雪峰期,主要特征为南北向伸展拆离、隆升,断裂带除产生破裂外还发生塑性流变变形,在深部温、压等条件下形成脆-韧性剪切带。沃溪大断层此期表现为正断层性质,最大主压应力方向为近东西向。

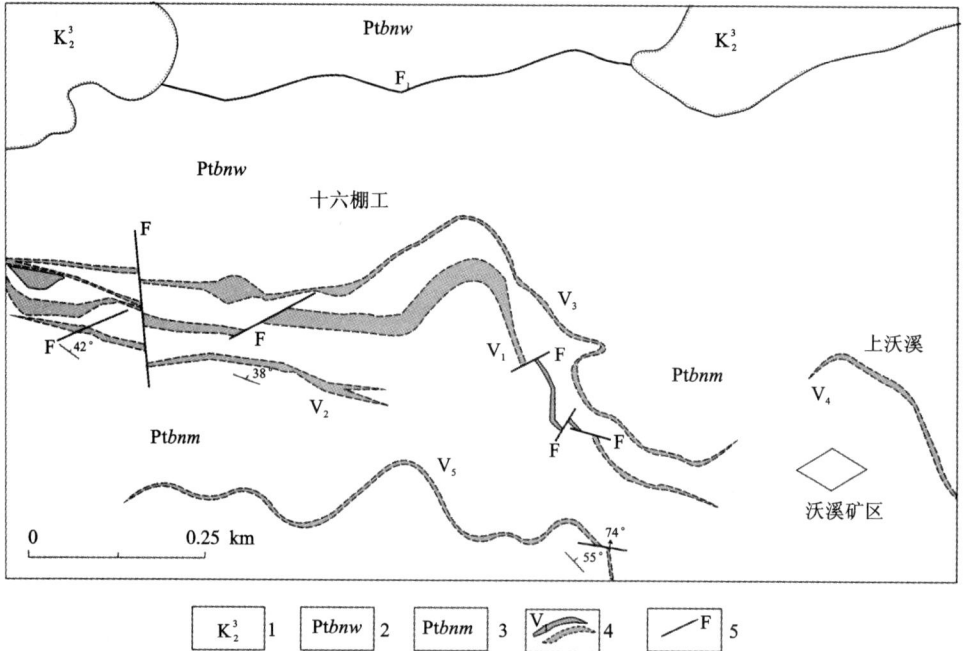

1—白垩系砂砾岩;2—板溪群五强溪组石英砂岩砂质板岩;3—板溪群马底驿组绢云母板岩;
4—实测或推测蚀变质带(矿脉)及编号;5—断层。

图 6-31 沃溪钨锑金矿田矿脉(蚀变带)经构造叠加形成的弯曲现象

成矿期构造变形到加里东期,区域应力场转变为北西—南东向挤压,形成区域上北东向的塘虎坪、新田湾逆断层,而矿区内则形成塘虎坪反"S"形构造,这一时期沃溪大断层为右旋扭压性质。深断裂沟通垂向通道,含矿热液沿脆-韧性剪切带运移、沉淀。运移及矿化时,首先沿空间较大的顺层断层形成层脉,其次与通道连通的节理沉淀成小的矿脉,并随扭压作用形成的层间小褶皱一起变形。

区域上发生了规模较大的区域性隆升作用。矿区内则主要表现为西部抬升,在十六棚工矿段附近形成北东向的正断层,错断层脉矿体,层脉向北东方向倾伏,沃溪大断层在北西—南东向伸展机制下发生左旋张扭性斜移下滑活动。

构造事件		平面模式图	剖面模式图	构造特征
雪峰期	伸展体制	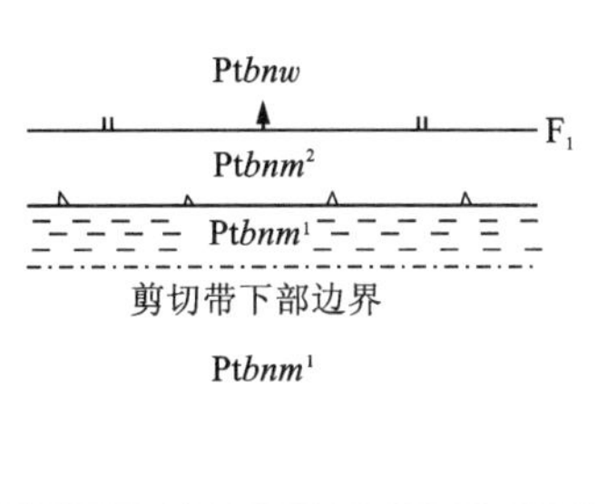 Ptbnw Ptbnm² Ptbnm¹ 剪切带下部边界 Ptbnm¹	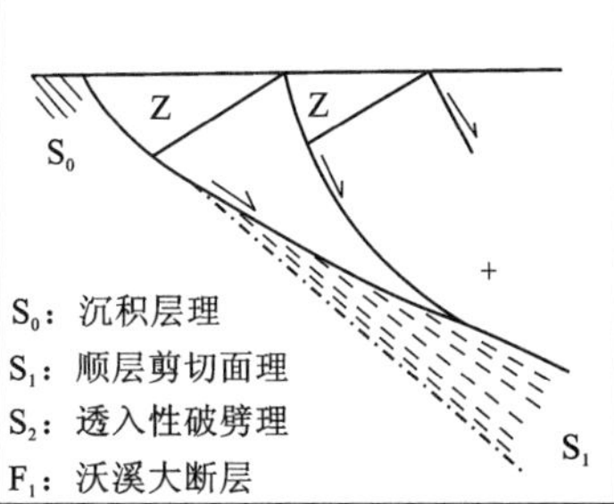 Z　Z S_0 S_1 S_0：沉积层理 S_1：顺层剪切面理 S_2：透入性破劈理 F_1：沃溪大断层	南北向伸展拆离、隆升。脆-韧性剪切带及层脉矿体形成。剪切带内岩石变形机制主要为压溶于碎裂流动，沃溪大断层表现为正断层
加里东期	挤压体制	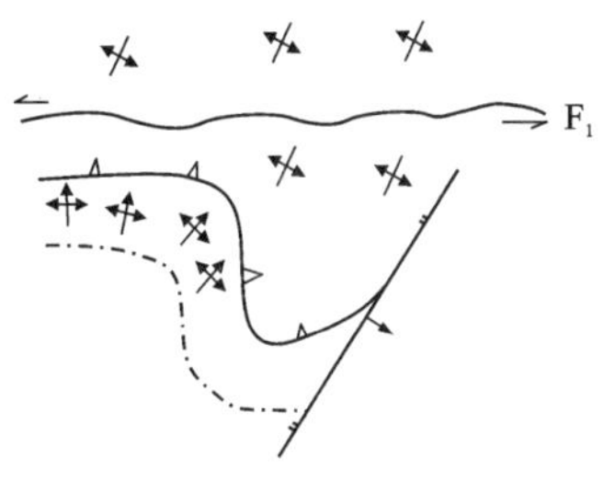 F_1	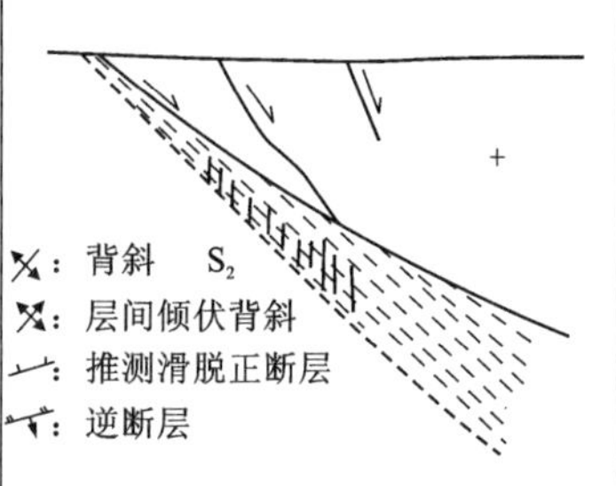 S_2 背斜　S_2 层间倾伏背斜 推测滑脱正断层 逆断层	北西—南东向挤压，形成唐浒坪反"S"形构造、层间寄生小褶皱、塘虎坪逆冲断层及前泥盆纪地层中的透入性破劈理（S_2）。沃溪大断层表现为右旋斜冲
印支期至燕山期	伸展体制	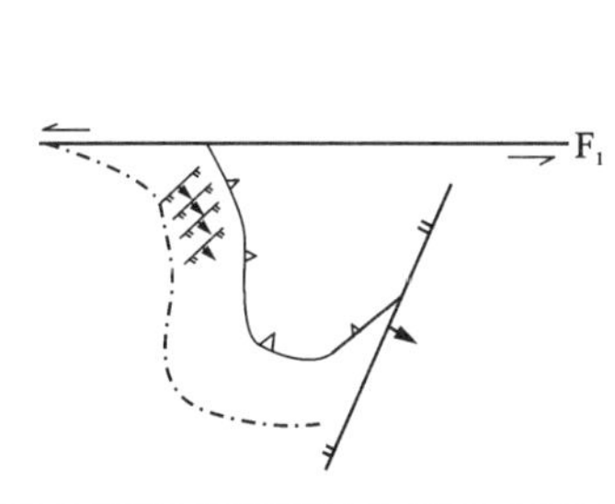 F_1	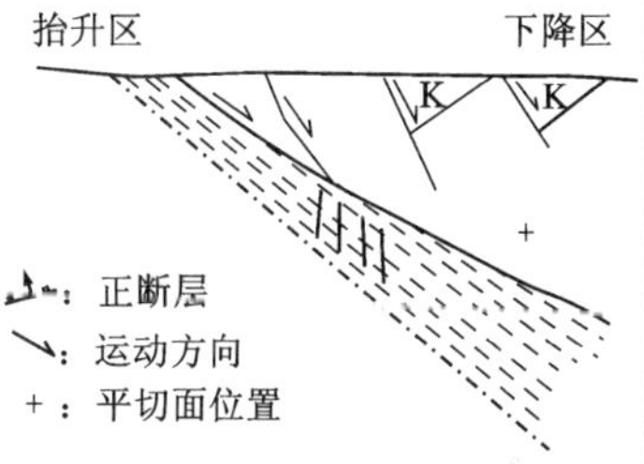 抬升区　下降区 K　K 正断层 运动方向 +：平切面位置 注：剖面模式图以24号勘探线为标准	西部抬升，在十六棚工附近形成北东向的正断层系，错断层脉矿体，层脉向北东方向倾伏。沃溪大断层发生左旋斜滑

图 6-32 沃溪金锑钨矿床构造演化阶段与模式

6.6　控矿构造活动时空关系

6.6.1　成矿结构面活动时间机制

　　成矿结构面是矿田构造研究的重点内容，也是矿田构造研究的难点。难度主要在于成矿作用前后，曾发生过多期次地壳运动，早期构造变形对成矿作用具有一定的控制作用，而晚期构造活动又对已经形成的矿体有明显的改造作用，因此，控制和改造就给地质学家研究地壳变化带来了更多的困难。为此，2012 年项目组在邵拥军教授的指导下，完成了以下研究工作：

（1）应力分析的复杂性

应力分析较为复杂，更多的表现为后期构造对前期构造形迹的改变，实际上表现为对构造应力场的改变。一般地讲，晚期构造变形时，构造部位较浅，岩石的力学性质也表现为比较强硬，构造运动形成的构造形迹基本代表实际情况，构造应力场分析也有很好的代表性。

但是，较早期的地壳运动，特别是对于尚有一定塑性变形的地块，后期构造的改造作用不可忽视。例如，早期发生南北向的构造挤压作用，在水平岩层中会形成两组平面共轭"X"节理，且锐夹角在南北方向，σ_1 呈近南北向，σ_3 近东西向，两者倾角近于水平，而 σ_2 近于直立。当该岩层发生轴向近东西向中等倾斜的褶皱构造时，在褶皱构造的翼部 σ_1 便会倾斜。如果一个地区经历了多期次构造运动的叠加改造，节理的方向就会有较大的改变，所分析的构造应力场也会有一定的偏差。这种情况下可以通过赤平投影的展平功能来恢复原始应力状态，遗憾的是现阶段做展平恢复的尚很少，原因不仅因为做展平恢复较为麻烦，还在于后期构造叠加较为复杂，尤其多期构造叠加更难恢复。现阶段较好的补救措施是除了大量统计不同期次的节理，加以分期配套，恢复构造应力场，最好同时注意研究同期的小褶皱构造、断裂构造，甚至包括一些有指向意义的显微构造，来分析、修正构造应力场，使其更加接近客观实际。

因此，截至目前，研究小构造的规律仍是进一步解析构造变形、研究构造变形演化、进一步准确确定矿体形态、分析预测隐伏矿体的有效手段。这就要求地质构造研究要分清成矿作用期次，探讨成矿构造的活动时间，分析成矿构造的形成及其演化，总结归纳成矿作用机制。

（2）区域构造应力分析

本区位于雪峰山隆起的 NW 侧，与锡矿山矿田隔山相望，大的区域构造应力特征如前所述，构造变形及成矿作用与之相似，矿区经历了较长的地质演化历史。由前人构造演化分析与成矿、控矿相关的构造变形可分为早期变形、成矿前期、成矿时期及成矿后期四个阶段。

早期变形指早在成矿作用很久以前的构造变形，在沃溪地区一般指武陵运动时期，那时地温梯度高，变形作用强烈，区域性南北向构造挤压，使冷家溪群和板溪群全都卷入了强烈变形，形成了近东西向的古佛山背斜、柑子坪背斜、拖毛岭背斜等区域性构造格架。

成矿前期对矿区构造格局起控制作用的是雪峰运动期。这一期区内最小主应力方向为近南北向，形成了区内南北向伸展拆离及局部升降。

雪峰运动期构造应力场中最大主应力 σ_1 应为近东西向（南北向伸展），因而形成伸展变形系统。由于经历时间较长，后期影响较大，点应力分析中得出这一期只有几个观测点（图6-33），按点应力与区域应力一致原则，最小主应力 σ_3

为近南北向水平拉伸，最大主应力 σ_1 为近直立，但从点应力状态可以看出不论是远离矿区的点 2、4，还是矿床附近的点 12、13，都和理想状态有一定的差别。这有两个原因，一是各点位于次级构造的不同部位，二是由于随后期岩层的变形而转动所致。因此点应力分析只能进行定性分析。

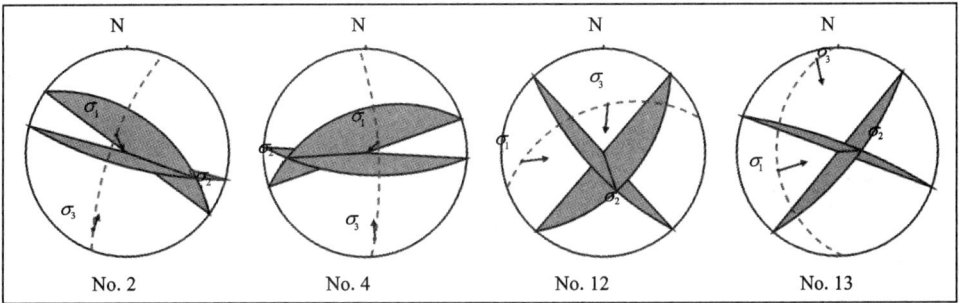

图 6-33　成矿前点应力状态

按同位素地质测年分析，成矿时期约在 420 Ma（彭建堂，2003），对应加里东期地质运动。这一期区域最大主应力方向为北西—南东向，受先存褶皱及断裂形成的构造格局影响，矿区内变形为右旋扭压，在矿区内形成了反 "S" 形的变形特征。

这一期变形应力状态的测量点如图 6-34 所示，最大主应力方向在 NW—SE 向区域内摆动，由于具典型平移特征，中间主应力 σ_2 应以近直立为主，而最大主应力为近水平向，从而形成压扭性变形区域。边界有两条逆冲断裂，形成以 NW 向和 NE 向为主的两组共轭节理。

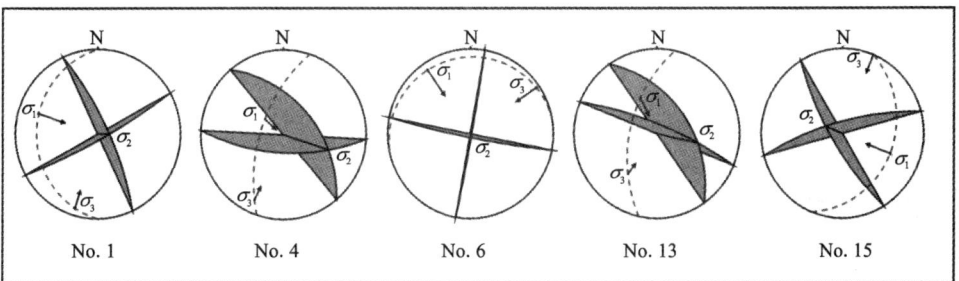

图 6-34　成矿期点应力状态

这一时期同时也是脆-韧性剪切带活动及成矿时期。矿体产状除与层理近平行的大脉外，所形成的较小的矿化脉基本上走向为 127°，与图 6-33、图 6-34 相对应，也就是说大部分成矿前及成矿期形成的节理并没有被矿化，矿化程度的高低与离剪切带主矿脉远近关系最大。

　　成矿后期影响矿区变形较大的一期运动是印支–燕山期运动,如构造演化分析(汪劲草,2003),这一期最大主应力和最小主应力发生对调,区域变形为左旋张扭变形,最大主应力方向近 NE 向。区内局部有升降变形,在原有格局上叠加了北东向的伸展正断层系,局部切错矿脉,相应的点应力状态如图 6-35 所示。

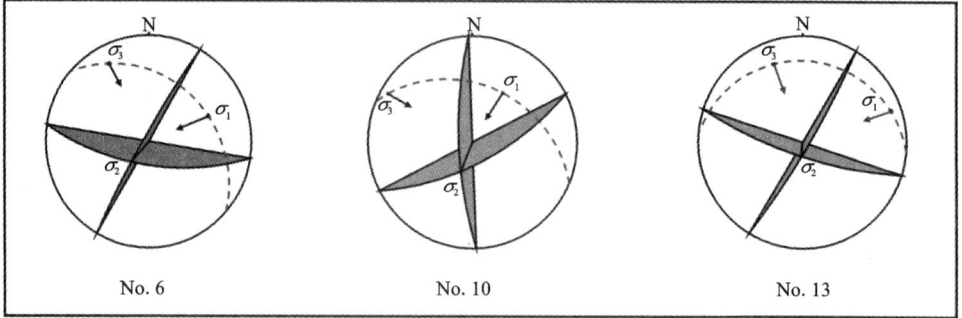

图 6-35　成矿后变形点应力状态

　　对于矿区内的测量点,由于变形时间长,构造叠加复杂,且由于岩性的原因,节理的分期配套工作较难,多数节理只能分出一到二期的变形,如图 6-33、图 6-34、图 6-35 所示,以其点应力状态结合所处位置分析,可进行相应的成矿、控矿构造分析。但是即使是分期较好的点 13(图 6-36),可分出前、中、后明显的三期应力状态,但是仍然有一定的不确定性,如矿化脉所占比例及产状等。因此沃溪矿区的构造分析及其与成矿、控矿间的关系应以三级地质构造及相应的地层进行分析,节理分析只起到辅助的作用。

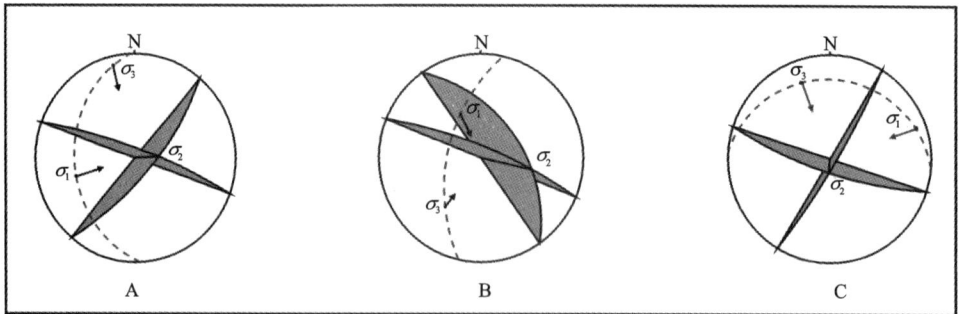

A 成矿前: σ_1:254°∠26°, σ_2:87°∠63°, σ_3:346°∠5°;B 成矿期: σ_1:335°∠40°, σ_2:102°∠36°, σ_3:216°∠29°;C 成矿后: σ_1:70°∠6°, σ_2:184°∠75°, σ_3:339°∠14°。

图 6-36　点 13 不同时期点应力状态

（3）区域构造隆升作用

在沃溪矿区范围内，较为普遍地发育两组较为陡倾的共轭构造节理，多为剖面"X"节理，从节理产状特征、相互切错关系、共轭组合、节理面擦痕等现象判断，主压应力为陡倾产状，也即主压应力"σ_1"近于直立，表明此次构造活动为近垂向隆升，是区域抬升作用的产物（图 6-37）。

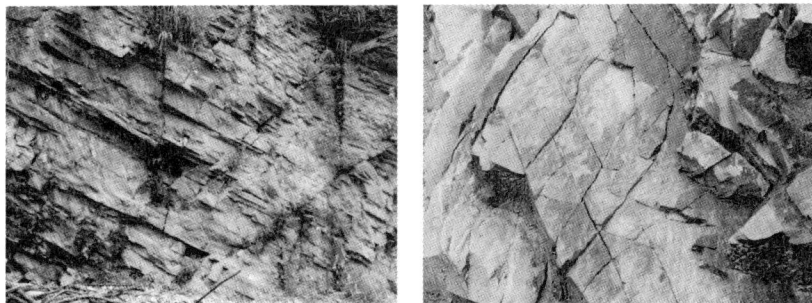

图 6-37　沃溪地区区域隆升作用形成的共轭节理

在沃溪矿田，特别是在沃溪大断裂以北，多处沉积有白垩系上统厚层状紫色砂砾岩层，是中生代末期角度不整合沉积覆盖在不同时代地层（岩石）之上的所谓红层。但是，在官庄南马路旁边却见有白垩系上统红层正断层下移，直接与板溪群五强溪组灰白色中厚层石英砂岩相接触，这表明在白垩系沉积之后，沃溪地区上隆，或者说在整个区域隆升的大背景下，白垩系红层沿产状为 220°∠60° 的正断层下移，以至于白垩系红层直接与五强溪组接触（图 6-38）。

此外，在沃溪地区，白垩系红层普遍倾斜，产状一般为 200°∠35°，也表明沃溪地区存在强烈的抬升作用。

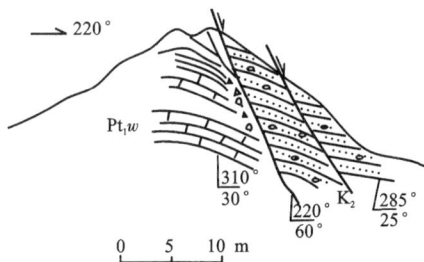

左照片：白垩系上统与五强溪组断层接触关系；右图：白垩系上统与五强溪组断层接触关系素描图。

图 6-38　官庄南马路白垩系上统与五强溪组断层接触关系

6.6.2　成矿结构面活动空间机制探讨

沃溪金锑钨矿是湘西北地区的知名矿山，它的形成与大地构造、区域构造以及矿区的构造裂隙均有着密切的联系，邵拥军教授等对其进行了归纳总结。

（1）含矿热液来源及迁移途径

锑（Sb）属于稀少（微量）元素，我国将其划归为有色金属，它的地壳、地幔、地核丰度分别为 $0.6×10^{-6}$、$0.1×10^{-6}$、$4.2×10^{-6}$，其比重为 6.6，熔点为 630.5℃，沸点为 1750℃。在漫长的地球演化过程中，在物质的重力分异和热力膨胀作用下，包括锑在内的重元素绝大多数沉入地核，形成地球的核、幔、壳结构。就锑而言，全球锑总量的 94.937% 均存在于地核之中；另一方面，由于地球的核、幔之间存在着很高的温度差、压力差、黏度差、速度差等，使核内物质以地幔热柱的形式从核-幔界面存在的薄弱处向上运移，锑等重元素也会以气态、气液态的形式随地幔热柱多级演化向上迁移，直至进入地壳浅部构造扩容带中集聚成矿。

在一般情况下，地幔具有一定的可塑性，虽然锑、金等重元素在重力作用下具有下沉的总体趋势。但是，当核幔界面热扰动加强、温压条件高到足以突破核幔界面的限制形成规模较大的地幔热柱时，锑、金等重元素就会随地幔热柱发生多级演化、呈"反重力（气-液态）"形式向上迁移。这种过程多发生在核幔界面能量积累的高峰期，在热扰动作用下，核幔界面起伏加大。外因条件则是地球之外的中长期天文因素影响较大，潮汐形变使地壳、地幔和地核的扁率发生周期性的变化，从而使地壳、地幔的容积以及地核的形状发生周期性的变化，导致地核中的流体、核幔边界积累的能量快速冲破核幔界面阻力，形成沿不同深度贯通裂隙向上喷射的地幔热柱。与此同时，下地幔热柱、上地幔热室，甚至软流圈岩浆源都可能形成不同层次的上升地幔热柱，成为地幔热柱强烈活动的高发期。也正是在这种高温高压控制下地幔热柱强烈活动时，由于深部温压条件高，加之在天文因素构成较大潮汐力激发的共同作用下，才能使地球深部重物质，包括锑、金、银、铅、锌等重金属元素克服重力分异作用，实现反重力分异作用，并形成大规模的构造岩浆活动，同时必然夹裹一些成矿元素进入浅层地壳，在有利的构造扩容带中聚集成矿。

（2）大地构造控制成矿带

金、锑、钨等成矿物质主要来自深源，甚至来自核幔源，构造对成矿作用的控制相当重要，并且表现为不同级别的构造对不同规模的矿床具有显著的控制作用。

沃溪金锑钨矿的成矿时间主要为中生代，那么在中生代该区是什么样的大地构造环境呢？从幔枝构造的视角来看，主要表现为构造变形—岩浆活动—成矿作用系列。构造变形的主要表现是中生代以来强烈的构造隆升，并形成与此有关不同级别的断裂-褶皱构造;岩浆活动不仅表现为在广义的成矿区内具有多期次环形的岩浆岩体侵位,更重要的是它沟通了深部矿源,打通了含矿流体迁移的通道,也是含矿流体向上迁移的载体。尽管成矿作用与岩浆活动间的关系,有时表现为亲源特征,甚至矿体就展布在岩体之中,或是岩体的内外接触带,但有时也可远离岩体分布。很显然,这种空间展布上的远近主要与成矿物理-化学条件有关,岩浆冷却快,成矿温度较高,两者展布距离就较近;岩浆冷却慢,成矿温度较为中低温,两者展布距离便会远一些。

幔枝构造的形成不仅打通了成矿物质来源通道,其岩浆活动也成为了含矿流体迁移的载体,浅部断裂构成了成矿储矿的有利空间。因此,衡阳幔枝构造控制了金锑钨成矿带的展布。

(3)滑脱带构造控制矿田

在沃溪地区,十六棚工矿段是矿田的主要赋矿矿段,也是矿床的成矿中心。构造上处于 NE 向次级倾伏背斜轴部,在紫红色板岩中有多层含钙板岩,其层间的剥离构造带内,发育有 6 条平行产出的矿脉,向 NE45°深部延伸,长达 2300 m,甚至矿体的倾向延深远远大于延长,构成了国内外罕见的柱板状矿体。这是与剪切带有关的金锑矿床的重要特征(图 6-39)。

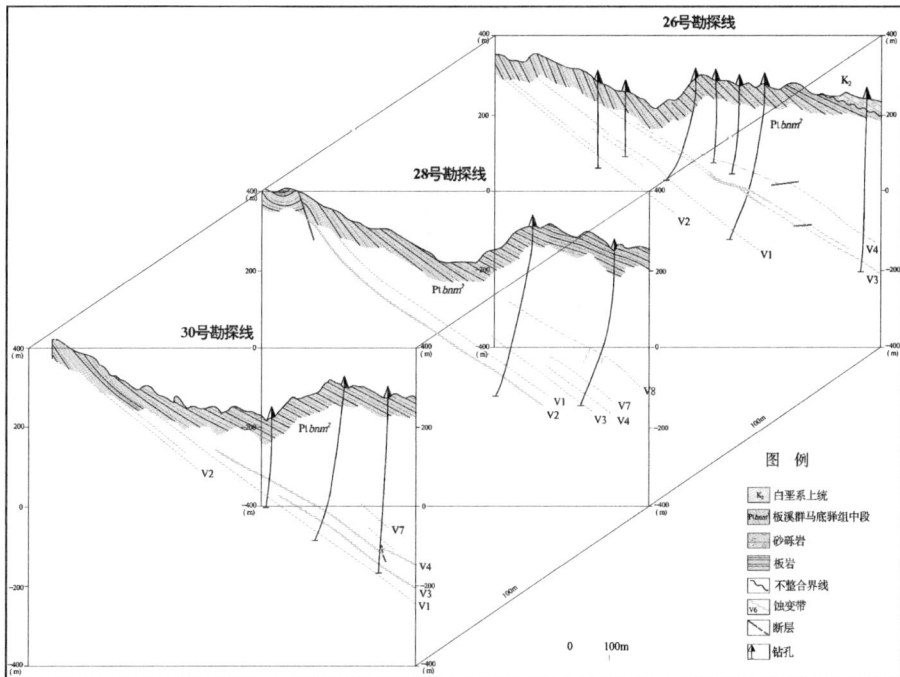

图 6-39 沃溪金锑钨矿区矿脉展布联合剖面图

从区域构造叠加关系与成矿作用可以看出，该矿床严格受层间滑动断裂带控制。而层间滑动往往是第二、三期薄皮褶皱构造作用期间，与下伏地层间的滑动和虚脱构造构成成矿储矿空间，特别是在断裂破碎带宽度大的部位、羽状裂隙或平行断裂发育部位，往往形成厚大工业矿体；而且主要矿体具有侧伏成矿和沿倾斜方向发育较深的特点，属于与剪切带有关的矿床或称"延深矿床"。

第二、三期褶皱作用形成的层间滑动和虚脱构造往往构成很好的成矿储矿空间，在具体的构造带上，多表现在大套软、硬岩层相间的部位，由于第二期褶皱作用形成的层间滑动为压扭性，往往形成一定厚度的压扭性剪切带，甚至发育出糜棱岩构造，也可出现较弱的围岩蚀变作用。第三期褶皱作用形成的层间滑动改变为张扭性，而且特别容易利用和改造第二期褶皱作用形成的已有构造软弱（剪切）带，使其叠加张扭性顺层滑脱作用（图6-40）。这种叠加在中薄层砂岩层与泥质岩层互层的地层中都能表现出来（图6-40右照片）。由于区域构造应力场派生的顺层正向滑动，泥质岩层表现为顺层下滑错动，而中薄层砂岩层相对于泥质岩层则表现为脆性，在上、下泥质岩层逆时针力偶的作用下，中薄层砂岩便形成一系列等间距破劈理，它们也可较好地反映构造活动的运动学特征。

很显然，原有的构造薄弱面经过压扭性-张扭性剪切叠加，便成为了连续性较好、开放程度较佳的构造薄弱（虚脱）带，即连续性很好的成矿储矿构造，成矿期含矿流体在温度、压力等物理-化学条件控制下，液压致裂贯入构造薄弱（虚脱）带中成矿便顺理成章。

图6-40 层间滑脱构造的形成

（4）虚脱构造控制矿柱

大规模热液型金属矿山，不仅要有很好的导矿构造，而且要有很好的储矿构造。沃溪矿区已发现矿脉7条，均位于沃溪断裂下盘的层滑断裂或层间剪切滑动断裂带及其影响范围，平行分布，叠置产出。但在地表一般仅见绢云母化蚀变带或断层泥线，矿脉长50~5300 m。矿化按其产状形态可划分为3类，即层间脉（层间石英脉）型、主要产于层间脉下盘的细脉带型，以及切层节理裂隙型。层间脉型约占矿床金总储量的85%，是矿脉的主要产出形态（图6-41）。矿体一般长80~250 m，延深360~1500 m，最大延深达2300 m，平均厚度为0.29~0.52 m，平均含 WO_3 量为0.22%~0.75%，含 Sb 量为2.58%~5.55%，含 Au 量为 $5.45×10^{-6}$~$10.33×10^{-6}$。属钨、锑、金共生矿床，且钨、锑、金均具有单独经济价值（包正襄等，2002）。

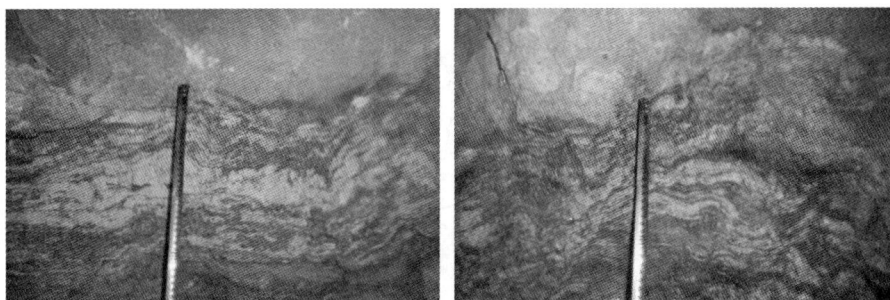

图6-41　层间滑脱构造带形成的钨锑金矿脉

除了占主导地位的层间脉型矿体以外，在褶皱构造的轴部还可形成柱状矿体。由于受矿区褶皱构造枢纽虚脱部位的控制，往往可以形成矿柱。以构成沃溪复背斜主体的十六棚工西向斜与中背斜和东向斜为例，其形态、产状及规模严格控制着倾伏矿柱的展布，从20中段（-210 m标高）开始发生了明显的变化，直接影响着深部矿体的空间展布格局。上部中段西向斜褶皱呈宽阔的"U"字形，向北东方向侧伏延深，随着褶皱的深延，枢纽方向发生偏转，至26中段（-360 m标高），褶皱呈紧闭的"V"字形，枢纽走向由北东45°偏转为北东75°，至28中段（-410 m标高）与十六棚工中背斜复合，后者随之消失，构成以向斜构造为主体的紧闭褶皱并继续沿北东方向侧伏延深，构造复合过程中，形成多条与褶皱轴向平行的容矿层间断裂。而十六棚工东向斜则从22中段（-260 m标高）开始，变得越来越宽阔，表现为一开阔度较大的"U"字形，沿北东东方向倾伏，倾伏角为30°，褶皱的规模沿倾伏方向有逐渐扩展的趋势。同一控矿构造部位的构造具有多层性并呈叠瓦状分布。

（5）裂隙构造控制网脉

裂隙是控制网状矿脉的具体构造，也是构成矿体的具体单元。以往构造研究往往对裂隙构造重视不够，特别是在岩性较为单一，且缺少构造标志的地层（岩石)中,而岩石又表现为脆韧性-韧脆性变形的情况下,构造裂隙不容易被识别出来,裂隙多被忽略。有时裂隙带被成矿流体充填,才能明显地表现出构造裂隙的展布情况,甚至成为一种重要的矿石类型。

实际上,这些裂隙对成矿储矿起着重要作用(图6-42),含矿流体在温度、压力等物理化学条件控制下,往往以强力贯入的形式渗透于裂隙之中,甚至发生液压致裂作用,即把较为紧闭的裂隙撑开,同时,也会有流体的渗透蚀变作用,形成典型的网状裂隙脉体。

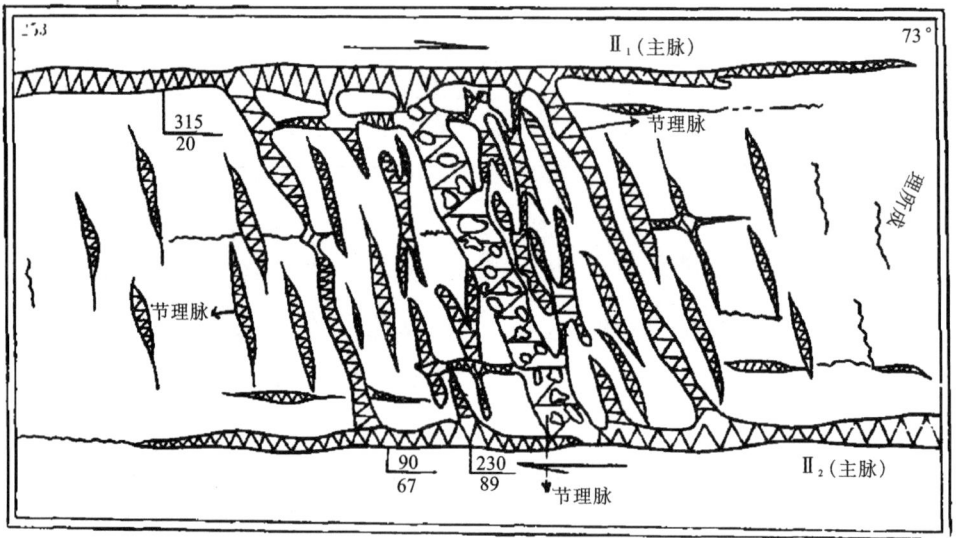

图6-42 充填于Ⅱ₁与Ⅱ₂主脉之间的张、剪节理所构成的矿脉群

(据戴启伟,1990)

汪劲草等(2003)详细观察脉体充填特征,在主层脉及次层脉或节理脉之间,还划分出一系列的细脉,致使局部矿体厚度陡然增大(图6-43)。细脉的构式主要有:树根状细脉[图6-43(a)],一组平行于主层脉,另一组斜交于主层脉,形成棱形网脉[图6-43(b)];两组皆斜交主层脉组成菱形网脉[图6-43(c)];不规则细脉组成不规则网脉[图6-43(d)]。

成矿物质的贯入特征在很多类型矿石标本中表现得清楚,图6-44左侧照片应该具有较为开放的裂隙,含矿流体贯入之后有较为开放的空间,以及较为从容的冷却结晶时间,以至于形成很好的脉状矿化。图6-44右侧照片则是破碎的构造角砾岩,被辉锑矿胶结起来,表明构造破碎在前,且以张扭性破裂为特征,构造角砾大小悬殊,角砾棱角明显,基本没有磨圆,辉锑矿则以胶结物的形式贯入角砾之中,成为明显的胶结物。

（a）主层脉与次层脉之间的树根状细脉矿体（V3）

（b）主层脉与支脉间的楔形网脉矿体（V3）

（c）主层脉底部的菱形网脉矿体（V4）

（d）辉锑矿胶结的不规则状网脉矿体（V4）

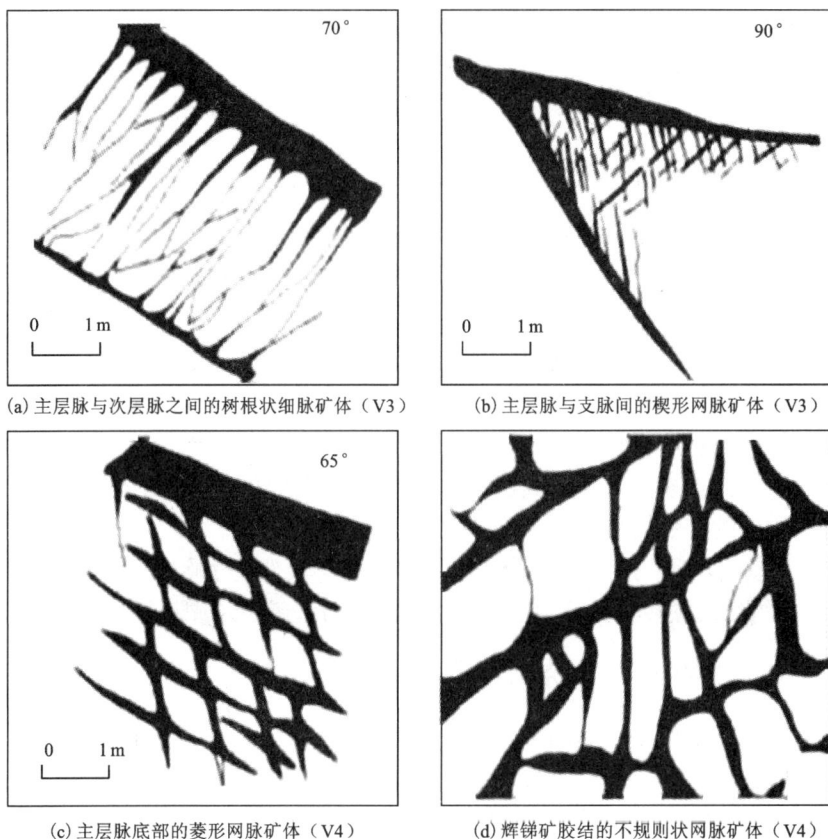

图 6-43 矿脉的构式特征

（据汪劲草等，2003）

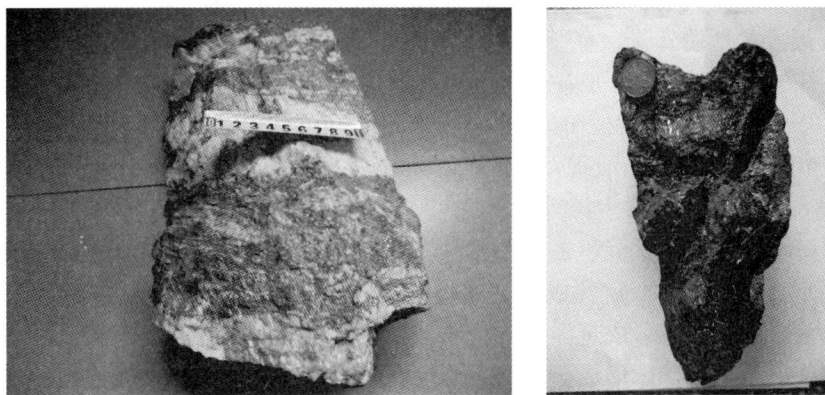

左图：-25 中段裂隙充填式矿石；右图：-25 中段构造角砾状（胶结物为矿化）矿石。

图 6-44　沃溪锑矿典型锑矿石结构构造特征

6.7 构造成矿控矿模式

在沃溪地区，雪峰运动使华夏陆块与扬子陆块在江山以东缝合，江山以西的华南洋盆转变为规模不大的残留洋盆；加里东运动使华南洋盆褶皱隆升，形成了华南褶皱(造山带)。加里东运动同时也使扬子陆块、华南褶皱带和华夏陆块拼合成统一陆块。

印支运动使上古生界及其以上地层都卷入了褶皱构造变形，燕山运动早期，常德—武汉地幔亚热柱强烈活动，同时在其西、南、东侧外围形成上饶幔枝构造、衡阳幔枝构造和重庆幔枝构造。

通过地幔热柱多级演化及其浅部强烈的构造岩浆活动，向上运移的含矿流体进入幔枝构造的有利构造滑脱带中集聚成矿。

喜山运动的隆升作用，使沃溪地区抬升成山，形成现代盆岭构造格局，同时在区域上形成了两组陡倾共轭节理，主压应力为陡倾产状，反映区域隆升作用的产物。

6.7.1 以往控矿模式研究简述

沃溪金锑钨矿田是湘西的主要矿山，不仅开采时间长，效益好，而且成矿作用独具特色，历来受到很多地质学家的重视，也有基于不同学科视角或观点总结出来的成矿模式。例如，彭渤等(2000)基于板块构造观点，认为中元古代末华南板块与扬子陆块开始对接、碰撞，形成大陆碰撞造山带(邓家瑞等，1998)。雪峰矿集区即在这种构造背景下演化、发育。到中生代印支-燕山期，华南大地构造格局发生根本性转变，EW 向挤压转为 NE—NNE 向的伸展拉张，奠定了 Sb、Au 成矿大爆发的地质背景。基于这些事实和分析，提出 Sb、Au 成矿大爆发的机理模式(图 6-45)。Sb、Au 成矿主要分三个阶段：①俯冲-迁移阶段；②拆离-聚集阶段；③引张-成矿大爆发阶段。

董树义等(2008)详细研究了成矿物质来源、运移途径、成矿作用等诸多因素(Canet et al. , 2003；顾雪祥等，2003，2005)，认为成矿流体主要来自进化的海水，即海水通过在下伏沉积柱中的循环获取矿质，进而沿一系列断裂系统向上排泄到海底。较之海水，这种成矿流体密度较低($0.94 \sim 0.96$ g/cm^3)，因而当其上升到海底后，很可能形成悬浮的热液柱，即成矿作用很可能发生于悬浮的热液柱中，某些沉积喷流矿床形成于汇聚于海底沉降洼地内的卤水池中。这种悬浮的成矿热液柱通过与冷海水的混合、掺和，发生化学和机械-化学沉积，在海底形成层状矿体(图 6-46)。不同矿层之间相比，成矿流体密度变化小，暗示了幕式喷出的成矿流体成分相差不大。

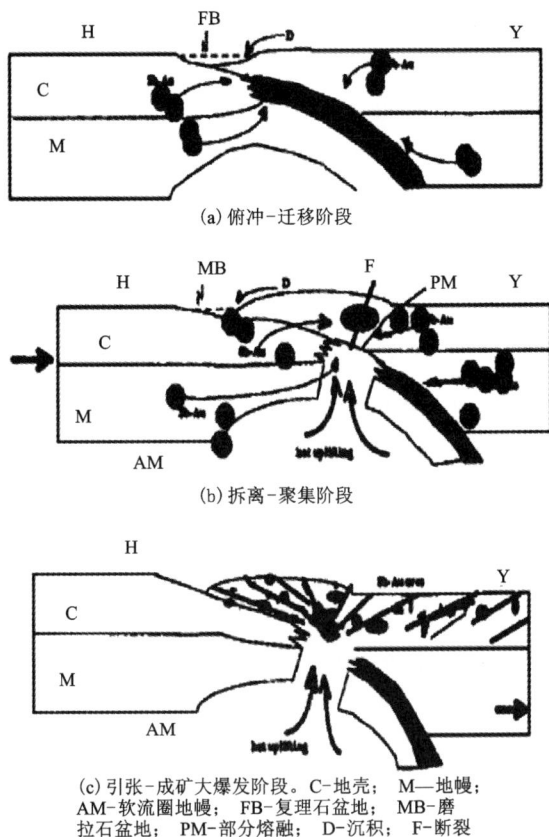

(a) 俯冲-迁移阶段

(b) 拆离-聚集阶段

(c) 引张-成矿大爆发阶段。C-地壳；　M—地幔；
AM-软流圈地幔；　FB-复理石盆地；　MB-磨
拉石盆地；　PM-部分熔融；　D-沉积；　F-断裂

图 6-45　雪峰矿集区锑-金成矿大爆发机理图

（据彭渤等, 2000）

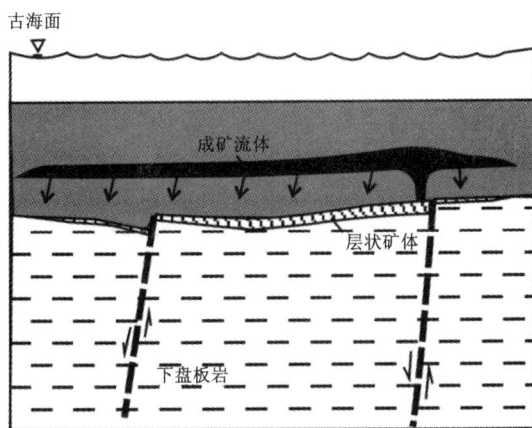

图 6-46　沃溪金锑钨矿床成因模式图

（董树义等, 2008）

6.7.2 控矿构造基本特征及控矿规律

研究区控矿构造十分复杂和多样，矿体主要受断裂控制，但局部地段的矿体又受褶皱控制。控矿断裂的方向也多种多样，22 中段以上以近东西向（NWW—SEE）控矿为主，少量近南北向，仅个别为北东向断裂控矿；23 至 26 中段近东西向（NWW—SEE）及北东向断裂都具明显控矿作用；27 中段以下矿体主要受北东向断裂控制。控矿断裂的运动学及动力学特征也不尽相同，成矿后的构造叠加也很普遍，既有顺层挤压造成的矿体褶皱，又有垂直层面挤压（顺层引张）造成的矿体石香肠化。总之，本区的控矿构造极其多样和复杂。

（1）多期次断裂的控矿作用

本次构造研究过程所划分的构造活动期次及建立的相应古构造应力场，基本是中生代以来的构造活动，实际上，本区经历了陆内造山前多期构造活动，由于后期构造改造，很难恢复其所形成的构造运动学及动力学机制。印支运动启动后，在 NW—SE 向的构造挤压下，除了形成奠定区内构造总体格架的 NE 方向褶皱外，主要形成了一组 NW—SE 向的断层，这在后期成矿过程中成为重要的容矿构造之一。在由 NW—SE 向的构造挤压向近 S—N 向挤压的过程中，除了产生 NE—SW 向的平移断裂外，还伴有近 E—W 向的逆冲断层。同成矿期，在 NW—SE 向拉伸及区域引张的构造背景下，成矿前的先期断层重新活动，同时还可形成一系列新的 NE—SW 向的正断层。成矿前不同构造应力场作用下形成的先期断层及同成矿期新形成的断层，对区内矿体就位均表现有制约作用，控制着矿体的空间展布。

不同时代的断层构造及多方向、多期次断层的控矿作用是区内断裂控矿的最大特征之一，这也为构造控矿研究提供了复杂而又重要的课题，直接影响到该区的边深部找矿。

（2）多方向断裂联合控矿

沃溪矿区在 22 中段及其以上，虽然控矿断裂有多重方向，但近东西向及 NWW—SEE 向断裂占据着控矿的主导地位。宏观上，该组断裂在矿区内由西向东表现为由近东西向转为 NWW—SEE 向及 NW—SE 向，这种弧形展布其实是成矿及成矿前两期构造所形成不同方向断裂在成矿期联合作用的结果。根据区域构造演化特征，近东西向的构造活动因素十分复杂，既可能是 NW—SE 向挤压下形成的一组断裂，也可能代表了更古老的边界断裂的次级构造，该组断裂可能主要活动于印支期的陆内造山过程，该期构造活动可能形成了本区乃至整个雪峰造山带的整体构造格局。NW—SE 向构造可能形成于印支的陆内造山过程，根据初步的古构造应力场分析，北西向断裂可能与近 S—N 向挤压有关，在该应力场作用下，产生了两组共轭断层，一组为 NW—SE 向，另一组为 NE—SW 向。在成矿时期构造活动过程中，一组 NE—SW 向的断层与 NW—SE 向挤压下形成的近 S—N

向断层复合,造成了由近东西向转为 NWW—SEE 向及 NW—SE 向弧形断裂的控矿特征。

23 中段及以下,矿体的产出状态及控矿构造发生明显变化,矿体主要受 NW—SE 挤压下产生的 NW 向断层与近 S—N 向挤压产生的 NE 向断层联合控矿。

多组断裂、多期断裂联合控矿是本区十分明显的构造控矿特征。

(3)区域构造变形式样的控矿作用

纵观世界很多受断裂控矿的脉状矿床,控矿断裂在浅部与深部产状发生变化应属正常现象,但沃溪矿区控矿断裂系统发生如此大的改变实在罕见,这种同一矿区、同一矿床控矿构造体系浅部与深部的巨大差异,可能与本区成矿前的区域构造背景及不同变形层次的构造变形式样有着密切关系。

整个雪峰山地区经历了印支期(燕山早期)的陆内造山过程,滑脱及拆离断层是陆内造山过程中十分普遍的构造。地震剖面资料显示,雪峰山地区发育有薄皮构造(汤双立等,2011)。薄皮构造的发育会造成不同层次构造变形的迥异,对于研究区 22 中段以上与 22 中段以下控矿构造的巨大差异,主要可能是不同构造变形层次对先前已形成的先期构造继承与改造的不同结果。野外构造解剖表明,本区的膝折构造、尖棱褶皱十分普遍(图 6-47、图 6-48),这两者常是其下方存在低角度断层(滑脱断层或拆离断层)的重要标志之一。因此,初步分析认为,研究区成矿前浅部与深部控矿构造的差异是因为早期滑脱构造导致了滑脱层上下变形的差异。

图 6-47　地表板溪群中发育的膝折构造

图 6-48　板溪群中发育尖棱褶皱

(4)成矿后构造改造

研究区成矿后经历了多期的构造改造,据现阶段野外观察与分析,至少受到两期后期的构造改造。一期为顺层挤压,造成矿体的褶皱,这种褶皱并非成矿前的褶皱控矿,而是成矿后的构造改造(图 6-49、图 6-50、图 6-51)。图 6-49 中,褶皱仅限于含矿石英脉,围岩并未协同褶皱,显然不是成矿前的褶皱控矿,是成矿后的构造；从图 6-50 可见，厚的强硬层石英脉形成波长大的褶皱，其内侧一薄层强硬层厚度小的石英脉形成波长小的褶皱，两者构成了典型的复褶皱。内侧紧靠石英脉的柔软层，在应变接触带范围内与石英脉一同褶皱，远离石英脉、处于变接触带之外的无明显褶皱，明显反映了成脉后的褶皱作用。从图 6-51 可见，强硬层石英脉内侧的软弱层围岩中，发育倒扇形的轴面劈理，是典型的强硬层褶皱过程的派生构造。这些均是极其经典的石英脉褶皱过程伴生的构造。

图 6-49　后期构造形成石英脉不对称小褶皱

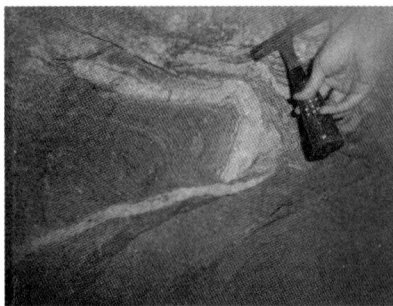

图 6-50　后期构造形成石英脉褶皱(一)

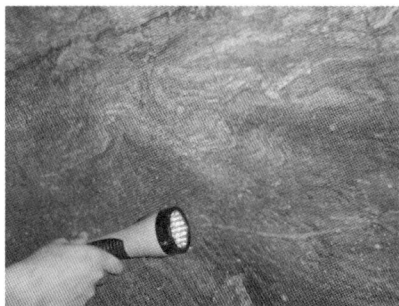

图 6-51　后期构造形成石英脉褶皱(二)

　　成矿后另一期构造改造为顺层引张(垂直矿层的挤压)，造成含矿石英脉的石香肠化(图 6-52)。

　　上述两期对矿体后期的构造改造中，造成矿体褶皱的一期可能与成矿后的 NE—SW 向到近 E—W 向挤压的成矿后构造活动有关，而造成矿体石香肠化的这期改造，可能与成矿后的 NE—SW 向引张有关。尽管区内矿体受到成矿后两期构造的改造，但只是造成矿体的变形，没有对矿体造成大的破坏。

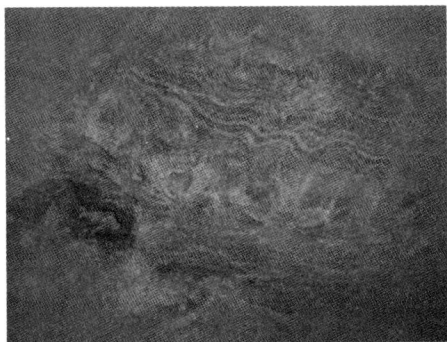

图 6-52　矿体受后期构造构造形成的石香肠

6.7.3　幔枝构造成矿控矿模式

幔枝构造研究认为，成矿物质主要来自深源，甚至来自核-幔缘边界，通过地幔热柱多级演化，从地幔热柱→亚热柱→幔枝构造→有利构造扩容带→矿田→矿床→矿体(脉)逐渐迁移、聚集成矿的过程，具备了很好的成矿物质来源、迁移通道、储集场所系统，相当于裴荣富提出的源-运-储理念(裴荣富等，2005)。相对稳定的伸展构造体制为多期次矿化作用提供了必要时间和空间保障，因此，可以形成沿主干断裂构造展布的规模巨大、共生元素较多、品位较高的大型矿田。

金、锑、钨等的成矿作用以含矿流体贯入为主，围岩萃取为辅。而且成矿物质的析出沉淀受温度、压力等成矿物理、化学条件的控制，具有从下部往上部，温度、压力从高往低演化的特点。对于沃溪幔枝构造来讲，尽管成矿流体更多地是从幔枝构造核部向上(外)迁移，但是，如果由于核部岩浆活动温度偏高，成矿流体尚不能满足成矿物质结晶沉淀的温度，则成矿流体继续向上迁移。可以气态的形式迁移，也可逐渐过渡到以含矿流体的形式运移，直到上部较好的顺层韧脆性-脆韧性剪切带形成滑脱层，以及密集的构造裂隙带才集聚成矿(图 6-53)。

至于金、锑、钨的成矿类型，则与其所处构造位置密切相关。如果成矿流体沿着早期已存在的韧-脆性拆离滑脱带贯入，由于带中已经存在压扭性-张扭性剪切活动形成的糜棱岩构造扩容带，则成矿流体相对容易沿带贯入，形成层间脉型金锑钨矿(即沃溪式矿脉)；如果成矿流体在温度压力作用下贯入由于幔枝构造上隆所形成的构造裂隙中结晶沉淀，便会表现为裂隙脉状金锑钨矿。

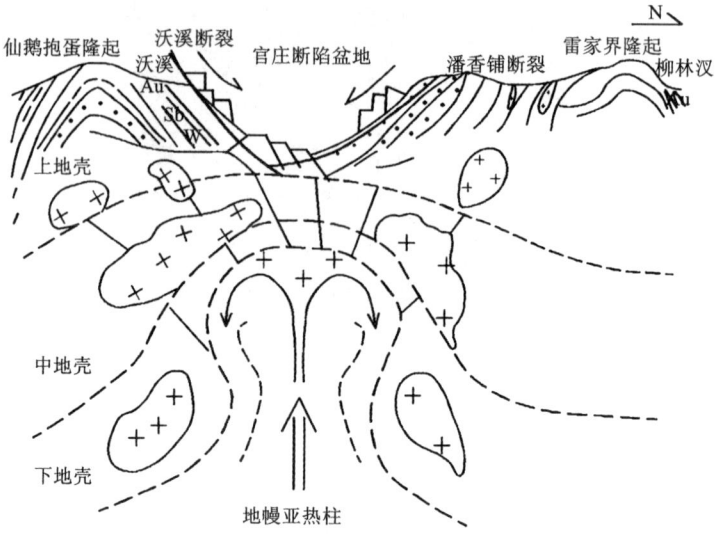

图 6-53　沃溪地区幔枝构造控矿模式图

(据牛树银, 2002 修改)

第 7 章　成矿流体及成矿热(动)力学特征

　　成矿流体是解决矿床形成中成矿物质来源、运移、聚集成矿的关键和核心，越来越多的研究表明，许多巨型矿床的形成，是地壳大规模流体流动的结果(张连昌，赵伦山，2001)。而成矿流体研究的关键问题是流体的起源、组成、物理化学性质、规模、运移的通道和机理、流体-热-力学-化学之间的耦合作用，水-岩反应的化学动力学机制等。传统矿床学上，按照流体产状和成因，将流体分为地幔流体、岩浆流体、变质流体、地层水或建造水、地热水、卤水、雨水和地下水(梁婷，高景刚等，2005)。邓军等(2005)根据成矿流体系统主要组分、来源不同将成矿流体划分为原生流体、再生流体与地表流体三种，并定义，地表流体主要包括大气降水、海水与地表卤水；原生流体主要指与板块碰撞-离散及深断裂大规模剪切作用有关的岩浆(岩浆热液)与变质流体、幔源流体，其特点是活动时间较短，与突发性地质事件伴生，但活动范围较大，输运通道可以贯穿整个岩石圈；再生流体主要是由已有的沉积物在重力压实、构造挤压或热烘烤作用下所释放出的、含有大量有机组分的流体，其通常与沉积作用同步，活动时间较长，活动范围仅限于地壳盖层部分。三者起因不一，成矿作用各异，其输运方式、活动范围、化学性质也有差异。特别是重大地质事件(板块俯冲或地幔柱上涌等)不但可以产生原生流体，还可以引发一系列盆-山转换、地壳变形、岩浆侵入等事件，引发并加速了再生流体的活动。一般来讲，原生流体、再生流体与地表流体相互间不同程度地混合，共同参与成矿作用。

7.1　成矿流体类型及特征

　　通过对前人沃溪矿床成矿流体研究成果的梳理，发现成矿流体的来源、流体的性质、流体的演化过程等较为复杂。主要认识有变质水夹带大气降水(鲍振襄等，1991)、进化的海水(顾雪祥等，2005；董树义等，2008)、深源热液(毛景文等, 1997, 2004; 彭建堂等, 2003a; 许德如等(2015)等)三种观点。以往研究成果表明, 沃溪矿区流体主要有变质水、大气降水、岩浆水(幔源)、进化海水等。根据沃溪矿床成矿物质来源不同将成矿流体分为两大类进行讨论, 第一类成矿物质来源于含矿地层, 以浅表流体(地层水或建造水、地热水、卤水、大气降水、变质水)为主; 第二类成矿物质来自深部岩浆(幔源)热液, 由于带来成矿物质叠加成矿, 称之为深部流体。

7.1.1 浅地表流体特征

浅地表流体主要对含矿地层成矿元素进行活化、迁移、沉淀成矿, 成矿物质的来源主要是地层。该类流体的性质、组成与沉积环境、成岩环境、基底岩石结构以及区域变质和构造活动引发的动力变质作用等有关。

(1) 与沉积盆地演化有关的盆地流体

梁婷、高景刚等对盆地流体演化做了大量研究, 她们认为, 沉积盆地作为地壳中重要的大地构造单元, 是流体活动的最活跃的场所, 盆地流体是指在沉积盆地演化过程中活动的, 并参与了沉积的各种成岩、后生变化的复杂流体相。包括来自盆地内部沉积物压实和相变所释放出的流体, 以及主要由盆地边缘大陆隆起区补给的下渗大气降水。盆地流体具有典型的低温热液地球化学特征, 温度以 $80 \sim 150℃$ 为主, 可达 $200 \sim 220℃$。流体温度主要受盆地演化史的控制, 流体的同位素组成和流体中的溶解组分与沉积物的特征、沉积体系的空间分布密切相关, 有关矿床类型有密西西比河谷型(MVT)铅锌矿床、大陆砂页岩型矿床及沉积岩容矿的细微浸染型金等。流体流动的主要机制有压实驱动流和重力驱动流两种, 压实流体系统发生在沉积-成岩期, 在沉积盆地演化过程中, 沉积物的压实和矿物相变都能释放出大量的水, 流体主要来源于因沉积物随埋深增大, 孔隙度衰减而被挤出的地层水或建造水。流体流动总体上是自盆地的中心向边缘运动, 但盆地沉积物的上部流体一般是垂直向上运移。当盆地下部存在由砂质沉积物等组成的高渗透层时, 下部流体会斜穿地层等时面运移到较低的层位或流向高渗透层。压实过程中, 由于流体排出受阻而使孔隙水具有高于静岩和静水压力的异常高压, 从而出现欠压实异常高压现象。当孔隙流体的异常压力大于沉积物抗破裂强度或在构造应力作用下产生同沉积(成岩)断层时, 将导致压实流体的释放, 喷溢出的流体常在盆地底部洼地形成热水或热卤水池, 重力驱动的大气降水的渗入主要发生在盆地边缘的滨岸地带, 其流量与沉积物的堆积速率成反比, 且从滨岸向外急剧降低. 流体在径流过程中, 将分散在地层中的热量"收集"起来, 同时活化、携带成矿元素, 并在排泄地段形成地热。前人研究认为沃溪矿床流体来源与地层建造水和热卤水有关, 说明了沃溪金锑钨矿床存在该类流体参与的可能。

（2）与区域变质作用有关的变质流体

变质流体是区域变质热事件过程中活跃于变质体系内的各种流体的总和。目前以流体包裹体的形式被残留封存在变质矿物中，从变质的浅部带到深部带，变质流体的来源和性质变化很大，麻粒岩相的深变质带以深部（地幔排气）来源的流体占优势，主体是高密度的 CO_2、H_2S、CH_4、N_2 等；经过角闪岩相到麻粒岩相的转换带，变质流体从以水为主，变为以 CO_2 为主。在中低级变质区，流体成分继承了原岩流体的性质，主要由原岩的脱水脱气作用形成，是一个典型的岩石缓冲体系，浅变质带内则有地下水或地表水向下渗透参与，主体为 CO_2、H_2O、CH_4 等，含少量的 H_2S、N_2 等。芮宗瑶（1992）将变质细碎屑岩型金矿作为变质热液矿床的代表，包括活化带和造山带的金矿床，成矿常与韧性剪切带相伴生，并经过较复杂的演化；沉积阶段形成矿源层，区域变质阶段重新组合改造矿源层，使金脱离碳质和黏土质吸附，大大提高了活化率，成矿作用发生在区域变质作用之后，经过构造演化或造山带变质变形后，金发生富集。

7.1.2 深源流体特征

笔者将深源流体定义为与地幔热柱-幔枝构造有关的幔源流体与岩浆（岩浆热液），其特点是活动时间较短，与突发性地质事件伴生，但活动范围较大，输运通道可以贯穿整个岩石圈，等同于邓军（2005）流体分类的原生流体。

岩浆（岩浆热液）与地幔热柱和幔枝构造活动存在密切关系，其实际是随着地幔亚热柱的不断加强，地幔热物质逐渐向上侵位，而当其上升或重力与阻力达到平衡状态时，地幔物质会向外围拆离脱落下去。这些拆离的地幔软片一旦受到上部韧性剪切带的搅动，也会沿韧性剪切带发生岩浆活动，导致基性岩浆的侵入和喷发。强烈的岩浆活动必然同熔下地壳物质，形成地幔-幔壳-壳幔重熔型岩浆岩。而岩浆岩性质取决于岩浆作用（活动）时间的长短。如果上升通道（断裂）连通性较好，上升速度快，很快造成岩浆喷发（侵入），则以基性岩为主；反之，断层连通性较差，或岩浆靠热力上侵致裂为主，则时间较长，混入壳源物质越多，岩浆越向中性、中酸性岩浆演化，表现为幔壳-壳幔混合型；如果幔源呈片状、舌状沿岩石圈某一拆离滑脱层呈板块状侵入一定层位中，地幔（基性）岩浆很高的温度（1200~1300℃）足以将上覆岩石圈岩石熔融形成局部中酸性岩浆源地。

关于地幔流体的成分，目前认识上还不完全统一，代表性观点有：Bialey（1978）认为地幔流体中主要是 CO_2，同时带有碱金属、H_2O、Al、Fe、Mn、Ca、Ti、Rb、Sr、Ba、Zr、Nb、Y、La 等，另外还有高浓度 C、卤素、N_2；Holloway（1957）认为地幔流体由 CO_2 和 H_2O 组成；Anderen 等（1984）认为地幔流体是 CO_2+H_2O+F+Cl+S；Spear（1987）提出地幔流体为 H-O-C-S-F-Cl；Eggler（1987）认为地幔流体为 C-O-H-S；Saxena、费英伟（1988）认为地幔流体主要成分为 90% 的 CH_4 和 6%

~8%的 H_2;曹荣龙(1996)认为地幔流体主要化学组分为 C、H、O、N、S;OILyd(1996)认为地幔流体为 $CO_2+H_2O+F+Cl$;路凤霞等(1996)对金伯利岩、捕房体及金刚石研究后得出地幔流体(超深流体)主要成分为 C、H、O、N、S、碱金属和 F、Cl、P。此流体的 fO_2 低,主要为强还原气体,CH_4 和 H_2 占气体总量的 97.8%。杜乐天等(1995)报道了中国东部新生代玄武岩中地幔捕房体普遍含有相当多的可燃天然气(如 H_2、CO、烷类及非饱和烃烯类、炔类),并提出了地球 5 个气圈的假说。尤其是杜乐天教授在几十年的铀矿研究过程中,撰写了大量与地幔活动成矿有关的论文,并著有《烃碱地球化学原理》,系统地分析了地幔活动与成矿(成油气)的关系,并将地幔流体称为幔汁,将其归纳为"H-A-C-O-N-S"组合特征,其实际是一种富含氢和卤素(H)、碱金属(A)、碳(C)、氧(O)、氮(N)和硫(S)的复杂化合物。

随着大陆超深钻和海洋钻的开展,人们对流体的存在深度有了突破性的认识。苏联在科拉半岛 12262 m 的超深钻孔中,在 9 km 多地壳范围内发现大量的钻石和黄金,在 12 km 多的地壳范围内存在大量的自由水为主的流体,而且流体随着深度的增加而增加;流体的流动方式不仅有晶格内和颗粒边界运移方式,而且有像类似地表流动方式的深部流动(梁俊红,金成洙,王建国,2001)。德国的KTB 超深钻,深达 9101 m,位于副片麻岩和变质基性岩带,钻孔深部存在大量游离流体,且充满游离流体的破碎带或含流体层 20 多层,为富含烃的"干"流体与富含盐的(Ca-Na-Cl)的热水流体,并强烈地进行着热液蚀变作用。

对于核-幔边界、外地核超深流体的研究,有地震的不均一性和多种实验证明,核-幔界面可能是地幔对流的下界线层。地核外层被认为是一个巨大的岩浆房,以液态铁为主,并熔有约 10%的以氢为主的轻元素,弹性刚度较小,近似水的黏度(杨玉荣,1999)。

以上研究成果表明,深源流体含有大量的烃类组分,在流体成矿过程中烃类组分发挥了重要作用。当然,不同的流体由于来源不同,组分不同,物理化学性质不同,参与的成矿作用也肯定不同;不同流体不同程度的混合会使流体的反应速率比通常意义上的水-岩反应速率更快,引起流体系统成矿物理化学参数(如温度、盐度、pH 和 E_h 值)的突变。因此,流体系统的形成与演化是由多个物理过程与多种化学反应耦合作用的结果。不是所有流体均可以形成矿床,只有当成为成矿流体时,在特定的环境下,物理化学条件发生"突变"时,才有利于成矿。

地幔流体与金属成矿的关系越来越受到地学界广泛关注,地幔流体按其来源深度分为 3 大类(陈祥,1997):①超深流体,来自较深的地幔,可能来自核幔边界或外地核氢气圈,其特征是氧逸度很低,流体主要组成是 CH_4+H_2,它可导致地幔熔点下降并诱发熔融作用,与地壳浅部的成矿作用有关;②软流圈起源的地幔流体，主要由熔体和流体组成；③与幔源岩有关的晚期流体，是由第 2 类地幔流体在深部结晶晚期分异出 H_2O 和 CO_2 的地幔流体。

按物质来源也分成 3 大类：①消减带下降板片中的释放水及其他可导致形成挥发分的物质，如有机质等分解形成 CO_2；②地幔岩石或矿物的脱羟基化作用；③地幔缕(指在核幔边界或地幔产生的热物质呈缕状上升，直径上小下大，顶部呈热点现象)，其实质可能是氢缕。第 3 类被认为是最可能和最主要的来源，而且也可能是地幔流体的终极源。

毛景文等(2004)认为，矿床的形成和分布与地壳拉张伸展减薄、上地幔软流体隆升这一大地构造背景有关。研究发现：①地幔物质不均一性与大型矿集区的形成在物质上具有耦合关系，查明二氧化碳气藏的形成过程为地幔岩浆排气、深大断裂疏导与在盆地隆起部位储集成藏，还初步提出金与 CO_2 具有同源性；②在高温高压条件下，地幔流体(或深部流体)处于超临界状态，超临界流体对物质具有极强的溶解性，深部流体与岩石相互作用是获取金属的一种主要来源。在跨越超临界态时出现矿物与水的反应化学动力学的涨落，这是导致金属元素卸载和堆积成矿的重要因素之一。实验还证明，高温气相可以携带金属元素迁移，如金、钨、锡、铜等；③在印支晚期中国东部及邻区几个板块先后碰撞对接，岩石圈受挤压增厚，而侏罗纪开始后造山阶段，挤压与伸展交替出现是在这一时期花岗岩大范围侵位，呈东西向分布，是中国东部最为宏大的花岗岩侵位事件。侏罗纪花岗岩主要属于地壳重熔型，是大厚度岩石圈在挤压松弛期与伸展期软流圈沿深大断裂多幕式向地壳涌动，导致地壳物质重熔成花岗岩浆及其侵位的结果。在这种大背景下，就金矿而言，成矿作用出现多样性，有以冀西北东坪为代表的地幔流体明显参与成矿，以西秦岭为代表的地幔流体与地壳流体混合成矿，以及以鲁西为代表的以大气降水为主的浅成低位热液成矿系统；④白垩纪中期在中国东部发生了岩石圈快速减薄的过程，而且华北及其邻区与华南地区快速减薄的时间有一定的差别，前者在 120 Ma 左右，后者为 110～80 Ma。在岩石圈快速减薄期间，软流圈上涌到上地壳，导致地壳区域地热增温，地幔脱气，岩浆活动及火山喷发，岩浆流体、地幔流体与大气降水混合。在这种大背景下，地幔流体源源不断地沿深大断裂向上涌动，大面积参与成岩成矿过程。从胶东地区、小秦岭—熊耳山地区、扬子地块南缘(或江南古陆南缘)到华南地区，以金和铀为代表的矿床毫不例外地显示出地幔流体在成矿中的积极作用；⑤扬子地台西缘在地质演化过程中经历过多次的开合过程，中新生代特提斯洋的开裂、俯冲和闭合以及印度板块与亚洲板块碰撞后造山都在该区留下深刻的印记。自从白垩纪以来，在扬子地台西缘地区发育有世界罕见的大水沟独立锑矿床、与碱性岩浆活动有关的稀土矿床、剪切带型金矿。这 3 个成矿系统与地幔活动关系密切，地幔流体不同程度地参与成矿作用，形成 3 种各具特色的地幔流体成矿系统。

7.1.3　与有机质有关流体特征

大量的研究成果表明,有机成矿流体在金属矿床成矿过程中起重要或主要作用[Goldschmidt(1933)、Страхов(1953)、叶连俊(1963)、汪本善(1963)、Манская 和 Дроздово(1964)等、Dozy(1970)、Richard(1975)、Saxby(1976)、杨蔚华、刘友梅(1983)、傅家谟、刘德汉(1983)]。

在国内外许多矿床成因研究中发现成矿流体存在大量的有机质。ЛевичкийВ. В. 和 ДеминБ. Г(1981)对贝加尔地区金和硫化物的单矿物包体成分研究中,发现存在大量的碳氢化合物,并认为在金的迁移中有机物起着重要作用,其中,以甲基、烷基、烯基及炔基所起作用较大;Roedder(1984)指出,密西西比型铅锌矿床中存在与盐水共存的石油包裹体;Kelly 等(1985)对美国密执安怀特派恩铜矿床研究后发现,与铜矿成因密切的方解石包体中含大量石油包裹体;G. B. Naumov(1987)通过对大量内生流体的性状研究后指出,几乎所有的流体包裹体中都发现数量不定的 CO_2,且大部分包体含有有机酸、甲烷等大量碳化物,其含量甚至比 CO_2 含量还高;於崇文等 1988 年对个旧锡矿研究后指出,无论是岩浆作用阶段形成的各类矽卡岩,还是云英岩-锡石阶段形成的各类岩脉和硫化物-锡石阶段形成的矿石矿物,其气液包体中均不同程度地含有 CH_4,其含量达 $0.25 \times 10^{-6} \sim 17 \times 10^{-6}$;卢焕章等(1990)对岩浆矿床一百多个样品的包裹体气体成分分析后发现,其主要成分为 H_2O、CO_2、CO、CH_4 和 H_2,对混合岩化-重熔岩浆热液型金矿床(如招远金矿)的包裹体成分分析表明,其气体成分主要为 H_2O 和 CO_2,还有 CH_4;王秀璋等(1992)对黔西板其金矿方解石包裹体成分分析后发现,其中含 CH_4 达 5×10^{-6},含 CO_2 达 320.13×10^{-6};李统锦等(1993)对龙水金矿 II 号矿带研究后发现,该矿带不同岩石、矿石中富含有机碳(达 $0.05\% \sim 15.39\%$)和碳质沥青,成矿流体包裹体内有固体沥青、液态烃和气态烃;在广西大厂锡多金属矿围岩和矿体(张清等,2002)、新疆阿合奇县布隆金矿石英、方解石和重晶石包裹体(杨富全等,2004)、河南祁雨沟金矿的石英包裹体(邵世才等,1995)和广东河台韧性剪切带金矿的含矿石英脉及糜棱岩中(李兆麟等,2000)都含有机烃类组分。还有一部分烃类组会在温压条件较高的成矿环境下以游离态形式通过裂隙通道向上运移,并被所经过的围岩裂隙系统或地表土壤吸附(贾国相等,2003);毛景文等(2003)、李厚民等(2004)在我国西南峨眉玄武岩型铜矿中发现矿石内存在大量沥青和炭质,并且矿物包裹体内发育有沥青、甲烷及具有明显荧光的液态烃类,经研究后认为石油圈闭构造是成矿流体中成矿物质沉淀富集场所,沥青、炭质等有机质为自然铜的沉淀起了还原剂和吸附剂,即地球化学障作用;李晓峰等(2004,2005)对扬子地台西缘成矿流体地球化学研究中发现很多金矿都有有机流体包裹体的存在;邵拥军、彭南海(2017)对沃溪金锑钨矿床不同成矿阶段石英流体包裹体进行检测发现不同成矿阶段石英包裹体存在大量烃类组分，其中 CH_4 在石英-白钨矿、石英-金-黄铁矿、石英-金-辉锑矿阶段含量分别为 $24.7×10^{-6}$、$10.8×10^{-6}$、$6.74×10^{-6}$；C_2H_2 分别为 $8.8×10^{-6}$、$1.16×10^{-6}$、$28.2×10^{-6}$；C_2H_6 分别为 $4.3×10^{-6}$、$5.5×10^{-6}$、$4.1×10^{-6}$ 等。从金属矿质的初始富集、活化转移、卸载成矿乃至矿体形成后变质改造的整个成矿过程，均存在有机质和有机烃的参与。一部分烃类组分在成岩成矿过程中被矿体和附近围岩滞留被包裹体保存记录下来。

以上研究表明，有机烃与金属成矿作用的关系极为密切(李生郁，徐丰孚等，1994，1997；祁士华、阮天健，1995；殷鸿福、张文怀、张志坚等，1999)。从成矿物质的初始富集、活化转移、富集成矿直至矿体形成后叠加改造的整个成矿过程都存在有机烃的参与并发挥重要作用(陈远荣，贾国相，徐庆鸿，2003；胡凯，1998)，而且有机物热降解气体能为矿源层中成矿元素的排出和汇聚提供通道和动力。据李明城的研究，2000 m 深处页岩孔隙直径为 $50×10^{-10}$ ~ $100×10^{-10}$ m，4500 m 深处则仅为 $8×10^{-10}$ ~ $16×10^{-10}$ m，这几乎与许多气体分子的直径相差无几，在正常情况下，已萃取于孔隙水或热液中的成矿元素的排出可谓"寸步难行"，然而，由于这些矿源层富含有机质，且其干酪根多属 I 型(即无定形的类脂组)和 II 型(即无定形-草本-木质组)，当其埋藏处地温达到 50 ~ 90℃ 时(埋深1500 ~ 2500 m)，这些干酪根会因热降解作用开始生成大量的烃类(CH_4、C_2H_6、C_3H_8 等)和 CO_2 气体，而当地温大于 100℃ 时(埋深 3000 ~ 4000 m)，烃类和 CO_2等气体的数量会急剧增加。据格里戈里也夫，即使是母质以木质组干酪根(III 型)为主体的无烟煤，生成每吨无烟煤平均放出大于 700 kg 的 H_2O、大于 500 kg 的 CO_2 和大于 200 kg 的 CH_4。另据 Momper 的研究，有机质在生油高峰向液体或气体转化过程中，它的纯体积超过原来有机质体积的 25%，大量气体、气泡的产生，会堵塞孔隙通道，逐步增加孔隙内的流体压力。当孔隙压力大于周围静水压力1.42 ~ 2.4 倍时便超过岩石力学强度，产生微裂隙或使原已存在的裂隙再度张开，这样，含矿质的流体便可从这些微裂隙中排出。成矿流体排出后，压力下降，微裂隙闭合；气体再度产出引起压力升高时，微裂隙再次张开，成矿流体再排出，通过这种气体产生→引起高压→微裂隙形成和张开→成矿流体排出的反复作用，矿源层中的成矿物质得以随成矿流体间歇性地排出并汇聚，继而进一步共同运移到有利的空间沉淀、富集成矿。

对沃溪矿区而言，关于有机质与成矿关系的研究相对较少，除前述(5.6 节)研究成果之外，邵靖帮、王濮、陈代璋(1996)对沃溪矿床未蚀变岩石、钨矿化蚀变岩石和金锑矿化蚀变岩石的有机质热解色谱谱形、有机质热解参数、有机质成熟度等开展对比研究后认为：①不同类型的赋矿围岩有机质存在明显差别，未蚀变岩石中有机质热解烃为单峰型(S_2)，且峰非常尖锐，而钨矿化蚀变作用及金锑矿化蚀变作用形成的岩石中有机质热解烃峰较小，且比较平缓，此外前者有两个 S_2 峰，有机二氧化碳（S_3）峰与未蚀变岩石相似，后者只有一个 S_2 峰，且 S_3 峰非常小。这表明三种岩石中可溶烃的性质非常相近，而热解烃的类型却有明显的区别。未遭受矿化蚀变作用的岩石中，热解烃的释放是突发的，且只有一种类型；而钨矿化蚀变作用的岩石中，由于热解作用使热解烃发生了转变，分成了两种类型，其释放分两次进行，而且也比较平缓，有机二氧化碳的释放与前者相似；金锑矿化蚀变岩石中 S_2 只有一种，释放也比较平缓，S_3 数量很少，释放亦很平缓，这更好地说明了在金的矿化作用过程中，消耗了大量有机碳（转变为 CO_2），因此，在后来样品的测试过程中发现有机 CO_2 含量很低。②不同类型赋矿围岩的热解色谱参数是有明显差别的。未蚀变岩石有机质的最高热解温度明显低于两种类型矿化蚀变岩石中的有机质，未经热液改造的有机质不稳定，容易分解释放出来，而经过成矿热液改造的有机质稳定程度增高，有机二氧化碳含量较低，钨矿化蚀变岩石中有机二氧化碳含量最高。氧指数可以在一定程度上反映氧化还原条件，氧指数愈大，表明氧化作用愈强，而氧指数愈小，还原作用愈强，此结论和其他分析结果是吻合的，钨矿化蚀变作用主要处于较氧化的环境，氧指数较大，金锑矿化蚀变处于较还原的环境，氧指数较低。

这些研究成果表明，沃溪矿区有机质成矿作用十分明显，并且具有很强的指示意义。

7.1.4 成矿流体矿物学标志

沃溪金锑钨矿床，从早期到晚期，其蚀变基本按照褪色化→硅化（粗粒石英）→黄铁绢英岩化（细粒石英和绢云母）→钾硅化（石英+绢云母+冰长石）→碳酸盐化顺序进行。从这些蚀变矿物组合来看，成矿流体从早期到晚期经历了从弱酸性→近中性→弱碱性演化的趋势。与成矿最为密切的是硅化、黄铁矿化，这说明成矿主要发生在流体近酸性的环境下。

7.1.5 沃溪矿区幔源流体标志

（1）深大断裂

断裂是沃溪矿区内主要控矿构造，沃溪金锑钨矿床集中产于沃溪大断裂下盘马底驿组地层韧性剪切带内，该剪切带是沃溪深大断裂派生的构造系统，其断裂面呈舒缓波状，性质属压扭性。断裂带内岩石片理化带和糜棱岩发育，为地壳深部应变塑性变形岩石，表明沃溪断裂带是在深大断裂带上发展的，该断裂带上盘在不同地段的岩石特征不同，在沃溪矿区上盘为五强溪组长石石英砂岩夹砂质板岩和白垩系红层，下盘为马底驿组紫红色板岩，同时，有基性脉岩分布在断裂带两侧，主要有基性岩脉等，其脉岩是岩浆活动的直接产物，与深源岩浆联系密切。

(2)稳定同位素地球化学标志

1)氢氧同位素

据鲍振襄等(1991)对沃溪、西安、黄金洞等矿床30件石英的氢氧同位素资料总结，$\delta^{18}O$ 为+15.3‰~+21.72‰，其中10件石英的δD 为-37‰~-81‰，最小值为-118‰(沃溪)。根据矿物及平衡水的氢氧同位素资料，包裹体 $\delta^{18}D_水$ 为-0.4‰~+7.8‰，最大可达12‰。由此可以断定它们不是与钨锡系列花岗岩有关的再平衡岩浆水热液，也不可能是中生代大气降水改造热液，而很可能是一种以变质热液为主的和大气水的混合液。

根据罗献林、张理刚资料(表7-1)，沃溪矿床石英 $\delta^{18}O$ 为 16.10‰~18.30‰，根据 Clayton et al.(1972)的计算公式，可得出沃溪矿床对应成矿流体的 $\delta^{18}O$ 为 4.62‰~9.21‰，石英中流体包裹体的 δD 为-55‰~-118‰。

表 7-1　沃溪金锑钨矿床石英的 H-O 同位素组成

δD/‰	$\delta^{18}O_{矿物}$/‰	$\delta^{18}O_{水}$/‰	T_h/℃	资料来源
-64	16.60	8.06	259	
-55	16.10	9.21	300	
-81	17.10	6.20	213	罗献林, 1984
-58	16.90	5.20	200	
-86	18.30	6.60	200	
-69	15.7	4.62	210	
-81	17.4	6.32	210	
-118	17.8	6.72	210	张理刚, 1985
-64	18.2	7.12	210	

前人研究认为(图7-1)，沃溪矿床中的成矿流体主要落在大气降水与变质水的范围，尽管前人认为以变质水为主(罗献林，1984；1990)。但彭建堂(1997)从水-岩反应角度，模拟了该区成矿流体的 H-O 同位素演化曲线，认为整个雪峰地区的成矿流体应以大气降水热液为主。成矿时间远晚于区域变质作用时间(1000Ma 和 800Ma)，也排除了成矿流体为变质热液的可能性(彭建堂、戴塔根，1997)。

从图7-1中还可看出该矿化区的大部分落点在变质水和岩浆水之外，而且较为集中，以大气降水热液为主。刘伟等(1999)、邓军(2005)对这种现象提出不同的认识，他们认为这是发生同位素交换的幔源 C、H_2O、CO_2 流体的特征，即幔源

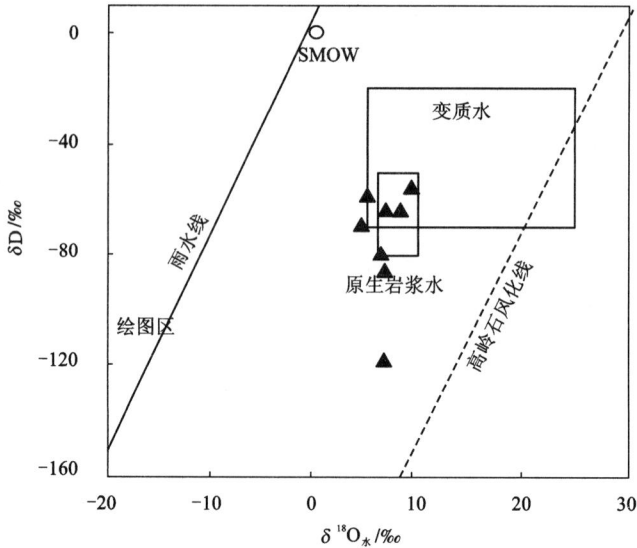

图 7-1　沃溪金锑钨矿床成矿流体的 H-O 同位素组成图解

C、H_2O、CO_2 流体在参与该区壳源花岗岩的形成过程中，与 $\delta^{18}O$ 较高的变质岩系发生了同位素交换，使流体的 $\delta^{18}O_{水}$ 升高，超出了幔源流体的范围。

2）硫同位素

据 13 处钨锑砷金矿床 207 件硫同位素组成测定结果，这些矿床的硫多数以轻硫为特征，$\delta^{34}S$ 平均为 +0.55‰，反映硫源可能主要来自同位素组成较均匀的地壳深部；而少量样品含较高的轻硫（$\delta^{34}S$ 为 -10.3‰~-14.3‰）和重硫（$\delta^{34}S$ 为 11.76‰~12.3‰），可能和埋藏期间（或变质期间）硫的还原以及与围岩发生的混杂作用有关。

3）碳同位素

不同来源的流体，其同位素的组成有明显的差异，把成矿流体的同位素组成与已知源同位素组成进行对比，是判断成矿流体来源的重要方法。目前，一般认为 CO_2、CH_4 有三种来源：①地幔去气及火山岩浆来源（幔源 CO_2，$\delta^{14}C$ 为 -8‰~-5‰）；②沉积岩中碳酸盐脱气及含盐卤水与泥质岩的水/岩相互作用来源（具有富重碳同位素特征，一般 $\delta^{14}C$ 为 -2‰~2‰）；③有机质分解及大气成因（通常有富轻碳同位素组成特征，一般 $\delta^{14}C$ 为 <-10%）等[22]，利用碳、氧同位素确定碳的来源。沃溪矿床 4 件方解石和 1 件白云石的 $\delta^{13}C$ 平均值为 -5.6‰，具深源性质；西安矿床 5 件白钨矿体方解石 $\delta^{13}C$ 平均为 -4.38‰，6 件碳酸盐岩含矿层方解石 $\delta^{13}C$ 平均为 -2.08‰，表明矿体的物质与地层有密切关系。

4)Sr 同位素

范建国用 Sr 同位素判断流体来源同样有明确的指标：$\omega(^{87}Sr)/\omega(^{86}Sr)>$ 0.710 为壳源，$\omega(^{87}Sr)/\omega(^{86}Sr)>0.705$ 为幔源，但是，利用 Rb-Sr 同位素指示流体来源时，了解流体的渗透和交代过程中 Rb-Sr 同位素的交换行为是至关重要的，若地热流体与源区岩石有相同的 Sr 同位素组成，说明流体中的 Sr 同位素交换反应是一个非常缓慢的过程，不会发生明显的同位素分馏。近年来的研究表明，地热流体在运移中会从途经的围岩中淋滤出 Sr，导致流体的 Sr 同位素组成改变，蒋少涌等在研究大厂锡矿时，认为硅质岩中电气石的 Sr 和 Nd 同位素组成是淋滤上盘和下盘岩石的混合物。因此，Hedge(1974)、Bohlke 等(1986)指出：Sr 同位素组成只是代表 Sr 的来源，与流体以及成矿物质的来源可以完全不同，它只是流体曾经流经这里，带走了与流体源同位素组成不同的 Sr，改变了流体的 Sr 同位素组成。

5)稀有气体

流体中的稀有气体组成对指示其中稀有气体的成因具有明显的优势，地壳流体中的稀有气体有三个明显的来源：①大气饱和水(ASW)，包括大气降水和海水，其典型的 He 和 Ar 同位素组成为：$w(^3He)/w(^4He)=1Ra[Ra 代表大气氦 $w(^3He)/w(^4He)$ 值，为 1.4×10^{-6}]，$w(^{40}Ar)/w(^{36}Ar)=295.5$；②地幔流体，具有较高含量的 ^3He，$w(^3He)/w(^4He)$ 的特征值为 6~9 Ra(Ra 代表大气氦 $w(^3He)/w(^4He)$ 值，为 1.4×10^{-6}]，$w(^{40}Ar)/w(^{36}Ar)$ 变化较大，一般比较高(>40000)；③地壳放射成因的 He 和 Ar，$w(^3He)/w(^4He)$ 的特征值为 0.01~0.05 Ra[Ra 代表大气氦 $w(^3He)/w(^4He)$ 值，为 1.4×10^{-6}]，而 $w(^{40}Ar)/w(^{36}Ar)$ 也很高；不同来源的同位素组成不同，地幔的 $w(^3He)/w(^4He)$ 的特征值为 6~9Ra，是空气中 $w(^3He)/w(^4He)$ 的特征值(0.01~0.05 Ra)的近 1000 倍，即使地壳流体中有少量的幔源 He 的加入，也容易判别出来，流体包裹体的 He-Ar 同位素组成变化记录了流体混合演化过程，对成矿古流体中稀有气体的研究表明，硫化物是最理想的样品，以黄铁矿最好。

(3)流体包裹体地球化学标志

矿区内含金石英脉包裹体的成分中 CO_2 含量高达 803.998×10^{-6}，而高含量 CO_2 目前被认为是地幔成因主要标志之一，另外流体中除了含有大量的 CO_2 和 H_2O 之外，沃溪矿区不同成矿阶段石英包裹体存在大量烃类组分，其中 CH_4 在石英-白钨矿、石英-金-黄铁矿阶段、石英-金-辉锑矿阶段含量分别为 24.7×10^{-6}、10.8×10^{-6}、6.74×10^{-6}；C_2H_2 含量分别为 8.8×10^{-6}、1.16×10^{-6}、28.2×10^{-6}；C_2H_6 含量分别为 4.3×10^{-6}、5.5×10^{-6}、4.1×10^{-6} 等；Hg 在 V3 脉从 3 平、27 平、40 平大幅增加(800×10^{-9}、4550×10^{-9}、17500×10^{-9})；最新研究表明，深源流体(岩浆热液、幔源流体)含有大量的烃类组分，并且存在无机成因的有机质。普遍认为深

源流体为 C-H-O 组构，由于碳的电负性较大，在高压下能吸引与之相近的氢原子形成氢键，构成笼状结构，可用 $mCH_4 \cdot nH_2O$ 来表示，m 代表水合物中的气体分子，n 为水合指数（即水分子数），有利于有机烃随深源热液迁移。关于无机成因的烃类组分，研究成果得到较好的证明（彭晓彤，2020）。由于深源流体具有高温、高压、复杂成分等特征，所以有机烃经深源流体改造后，具有较强的稳定性，有机烃的释放比较平缓；而浅表流体（地层水、地热水、卤水、大气降水、区域变质水等）有机烃类组分来自成岩过程中动植物、微生物残体腐解，属生物成因，该类有机烃类具有本身熔点较低（一般不超过 400℃）、极性很弱、不溶于水、反应速度缓慢等特点。加之，成烃过程中的环境条件（温度、压力、氧化还原等物化条件）影响，有机烃类未经复杂热液改造，热稳定性较差，容易被分解就近释放，并具有突发性，这与邵靖帮等对沃溪矿床未蚀变岩石、钨矿化蚀变岩石和金锑矿化蚀变岩石的有机质热解色谱谱形、有机质热解参数、有机质成熟度等的对比研究结论一致。

根据某些组分摩尔比值，初步确定流体来源。何明勤等（2004）、傅晓明等（2010）认为 $w(H_2O)/w(CO_2)$ 值可以反映成矿作用的强度和成矿有利程度，比值越小，成矿作用越强、对成矿越有利。石英-白钨矿阶段 $w(H_2O)/w(CO_2)$ 为 5.36~9.25，平均值为 7.30；石英-金-黄铁矿阶段 $w(H_2O)/w(CO_2)$ 为 1.06~2.55，平均值为 2.02；石英-金-辉锑矿阶段 $w(H_2O)/w(CO_2)$ 为 1.60~8.32，平均值为 4.96；石英-金-碳酸盐阶段 $w(H_2O)/w(CO_2)$ 为 4.69。由此可以看出，沃溪金锑钨矿床成矿作用强度及成矿有利程度由强到弱依次为：石英-金-黄铁矿阶段→石英-金-辉锑矿阶段→石英-金-碳酸盐阶段→石英-白钨矿阶段。因此，本区金的主成矿阶段为石英-金-黄铁矿阶段和石英-金-辉锑矿阶段。

Roedder（1976，1984）指出当流体包裹体液相成分 $w(Na^+)/w(K^+) < 2$，$w(Na^+)/w(Ca^{2+}+Mg^{2+}) > 4$ 时，成矿流体为岩浆热液；当 $w(Na^+)/w(K^+) > 10$，$w(Na^+)/w(Ca^{2+}+Mg^{2+}) < 1.5$ 时，成矿流体为热卤水；$2 < w(Na^+)/w(K^+) < 10$，$1.5 < w(Na^+)/w(Ca^{2+}+Mg^{2+}) < 4$ 时，成矿流体可能为改造型流体。沃溪金锑钨矿床石英-白钨矿阶段 $w(Na^+)/w(K^+)$ 为 2~10，$w(Na^+)/w(Ca^{2+}+Mg^{2+})$ 为 0.64~2.96，表明该阶段成矿流体可能来源于改造型流体，结合 H-O 同位素组成认为，可能为变质水与大气降水的混合流体。石英-金-黄铁矿阶段、石英-金-辉锑矿阶段及石英-金-碳酸盐阶段 $w(Na^+)/w(K^+)$ 只在样品 F096-1 中为 2.89，其余均小于 2；而 $w(Na^+)/w(Ca^{2+}+Mg^{2+})$ 为 0.17~2.18，仅样品在 F086-1 中的比值为 2.18，其余均小于 1.5，说明石英-金-黄铁矿阶段、石英-金-辉锑矿阶段及石英-金-碳酸盐阶段成矿流体来源较为复杂，可能是岩浆水和大气降水的混合流体。所以沃溪矿区主要成矿阶段流体为岩浆水和大气降水的混合流体。

7.2　成矿动力学过程

7.2.1　成矿流体来源、性质及成矿作用

前面的分析表明,湘西沃溪金锑钨矿床为中-低温热液矿床。成矿物质来源普遍认为来自含矿地层和深源热液带来的成矿物质叠加成矿。成矿年龄集中分布加里东期、印支期、燕山期三个时间段。成矿温度主要集中在 160~245℃,矿床成矿流体系统温度从早到晚逐渐降低,从早阶段的 245~288℃,经中阶段的 160~245℃并达到峰值,到晚阶段的 123~147℃,盐度也逐渐降低,呈低温、低盐度的流体特征。成矿流体化学成分研究表明,无论是早期、还是中晚期,矿床成矿流体中阴离子的相对丰度具有明显的混合特征,主要有深源流体(岩浆或幔源流体)、变质流体和大气降水共同参与成矿作用。

7.2.2　不同流体演化与成矿的关系

不同成矿流体由于其来源不同,流体性质不同,因此流体演化成矿作用不一样。前述表明,沃溪矿床存在两期大的成矿作用,第一期主要发生在加里东期,成矿物质主要来源于含矿地层,以浅地表流体(地层水或建造水、地热水、卤水、大气降水、变质水等)为主;第二期主要发生在印支-燕山期,成矿物质来源于深部岩浆热液。而且第二期流体成矿作用叠加在第一期之上,所以单独从宏观上很难做出准确的判断,借助地球化学研究,似乎能得到较好的说明。

(1)浅表流体演化与成矿的关系

由于浅地表氧浓度的增加,流体成分来源比较复杂,如阳离子主要为 K^+、Na^+、Ca^{2+},其次为 Mg^{2+}、Fe^{2+}、Mn^{2+} 等,阴离子主要为 Cl^-,其次为 F^-、CO_3^{2-}、HCO_3^-、HS^-、SO_4^{2-}、$HSiO_4^{2-}$ 等,有机质成分相对较低。但该期有机烃类组分来自成岩过程中动植物、微生物残体腐解,属生物成因,该类有机烃类具有本身熔点较低(一般不超过 400℃)、极性很弱、不溶于水、反应速度缓慢等特点。加上成烃过程中的环境条件(温度、压力、氧化还原等物化条件)影响,有机烃类未经复杂热液改造,热稳定性较差,容易被分解就近释放,并具有突发性,所以有机烃类异常呈分散状态,局部因有机烃含量较高形成的所谓烃类异常强度相对较高。

热液中含有大量挥发分,F^-、Cl^-、S^{2-} 含量较高,在较高温度、压力下,这些成分是很好的溶剂。且该条件下围岩中部分有机质发生分解,产生 CO_2 和 H_2O。大量还原剂的存在,使岩石中的铁钛氧化物如赤铁矿、磁铁矿、金红石等发生分

解，铁被还原为 Fe^{2+}，大量转入热液：

$$Fe_2O_8+S^{2-}+H_2O \longrightarrow Fe^{2+}+SO_4{}^{2-}+H^+$$
$$Fe_2O_8+S^{2-} \longrightarrow Fe^{2+}+SO_4{}^{2-}$$
$$TiO_2+S^{2-} \longrightarrow Ti^{4+}+SO_4{}^{2-}$$

这些反应使深色岩石褪色，形成明显的褪色带。此外，还存在白云母交代斜长石的现象：

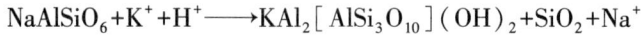

$$NaAlSiO_6+K^++H^+ \longrightarrow KAl_2[AlSi_3O_{10}](OH)_2+SiO_2+Na^+$$

热液作用使围岩中的石英、白云母重结晶，且有电气石形成。热液作用将围岩中的大量组分（如 Fe^{2+}）带入热液，使热液中成矿元素相对富集，为矿化作用提供了物质基础。

有机烃参与成矿的程度较低，Au 主要是以 $[Au(HS^-)_2]^-$ 形式迁移为主，Au 与有机烃相关性较差。埋藏较深的动植物、微生物残体腐解产生的有机烃类，因压力、高温等变化，地层中的 Au 可能以有机络合物形式迁移，但其总量（与矿床总金属量）还是有限，笔者认为，已成矿物质来源于含矿地层的成矿作用，主要在就近容矿构造带成矿，这也是发现大量 Au 矿点的主要原因，如果缺乏后期深源带来成矿物质的叠加成矿，则其矿床规模是有限的。由于成矿物质仅来源于含矿地层，故称之为"同生叠加异常"。

（2）深源流体演化与成矿的关系

深源流体主要来源于板块碰撞–离散及与深断裂大规模剪切作用有关的岩浆（岩浆热液）、幔源流体，其特点是活动时间较短，与突发性地质事件伴生，但其活动范围较大，输运通道可以贯穿整个岩石圈（邓军 2005）。关于地幔流体，按其来源深度分为 3 大类（陈祥，1997）：①超深流体，来自较深的地幔，可能来自核幔边界或外地核氢气圈，其特征是氧逸度很低，流体主要成分是 CH_4+H_2，可导致地幔熔点下降并诱发熔融作用，与地壳浅部的成矿作用有关；②软流圈起源的地幔流体，主要由熔体和流体组成；③与幔源岩有关的晚期流体，是由第 2 类地幔流体在深部结晶晚期分异出 H_2O 和 CO_2 组成的地幔流体。Bialey（1978）认为地幔流体主要成分是 CO_2，同时带有碱金属、H_2O、Al、Fe、Mn、Ca、Ti、Rb、Sr、Ba、Zr、Nb、Y、La 等，另外还有高浓度 C、卤素、N_2；Holloway（1957）认为地幔流体由 CO_2 和 H_2O 组成；Anderen 等（1984）认为地幔流体成分为 CO_2、H_2O、F、CI、S；Spear（1987）提出地幔流体成分为 H、O、C、S、F、Cl；Eggler（1987）认为地幔流体成分为 C、O、H、S；Holloway（1957）认为地幔流体成分为 CO_2、H_2O。Saxena、费英伟（1988）认为地幔流体主要成分为 90% 的 CH_4 和 6%~8% 的 H_2；曹荣龙（1996）认为地幔流体主要化学组分为 C、H、O、N、S；OILyd（1996）认为地幔流体成分为 $CO_2+H_2O+F+Cl$；路凤霞等（1996）对金伯利岩、捕虏体及金刚石研究后得出地幔流体（超深流体）主要成分为 C、H、O、N、S、碱金属和 F、Cl、P，

此流体的 fO_2 低,主要为强还原气体,CH_4 和 H_2 占气体总量的 97.8%。杜乐天等(1995)报道了中国东部新生代玄武岩中地幔捕虏体普遍含有相当多的可燃天然气(如 H_2、CO、烷类及非饱和烃烯类、炔类)。

由于深源流体(岩浆热液、幔源流体)带来大量成矿物质和烃类组分,热液期发生 W 及 Au、Sb 的矿化作用,同时围岩蚀变作用继续进行。除继续发生热液初期的反应外,还形成大量的硅化石英细脉,以及许多新的矿物如白云母、黄铁矿、绿泥石、菱铁矿等。

成矿流体中有用组分(元素)含量较高是由于热液流体在形成和运移过程中,吸取了地层和深部的大量有用组分。在热液演化过程中,热液与围岩中的物质成分不断发生交换作用。在不同矿化阶段,带入带出元素均变化很大,热液的波动性引起围岩及矿物成分的波动性变化。

矿床中的成矿元素主要以氯化物的络合物形式搬运,钨的主要搬运形式是 WO_2、$WCl_4{}^{2-}$、$WS_4{}^{2-}$、$H_2WO_4{}^-$、$HWO_4{}^-$、$WO_4{}^{2-}$ 等。温度、压力下降,pH 上升,络合物配位体逸出导致白钨矿、黑钨矿沉淀。锑的主要存在形式为 $[SbS_2]^{2-}$、$[SbS_3]^-$、$[SbCl]^-$、$[SbCl_2(OH)_2]^-$、$Sb[SO_2]^-$ 等。辉锑矿是在 pH<6、较低温度、还原条件下形成的。金的主要存在形式是 $AuCl_4{}^-$、$AuCl_3(OH)^-$、$AuCl_2{}^-$、$AuCl(OH)^-$、$Au(CH_3)^{2+}$ 等。因温度、压力的下降,pH 上升,氧化还原条件改变,络合物分解,被还原(有机质起重要作用),Au 单独或与其他硫化物同时沉淀。

总之,成矿热液形成后,主要金属元素以各种络合物形式存在。随温度和压力下降,此时的热液为近中性、弱氧化条件,W 与 Ca、Fe、Mn 等结合,依次沉淀出黑钨矿和白钨矿,并将热液中的大量金属元素带入围岩发生蚀变。W 沉淀结束后,热液再次活动,温度、压力继续下降,热液中由于大量的阴离子参与交代围岩中云母等矿物,H^+ 浓度上升,pH 下降,成为弱酸性溶液,E_h 下降,为弱还原条件,Au 及其他金属硫化物沉淀,同时从围岩中吸取大量组分于热液中。有用矿化作用结束后,热液再次活动,进入晚期石英−碳酸盐阶段。

7.2.3　多层流体循环模式及成矿作用

综合前述资料,界定沃溪矿区成矿流体的演化模式以多层流体循环模式为主,并伴随相应的成矿作用。

(1)蚀变带的特征表明,沃溪矿区蚀变至少存在两类明显不同的特征。一类产于马底驿组地层中,地表出现小到几十厘米大到几十米宽度的褪色化蚀变带,一般与地层走向一致,并且蚀变带破碎程度较低,地层产状保留比较完整,以褪色化蚀变为主,很少见到硅化和黄铁矿化,只是在局部岩层破碎较严重的地段(次级断层)可见少量石英脉,一般呈团块状和细脉状产出,连续性较差,Au 矿化明显，品位一般在 1 g/t 以下，有机烃含量较低，接近区域背景值，个别达到工业品位以上，但规模较小。另一类不仅具有褪色化蚀变，而且硅化、黄铁矿化、绢云母化、碳酸盐化、绿泥石化、伊利石化和叶腊石化蚀变较强，石英细脉中见有大量的黄铁矿，具有多期充填的特点，蚀变叠加特点比较明显，该类蚀变矿化良好，并且有机烃和 Au、Sb、W 含量较高，均具有工业价值，矿脉规模较大。这两类蚀变带反映热液来源不同，第一类蚀变带是区域变质作用或者动力变质作用形成，成矿元素主要来自地层。第二类蚀变带热液来自深源，深源热液带来大量的成矿物质叠加在第一类蚀变带之上，所以蚀变强度较大，尤其是硅化、黄铁矿化叠加明显，有机烃大量增加。

（2）上述流体类型及特征研究表明，沃溪矿区存在浅表流体和深源流体，由于流体来源不同，流体性质不同，其成矿作用也不同。一般浅表流体作用时间较长，伴随不同的地质时期，而深源流体与深部构造活动关系密切，具有突发性，演化时间较短，表现较为明显的时空特征，其演化既有浅部流体又有深部流体同时参与。

（3）由于浅部流体中的成矿物质来源于含矿地层（包括深部基底地层），随着深度不同，流体的性质也存在较大的差别，尤其是变质流体，由于压力增加、温度变高以及成矿物质含量处于较高水平等影响，其变质程度较浅部高，成矿作用不能忽视。从另外角度来考量，如果在一个相对稳定的地质时期，流体处于一个相对平衡状态，只有在大的深部构造活动，如板块碰撞、地幔亚热柱地幔岩上隆以及后期热断陷等打破相对平衡状态时，才会加速该类流体的运移，此时该类流体就会加入深源流体中。

基于以上认识，沃溪矿区从深源到浅表流体的组成和所处环境不同，流体循环系统划分为 3 个层次的含矿流体循环子系统（图 7-2）：浅表地壳富硫流体循环子系统；中-下部地壳流体循环子系统和地幔富 Si、C、H、O、碱金属、烃类、CO_2 等流体深源循环子系统。其成矿热力学特征如下：

①浅表地壳富硫流体循环子系统

研究表明，沃溪金矿脉有大气降水加入，石英包裹体中水为 198.6~14910.6 μg/L，Cl^- 达 2.19 g/L，pH 为 5.64~7.06，E_h 值为 -0.45~-0.57，表明地表水或海水进入地壳时，逐渐由氧化态变为还原态，由中性变为弱酸性，盐度不断增高形成弱酸性溶液并从岩石中淋滤出金元素组成浅-表部富硫流体。在深部变质流体、岩浆热的作用下，使浅表部富硫流体形成循环系统。

②中-下部地壳富硅、富硫流体循环子系统

来自高温地幔的流体沿沃溪断裂向上运移进入地壳时，中-下部地壳岩石易发生部分熔融，形成以 SiO_2 熔融体为主的花岗岩浆并呈底辟或气球式向上运移，当温度为 1080℃时出现上临界点，水在 SiO_2 熔融体中的溶解度达 2%（质量），若

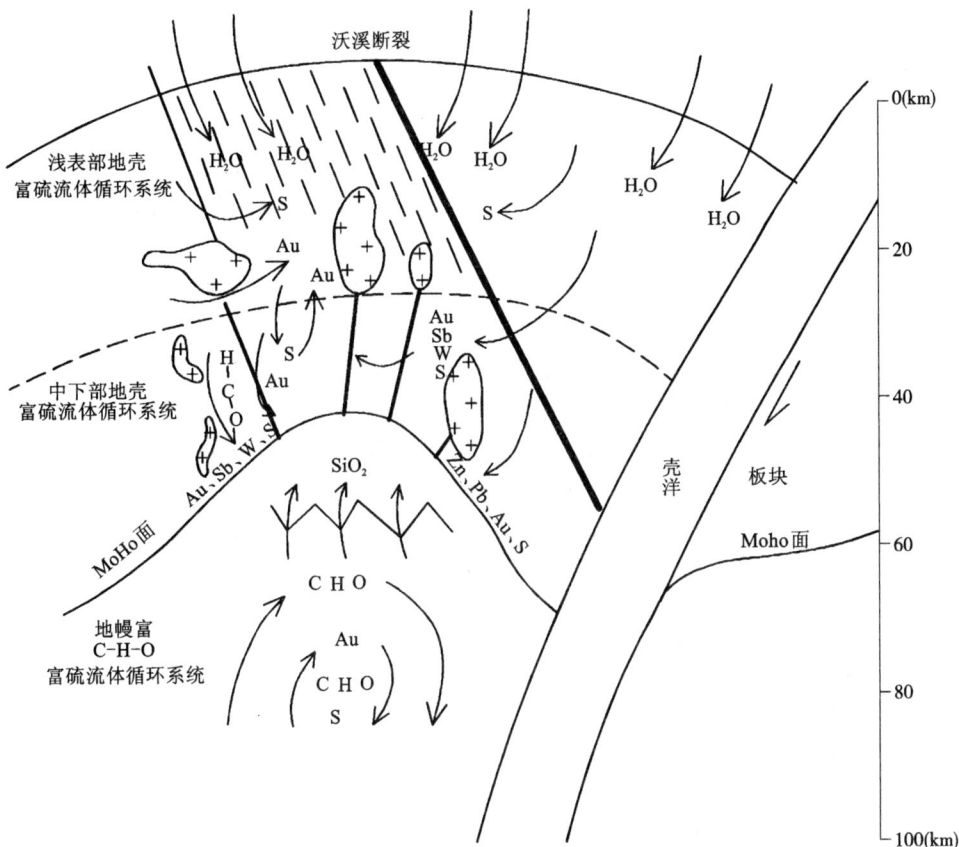

图7-2 沃溪金锑钨矿床成矿流体演化模式图

(据邓军, 2002. 修改)

超过此临界点, 则水与 SiO_2 熔融体可发生完全混熔, 形成统一的 SiO_2 水熔体。

SiO_2 水熔体易与沃溪断裂围岩反应并萃取 Si、S、K、Al、Au 等元素形成中-下部地壳富硅流体循环系统。

③地幔富 Si、C、H、O、S、碱金属、烃类、CO_2 等流体循环子系统

该循环系统形成的受控因素主要指 C、H、O、CO_2 流体的来源, 即洋壳俯冲和地核、地幔排气, 沃溪金矿位于区域断裂带下盘, 洋壳俯冲机制主要有 3 种: 一是随板块俯冲直接把海水带入上地幔; 二是俯冲洋壳本身通过脱水作用把水释放到上地幔; 三是依洋壳俯冲速度与地幔局部熔融的关系, 使上地幔有独立的 Si、C、H、O、S、碱金属、烃类、CO_2 等流体相存在而不发生地幔熔融作用, 这主要基于地核是 C、H 的重要储集场所, 因温度升高和氧逸度的变化引起 C、H 不断

地释放出来。无论是洋壳俯冲还是地核、地幔脱气，都会源源不断地向地幔提供大量含 Si、C、H、O、S、碱金属、烃类、CO_2 等的流体，使地幔含 Si、C、H、O、S、碱金属、烃类、CO_2 等的流体循环系统持续运行，Au 和 S 等元素不断得到预富集。

④地幔流体循环子系统对浅表部流体循环子系统的热功能

地幔流体向浅部地壳运移时，不仅带上一些成矿物质，而且可向浅部输入大量的热能，使浅-表部流体具有很强的溶解和携带金属元素的能力而逐渐变为成矿流体，为确定深部流体的热功能，胡文宣和 Duan 等建立的超临界流体（H_2O-CO_2-CH_4-N_2 体系）状态方程，求解了一元流体和多元流体的热熔随深度变化的规律。结果表明，H_2O、CO_2、CH_4 和 N_2 的摩尔热熔随着深度的增加而增加，地表附近的相对摩尔热熔在零附近，深部高达几十至上百千焦耳。

⑤含金流体层次性循环系统沟通与混合机制

沃溪金矿分布有大面积石英脉，在冷家溪群地层和冷家溪群与马底驿组不整合面一带，剪切带石英脉存在两期特点，第一期石英脉几乎没有 Au 和硫化物；第二期石英细脉内见有少量的金和硫化物，金品位较好，一般为 1.00~5.00 g/t，最高可达几十 g/t，但规模较小。在十六棚工—红岩溪一带，却出露大量由 Au、Sb、W 等组成的块状硫化物矿石，而金品位明显增高，矿体变化比较稳定。这些极端现象也可反证各层次流体循环系统的主导性作用。第一期石英脉的特征反映浅部流体以大气降水与地层结构水为主，随着地下水渗透到地壳深部，温度升高，此时热液呈碱性，带来大量的硅质，在深部构造活动的影响下，流体向上运移，氧浓度增加，pH 变低，变成酸性环境，Si 与 O 结合形成 SiO_2 沉淀；第二期石英细脉主要形成于区域变质或重大地质事件的动力变质时期，以中深部变质流体为主，中深部变质流体更有利于成矿元素 Au、Sb、W、S 等活化，形成成矿热液，加之重大地质事件影响，地壳深部带来流体的叠加。含有 Au、Sb、S 等的变质流体与深部流体及大气降水形成混合流体，由地下深部向上运移，在剪切带有利的构造部位充填，形成细脉状含 Au 和硫化物的石英脉。

十六棚工—红岩溪段 Au、Sb、W 成矿良好，成矿物质来源和富集的关键取决于深源流体的叠加和各层次流体循环子系统间的沟通。这一点与绝大多数矿床成矿流体的氢氧同位素具有幔源流体与浅-表部流体相混合的特点一致，相混合的深度在地下十几至几十公里的部位。特别是近年来，地球物理工作中发现的大量"低速带"也出现在这一深度范围，代表了幔源流体与浅-表部流体在这一深度相互交汇和作用的结果。

控制各层次流体循环子系统沟通的因素较多，其中主导性因素是成矿构造环境的区别，在小型挤压构造或张拉环境以及局部受火山机构控制等条件下，因成矿时间短、速度快，流体不能充分循环和相互沟通，所以这类型金矿即使成群，出现规模也不大，只有大规模挤压构造环境对金矿形成才更有利。

　　沃溪矿区围岩常德桃源盆地与雪峰弧形带接壤部位，受加里东期和印支燕山期地幔上隆影响，沃溪区域性大断裂及大规模的剪切带与深部连通，将岩石圈中的地幔薄弱带连接成树枝网络，为深部流体上升提供了良好的通道和沉淀成矿空间。加之，3 个层次流体相互沟通和混合作用(图 7-2)，不仅提供了成矿的有用元素(组分)成分，而且使流体循环机制持续时间加长，萃取围岩有用元素增多，最终形成的沃溪金锑钨矿床均具大型规模。

第8章 成矿地质作用及成矿规律

研究表明，沃溪金锑钨矿床产于前寒武系浅变质岩系中，以石英脉型或构造蚀变岩型金矿为特征。主要矿脉均产于缓倾斜层间剪切滑动断裂带内，由于具有层带结构的特点，在成矿过程中大都是以"层状"矿化形式出现，尤其在褶皱轴部产生的虚脱空间、层间剥离构造带内，往往发育较富厚的板柱状矿体，且沿褶皱轴部延深可达数千米，矿体侧伏方向与褶皱轴向倾伏方向基本一致。在同一构造部位的矿体，具有多层性和叠瓦状的特征。因此大多数学者认为，矿床与含矿地层、区域变质作用关系密切，刘英俊（1989，1993）将这些矿床论证为晚元古代层控矿床。王秀璋（1999）、彭建堂（2000）等研究则表明，该区武陵期区域变质作用与金成矿关系不大，加里东期的成金作用存在更广泛，不容忽视。前人对沃溪矿床成矿年龄的研究表明，湘西沃溪金锑钨矿床中白钨矿 Sm-Nd 等时线年龄为（402±6）Ma，石英 Ar-Ar 同位素年龄为（420±20）Ma 和（414±19）Ma（彭建堂等，2003），为加里东期成矿；沃溪金锑钨矿金矿成矿年龄含金石英脉 Rb-Sr 等时线年龄为（114±17）Ma，史明魁等（1993）对沃溪矿床石英-辉锑矿体中的石英进行了 Rb-Sr 测年，结果显示，石英流体包裹体 Rb-Sr 等时线年龄为（144.8±11.7）Ma，沈家垭金矿含金石英脉 Rb-Sr 等时线年龄为（90.6±3.2）Ma，成矿年代属于燕山期。

沃溪金锑钨矿的形成与大地构造、区域构造以及矿区的构造裂隙均有着密切的联系。这些研究成果均反映出该矿床的形成具有多期次叠加成矿的特点。

8.1 成矿地质作用分析

通过本次对沃溪矿区所在大地构造、区域构造、矿区构造与地幔热柱-幔枝构造耦合关系的初步分析，对矿床（矿点）分布地质特征和地球物理、地球化学特征的综合研究，对成矿流体多层循环演化等的研究，结合前人对矿区成矿地质作用及成矿年代等的研究成果,总结归纳沃溪地区地质变形期次和特征,可以划分为四个大的变形期次,除了早期变形之外,基本上对应成矿前构造格局、成矿期控矿变形特征及成矿后的构造改造作用。区内成矿地质作用与四次主要构造运动时期的变形相对应。

(1)武陵运动到雪峰运动期(1050~680 Ma),区域性近南北向的应力作用,使得矿区中元古界冷家溪群遭受褶皱作用,形成仙鹅抱蛋和明月山穹隆状复式背斜和区域性东西向压性断裂(沃溪断裂、柳林与潘香铺断裂),奠定了矿区构造的基本架构,影响和制约着后续各类构造的形成和发展。武陵运动的标志在区域上表现为中元古界冷家溪群与上元古界板溪群之间的角度不整合接触。

(2)加里东运动期(600~340 Ma),常德—洞庭湖地幔亚热柱和衡阳—娄邵亚热柱的隆升,侵蚀下地壳亚岩层,使中心地壳岩层变薄,逐步塌陷,形成深度断层,岩浆沿深大断层上涌,并在其周边地区侵入地壳中上部,沿中心周边呈环状分布,有些出露到地表形成加里东期岩体,在其外围则形成了一系列幔枝构造,包括雪峰构造带北部的隆起、沉麻盆地断陷盆地等。此时矿区受地壳运动差异升降作用,东部抬升,造成该期地层缺失,西部局部断陷下降,接受震旦-寒武纪沉积。构造应力表现不是单纯的南北挤压,而是转化成南北向左行扭动力偶,这种扭动力偶派生出的北西方向的应力,使仙鹅抱蛋和明月山两复式背斜两翼呈南北或北东弧形突起的倾伏裙边式横跨褶曲和次级断裂,断层以发育一系列北东向断层为主(如塘虎坪、新田湾北东向断层),构造行迹广布全区,形成区内地质构造主体架构;区内岩层普遍发生区域变质,形成较宽的开阔褶皱,主要以十六棚工为中心的倾伏裙边式横跨褶曲,自西向东,依次为红岩溪背、向斜,鱼儿山背、向斜,粟家溪向斜,十六棚工西向斜、中背斜、东向斜,上沃溪背斜等Ⅱ级控矿构造。这些横跨褶曲波弧大小、开闭程度、倾伏方向严格控制着矿体的规模、展布和延深方向。同时,在区域上伴随岩浆活动,沃溪矿区北部的棉花塔、蔡家等发育的三条辉绿岩脉,属于该期的产物,并与 W 的形成有密切关系。

(3)印支-燕山期(230~140 Ma),常德—洞庭湖地幔亚热柱和衡阳—娄邵亚热柱继续上隆,深部构造进一步加强,最终形成沉麻断陷盆地,并接受侏罗、白垩系沉积,形成两盆夹一窿的地貌景观。同时,使本区进入新华夏系构造占主导的发展阶段,印支期矿区处于隆升阶段,造成该期地层全部缺失,地层都卷入了褶皱构造变形中。燕山运动早期,常德—洞庭湖地幔和衡阳—娄邵地幔亚热柱强烈活动,在区域上均以断裂活动为主,沃溪大断裂表现为大型的滑脱构造,并控制断陷盆地的南缘,矿区官庄白垩系断陷盆地形成强烈的构造活动,区内次级褶皱、断裂、层理、节理和劈理十分发育,加深了矿区构造与深部的沟通。同时,岩浆活动广泛,通过地幔热柱多级演化及其浅部强烈的构造岩浆活动,向上运移的含矿流体进入前期有利构造滑脱带进行叠加成矿。

8.2 成矿规律

在沃溪地区，雪峰运动使华夏陆块与扬子陆块在江山以东缝合，江山以西的华南洋盆转变为规模不大的残留洋盆；加里东运动使华南洋盆褶皱隆升，形成华南褶皱（造山带）。加里东运动同时使扬子陆块、华南褶皱带和华夏陆块拼合成统一陆块。

在武陵-雪峰运动期沉积旋回中，主要以火山喷发和地幔物质的侵入、陆壳再循环的矿层碎屑物质、富铁锰碳酸盐陆源盆地沉积，以及火山-沉积地层硫的富集，形成冷家溪群、板溪群富含 W、Sb、Au 的矿源层，特别是板溪群的含钙条带板岩，在区域性南北向应力作用下，使得地层呈南北向的伸展拆离、隆升并形成脆-韧性剪切带，大气降水和变质热液共同作用，并在此初步富集，使得含矿热液向剪切带附近迁移，形成原始矿源层。区域地球化学成矿元素赋存状态研究表明，在这些矿源层中，马底驿组板岩中有 76.3% 的金赋存在黏土矿物中，26%~35% 的钨以吸附形式存在，锑主要赋存于黏土矿物中，其次，还有部分源层中的金以硫化物形式存在。

到了加里东期，随着构造运动进一步深化，大量剪切带和褶皱形成，同时，加深了与深部的不断沟通，使深源的区域变质热液以及大气降水联合作用，原有矿源层中的 Au 不断活化，在层间剪切带初步富集成矿。由于加里东期在湘西地区活动较弱，湘东地区活动较强（湘西地区加里东期的岩浆岩未出露，而湘东地区加里东期岩浆岩广为发育），因此，矿区的成矿物质来源还是以地层为主，该期成矿作用以区域变质作用为主，会形成相对较好的 Au 矿，但没有进入大规模成矿期。加里东期地幔上隆，侵蚀下地壳亚岩层，使中心地壳岩层变薄，沃溪矿区西部逐步塌陷，构造活动进一步加强，并伴随相应的岩浆活动。地层受北西—南东方向的挤压，形成塘虎坪反"S"形的构造及层间断层和裙边式褶皱。该区成矿热液以浅地表流体（地层水或建造水、地热水、卤水、大气降水、变质水等）为主，由于浅地表氧浓度增加，热液期发生 W 及 Au、Sb 的矿化作用，成矿元素主要以络合物形式搬运。杨燮（1992）指出，就沃溪矿床而言，钨的主要搬运形式是 WO_2、WCl_2^{2-}、WS_4^{2-}、$H_2WO_4^-$、HWO_4^-、WO_4^{2-} 等。温度、压力下降，pH 上升，络合物配位体逸出导致白钨矿、黑钨矿沉淀。锑的主要存在形式为 $[SbS_2]^{2-}$、$[SbS_3]^-$、$[SbCl]^-$、$[SbCl_2(OH)_2]^-$、$Sb[SO_2]^-$ 等。辉锑矿是在 pH<6、较低温度、还原条件下形成的。金主要以硫络合物形式存在，如 $[AuS]^-$、$[Au(HS)_2]^-$ 和 $[Au_2S(HS)_2]^{2-}$ 等，还可能存在 $AuCl_4^-$、$AuCl_3(OH)^-$、$AuCl_2^-$、$AuCl(OH)^-$ 等。随温度、压力的下降，pH 上升，络合物分解，被还原（有机质起重要作用），Au 单

独或与其他硫化物同时沉淀。总之,成矿热液形成后,主要金属元素以各种络合物形式存在。随温度和压力下降,热液呈近中性,弱氧化条件,W 与 Ca、Fe、Mn 等结合,依次沉淀出黑钨矿和白钨矿,并将热液中的大量金属元素带入围岩发生蚀变。W 沉淀结束后,热液再次活动,温度、压力继续下降,热液中由于大量的阴离子参与交代围岩中云母等矿物,H^+ 浓度上升,pH 下降,成为弱酸性溶液,E_h 下降,为弱还原条件,Au 及其他金属硫化物沉淀,同时从围岩中吸取大量组分于热液中。有利的矿化作用结束后,热液再次活动,进入晚期石英-碳酸盐阶段。

该期由于成矿热液以浅表流体为主,成矿物质来源于地层,使初始矿源层中主要的金属离子再次活化,以络合物的形式存在,随着温度降低,压力下降,此时热液呈中性,为氧化条件,加里东期岩浆活动带来以 W 为主的 Cu、Fe、Mn 等元素组合,并有少量的 Au 参与成矿,Au 主要来自地层,随着压力和温度继续下降,热液中阴离子与围岩、云母等物质发生交换,H^+ 浓度上升,PH 下降,形成弱碱性环境,E_h 下降,为弱还原条件,Au 与 Sb 以硫化物形式开始沉淀,在层间断裂常依次形成黑钨矿和白钨矿,形成以 W 为主、Au 少量参与成矿的金钨矿体。而有机烃类组分来自成岩过程中动植物、微生物残体腐解,属生物成因,该类有机烃类本身熔点较低(一般不超过 400℃),极性很弱,不溶于水,反应速度缓慢。加之,成烃过程中的环境条件(温度、压力、氧化还原等物化条件)影响,有机烃类未经复杂热液改造,热稳定性较差,容易被分解和就近释放,并具有突发性,所以有机烃类异常呈分散状态,局部因有机烃类含量较高,形成的所谓烃类异常强度可能相对较强。有机烃类参与成矿的程度较低,Au 以 $[Au(HS^-)_2]^-$ 形式迁移为主,Au 与有机烃类相关性较差。埋藏较深的动植物、微生物残体腐解产生的有机烃类,因压力、高温等变化,地层中 Au 可能以有机络合物形式迁移,但其总量(与矿床总金属量)还是有限,笔者认为,成矿物质来源于含矿地层的成矿作用,以就近容矿构造带成矿为主,这也是沃溪矿区在冷家溪群地层内和不整合面发现大量 Au 矿点的主要原因,如果缺乏后期深源带来成矿物质的叠加成矿,其矿床规模是有限的。从地球化学异常来讲,该类成矿作用形成的异常,由于成矿物质仅来源于含矿地层,元素组合相对简单,异常强度较弱,并且较为分散,烃汞与 Au 相关性较差,故称之为"同生叠加异常"。

印支-燕山期地幔亚热柱继续上隆,深部构造进一步加强,官庄白垩系断陷盆地形成,构造活动影响和断陷盆地的形成说明地幔热柱活动强烈,并带来大量地幔物质和有机物质参与成矿的可能。对幔枝构造的研究认为,成矿物质主要来自深源,甚至来自核-幔缘边界,通过地幔热柱多级演化,从地幔热柱→亚热柱→幔枝构造→有利构造扩容带→矿田→矿床→矿体(脉)逐渐迁移、聚集成矿的过程,具备了很好的成矿物质的来源、迁移通道、储集场所系统,相当于裴荣富提出的源-运-储系统(裴荣富等,2005)。此时成矿流体以地幔流体为主,并带来深部变质热液参与成矿作用,该时期主要表现为区域性断裂活动频繁,岩浆活动强烈,深源流体上侵,加之大气降水形成深源混合流体,同时带来大量的以 Au、Sb 为主的成矿物质,并带来大量 Hg、As、Pb、Zn、Mo、Bi 等元素,在层间断层破碎带叠加成矿,主要以 Au、Sb、Hg、As、Pb、Zn、Mo、Bi 元素组合为特征。由于成矿物质主要来源于深部岩浆或幔源物质,以深部流体(岩浆热液、幔源流体)为主。由于深源流体具有高温、高压、复杂成分等特征,所以有机烃经深源流体改造后,具有较强的稳定性,有机烃的释放比较平缓,形成的烃异常较为集中,Au 与烃类形成以 Au(CH$_3$)$^{2+}$ 迁移为主,Au 与烃汞相关性较好。同时形成与之匹配的地球化学场叠加在第一期成矿作用之上,形成现在的沃溪 Au、Sb、W 均具大型-超大型规模的矿床。从地球化学异常来讲,该类成矿作用形成的异常,由于成矿物质来源于深源,具有元素组合相对复杂,异常强度较强,烃汞与 Au 相关性较好等特点,故称之为"深源叠加异常"。

第 9 章　多元信息找矿模式

9.1　矿床成因类型

沃溪金锑钨矿床主要分为两个大的成矿期,第一期成矿发生在加里东期,其成矿元素来源于赋矿围岩和下伏老地层。以浅部流体为主,流体富含 S^{2-}、HS^-、O_2 等矿化剂,渗透至富矿围岩和下伏老地层,将 Au、Sb、W、Pb、As 等成矿元素活化,并沿低温、低压扩容带运移,在层间剥离带及其次级裂隙等有利构造部位沉淀富集成矿。第二期发生在印支燕山期,其成矿元素来源于地幔或地幔演化岩浆以及下伏更老的陆壳基底物质。以深源流体为主,并伴随深部变质流体和大气降水混合成矿,从深部带来大量的 Au、Sb、W、Pb、Zn、Cu、Hg、As、Mo、Bi 等元素,流体溶液富含 S^{2-}、HS^-、O_2、有机烃类组分等矿化剂,在前期成矿有利构造部位叠加富集成矿。矿床成因类型为中低温热液充填石英脉和蚀变岩型矿床。

9.2　成矿关键控制因素

(1)构造对矿化的控制

一般来说,热液型矿床构造控矿特点十分明显,构造活动不仅为成矿流体提供运移通道,而且能改变成矿的物理化学环境,为成矿流体沉淀成矿提供空间环境。沃溪矿床的构造控制作用亦十分明显,所有矿体均产于控制断陷盆地的南缘沃溪断层下盘马底驿组紫红色板岩 1~2 km 范围内层间剥离带中,而在沃溪大断层上盘,未见有价值的矿体产出。表现出断陷盆地控制矿带,其边界断裂为地球化学障,起到屏蔽作用,而边界断层下部的层间剥离带既是含矿流体运移的通道,也是矿质富集沉淀的主要场所。

（2）地层对矿化的控制

沃溪矿床产于马底驿组紫红色板岩层间破碎带中，到目前为止，矿区其他地层还未发现具有工业意义的矿床（矿体），矿化作用似乎受马底驿组地层控制比较明显，因此，人们普遍认为马底驿组地层控制矿床的产出。但笔者认为，控制中大型矿床产出的关键因素是构造和成矿流体，与地层关系不大，如湘东北地区黄金洞、万古金矿等均产于冷家溪群剪切带中就是很好的证明。

（3）蚀变对矿化的控制

蚀变带实际是构造、流体、热源、成矿物质活动的集中体现，与矿床的形成是不可分割的。但不同流体中，由于成矿物质来源不同，其蚀变作用也不一样，成矿作用不同，沃溪矿区浅部蚀变存在两种类型，一类褪色化、硅化、黄铁矿化、绢云母化较强，蚀变带规模不一定很大，一般金锑钨的成矿良好，均达到工业品位，该类蚀变与深源成矿热液叠加有关；另一类只见褪色化，而硅化、黄铁矿化、绢云母化较弱，即使蚀变带规模较大，一般金锑钨矿化较差，该类蚀变主要是浅表流体作用的结果，虽然目前发现该类蚀变带成矿较差，由于蚀变带的存在，说明该处是构造活动、流体带来热源集中区，虽然浅表找矿效果较差，但不排除深部找矿的潜力。总之，蚀变特征对矿化的控制非常明显。

9.3 成矿基本要素

通过运用新的成矿和控矿理论对沃溪矿区成矿地质作用进行研究，结合季克俭等的"三源成矿论"，将热液矿床的成因及找矿重点主要归结在成矿物质来源、流体来源和热源等3个方面。

（1）成矿物质来源

对于沃溪金锑钨矿的成矿物质来源，已有几种代表性认识：一种观点认为其成矿物质来源于赋矿地层或下伏岩层（罗献林，1984，1990；黎盛斯，1991；马东升等，1991）；另一种观点则强调金成矿与岩浆岩关系密切，认为时代较老的中基性岩（王甫仁等，1993）或中新生代的长英质脉岩（刘继顺，1996）为该区金成矿提供了矿质；亦有人认为，部分成矿物质来自中晚元古宙地层，部分来自深部或燕山期花岗岩（毛景文等，1997）。据本次研究结果我们发现存在以下疑问：

①从区域地层和矿区地层成矿元素含量特征来看，沃溪矿区区域上金锑钨的含量非常低，矿区地层虽然有一定的富集，但不具备提供大量金锑钨的能力，认为其成矿物质主要来源于赋矿地层，难以解释该区金锑钨大规模成矿的结果。近十年来，在沃溪矿区冷家溪群地层和冷家溪群与马底驿组不整合面发现有大量规模较大（宽20 m，长达几百 m）的蚀变剪切带，民采活动非常多，Au 的品位也比

较好(最高 15 g/t，一般 3~4 g/t)，但矿体不连续、矿脉较薄不成规模，如果成矿物质来自含矿地层，那么在这样有成矿条件的剪切带应该会形成较好的矿床，但经过几十年的地质勘查，投入巨大，还是没有取得突破。这说明，矿源层提供了部分成矿物质，在区域变质或者动力变质作用下，会形成矿化或局部可能形成较好的矿体，但由于成矿物质来源有限，形成不了大矿。

②从微量元素变化特征来看，如果成矿物质来源于赋矿地层或下伏岩层，那么成矿元素组合应该相对简单，地表蚀变带的微量元素组合简单这一特征，似乎也印证了这一推断；但到深部，成矿元素组合明显趋于复杂，As、Hg、Mo、Bi、Cu、Pb、Zn 等元素含量大幅增加(尤其是 Hg 元素，深部增加上千倍)，具有岩浆热液的特征。而该区岩浆活动微弱，绝大多数金矿的矿区及其外围并无岩浆岩出露，少数矿区有脉岩存在，其规模甚小，不具备提供大量金源的能力。由此我们认为，成矿物质应有其他来源。

③据同位素研究发现，硫同位素示踪沃溪矿床成矿流体中的硫不应来自赋矿围岩或下伏冷家溪群，而应以深部硫为主。铅同位素示踪沃溪矿区矿石中的铅可能来自上地壳。锶同位素示踪成矿流体的高放射成因，也可能来自该区下伏更古老、更成熟的陆壳基底，这些证据均暗示成矿物质来源应为深源的陆壳基底和地幔物质。

罗献林(1984)研究指出，沃溪矿床矿石的 $\delta^{34}S$ 为-5.1‰~+2.1‰，即在零附近，而冷家溪群和板溪群的 $\delta^{34}S$ 分别为+13.1‰~+17.2‰和+12.9‰~+23.5‰。由此得知，沃溪矿床中的硫并不来自冷家溪群和板溪群地层，而是以深部硫为主，暗示成矿物质来源于深部。

Nd 同位素研究表明，该矿赋矿地层板溪群的 $\varepsilon_{Nd}(402\ Ma)$ 为-7.0~-16.1，该区中元古界冷家溪群和下元古界仓溪岩群的 $\varepsilon_{Nd}(402\ Ma)$ 分别为-7.7~-10.9和-9.4~-12.3(彭建堂)，均远大于沃溪矿床白钨矿的初始值。因此，沃溪白钨矿中的 Nd 可能并非来自湘西一带出露的元古宙地层，而是来自下伏更古老、更成熟的陆壳基底。这一认识与已有的元素地球化学研究和 Sr 同位素研究成果相吻合。

④最新的研究发现，湘西马底驿组地层不是沃溪矿床的矿源层，该地层中Au、Sb 和 W 的背景值仅分别为 $0.0014\mu g/g$、$0.42\mu g/g$ 和 $1.9\mu g/g$，沃溪矿床的成矿物质和矿区地层中高含量的成矿元素主要是热液从外界带入的(Yang et al.，1999)。Sr 同位素研究表明，沃溪矿床白钨矿的 Sr 同位素组成为 0.7468~0.7500，远高出板溪群和冷家溪群岩石的测定值(均小于 0.729)，成矿流体很可能从下伏更老的陆壳基底获取这种高放射成因的 Sr，暗示成矿物质来源应为下伏更老的陆壳基底。

（2）成矿流体来源

彭建堂研究认为，雪峰地区变质作用较弱，赋矿围岩为低于绿片岩相的板岩，围岩中许多含水矿物并未因变质作用而显示出脱水现象，显然该区的区域变质作用不能满足大规模成矿过程中所需的大量水的要求；且该区的金成矿作用滞后于区域变质作用 $400 \sim 900$ Ma，因此该区的成矿流体不可能以变质热液为主。该区金矿的成矿溶液盐度较低，一般 NaCl 质量分数小于 6%，因此它也不可能为深部的热卤水或封存的建造水。成矿流体中普遍贫 Cl^- 富 HCO_3^-，亦表明它不可能为再循环的海水或封存的地下水，而很可能为浅部地下水。沃溪金锑钨矿床成矿流体氢同位素 δD 的范围为 $-81\%_0 \sim -55\%_0$，而氧同位素 $\delta^{18}O_{水}$ 的变化范围则为 $-5.2\%_0 \sim -19.2\%_0$。在 $\delta D\text{-}\delta^{18}O_{水}$ 的关系图上的投影点大部分落在雨水线与变质水之间的区域内，只有少数投影点落在变质水区域内，这说明该类矿床的成矿流体以地下热水为主，有少量的变质水混入（罗献林等，1984；牛贺才等，1991）。对于成矿热液 $\delta^{18}O$ 和 δD 的分散特征和测定数值并没有落入岩浆水区域和变质水区域，反映出本矿化区成矿热液既不属于原生岩浆水（$\delta D = -50\%_0 \sim -85\%_0$），也不是变质水，似乎属于大气降水。刘伟、赵振祥、张福勤（1999），邓军（2005）等认为这是发生同位素交换的幔源 C、H_2O、CO 流体的特征，幔源 C、H_2O、CO 流体在参与该区壳源花岗岩的形成过程中，与 $\delta^{18}O$ 较高的变质岩系发生了同位素交换，使流体的 $\delta^{18}O_{水}$ 升高且超出了幔源流体的范围所致。

（3）成矿热源

沃溪金锑钨矿床的流体研究表明，存在浅表流体（变质水、地层结构水、大气降水等）和深源流体（幔源流体及其演化岩浆水）。一般来说，浅表流体随着深度增加，温度逐渐增高；深源流体一般为来自深部幔源和深部变质流体的混合，因此浅表流体与深源流体的成矿热量不可同日而语，对元素的活化迁移作用及其迁移方式肯定不同，表现出的成矿作用也不同。

9.4 成矿机制及其成矿元素演化模式

通过前述对沃溪金锑钨矿床成矿规律的探讨，矿区成矿作用经历四个阶段，对成矿的贡献大小不一，武陵-雪峰运动期使该区发生区域性变形、变质作用，特别是矿源层中以黏土矿物赋存的金和硫化物中的金易释放，在构造应力作用下，发生扩散作用，向化学势低的部位定向迁移：晶体内部→亚晶界→颗粒边界→微裂纹→裂隙→……，并不断发生归并长大。因此，区域变质作用使地层中的金活化转移，并发生某种程度的预富集；加里东期运动由于地幔上隆，使雪峰地区逐步隆升，地热梯度明显增加，同时产生大量脆性断裂，大气降水下渗受热升温，并与矿源层发生水-岩反应，活化、萃取矿源层中的成矿物质，从而演化为含矿热液。由于该期地幔上隆力度有限，且规模和持续时间较短，其成矿元素以含矿地层来源为主，将前期富集成矿元素进一步活化，在构造剪切带、滑脱面等富集成矿。由于成矿物质来源于地层，数量有限，因此形成中大型矿床的概率相对较小。印支-燕山运动期由于地幔亚热柱强烈活动（断陷盆地形成），地幔流体不仅带来大量的成矿物质，而且提供了热源，并使本区地层都卷入了褶皱构造变形和断裂活动，深部岩浆活动广泛。虽然矿区浅表未见岩体产出，但大量研究成果表明成矿与岩浆活动的时空耦合明显。该期深源热液带来大量成矿物质在前期成矿构造有利部位叠加成矿。由于该区成矿活动具有突发性，不是在每个地段都成矿，存在"富集中心"的问题，目前来看，"十六棚工"作为中心位置可能性比较大，但不排除有多个"中心"或者"次中心"的可能。这也是沃溪矿区冷家溪群及冷家溪群与板溪群不整合面出现矿点多、工业矿体少、深部找矿效果差的主要原因。

　　综上所述，笔者认为，沃溪矿床主要分为两个大的成矿期，即第一期为加里东期，成矿物质主要来源于近矿围岩，流体为变质热液和大气降水；第二期为印支燕山期的叠加成矿，成矿物质来源于深源，流体以深源流体（幔源或岩浆热液+深部变质热液）为主，并伴有大气降水混合。其成矿元素演化模式见图 9-1。

大地构造活动使含矿建造水升温，形成各种类型的中低温热液

含 HCO_3^-、HS^-、Cl^- 等阴离子中温（＞200℃）热液及富含 HCO_3^- 低温（＜200℃）热液

含 HS^-、Cl^-，贫 HCO_3^- 的低温（＜200℃）热液

马底驿组和冷家溪群
$Au-e = Au^+$
$Au^+ + 2HS^- = [Au(HS^-)_2]^-$
$Sb^{3+} + 3S^{2-} = [SbS_3)]^{2-}$
$W^{4+} + 4H_2O = [WO_4]^{2-} + 4OH^-$

碳酸盐岩	碎屑岩

五强溪组
$Au-e = Au^+$
$Au^+ + 2HS^- = [Au(HS^-)_2]^-$
$Sb^{3+} + 3S^{2-} = [SbS_3]^-$
$W^{4+} + 4H_2O = [WO_4]^{2-} + 4OH^-$

冷家溪组
$Au-e = Au^+$
$Au^+ + 2HS^- = [Au(HS^-)_2]^-$
或 $Au-e = Au^+$
$Au^+ + 2HS^- = [Au(HS^-)_2]^-$
$Sb^{3+} + 3S^{2-} = [SbS_3]^{3-}$

含 $[Au(HS^-)_2]^-$ 和 $[WO_4]^{2-}$ 的中低温热液

含 $[Au(HS^-)_2]^-$、$[WO_4]^{2-}$ 和 $[SbS_3]^{3-}$ 的中低温热液

含 $[Au(HS^-)_2]^-$、$[WO_4]^{2-}$ 和 $[SbS_2]^{2-}$ 的中低温热液

含 $[Au(HS^-)_2]^-$ 中低温热液

加里东期，湖南地区上地幔上隆，沃溪地区形成一系列的幔降构造（西北上隆），以及深部断裂逐步形成。各种成矿热液运移到与区域构造相匹配的次级构造（破碎带、层间断裂）中，由于减压与变质水混合等原因使成矿热液的温度、压力、pH 及化学组分发生变化，导致 Au、Sb、W 成矿元素沉淀形成各种矿床

$[Au(HS^-)_2]^- + e = Au\downarrow + 2HS^-$
$[WO_4]^{2-} + Ca^{2+} = CaWO_4\downarrow$
$2[SbS_3]^{3-} = Sb_2S_3\downarrow + 3S^{2-}$

$[Au(HS^-)_2]^- + e = Au\downarrow + 2HS^-$
$[WO_4]^{2-} + Ca^{2+} = CaWO_4\downarrow$
$2[SbS_3]^{3-} = Sb_2S_3\downarrow + 3S^{2-}$

$[Au(HS^-)_2]^- + e = Au\downarrow + 2HS^-$
$2[SbS_3]^{3-} = Sb_2S_3\downarrow + 3S^{2-}$

$[Au(HS^-)_2]^- + e = Au\downarrow + 2HS^-$

唐虎坪—上沃溪矿段
成矿元素：Au、W、Sb

龚家湾—沃溪—鱼儿山—红岩溪—大风垭
成矿元素：Au、Sb、W

马底驿组—冷家溪群不整合面—带
成矿元素：Au、Sb

冷家溪内剪切带
成矿元素：Au

在印支-燕山期，湖南地区强烈的地幔热柱（化学柱）活动，沃溪地区表现为官庄断陷盆地形成，使原有的构造体系加剧活动，加深与深部岩浆沟通，并带来大量的成矿物质，此时的成矿热液主要以深源岩浆热液为主，大量烃类组分参与成矿活动，并沿深部构造向上运移，在对原有的成矿构造进行叠加成矿

富含 HCO_3^-、HS^-、Cl^-、NH_3^+、H^+、Na^+、K^+、CH_4、C_2H_6 等，高温热源随着往浅部运移和大气降水的加入，温度逐渐降低，形成了中低温热液

$AuCl + e = Au\downarrow + Cl^-$
$[Au(HS^-)_2]^- + e = Au\downarrow + 2HS^-$
$[Au(CH_3)_2]^+ + e = Au\downarrow + CH_4^+$
$[AuSbS_3]^{2-} - e = Au\downarrow + Sb + 3S^{2-}$

成矿元素以 Au、Sb 为主

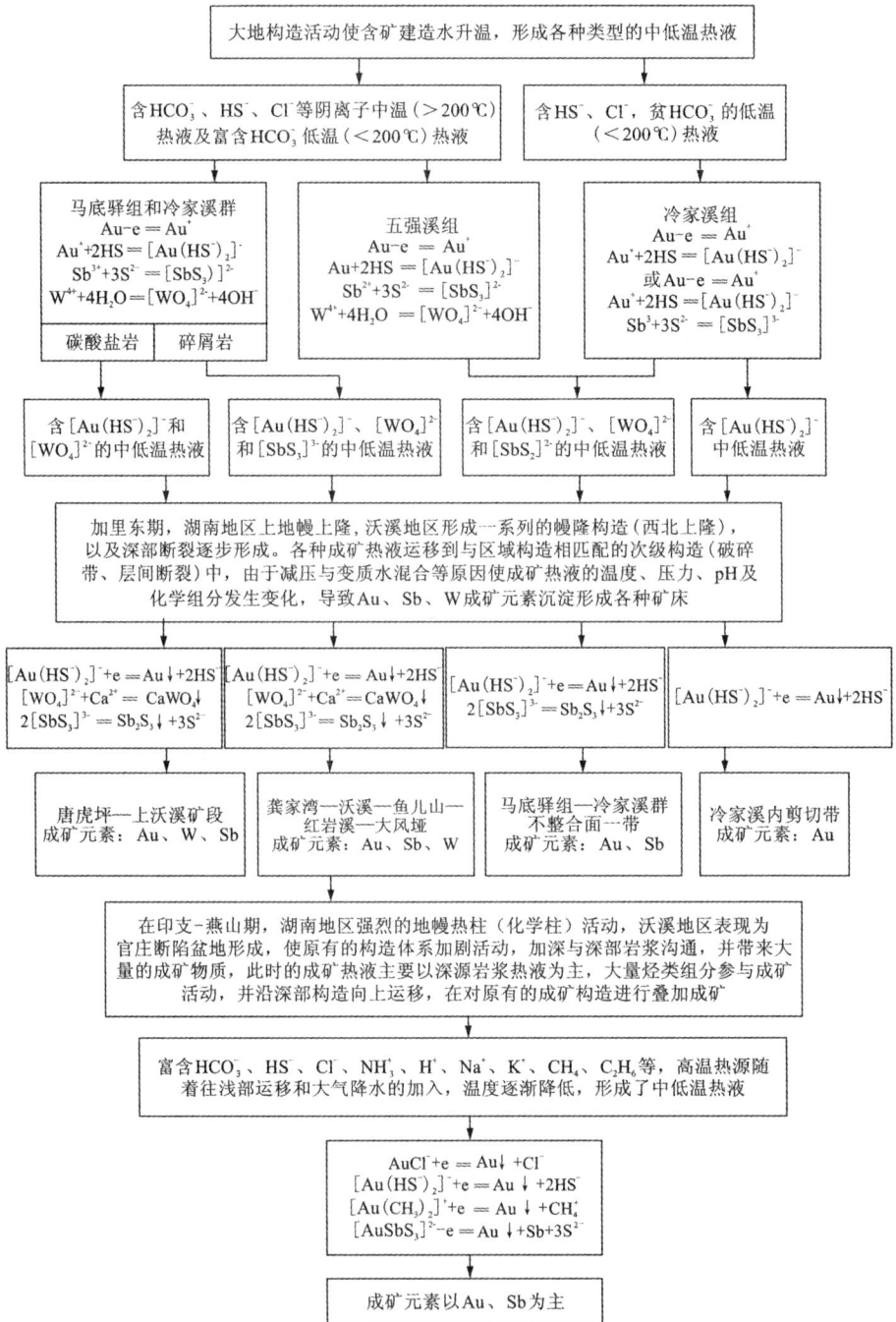

图 9-1 沃溪金锑钨元素演化模式图

（据刘英俊 1992，增补和修改）

9.5　多元信息找矿模式

根据前述对沃溪矿区成矿地质作用和成矿规律的分析，矿区经历了 4 次大的变形期次，基本上与区内成矿地质作用相对应，沃溪矿区成矿地质作用的时空演化特征主要表现为：

（1）武陵−雪峰运动期（1050~680 Ma），以南北向挤压应力为主，形成东西向构造形迹，雪峰运动中晚期还出现东西向构造与华夏系复合而成的雪峰弧形构造和湘东弧形构造（合称雪峰弧形构造）。该期沃溪地区主要表现为，沃溪大断裂形成，冷家溪群、板溪群地层形成顺层剪切面理。该期主要为区域变质作用，金初步富集。①冷家溪群为远源富砂泥质的深海沉积、近源富泥砂质及中−基性火山喷发的浅海沉积，为由深到浅的斜坡沉积环境；板溪群为滨岸相−潮坪相为主的斜坡沉积。②物质来源为火山喷发、喷气和地幔物质侵入陆壳循环的碎屑物质，富铁、锰，含碳酸盐陆源碎屑盆地沉积。火山−沉积地层硫的富集有利于金的成矿。③成矿作用，地槽的远源海底火山喷溢和古陆风化的含金物质经搬运沉积成岩，形成金的硅铝酸盐岩石中心原始富集，后经区域变质作用，使金碱金属配合物和碱性溶液沿顺层剪切面理、断层裂隙迁移，由于酸碱度和氧化还原条件的变化，原有泥化的金配合物及其他元素从砂源层中萃取并浓缩到构造有利部位富集，一般以金初步富集为主，在局部可能形成低品位的含金石英脉。该期以分散矿化为主，在构造活动较强地段会形成高背景区域，元素组合相对较简单，套合较差。在地球物理上的表现较为简单，大地电磁测深断面中断裂构造主要表现为视电阻率曲线呈垂向分布，围岩电阻率较高。由于该期成矿活动弱，硫化物含量低，极化率表现为弱极化的特征，磁异常主要为断裂构造的反应。

（2）加里东期（600~340 Ma），区域应力转变为北西—南东向挤压为主，形成区域上北东向的塘虎坪、新田湾逆断层，而矿区内则形成了鱼儿山—塘虎坪反"S"形构造，这时期沃溪大断裂为右旋扭压性质，深断裂垂向通道，原来的顺层剪切面由于受到了北西—南东向应力作用，形成规模较大的脆−韧性层间滑动剪切带。随着地幔上隆，加深了与深源的沟通，使深源的区域变质热液以及大气降水循环联合作用，使原有的矿源层的 Au 不断活化，在层间剪切带初步富集成矿。由于加里东期在湘西地区活动较弱，沃溪矿区外围见有 3 条基性岩脉，岩矿测试 W 含量较高，说明该期带来了 W 的成矿作用，湘东地区活动较强（湘西地区加里东期的岩浆岩未出露，而湘东地区加里东期岩浆岩广为发育），因此，矿区的成矿质来源还是以地层为主，因此该期成矿作用以区域变质作用为主，会形成相对较好的 Au 矿，并没有进入大规模成矿期。

该期成矿热液以浅表流体为主，成矿物质来源于地层，加里东期岩浆活动带来一定量的 W，Au 主要以 $[Au(HS^-)_2]^-$ 形式迁移。随着压力和温度下降、H^+ 浓度上升、pH 下降，形成弱碱性环境，E_h 下降，为弱还原条件，Au 与 Sb 以硫化物形式开始沉淀，在层间断裂形成以 W 为主、Au 少量参与成矿的金钨矿体。而有机烃类组分来自成岩过程中动植物残体腐解，属生物成因，由于未经复杂热液改造，热稳定性较差，容易被分解就近释放，形成分散烃类异常，有机烃参与成矿程度较低，相关性较差。该类成矿作用形成的地球化学异常，元素组合简单，异常强度较弱，称为"同生叠加异常"。地球物理上主要表现为矿脉极化率相对不高，视电阻率表现为中低特征。围岩总体以高电阻率为特征，围岩极化率较低，大地电磁测深断面图中视电阻率曲线呈垂向分布，构造发育。磁异常除了为断裂构造的反应之外，局部的基性岩出露也会表现一定程度的弱磁性。

（3）印支-燕山期（230~140 Ma），本区进入新华夏构造占主导的发展阶段，区域上发生了较大规模的隆升，并伴随广泛岩浆活动，湘西地区除形成褶皱以外，其他地区以断裂活动为主。沃溪矿区由于矿床位于东西向构造与北东向构造的联合部位，导致矿区自西而东形成了北北西—南北—北东向横跨褶皱，并进一步加强，早期形成的层脉局部规模扩大。该期由于地幔亚热柱活动较强，区域局部隆升变形，白垩系断陷盆地形成，加深了与深部的沟通，使深部岩浆（地幔亚热柱，化学柱）不断上升，带来了大量的幔源成矿物质和热源。由于深源岩浆岩活动加强，造成地球化学元素的分配存在明显的差异，有两种表现形式：①有深源叠加的地段，由于深源带来了大量的成矿物质，元素组合变得十分复杂，并且烃汞参与成矿，与 Au 相关性较好，由于深源流体带来大量成矿物质叠加成矿，矿化良好，地球化学元素（组分）异常强度增强，形成深源叠加异常。②无深源叠加的地段，与加里东期具有继承性，还是以地层来源为主，元素组合相对简单，深源特定组分异常较弱。地球物理上表现为断裂构造，极化率显著升高，电阻率由于构造含水性等因素，表现为低阻特征，断裂构造附近的围岩由于加压破碎等，表现出中低阻的特征，例如龚家湾矿区。围岩由于硫化物含量相对低，表现出弱极化率、高电阻率的特征。磁异常形态复杂，表明构造断裂和围岩的分布特征复杂。

由于在矿区范围内不同区段成矿地质作用不同，其成矿物质、成矿流体、热源来源不同，表现出沃溪金锑钨矿床的分布极不均匀，引起地球化学和地球物理场存在较大的差异。通过对成矿流体多层流体循环演化规律的总结、地球物理参数指标的建立、不同成矿作用下地球化学元素演化规律的总结，建立了沃溪金锑钨矿床多元信息找矿模式（图9-2）。

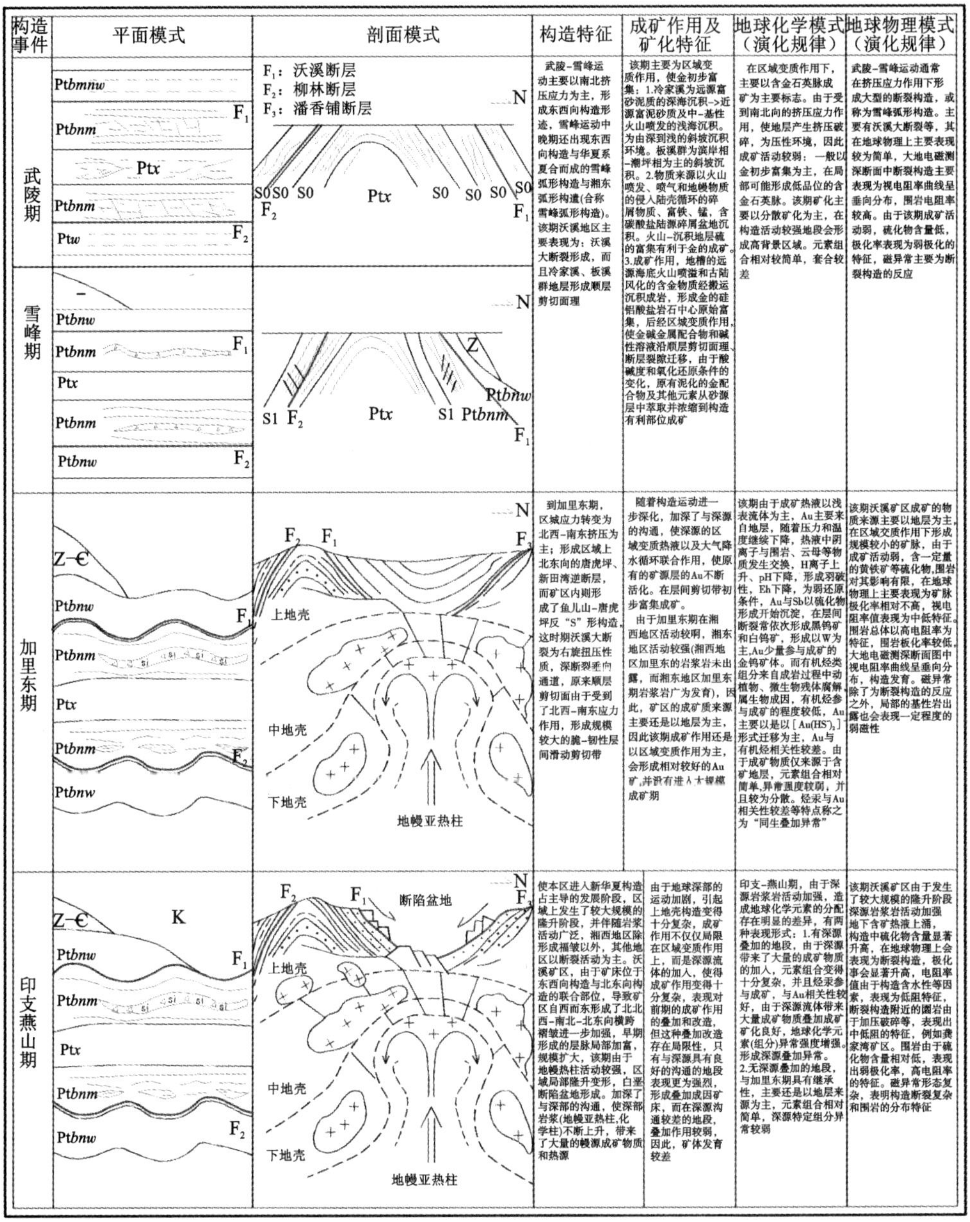

构造事件	平面模式	剖面模式	构造特征	成矿作用及矿化特征	地球化学模式（演化规律）	地球物理模式（演化规律）
武陵期	Ptbmnw、Ptbnm、Ptx、Ptbnm、Ptw（F₁、F₂）F₁：沃溪断层 F₂：柳林断层 F₃：潘香铺断层	（剖面图 S0、Ptx、F₁、F₂）	武陵-雪峰运动主要以南北挤压应力为主，形成东西向的构造形迹，雪峰运动中晚期还出现东西向构造与华夏系复合而成的雪峰弧形构造与湘东弧形构造（合称雪峰弧形构造）。该期沃溪地区主要表现为：沃溪大断层形成，而且冷家溪、板溪群地层形成顺层构造。	该期主要为区域变质作用，使金初步富集。1.冷家溪-远源富砂岩质的深海沉积→近源富黄泥沙质及中-基性火山喷发的浅海沉积；在山深剥蚀的斜坡沉积环境。板溪群为滨岸相-灘坪相为主的斜坡沉积。2.物质来源以火山喷发、喷气和地物质的侵入陆壳循环的碎屑物质、富烃、含碳硫酸盐溶源碎屑金属元素。火山-沉积地层硫的富集有利于金的成矿。3.成矿作用以区域变质热源地底火山喷溢源经源运沉积成岩，形成金的硅铝酸盐岩石中心原始富集区，使分散于地层中原生的含金石英脉。	在区域变质作用下，主要以含金石英脉成矿为主要标志。由于受南北向的挤压应力作用，使地层产生挤压破碎，以后期含矿热液沉淀的黄铁矿等硫化物组成。一般以分散的方式为主，套合较差。	武陵-雪峰运动通常在挤压应力作用下形成大型的断裂构造，或称为雪峰弧形构造，地层含矿沃溪大断裂岩，其在地球物理上主要表现为简单布局，大地电磁深断面为视电阻率曲线呈垂向分布，围岩电阻率较高。由于该期成矿活动弱，硫化物含量低，极化率表现为弱极化的特征，避矿异常主要为断裂构造的反应。
雪峰期	Ptbnw、Ptbnm、Ptx、Ptbnm、Ptbnw（F₁、F₂）	S1、F₂、Ptx、S1 Ptbnm、F₁、Z	（续上）	该期由于成矿热液以浅表变质为主，Au主要来自地层，随着压力和温度缘被升高，热液中离子、H离子、pH下降，形成河锐状产物，在层间断裂中越锐化，Au与Sb以硫化物形式迁移。而有机质的加入，则Au以[Au(HS)₂]形式迁移为主，与有机相关性较大。	（续上）	（续上）
加里东期	Z-∈、Ptbnw、Ptbnm、Ptx、Ptbnm、Ptbnw（F₁、F₂）上地壳、中地壳、下地壳、地幔亚热柱	（剖面图 F₁、F₂，上地壳、中地壳、下地壳、地幔亚热柱）	到加里东期，区域应力转变为北西-南东挤压为主，形成区域上北东向的唐虎坪、新田再逆断层，而矿区内则形成了仙从山-唐虎坪反"S"形构造，这时形成大断裂以右旋扭压性质，深源裂缝向通道，原来顺层产剪切面由于受到片西向东南向应力作用，形成规模较大的韧性层间滑动剪切带。	随着构造运动进一步深化，加深了与深源的沟通，使深部的区域变质热液与大气降水循环作用，使原有的矿源层的Au不断富化。由于加里东期在湘东西地区活动较弱，湘东以区加里东的岩浆岩未大量暴露，而湘东地区加里东晚期岩浆岩广发育，因此，矿区的成矿物质来源还是以地层为主，在此该期成矿作用还以层为主，因此区域变质作用下形成较好的Au矿，并形成了进入大规模成矿期。	该期由于成矿液以浅表变质为主，Au主要来自地层，随着压力和温度缘被升高，热液中Fe离子、围岩、云母等物质，发生交代，H离子下降、pH下降，形成河锐化物，在层间断裂中越锐化，Au与Sb以硫化物形式迁移。而有机质的加入，则Au主要以[Au(HS)₂]形式迁移为主，与有机相关性较大。由于成矿物质以来源于含Au地层，元素组合相对较简单、异常普遍较弱，并且较为分散。经来以Au相关性较显著等特点称之为"同生叠加异常"。	（续上）
印支燕山期	Z-∈、K、Ptbnw、Ptbnm、Ptx、Ptbnm、Ptbnw（F₁、F₂）断陷盆地、上地壳、中地壳、下地壳、地幔亚热柱	（剖面图 F₁、F₂，断陷盆地，上地壳、中地壳、下地壳、地幔亚热柱）	使本区进入新华夏构造占主导的发展阶段，区内发生了较大规模的隆升阶段，并伴随逆冲式构造，湘西地区隆升形成断陷盆地，其他地区以断裂活动为主。沃溪矿区，由于其矿床位于东西向构造与北北东向构造的联合部位，导致矿床区内南东向构造进一步扩大，早期形成的层脉构造富集，规模扩大，该期的地幔热柱活动加大，该区局部强烈隆升作用，白垩系断陷盆地形成。由于深源具有良好的沟通的地段表现为强烈，从深部形成叠加成矿，在深源向北北东向扩展，使深源金属和热源。	由于地球深部的运动加剧，引起上地壳构造变质作用不仅局限于区域变质作用，且有部变质作用的加入，使得成矿作用中Au进一步复杂，表现为成矿的迭新了含Au量的叠加，并且更多次的加入，元素组合变得十分复杂多变，由于深部源具有良好的沟通，大量成矿物质迁移至Au矿化地段，地球化学元素（组合）异常异常强烈增强，形成深源叠加型矿床。	印支-燕山期，由于深部岩浆活动加强，成矿变质化学元素的隆升存在着种差异，有深源叠加的地段，由于Au的种类的加入十分复杂，表现为成矿带来不了十分复杂，在深源矿化带的叠加，其中变质Au来源，由于深源流体中含Au成矿物质增强，表现为高丰度、电阻率值出于中低水平，表现为低阻特征，由于深源流复杂的割则的演化丰富，地球化学元异常出现异常强烈增强和围岩的分布特征。	该期沃溪矿区由于发生了大规模的隆升阶段与深源深部变质活动的隆升，构造中含矿热液增强、变质含矿含量较高，在地球物理上会表现出高电阻率特征，且在局部含水性等等价值出于相对较高、电阻率值出现低阻特征，表现为低阻异常特点，由于深源强度增强，大地电磁构造断面图中低阻的特征，叠加造成混合物含量复杂多变。避矿异常复杂，围岩特定复杂化。

图9-2 沃溪金锑钨矿床找矿模式图

第 10 章　成矿预测及找矿方向

10.1　控矿条件及找矿标志

通过本次对沃溪矿区的综合研究，结合前人的研究成果，总结归纳沃溪金锑钨矿的控矿条件和找矿标志。

（1）控矿条件

1）矿区Ⅰ级褶皱：官庄白垩系断陷盆地和盆地边界区域大断层共同控矿

沃溪矿区具有一定规模和较好工业价值的矿体主要集中产于白垩系断陷红层盆地的南缘断层，沃溪大断层下盘的马底驿组地层含钙板岩间破碎带宽 2 km 范围内，呈脉状顺层产出，存在多层矿脉，并呈雁形排列。偏离该带的区域矿化较差或规模较小，矿带呈东西分布，由多个矿段组成，由东向西分布有沈家垭、龚家湾、十六棚工（上沃溪）、粟家溪、鱼儿山、红岩溪、马儿桥、大风垭 8 个矿段，矿带长 15 km，是沃溪矿区近外围重要找矿区段。

2）地层对矿化的控制

沃溪矿床受地层（岩性）的控制十分明显，几乎所有的工业矿体均产于沃溪大断层下盘的马底驿组中上部紫红色板岩中。

3）褶皱对矿化的控制

除了断层控矿特征外，褶皱控矿特征十分明显。

①矿区Ⅰ级褶皱仙鹅抱蛋背斜控矿规律

沃溪矿区范围内的上沃溪、十六棚工、粟家溪、鱼儿山、红岩溪 5 个矿段均产在仙鹅抱蛋穹隆复式背斜的北东肩部附近区域，表现出肩部控矿和倾伏端控矿特征。

②矿区Ⅱ级褶皱控矿规律

矿区Ⅱ级褶皱以矿区似裙边状倾伏开阔式横跨褶皱为主，已知的 5 个工业矿段基本上与这 5 条背向斜轴部扩容带相吻合,这表明似裙边状倾伏开阔式横跨褶皱对矿区各矿段的空间展布有明显控制作用。

③矿区Ⅲ级褶皱控矿规律

Ⅲ级褶皱主要是指控制矿区内单个矿体的褶皱,控制着各矿段内矿体的空间展布形态及赋矿部位,以向斜核部控矿为主,背斜核部控矿相对较差。

④矿区Ⅳ级褶皱控矿规律

Ⅳ级褶皱是指在三级构造中存在的更次一级的局部小褶皱,矿体经常在此部位变富加厚,且使层间矿脉和网羽矿脉的形态发生变化。这说明矿区的Ⅳ级褶皱对矿化的进一步加强和矿体形态的变化有一定的影响。

4)蚀变对矿化的控制

矿床中含矿石英脉均产于褪色化蚀变中,石英脉两侧围岩无褪色化蚀变则不含矿。褪色化蚀变可以作为矿区甚至整个沃溪—冷家溪金、锑、钨矿带的找矿标志。硅化、黄铁矿化、绢云母化蚀变随褪色化蚀变分布于矿体两侧,硅化、黄铁矿化蚀变分别与白钨矿、自然金关系密切。

(2)找矿标志

1)地质标志

①从区域上讲,矿床产于各种应力集中区,该区易于产生层间断裂及张裂等构造,岩石较破碎,是成矿最有利部位。

②沃溪矿床受地层(岩性)的控制十分明显,几乎所有的工业矿体均产于马底驿组紫红色板岩中,但并非所有马底驿组紫红色板岩均含矿,必须具备含钙质板岩。

③在马底驿组含钙紫红色板岩中,必须有强烈的矿化蚀变,其矿化蚀变类型以褪色化蚀变为主,其次为硅化、黄铁矿化蚀变等。

④矿体均产于近东西向区域断层下盘的层间剥离带中,断裂带往往控制了矿化蚀变带和矿体的分布。

2)地球化学标志

①浅表矿一般具有较好的 Au、Sb、W、As、Hg 土壤或者岩石地球化学综合异常,这 5 种元素具有较好的异常强度和明显的浓度分带,并且 5 种元素的异常中心套合较好,中心突出。

②中深部盲矿一般含 Au、Sb、W、As、Hg 的土壤或者岩石地球化学异常较差,不具备深部找矿意义,主要根据烃汞与成矿元素综合异常是同生叠加异常还是深源叠加异常来判断,同生叠加异常找矿意义不大,深源叠加异常具有良好的找矿效果。

③在成矿元素异常较好的前提下,在矿化蚀变带中,蚀变越强,且前缘晕元素(As、Hg)异常强度越强,尾晕元素(Mo、Bi)异常强度越弱,即前缘晕元素总和

与尾晕元素总和比值(K)越大的地段,预示深部成矿越好。据初步统计沃溪矿区浅表蚀变带 K 值小于 200,坑道控制深部矿脉 K 值小于 500 时,深部找矿潜力较差;浅表蚀变带 K 值为 200～1000,坑道控制深部矿脉 K 值为 1000～2000 时,具有一定的找矿潜力,矿体沿倾向延伸深度大约在 500 m 内;浅表蚀变带 K 值大于1000,坑道控制深部矿脉 K 值大于 2000 时,深部找矿潜力较大,矿体沿倾向延深大于 1000 m。

3)地球物理找矿标志

①强烈的矿化作用会导致强烈的围岩蚀变,各种蚀变往往叠加在蚀变围岩上,分布在矿脉的附近,将矿脉包裹形成带状分布的蚀变带,虽然实际矿脉比较薄,但是由此形成的蚀变带可以达到几米到几十米不等的规模,含矿蚀变带由于激发极化作用,会产生强烈的激电异常,这些激电异常将是最直接的找矿标志。

②大深度测深技术能够较好地对地层进行划分,区分出岩性分界面和接触关系,梳理这些地层信息,沃溪金矿围岩主要为板岩,其地球物理特征主要表现为高阻、低极化的特征,而目标矿体多含硫化物,特别是矿脉中硫化物含量较高,其主要表现为低阻、高极化的特征,这是矿区主要的找矿标志。

③沃溪矿区矿脉具有不等间距平行产出的特点,多层矿脉产生的极化强度远远大于单层矿脉,通过产生的极化强弱和特定装置来判断矿脉层数和厚度。沃溪矿区的岩矿石在不同频谱激电作用下,相位谱和激电谱都有不同的表现,研究这些谱参数,能够作为找矿的有力手段和标志。

10.2 成矿远景区划分与评价

10.2.1 成矿远景区划分依据

沃溪成矿远景区的划分主要是在原探矿权范围内进行,以十六棚工为中心部位,分东西南北中 5 个地区 10 个预测区进行预测,这 10 个预测区覆盖整个探矿权范围,并将找矿远景区划分为四级,分别用罗马数字 Ⅰ 级、Ⅱ 级、Ⅲ 级、Ⅳ 级表示。

Ⅰ级成矿远景区:是指成矿地质条件优越,地表化探异常较好,蚀变带具有一定的规模,前缘晕元素之和与尾晕元素之和的比值大于 500,矿脉的比值大于2000,且烃汞综合异常具深源叠加特点,通过验证能找到工业矿体,可探获一定储量的靶区。

Ⅱ级成矿远景区:是指成矿地质条件优越,地表化探异常较好,蚀变带具有一定的规模,前缘晕元素之和与尾晕元素之和的比值大于 200,矿脉的比值大于

1000，烃汞具有深源叠加特点，预示深部具有较好的找矿前景，但需要通过烃汞异常强度、异常结构等来做进一步验证的靶区。

Ⅲ级成矿远景区：是指成矿地质条件较好，地表化探异常较好，蚀变带具有一定的规模，前缘晕元素之和与尾晕元素之和的比值大于 200，重要的控矿地质因素未得到全面查清，烃汞异常强度相对较低，虽具有深源叠加异常特征，仍然需要通过地质构造、地球物理探测技术进行综合研究的靶区。

Ⅳ级成矿远景区：虽然成矿条件较好，蚀变带具有一定的规模，已掌握浅部资料信息证实矿体存在，然而，前缘晕元素之和与尾晕元素之和的比值小于 200，烃汞叠加异常为同生叠加异常，只存在找小矿点的可能，深部找中大型矿床的潜力较差。

10.2.2　成矿远景区预测

通过对本次研究成果的认识，对沃溪矿区各测区成矿地质条件进行重新分析，并开展深部成矿远景评价，其结果如下：

（1）矿区东部主要有 2 个预测区

①托茅岭—子母坳—塘虎坪一带，该区位于阳明山和仙鹅抱蛋两复式背斜的中间部位，地表有较好的次生晕化探异常，蚀变强烈，具有一定的规模，并且局部见有马底驿组紫红色含钙板岩，成矿地质条件比较好，但由于受到构造运动的影响，基底被抬升，大部分被剥蚀，马底驿组紫红色含钙板岩不会太厚，构造地化蚀变带的 K 值比较低（表 10-2），为 41~340，因此，中深部不可能形成较好的 Au、Sb、W 矿床。但从幔枝控矿理论来分析，不排除冷家溪群深部找矿的可能。

②龚家湾—上磨子溪一带，沃溪矿区的东延部分，与沃溪具有相同的成矿地质条件，本次调查发现，地表蚀变带比较发育，浅表地质调查褪色化蚀变带规模大小不一，最宽达到 100 m，但石英脉、黄铁矿化发育较差，浅表找矿潜力较差，说明存在深部热源，具有深部找盲矿潜力；而规模较小的蚀变带（60~100 cm），石英脉和黄铁矿化发育较好，蚀变带 K 值（927）较高，烃汞叠加晕未开展工作，推测深部具有较好的找矿前景。

（2）矿区西部包括陈扶界、大片、峰子洞、大风垭、粟家溪—红岩溪矿段 5 个预测区，其中陈扶界、大片、峰子洞 3 个预测区具有相同特征，故一起评述。

①陈扶界—大片—峰子洞一带，位于仙鹅抱蛋两复式背斜的北翼，冷家溪群与马底驿组地层的接合部位，地表 Au 化探异常很好，沿冷家溪群与马底驿组地层的接合部位，能形成一定的矿化带，但异常中心比较分散，异常呈串珠状，与地表蚀变带套合比较好，由于受到构造运动的影响，只局部形成一定规模剪切带，属于加里东期成矿作用，成矿物质来源于地层，烃汞异常为同生叠加异常，构造地化蚀变带的 K 值比较低（表 10-2），为 41~167，小矿脉比较发育，到处都

有存在，但没有大规模的成矿活动，找矿意义不大。

②粟家溪—鱼儿山—红岩溪一带，位于矿区的西部，浅部均有开采，粟家溪和红岩溪已停产多年，鱼儿山目前面临资源危机。该区段主要侧重于深部找矿，据鱼儿山 V1 脉构造地化剖面样蚀变带和矿脉的 K 值在 -200 m 标高中段有明显降低的趋势，为 102（表 5-48），深部找矿潜力较差。红岩溪段烃汞叠加为深源叠加异常，并具有多双峰异常叠加模式，表明 V1 脉下部存在盲脉，通过工程验证，发现具有工业价值的 V6 脉，具有较好的深部找矿潜力。

③大风垭测区，位于沃溪白垩系断陷盆地最西端，出露地层以马底驿组为主，断裂构造和次级褶皱发育，地表褪色化蚀变带有一定的分布，具有较好的成矿地质条件。土壤地球化学异常较好，元素组合齐全，烃汞叠加晕只做了 1 条剖面，显示良好的深源叠加特点，深部存在较好的找矿前景。

（3）矿区南部柳林—滴水坪，位于仙鹅抱蛋复式背斜的南翼，且有近东西向的柳林正断层通过，断层下盘发育一套紫红色马底驿组含钙板岩，成矿地质条件与沃溪具有类似的特点，本次勘查认为该区为仙鹅抱蛋复式背斜的南翼构造应力集中区，且该区老窿和槽探构造地化剖面样蚀变带的 K 值均较高，为 210~9121，坑道少量样品发现较好烃汞异常，由于样品数量太少（21 件）未做烃汞异常分类研究，如果烃汞具有深源叠加特点，它将有成为第二个"沃溪式"金锑钨矿床的可能。

（4）矿区北部李家桥测区，位于白垩系红层断陷盆地北部，与沃溪矿区具有相类似的特点，经土壤地球化学测量，Au、Sb、W 等异常较差。老窿调查和槽探揭露矿化蚀变也比较差，构造地化蚀变带的 K 值比较低，为 61~72，浅表地质调查发现，蚀变带均产于穿层的张裂隙中，未见顺层脉产出，规模较小，成矿地质条件较差，从断陷盆地控矿特征来看，深部成矿地质条件良好，推测深部具有较好的找盲矿潜力。

（5）矿区中部十六棚工矿段，该区为沃溪矿床的主采区，已采矿深度达 1100 m 以上，评价工作主要是对其深部找矿的预测。据十六棚工坑道构造地化剖面样蚀变带和矿脉的 K 值变化（表 5-48），在 41 中段前缘晕元素异常很好，分带表明尾晕元素异常较差，表明矿脉往深部有一定的延伸，还存在较好的找矿远景。

表 10-1 沃溪矿区深边部找矿远景分析

位置	远景区名称	基本特征	找矿远景	
			级别	结论
矿区东部	龚家湾—上磨子溪	位于沃溪矿区的东部，断陷盆地附近，出露地层以马底驿组为主，为沃溪矿床往东延伸的主要部分，断裂构造和次级裙皱发育，地表见褪色化蚀变带有一定的分布，具有较好的成矿地质条件	Ⅱ级	浅部找矿前景较差，深部存在较好的找矿前景
	托茅岭—子母坳—塘虎坪	位于沃溪阳山和仙鹅抱蛋两复式背斜的中间部位，出露地层以马底驿组为主，有北东向的塘虎坪断裂通过，化探异常发育良好，通过异常检查判断为矿致异常，且成矿元素异常浓度分带明显，中心突出，但比较分散	Ⅳ级	深部找矿前景较差
矿区西部	栗家溪—鱼儿山—红岩溪	位于沃溪矿区的西部，浅部均有开采，具有较好的经济效益，该区段主要侧重于深部找矿，从现有开采情况来看，具有一定的深部找矿前景。经承叠加晕研究表明为深源叠加异常区，-200 m 标高以下深部具有良好的找矿潜力	Ⅰ级	矿脉在深部有一定的延伸，深部具有良好的找矿远景
	陈扶界—大片—峰子洞	位于仙鹅抱蛋复式背斜北翼，冷家溪群与马底驿组接合部位，成矿地质条件较好，中心突出，但比较分散	Ⅳ级	深部找矿前景较差
	大风垭	位于沃溪白垩系断陷盆地最西端，出露地层以马底驿组为主，断裂构造和次级裙皱发育，地表见褪色化蚀变带有一定的分布，具有较好的成矿地质条件。土壤地球化学异常较好，元素组合齐全，经承叠加晕只做了 1 条剖面，显示良好的深源叠加特点，深部存在较好的找矿前景	Ⅱ级	深部在较好的找矿远景

续表10-1

位置	远景区名称	基本特征	找矿远景	
			级别	结论
矿区南部	柳林—滴水坪	位于仙鹅抱蛋复式背斜的南翼，且有近东西向的柳林正断层通过，断层下盘发育一套紫红色马底驿组含钙板岩，成矿地质条件与沃溪具有类似的特点，且区域化探异常较好，具有寻找第二个"沃溪式"矿床的条件	Ⅲ级	深部具有一定的找矿远景
矿区北部	李家桥	位于沃溪矿区北部，即间向斜的北翼，沃溪为南翼，中间为白垩系，且有近东西向的怡溪断裂通过，下盘发育为一套紫红色马底驿组含钙板岩，与沃溪矿区具有类似的地质特征，具有一定的找矿前景	Ⅲ级	深部具有一定的找矿远景
矿区中心	十六棚工	该区为沃溪矿床的主采区，已采矿深度达1100 m以上，评价工作主要是对其深部找矿的预测	Ⅰ级	矿脉在深部有一定的延伸，还存在良好的找矿远景

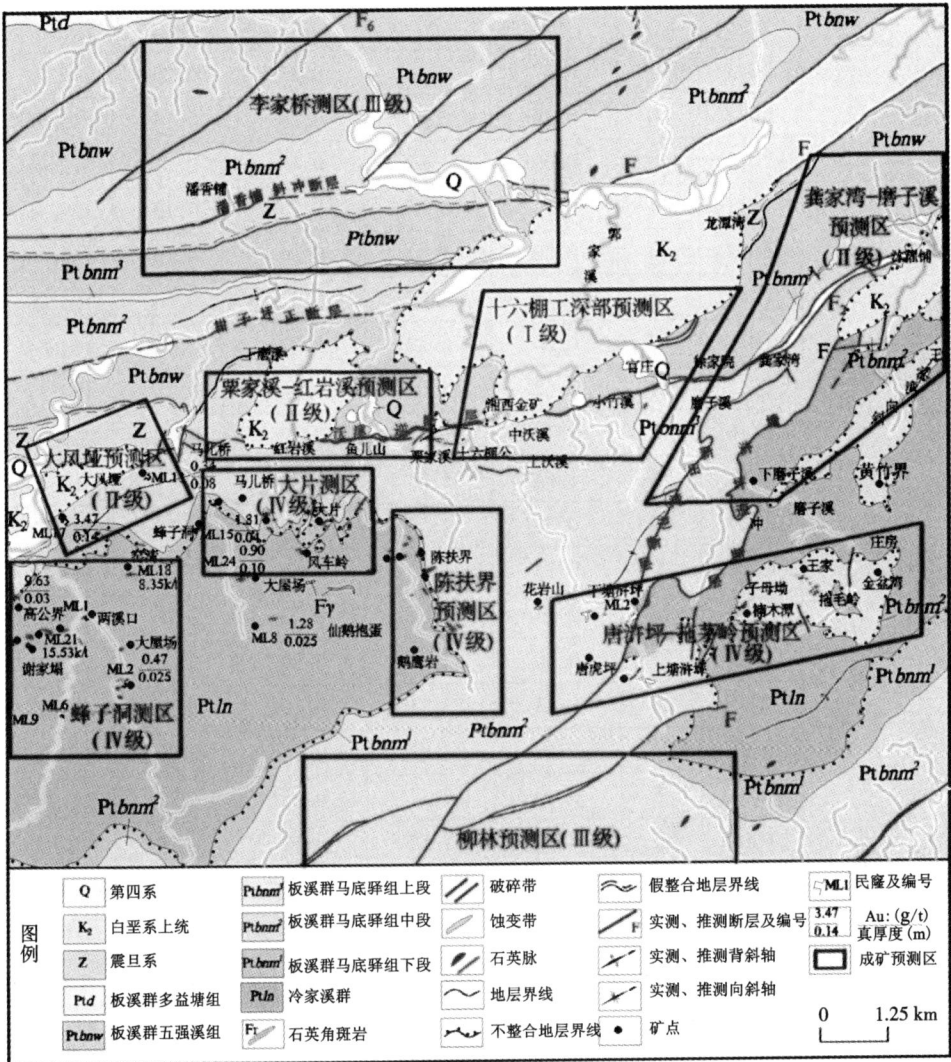

图 10-1　沃溪矿区成矿预测图

表 10-2 沃溪矿区各测区蚀变带 *K* 值计算表

预测区	工程名称	样数	分析结果 $\omega_B/10^{-6}$				K
			Mo	As	Bi	Hg	
柳林	LD11	97	0.47	8.18	0.23	0.26	376.72
	LD13	60	0.46	6.42	0.23	0.14	215.96
	TC10	10	0.60	4.82	0.42	0.32	312.45
	TC11	11	0.74	3.35	0.29	0.13	129.35
	TC12	15	0.80	4.55	0.26	0.16	151.19
	TC13	11	1.17	3.40	0.33	0.16	106.90
	TC14	17	0.60	5.52	0.22	0.11	134.64
	TC15	29	0.62	5.04	0.24	0.11	134.38
	TC16	44	0.44	1.63	0.42	0.07	80.29
	TC17	13	0.54	5.53	0.28	0.17	210.10
	LD07	14	0.36	2.57	0.57	0.26	285.37
	LD08	5	0.33	1.60	0.60	0.31	333.21
	LD10	14	0.35	5.57	0.26	2.78	4560.58
	TC09	27	0.50	3.84	0.29	0.10	125.96
	TC05	20	0.43	5.81	0.20	0.13	212.55
	TC06	26	0.48	4.42	0.23	0.09	145.08
	TC07	7	0.40	5.58	0.26	0.23	354.67
	TC08	12	0.42	7.57	0.17	0.05	98.94
	LD06	7	0.48	17.64	0.33	7.36	9121.14
	TC01	16	1.11	18.21	0.72	0.59	331.04
	TC02	24	1.58	3.70	0.30	0.15	80.87
	TC03	9	0.51	4.54	0.31	0.20	252.05
	TC04	19	0.61	4.26	0.29	0.19	218.54
	LD02	16	1.47	5.016	0.211	0.75	446.41
	LD03	49	0.38	6.54	0.17	0.16	311.02
	LD05	29	0.43	7.95	0.15	0.33	581.09
	LD11	7	0.36	17.54	0.53	0.19	236.68
陈扶界	LD0	64	0.82	8.98	0.56	0.22	167.90

续表10-2

预测区	工程名称	样数	分析结果 $\omega_B/10^{-6}$				K
			Mo	As	Bi	Hg	
李家桥	TC05	21	0.67	5.99	0.37	0.06	67.13
	TC03	27	0.62	5.19	0.25	0.06	72.29
	TC04	18	0.45	1.77	0.35	0.05	64.32
	TC01	68	0.39	1.55	0.33	0.04	51.63
	TC02	51	0.35	1.54	0.32	0.04	66.76
拖茅岭	TC01	18	1.36	25.89	0.63	0.19	106.01
	TC02	21	0.59	17.53	0.57	0.13	128.56
	TC03	29	0.51	1.95	0.50	0.14	136.43
	TC04	20	0.48	2.01	0.68	0.39	340.88
	TC05	27	0.42	8.87	0.52	0.11	120.72
	TC06	19	0.61	9.86	0.46	0.11	111.48
	TC07	81	0.47	4.46	0.48	0.13	140.30
	TC08	18	0.56	3.93	0.45	0.15	155.86
	TC09	13	0.40	18.29	0.39	0.11	162.47
	TC10	24	1.08	2.04	0.37	0.38	266.48
	TC12	17	0.72	8.33	0.60	0.14	114.30
	TC13	22	0.50	2.09	0.47	0.09	93.78
	TC11	26	0.38	1.25	0.46	0.08	93.13
	TC14	7	0.49	5.41	0.26	0.10	142.09
	TC15	9	1.49	2.46	0.31	0.19	104.19
	TC08	5	0.41	2.93	0.51	0.21	230.17
龚家湾	LD01	54	0.39	6.43	0.48	0.06	79.11
	LD03	6	0.68	332.39	1.05	1.28	927.24
大风垭	TC102	60	0.57	2.20	0.54	0.044	41.12
	TC103	34	0.41	2.10	0.41	0.08	103.84
	TC101	45	0.48	1.92	0.46	0.049	53.84

注: $K = [\omega(As) + \omega(Hg)]/[\omega(Mo) + \omega(Bi)]$

参考文献

[1] 陈毓川，朱裕生，等.中国矿床成矿模式[M].北京：地质出版社，1993.

[2] 朱裕生.论矿床成矿模式[J].地质论评，1993，39(3)：216-222.

[3] 翟裕生，王建平，彭润民，刘家军.叠加成矿系统与多成因矿床研究[J].地学前缘：中国地质大学（北京），2009，16(6)：282-290.

[4] 朱裕生，梅燕雄.成矿模式研究的几个问题[J].地球学报：中国地质科学院院报，1995，2(3)：182-188.

[5] 翟裕生，王建平，邓军.成矿系统时空演化及其找矿意义[J].现代地质，2008，22(2)：143-150.

[6] 曾庆丰，李东旭，吴淦国.构造叠加与成矿叠加[J].中国科学，1984，5：449-457

[7] 於崇文.地球化学的理论体系与方法论[J].地球科学—武汉地质学院学报，1956，11(4)：331-339.

[8] 於崇文.成矿作用动力学——理论体系和方法论[J].地学前缘：中国地质大学（北京），1994，1(3-4)：54-73.

[9] 於崇文.地球化学系统的复杂性探索[J].地球科学-中国地质大学学报，1994，19(1)：283-286.

[10] 翟裕生.论成矿系统[J].地学前缘，1999，6(1)：13-27.

[11] 谢学锦，刘大文，向运川，严光生.地球化学块体——概念和方法学的发展[J].中国地质，2002，29(3)：225-233.

[12] 谢学锦.区域化探[M].北京：地质出版社，1989.

[13] 张本仁.成矿成晕理论与地球化学异常评价[C]//吴昌荣编.地球化学异常评价文集，中国地质学会勘查地球化学专业委员会出版，1989：8-47.

[14] 张本仁.有关地球化学找矿的某些基础理论[C].现代成矿理论及勘查地球化学汇编，1981，2.

[15] 周辉，吴巧生，李继亮.德国大陆深钻KTB的新认识[J].地质科技情报，1998，17(3)：45-46.

[16] 张阔，赵闯，牛树银，孙爱群.深源成矿物质与深部找矿分析[J].吉林地质，2008，27(4)：4-9.

[17]湖南省地质调查院.湖南省区域地质志[M].北京：地质出版社，2017.

[18]黄汲清，姜春发.从多旋迴构造运动观点初步探讨地壳发展规律[J].地质学报，1962.
(42)：2-8.

[19]许德如，叶挺威，王智琳，毛景文，等.成矿作用的空间分布不均匀性及其控制因素探讨
[J].大地构造与成矿学，2019，43(33：368-388.

[20]饶竹，杨柳，罗立强，詹秀春，方家虎.大陆深钻超高压变质岩中可溶有机质的提取研究
[J].岩石矿物学，2006，25(3)：13-18.

[21]滕吉.地球深部物质和能量交换的动力过程与矿产资源的形成[J].大地构造与成矿学，
2003，27(1)：3-21.

[22]牛树银，孙爱群.造山带与相邻盆地间物质的横向迁移[J].地学前缘(中国地质大学，北
京)1995，2(1-2)：85-92.

[23]毛景文，华仁民，李晓.浅议大规模成矿作用与大型矿集区[J].矿床地质，1999，18(4)：
291-299.

[24]郭令智，卢华复，施央申.江南中新元古代岛弧的运动学[J].高校地质学报，1996，2
(1)：1-13.

[25]贾宝华.湖南雪峰隆起区构造变形研究[J].中国区域地质，1994(1)：65-71.

[26]饶家荣，王纪恒，曹一中.湖南深部构造[J].湖南地质，1993.7(增刊)：1-100.

[27]邓晋福，滕吉文，彭冲，等.中国地球物理场特征及深部地质与成矿[M].北京：地质出版
社，2007.

[28]饶家荣.湖南原生金刚石矿深部构造地质背景及成矿预测[J].湖南地质，199918
(1)：21-28.

[29]陈心才.华南大地构造雏议，湖南地学新进展[M].长沙：湖南科学技术出版社，1996：155
-158.

[30]路凤香，郑建平，李伍平，等.中国东部显生宙地幔演化的主要样式："蘑菇云"模型[J].
地学前缘，2000，1.

[31]丁道桂，郭彤楼，胡明霞，等.论江南—雪峰基底拆离式构造——南方构造问题之一.
[J].石油实验地质，2007a，29(2)：120-127.

[32]丁道桂，郭彤楼，刘运黎，等.对江南—雪峰带构造属性的讨论[J].地质通报，2007b.26
(7)：801-809.

[33]丘元禧，张渝昌，马文璞.雪峰山的构造性质与演化：一个陆内造山带的形成与演化模式
[M].北京：地质出版社，1999：1-155.

[34]杜乐天.地壳流体与地幔流体间的关系[J].地学前缘，1996，3(3-4).

[35]杜乐天.烃碱地球化学原理[M].北京：北京科技出版社，1996.

[36]杜乐天.幔汁流体与软流层(体)地球化学[M].北京：地质出版社，1996.

[37]杜乐天.幔汁(HACONS流体)地球内动因探索[J].地球学报，1996，30(6)：739-748.

[38]牛树银，李红阳，孙爱群.幔枝构造理论与找矿实践[M].北京：地震出版社，2002.

[39]刘丛强，黄智龙.地幔流体及其成矿作用[M].北京：地质出版社，2004.

[40]毛景文，张晓峰，李荣华，等.深部流体成矿系统[M].北京：中国大地出版社，2004.

[41] 刘丛强, 黄智龙, 李和平, 等. 地幔流体及其成矿作用[J]. 地学前缘, 2001, 8 (4): 231-243.

[42] 路凤香. 深部地幔及深部流体[J]. 地学前缘, 1996, 3(4): 231-243.

[43] 曹荣龙, 朱华寿. 地幔流体与成矿作用[J]. 地球科学进展, 1995, 10(4): 324-32

[44] 陈丰. 地球深部分子氢的发现及其气藏形成条件[M]. 北京: 科学出版社 1994.

[45] 唐朝永, 林锦富, 张南锋. 浅谈对湘南地幔柱构造的认识及其地质意义[J]. 矿产与地质 2009, 23(1): 1-6.

[46] 刘英俊, 马东升, 牛贺才. 湖南益阳—沅陵一带金矿床的成矿作用地球化学[J]. 地球化学, 1994, 23(1): 1-12.

[47] 陈丰. 氢——地球深部流体的重要源泉[J]. 地学前缘. 1996, 3(3): 72-79.

[48] 戴金星, 宋岩, 戴春森, 等. 中国东部无机成因气成矿作用地球化学[J]. 地球化学, 1995, 23(1): 768-779.

[49] 罗先熔. 地电化学成晕机制、方法技术及找矿研究[D]. 合肥: 合肥工业大学, 2005.

[50] 赫英, 毛景文, 王瑞廷, 张战军. 幔源岩浆去气形成富二氧化碳含金流体——可能性与现实性[J]. 地学前缘, 2001a, 8(4): 265-269.

[51] 胡瑞忠, 毕献武, Turner G, 等. 哀牢山金矿带金成矿流体 He 和 Ar 同位素地球化学[J]. 中国科学(D 辑), 1999, 29(4): 321-330.

[52] 陶明信, 沈平, 徐永昌, 等. 苏北盆地地幔源氦气藏的特征与形成条件[J]. 天然气地球化学, 1997, 8(3): 1-8.

[53] 陶明信, 徐永昌, 沈平等. 中国东部幔源气藏集聚带的大地构造与地球化学特征及成藏条件[J]. 中国科学(D 辑), 1996, 26(6): 531-536.

[54] 杨晓勇, 刘德良, 陶士振. 中国东部典型地幔岩中包裹体成分研究及意义[J]. 石油学报, 1999(1): 19-23.

[55] 张荣华, 胡书敏. 地球深部流体演化与矿石成因[J]. 地学前缘, 2001, 8(4): 297-310.

[56] 朱永丰. 地幔的不均一性及地幔流体的形成机制[J]. 矿物岩石地球化学通报. 1995(1): 42 -44.

[57] 邓军, 刘伟, 孙忠实, 等. 幔源流体判别标志及多层循环成矿作用动力学[J]. 中国科学(D 辑), 2002, 32(增刊): 96-104.

[58] 牛树银, 侯增谦, 孙爱群, 等. 核幔成矿物质(流体)的反重力迁移——地幔热柱多级演化成矿作用[J]. 地学前缘, 2001, 8(3): 95-102.

[59] 梁俊红, 金成洙, 王建国. 成矿流体研究的内容及其进展[J]. 地质找矿论丛, 2001, 16 (4): 219-225.

[60] 梁婷, 高景刚, 朱文戈. 成矿流体类型及研究方法综述[J]. 西安文理学院学报(自然科学版), 2005, 8(4): 36-42.

[61] 韩凤彬. 湘东北地区金成矿规律研究[D]. 南宁: 广西大学, 2009.

[62] 贺转利, 许德如, 陈广浩, 夏斌, 李鹏春, 符巩固. 湘东北燕山期陆内碰撞造山带金多金属成矿地球化学[J]. 矿床地质, 2004, 23(1): 39-51.

[63] 胡召齐, 朱光, 张必龙, 张力. 雪峰隆起北部加里东事件的 K-Ar 年代学研究[J]. 地质论

评, 2010, 56(4): 490-500.

[64]黄汲清.中国地质构造基本特征的初步总结[J].地质学报, 1960, 40(1): 1-37.

[65]金宠, 李三忠, 王岳军, 张国伟, 刘丽萍, 王建.雪峰山陆内复合构造系统印支-燕山期构造穿时递进特征[J].石油与天然气地质, 2009, (5): 598-607.

[66]罗献林.论湖南黄金洞金矿床的成因及成矿模式[J].桂林冶金地质学院学报, 1988, 8(8): 225-239.

[67]马东升.江南元古界层控金矿的地球化学和矿床成因[J].南京大学学报, 1991, 27(4): 753-764.

[68]马小双.湘西雪峰中段金锑矿床流体包裹体及同位素特征研究[D].湘潭:湖南科技大学, 2016.

[69]毛景文, 李红艳, 徐珏, 等.湖南万古地区金矿地质与成因[M]. 北京:原子能出版社, 1997.

[70]黄建中, 孙骥, 周超, 等.江南造山带(湖南段)金矿成矿规律与资源潜力[J].地球学报, 2020, 41(2): 230-252

[71]彭建堂.湖南雪峰地区金成矿演化机理探讨[J].大地构造与成矿学, 1999, 23(2): 144-151.

[72]刘英俊, 孙承辕, 马东升.江南金矿及其成矿作用地球化学背景[M]. 南京:南京大学出版社, 1993.

[73]罗献林.论湖南前寒武系金矿床的形成时代[J].桂林冶金地质学院学报, 1989(1): 25-34.

[74]袁兰陵, 季玮.湖南万古金矿地质地球化学特征及其成因探讨[J]. 华南地质与矿产, 2008(3): 22-28.

[75]韩凤彬, 常亮, 蔡明海, 等.湘东北地区金矿成矿时代研究[J].矿床地质, 2010(3): 186-194.

[76]肖拥军, 陈广浩.湘东北万古地区金矿床成矿构造特征的初步研究[J].地质与勘探, 2007, 43(3), 1243-1252.

[77]中国人民武装警察部队黄金指挥部.湖南省沃溪式层控金矿地质[M]. 北京:地震出版社: 1996.

[78]彭南海.湖南沅陵沃溪金-锑-钨矿床地质地球化学特征及成因研究[D].长沙:中南大学, 2017.

[79]黎盛斯.湖南金矿地质概论[M].长沙:中南工业大学出版社, 1991.

[80]孟宪伟, 窦明晓, 余先川.地球化学场分解的理论与方法[J].地球科学进展, 1994, 6(6): 59-64.

[81]戚长谋.元素地球化学分类探讨[J].长春科技大学学报, 1997, 21(4): 361-365.

[82]王秀璋.中国改造型金矿床地球化学[M].北京:科学出版社, 1992.

[83]中国科学院黄金科技领导小组.中国金矿地质地球化学研究[M].北京:科技出版社, 1993.

[84]於崇文.数学地质的方法与应用[M].北京:冶金工业出版社, 1995.

[85]吴锡生.化探数据处理方法[M].北京：冶金工业出版社，2008.

[86]张乾，曹裕波，张宝贵，潘家永.湖南黄金洞金矿床的稀土与微量元素地球化学——矿石成因证据[J].地质与勘探，1992，28(11)：12-17.

[87]鲍振襄，万榕江，鲍珏敏.湖南前寒武系锑金矿床成矿的独特性[J].黄金地质，2001，7(3)：30-36.

[88]顾雪祥，刘建明，郑明华，等.湖南沃溪钨-锑-金建造矿床海底喷流热水沉积成因的组构学和地球化学证据[J].矿物岩石地球化学通报，2000，19(4)：235-238.

[89]顾雪祥，Oskar Schulz，Franz Vavtar，等.湖南沃溪钨锑金矿床的矿石组构学特征及其成因意义[J].矿床地质，2003，22(1)：107-119.

[90]顾雪祥，刘建明，Oskar Schulz，等.湖南沃溪钨-锑-金建造矿床同生成因的微量元素和硫同位素证据[J].地质科学，2004，39(3)：424-439.

[91]顾雪祥，刘建明，Oskar Schulz，等.湖南沃溪金-锑-钨矿床成因的稀土元素地球化学证据[J].地球化学，2005，34(5)：428-442.

[92]刘英俊，曹励民，等.元素地球化学[M].北京：科学出版社，1984.

[93]罗献林，易诗军，梁金城.论湘西沃溪金锑矿床的成因[J].地质与勘探，1984，20(7)：1-10.

[94]罗献林.论湖南前寒武系金矿床的成矿物质来源[J].桂林冶金地质学院学报，1990，10(1)：13-26.

[95]罗献林，钟东球，李高生.湖南沃溪式层控金矿地质[M].北京：地震出版社，1996：3-89.

[96]罗卫，戴塔根，游先军.湘西南金矿成矿规律与成矿预测研究[J].地质与资源，2007，16(1)：42-47.

[97]马东升，刘英俊.江南金成矿带层控金矿的地球化学特征和成因研究[J].中国科学(B)，1991，4：424-433.

[98]毛景文，李红艳.江南古陆某些金矿床成因讨论[J].地球化学，1997，26(7)：71-81.

[99]孟宪民，谢家荣.矿床分类与成矿作用[M].北京：地质出版社，1965.

[100]牛贺才，马东升.湘西层控金矿床成因机制的研究[J].矿床地质，1992，11(1)：65-75.

[101]欧阳德仁.沃溪式金矿床的矿床特征及成矿机制[J].湖南冶金，1999(4)：34-38.

[102]彭渤.湘西沃溪断裂带构造地球化学的初步研究[J].大地构造与成矿学，1991(2)：33-42.

[103]彭渤.湘西沃溪金矿田断层构造成矿机理初探[J].大地构造与成矿学，1992，16：176-177.

[104]彭渤，黄瑞华.湖南前寒武系脉型金矿床构造成矿机理[J].大地构造与成矿学，1996(3)：201-211.

[105]彭渤，陈广浩.湘西沃溪钨锑金矿床超纯自然金[J].大地构造与成矿学，2000，24(1)：51-56.

[106]彭渤，陈广浩.湖南锑金矿成矿大爆发：现象与机制[J].大地构造与成矿学，2000，24(4)：357-364

[107]彭渤，Piestrzynski A，陈广浩.湘西沃溪钨锑金矿床辉锑矿脉矿物学特征及其矿床成因指

示[J]. 矿物学报, 2003, 23(1): 82-90.

[108]彭渤, 宋照亮, 等.雪峰矿集区 W-Sb-Au 成矿机制的 Nd-Sr-Pb 同位素地球化学示踪 [J].矿物岩石地球化学通报, 2005, 24(3): 238-242.

[109]彭渤, Robert FREI, 涂湘林.湘西沃溪 W-Sb-Au 矿床白钨矿 Nd-Sr-Pb 同位素对成矿流 体的示踪[J].地质学报, 2006, 80(4): 561-569.

[110]彭渤, Adam Piestrzynski, 等.湘西沃溪钨锑金矿床黄铁矿中发现 Au-Sb 矿物相[J]. 地质 通报, 2007, 26(5): 553-559.

[111]彭渤, 刘升友, Piestrzynski Adam, 等.湘西沃溪金矿床矿石矿物学特征及深部找矿意义 [J].中国地质, 2008, 35(6): 1287-1290.

[112]彭大明. 晋东北地区金矿类型及找矿方向[J]. 贵金属地质, 1995, 4(4): 263-268.

[113]彭建堂, 胡瑞忠, 邹利群, 等.湘中锡矿山锑矿床成矿物质来源的同位素示踪[J]. 矿物 学报, 2002, 22(2): 155-159.

[114]彭建堂, 胡瑞忠, 赵军红, 等.湘西沃溪 Au-Sb-W 矿床中白钨矿 Sm-Nd 和石英 Ar-Ar 定 年[J]. 科学通报, 2003a, 48(18): 1976-1981.

[115]彭建堂, 胡瑞忠, 赵军红, 等.湘西沃溪 Au-Sb-W 矿床中富放射成因锶的成矿流体及其 指示意义[J]. 矿物岩石地球化学通报, 2003b, 22(3): 193-196.

[116]彭建堂, 胡瑞忠, 赵军红, 等.湘西沃溪金锑钨矿床中白钨矿的稀土元素地球化学[J]. 地球化学, 2005, 34(2): 115-122.

[117]彭南海, 黄德志, 辛宇佳, 等.湘西沃溪金锑钨矿床流体包裹体特征及矿床成因[J]. 中 国有色金属学报, 2013, 23(9): 2605-2612.

[118]邵靖邦, 王濮, 陈代璋.湘西金锑钨矿床矿化蚀变带特征研究[J]. 湖南地质, 1989, 8 (3): 39-48.

[119]邵靖邦, 王濮, 陈代璋.湘西沃溪金锑钨矿床赋矿围岩的穆斯堡尔谱学研究[J]. 地质与 勘探, 1995, 32(6): 21-23.

[120]邵靖帮, 王濮, 陈代璋.湘西沃溪金锑钨矿床矿化蚀变带有机质特征初探[J]. 贵金属地 质, 1996, 5(3): 196-200.

[121]邵世才.爆破角砾岩型金矿床的成因和形成机制[J]. 矿物学报, 1995, 15(2): 230-235.

[122]邵拥军, 贺辉, 张贻舟, 等.基于 BP 神经网络的湘西金矿成矿预测[J]. 中南大学学报, 2007, 38(6): 1192-1198.

[123]沈保丰, 骆辉.华北陆台太古宙绿岩带金矿的成矿特征[J]. 华北地质矿产杂志, 1994, 9 (1): 87-96.

[124]沈保丰, 孙继源, 田永清, 等.五台山-恒山绿岩带金矿床地质[M]. 北京: 地质出版 社, 1998.

[125]孙玉珍.湘西沃溪金锑钨矿床成因与沃溪断层的控矿作用分析[J].湖南有色金属, 2013, 29(6): 1-4.

[126]史明魁, 傅必勤, 靳西祥, 等.湘中锑矿[M].长沙:湖南科技出版社, 1993, 41-52.

[127]谭凯旋, 谢焱石, 赵志忠, 等.构造-流体-成矿体系的反应-输运-力学耦合模型和动力 学模拟[J].地学前缘, 2001, 8(4): 311-321.

[128]谭凯旋, 谢焱石, 赵志忠, 等.构造成矿非线性动力学：湘西金矿研究实例[J].大地构造与成矿学, 2002, 26(1)：37-42.

[129]汤井田, 戴前伟.湘西金矿沃溪矿区的地质地球物理模型[J].物探与化探, 2000, 24(4)：310-313.

[130]汤双立.雪峰山及邻区自晚白垩世以来隆升过程——来自磷灰石裂变径迹的证据[D].北京：中国地质大学(北京), 2011.

[131]唐诗佳, 彭恩生, 孙振家, 等.湘西金矿床网状裂隙的形态分布及成因浅析[J].湖南地质, 1998, 17(2)：105-109.

[132]滕雁, 刘正庚, 余景明, 等.湘西沃溪金锑钨矿床稀土元素地球化学特征[J].桂林工学院学报, 1999, 19(2)：108-113.

[133]田永清, 王安建, 余克忍, 等.山西省五台山—恒山地区脉状金矿成矿的地球动力学[J].华北地质矿产杂志, 1998, 13(4)：302-454.

[134]王锋, 杨仁双.沅陵县沃溪金锑钨矿床网状细脉型矿体地质特征[J].湖南地质, 1990, 9(1)：52-53.

[135]王付泉.湘西金(锑)矿带壳体演化与内生金成矿[J].大地构造与成矿学, 1998, 22(2)：111-118.

[136]王甫仁, 权正钰, 胡能勇, 等.湖南省岩金矿床成矿条件及分布富集规律[J].湖南地质, 1993, 12(3)：163-170.

[137]王秀璋, 梁华英, 单强, 等.金山金矿成矿年龄测定及华南加里东成金期的讨论[J].地质论评, 1999, 45(1)：19-25.

[138]王学明.湘西金矿石英的矿物学特征研究[J].矿产与地质, 1993, 7(4)：278-281.

[139]吴开兴, 胡瑞忠, 毕献武, 等.矿石铅同位素示踪成矿物质来源综述[J].地质地球化学, 2002, 30(3)：73-81.

[140]毋瑞身.我国金矿床的主要成因类型及找矿方向几个问题的探讨[J].中国地质科学院院报沈阳地质矿产研究所分刊, 1980(1)：20-40.

[141]谢焱石, 谭凯旋, 陈广浩.湘西沃溪金锑钨矿床分型成矿动力学[J].地学前缘, 2004, 11(1)：105-112.

[142]徐霭君.湘西金矿地区马底驿组火山物质和浊积岩的发现及成矿意义[J].中南矿业学院学报, 1992, 23(2)：124-129.

[143]徐从荣, 杨贵春.脉状金矿的构造研究[J].世界地质, 1996, 15(1)：39-43.

[144]阎立伟, 姚玉增.金矿"矿源层(岩)"研究进展[J].地质与资源, 2004, 13(4)：253-256.

[145]杨双仁.湖南沃溪金锑钨矿隐伏矿体的发现及找矿意义[J].黄金地质, 1998, 4(2)：35-39.

[146]杨思学, 张震儒, 张哲儒.湘西金-锑-钨矿深部矿化初步预测[J].矿物学报, 1999, 19(4)：435-445.

[147]杨燮.湖南沃溪金-锑-钨矿床成矿物质来源及成矿元素的共生机制[J].成都地质学院学报, 1992, 19(2)：20-28.

[148]姚克明, 温常贵, 景俊强, 等.晋北后所金矿床地质特征及矿床成因[J].地质找矿论丛,

1997, 12(3): 58-67.

[149] 易升星. 湖南省沃溪金铺锑矿床地质特征、流体包裹体特征及矿床成因研究[D]. 长沙：中南大学, 2012.

[150] 张宝仁. 山西省金矿地质特征[J]. 沈阳黄金学院学报, 1999, 16(1): 1-8

[151] 张理刚. 铅同位素地质研究现状及展望[J]. 地质与勘探, 1992, 28(4): 21-29.

[152] 张立文. 湘西沃溪金锑钨矿床支脉矿体地质特征及找矿远景研究[J]. 国土资源导刊, 2005(3): 42-44.

[153] 张乾, 潘家永, 邵树勋. 中国某些多金属矿床矿石铅来源的铅同位素诠释[J]. 地球化学, 2000, 29(3): 231-238.

[154] 张振儒, 李健炎, 黄绪灿. 湖南桃源沃溪金锑钨矿床金的赋存状态[J]. 中南矿冶学院学报, 1978(1): 58-71.

[155] 郑明华, 张斌, 张占鳌, 等. 我国金矿床类型的初步划分[J]. 成都地质学院学报, 1983(1): 27-42.

[156] 郑庆荣, 薛国珍. 五台山—恒山成矿区带金银矿床成矿系列及成矿模式[J]. 华北地质矿产杂志, 1998, 13(3): 219-229.

[157] 郑永飞, 陈江峰. 稳定同位素地球化学[M]. 北京：科学出版社, 2000.

[158] 周绍芝. 晋东北地区银金矿成矿特征及远景浅析[J]. 地质与勘探, 1995, 35(3): 6-9.

[159] 朱炳泉, 李献华, 戴潼谟. 地球科学中同位素体系理论与应用——兼论中国大陆壳幔演化[M]. 北京：科学出版社, 1998.

[160] 朱奉三. 金矿床成因类型划分的讨论[J]. 黄金, 1982: 21-26.

[161] 朱奉三, 王秀璋, 郑明华. 中国金矿床成因类型划分[J]. 矿床地质, 1983(4): 95-96.

[162] 朱奉三. 中国金矿床成因类型的划分及基本特征研究[J]. 黄金, 1989, 10(6): 11-19.

[163] 祝亚男, 彭建堂, 刘升友, 等. 湘西沃溪矿床中黑钨矿的地质特征及微量元素地球化学[J]. 地球化学, 2014, 43(3): 287-300.

[164] 曾键年, 范永香. 内生金矿成矿作用地球化学研究若干进展[J]. 地质科技情报, 1998, (1): 3-5.

[165] 安芳, 朱永峰. 热液金矿成矿作用地球化学研究综述[J]. 矿床地质, 2011(5): 799-814.

[166] 张沛, 唐攀科, 陈爱清. 湖南沃溪金锑钨矿床中成矿物质来源的硫同位素地球化学证据[J]. 矿产与勘查, 2019, 10(3): 530-536.

[167] 陈爱清. 湖南沃溪 Au-Sb-W 矿床中白钨矿与黑钨矿的成矿规律及成因机制的研究[D]. 北京：中国地质大学(北京), 2012.

[168] 陈明辉, 杨洪超, 荆亭山, 等. 湘西南金矿成矿规律与成矿预测[J]. 矿产与地质, 2007, 21(3): 232-236.

[169] 陈明辉, 杨洪超, 娄亚利, 等. 湘西沃溪钨锑金矿床成矿的独特性[J]. 地质找矿论丛, 2008, 23(1): 32-36.

[170] 陈天虎, 岳书仓. 热液矿床中气相成矿作用[J]. 合肥工业大学学报, 2001, 24(4): 470-476.

[171] 董树义, 顾雪祥, Oskar Schulz, 等. 湖南沃溪 W-Sb-Au 矿床成因的流体包裹体证据[J].

地质学报, 2008, 82(5): 641-647.

[172] 范宏瑞, 谢亦汉, 王英兰. 小秦岭含金石英脉复式成因的流体包裹体证据[J]. 科学通报, 2000, 45(3): 537-545.

[173] 傅晓明, 戴塔根, 息朝庄, 等. 青海双朋金铜矿床的成矿流体特征及流体来源[J]. 地质找矿论丛, 2010, 25(1): 24-29.

[174] 高斌, 马东升, 刘连文. 围岩蚀变过程中地球化学组分质量迁移计算——以湖南沃溪金锑钨矿床为例[J]. 地质学报, 1999, 73(3): 272-277.

[175] 何谷先. 湘西沃溪金锑钨矿床围岩蚀变与金矿成矿关系[J]. 湖南地质, 1988, 7(4): 1-7.

[176] 何谷先. 浅谈金的成矿控制因素[J]. 黄金科学技术, 1995, 3(3): 33-36.

[177] 何明勤, 杨世瑜, 刘家军. 云南祥云金厂箐金(铜)矿床的成矿流体特征及流体来源[J]. 矿物岩石, 2004, 24(2): 35-40.

[178] 贺辉. 基于地质统计学与神经网络的数字化成矿预测技术研究——以湘西金矿为例[D]. 长沙: 中南大学, 2006.

[179] 侯光久, 索书田, 魏启荣, 等. 雪峰山地区变质核杂岩与沃溪金矿[J]. 地质力学学报, 1998, 4(1): 58-62.

[180] 侯惠群, 戴忠强, 张文陆. 晋东北地区金矿成矿控矿因素的物化探特征[J]. 有色金属矿产与勘查, 1995, 4(3): 153-158.

[181] 黄瑞华, 谭碧富, 刘正庚, 等. 湘西金矿沃溪断层特征及其找矿意义[J]. 地质找矿论丛, 1998, 13(2): 39-46.

[182] 季克俭, 吕凤翔. 交代热液成矿学说[M]. 北京: 地质出版社, 2007.

[183] 李华芹, 王登红, 梅玉萍, 等. 湖南雪峰山地区铲子坪和大坪金矿成矿作用年代学研究[J]. 地质学报, 2008, 82(7): 912-920.

[184] 李健炎. 沃溪金锑钨矿床的地质特征[J]. 地质与勘探, 1989, 25(12): 1-7.

[185] 李江海, A. Kroner, 黄雄南, 等. 恒山地区变基性岩墙群的发现及"五台群"绿岩地层的解体[J]. 中国科学, 2001, 31(11): 902-910.

[186] 李龙, 郑永飞, 周建波. 中国大陆地壳铅同位素演化的动力学模型[J]. 岩石学报, 2001, 17(1): 61-68.

[187] 李石锦, 梁金城, 易诗军. 湘西沃溪金锑钨矿床褶皱构造及其控矿作用[J]. 湖南地质, 1983, 2(1): 15-22.

[188] 梁博益, 张振儒. 湘西沃溪金锑钨矿床石英的标型特征研究[J]. 湖南地质, 1986, 5(2): 17-25.

[189] 梁博益, 张振儒. 湘西沃溪金锑钨矿床成因矿物学研究[J]. 地质与勘探, 1988, 24(8): 25-30.

[190] 梁金城, 石锦, 易诗, 等. 湘西沃溪金矿床层状石英脉的显微构造与组构探讨[J]. 桂林冶金地质学院学报, 1981(3): 41-52.

[191] 刘斌, 沈昆. 流体包裹体热力学[M]. 北京: 地质出版社, 1999.

[192] 刘继顺. 关于雪峰山一带金矿区的成矿区[J]. 黄金, 1993, 14(7): 7-12.

［193］刘继顺.湘中地区长英质脉岩与锑(金)成矿关系[J].有色金属矿产与勘查, 1996, 5(6)：321-325.

［194］刘孙洪, 蔡明海.湖南省有色系统钨锡锑铅锌铜金银锰矿资料综合研究报告[R].长沙：湖南省有色地质勘查研究院, 2009.

［195］刘亚军.湘西沃溪金锑钨矿床褶皱构造及其控矿规律与动力成矿作用[J].矿床地质, 1992, 11(2)：134-141.

［196］刘亚军.沃溪金矿床断裂构造控矿的研究[J].矿产与地质, 1992, 6(1)：29-34.

［197］刘英俊, 马东升, 季峻峰.论江南型金矿床的成矿作用地球化学[J].桂林冶金地质学院学报, 1991, 11(2)：130-138.

［198］刘英俊, 马东升.湖南益阳—沅陵一带金矿床的成矿作用地球化学[J].地球化学, 1994(4)：1-12.

［199］刘正庚, 余景明, 刘升友, 等.湖南沃溪金锑钨矿床稀土元素特征研究[J].矿床地质, 2000, 19(3)：270-280.

［200］鲍振襄, 万榕江, 鲍珏敏.湖南前寒武系锑金矿床成矿的独特性[J].黄金地质, 2001, 7(3)：30-36.

［201］陈爱清, 唐攀科, 李国武, 邢万里.湖南沃溪 Au-Sb-W 矿床中黑钨矿族矿物特征及其对矿床成因的指示[J].高校地质学报, 2014, 20(2)：213-221.

［202］陈柏林, 付国立.脉状金矿成矿控矿构造的研究进展[J].黄金地质, 1999, 5(4)：63-69.

［203］陈天虎, 岳书仓.热液矿床中气相成矿作用[J].合肥工业大学学报, 2001, 24(4)：470-476.

［204］高斌, 马东升, 刘连文.围岩蚀变过程中地球化学组分质量迁移计算——以湖南沃溪金锑钨矿床为例[J].地质学报, 1999, 73(3)：272-277.

［205］郭定良, 吴堑虹.湘西金矿床构造成矿分析[J].大地构造与成矿学, 2002, 26(3)：276-278.

［206］何谷先.沃溪金锑钨矿床特征及其成因探讨[J].黄金科技动态, 1992(8)：20-27.

［207］何禄卿, 刁培良.湘西金矿矿物包裹体中气体成分的测定与研究[J].地学与环境, 1981(9)：37-39.

［208］何明勤, 杨世瑜, 刘家军.云南祥云金厂箐金(铜)矿床的成矿流体特征及流体来源[J].矿物岩石, 2004, 24(2)：35-40.

［209］杨晓弘, 徐质彬, 张利军, 陈海龙, 杨海燕.天然场音频电磁法在蒙古国朝格陶勒盖铜铅锌多金属矿勘查中的应用研究[J].矿产与地质, 2021, 35(1)：113-118.

［210］杨晓弘.DIMINE 软件在通天玉石矿资源量预测中的应用研究[J].采矿技术, 2018, 18(4)：95-97.

［211］杨晓弘, 曾凡秋.伪随机激电法的有限单元法数值模拟研究[J].物探化探计算技术, 2014, 36(3)：278-281.

［212］杨晓弘.频率域激电参数的有限单元法数值模拟研究[D].中南大学, 2009.

［213］杨晓弘, 何继善, 谢冬琪.速度层析成像正反演技术[J].物探与化探, 2009, 33(2)：217-219+223.

[214] 杨晓弘, 何继善, 童孝忠. 频率域激电有限元数值模拟[J]. 地球物理学进展, 2008, 4(4): 1186-1189.

[215] 杨晓弘, 何继善. 频率域激发极化法有限元数值模拟[J]. 吉林大学学报(地球科学版), 2008, 4(4): 681-684.

[216] 杨晓弘, 何继善, 童孝忠. 变步长激发极化法有限元数值模拟[J]. 物探化探计算技术, 2008, 4(3): 212-215+169.

[217] 林家勇, 汤井田, 丁茂斌, 杨晓弘, 杨树云. 复杂地形条件下激发极化有限单元法三维数值模拟[J]. 吉林大学学报(地球科学版), 2010, 40(5): 1183-1187.

[218] 何继善. 双频激电法[M]. 北京: 高等教育出版社, 2005.

[219] 汤井田, 何继善. 可控源音频大地电磁法及其应用[M]. 长沙: 中南大学出版社, 2005.

[220] 徐世浙. 地球物理中的有限单元法[M]. 北京: 科学出版社, 1994.

[221] 柳建新, 童孝忠, 郭荣文, 杨晓弘, 叶庆华. 二维大地电磁正则化反演的实数编码遗传算法[C]. 中国地球物理学会地球电磁学专业委员会. 第8届中国国际地球电磁学讨论会论文集//中国地球物理学会地球电磁学专业委员会: 中国地球物理学会, 2007: 251-258.

[222] 柳建新, 童孝忠, 杨晓弘, 谢维, 胡厚继. 实数编码遗传算法在大地电磁测深二维反演中的应用(英文)[J]. 地球物理学进展, 2008, 23(6): 1936-1942.

[223] 柳建新, 童孝忠. 大地电磁测深法勘探—资料处理与反演解释[M]. 北京: 科学出版社, 2012.

[224] 柳建新, 蒋鹏飞, 童孝忠, 徐凌华. 不完全LU分解预处理的BICGSTAB算法在大地电磁二维正演模拟中的应用[J]. 中南大学学报(自然科学版), 2009, 40(2): 484-491.

[225] 童孝忠, 柳建新, 郭荣文. 复杂二维/三维大地电磁的有限元正演模拟策略[J]. 物探化探计算技术, 2009, 18(1): 47-54.

[226] 童孝忠, 柳建新, 曹创华. 地球物理计算中的迭代解法及应用——无约束最优化[M]. 长沙: 中南大学出版社, 2017.

[227] Kaufman A A, Keller G V. 频率域和时间域电磁测深[M]. 北京: 地质出版社, 1987.

[228] 米萨克 N 纳比吉安. 勘查地球物理电磁法(第一卷理论)[M]. 赵经祥, 王艳君, 译. 北京: 地质出版社, 1992.

[229] J S 萨姆纳(美). 地球物理勘探的激发极化原理[M]. 陈文华, 译. 北京: 地质出版社, 1981.

[230] 吴汉荣, 王式铭. 利用天然电磁场进行激发极化法测量的可能性[J]. 物探与化探, 1978, (1): 62-64.

[231] 罗延钟. 利用大地电流场作为频率域激电观测场源的可能性[J]. 国外地质勘探技术, 1983, (4): 17-18.

[232] 杨进, 谭捍东, 傅良魁. 被动源激发极化法的野外试验结果[J]. 现代地质, 1998, 12(3): 436-441.

[233] 杨进, 刘兆平. 天然场激发极化法在多金属矿区的野外试验效果[J]. 地学前缘, 2008, 15(4): 217-221.

[234] 王玲, 何继善, 贺国权. 面极化激电理论研究[J]. 湖南师范大学自然科学学报, 2000(1):

21-25.

[235]王玲,何继善.描述激电效应的非线性扩散方程[J].地球物理学报,1999(6):3-5.

[236]王玲,何继善.激电效应的非线性扩散方程及其形式解[J].中国有色金属学报,1999
(3):3-5.

[237]刘明.天然场激发极北中岩矿石频谱特征的模型与实验研究[D].北京:中国地质大学
(北京),2017.

[238]李勇.天然场源激电信息的提取研究[D].桂林:桂林理工大学,2007.

[239]李勇,林品荣,肖原,等.电偶源频率电磁测深激发极化效应研究[J].地球物理学报,
2011,54(7):1935-1944.

[240]商木元.岩石电容:物探"激发极化"的实质-对于物探"激发极化"一次和二次电压现象
的讨论[J].地质与资源,2019,28(1):98-108.

[241]童茂松.利用激发极化弛豫时间谱确定渗透率的实验研究[J].吉林大学学报(地球科学
版),2004,34(2):625-629.

[242]傅良魁,傅平,邓明.激发极化法基础理论研究——确定二次极化电流的新方法[J].地
球物理学报,1990,(6):722-732.

[243]Ware G H. Theoretical and field investigations of telluric currents andinduced polarization[D].
Berkeley:University of California at Berkeley,1974.

[244]Marali S. Comparison of anomalous effects determined using telluricfields and time domain IP
technique(test results)[J]. Bult. Aust. Soc. Explor. Geophys, 1982, 2(1/2):44-45.

[245]Tong M S. Estimation of permeability of shaly sand reservoir from induced polarization relaxation
time spectra[J]. Journal of Petroleum Science and Engineering. , 2004, 45:31-40.

[246]Dias C A. Analytical model for a polarizable medium at radio and lower frequencies[J].
Geophys. Res, 1972, 77:4945-4956.

[247]Dias C A. A non-grounded method for measuring electrical induced polarization and
conductivity:[D]. Berkeley:University of California at Berkeley, 1968.

[248]Dias C A. Developments in a model to describe low-frequency electrical polarization of rocks
[J]. Geophysics, 2000, 65(2):437-451.

[249]陈远荣,戴塔根,贾国相,等.金属矿床有机烃气常见异常模式和成因机理研究[J].中国
地质,2001,15(87):738-742.

[250]陈远荣,贾国相,戴塔根.论有机质与金属成矿和勘查[J].中国地质,2002,29
(3):257-262.

[251]徐庆鸿,陈远荣,毛景文,等.有机烃在预测隐伏金矿床中的应用及其成因探索[J].地质
论评,2005,51(5):105-112.

[252]徐庆鸿,谢文清,陈远荣.福建邱庄金矿综合地球化学异常分带模型与找矿预测标志
[J].地质与勘探,2005,41(1):56-61.

[253]蒋惠俏,陈远荣,黄祥林,等.烃气测量法在龙口铅锌矿区找矿预测中的应用[J].金属矿
山,2013,42(1):104-106+154.

[254]贾国相,陈远荣,姚锦其.中国特色景观油气综合化探技术[M].北京:石油工业出版

社，2002.

[255]中国地球化学研究所.有机地球化学论文集[M].北京：科学出版社，1986，

[256]李生郁，徐丰孚.轻烃与硫化物气体测量寻找金矿隐伏矿方法试验[J].物探与化探，1997，45(2)：499-504.

[257]李生郁，徐丰孚.土壤空隙烃气测量及其初步应用效果[C].第五届全国勘查地球化学学术讨论会论文集，1994.

[258]阮天健.金矿床上的轻烃异常研究[J].黄金地质，1995.

[259]殷鸿福，张文怀，张志坚，等.生物成矿系统论[M].武汉：中国地质大学出版社，1999.

[260]胡凯.金矿床中的有机质及其成矿作用[J].矿物岩石地球化学通报，1998，17(2)：71-75.

[261]陈远荣，贾国相，徐庆鸿.气体集成快速定位预测隐伏矿新技术研究[M].北京：地质出版社，2003.

[262]陈远荣，戴塔根，当玉涛，等.有机烃气法在个旧锡矿松树脚矿田中的应用[J].物探与化探，2001，25(3)：180-184.

[263]中国地球化学研究所.有机地球化学论文集[C].北京：科学出版社，1986.

[264]谢桃园，陈远荣，张璟，等.烃气测量法在黑龙江乌拉嘎金矿区找矿预测评价中的应用[J].地质与勘探，2010，46(3)：506-514.

[265]段炼，陈远荣，段海东，等.烃气测量法在黄土覆盖区找矿中探索研究[J].矿产与地质，2016，30(2)：234-239.

[266]张苗苗，陈远荣.烃气测量法在陕西略阳煎茶岭金矿床及其外围地区的应用[D].桂林：桂林工学院，2009.

[267]李惠，禹斌，李德亮，等.构造叠加晕找盲矿法及研究方法[J].地质与勘探，2013，49(1)：154-161.

[268]李惠，张国义，王支农，等.构造叠加晕法在预测金矿区深部盲矿中的应用效果[J].物探与化探，2003，27(6)：438-440.

[269]李惠.石英脉和蚀变岩型金矿床地球化学异常模式[M].北京：科学出版社，1991.

[270]李惠，张国义，禹斌.金矿区深部盲矿预测的构造叠加晕模型及找矿效果[M].北京：地质出版社，2006，

[271]吴二，陈远荣，刘巍，等.烃气测量法在辽宁白云金矿找矿潜力评价中的应用[J].物探与化探，2014，38(2)：248-254.

[272]陈远荣，戴塔根，庄晓蕊，等.烃汞气体组分垂向运移的主要控制因素[J].中国地质，2001(8)：28-32.

[273]陈海龙，肖其鹏，梁巨宏.湖南沃溪金矿区及其外围烃汞叠加晕找矿方法的应用效果[J].物探与化探，2021，45(2)：266-280.

[274]袁兰陵，李玮.湖南万古金矿地质地球化学特征及其成因探讨[J].华南地质与矿产，2008(3)：22-28.

[275]LI H. Geochemical anomaly patterns of quartz veins and altered rock gold deposits[M]. Beijing: Science Press, 1991

［276］宁进锡.1：20万沅陵幅水系沉积物测量说明书［R］，长沙：湖南省地球物理地球化学勘
　　　查院，1992.

［277］宁进锡.1：20万安化幅水系沉积物测量说明书［R］，长沙：湖南省地球物理地球化学勘
　　　查院，1993.

［278］覃孝明，宣本.湖南省沅陵县沃溪金锑钨矿接替资源勘查预查区物探专项成果报告［R］.
　　　长沙：湖南省有色地质勘查研究院，2008.

［279］谭克仁，谭宇艳，沃溪矿区鱼儿山矿段地电化学勘查实验报告［R］.长沙：中国科学院长
　　　沙矿产资源勘查中心，2010.

［280］杨晓弘，等.湖南省沅陵县沃溪矿区及近外围物探工作报告［R］.长沙：湖南省有色地质
　　　勘查研究院，2012.

［281］宋才见，等.湖南1：20万吉首幅沅陵幅区域重力调查报告［R］.长沙：湖南省地质调查
　　　院，2012.

［282］陈海龙，彭南海，杨海燕.沃溪金锑钨矿控矿因素和成矿规律专题研究报告［R］.长沙：
　　　湖南省有色地质勘查研究院，2013.

［283］倪进鑫，等.湖南省沅陵县沃溪金矿—粟家溪矿段井中物探工作报告［R］.长沙：湖南省
　　　有色地质勘查研究院，2014.

［284］谭克仁，谭宇艳.沃溪矿区红岩溪、塘虎坪矿段地电化学勘查实验报告［R］.长沙：中国
　　　科学院长沙矿产资源勘查中心，2015.

［285］彭南海，陈海龙，刘明亮，等.沃溪矿区及外围金锑钨矿地质勘查总报告［R］.长沙：湖南
　　　省有色地质勘查研究院，2015.

［286］刘江山，等.湖南省沃溪矿区近外围南部塘虎坪矿段勘查物探工作报告［R］.长沙：湖南
　　　省有色地质勘查研究院，2019.

［287］陈海龙，徐质彬，肖其鹏，等.沃溪矿区鱼儿山—大风垭段烃汞综合气体深部勘查评价报
　　　告［R］.长沙：湖南省有色地质勘查研究院，2020.

［288］杨晓弘，等.湖南省金腰带典型金多金属矿地球物理找矿模型系列研究及应用［R］.长
　　　沙：湖南省有色地质勘查研究院，2020.

［289］陈海龙，徐质彬，杨海燕，等."构造叠加晕-烃汞测量"在金矿深边部找矿预测中的应用
　　　示范研究［R］.长沙：湖南省有色地质勘查研究院，2020.

［290］陈海龙，等.沃溪矿区鱼儿山—大风垭段烃汞综合气体深部找矿评价报告［R］.长沙：湖
　　　南省有色地质勘查研究院，2020.

［291］沈长明，刘江山，徐质彬，等.科技部"深地勘查专项"2018YFC0603505-02专题—典型矿
　　　集区综合物探方法深部找矿应用示范研究报告［R］.长沙：湖南省有色地质勘查研究
　　　院，2021.

后记

"你能不能观察眼前的现象，取决你运用什么样的理论，理论决定着你到底能够观察到什么"，这是爱因斯坦对理论应用的高度概括。沃溪矿区经历了近60年不间断的地质勘查工作，凝聚了几代地学工作者的心血。在不同时期，他们通过艰辛的野外调查，采集各类研究样品，在各自的研究领域对沃溪金锑钨矿床的成矿地质特征、成矿规律、成矿流体性质及其演化、构造控矿特征、成矿年代、矿床成因等多方面进行了大量的研究，取得的丰硕的研究成果。笔者怀着无比敬仰和感激的心情，不断地从他们那里汲取营养，得到思想上的启迪。同时，笔者通过近十年来在沃溪矿区的地质勘查和科研工作，不断学习、探索，也不断地产生一些疑问，比如：

（1）沃溪金锑钨矿床的形成其实际就是成矿作用的发生，即矿化向成矿的转变。严格来说，就一个具体的矿床而言，其矿床成因应该只有一种说法，为什么存在有多达7~8种对成因的认识？这说明了什么？

（2）关于成矿物质来源问题，虽然只存在两种主流观点，一种观点认为成矿物质来源于高背景含矿层（矿源层），另一种观点认为成矿物质来源于岩浆岩。第一种观点是基于Au元素测试精度较低，而所谓的含矿建造Au含量普遍较高而得出的认识（胡受奚等，1998）。加之，沃溪矿区及附近几十公里范围内，并未见岩浆岩出露，物探资料显示深部无隐伏岩体，所以大多数学者认为成矿物质来源于含矿地层。几十年来在沃溪矿区的地质找矿工作花费了大量的精力和财力寻找该类矿床，在冷家溪群地层和冷家溪群与马底驿组不整合面发现有规模较大（宽20 m，长达几百 m）的蚀变剪切带，民采活动非常多，Au的品位也比较好（最高为几十 g/t，一般为 3~4 g/t），但矿体不连续、矿脉较薄不成规模；另外，同一矿床中同时存在含矿脉和不含矿脉等，如果成矿物质来源于含矿地层，那么在这样有利的成矿地质条件（剪切带）应该会形成较好的矿床，可大量工程验证没有取得突破。这又是为什么？

（3）成矿流体是解决热液矿床形成中成矿物质来源、运移、聚集成矿的关键和核心。对于沃溪矿床成矿流体的来源，认为变质热液成矿占主导地位，当然也有岩浆流体和幔源流体参与成矿的认识。从目前深部找矿和矿山开采情况来看，只有十六棚工深部找矿效果良好，其他，如塘虎坪—上沃溪、红岩溪矿段均已停产关闭多年，鱼儿山面临严重的资源危机，近几年来，鱼儿山—红岩溪深部找矿发现较好工业价值的 Au、Sb 矿盲脉，取得了深部找矿的重大突破。这说明了什么？

（4）历年来的常规化探扫面工作中的异常评价同样存在一些问题，比如，沃溪矿区背景研究发现，区域土壤中 Sb 的背景值为 1.9×10^{-6}，矿区土壤中 Sb 的背景为 17.9×10^{-6}，而土壤地球化学测量在沃溪矿区外围的大片、陈扶界、塘虎坪等地段得出土壤中 Sb 异常下限为 80×10^{-6}，峰子洞土壤测量 Sb 异常下限为 50×10^{-6}，这表明 Sb 的土壤异常相当强，但找矿效果一直没有突破。其次，在常规化探异常评价时，Au 异常发育良好，浓度分带清晰，中心突出，峰值较高，元素组合齐全，判断为矿致异常，槽探揭露发现较好的矿脉，但深部找矿验证效果不佳。这又说明了什么？

近十多年来，为了寻求上述问题的答案，笔者加强对地幔热演化-幔枝构造控矿理论、"幔-壳成矿作用"成因论、深部成矿流体演化、有机质成矿理论等的学习。通过收集沃溪矿区历年来的科研和勘查成果资料进行重新分析，发现沃溪矿区成矿时空分布极不均匀，矿床（矿体）发育较好的均产于白垩系断陷盆地的南缘断层——沃溪断层的下盘 2 km 范围之内；而且以往流体包裹体、同位素资料表明既有浅部流体参与成矿，又有来自深源（幔源和岩浆岩）的流体参与成矿，具有多层循环特点。尤其是利用烃汞叠加晕新方法研究发现，沃溪矿区存在不同的地质地球化学成矿作用的叠加，形成的同生叠加场和深源叠加场，与不同成矿作用形成良好的耦合关系，并通过多次工程验证取得预期效果，很好地说明了不同成矿地质作用形成的地球化学场的叠加，虽然都具有叠加特点，但其代表的性质和意义是两种截然不同的地质地球化学作用过程，深部找矿意义不同。这使笔者以前一些疑问和不成熟的想法有了"茅塞顿开"的感觉。笔者认为要解决上述问题，必须采用多种研究方法和手段来获得不同成矿地质作用、成矿物质来源、流体来源的地质地球化学和地球物理信息，并运用新的成矿和控矿理论赋予其地质意义，总结不同成矿期次的成矿规律，建立四维时空找矿模式等无疑开拓了新的研究思路，加深了对沃溪矿区深部成矿理论认识。

当然，关于沃溪矿区地幔二次柱演化及深部成矿作用理论的应用以及烃汞叠加晕深部找矿新方法尚处于探索阶段，还有很多相关问题值得深入研究和探讨，本专著也是起到抛砖引玉的作用，恳请专家、学者们多多指教。

本书在原中南大学地学与环境工程学院院长、教授、博士生导师戴塔根老师的悉心指导和多方关怀下完成，戴老师严谨治学的作风、渊博的学识和活跃的学术思想、求实的科学态度使我们受益匪浅。在项目实施过程中，得到了中南大学邵拥军教授、彭建堂教授、黄德志教授渊博的专业学识、坦诚的赐教给予我们非常有益的启迪。湖南黄金集团有限责任公司陈建权和李希山总经理、崔文副总经理、戴雪灵副总经理，辰州矿业有限责任公司李忠平董事长、石泽华副总经理，刘升友主任和梁巨宏主任及辰州矿业全体同仁给予了我们很多支持和无私的帮助。成文后，有色金属矿产地质调查中心南方地质调查所所长彭南海教授级高级工程师、湖南省有色地质勘查研究院总工桂祁零高级工程师、技术科主任刘孙泱高级工程师、科研中心主任徐质彬高级工程师、沈长明教授级高级工程师进行了审阅，提出了宝贵意见，在此笔者致以衷心感谢！

由于引用的资料太多，很多作者没有一一列出，在此一并致谢！

图书在版编目（CIP）数据

湖南沃溪金锑钨矿床成矿地质特征及多元信息找矿模式／陈海龙等著. —长沙：中南大学出版社，2022.5
ISBN 978-7-5487-4879-3

Ⅰ．①湖… Ⅱ．①陈… Ⅲ．①金矿床－成矿地质－地质特征－湖南②锑矿床－成矿地质－地质特征－湖南③钨矿床－成矿地质－地质特征－湖南④金矿床－找矿模式－湖南⑤锑矿床－找矿模式－湖南⑥钨矿床－找矿模式－湖南 Ⅳ．①P618.51②P618.66③P618.67

中国版本图书馆 CIP 数据核字（2022）第 064469 号

湖南沃溪金锑钨矿床成矿地质特征及多元信息找矿模式
HUNAN WOXI JINTIWU KUANGCHUANG CHENGKUANG DIZHI
TEZHENG JI DUOYUAN XINXI ZHAOKUANG MOSHI

陈海龙　杨晓弘　何永森　杨海燕　郑伯仁　著

□出 版 人	吴湘华
□责任编辑	刘小沛
□封面设计	李芳丽
□责任印制	唐　曦
□出版发行	中南大学出版社
	社址：长沙市麓山南路　　　邮编：410083
	发行科电话：0731-88876770　传真：0731-88710482
□印　　装	湖南蓝盾彩色印务有限公司

□开　　本　710 mm×1000 mm　1/16　□印张 25.5　□字数 514 千字
□互联网+图书　二维码内容　字数 1 千字　图片 20 张
□版　　次　2022 年 5 月第 1 版　　□印次 2022 年 5 月第 1 次印刷
□书　　号　ISBN 978-7-5487-4879-3
□定　　价　98.00 元

图书出现印装问题，请与经销商调换